Automobil-Sensorik 3

Thomas Tille (Hrsg.)

Automobil-Sensorik 3

Prinzipien, Technologien und Anwendungen

Springer Vieweg

Dr.-Ing. Thomas Tille
BMW AG
Knorrstr. 147
80788 München

Technische Universität München
Arcisstr. 21
80333 München

ISBN 978-3-662-61259-0
ISBN 978-3-662-61260-6 (eBook)
https://doi.org/10.1007/978-3-662-61260-6

Die Deutsche Nationalbibliothek verzeichnet diese Publikation in der Deutschen Nationalbibliografie; detaillierte bibliografische Daten sind im Internet über http://dnb.d-nb.de abrufbar.

Springer Vieweg

Springer Vieweg ist ein Imprint der eingetragenen Gesellschaft Springer-Verlag GmbH, DE und ist ein Teil von Springer Nature
Die Anschrift der Gesellschaft ist: Heidelberger Platz 3, 14197 Berlin, Germany

Vorwort

Die Sensorik nimmt im Automobil einen bedeutenden und stark wachsenden Stellenwert ein. Im Zuge der rasanten Entwicklungen auf dem Gebiet der Fahrzeugtechnik, wie Automatisiertes Fahren und Elektro-Mobilität, sind immer präzisere und robustere Sensorinformationen unabdingbar. Diese Informationen werden in komplexen Regelalgorithmen der Fahrzeugelektronik insbesondere zur Objekterkennung, Systemüberwachung, Antriebssteuerung, Fahrstabilität, Sicherheits- und Komforterhöhung genutzt. Zur Generierung dieser Informationen gewinnen neben der Optimierung etablierter Sensorprinzipien zunehmend auch neue und hybride Sensorkonzepte und -technologien an Bedeutung. Die daraus resultierenden Sensorsysteme unterliegen neben den hohen technischen Anforderungen auch immer höheren Ansprüchen hinsichtlich Kosten, Miniaturisierung, Qualität und Zuverlässigkeit.

In der Buchreihe *Automobil-Sensorik* werden innovative Sensoren unter dem anwendungsbezogenen Fokus der Automobilindustrie diskutiert. Die Buchinhalte spiegeln den Trend aktueller Sensorentwicklungen für zukunftsweisende Fahrzeug-Anwendungsbereiche wider. Der Themenschwerpunkt dieser Ausgabe liegt auf Sensorsystemen, die ihren Einsatz im Bereich Automatisiertes Fahren, Elektro-Mobilität, Innenraumdetektion und Bedien-Erkennung finden.

Einer der Treiber für künftige Sensorik-Entwicklungen im Automobil ist das Automatisierte Fahren. Dahingehend wird eine Szenarien-basierte Validierungsmethode eines hybriden Radarmodells für autonome Fahrzeuge vorgestellt, die physikalische, statistische und datengetriebene Ansätze vereint und dabei parametrierbar bleibt. Ein weiterer Treiber für die Automobil-Sensorik ist die Elektrifizierung des Antriebsstrangs von Fahrzeugen im Rahmen der Elektro-Mobilität. Für den Einsatz in Elektrofahrzeugen werden dahingehend hochintegrierte magnetoresistive Stromsensoren und kernlose magnetische Stromsensoren für Hochleistungs-E-Antriebe behandelt. Um die thermische Spitzenbelastung von Steckverbindern beim Hochleistungs-Laden von Elektrofahrzeugen zu kontrollieren, wird eine modellgestützte Temperaturüberwachungsmethode für Hoch-Volt-Komponenten vorgestellt. Zur Ladezustandsbestimmung von Lithium-Ionen-Akkus in Elektrofahrzeugen wird ein Verfahren auf Basis der optischen Sensorik betrachtet, das über Lichtleitfasern in der Batteriezelle Informationen für das Batteriemanagement liefert. Für Elektrofahrzeuge mit Brennstoffzelle wird ein H_2-Sensorsystem vorgestellt, dass auf der Kombination von Metalloxid-Halbleitersensoren und eines Wärmeleitfähigkeitsdetektors basiert. Für die Anwendung im Abgasstrang wird ein Verfahren zur direkten Beladungsüberwachung von Benzinpartikelfiltern mittels Hochfrequenz-Sensorik behandelt. Ebenfalls ein Treiber künftiger Sensorik-Entwicklungen ist die Bedien-Erkennung und Innenraumdetektion im Automobil. Dahingehend werden verschiedene optische 3D-Sensorsysteme vorgestellt, die mittels Time-of-Flight-Kamera und Echtzeit-Bildverarbeitung die Erfassung von relevanten Nutzerbewegungen ermöglichen. Dadurch lassen sich sowohl eine gestengesteuerte Fahrzeugbedienung und ein kontaktloser Fahrzeugzugang, als auch eine präzise Insassen-Positionserkennung für Sicherheitsfunktionen realisieren. Des Weiteren wird ein datenfusionsbasiertes, thermodynamisches Sensormodell zur Fahrzeug-Innentemperaturerfassung vorgestellt, das eine Substitution des zentralen, physischen Innentemperatursensors ermöglicht. Aus dem Gebiet der Positionserkennung werden hochintegrierte Motorpositionssensoren für Bremssysteme und elektrische Antriebe, innovative 3D-Hallsensoren mit intelligenter Energieverwaltung und Streufeldunterdrückung sowie ein Positionserfassungsverfahren mittels Sensor-Array aus Tunnel-Magnetoresistiven Vortex-Dots und lernender Signalverarbeitung vorgestellt.

Das Buch richtet sich an Professionals in Wirtschaft und Wissenschaft, insbesondere im Tätigkeitsfeld der Automobilindustrie, bei Sensorherstellern und Forschungseinrichtungen.

An dieser Stelle gilt mein besonderer Dank allen Autoren, durch deren Beiträge dieses Fachbuch entstehen konnte.

München, im April 2020 Dr. Thomas Tille

Inhaltsübersicht

Inhaltsverzeichnis

Kapitel 1
Szenarienbasierte Validierung eines hybriden Radarmodells für Test und Absicherung automatisierter Fahrfunktionen

Thomas Eder[1, 2, *], Alexander Prinz[1, 3, *], Ludwig Brabetz[2], Erwin Biebl[3]

Kurzfassung Virtuelle Testmethoden im Bereich der Absicherung automatisierter Fahrfunktionen benötigen Modelle für die Umfeldsensorik. Gängige Modellierungsansätze konnten bisher nicht validiert werden, da keine ausreichenden Kriterien bekannt sind. In diesem Kapitel wird daher eine statistische Validierungsmethodik für die Positionsverteilung von Radardetektionen vorgestellt. Herausforderungen und Anwendungsmöglichkeiten der Methodik werden mit Hilfe realer und simulierter Radardaten diskutiert.

1.1 Einleitung

Die Entwicklung und Absicherung hochautomatisierter Fahrfunktionen stellt die Automobilindustrie derzeit vor große Herausforderungen. Gängige Entwicklungs- und Absicherungsmethoden erfordern einen immer umfangreicheren Testaufwand und sind folglich sowohl kosten- als auch zeitintensiv. Virtuelle Testmethoden, die zusätzlich die frühzeitige Identifikation von Problemen während des Entwicklungszyklus erlauben, sind dabei vielversprechend, um neuartige Technologien zur Serienreife zu bringen. Dabei muss sowohl das Fahrzeugumfeld, als auch die Sensorik simuliert werden. Im Gegensatz zur Umfeldsimulation, bei der beispielsweise Fahrzeuge und deren Dynamik simuliert werden, ist es bei der Sensorsimulation das Ziel, die spezifische Wahrnehmung zu simulieren. Diese besteht unter anderem aus Koordinatentransformationen, Messabweichungen und Zielerkennungsausfällen. Die Daten werden anschließend einer Fahrfunktion bereitgestellt (vgl. Bild 1).

[1] BMW AG.
[2] Technische Universität München.
[3] Universität Kassel.
* Gleicher Beitrag beider Autoren.

T. Tille (Hrsg.), *Automobil-Sensorik 3*, https://doi.org/10.1007/978-3-662-61260-6_1

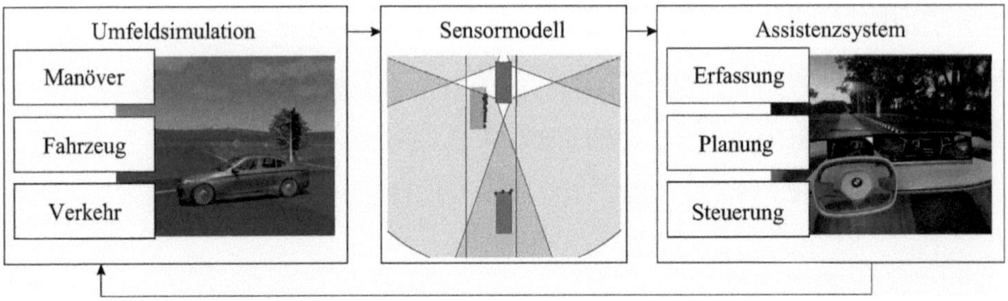

Bild 1: Darstellung der Simulationswirkkette. Dabei übergibt die Umfeldsimulation eine objektbasierte Abstraktion der Szene an das Sensormodell. Dieses bildet die sensorspezifische Erfassung nach und stellt die Sensordaten der Fahrfunktion zu Verfügung.

Insbesondere hat sich die Radarsensorik aufgrund zahlreicher Effekte, wie beispielsweise das stetig schwankende Signal-Rausch-Verhältnis, die Mehrwegeausbreitung oder die Interferenz, als eine besonders herausfordernde Aufgabe herausgestellt [1]. Eine exakte physikalische Modellierung mit Hilfe der Maxwell-Gleichungen ist wegen des Kosten- und Rechenaufwands nicht möglich. Darüber hinaus kommt erschwerend hinzu, dass aktuelle Umfeldsimulationen eine derart detailgetreue Modellierung schlichtweg unmöglich machen.

Die Umfeldsimulation ist eine vereinfachte Darstellung der Realität. Dabei werden Fahrzeuge, Verkehrsteilnehmer und Gebäude durch geometrische Flächen angenähert. Zum einen ist die Beschreibung der virtuellen Szene nicht einheitlich und damit abhängig vom Simulationshersteller. Zum anderen bieten diese Hersteller meist nur eingeschränkte Möglichkeiten (z. B. OptiX), grafische Elemente für die Sensorsimulation zu verwenden. Aus diesem Grund hat sich unter den Automobilherstellern ein Modellierungsstandard für automatisierte Fahrfunktionen, Fahrsimulationen und Sensormodelle etabliert [2].

Die Standardisierung führt jedoch, gegenüber der grafischen Visualisierung, zu einer starken Vereinfachung. Infolgedessen werden Objekte durch einhüllende Quader, sogenannte *Bounding-Boxes*, dargestellt. Eine einzelne Szene besteht somit aus einer Menge an, für einen Sensor erfassbaren, Objekten $X = \{X_1, X_2, \dots, X_n\}$, die sowohl Position als auch deren Kinetik beinhaltet. Das Sensormodell kann nun als mathematische Abbildung

$$M: X \to Y \tag{1}$$

aufgefasst werden [3]. Die Menge Y ist dabei abhängig von der festgelegten sensorspezifischen Ausgangsgröße, in dem hier relevanten Fall sogenannte Radardetektionen.

Zur Generierung der Detektionen werten automobile Radarsensoren Reflexionspunkte aus. Jeder Detektion kann eine Position $(x, y) \in \mathbb{R}^2$ und eine radiale Geschwindigkeit $v_r \in \mathbb{R}$ zugeordnet werden. Darüber hinaus werden weitere radarspezifische Informationen (für eine detaillierte Betrachtung der Radarsignalverarbeitung siehe [4], [5]) ermittelt.

Man unterscheidet für die oben genannten Abbildungen, die einen Radarsensor auf Detektionsebene repräsentieren, verschiedene Modellierungstiefen. Die einfachsten Modelle ordnen allen Objekten ein oder mehrere Detektionen zu und werden als *idealisierte Modelle* bezeichnet. Dabei ist es möglich, geometrisch verdeckte Objekte in der Liste der Detektionen zu berücksichtigen, indem diese aus der Detektionsliste entfernt werden. Die Erweiterung der idealisierten Modelle um zusätzliche sensorspezifische Messcharakteristiken, beispielsweise Messabweichungen, Zielausfälle oder Geisterziele, wird als *phänomenologisches Sensormodell* bezeichnet. Dabei ist eine Berücksichtigung physikalischer Gesetzmäßigkeiten mittels einfacher Gleichungen möglich. Ebenso ist eine statistische, oftmals auf Daten basierte, Modellierung denkbar. Die letzte Ebene bilden *physikalische Sensormodelle*, die das Ausbreitungsverhalten elektromagnetischer Wellen simulieren und nur zusammen mit einer Signalverarbeitung ein Detektionsmodell bilden. Der aktuelle Detailgrad des Standardisierungslevels erlaubt keine hinreichend genaue physikalische Modellierung in diesem Sinne. Modelle, wie beispielsweise von Holder [6] und Berthold [7], die einen hohen Anteil physikalischer Gesetzmäßigkeiten beinhalten, werden deshalb im Folgenden ebenso zu den phänomenologischen Sensormodellen gezählt.

1.1.1 Modellierung und Validierung von Radardetektionslisten

Um eine einfache, verständliche Übersicht gängiger Modellierungsansätze zu geben, wird im Folgenden die Wirkweise einzelner Modelle mit deren Prinzipdarstellungen erklärt. Erste Radardetektionsmodelle zur Anwendung in der Automobilindustrie gehen auf Bühren und Yang [8] zurück. Beobachtungen realer Radardetektionen rechtfertigten die Definition charakteristischer Rückstreuzentren für PKWs und wurden durch Simulationen von Buddendick [9] bestätigt. Das Bühren-Modell bildet dabei Detektionen in Abhängigkeit der radialen Entfernung auf den vordefinierten Reflexionsflächen sowie den bereits genannten Rückstreuzentren.

Ein weiterer Ansatz, der in kommerzieller Software zur Simulation von Radardetektionen verwendet wird, basiert auf dem im Datenblatt angegebenen Auflösungsvermögen eines Radarsensors [10]. Das Sensorsichtfeld (FoV: Field of View) wird dazu in Auflösungszellen unterteilt, die sich aus Strahlen und konzentrischen Kreisen zusammensetzen. Die Schnittpunkte einzelner Objekte mit den Strahlen sowie den konzentrischen Kreisen bilden die Grundlage einer Detektion. Liegen diese nahe an den von den Strahlen und konzentrischen Kreisen gebildeten Gitterpunkten, so führt dies zu einer Radardetektion (vgl. Bild 2).

Ein umfangreiches Modell, das auf einer Diskretisierung des Sensorerfassungsbereichs in Polarkoordinaten beruht, wurde von Berthold et al. vorgestellt [7]. Diese Diskretisierung ähnelt dem Prinzip der oben genannten Auflösungszellen, basiert jedoch auf einer Modellierung des Energieflusses, der sich aus Transmission, Reflexion und Absorbtion zusammensetzt. Überschreitet die für den Radarsensor relevante reflektierte Leistung einer Zelle einen adaptiven Schwellwert, so wird eine Radardetektion zurückgegeben. Der Schwellwert berechnet sich aus den umliegenden Entfernungszellen. Die Messabweichungen werden gesondert modelliert.

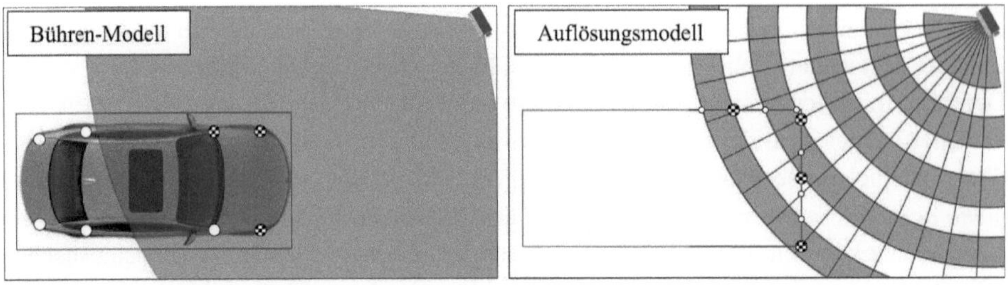

Bild 2: Darstellung zweier phänomenologischer Modellansätze. Im linken Schaubild werden Radardetektionen aufgrund sichtbarer charakteristischer Rückstreuzentren gebildet. Das Auflösungsmodell in der rechten Darstellung erzeugt Radardetektion (kariert) sofern Schnittpunkte (weiß) nahe an diskreten Auflösungsgitterpunkten liegen.

Die zuvor angesprochenen physikalisch motivierten Ansätze haben das Ziel, die zugrundeliegenden Gesetzmäßigkeiten nachzubilden, ohne jedoch auf einen expliziten Sensor einzugehen. Dahingegen versuchen rein datenbasierte Modelle auf Basis aufgezeichneter Sensormessdaten, die beobachtete Charakterstik nachzubilden [11]. Diese sind weder anpassbar, noch betrachten sie physikalische Zusammenhänge. Darüber hinaus hat die Methode zur Datengenerierung in der Praxis erhebliche Schwierigkeiten. Der im Folgenden vorgestellte hybride Modellierungsansatz versucht, die Vorteile beider Ansätze zu kombinieren.

1.1.2 Beitrag zur Sensormodellvalidierung

Zunächst ist jeder Modellierungsansatz legitim, jedoch muss dessen Anwendbarkeit im Einzelnen geprüft werden. Für eine anwendungsspezifische Prüfung müssen Gütekriterien festgelegt werden. Da das Modell einen Sensor jedoch niemals vollumfänglich nachbilden kann, bleibt es bezüglich weiterer Kriterien stets falsifizierbar.

Zur Bewertung und zum Vergleich einzelner Sensormodelle hat sich in der Praxis die Aufzeichnung und anschließende Re-Simulation unter Verwendung des Sensormodells etabliert [12–14]. Aufgrund ihrer Relevanz für eine nachgelagerte Sensorfusion, ist die Bewertung der räumlichen Verteilung [15] der Radardetektionen oftmals ein wesentliches Kriterium. Die dabei entstehenden Schwierigkeiten in der Anwendung sollen durch das nachfolgende einfache Beispiel verdeutlicht werden.

Beispiel. In der Realität werden vier Radardetektionen, die im Koordinatensystem des Zielfahrzeugs durch $Y_{real} = \{(2{,}5; 0{,}5), (3{,}5; 0{,}25), (4{,}75; 0{,}25), (5; 1)\}$ gegeben sind (vgl. Bild 3), beobachtet. Nun wird die gleiche Szene in der Simulation wiederholt. Dabei werden jedoch nur drei Detektionen $Y_{sim} = \{(3; 0{,}5), (5; 0), (5; 1)\}$ generiert.

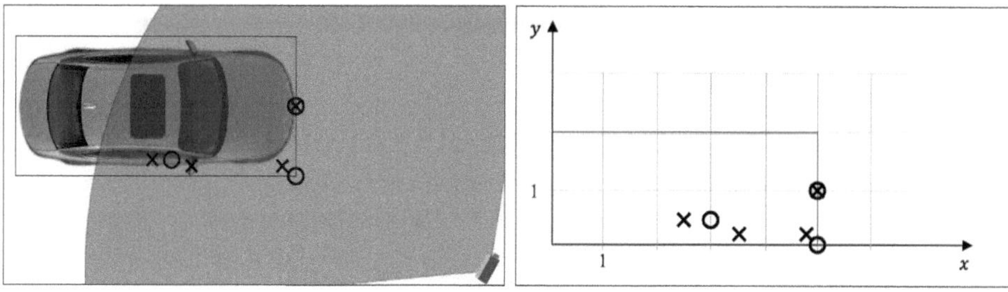

Bild 3: Darstellung der realen (Kreuz) und simulierten Daten (Kreis) aus dem Beispiel von Abschnitt 1.1.2. Links eine denkbare Szene aus der sich die Beispieldaten ergeben. Im rechten Bild sind die Detektionen jener Szene in einem Koordinatensystem des Zielfahrzeugs dargestellt.

Aufgrund der unterschiedlichen Detektionszahl ist eine direkte Berechnung der Messabweichung nicht möglich. Assoziiert man jedoch die Detektionen mit Hilfe eines Nächste-Nachbarn-Verfahrens f_{NN}, das einer simulierten Detektion die nächstliegende Detektion im Realdatensatz zuordnet, so kann der Fehler im quadratischen Mittel durch

$$E_{RMS}(Y_{sim}, Y_{real}) = \sqrt{\frac{1}{n}\sum_{i=1}^{n}\left\|\begin{pmatrix} x_{sim}^{(i)} \\ y_{sim}^{(i)} \end{pmatrix} - f_{NN}\left(\begin{pmatrix} x_{sim}^{(i)} \\ y_{sim}^{(i)} \end{pmatrix}\right)\right\|_2^2} \tag{2}$$

berechnet werden. Im vorliegenden Fall gilt daher $E_{RMS} = 0{,}533$.

Für das genannte Beispiel muss nun ein Schwellwert festgelegt werden, der definiert, ab wann ein Modell als valide bezüglich der Positionsverteilung einzustufen ist. Ein solcher Schwellwert ist jedoch rein subjektiver Natur und nur schwer interpretierbar. Ein Maß für die Validität eines Modells sollte daher im mathematischen Sinne durch eine Abbildung

$$V: Y_{real} \times Y_{sim} \to [0; 1] \tag{3}$$

gegeben sein. Im Falle eines perfekten Modells sollte $V(Y_{real}, Y_{sim}) = 1$ gelten. In den beiden Sonderfällen, in denen die zu validierenden Datensätze nur aus Real- oder Simulationsdaten bestehen, sollte zusätzlich

$$V\left(Y_{real}^{(1)}, Y_{real}^{(2)}\right) = 1 \quad \text{und} \quad V\left(Y_{sim}^{(1)}, Y_{sim}^{(2)}\right) = 1 \tag{4}$$

gelten. Die Forderung aus Gleichung (4) wird als Konsistenzkriterium bezeichnet. Dieses Kapitel stellt eine im Bereich der Radarmodellierung neuartige Validierungsmethodik vor. Ferner wird die Methodik unter Anwendung eines hybriden Radarmodells erprobt.

1.2 Hybride Radardetektionsmodelle

Hybride Radardetektionsmodelle vereinen zunächst einfach nur mehrere Modellierungsansätze. Die Kombination physikalisch motivierter Ansätze mit einer messdatenbasierten Optimierung soll die Nachbildung eines expliziten Sensors ermöglichen. Im Gegensatz zu rein datenbasierten Modellen ist dieser Ansatz für Entwickler besser interpretierbar. Darüber hinaus ergeben sich in allen Phasen der Entwicklung Möglichkeiten zur Anwendung. Im Folgenden wird ein Radardetektionsmodell auf Basis ausgesendeter Strahlen vorgestellt und um eine datenbasierte Optimierung erweitert.

1.2.1 Strahlenbasierte Radardetektionsmodellierung

Strahlenbasierte Radardetektionsmodelle orientieren sich am Modell eines Lidars [16]. Im dreidimensionalen Raum kann dieser Ansatz als strahlenoptische Hochfrequenzapproximation der Maxwell-Gleichungen betrachtet werden [17]. Der zu modellierende Radarsensor lässt sich nicht ausschließlich, aber insbesondere durch seinen maximalen Entfernungs- und Winkelbereich charakterisieren. Innerhalb des Sensorsichtfeldes werden $n \in \mathbb{N}$ Strahlen im Abstand von $\Delta\varphi = \varphi_{FoV}/(n-1)\,°$ ausgesendet. Trifft einer der Strahlen ein Objekt, dargestellt durch seinen einhüllenden Quader, so wird eine Radardetektion generiert.

1.2.1.1 Modellierung radarspezifischer Charakteristiken

Das einfache Modell muss um radarspezifische Charakteristiken erweitert werden. Dabei ist eine entfernungs- und winkelabhängige Existenzwahrscheinlichkeit p der strahlenbasierten Detektionen wichtig. Fällt ein Strahl beispielsweise in einem hohen Einfallswinkel auf ein Objekt ein, so ist eine Reflexion und daher auch eine Detektion eher unwahrscheinlich. Um dies bei der Modellierung zu berücksichtigen, wird für jeden Strahl eine Zufallszahl $\Theta \sim \mathcal{U}(0,1)$ gezogen. Die strahlenbasierte Detektion im Punkt $(x,y) \in \mathbb{R}^2$ erscheint nur dann in der Liste der Detektionen, wenn für den Einfallswinkel ϑ und die Distanz $d = \sqrt{x^2+y^2}$ die Bedingung $\Theta \leq p(d,\vartheta)$ erfüllt ist.

Zusätzlich dazu müssen Abweichungen in der Positionsmessung miteinbezogen werden. Im einfachsten Fall geschieht dies durch Addition eines normalverteilten Fehlers. Trifft ein Strahl das Zielfahrzeug im Punkt (x,y) so wird zunächst die Existenzbedingung überprüft. Ist Letztere erfüllt, so gilt

$$(x_{neu}, y_{neu}) = (x,y) + (x_\varepsilon, y_\varepsilon), \tag{5}$$

mit der zufälligen Messabweichung $x_\varepsilon, y_\varepsilon \sim \mathcal{N}(\mu, \sigma^2)$. Der Algorithmus (1) fasst dies nochmal zusammen.

Algorithmus (1) Einfaches strahlenbasiertes Radarmodell

Input: Position des Zielfahrzeuges zum Zeitpunkt t in Sensorkoordinaten X_t
Output: Modellierte Radardetektionsliste Z_t

Erzeugen der Strahlen $\{r_i\}_{i=1,2,\ldots,n}$ im Winkel $\varphi_i = \varphi_{FoV}/2 - (i-1)/(n-1)\,\varphi_{FoV}$
while $i \leq n$ **do**
    if r_i triff das Zielfahrzeug X_t **then**
        $(x, y) \leftarrow$ Auftreffposition
        $d \leftarrow$ Strahlenlänge
        $\vartheta \leftarrow$ Einfallswinkel
        $\Theta \leftarrow$ Zufallszahl aus $\mathcal{U}(0, 1)$
        if $\Theta \leq p(d, \vartheta)$ **then**
            $x_\varepsilon, y_\varepsilon \leftarrow$ normalverteilte Messabweichung aus $\mathcal{N}(\mu, \sigma^2)$
            $Z_t \leftarrow (x, y) + (x_\varepsilon, y_\varepsilon)$
        end if
    end if
end while
return $Z_t = \{(x_i, y_i)\}_{i=1,2,\ldots,n_t}$

1.2.1.2 Berücksichtigung fahrzeugspezifischer Radarrückstreuzentren

Die Darstellung in Bild 4 verdeutlicht, dass der Einfallswinkel ϑ des Strahls gegenüber der einhüllenden Box nur eine grobe Näherung zum tatsächlichen Einfallswinkel darstellt. Zusätzlich kann in Messungen beobachtet werden, dass in gewissen Bereichen häufiger Radardetektionen auftreten. Dies ist vor allem auf die stärker reflektierenden geometrischen Strukturen zurückzuführen. Als Beispiel hierfür können Scheinwerfer und Radkästen genannt werden. Eine rein distanz- und winkelabhängige Existenzwahrscheinlichkeit ist daher nicht ausreichend. Eine zusätzliche Berücksichtigung charakteristischer Rückstreuzentren, wie bereits im Bühren-Modell angewendet, ist deshalb naheliegend.

Im Falle eines Treffers muss das Modell prüfen, ob dieser nahe an einem Rückstreuzentrum liegt. Anschließend können unterschiedliche Existenzkriterien angewendet werden. Ist die Existenzwahrscheinlichkeit in der Nähe eines charakteristischen Rückstreuzentrums größer, so kann eine Detektionshäufung in Simulationsdaten nachgebildet werden. Die Wahrscheinlichkeit für charakteristische Treffer wird im Folgenden mit p_{char} bezeichnet. Alle anderen Existenzwahrscheinlichkeiten werden mit p_{ord} (engl. ordinary) bezeichnet.

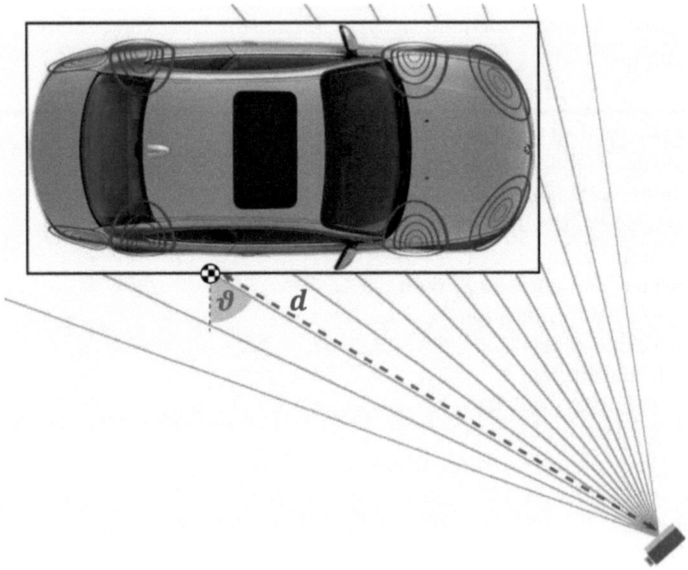

Bild 4: Darstellung eines strahlenbasierten Radardetektionsmodells. Unter Berücksichtigung des Einfallswinkels ϑ und der Distanz d werden Detektionen gebildet. Detektionen nahe charakteristischer Rückstreuzentren treten dabei häufiger auf und werden durch elliptische Bereiche beschrieben. Deren Verteilungen sind oftmals asymmetrisch (Crystal-Ball-Funktion).

1.2.1.3 Modellierungsansätze weiterer radarspezifischer Effekte

Ein wesentliches Merkmal von Radarsensoren ist die Detektion scheinbar verdeckter Objekte aufgrund von Bodenreflexionen. So konnten beispielsweise Berthold et al. [7] in ihren Messaufzeichnungen beobachten, dass Radardetektionen nicht nur an den Kanten und charakteristischen Rückstreuzentren der Fahrzeuge auftreten, sondern auch die gegenüberliegenden Räder detektiert werden. In den meisten Fällen, beispielsweise wenn sich das Zielfahrzeug mit einem Gierwinkel von ca. 45° vor dem Radar befindet, können beide Hinterräder auf dem direkten, strahlenoptischen Wege detektiert werden. In seltenen Fällen ist eine Detektion aufgrund von Unterbodenreflexionen ebenfalls möglich (vgl. Bild 5).

Rein geometrisch lassen sich für fast jeden Strahl (außer im Falle eines Treffers der Ecken) zwei Schnittpunkte S_1, S_2 mit der einhüllenden Box des Zielfahrzeugs berechnen. Dabei sei S_1 der direkt beobachtbare Schnittpunkt und S_2 der Schnittpunkt, an dem der Strahl aus der Box austritt. Liegt S_2 nahe an einem Rad, so kann nach Berücksichtigung der Strahlenlänge, Bodenfreiheit und Sensorverbauposition eine weitere Detektion auftreten. Zur Anwendung in dem vorgestellten Modellierungsansatz muss eine weitere Existenzwahrscheinlichkeit p_{add} (engl. additional) festgelegt werden.

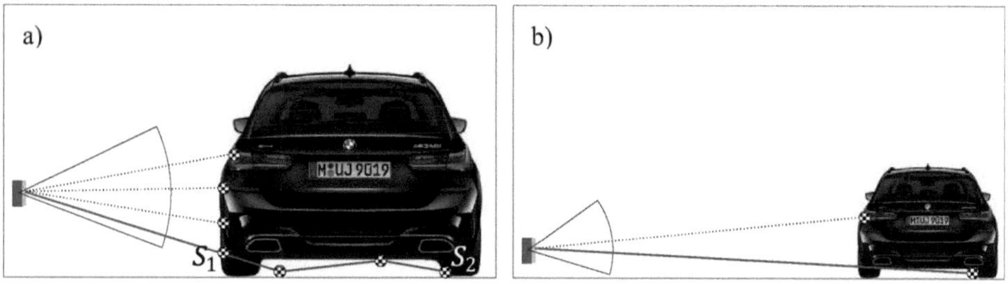

Bild 5: Entstehung von Detektionen innerhalb der einhüllenden Box, bzw. an nicht direkt sichtbaren Kanten. Im Schaubild a) entstehen derartige Detektionen aufgrund von Mehrfachreflektionen. Darüber hinaus können, wie in Bild b) dargestellt, gegenüberliegende Räder bei hinreichend großer Distanz auch direkt detektiert werden.

Ein weiterer Radareffekt, der von Kellner et al. [18] beobachtet wurde und oftmals *Micro-Doppler* genannt wird, ist die Abweichung der Geschwindigkeiten von Radardetektionen auf Rad und Karosserie. Die radiale Geschwindigkeit v_r kann durch

$$v_r = v \cos \alpha \tag{6}$$

berechnet werden und so in einem strahlenbasierten Radarmodell berücksichtigt werden. Dabei bezeichnet α den Gierwinkel in Sensorkoordinaten und v die relative Geschwindigkeit des Zielfahrzeugs. Die auf dem Rad auftretenden Detektionen weisen nun Geschwindigkeiten im Intervall $[0, 2v \cos \alpha]$ auf. Jeder horizontale Bereich eines Rades deckt dabei nur einen bestimmten Geschwindigkeitsbereich ab. Die idealisierten Geschwindigkeiten folgen daher der Verteilung

$$v \sim c_\alpha \sqrt{1 - \left(\frac{x}{v \cos \alpha} - 1\right)^2} \quad \text{für } x \in [0;\ 2v \cos \alpha], \tag{7}$$

mit einer Integrationskonstante $c_\alpha > 0$. Bei einem Gierwinkel von 25° liegt die Wahrscheinlichkeit für eine Geschwindigkeit im Intervall $[1{,}7v_r; 2v_r]$ näherungsweise bei 9,4%. Durch ziehen aus der Verteilung kann der Effekt so berücksichtigt werden.

Für die folgende Ausarbeitung werden die beiden oben genannten Effekte jedoch nicht berücksichtigt, zumal die Geschwindigkeit nicht Teil der positionsbasierten Validierungsmethodik ist und die Realdaten des Fahrmanövers (vgl. Abschnitt 1.4) keinerlei Detektionen an gegenüberliegenden Rädern erkennen lassen.

1.2.1.4 Der Algorithmus des parametrierbaren Radardetektionsmodells

Die Herleitung des strahlenbasierten Radarmodells in Kombination mit charakteristischen Rückstreuzentren ist im Wesentlichen in den vorangegangenen Abschnitten beschrieben worden. In Algorithmus (2) werden acht charakteristische Rückstreuzentren $c_k = (x_{c_k}, y_{c_k})$ für $k = 1,2,\ldots,8$ unterschieden. Für jeden der Punkte c_k kann prinzipiell eine andere Existenzwahrscheinlichkeit $p_{char}^{(k)}$ und Messabweichung $\mathcal{F}_{char}^{(k)}$ definiert werden. In ähnlicher Weise werden auch die Existenzwahrscheinlichkeiten und Messabweichungen aller anderen Detektionen beschrieben. Dabei wird zwischen verschiedenen Seiten $l \in \{'\text{vorne}','\text{hinten}','\text{links}','\text{rechts}'\}$ unterschieden. Dies erlaubt eine Berücksichtigung der Abweichung von einhüllender Box und Fahrzeugaußenkontur.

Die Aussendung der Strahlen in stets gleichbleibenden Winkelschritten führt in statischen Fällen zu Detektionsanhäufungen außerhalb charakteristischer Rückstreuzentren. Um eine stark multimodale Detektionsverteilung zu vermeiden, kann der Strahlenwinkel φ_i variiert werden. Die Variation φ_{noise} kann dabei im Bereich $[-\Delta\varphi/2\,;\,\Delta\varphi/2]$ liegen. Dabei bezeichnet $\Delta\varphi$ den Winkelabstand der einzelnen Strahlen. Reduziert man das Intervall um 2δ, so kann ein Mindestabstandwinkel δ einzelner Detektionen berücksichtigt werden.

Algorithmus (2) Hybrides Radarmodell

Input: Position und Typ des Zielfahrzeuges zum Zeitpunkt t in Sensorkoordinaten X_t
Output: Modellierte Radardetektionsliste Z_t

Erzeugen der Strahlen $\{r_i\}_{i=1,2,\ldots,n}$ im Winkel $\varphi_i = \varphi_{FoV}/2 - (i-1)/(n-1)\,\varphi_{FoV} + \varphi_{noise}$ mit Winkelrauschen $\varphi_{noise} \sim \mathcal{U}(-\Delta\varphi/2 + \delta, \Delta\varphi/2 - \delta)$ und $0 \leq \delta \leq \Delta\varphi/2$
while $i \leq n$ **do**
  if r_i triff das Zielfahrzeug X_t **then**
    $(x, y) \leftarrow$ Auftreffposition
    $l \leftarrow$ Auftreffort {vorne, hinten, rechts, links}
    $d \leftarrow$ Strahlenlänge
    $\vartheta \leftarrow$ Einfallswinkel
    $\Theta \leftarrow$ Zufallszahl aus $\mathcal{U}(0,1)$
    if Auftreffpunkt nahe an einem der charakteristischen Rückstreuzentrum c_k **and** $\Theta \leq p_{char}^{(k)}(d, \vartheta, \varphi_i)$ {Wahrscheinlichkeit für eine Detektion ist erreicht} **then**
      $x_\varepsilon, y_\varepsilon \leftarrow$ zufällige Messabweichung aus $\mathcal{F}_{char}^{(k)}$
      $Z_t \leftarrow (x_{c_k}, y_{c_k}) + (x_\varepsilon, x_\varepsilon)$
    else if $\Theta \leq p_{ord}^{(l)}(d, \vartheta, \varphi_i)$ **then**
      $x_\varepsilon, y_\varepsilon \leftarrow$ zufällige Messabweichung aus $\mathcal{F}_{ord}^{(l)}$
      $Z_t \leftarrow (x, y) + (x_\varepsilon, y_\varepsilon)$
    end if
  end if
end while
return $Z_t = \{(x_i, y_i)\}_{i=1,2,\ldots,n_t}$

1.2.2 Parametrierung des Radardetektionsmodells

Die Parameter des strahlenbasierten Modells können in zwei Gruppen unterteilt werden. Man unterscheidet zwischen *fahrzeugspezifischen* und *modellspezifischen* Parametern. Beispielsweise ist die Wahl der charakteristischen Rückstreuzentren ein fahrzeugspezifischer Parameter, wohingegen die Strahlendichte modellspezifischer Natur ist.

Das nachfolgende Beispiel nutzt Informationen auf Basis exemplarischer Produktanforderungen und leitet daraus die Existenzwahrscheinlichkeiten ab. Zusätzlich dazu werden die verwendeten Messabweichungen vorgestellt. Der darauffolgende Abschnitt erläutert eine Parametrierung mit Hilfe synthetischer Messdaten.

1.2.2.1 Beispielhafte Parameterwahl

Die Parametrierung der distanz- und winkelabhängigen Existenzwahrscheinlichkeit einzelner Radardetektionen ist einer der wichtigsten Parameter des Modells. Dieser ist stark an die Anzahl der Strahlen und deren Dichte ρ gekoppelt. Für die Anzahl der Strahlen, die auf ein meterlanges Kreisbogensegment mit dem Radius r eintreffen, gilt

$$\rho(r) = \frac{n-1}{\pi r \frac{\varphi_{FoV}}{180°}} \sim \frac{1}{r}. \tag{8}$$

Ein Radar mit einem Sichtfeld von 150 Grad wird mit 76 Strahlen modelliert. Bei einem mittleren Strahlenabstand von zwei Grad beträgt die Strahlendichte $\rho(30\text{ m}) = 0{,}968$ Strahlen pro Meter. Folglich wird ein Fahrzeug mit einer Breite von 2 Metern in 30 Metern Entfernung im Mittel von 1,936 Strahlen getroffen. Wird von dem Sensor die Detektion eines solchen Objekts in 99% der Fällen gefordert, so muss für die Existenzwahrscheinlichkeit in Abhängigkeit der Distanz

$$p_D(30) = \frac{0{,}99}{2\rho(30\text{ m})} = 0{,}51 \tag{9}$$

gelten. Legt man zusätzlich die maximale Anzahl an Detektionen im Nahbereich fest, so kann man die distanzabhängige Existenzwahrscheinlichkeit bestimmen. Dies erfolgt unter der empirischen Annahme eines exponentiellen Abfalls der Detektionszahlen. Die winkelabhängige Existenzwahrscheinlichkeit kann beispielsweise durch die rechte Hälfte einer adaptierten Kosinus-Fensterfunktion gemäß Gleichung (10) beschrieben werden.

$$p_W(x) = \begin{cases} 0{,}5\left(1-\cos\left(\pi\frac{x+b}{b}\right)\right) & \text{, für } x \leq b \\ 0 & \text{, sonst} \end{cases} \quad \text{mit } b \in [0°;\ 90°] \tag{10}$$

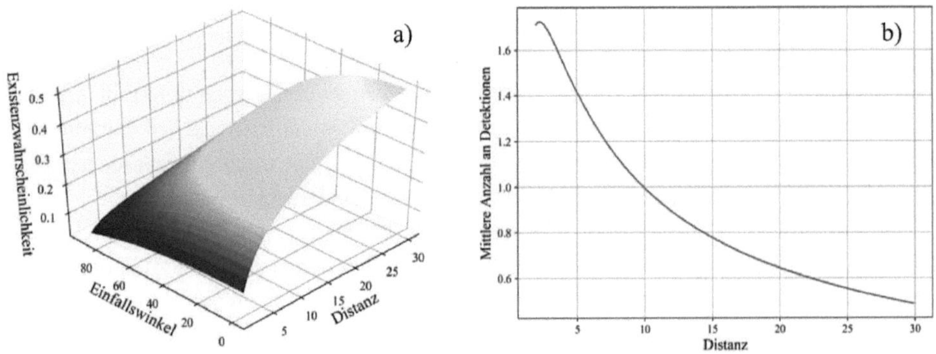

Bild 6: In Grafik a) ist die beispielhafte Funktion der distanz- und winkelabhängigen Existenzwahrscheinlichkeit dargestellt. Unter Berücksichtigung der Strahlendichte pro Meter kann so in Grafik b) die mittlere Anzahl an Detektionen in Abhängigkeit der Distanz visualisiert werden.

Damit führen senkrecht einfallende Strahlen mit einer höheren Wahrscheinlichkeit zu einer Detektion als schräg einfallende Strahlen. Einfallswinkel, die größer sind als der Parameter b, führen zu keiner Detektion. Die distanz- und winkelabhängige Existenzwahrscheinlichkeit wird durch $p(d, \vartheta) = p_D(d) p_W(\vartheta)$ berechnet. Da Detektionen an charakteristischen Rückstreuzentren häufiger auftreten, muss deren Wahrscheinlichkeit höher sein, d. h. $p_{char}(d, \vartheta) \geq p_{ord}(d, \vartheta)$ für alle $d, \vartheta \in \mathbb{R}$.

Die meisten Modelle nehmen standardmäßig normalverteilte Messabweichungen an. Für einen ersten Versuch ist dies durchaus praktikabel, führt jedoch gegenüber Realdaten bereits zu einem mehr oder weniger stark abweichenden Ergebnis. In realen Messdaten können innerhalb der einhüllenden Box meist mehr Detektionen beobachtet werden als außerhalb. Daher ist die Verwendung asymmetrischer Messabweichungen für strahlenbasierte Radardetektionsmodelle naheliegend. Sogenannte Crystal-Ball-Funktionen garantieren eine stetige Verteilung, trotz einer stärkeren Streuung der Messabweichung in Richtung der Fahrzeugmitte (vgl. Bild 4).

1.2.2.2 Datenbasierte Optimierung

Die Methode der datenbasierten Optimierung basiert auf der Auswertung von Realdaten identischer Fahrmanöver, mit dem Ziel Existenzwahrscheinlichkeiten abzuleiten. Die distanzabhängige Komponente lässt sich aufgrund des Winkeleinflusses nicht direkt bestimmen. Für eine Näherung müssen die Trajektorien der Messfahrten mit einem idealen strahlenbasierten Sensormodell (vgl. Algorithmus (1) mit $\mu = 0,\ \sigma = 0$) re-simuliert werden. Dabei muss eine hinreichende Strahlendichte ρ sichergestellt werden.

In jeder Szene, in der sich das Zielfahrzeug im Sensorsichtfeld befindet, müssen Strahldetektionen auftreten. Anhand der Strahlenlänge kann eine mittlere Distanz d_{mean} für die

Existenzwahrscheinlichkeiten bestimmt werden. Der Winkelbereich $\Delta\gamma$, in dem die idealisierten Detektionen auftreten, muss bestimmt werden. Dieser wird für die Berechnung der Länge des von Strahlen durchsetzten Kreisbogensegments benötigt. Es gilt

$$l_K = \pi r \frac{\Delta\gamma}{180°}. \tag{11}$$

Näherungsweise kann nun die Wahrscheinlichkeit in der Entfernung durch

$$p_D(d_{mean}) \approx \frac{n_{det}}{l_K \rho(d_{mean})} \tag{12}$$

bestimmt werden. Dabei ist n_{det} die Anzahl der tatsächlich auftretenden Detektionen. Für einzelne Entfernungsintervalle können die Schätzungen anschließend gemittelt werden (vgl. Bild 10). Ist die Strahlendichte zu gering, treten für p_D Wahrscheinlichkeitswerte größer als eins auf. Ist dies der Fall, so muss die Anzahl der Strahlen erhöht werden.

Die Methode berücksichtigt den Einfallswinkel jedoch nicht. Die Wahrscheinlichkeit p_W lässt sich mit diesem Verfahren nicht direkt abschätzen und muss daher manuell adaptiert werden.

1.3 Statistische Validierung von Radarmodellen

Die statistische Validierung beruht darauf, Real- und Simulationsdaten mehrere Messzyklen miteinander zu vergleichen. So wird der Einfluss von Ausreißern in den Messdaten minimiert. Die Simulationsdaten werden von einem Sensormodell generiert und basieren stets auf einer Re-Simulation realer Trajektorien. Im Folgenden wird eine Methodik zur Validierung von Sensormodellen auf der Grundlage von statistischen Tests vorgestellt.

1.3.1 Testen von Hypothesen

Aufgrund des sich ständig verändernden Signal-Rausch-Verhältnisses unterliegen reale Radardetektionen statistischen Ungenauigkeiten. Dieser Aspekt muss daher auch bei der Validierung berücksichtigt werden. Es stellt sich die Frage, ob die räumlichen Verteilungen realer und simulierter Radardetektionen zueinander ähnlich sind. Wie das Beispiel in Abschnitt 1.1.2 gezeigt hat, kann diese Frage nicht mit einem trivialen Gütemaß beantwortet werden und muss daher mathematisch-statistisch präzisiert werden. Die Frage

„Angenommen simulierte und reale Radardetektion unterliegen der gleichen Verteilungsfunktion, wäre es (im statistischen Sinne) überraschend die Verteilungen in den beiden Datensätze zu beobachten und sollte das Modell daher verworfen werden?“

führt direkt in die nichtparametrische Statistik. Zur Beantwortung kann beispielweise ein zweidimensionaler Kolmogorov-Smirnov-Test herangezogen werden [19]. Im Folgenden wird zunächst der eindimensionale Fall erläutert und anschließend auf zwei Dimen-sionen verallgemeinert.

1.3.1.1 Zweistichprobenproblem und Kolmogorov-Smirnov-Test

Angenommen die Anzahl der realen Radardetektionen betrage $n \in \mathbb{N}$ und die der simulierten Radardetektionen sei $m \in \mathbb{N}$. Die Mengen der eindimensionalen Detektionen $\left\{x_{real}^{(1)}, x_{real}^{(2)}, \dots, x_{real}^{(n)}\right\}$ und $\left\{x_{sim}^{(1)}, x_{sim}^{(2)}, \dots, x_{sim}^{(m)}\right\}$ können statistisch betrachtet als eine Realisation der Zufallsvariablen Y_{real} und Y_{sim} aufgefasst werden. Die Annahme der in Abschnitt 1.3.1 aufgeworfenen Frage stellt nun die sogenannte Nullhypothese

$$H_0\colon F_{Y_{real}} = F_{Y_{sim}} \tag{13}$$

dar. Die zugrundeliegenden Verteilungen können durch die empirischen Verteilungsfunktionen, die definiert sind durch

$$F_{Y_{real}}(x) = \frac{1}{n}\sum_{i=1}^{n} \mathbb{1}_{\left\{x_{real}^{(i)} \leq x\right\}} \quad \text{und} \quad F_{Y_{sim}}(x) = \frac{1}{m}\sum_{i=1}^{m} \mathbb{1}_{\left\{x_{sim}^{(i)} \leq x\right\}}, \tag{14}$$

approximiert werden. Das starke Gesetz der großen Zahlen und der Satz von Gliwenko-Cantelli garantiert nun, dass die beiden Verteilungsfunktionen gleichmäßig gegen die tatsächlichen Verteilungsfunktionen konvergieren [20]. Folglich kann durch Differenzbildung abgeschätzt werden, ob die beiden zugrundeliegenden Verteilungen übereinstimmen. Der für die Beurteilung maßgebliche Wert $p \in \mathbb{R}_{>0}$ kann für eine ausreichend große Anzahl $(n, m \geq 12)$ an Detektionen in Abhängigkeit des Signifikanzniveaus α durch

$$p = K_\alpha \sqrt{\frac{n+m}{nm}} \quad \text{mit} \quad K_\alpha = \sqrt{\frac{\ln(2) - \ln(\alpha)}{2}} \tag{15}$$

näherungsweise bestimmt werden [21]. Überschreitet die maximale Differenz

$$d_{n,m} = \sup_x \left| F_{X_{real}}(x) - F_{X_{sim}}(x) \right| \tag{16}$$

den Wert, so muss die Nullhypothese verworfen werden. Stimmen Sensor und Model tatsächlich überein, so ist das Testergebnis mit der Wahrscheinlichkeit $1 - \alpha$ positiv. Die maximale Konsistenz (vgl. Gleichung (4)) beträgt ebenfalls $1 - \alpha$. Darüber hinaus wird ein valides Modell mit einer Wahrscheinlichkeit von α verworfen (vgl. Bild 7). Daher gilt:

Validierung \ Wirklichkeit	Sensor und Modell stimmen überein	Sensor und Modell stimmen nicht überein
„Modell in Ordnung"	Validierungsergebnis korrekt mit der Wahrscheinlichkeit: $1-\alpha$	Fehler 2. Art Wahrscheinlichkeit: β
„Modell nicht in Ordnung"	Fehler 1. Art Wahrscheinlichkeit: α	Validierungsergebnis korrekt mit der Wahrscheinlichkeit $1-\beta$

Bild 7: Mögliche Fehler, die bei der Methodik der hypothesentestbasierten Validierung eintreten können. Die Validierungsmethodik kontrolliert die Parameter α, β jedoch nicht.

Je größer das Signifikanzniveau α, desto geringer sind die zulässigen Abweichungen in den beiden Datensätzen. Wie bei nahezu allen Testverfahren kann die Wahrscheinlichkeit, dass das Modell fälschlicherweise akzeptiert wird, nicht kontrolliert werden.

1.3.1.2 Methodik zur Validierung räumlicher Radardetektionsverteilungen

Das Zweistichprobenproblem, zusammen mit dem Kolmogorov-Smirnov-Test, kann nicht ohne weiteres auf zweidimensionale Radardetektionen übertragen werden. Entscheidend hierfür ist die Definition der empirischen Verteilungsfunktion, die in einem mehrdimensionalen Raum nicht mehr eindeutig ist. Um diesem Problem zu begegnen, müssen theoretisch alle Möglichkeiten in Betracht gezogen werden, wodurch der Rechenaufwand stark ansteigt. Der Test von Fasano und Franceschini bietet jedoch eine Möglichkeit, das Problem in praktikabler Zeit, d. h. in $\mathcal{O}(n\log(n))$ Zeit zu lösen [22]. Im Folgenden wird jedoch der ursprüngliche Fall, mit der Laufzeit $\mathcal{O}(n^2)$, erläutert. Um nun die Abweichung der beiden Verteilungsfunktionen zu bestimmen, berechnet man für Y_{real} und Y_{sim} je vier Verteilungsfunktionen

$$F_{Y_{real}}^{(k)}(x,y) = \frac{1}{n}\sum_{i=1}^{n} \mathbb{1}_{\left\{\left(x_{real}^{(i)},y_{real}^{(i)}\right) \in M_{xy}^{(k)}\right\}} \quad \text{für} \quad k = 1,2,3,4. \tag{17}$$

Analog dazu erfolgen die Berechnung von $F_{Y_{sim}}^{(k)}$. Die Mengen $M_{xy}^{(k)}$ stellen dabei die im Punkt (x,y) zentrierten Quadranten dar und sind folglich gegeben durch

$$\begin{aligned} M_{xy}^{(1)} &= \{(u,v) \in \mathbb{R}^2 \mid u < x, v < y\}, \\ M_{xy}^{(2)} &= \{(u,v) \in \mathbb{R}^2 \mid u < x, v > y\}, \\ M_{xy}^{(3)} &= \{(u,v) \in \mathbb{R}^2 \mid u > x, v < y\}, \\ M_{xy}^{(4)} &= \{(u,v) \in \mathbb{R}^2 \mid u > x, v > y\}. \end{aligned} \tag{18}$$

Wie bereits im eindimensionalen Fall wird erneut die maximale Abweichung der Verteilungsfunktionen ermittelt. Im zweidimensionalen Fall existieren jedoch vier Maxima. Das Maximum der vier Werte wiederum bildet den für die Beurteilung relevanten Wert

$$d_{n,m} = \sup_{x,y,i}\left|F^{(i)}_{Y_{real}}(x,y) - F^{(i)}_{Y_{sim}}(x,y)\right|. \tag{19}$$

1.3.2 Anwendung der hypothesentestbasierten Validierung

Der zweidimensionale Kolmogorov-Smirnov-Test ist ein Validierungskriterium nach Gleichung (3). Dabei wird beurteilt, ob die Positionsverteilung der Simulationsdaten in ausreichendem Maße mit Realdaten übereinstimmt. Der Test benötigt eine statistisch ausreichende Zahl an Detektionsdaten und ist deshalb zur Bewertung einzelner Radardetektionslisten ungeeignet. Um den Test dennoch zur hypothesentestbasierten Validierung heranzuziehen, werden in den folgenden Abschnitten mögliche Fallbeispiele diskutiert.

1.3.2.1 Szenarienbasierte Anwendung

Ein möglicher Anwendungsfall ist die Betrachtung eines ganzen Szenarios, wie es beispielsweise ein Überholmanöver darstellt. Der zeitliche Bezug wird hier zunächst vernachlässigt. Das nachfolgende Beispiel soll anhand zweier voneinander unabhängig simulierter Datensätze $Y^{(1)}_{sim}, Y^{(2)}_{sim}$ die szenarienbasierte Validierung verdeutlichen. Dabei wird auch überprüft, inwieweit die Konsistenzkriterien einer Validierungsmethodik aus Gleichung (4) erfüllt sind. Die Parametrierung des Modells erfolgt mittels der in Abschnitt 1.2.2.1 vorgestellten Verteilungen. Eine idealisierte Trajektorie, die einem Überholmanöver entspricht, wird zweitausend Mal simuliert, sodass die Validierungsmethode auf eintausend voneinander unabhängige Tupel angewendet wird. Die relative Häufigkeit der positiven Kolmogorov-Smirnov-Tests bildet dabei ein Validierungskriterium wie in Gleichung (3) definiert. In diesem Beispiel erhält man nur in 77,2% der Fälle ein positives Testergebnis. Dabei hätte die Theorie bei einem Signifikanzniveau von $\alpha = 5\%$ ein Konsisten von 95% erwarten lassen.

1.3.2.2 Zeitliche und positionsbasierte Anwendung

Um den im vorangegangenen Abschnitt vernachlässigten zeitlichen Bezug zu berücksichtigen, wird der Hypothesentest auf einzelne Zeitstempel angewendet. Damit eine hinreichende Anzahl an Detektionen gewährleistet wird, muss der Messdatensatz aus wiederholt eingefahrenen Manövern bestehen. Denn eine geringe Anzahl an Detektionen könnte aus nahezu jeder Verteilung stammen. Ein Kolmogorov-Smirnov-Test wäre meist positiv und daher nicht aussagekräftig.

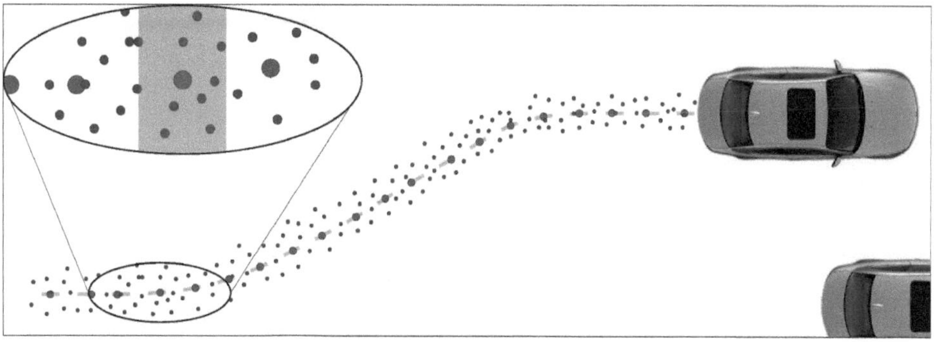

Bild 8: Prinzipdarstellung der Assoziierung, die für die zeitliche und positionsbasierte Anwendung nötig ist. Die Punkte sind die Positionen (DGPS oder Simulation) an denen sich das Zielfahrzeug während des Sensormesszyklus befand. Die Referenzpunkte (groß) bilden die Grundlage der Validierung. Alle übrigen Punkte (klein) werden mit Hilfe eines Nächste-Nachbarn-Verfahrens der Referenz zugeordnet.

Eine exakte Reproduktion einer Trajektorie ist nicht möglich, zumal sich die Positionen der Zielfahrzeuge nicht mit den Sensormesszyklen synchronisieren lassen. Die Positionen aus den verschiedenen Wiederholungen müssen daher miteinander assoziiert werden.

Im Folgenden wird aus k Wiederholungen eine Referenzfahrt m mit n_m Messzyklen ausgewählt. Dabei weist die Referenzfahrt ein Minimum an Messzyklen auf und es gilt daher

$$n_m = \min_{i \leq k} n_i. \tag{20}$$

Anschließend werden die Messzyklen der übrigen Fahrten mit Hilfe eines Nächste-Nachbarn-Verfahrens assoziiert (vgl. Bild 8). Mit den Modelldaten aus der Re-Simulation wird analog verfahren. So kann garantiert werden, dass stets mehrere Detektionen miteinander verglichen werden. Schlussendlich wird die Validierungsmethodik auf jeden Messzyklus der Referenztrajektorie angewendet. Erneut bildet die mittlere Anzahl positiver Testergebnisse ein aussagekräftiges Kriterium. Mit den Daten aus dem Fallbeispiel von Abschnitt 1.3.2.1 wird eine Konsistenz von 74,6% erreicht. Auch hier wäre ein Wert nahe 95% zu erwarten gewesen.

1.4 Datenaufzeichnung und Anwendung der Validierung

Um die vorgestellten Methoden mit einem realen Datensatz zu erproben, wird ein reproduzierbares Fahrmanöver festgelegt. Ein Überholvorgang tritt in der Praxis häufig auf und ist darüber hinaus ist für den Spurwechselwarner im Rahmen der Euro NCAP (engl. *European New Car Assessment Programme*) Tests relevant. Das Assistenzsystem wird häufig mit Seitenradaren realisiert.

Bild 9: Momentaufnahme des Überholmanövers (links). Bei einer einhundertfachen Wiederholung treten gewisse Abweichungen im Trajektorienverlauf auf. Im rechten Bild sind die Zielfahrzeugpositionen dargestellt, bei dem sich das Zielfahrzeug zum Zeitpunkt der Messzyklen befand.

1.4.1 Szenarienbeschreibung und Messdatenaufzeichnung

Angelehnt an das Spurwechselmanöver von Nutzfahrzeugen wird für das Zielfahrzeug dieses Szenarios eine Trajektorie festgelegt [23]. Das Messfahrzeug hingegen, ausgestattet mit einem Seitenradar hinten links, verharrt in einer Position. Über das gesamte Manöver hinweg bewegt sich das Zielfahrzeug mit konstant 20 km/h. Wie in Bild 9 dargestellt, bewegt sich das Zielfahrzeug zu Beginn auf der Spur des Messfahrzeugs. In einem Abstand von 18 m schert das Zielfahrzeug aus und leitet so den Überholvorgang ein. Der Spurwechsel ist 5 m vor dem Zielfahrzeug abgeschlossen.

1.4.2 Datenbasierte Parametrierung

Um die Existenzwahrscheinlichkeiten des Sensormodells grundlegend zu parametrieren, wird zunächst die distanzabhängige Komponente untersucht. Dafür wird ein strahlenbasiertes Modell mit einem Strahl pro Grad verwendet. Mithilfe der Gleichung (11) werden so die Wahrscheinlichkeitswerte in diskreten Abständen ermittelt. Die Existenzwahrscheinlichkeit nimmt mit der Distanz zu und bestätigt die Überlegungen aus Abschnitt 1.2.2.1. Das Modell wird anschließend mit einer interpolierten distanzabhängigen Existenzwahrscheinlichkeit parametriert. Für den Winkel wird ein Verlauf gemäß Gleichung (10) angenommen. Charakteristische Detektionen werden winkelunabhängig modelliert.

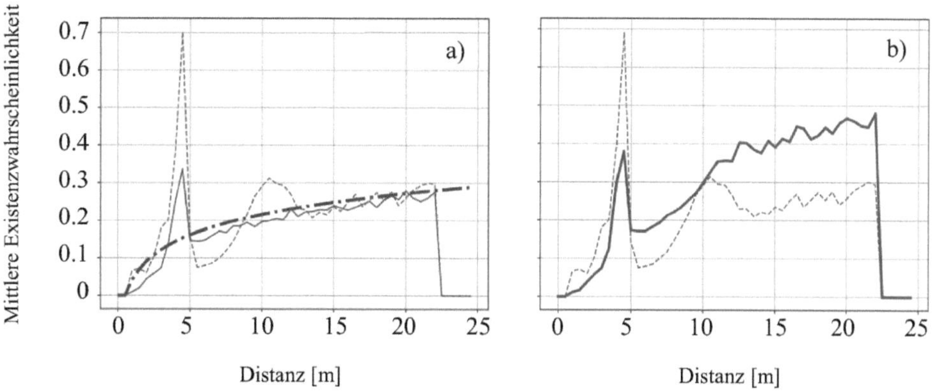

Bild 10: Auswertung der distanzabhängigen Existenzwahrscheinlichkeit. In Darstellung a) sind die Ergebnisse der datenbasierten Optimierung (Realdaten: gestrichelt Linie; Approximation: Strichpunktlinie; Modellergebnis: Volllinie). Der Verlauf des finalen Modells ist unter Berücksichtigung möglicher Winkelabhängigkeiten in Abbildung b) dargestellt.

Die anschließende Auswertung der Simulationsdaten zeigt, dass die Anzahl der Detektionen im Mittel richtig generiert wird. Jedoch trifft dies nicht in allen Distanzbereichen zu (vgl. rechte Grafik in Bild 10).

1.4.3 Validierung des hybriden Sensormodells

Nach der Optimierung des strahlenbasierten Detektionsmodells werden die beiden Validierungsmethoden auf den Realdatensatz angewendet. Hierzu werden einhundert aufgezeichnete Überholmanöver re-simuliert. Die Methodik der szenarienbasierten Validierung aus Abschnitt 1.3.2.1 stuft das Modell als nicht valide ein. Dies lässt sich vor allem damit begründen, dass Detektionen auf der Beifahrerseite deutlich seltener erfasst wurden. Darüber hinaus wird die Front des Fahrzeugs besser erkannt (vgl. Bild 11).

Bei der zeit- und positionsbasierten Validierung muss das Modell mit einer Validität von 3,1% ebenso verworfen werden. Subjektiv betrachtet fallen die Unterschiede weniger deutlich auf als bei der szenarienbasierten Betrachtung. Das Modell kann jedoch Detektionen in der Mitte des Fahrzeugs nur bedingt generieren. Die aufgezeichneten Daten hingegen weisen dort Häufungen auf und sind zu signifikant, um im Modell vernachlässigt zu werden.

Abschließend kann das Konsistenzkriterium für Realdaten aus Gleichung (4) geprüft werden. Im Gegensatz zur szenarienbasierten Validierung liefert das Kriterium bei der zeit- und positionsbasierten Validierung ein Ergebnis von nur 11,0%. Daher ist fraglich, ob eine Validierung auf dieser Datenbasis möglich ist und ob eine szenarienbasierte Betrachtung nicht zielführender ist. Die Ergebnisse sind in den Tabellen 1 und 2 nachfolgend zusammengefasst.

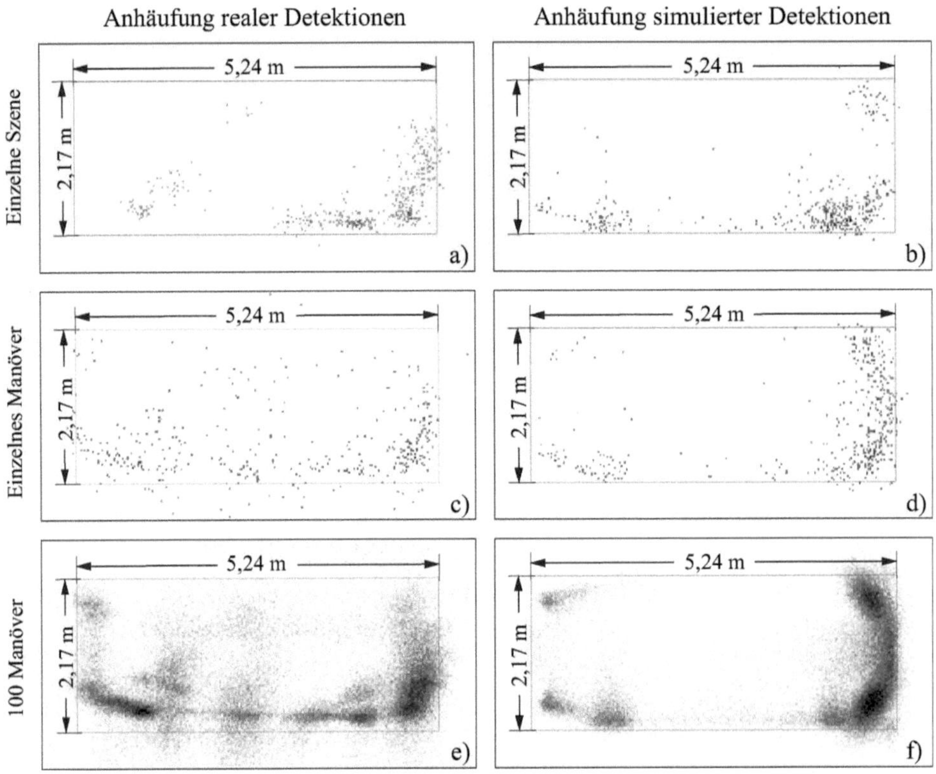

Bild 11: Vergleich realer und simulierter Fahrten. In den Grafiken a) und b) sind die Detektionsverteilungen zu einem ausgewählten Zeitpunkt dargestellt. In c) und d) hingegeben sind die Detektionen eines gesamten Überholmanövers gegenübergestellt. In Bild e) und f) befinden sich die Detektionen aller einhundert Manöver. Das Ziel der hypothesentestbasierten Validierung ist, es Abweichungen zwischen Modell und Realität zu erkennen und ggf. das Modell zu verwerfen.

1.5 Zusammenfassung und Ausblick

In diesem Beitrag wurden zwei neuartige Methoden zur Sensormodellvalidierung vorgestellt und erprobt. Validierungsmaße und dazugehörige Konsistenzkriterien wurden mathematisch definiert. Ein hybrides Radardetektionsmodell wurde vorgestellt und mit einem realen Messdatensatz optimiert. Die Validierungsresultate sind in den nachfolgenden Tabellen nochmals zusammengefasst.

Der Modellierungsansatz weist Vorteile bei der Umsetzung sensorspezifischer Messcharakteristiken auf. Die datenbasierte Optimierung bietet viel Potential und muss erweitert werden. Die Analyse der Messabweichungen ist hierbei entscheidend. Das Radarmodell generiert für das betrachtete Manöver plausible Detektionspositionen, ist jedoch bezüglich der vorgestellten Validierungsmethodik als nicht valide einzustufen.

Tabelle 1: Ergebnisse der in Abschnitt 1.3.2.1 vorgestellten szenarienbasierten Validierungsmethodik (zeitunabhängig).

	Real	**Simulation**
Real	81,1%	0%
Simulation	0%	77,2%

Tabelle 2: Ergebnisse der in Abschnitt 1.3.2.2 vorgestellten zeit- und positionsbasierte Validierungsmethodik.

	Real	**Simulation**
Real	11,0%	3,1%
Simulation	3,1%	74,6%

Hervorzuheben ist vor allem die Tatsache, dass die hypothesentestbasierte Validierung die beiden Konsistenzkriterien

$$V\left(Y_{real}^{(1)}, Y_{real}^{(2)}\right) = 1 \quad \text{und} \quad V\left(Y_{sim}^{(1)}, Y_{sim}^{(2)}\right) = 1 \tag{21}$$

nicht erfüllt. Ein umfassendes Verständnis der Validierungsmethodik und deren Einflussparameter ist nötig. So muss zum Beispiel die Datenmenge, die Wahl des Signifikanzniveaus und die Effektstärke weiter untersucht werden. Erst so kann entschieden werden, ob eine Modellierung mit dem Ziel, bezüglich eines derart strikten Kriteriums valide zu sein, realisierbar ist. Darüber hinaus ist eine Anwendung der von Coscrato et al. vorgestellten agnostischen Hypothesentests zu prüfen [24].

Literatur

[1] Holder, M., Rosenberger, P., Winner, H., D'hondt, T., Makkapati, V., Maier, M.,Schreiber, H., Magosi, Z., Slavik, Z., Bringmann, O., and Rosenstiel, W., „Measurements revealing Challenges in Radar Sensor Modeling for Virtual Validation of Autonomous Driving“, In *Proc. of the 21st International Conference on Intelligent Transportation Systems (ITSC)*, pp. 2616–2622, 2018.

[2] Association for Standardization of Automation and Measuring Systems (ASAM), „BMW transfers Open-Simulation-Interface (OSI) to ASAM“, 2019.

[3] Hanke, T., Hirsenkorn, N., Dehlink, B., Rauch, A., Rasshofer, R., and Biebl, E., „Generic Architecture for Simulation of ADAS sensors“, In *Proc. of the 16th International Radar Symposium*, pp. 125–130, 2015.

[4] Patole, S., Torlak, M., Wang, D., and Ali, M., „Automotive Radars: A review of signal processing techniques“, *Signal Processing Magazine*, Vol. 34, pp. 22–35, 2017.

[5] Richards, M. A., *„Fundamentals of Radar Signal Processing“*, McGraw-Hill Education, 2014.

[6] Holder, M., Linnhoff, C., Rosenberger, P., and Winner, H., „The Fourier Tracing Approach for Modeling Automotive Radar Sensors“, In *Proc. of the 20th International Radar Symposium*, pp. 1–8, 2019.

[7] Berthold, P., Michaelis, M., Luettel, T., Meissner, D., and Wuensche, H.-J., „An Abstracted Radar Measurement Model for Extended Object Tracking“, In *Proc. of the 21st International Conference on Intelligent Transportation Systems*, pp. 3866 – 3872, 2018.

[8] Bühren, M. and Yang, B., „Simulation of Automotive Radar Target Lists using a Novel Approach of Object Representation“, In *Proc. of the Intelligent Vehicles Symposium*, pp. 314–319, 2006.

[9] Buddendick, H., Eibert, T., and Hasch, J. , „Bistatic Scattering Center Models for the Simulation of Wave Propagation in Automotive Radar Systems“, In *Proc. of the German Microwave Conference*, pp. 288–291, 2010.

[10] MathWorks, *MATLAB: Model Radar Sensor Detections*. Math-Works, https://de.mathworks.com/help/driving/examples/model-radar-sensordetections.html, MATLAB R2019b, 2019.

[11] Eder, T., Hachicha, R., Sellami, H., van Driesten, C., and Biebl, E., „Data Driven Radar Detection Models: A Comparison of Artificial Neural Networks and Non Parametric Density Estimators on Synthetically Generated Radar Data“, *In Proc. of the Kleinheubach Conference*, pp. 1–4, 2019.

[12] Schaermann, A., Rauch, A., Hirsenkorn, N., Rasshofer, R., and Biebl, E., „Validation of Vehicle Environment Sensor Models“, In *Proc. of the Intelligent Vehicles Symposium*, pp. 405–411, 2017.

[13] Rosenberger, P., Wendler, J. T., Holder, M., Linnhoff, C., Berghöfer, M., Winner, H., and Maurer, M., „Towards a Generally Accepted Validation Methodology for Sensor Models – Challenges, Metrics, and First Results“, In *Graz Symposium Virtual Vehicle (GSVF)*, pp. 1–13, 2019.

[14] Marko, N., Ruebsam, J., Biehn, A., and Schneider, H., „Scenario based Testing of ADAS – Integration of the Open Simulation Interface into Co-simulation for Function Validation“, In *Proc. of the 9th International Conference on Simulation and Modeling Methodologies, Technologies and Applications*, pp. 255–262, 2019.

[15] Winner, H., Hakuli, S., Lotz, F., and Singer, C., „Handbuch Fahrerassistenzsysteme“, Springer Vieweg, 3rd Edition, pp. 453–478, 2015.

[16] Hanke, T., Schaermann, A., Geiger, M., Weiler, K., Hirsenkorn, N., Rauch, A., Schneider, S.-A., and Biebl, E., „Generation and validation of virtual pointcloud data for automated driving systems“, In *IEEE 20th International Conference on Intelligent Transportation Systems*, 2017.

[17] Gutiérrez-Meana, J., Á, J. M.-L., and Las-Heras, F., „High frequency techniques: the physical optics approximation and the modified equivalent current approximation (meca)“, In *Electromagnetic Wave Propagation in Complex Matter*, 2011.

[18] Kellner, D., Barjenbruch, M., Klappstein, J., Dickmann, J., and Dietmayer, K., „Wheel extraction based on micro doppler distribution using highresolution radar“, In *Proc. of the International Conference on Microwaves for Intelligent Mobility*, pp. 1–4, 2015.

[19] Lopes, R. H., Reid, I., and Hobson, P. R., „The two-dimensional Kolmogorov-Smirnov test“, *International Workshop on Advanced Computing and Analysis Techniques in Physics Research*, 2007.

[20] Topsøe, F., „On the Glivenko-Cantelli Theorem“, *Zeitschrift für Wahrscheinlichkeitstheorie und verwandte Gebiete*, Vol. 14, No. 3, pp. 239–250, 1970.

[21] Hedderich, J. and Sachs, L., „Angewandte Statistik – Methodensammlung mit R“, Springer Spektrum, pp. 520–594, 2018.

[22] Fasano, G. and Franceschini, A., „A multidimensional version of the Kolmogorov Smirnov test“, *Monthly Notices of the Royal Astronomical Society*, Vol. 225, pp. 155–170, 1987.

[23] International Organization for Standardization, Road vehicles – Heavy commercial vehicle combinations and articulated buses – Lateral stability test methods (ISO 14791:2000-04), 2000.

[24] Coscrato, V., Izbicki, R., and Stern, R. B., „Agnostic tests can control the type I and type II errors simultaneously“, 2018.

Kapitel 2
Kernlose magnetische Stromsensoren für Hochleistungs-E-Antriebe

Leo Aichriedler[1]**, Gerald Wriessnegger**[1]

Kurzfassung Getrieben durch die fortschreitende Elektrifizierung von Fahrzeugen kommt der hoch performanten Messung von Strömen eine immer größere Bedeutung zu. Speziell der Bereich der Hochstrom-Sensorik ist für viele sich rasch entwickelnde Applikationsfelder von großem Interesse. Derartige Sensoren kommen sowohl in Applikationen zur Stromverteilung, zur Ladungsüberwachung von Batterien und natürlich in elektrischen Hochleistungsantrieben zum Einsatz. In der Vergangenheit wurden im automotiven Umfeld für die Strommessung vorwiegend Leistungswiderstände eingesetzt; Magnetische, kernbasierte Sensoren fanden aufgrund technischer Nachteile und vor allem wegen ihrer Kosten nur in wenigen Sonderapplikationen Anwendung. Durch die Einführung von optimierten, kernlosen magnetischen Sensoren ist es möglich kostensensitive Applikationen mit sehr hohen Anforderungen an die Leistungsfähigkeit und auch die funktionale Sicherheit zu adressieren.

2.1 Einleitung

2.1.1 Bedeutung der Stromsensorik in der Regelungstechnik

Die Messung von Strömen stellt in vielen regelungstechnischen Applikationen der Leistungselektronik ein Schlüsselelement dar. Während zum Beispiel bei Antrieben die Strommessung zur Regelung des abgegebenen Drehmoments erforderlich ist, wird bei Batterie-Management Systemen eine hochgenaue Strommessung zur Ermittlung des aktuellen Ladezustands (SoC) benötigt. Obwohl die gemessene Größe die gleiche ist, sind die Anforderungen an die Stromsensorik in vielen Bereichen unterschiedlich. Für Antriebe wird eine Strommessung mit hoher Linearität und moderater Offset-Genauigkeit bei relativ

---

[1] Infineon Technologies Austria AG.

T. Tille (Hrsg.), *Automobil-Sensorik 3*, https://doi.org/10.1007/978-3-662-61260-6_2

niedrigen Frequenzen (im Bereich von einigen kHz) gefordert. Für die SoC-Messung hingegen ist die zu messende Frequenz extrem gering (wenige Hz), dafür steht hier der Offset (Nullpunkts)-Fehler und die absolute Genauigkeit (Verstärkungsfehler) über einen sehr weiten Strombereich (wenige mA bis in den kA-Bereich) im Fokus. Bei DC/DC-Applikationen ist aufgrund der hohen Schaltfrequenzen in der Regel eine Bandbreite bis in den MHz-Bereich, allerdings mit moderaten Anforderungen an die absolute Genauigkeit des Sensors gefordert. Durch die sehr unterschiedlichen Anforderungen ist also zu erwarten, dass die entsprechenden technologischen Umsetzungen auch unterschiedlich sein werden. In diesem Beitrag soll der Fokus auf Stromsensoren für elektrische Antriebe liegen, daher wird in einem ersten Abschnitt das Anforderungs-Profil für dieses Applikationsfeld näher beleuchtet.

2.1.1.1 Stromsensorik für elektrische Antriebe

Aufgrund der gestiegenen Leistungsfähigkeit der Recheneinheiten nimmt auch die Komplexität der Steuerung für Hochleistungsantriebe stetig zu. Eine Regelung des Ausgangsdrehmoments ist mittlerweile zum Standard auch für kleinere Maschinen und Antriebe geworden. Die für Hochleistungs-Antriebe meistgebräuchliche Implementierung einer Drehmoment-Regelung ist die Feldvektor-Steuerung (FOC).

Aus der allgemeinen Drehmomentgleichung (1) für Maschinen ist ersichtlich, dass das abgegebene Drehmoment T von der mechanischen Konstruktion des Antriebes (Polpaarzahl p, Flussverkettung ψ_s) und dem Stromvektor $\underline{i}_s$ abhängig ist (vgl. Bild 1).

$$T = \frac{3}{2} p \operatorname{Im}\left[\overline{\underline{\psi}}_s \underline{i}_s\right] \tag{1}$$

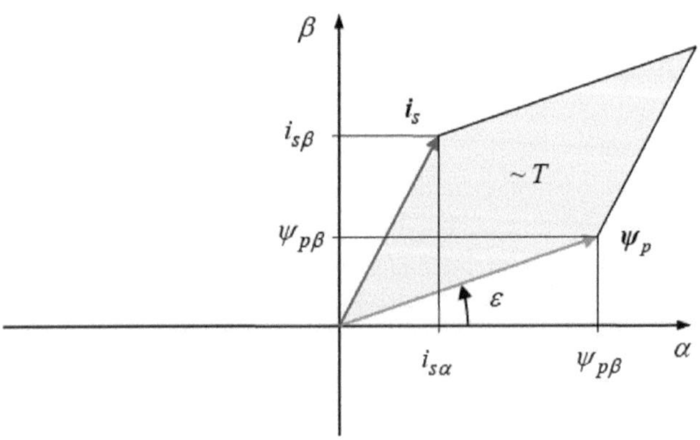

Bild 1: Drehmomentbildung einer permanent erregten Synchronmaschine [1].

Dieser Zusammenhang kann in einem orthogonalen α, β-Koordinatensystem bei einem permanenterregten Motor auch wie folgt angegeben werden [3]:

$$T = -i_{s\alpha}\psi_p \sin\varepsilon + i_{s\beta}\psi_p \cos\varepsilon \tag{2}$$

In Vektorschreibweise ergibt sich [3]:

$$\bar{i}_s = \begin{bmatrix} i_{s\alpha} \\ i_{s\beta} \end{bmatrix}, \quad \overline{\psi}_p = \begin{bmatrix} \psi_{p\alpha} \\ \psi_{p\beta} \end{bmatrix} = \psi_p \begin{bmatrix} \cos\varepsilon \\ \sin\varepsilon \end{bmatrix} \tag{3}$$

$$T = \psi_{p\alpha} i_{s\beta} - \psi_{p\beta} i_{s\alpha} = \overline{\psi}_p \times \bar{i}_s \tag{4}$$

Um den Regelungsalgorithmus nun zu vereinfachen werden bei der Feldvektorsteuerung alle statorbezogenen Regel- und Messgrößen in das Rotorbezugssystem transformiert (Park-Transformation). Im Falle des obigen Beispiels der Synchronmaschine wird das rotorbezogene Koordinatensystem in die Position der Permanentmagneten (ψp) gelegt (vgl. Bild 2). Mit dieser mathematischen Transformation ergibt sich nun für das Drehmoment *T* im Bezug zu dem mitdrehenden Koordinatensystem:

$$T = \frac{3}{2} p \, \psi_p i_{sq} \tag{5}$$

Der Strom wird wie folgt in das mitdrehende Koordinatensystem transformiert:

$$i_{sq} = -i_{s\alpha} \sin\varepsilon + i_{s\beta} \cos\varepsilon \tag{6}$$

Mit Hilfe dieser Transformation kann nun das mechanische Ausgangsdrehmoment des Antriebes auf die skalare Größe i_q geregelt werden. Wie aus Gleichung (5) und (6) ersichtlich ist, ist das Drehmoment des Antriebs direkt proportional zum Statorstrom. Ein Fehler in der Strommessung wirkt sich somit direkt auf das abgegebene Drehmoment aus.

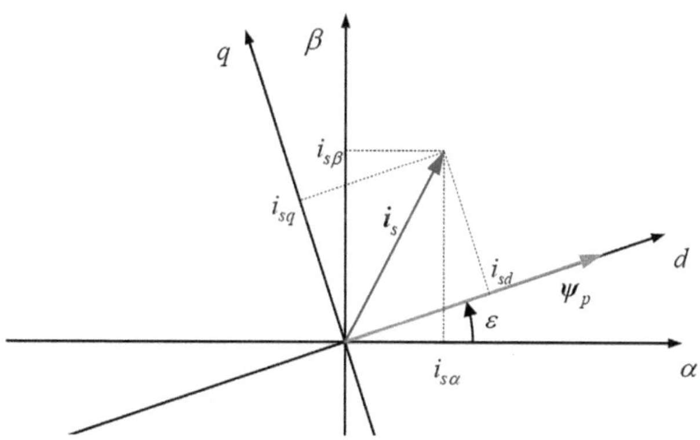

Bild 2: Transformation in ein rotorfestes Koordinatensystem [1].

Um die Transformation (6) durchführen zu können, muss der (elektrische) Rotorwinkel ε zwischen Stator und Rotor bekannt sein. Dieser kann mittels Rotorlagegeber oder auch über eine sensorlose Rotorlagebestimmung (z. B. über eine Reluktanzmessung) ermittelt werden. Ein Fehler in der Winkelmessung bewirkt somit ebenfalls einen Fehler im Ausgangs-Drehmoment. Setzt man nun einen Rotorlagegeber-Fehler von beispielsweise 10°el in Gleichung (6) an, wirkt sich im Betriebsfall $i_\alpha = i_\beta$ und $\varepsilon = 45°$ dieser doch beträchtliche Fehler in nur 1,52% Drehmoment-Schwankung aus. Der Einfluss eines Winkelfehlers ist daher deutlich geringer als jener der Stromsensorik. Eine detaillierte Betrachtung der Fehlerbeiträge der einzelnen Sensoren ist in [3] dargestellt.

Die Anforderungen an die Stromsensorik werden nachfolgend erörtert: Der Ausgang eines Leistungsumrichters erzeugt eine pulsweiten-modulierte (PWM), getaktete Rechteck-Spannung. Umrichter mit konventionellen Leistungshalbleitern arbeiten dabei in einem Frequenzbereich bis zu 20 kHz. Durch die hohe Induktivität des angeschlossenen Motors erzeugt die PWM-modulierte Rechteckspannung sinusförmige Ausgangsströme wie in Bild 3 ersichtlich, die je nach Drehzahl des Motors typischerweise eine Grundfrequenz von 0 Hz bis ca. 2 kHz aufweisen. Da die Fundamentalfrequenz des Stator-Drehfelds zur Drehmomentbildung beiträgt, ist für die Regelung eines elektrischen Antriebs also eine hoch genaue (nach Betrag und Phase) und lineare Strommessung in einem relativ niedrigen Frequenzbereich erforderlich.

Speziell bei modernen, dualen Motorkonzepten auf einer Achse oder Radnabenmotoren ist eine exakte Regelung des abgegebenen Drehmoments die maßgebende Größe für einen effizienten und ruhigen Betrieb (Vibrationen durch Drehmomentschwankungen) des Antriebs und ein sicheres Fahrverhalten. Selbst kleine Unterschiede zwischen zwei Motoren an einer Achse können zu einer gefährlichen Beeinträchtigung der Fahrdynamik führen. Deshalb sind bei derartigen Konzepten auch die höchsten Anforderungen an die Genauigkeit und funktionale Sicherheit bei Hochleistungsantrieben zu finden.

Eine weitere wichtige Funktion des Stromsensors ist der Schutz der Leistungselektronik in Fehlerfällen. Sollte es zu einem Kurzschluss im Motor oder aber auch in der Verdrahtung zum Motor kommen, ist eine sichere und schnelle Detektion des Fehlerzustands mit Hilfe des Stromsensors erforderlich.

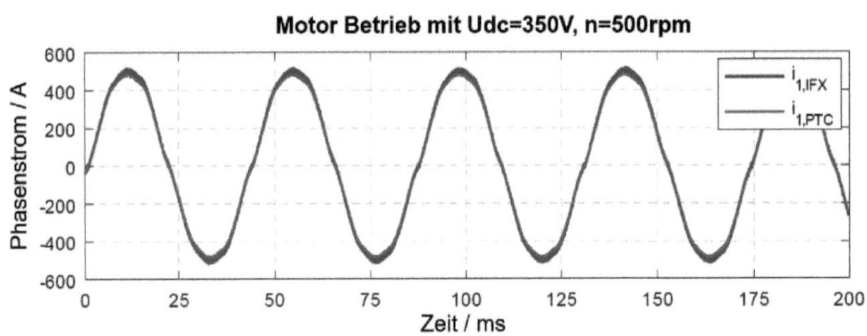

Bild 3: Typischer Ausgangsstrom eines Traktions-Umrichters.

Moderne Leistungshalbleiter und Package-Konzepte erfordern eine immer schnellere Erkennung eines Überstroms in den Ausgangsphasen um das Bauteil vor thermischer Überlastung zu schützen. Die Detektionszeit vor allem bei Halbleitern mit breitem Bandabstand, wie z. B. Siliziumkarbid (SiC) oder Galliumnitrid (GaN), sollte bereits kleiner als 1 µs betragen. Gerade in derartigen Kurzschlussfällen kann der auftretende Strom ein Mehrfaches des Nominalstroms betragen und darf hierbei auch nicht zur Zerstörung oder Beeinträchtigung der Strommessung führen. Bei Traktionsinvertern kann ein solcher Kurzschlussstrom dabei durchaus auch im Bereich von mehreren kA liegen.

Zusätzlich zur Messung der Phasenströme kann die Strommessung auch zur Bestimmung der Rotorlage verwendet werden. Hierbei gibt es verschiedenste modellbasierte Verfahren, aber auch Varianten bei denen mittels kurzen Spannungsimpulsen innerhalb einer PWM-Periode die Längs- und Querinduktivitäten des Motors während des Betriebs ermittelt werden. Solche sensorlosen Rotorpositionsbestimmungen erfordern in der Stromsensorik wesentlich höhere Bandbreiten aber auch erhöhte Anforderungen an die funktionale Sicherheit. Während derartige (rotor-)sensorlose Methoden vorwiegend in Industrie-Antrieben verwendet werden, kann im automotiven Umfeld eine auf der Strommessung basierte Rotorlage-Sensorik zur Validierung eines mechanischen Rotorlagesensors eingesetzt werden.

Damit sollte ein Stromsensor für automotive Traktionsumrichter also nicht nur die regelungstechnischen Anforderungen (hoch genaue Messung in Betrag und Phase), sondern auch eine sichere und ausreichend schnelle Detektion von Überstromereignissen unterstützen. Sofern die Strominformation auch noch zur Bestimmung der Rotorlage eingesetzt wird ist in der Regel eine verglichen mit der reinen Drehmoment-Regelung erhöhte Bandbreite bis ca. 100 kHz erforderlich.

2.1.2 Implementierungsprinzipien von Hochstrom-Sensoren für elektrische Antriebe

2.1.2.1 Einbindung der Stromsensoren in die Leistungs-Endstufe

Wie bereits in Abschnitt 2.1.1.1 beschrieben wurde, ist für die Regelung eines Antriebs der Ausgangsstrom der Inverter-Stufe maßgeblich. Für die Einbindung des Sensors in eine Leistungs-Endstufe ergeben sich verschiedene Möglichkeiten.

2.1.2.1.1 Messung im Gleichstrom-Zwischenkreis

Eine erste Möglichkeit zur Strommessung in einem Leistungsinverter ist die Integration eines gemeinsamen Sensors im Versorgungspfad der Inverterstufe. Dies kann entweder im positiven oder im negativen Versorgungspfad erfolgen, wie in Bild 4 (Position 1) gezeigt. Man spricht hier von einer indirekten Methode zur Strommessung, da die eigentlich relevante Information, die Phasenströme, hier rechnerisch aus der in der Versorgungsleitung gemessenen Stromsumme ermittelt werden muss.

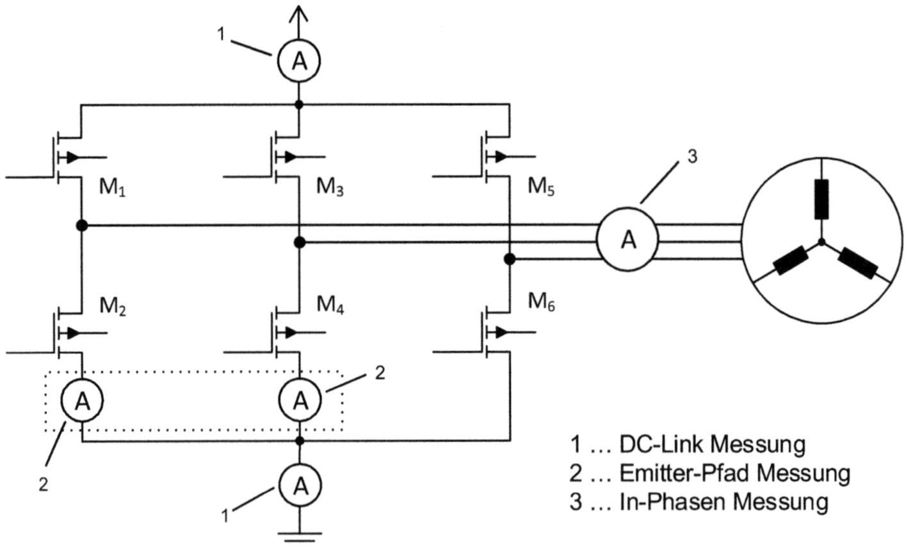

Bild 4: Einbindung der Strommessung in die Leistungs-Endstufe.

Da nur ein Stromsensor zur Messung aller Phasenströme verwendet wird, muss innerhalb eines PWM-Zyklus' mehrmals der Strom bei verschiedenen Schaltzuständen der Ausgangsphasen ausgelesen werden.

Da der Strom der jeweiligen Phase nur bei geschlossenem Leistungsschalter M_x gemessen werden kann kommt es zu diskontinuierlichen Stromverläufen im Sensor. Das Tastverhältnis der Endstufe muss limitiert werden, um eine minimale Einschaltzeit sicherzustellen, während der die Strommessung durchgeführt wird.

Innerhalb dieser Zeit ist es notwendig, dass die Störungen am Ausgangssignal aufgrund der diskontinuierlichen Bestromung abgeklungen sind, sich die Strommessung eingeschwungen hat und die Steuerungseinheit den Sensor ausgelesen hat. Für eine PWM-Frequenz von 8 kHz und ein minimales Tastverhältnis von 1% ergibt sich beispielsweise eine minimale Einschaltdauer von 1,25 µs. Um in dieser kurzen Zeitspanne eine eingeschwungene Strommessung zu erhalten ist folglich eine Sensor-Bandbreite inklusive der Signal-Nachverarbeitung im Bereich von mindestens 4 bis 6 MHz erforderlich.

Eine Erhöhung der PWM-Frequenz, die durch die Einführung von Halbleitern mit breitem Bandabstand, wie z. B. SiC oder GaN ermöglicht wird, erzeugt noch höhere Anforderungen in Bezug auf die Bandbreite. Bei einer PWM-Frequenz von 20 kHz reduziert sich beispielsweise die Einschaltzeit auf unter 500 ns. Sofern das minimale Tastverhältnis nicht weiter zugunsten der Stromsensorik kompromittiert wird, ergeben sich Bandbreite-Anforderungen, die in der Praxis nur mehr sehr schwer zu erfüllen sein werden.

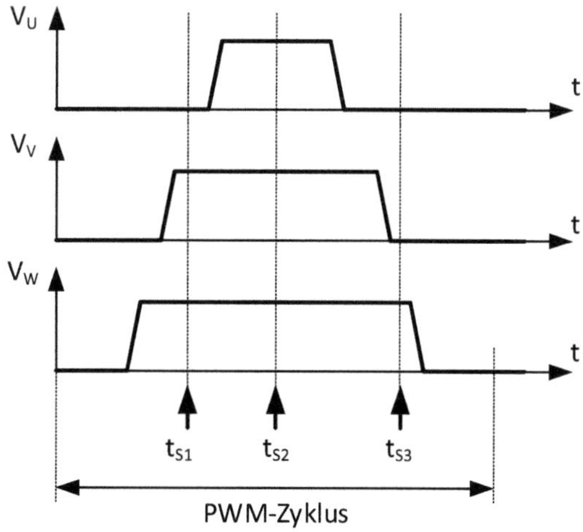

Bild 5: Abtastpunkte des Sensors in einer PWM-Periode bei unterschiedlichen Schalterstellungen der Ausgangsphasen V_U, V_V und V_W.

Ein weiterer Nachteil der Messung in Gleichstrom-Zwischenkreis ist das Schutzkonzept gegen Kurzschlüsse im Phasenabgang oder den Motorwicklungen. Nachdem die Strommessung nur bei einer bestimmten Schalterstellung durchgeführt wird, bleibt der jeweils andere Pfad gegen Kurzschlüsse gänzlich ungeschützt. Ein wirksamer Überstrom-Schutz über eine derartige Sensor-Anordnung ist damit nicht möglich.

2.1.2.1.2 Messung in den Source/Emitter-Pfaden

Alternativ ist es möglich die Strommessung in den Emitter- bzw. Source-Pfaden der Leistungsschalter durchzuführen (vgl. Bild 4, Position 2). Bei einem n-phasigen Antrieb sind dazu $n-1$ Stromsensoren erforderlich. Der Strom in dem verbleibenden Pfad kann über eine Summenbildung errechnet werden.

Durch die Verwendung mehrerer Sensoren reduziert sich die Bandbreitenanforderung an den Stromsensor selbst, da nunmehr nicht mehr wie in der in Abschnitt 2.1.2.1.1 beschriebenen Methode mehrmals pro PWM-Periode der Strom gemessen werden muss. Die weiteren Nachteile, wie der diskontinuierliche Stromverlauf durch den Sensor, das minimal einzuhaltende Tastverhältnis um eine Messung durchzuführen und der unzureichende Überstromschutz bleiben jedoch unverändert.

Ein weiterer negativer Aspekt der in den Emitter- bzw. Source-Pfaden geschalteten Stromsensoren ist der Umstand, dass der gesamte Strom eines Pfades durch eine Messstelle im Source (bzw. Emitter)-Pfad der Schalter geleitet werden muss. Dadurch kommt es unweigerlich auch zu einer Erhöhung der parasitären Induktivität des Gleichstrom-Zwischenkreises. Die Auswirkung wird in Abschnitt 2.1.3.1 am Beispiel eines Strom-Messwiderstandes exemplarisch behandelt.

Während für die reine Funktion eine (n−1)-phasige Strommessung ausreichend ist, kann es von Vorteil sein die Messung in allen Phasen durchzuführen. Diese Redundanz kann insbesondere bei erhöhten Anforderungen an die funktionale Sicherheit notwendig sein um ein entsprechendes Sicherheitskonzept umzusetzen.

2.1.2.1.3 Messung im Phasenabgang (In-Phasen Messung)

Gemäß Bild 4, Position 3 liegt es nahe, die Stromsensorik direkt in die Phasenabgänge der Leistungselektronik einzubinden. Hiermit wird die relevante Information, der Phasenstrom, direkt gemessen. Für Hochleistungsantriebe ist diese Art der Messung daher die bevorzugte Implementierung. Im Gegensatz zu den zuvor beschriebenen Messansätzen liegt der Antriebsstrom nun als kontinuierliche Information vor; eine Einschränkung des maximalen oder minimalen Tastverhältnisses in der Endstufe ist nicht erforderlich. Es kann somit der komplette Spannungsbereich des Inverters genutzt werden, die Effizienz der Leistungselektronik wird dadurch maximiert.

Während bei den bisher diskutierten Implementierungsmethoden der Stromsensor auf ein konstantes Potenzial referenziert ist, stellt die In-Phasen Messung besondere Anforderungen an das Isolationskonzept. Die Leistungselektronik gibt ein pulsweitenmoduliertes Signal aus welches aufgrund der Induktivität des Motors in einem kontinuierlichen Strom resultiert. Die Spannung wird dabei zwischen der Versorgungsspannung (DC-Link Plus) und Masse (DC-Link Minus) alternierend geschalten. Dadurch ergeben sich sehr hohe Gleichtaktspannungen und Spannungstransienten am Stromsensor, welche das Messsignal nicht beeinflussen dürfen. In vielen Fällen ist auch eine galvanische Trennung zur Leistungselektronik zu gewährleisten, die je nach Isolationskonzept der Leistungselektronik unter Umständen auch erhöhten Isolationsanforderungen wie z. B. Basis- oder verstärkter Isolation genügen muss. Da der Phasenstrom bei der In-Phasen Messung kontinuierlich gemessen wird sind die Anforderungen an die Bandbreite des Sensors gegenüber den zuvor beschriebenen Methoden wesentlich geringer.

Bei der direkten Phasenstrommessung kann wie bereits in Abschnitt 2.1.2.1.2 beschrieben, bei Verwendung von je einem Sensor pro Phase die redundante Information für Anforderungen an die funktionale Sicherheit genutzt werden. Da der Ausgangsstrom kontinuierlich gemessen wird kann nun auch eine Detektion von Kurzschlüssen in der Maschine oder in der Leistungsverdrahtung realisiert werden. Ein Fehler in der Leistungsendstufe kann mit dieser Implementierung allerdings nicht erfasst werden. Hierfür muss bei der direkten Phasenstrommessung eine zusätzliche Schutzfunktion z. B. im Gleichstrom-Zwischenkreis implementiert werden.

2.1.3 *Messprinzipien für die Strommessung*

2.1.3.1 Strommessung über Leistungswiderstände

Die Strommessung über in den Leiter geschaltete Leistungswiderstände (Shunts) und eine Schaltung zur Signalkonditionierung stellt die einfachste und daher auch konventionelle Methode der Strommessung im automobilen Umfeld dar. Widerstands-Elemente zeichnen sich durch eine sehr hohe Linearität und hohe elektromagnetische Verträglichkeit (EMV) aus. Während bei niedrigen Strömen und damit verbunden konventionellen Aufbau- und Verbindungstechniken (z. B. Komponenten mit Oberflächenmontage (surface mounted devices, SMD) auf einer Mehrlagen-Leiterplatte (printed circuit board, PCB)) die Einbringung eines Widerstands in den Stromkreis keine besondere Problematik darstellt ergeben sich bei Hochstrom-Applikationen allerdings mehrere Herausforderungen, die nachfolgend beschrieben werden.

Verlustleistung: Entsprechend seinem Widerstandswert produziert ein Messwiderstand eine dem Stromquadrat proportionale Verlustleistung. Um den Widerstand in den Stromkreis einzubringen muss dieser unterbrochen und über den an der Oberfläche befindlichen Widerstand geführt werden. Dies bedeutet, dass sich der für die Verlustleistung relevante Widerstand aus dem Anteil für die Zu- und Ableitung und dem eigentlichen Widerstandswert zusammensetzt. Vor allem bei kostengünstigen Aufbau-Techniken (Mehrlagen-PCBs) kann der zusätzliche Widerstand durch die Verdrahtung beträchtlich werden und trägt damit wesentlich zur umgesetzten Verlustleistung bei.

Bild 6 zeigt schematisch einen Aufbau einer typischen Vierlagen-Leistungsplatine mit 70 µm dicken Außenlagen und zwei 140 µm Innenlagen. Über eine einfache Finite-Elemente-Simulation (FEM) ergibt sich für einen Messwiderstand von 200 µΩ bei Raumtemperatur ein Gesamtwiderstand von 330 µΩ (vgl. Bild 7).

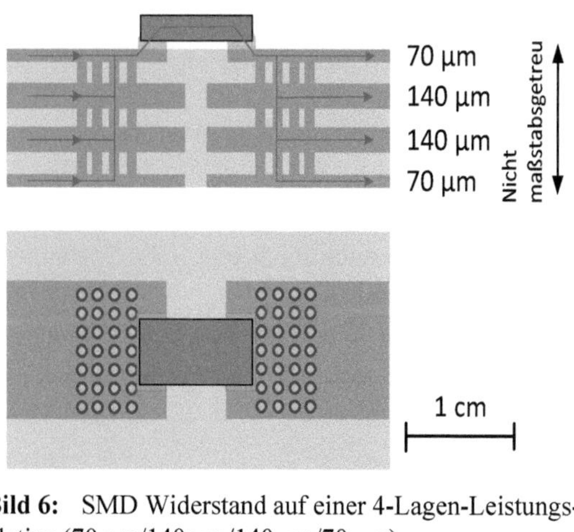

Bild 6: SMD Widerstand auf einer 4-Lagen-Leistungsplatine (70 µm/140 µm/140 µm/70 µm).

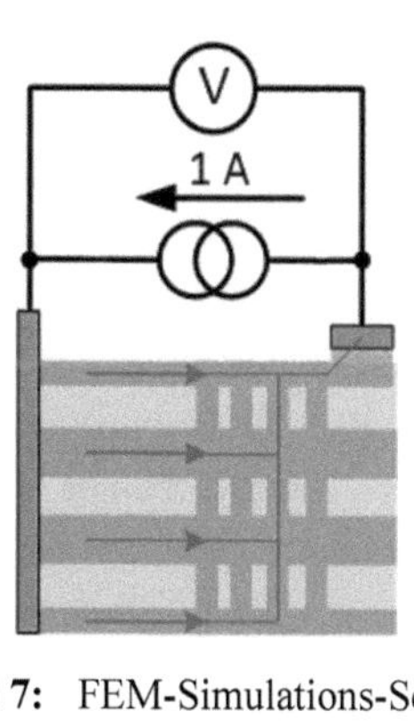

Bild 7: FEM-Simulations-Setup.

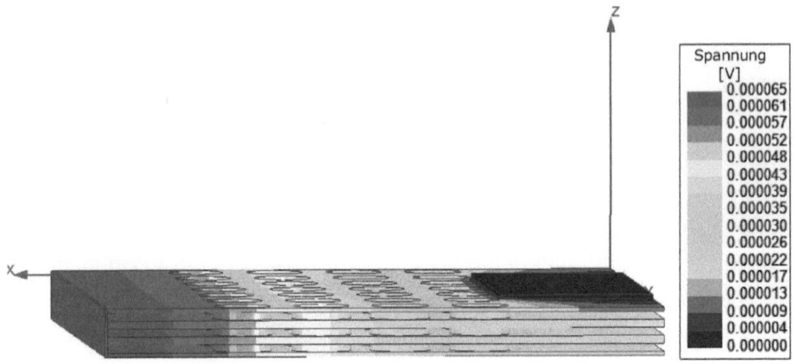

Bild 8: FEM-Simulation des Gesamtwiderstands (Halbseite).

Die Verdrahtung und die Lötverbindungen des Widerstands bewirken also eine Widerstandserhöhung von über 50%. Bei einem Strom von 200 A RMS fällt anstelle der zu erwartenden Leistung von 8 W also eine Verlustleistung von 13,2 W an. In vielen Fällen ist die Einbuße am Wirkungsgrad eines Gesamtsystems dabei ein sekundäres Problem; die Ableitung des sehr lokal generierten Leistungseintrags in die Schaltung und die auftretenden hohen Stromdichten stellen aber eine technologische Herausforderung und auch einen gewichtigen Kostenfaktor dar.

Parasitäre Induktivität: Durch den Widerstand und die notwendige Verdrahtung entsteht neben dem erhöhten ohmschen Widerstand auch noch eine zusätzliche Induktivität.

Je nach Einbringungsort (vgl. Abschnitt 2.1.2.1) und den damit verbundenen Stromverläufen kann diese Induktivität sehr hohe Spannungstransienten bewirken, wodurch es zu Problemen bei der Steuerbarkeit der Schaltflanken bzw. der Strom-Kommutierung kommt. Ein vereinfachtes Beispiel einer Inverter-Ausgangsstufe ist in Bild 9 dargestellt. Für die Strommessung wird dabei ein idealer Widerstand R_{Shunt} von 200 µΩ bzw. ein realer Widerstand mit einer zusätzlichen Serien-Induktivität L_{Streu} von 10 nH eingesetzt. L_{Streu} repräsentiert dabei nicht nur die Induktivität des eigentlichen Widerstandselements, sondern auch jene der Zuleitung. Der Laststrom wird als konstant mit 50 A angenommen, die Spannung am DC-Link beträgt 48 V. Anhand der Vergleichssimulationen ist sehr deutlich der Einfluss der Streuinduktivität zu sehen: Während es bei einem idealen Widerstand zu einem sehr sanften Umschalten zwischen oberem Leistungsschalter M_1 und unterem Leistungsschalter M_2 kommt, entstehen aufgrund der Streuinduktivität sehr hohe Spannungsspitzen und eine verzögerte Kommutierung des Stromes.

Es ist naheliegend, dass derartige Spannungsspitzen zu potenziellen EMV-Problemen führen. Darüber hinaus ist zu beachten, dass die Leistungselemente entsprechend der zu erwartenden Überspannung überdimensioniert werden müssen, was zu erheblichen Mehrkosten auf der Leistungsseite führt.

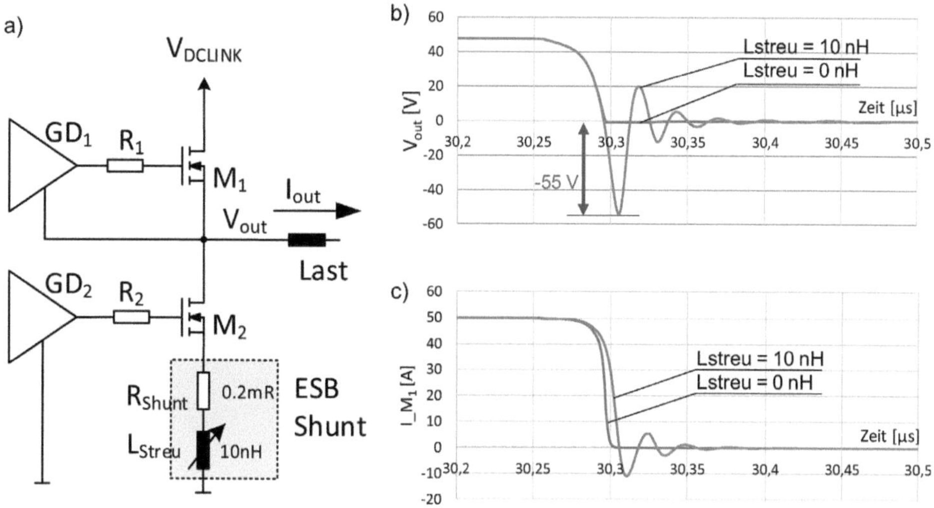

Bild 9: a) Ersatzschaltbild einer Inverter-Endstufe, b) Abhängigkeit der Spannungsverläufe und c) Abhängigkeit der Stromverläufe von der Source-Streuinduktivität.

Signal-Aufbereitung: Um den Spannungsabfall und damit die Verlustleistung am Widerstandselement R_1 so gering als möglich zu halten wird das verfügbare Messsignal sehr gering sein. Daher ist eine entsprechende Signalaufbereitung (Filterung, Verstärkung) für die Weiterverarbeitung in einem Mikrocontroller unumgänglich. In vielen Fällen ist es dazu aufgrund der funktional bedingten Variation der Gleichtakt-Spannung (Phasen-Strommessung oder durch parasitäre Effekte auch im Masse-Pfad) erforderlich, einen entsprechend hochwertigen Instrumentierungsverstärker OP_1 zu implementieren (vgl. Bild 10).

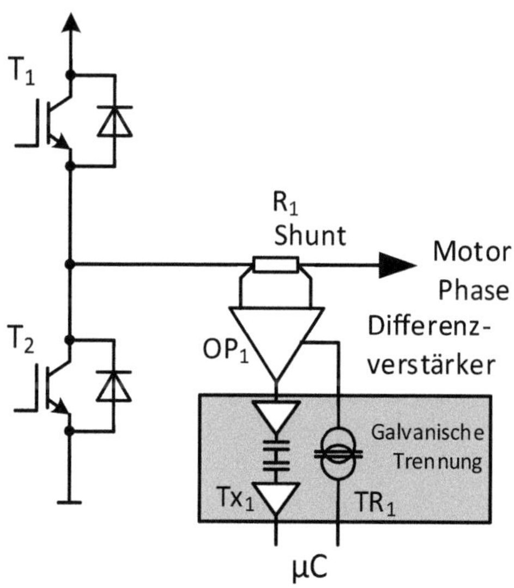

Bild 10: Phasenstrommessung mit Shunt und galvanischer Trennung.

Galvanische Trennung: In vielen Inverter-Schaltungen ist es notwendig, eine galvanische Trennung zwischen der Leistungsendstufe und der Ansteuer-Elektronik herzustellen. Nachdem die Widerstandsmessung naturgemäß mit der Leistungsseite verbunden ist, muss das Signal also über eine Isolationsstufe Tx_1 übertragen werden. Darüber hinaus muss eine entsprechende Versorgung der Verstärkerstufe mit einer vom Logik-Teil galvanisch getrennten Niederspannungsquelle TR_1 realisiert werden (vgl. Bild 10).

Während die Strommessung über Widerstände aufgrund der Einfachheit eine sehr kostengünstige Implementierung suggeriert, sind die erforderlichen Zusatzaufwände für die Einbringung des Widerstands-Elements, die Kühlung, die Signalaufbereitung, die Spannungsversorgung, die Kompensation parasitärer Effekte und auch die galvanische Trennung bei leistungselektronischen Applikationen oft beträchtlich und können die Kosten für das einfache Sensor-Element um ein Vielfaches übersteigen.

2.1.3.2 Strommessung über magnetische Prinzipien

Die Strommessung mit magnetischen Prinzipien erfolgt über das vom Teststrom generierte Magnetfeld. Dabei wird grundsätzlich zwischen kernbasierten und kernlosen Sensoren unterschieden (vgl. Bild 11).

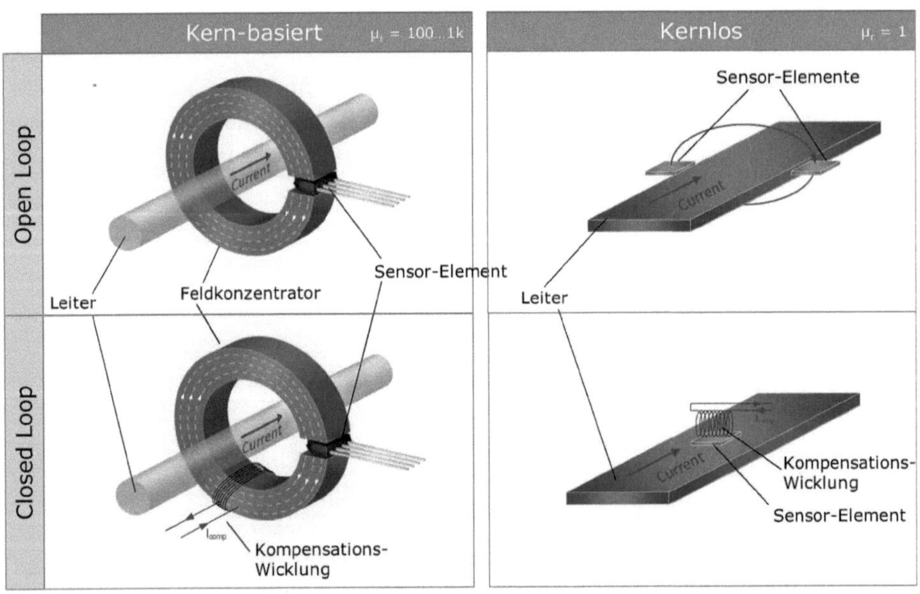

Bild 11: Übersicht magnetische Stromsensor-Prinzipien.

2.1.3.2.1 Kernbasierte Sensoren

Bei kernbasierten Sensoren wird ein ferromagnetischer Kern verwendet um die für die Messung zur Verfügung stehende magnetische Flussdichte zu verstärken. Bei Open-loop-Sensoren ist die Flussdichte im Eisenkern proportional zum Messstrom. Diese lässt sich sehr einfach über ein in einen Luftspalt eingebrachtes Sensor-Element messen. In der Annahme eines linearen Zusammenhangs zwischen magnetischer Erregung und Flussdichte kann damit auf den Teststrom zurückgeschlossen werden.

Um Fehlerquellen durch den Eisenkern zu minimieren, kann anstelle einer linearen Messung der Flussdichte, auch eine Kompensationsmethode (closed-loop) verwendet werden. Bei diesem Prinzip wird analog zum sogenannten Open-loop-Sensor ebenfalls eine Messung der Flussdichte im Eisenkern durchgeführt. Allerdings wird über eine Kompensationswicklung am Eisenkern die resultierende Flussdichte auf einen festen Wert (z. B. Null) kompensiert. Bei derartigen Sensoren ist somit der Kompensationsstrom direkt proportional zum Teststrom.

Nachdem sich damit eine Vielzahl von Fehlereinflüssen durch den Eisenkern minimieren lassen, wird über Closed-loop-Sensoren eine deutlich genauere Strommessung erzielt. Allerdings sind die Komplexität des Sensors und die Verlustleistung aufgrund der Kompensationswicklung und deren Ansteuerung deutlich höher.

2.1.3.2.2 Kernlose Sensoren

Bei kernlosen Sensoren wird auf die Verwendung eines Eisenkerns verzichtet und die Strommessung nur über das direkt vom Teststrom erzeugte Magnetfeld durchgeführt. Während eine Vielzahl möglicher Fehlerquellen aufgrund der Eisenkern-Vermeidung ausgeschlossen wird, ist die Größe der zur Verfügung stehenden magnetischen Flussdichte signifikant kleiner. Daher ist der Aufbau des Magnetkreises von besonderer Bedeutung. Grundsätzlich kann auch hier, analog zu den kernbasierten Sensoren, zwischen Open-loop- und Closed-loop-Sensoren unterschieden werden. Während bei Open-loop-Sensoren die Flussdichte über hoch lineare Sensor-Elemente gemessen wird, wird bei Closed-loop-Sensoren die vom Teststrom generierte Flussdichte über eine Kompensationswicklung egalisiert. Im zweiten Fall ist die Linearität des Sensorelements wiederum von untergeordneter Bedeutung.

Ein weiteres Unterscheidungskriterium ist die gewählte Messmethode. Bei kernbasierten Sensoren werden nahezu ausschließlich Monozellen, also Sensorelemente mit einem einzelnen sensitiven Element eingesetzt. Kernlose Sensorimplementierungen können mit einem oder auch mehreren Sensor-Elementen realisiert werden. Die Wahl der Sensor-Anordnung hat speziell Auswirkungen auf den Aufbau des Magnetkreises und die Robustheit der Sensor-Anordnung gegenüber externen Streufeldern. Bei Monozellen kann nicht zwischen Nutz- und Streufeldern unterschieden werden. Bei diesen Implementierungen sind also externe Schutzmaßnahmen, z. B. Schirmbleche erforderlich. Differenzielle Methoden mit zwei oder mehreren sensitiven Elementen können so ausgeführt werden, dass Streufelder durch die Sensor-Anordnung und/oder über die nachfolgende Signalverarbeitung entsprechend unterdrückt werden. Die einzelnen Implementierungen kernloser Sensor-Systeme werden in Abschnitt 2.3 näher betrachtet.

2.2 Stromsensorik für moderne Leistungshalbleiter

Im Bereich der Leistungshalbleiter findet bei den konventionellen Technologien im Bereich der Feldeffekt-Transistoren (FETs) und Isolated Gate Bipolar Transistoren (IGBTs) eine kontinuierliche Weiterentwicklung statt. Darüber hinaus kommt es auch bei Hochstrom-Anwendungen zu einer verstärkten Verwendung neuer Technologien wie Silizium-Carbid (SiC) und Gallium-Nitrid (GaN). Um die Vorteile der jeweiligen Technogien voll nutzen zu können, werden in vielen Fällen auch neue Konzepte für Gehäuse-Technogien aber auch für die weitere Aufbau- und Verbindungstechnik eingesetzt.

Neben den Auswirkungen der Aufbau- und Verbindungstechnik auf die System-Integration der Stromsensoren ergeben sich für die individuellen Schaltertypen auch erweiterte elektrische Anforderungen an ein Stromsensorik-Konzept.

2.2.1 Höhere Schaltgeschwindigkeiten für höhere Schaltfrequenzen

Durch die relativ geringe Schaltgeschwindigkeit von IGBT-Leistungsschaltern und die damit verbundenen hohen Schaltverluste ist es notwendig die PWM-Frequenz von Leistungsumrichtern sehr niedrig zu halten. Typische Betriebsfrequenzen von automobilen Traktionsumrichtern liegen derzeit im Bereich von 8 bis 10 kHz bei einer Spannungssteilheit von 4 bis 10 kV/µs. Optimierte Schalter-Technologien ermöglichen deutlich schnellere Schaltvorgänge (15 bis 50 kV/µs) und damit höhere Schaltfrequenzen (bis 20 kHz, eventuell sogar darüber) bei gleichbleibenden Schaltverlusten. Höhere Schaltfrequenzen bewirken deutliche Einsparungen bei den notwendigen Filter-Elementen (Zwischenkreis-Kondensatoren, Induktivitäten). Dazu können höhere Inverter-Ausgangsfrequenzen für die Motor-Ansteuerung aber auch für Sensorik-Zwecke (sensorlose Rotorlage-Bestimmung) synthetisiert werden. Die maximal möglichen Schaltfrequenzen werden einerseits durch die verfügbaren Isolationsmaterialien ($\mathrm{d}V/\mathrm{d}t$ induzierte Teilentladungseffekte [2]) aber auch durch EMV-Anforderungen limitiert.

Durch die höhere Schaltfrequenz wird das für eine eventuelle Messung im Gleichstrom-Zwischenkreis oder Emitterpfad (vgl. Abschnitt 2.1.2.1.1 und 2.1.2.1.2) zur Verfügung stehende Zeitfenster kürzer. Das nutzbare Tastverhältnis verringert sich oder die Bandbreite-Anforderungen an den Stromsensor steigen sehr stark an. Für Anwendungen im Hochleistungsbereich ist daher bei Verwendung von schnellen Schaltern die Implementierung einer In-Phasen Sensorik sinnvoll.

2.2.2 *Reduktion von Leitungsverlusten vs. Verringerung der Kurschlussfestigkeit*

Die Optimierung von Leistungshalbleitern in Bezug auf die Leitungsverluste (Einschaltwiderstand R_{DSon} von FETs, Kollektor-Emitter Sättigungsspannung V_{CEsat} bei IGBTs) führt zu einer kontinuierlichen Reduktion der Kurzschlussfestigkeit der Bauelemente. Während bei konventionellen IGBT-Technologien noch Kurzschluss-Dauern von bis zu 10 µs tolerabel waren, erfordern optimierte IGBT-Technologien mittlerweile eine Kurzschluss-Abschaltung innerhalb 3 µs. Bei Wide-Bandgap Materialien (SiC, GaN) sind die tolerierten Kurzschlussdauern mitunter noch deutlich kürzer.

Durch diese hohe Vulnerabilität der Leistungshalbleiter steigen damit auch die Anforderungen an eine Erkennung von Überlastzuständen bzw. Kurzschlüssen. Nachdem zur Abschaltung der Leistungsendstufe mehrere Instanzen durchlaufen werden müssen (Detektion, Bewertung und Auslösung) beträgt das für die Detektion zur Verfügung stehende Zeitbudget nur einen Bruchteil der vom Leistungsschalter vorgegebenen Kurzschlussdauer. Um Abschaltzeiten von unter 3 µs realisieren zu können ist typischerweise im Stromsensor bzw. im Gate-Treiber eine maximale Verzögerung (inklusive der Ausblendung von sehr kurzen Stromspitzen) von maximal 1 µs erforderlich. In vielen Fällen ist es darüber hinaus vorteilhaft ein vom Stromsensor generiertes Abschaltsignal direkt an den Gate-Treiber anstatt konventionell zum Mikrocontroller zu leiten. Dies verkürzt die Signalkette und ermöglicht daher eine Reduktion der Laufzeit und die Einführung eines redundanten (vom Mikrocontroller unabhängigen) Abschaltpfades. Damit erhöhen sich jedoch auch die Anforderungen (z. B. Programmierbarkeit, Genauigkeit, Testbarkeit, funktionale Sicherheit) an die Detektionsschaltung im Stromsensor.

2.2.3 *Erhöhung der Sättigungsströme*

Die Minimierung der Leitungsverluste in Schalterelementen bedingt eine Erhöhung der Sättigungsströme, also jener Überlastströme, bei denen es zu einem überproportionalen Anstieg des Spannungsabfalls gegenüber dem Durchlassstrom kommt. De-Saturierungsschaltungen, wie sie üblicherweise in Gate-Treibern verwendet werden nutzen diesen Spannungsanstieg zur Erkennung von Überlastbedingungen.

Infolge der Erhöhung des Sättigungsstroms rückt die Erkennungsschwelle für Überlastbedingungen bei gleichem Überlaststrom sukzessive näher an den normalen Spannungsabfall heran. Reziprok erhöht sich der erkennbare Überlaststrom bei gleichbleibender Detektionsspannung. Um in solchen Systemen dennoch eine robuste und genaue Überlasterkennung zu implementieren ist es vorteilhaft, diese über eine direkte Messung des Ausgangsstroms zu realisieren.

Für die Stromsensorik ergeben sich dabei zwei wesentliche Änderungen: Für den Fall, dass die Kurzschlusserkennung über eine externe Instanz durchgeführt wird, ist der Sensor *nur* so auszulegen, dass auch beim Auftreten sehr hoher Kurzschlussströme keine Degradation des Sensors auftritt. Wird die Kurzschluss-Erkennung allerdings an den Sensor übertragen, ist diese logischerweise entsprechend sicher auszuführen. Vielmehr ist es von Bedeutung, dass die Sensorik nun so ausgelegt werden muss, dass auch beim vielfachen Überschreiten des nominalen Strombereichs noch eine sichere und genaue Erkennung des Kurzschlusses erfolgt.

2.3 Kernlose magnetische Sensorik

Wie bereits in Abschnitt 2.1.3.2.2 beschrieben, erfüllt die magnetische Sensorik mit relativ geringem Aufwand die prinzipiellen Anforderungen vieler Applikationen. Speziell im Bereich der Antriebstechnik sind für die Messung der Phasenströme mittlerweile magnetische Methoden vorherrschend.

Während das Prinzip magnetischer Sensorik grundsätzlich sehr einfach erscheint, sind bei der praktischen Implementierung in EMV-belasteten Umgebungen wie zum Beispiel Leistungs-Umrichtern sowohl seitens der Sensor-Elemente aber auch beim Aufbau des Magnetkreises entsprechende Rahmenbedingungen zu berücksichtigen.

2.3.1 Immunität gegenüber Streufeldern

Wie bei allen magnetischen Sensoren ist die Sensitivität der Sensorik gegenüber externen Streufeldern ein Schlüsselkriterium. Speziell durch die kompakte Implementierung automotiver Inverter werden sehr hohe Leistungsdichten erzielt. Dabei sind Systeme im Bereich der Schutz-Kleinspannung (12 V, 24 V, 48 V) besonders herausfordernd, da hier einerseits die isolatorisch bedingten Abstände verglichen mit HV-Systemen (Spannungslagen 400 V und 800 V) sehr gering sind und andererseits die auftretenden Ströme aufgrund der niedrigen Systemspannung sehr hoch ausfallen.

Während in der Nähe geführte stromdurchflossene Leiter offensichtliche Quellen für Streufelder darstellen, gibt es in Umrichter-Schaltungen eine Pluralität von weiteren potenziellen Störquellen, wie z. B. Filter-Drosseln, Zwischenkreiskapazitäten aber auch Leistungsmodule.

Daher ist beim Einsatz magnetischer Sensorik die Verwendung von Sensoren mit ausreichender Streufeldrobustheit unumgänglich. Diese kann entweder prinzipbedingt (intrinsisch) oder durch externe Maßnahmen (extrinsisch), z. B. mittels Schirmung realisiert werden. In den aktuell verfügbaren Normen und Standards (vgl. ISO11452-8: 2015 [5]) wird die Streufeld-Robustheit meist nur für homogene AC- und DC-Streufelder spezifiziert. Speziell bei der Stromsensorik kommt es aufgrund der hohen Packungsdichten, den damit verbundenen geringen Abständen zu potenziellen Störquellen und der Schaltvorgänge allerdings zu sehr inhomogenen und hochfrequenten Streufeldern. Bild 12 zeigt beispielsweise den Verlauf der Magnitude und des Flussdichte-Gradienten eines geraden Leiters als Funktion des Abstands.

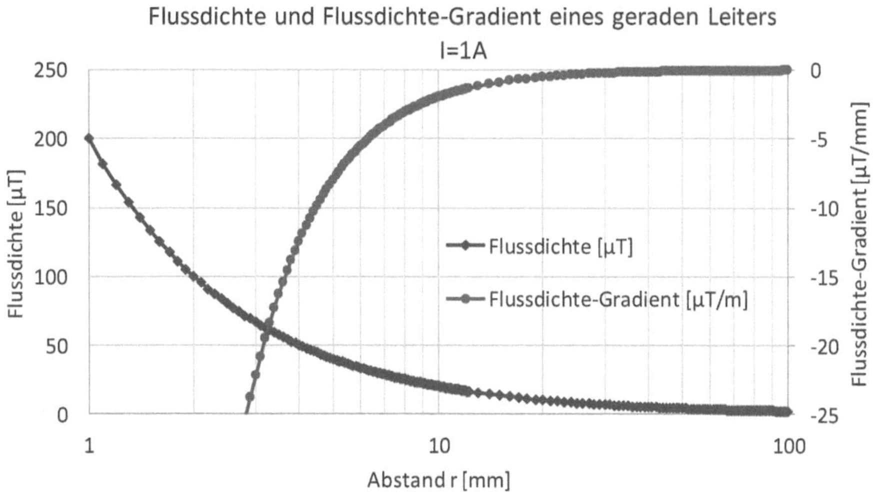

Bild 12: Streufeld und Streufeld-Gradient eines geraden Leiters.

Dies muss bei der Auslegung eines Sensorsystems in jedem Fall berücksichtigt werden. Grundsätzlich können also zwei verschiedene Ansätze zur Erreichung einer Streufeld-robusten Implementierung unterschieden werden, die nachfolgend beschrieben werden.

2.3.1.1 Schirmung und Feldkonzentrator

Bei Systemen mit einem einzelnen sensitiven Element kann durch den Sensor selbst keine Unterscheidung zwischen Nutz- und Streufeld getroffen werden. Sofern die Abstände zwischen Messleiter und potenziellen Störquellen also nicht ausreichend groß dimensioniert werden können, ist bei derartigen Implementierungen die Einführung einer magnetischen Schirmung unumgänglich. Ein möglicher Aufbau eines Stromsensors mit einer Monozelle und entsprechender Abschirmung ist schematisch in Bild 13 dargestellt.

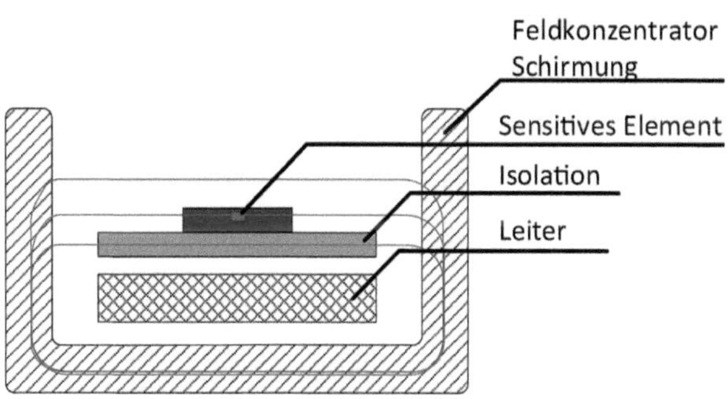

Bild 13: Schematische Darstellung einer Monozelle mit Schirmung.

Durch die Einführung einer ferromagnetischen Komponente ergibt sich ein Hybrid-System zwischen einem kernlosen und einem kernbasierten Sensor. Die um den Sensor und den Leiter angebrachte Schirmung wirkt gleichzeitig als Feldkonzentrator. Somit steht für den Sensor gegenüber einer kernlosen Lösung ein (je nach Ausbildung der Schirmung) höheres Nutzfeld zur Verfügung. Je höher der gewählte Verstärkungsfaktor, desto gewichtiger sind natürlich auch die negativen Einflüsse durch den Feldkonzentrator, wie z. B. Sättigung und Nicht-Linearitäten. Bei einer Vergrößerung des Luftspaltes wird der Einfluss des Eisenkerns minimiert, dadurch reduziert sich allerdings auch das Nutzfeld und vor allem auch die Schirmwirkung. Die gegenüber einem kernbasierten Sensor etwas vereinfachte Konstruktion führt somit zu geringerer Performance des Sensorsystems bei wichtigen Schlüsselfaktoren.

2.3.1.2 Kernlose Sensoren mit differenziellem Messprinzip

Bei Verwendung eines differenziellen Messprinzips kann auf die Verwendung einer Schirmung verzichtet werden. In diesem Fall wird über eine geeignete Leiterstruktur ein differenzielles Feld erzeugt und von mindestens zwei sensitiven Elementen gemessen.

Bild 14a zeigt schematisch den Aufbau einer derartigen Sensor-Implementierung. In diesem Fall wird eine Sensor-Struktur mit perpendikularer Sensitivität der Sensor-Elemente verwendet. Die sensitiven Elemente H_1 und H_2 sind so verschalten, dass sie gegengleiche Polarität besitzen. In der Annahme einer symmetrischen Positionierung des Sensors über der Leiterstruktur ergibt sich für die durch die Sensor-Struktur erzeugte Flussdichte $B_1 = -B_2$, beziehungsweise für die Projektion in die sensitive Ebene des Sensors $Bz_1 = -Bz_2$.

Die Ausgangsspannung V_{out} des Sensors errechnet sich durch Multiplikation mit den einzelnen Sensitivitäten der Signalpfade σ_x:

$$V_{out} = \sigma_1 B_{z1} - \sigma_2 B_{z2} \tag{7}$$

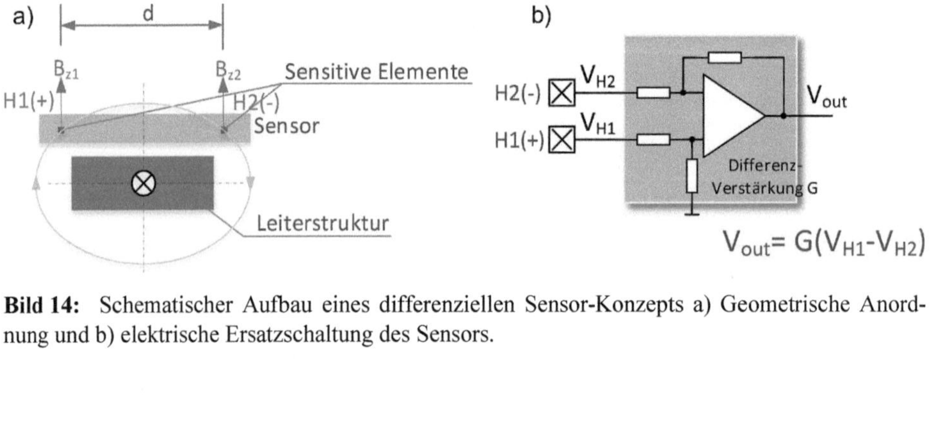

Bild 14: Schematischer Aufbau eines differenziellen Sensor-Konzepts a) Geometrische Anordnung und b) elektrische Ersatzschaltung des Sensors.

Mit der Definition der Koppelfaktoren κ als Proportionalitätsfaktor zwischen Strom und am Sensor anliegender Flussdichte erhält man:

$$B_{z1} = \kappa_1 \, I_{test} \tag{8}$$

$$B_{z2} = \kappa_2 \, I_{test} \tag{9}$$

Damit errechnet sich die Ausgansspannung über:

$$V_{out} = \sigma_1 \kappa_1 \, I_{test} \; - \sigma_2 \kappa_2 \, I_{test} \tag{10}$$

Auf Sensor-Ebene kann ein Sensitivitätsfaktor S eingeführt werden. Somit ergibt sich die Ausgangsspannung des Stromsensors:

$$S = \sigma_1 \kappa_1 - \sigma_2 \kappa_2 \tag{11}$$

$$V_{out} = S \, I_{test} \tag{12}$$

Unter der Annahme eines homogenen Streufeldes wird $B_{z1} = B_{z2}$. Die Gleichung (7) wird damit zu:

$$V_{out} = \sigma_1 B_{z1} - \sigma_2 B_{z2} = B_{z1}(\sigma_1 - \sigma_2) \tag{13}$$

Im Fall eines Streufeldgradienten $\delta B/\delta r$ ergibt sich:

$$B_{z2} = B_{z1} + \int_{r=r_1}^{r_2} \left(\frac{\partial B}{\partial r}\right) \mathrm{dr} \tag{14}$$

Gleichung (7) kann nun in einen Gleichtakt- und einen Gradienten-Anteil unterteilt werden. Der erste Term entspricht dabei der Gleichtakt-Sensitivität, während der zweite die Sensitivität gegenüber Streufeld-Gradienten repräsentiert:

$$V_{out} = B_{z1}(\sigma_1 - \sigma_2) - \sigma_2 \int_{r=r_1}^{r_2} \left(\frac{\partial B}{\partial r}\right) \mathrm{dr} \tag{15}$$

Aus Gleichung (15) ist ersichtlich, dass die Streufeld-Unterdrückung des Gleichtakt-Anteils bei einem differenziellen Sensor-Prinzip ausschließlich vom Matching der Sensitivitäten σ_1 und σ_2 abhängt. Das Matching der Sensitivitäten ist somit ein besonders wichtiger Design-Parameter für differenzielle Stromsensoren.

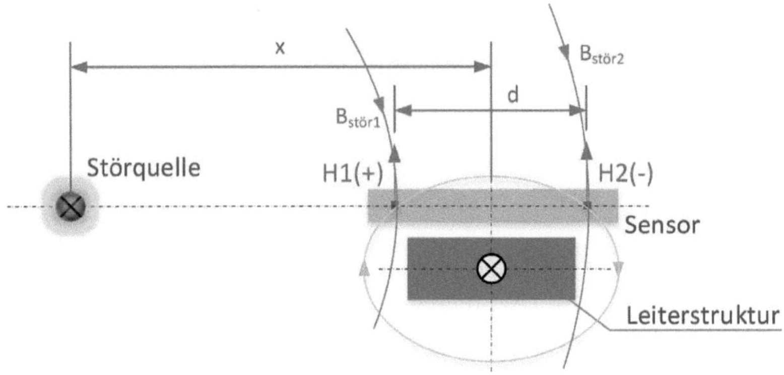

Bild 15: Vereinfachtes Modell für die Streufeld-Beeinflussung differenzieller Sensoren.

Während bei diskreten Implementierungen aufgrund von Bauteil-Streuungen und Temperaturunterschieden, Sensitivitäts-Abweichungen in der Größenordnung von mehreren Prozent zu erwarten sind, lassen sich bei monolithischer Integration der Sensorzellen in Kombination mit fortschrittlichen Abgleichmethoden Abweichungen von unter 0,2% erzielen. Der Beitrag des Gleichtakt-Feldes kann bei derart hochwertigen Sensoren daher nahezu vernachlässigt werden.

Der Einfluss des Streufeld-Gradienten $\delta B/\delta r$ wird in der Praxis nur sehr schwer algebraisch zu berechnen sein und muss vor allem bei komplexeren Strukturen über eine FEM-Simulation ermittelt werden. Für sehr einfache Geometrien oder als grobe Abschätzung kann allerdings auch als vereinfachtes Modell der Feldverlauf eines langen, geraden Leiters, der in der Ebene des zu störenden Sensors geführt wird (vgl. Bild 15), herangezogen werden. Damit lassen sich jedenfalls sehr einfach die Funktionsweise eines differenziellen Sensor-Systems und die daraus abzuleitenden Schlüsse erklären.

Der Gradient des Streufeldes ist primär von der Entfernung und von der Stromstärke in der Störquelle abhängig. Der Sensor ist dabei so angeordnet, dass die beiden sensitiven Elemente entlang des Abstandsvektors x zum störenden Leiter, jeweils an den Positionen $(x - d/2)$ und $(x + d/2)$ positioniert sind. Der Parameter d entspricht dabei dem Abstand zwischen den sensitiven Elementen.

In der Annahme, dass sich das Streufeld in Luft ausbildet, ergeben sich in Analogie zu Gleichung (8) die Koppelfaktoren nach der vereinfachten Biot-Savart-Formel für unendlich lange, gerade Leiter:

$$\kappa_{streu1} = \mu_0 \frac{1}{2\pi\left(x - \frac{d}{2}\right)} \text{ und } \kappa_{streu2} = \mu_0 \frac{1}{2\pi\left(x + \frac{d}{2}\right)} \tag{16}$$

Am Sensor ergibt sich somit eine Superposition aus dem Streufeld und dem vom Messstrom verursachten Magnetfeld. Entsprechend Gleichung (7) ergibt sich also:

$$V_{out} = V_{out,test} + V_{out,streu} = S_{test}\, I_{test} + S_{streu} I_{streu} \tag{17}$$

Unter Annahme eines linearen Sensing-Elements lässt sich daher ein Streufeld-Unterdrückungsfaktor *SR* aus dem Quotienten der Sensitivitäten definieren:

$$SR_{abs} = \frac{S_{Streu}}{S_{test}} \text{ bzw. } SR_{db} = 20lg\left(\frac{S_{Streu}}{S_{test}}\right) \tag{18}$$

Mit der Definition eines Sensitivitäts-Matching Faktors γ und der Annahme einer bezüglich der Sensorstruktur symmetrischen Anordnung der Sensor-Elemente ergibt sich:

$$\gamma = \frac{\sigma_2}{\sigma_1};\ \kappa_2 = -\kappa_1 \tag{19a,b}$$

$$SR_{abs} = \frac{\sigma_1(\kappa_{streu1} - \gamma\kappa_{streu1})}{\sigma_1\kappa_1(1+\gamma)} = \frac{\mu_0}{2\pi}\frac{1}{\kappa_1}\frac{x\frac{(1-\gamma)}{(1+\gamma)} + \frac{d}{2}}{x^2 - \frac{d^2}{4}} \tag{20}$$

Aus Gleichung (20) können wesentliche Erkenntnisse für die Auslegung und Bewertung eines differenziellen Sensor-Systems gezogen werden:

- Für ein ideales Matching der Sensitivitäten der Einzel-Elemente ($\gamma = 1$) ergibt sich eine Abnahme der relativen Sensitivität gegenüber Streufeldern mit dem Quadrat des Abstands.
- Je geringer das Matching, desto stärker wird der Einfluss des Terms $(1 - \gamma)$. Dies bedeutet, dass bei verschlechtertem Matching der Abstand vom störenden Leiter nur mehr mit $1/x$ (anstelle von $1/x^2$) in die Streufeld-Unterdrückung eingeht und es daher zu einem signifikanten Verlust der Streufeld-Immunität gegenüber Gradientenfeldern kommt.
- Der Abstand der sensitiven Elemente sollte möglichst gering gewählt werden. Hier ist also ein Kompromiss zwischen zulässigen Stromdichten, dem maximal zulässigen Widerstand einer Sensing-Struktur, den erzielbaren Koppelfaktoren κ und letztlich auch den fertigungstechnischen Rahmenbedingungen bei externen Stromschienen zu finden. Mittels einer vorteilhaften Ausführung der Sensor-Struktur und somit der Anordnung des Sensors gegenüber potenziellen Störquellen kann allerdings der effektiv wirksame Abstand verringert werden.

In Bild 15 wurde die Ausrichtung der Sensor-Struktur so gewählt, dass die beiden sensitiven Elemente entlang des Abstandsvektors, also im rechten Winkel zur Achse des störenden Leiters angeordnet sind. Dies entspricht einer sehr üblichen Implementierung bei Mehrleiter-Systemen.

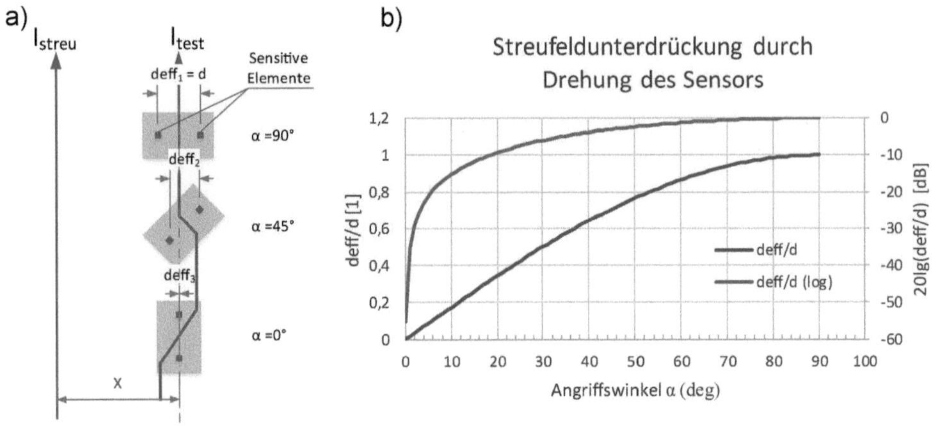

Bild 16: a) Drehung einer Sensing-Struktur zur Reduktion des effektiv wirksamen Abstands und b) Streufeldunterdrückung als Funktion des Angriffswinkels.

Durch geeignete Ausbildung einer Sensing-Struktur ist es allerdings auch möglich, die Stromrichtung an der Messstelle vorteilhaft zu drehen sodass der effektiv wirksame Abstand der differenziellen Sensor-Elemente minimiert wird. Entsprechende Ausführungen sind in Bild 16 dargestellt.

Unter Berücksichtigung des Angriffswinkels α kann für die Streufeld-Unterdrückung der effektiv wirksame Abstand d_{eff} wie folgt berechnet werden:

$$d_{eff} = d\,sin(\alpha) \tag{21}$$

$$SR'_{abs} = \frac{\sigma_1(\kappa_{streu1} - \gamma\kappa_{streu1})}{\sigma_1\kappa_1(1+\gamma)} = \frac{\mu_0}{2\pi}\frac{1}{\kappa_1}\frac{x\frac{(1-\gamma)}{(1+\gamma)} + \frac{d_{eff}}{2}}{x^2 - \frac{d_{eff}^2}{4}} \tag{22}$$

Werden die beiden sensitiven Elemente parallel zum störenden Leiter positioniert, ergibt sich $d_{eff} = 0$. Damit reduziert sich Gleichung (22) zu:

$$SR'_{abs,0^\circ} = \frac{\mu_0}{2\pi}\frac{1}{\kappa_1}\frac{(1-\gamma)}{x(1+\gamma)} \tag{23}$$

Durch die parallele Anordnung der sensitiven Elemente zum störenden Leiter verschwindet der Einfluss des Streufeld-Gradienten; das verbleibende Übersprechen ist nur mehr vom Gleichtakt-Anteil und dem Matching der Sensor-Zellen abhängig. Ein entsprechendes Beispiel zusammen mit Messergebnissen findet sich in Abschnitt 2.3.4.

2.3.2 Intrinsische und extrinsische Streufeld-Robustheit

Ein einzelnes Sensor-Element wie in Abschnitt 2.3.1.1 beschrieben, hat keine eigene (intrinsische) Streufeld-Immunität und muss daher mit externen Mitteln, z. B. einem Schirmblech oder Feldkonzentrator gegen externe Störeinflüsse geschützt werden. Wie in Abschnitt 2.3.1.2 gezeigt wurde, verfügt ein differenzielles Messprinzip hingegen über eine, je nach Auslegung des Sensorsystems, sehr hohe intrinsische Streufeldrobustheit.

Bei sehr engen Geometrien und/oder unvorteilhafter Sensor-Anordnung kann das verbleibende Übersprechen vor allem von benachbarten Leitern für hoch performante Systeme immer noch zu hoch sein. Wenn vorausgesetzt werden kann, dass das Sensor-System eine sehr hohe Linearität besitzt (sensitive Elemente und Magnetkreis), kann eine Matrix-Kompensation als extrinsische Maßnahme eingesetzt werden.

Dazu wird das System aus Störquelle(n) und des zu messenden Leiters als lineares Gesamtsystem betrachtet. Definiert man in Gleichung (22) den Term $\sigma_1(\kappa_{streu1} - \gamma\kappa_{streu1})$ allgemein als residualen Kopplungsfaktor S_{xy} einer Störquelle y auf einen Sensor x so erhält man allgemein:

$$\overrightarrow{V_{Sensor}} = S\vec{I} \tag{24}$$

Für ein Drei-Phasen-System ergibt sich beispielsweise:

$$\begin{pmatrix} V_{Sensor1} \\ V_{Sensor2} \\ V_{Sensor3} \end{pmatrix} = \begin{pmatrix} S_{11} & S_{12} & S_{13} \\ S_{21} & S_{22} & S_{23} \\ S_{31} & S_{32} & S_{33} \end{pmatrix} \begin{pmatrix} I_1 \\ I_2 \\ I_3 \end{pmatrix} \tag{25}$$

Anstatt die einzelnen Ströme durch die Division des Sensor-Ausgangssignals durch die einzelne Sensitivität zu ermitteln, wird nun der n-dimensionale Strom-Vektor durch Multiplikation des Sensor-Ausgangsvektors mit der invertierten n-x-n-dimensionalen Sensitivitäts-Matrix S^{-1} ermittelt:

$$\begin{pmatrix} I_1 \\ I_2 \\ I_3 \end{pmatrix} = S^{-1} \begin{pmatrix} V_{Sensor1} \\ V_{Sensor2} \\ V_{Sensor3} \end{pmatrix} \tag{26}$$

Der zusätzliche Berechnungsaufwand für den Mikrocontroller ist in der Regel sehr gering, da bei Verwendung hochwertiger Sensoren mit hoher intrinsischer Streufeld-Immunität aufgrund der starken Abnahme der Sensitivität als Funktion der Entfernung die Sensitivitäts-Matrix als nur gering besetzt angenommen werden kann. Ein praktisches Beispiel einer Matrix-Kompensation zusammen mit Messergebnissen wird in Abschnitt 2.3.4 dargestellt.

2.3.3 Vor- und Nachteile gegenüber kernbasierten Sensorsystemen

2.3.3.1 Komplexität des Sensor-Elements

Verglichen mit Sensor-Elementen für kernlose Sensoren können jene für kernbasierte Systeme relativ einfach ausgeführt werden. Aufgrund der Verstärkung der am Sensor verfügbaren Flussdichte durch den Eisenkern steht für den Sensor ein signifikant höheres Eingangssignal als bei vergleichbaren kernlosen Lösungen zur Verfügung. Daher kann letztlich das Verstärkungs-Bandbreite-Produkt der nachfolgenden Signal-Aufbereitung niedrig gehalten werden. Durch den Aufbau des Magnetkreises kann das Sensor-Element als Monozelle ausgeführt werden, wodurch sich die Signalkette stark vereinfacht.

2.3.3.2 Sättigungsverhalten

Während die Verstärkung der Flussdichte durch einen Eisenkern bzw. Feldkonzentrator eine wesentliche Erleichterung bei der Entwicklung des Sensor-Elements ermöglicht, ergeben sich durch den Kern auch eine Menge an Nachteilen.

Zuerst ist die relative Permeabilität $\mu_a = \frac{1}{\mu_0}\frac{B}{H}$ (vgl. Bild 17 bzw. Bild 18) jedes ferromagnetischen Materials von der Flussdichte abhängig, d. h. bei hohen Flussdichten kommt es zu einer signifikanten Reduktion der Verstärkung.

Aus diesem Grund messen Sensoren mit Feldkonzentrator bei Überlastung typischerweise signifikant zu geringe Stromwerte. Während der Effekt im Normalbetrieb bei entsprechend konservativer Auslegung der Kerne umgangen werden kann, ist das Sättigungsverhalten besonders bei Verwendung des Stromsensors zur Kurzschluss-Abschaltung kritisch.

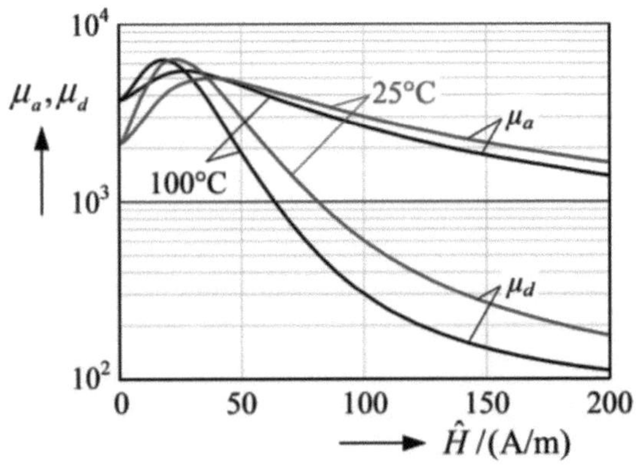

Bild 17: Relative (μ_a) und differenzielle (μ_d) Induktivität H eines Eisenkerns [4].

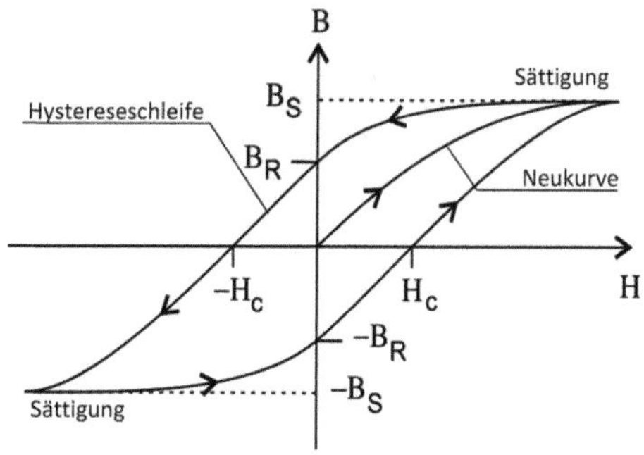

Bild 18: Typisches *B*(*H*)-Verhalten ferromagnetischer Werkstoffe [4].

Ein entsprechendes Fehlerverhalten eines kernbasierten Open-Loop-Sensors ist in Abschnitt 2.3.4.2 dargestellt. Um einen kernbasierten Sensor für eine sichere Überstromabschaltung verwenden zu können, ist es also notwendig, den Kern anstelle des nominal auftretenden Maximalstroms auf den Kurzschlussstrom auszulegen. Nachdem dieser vor allem bei optimierten Leistungstechnologien ein Vielfaches des Nominalstroms betragen kann (vgl. Abschnitt 2.2) führt dies nicht nur zu erhöhten Kosten für den Kern, sondern auch zu einer Erhöhung des erforderlichen Bauraums, des Sensor-Gewichts und letztlich der Gesamtkosten. Nachdem Luft keine Sättigungseigenschaften zeigt kann der Effekt bei kernlosen Sensoren nicht auftreten.

2.3.3.3 Linearität

Wie bereits in Abschnitt 2.3.3.2 beschrieben ist die relative Permeabilität von ferromagnetischen Werkstoffen μ_a, bzw. die differenzielle Permeabilität $\mu_d = \frac{1}{\mu_0}\frac{dB}{dH}$ (vgl. Bild 17) stark nichtlinear. Selbst wenn nur ein kleiner Bereich der Hysterese-Kennlinie für die Sensorik genutzt wird, trägt diese Nicht-Linearität bei kernbasierten Sensoren signifikant zum Gesamt-Fehler einer derartigen Implementierung bei. Nachdem die relative Permeabilität vielen Einflussfaktoren unterliegt (Temperatur, Frequenz, Fertigungsstreuungen), ist eine Kompensation, z. B. durch Kalibration über mehrere Stromwerte und Temperaturen sehr schwierig bzw. kostenintensiv.

Die Nichtlinearität der Übertragungskennline ist nicht nur aufgrund der direkten Auswirkung auf die Genauigkeit des Messergebnisses und damit der Drehmomenten-Genauigkeit relevant. Durch die Nichtlinearität wird auch die Wirksamkeit von einfachen Schutz- (z. B. Stromsummenbildung bei Mehrleitersystemen zur Erkennung von Leckströmen) und Kompensationsmechanismen (vgl. Abschnitt 2.3.2) stark reduziert.

Bei einer kernlosen (eisenfreien) Implementierung kann analog zu Abschnitt 2.3.3.2 keine Nichtlinearität durch den Magnetkreis auftreten. Sofern das Sensor-Element ein lineares Übertragungsverhalten (dV_{out}/dB_{test} = *konstant*) aufweist, können hier auch bei Open-Loop-Systemen Implementierungen mit Linearitätsfehlern deutlich unter 0,2% realisiert werden.

2.3.3.4 Offset

Wie aus Bild 18 ersichtlich ist, zeigen sämtliche ferromagnetischen Werkstoffe nach einer initialen Magnetisierung ein Remanenzverhalten. Dies bedeutet, dass bei fehlender externer Erregung eine geringe Flussdichte B_r im Eisenkern verbleibt. Bei der Verwendung in einem Stromsensor ergibt sich dadurch ein Offset, da der Sensor nicht zwischen einer durch den Teststrom bzw. einer durch die Remanenz verursachten Flussdichte unterscheiden kann. Auch dieser Effekt kann und wird bei kernlosen Sensoren nicht auftreten.

2.3.3.5 System-Integration

Während in den vorherigen Abschnitten vorwiegend elektrische Schlüsselcharakteristika verglichen wurden, ergeben sich auch in Bezug auf die System-Integration wesentliche Unterschiede zwischen kernlosen und kernbasierten Sensoren. Hier sind sowohl mechanische Aspekte, die die Integration des Sensors in die Leistungsverdrahtung betreffen, die Anbindung eines Sensors an die Steuerelektronik und letztlich auch die erforderlichen Maßnahmen für die Isolations-Koordination zu betrachten.

Mechanische Integration: Um bei nicht vorhandenem Feldkonzentrator ausreichend hohe Koppelfaktoren κ zwischen Stromleiter und den Sensor-Elementen zu erreichen ist es erforderlich, den Sensor sehr nahe an den Leiter heranzuführen. Beispielhaft werden dazu in Abschnitt 2.3.4 sowohl laterale Implementierungen, bei denen der Sensor parallel zur Leiterstruktur angeordnet wird oder vertikale Methoden mit einer Sensor-Anordnung im rechten Winkel zur Leiterstruktur gezeigt. Unabhängig von der gewählten Implementierung ergibt sich durch die Positionierung des Sensors im Nahfeld der Sensor-Struktur eine signifikante Sensitivität der Koppelfaktoren bezüglich der Positionierungs-Toleranzen. Diese Sensitivität kann grundsätzlich durch Design-Maßnahmen adressiert werden, wird aber prinzipiell deutlich höher sein als bei kernbasierten Sensor-Implementierungen. Dadurch ergeben sich also höhere Anforderungen an die Positioniergenauigkeit sowohl beim initialen Verbau des Sensors aber auch in Bezug auf die Stabilität der Positionierung im Betrieb (z. B. durch Vibrationen und thermische Effekte).

Systeme mit Feldkonzentrator ermöglichen in Bezug auf die Positionierung des Sensors relativ zum Leiter sehr viel mehr Freiheit. Es ist einfach möglich, Luftspalte zwischen

Leiter und Feldkonzentrator in der Größenordnung von mehreren Millimetern zu realisieren; Damit können Toleranzketten sehr gut abgefangen werden. Durch die relativ große Bauform, die vergleichsweise hohe Masse und die systembedingte Anforderung, dass der Feldkonzentrator den Stromleiter umfassen muss ergeben sich allerdings Herausforderungen bei den erforderlichen Maßnahmen zur Herstellung ausreichender mechanischer Robustheit und vor allem beim Zusammenbau.

Isolations-Koordination: Wie bereits in Abschnitt 2.1.3.2 diskutiert, ermöglichst die magnetische Strommessung eine galvanische Trennung zwischen der Leitungselektronik und der Steuerungselektronik. Je nach System-Partitionierung und der damit einhergehenden Isolation-Koordination ist für die Stromsensorik entweder eine funktionale oder sichere (Basis- oder verstärkte) Isolation erforderlich. Kernbasierte Sensoren ermöglichen hier durch die großen möglichen Abstände zwischen den unterschiedlichen Domänen einen relativ einfachen, konservativen Aufbau von Isolations-Lösungen. Aufgrund der erforderlichen geringen Abstände bei kernlosen Sensoren ist die Implementierung von hoch spannungsfesten Isolationslösungen vergleichsweise komplexer. Für derartige Systeme ist aufgrund der daraus resultierenden geringen Schichtdicken eine genaue Kenntnis der Materialeigenschaften aber auch eine hohe Verarbeitungsqualität notwendig. Die Anforderungen an die Isolationslösungen werden dabei nicht nur durch die Spannungsebene, sondern auch über die technologiebedingten Spannungs-Anstiegsgeschwindigkeiten bestimmt. Während 400 V-Systeme generell als wenig kritisch zu betrachten sind, ergeben sich bei 800 V SiC-basierten Invertern aufgrund sehr hoher Anstiegsgeschwindigkeiten und damit induzierten Teilentladungseffekten besondere Herausforderungen [2].

2.3.4 Beispiele für System-Implementierungen

Im letzten Abschnitt wurde gezeigt, dass die kernlose Implementierung von Stromsensorik-Lösungen für automobile Antriebe gegenüber kernbasierten Implementierungen Vorteile bei elektrischen Schlüsselparametern, der Systemintegration und letztlich auch bei den Systemkosten bringt. Allerdings ergeben sich aufgrund der erforderlichen geringen Abstände zwischen Stromleiter und den sensitiven Elementen Herausforderungen bei der mechanischen Integration und der Isolations-Koordination. Die Erfahrung zeigt, dass kernlose Sensoren gegenüber einer kernbasierten Lösung für ein gegebenes Anforderungsprofil deutlich günstigere Lösungen liefern, der erforderliche initiale Entwicklungsaufwand allerdings signifikant höher ist. Aus diesem Grund eignen sich kernlose Lösungen ideal für Applikationen mit hohem Kostendruck und zu erwartenden hohen Stückzahlen. Nachfolgend werden beispielhaft einige Implementierungskonzepte kernloser, differenzieller Sensorik Lösungen dargestellt.

2.3.4.1 Laterale Implementierung mit Mehrlagen Leistungs-PCB

In einem ersten Beispiel soll eine Niederstrom-Lösung für eine 48 V-Applikation (150 A RMS) basierend auf einer Leistungs-Platine (PCB) gezeigt werden. Nachdem auf der Platine sowohl Logik- als auch Leistungskomponenten implementiert werden, sind die Kupferdicken der Außenlagen auf 35 µm limitiert. Die Innenlagen haben eine Dicke von 140 µm. Wegen der dünnen Außenlagen werden im Bereich der Stromsensoren nur die beiden Innenlagen zur Stromleitung verwendet. Der Lagenaufbau und das Setup für die FEM-Simulation sind in Bild 19 dargestellt. Um den Strom zu messen wird in den beiden Innenlagen eine Mess-Struktur implementiert, deren Magnetfeld durch den an der Oberfläche als SMD-Komponente montierten Sensor gemessen wird.

Eine Stromführung an die Oberfläche ist somit nicht mehr erforderlich. Die intrinsische Streufeld-Unterdrückung wird wegen der sehr geringen Abstände zu den Nachbarleitern über eine parallele Anordnung der einzelnen sensitiven Elemente maximiert.

Um den zusätzlichen Widerstand durch die Einbringung des Sensors zu ermitteln, werden die Widerstände der Leiterstruktur mit und ohne der differenziellen Mess-Struktur ermittelt. Analog zu der in Bild 7 gezeigten Anordnung wird wiederum ein konstanter Strom von 1 A eingeprägt und die Spannungsabfälle bewertet (vgl. Bild 20). Trotz der extremen Einschnürung durch die Parallelführung der Sensoren ergibt sich in diesem Fall lediglich eine Widerstandserhöhung von 162 µΩ ohne Mess-Struktur auf 307,6 µΩ mit Mess-Struktur. Durch die Sensorik ergibt sich folglich eine Widerstands-Erhöhung von 145,6 µΩ.

Die in der Leiterstruktur anfallenden Verluste werden in dieser Applikation direkt an den an die Platine angekoppelten Kühlkörper abgeführt.

Über magneto-statische und magneto-dynamische Simulationen können nun die für die Sensorik zur Verfügung stehenden Nutz- und Streufelder berechnet werden. Daraus ergeben sich in der Folge die elektrischen Parameter für den Sensor (Offset, Gain-Fehler, Bandbreite) und auch das Übersprechen (Crosstalk). In der gezeigten Anordnung ergibt sich für den Sensor ein Kopplungsfaktor κ von etwa 120 µT/A (vgl. Bild 21 links), das differenzielle Feld für beide Sensorelemente beträgt also etwa 240 µT/A.

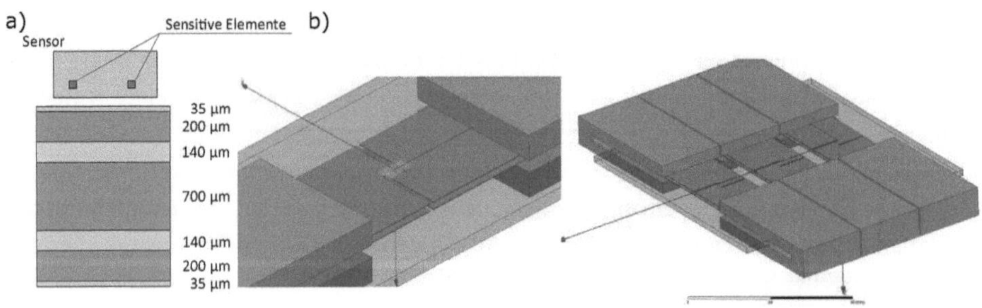

Bild 19: a) Lagenaufbau und b) FEM-Simulationssetup einer lateralen Implementierung.

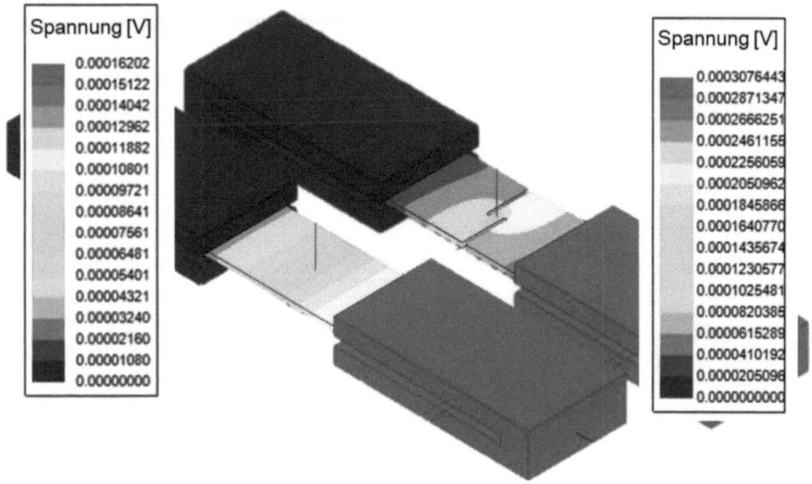

Bild 20: Simulation des Widerstands einer lateralen Mess-Struktur.

Durch die parallele Anordnung der beiden Sensorelemente und dem daraus resultierenden minimalen Streufeld-Gradient entlang der Sensor-Achse ergibt sich aus dem Magnetkreis-Design schon ein minimales Übersprechen von 0,02% (−74 dB) zwischen benachbarten Leitern bzw. 0,0004% (−108 dB) zwischen den Außenleitern. Diese Werte berücksichtigen nur das magnetische Gradientenfeld. Durch den Mismatch der beiden Sensor-Elemente (γ <1, gemäß Gleichung (22)) und der daraus resultierenden, endlichen Gleichtakt-Unterdrückung wird in der Messung ein etwas höherer Wert für das Übersprechen zu erwarten sein.

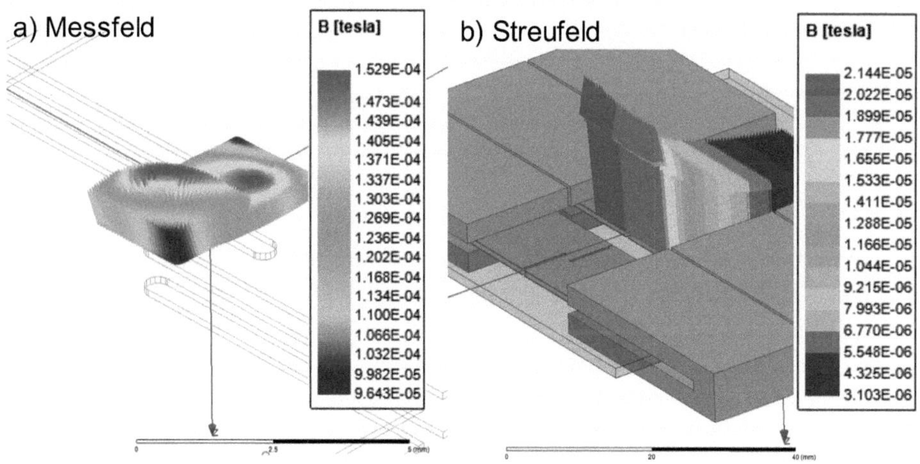

Bild 21: FEM-Feldsimulation einer lateralen Implementierung: a) Messfeld und b) Streufeld einer benachbarten Phase.

a)

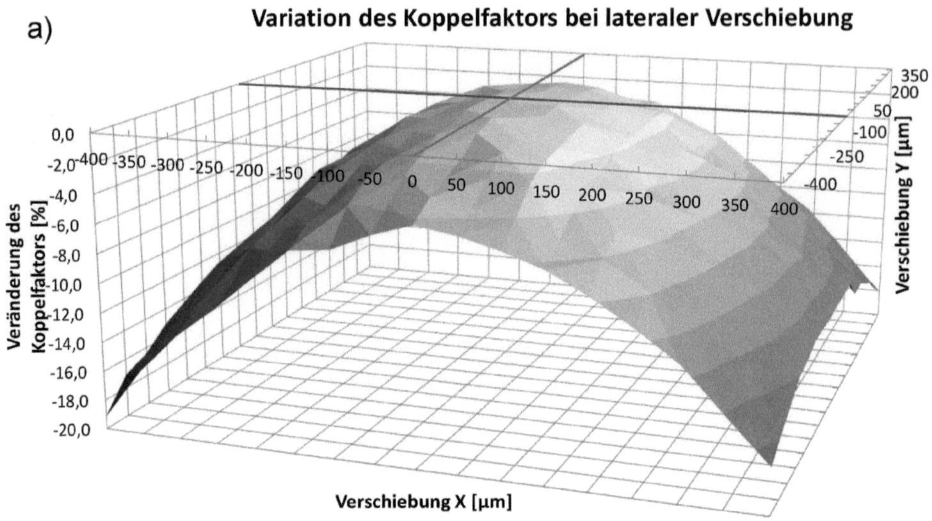

b)

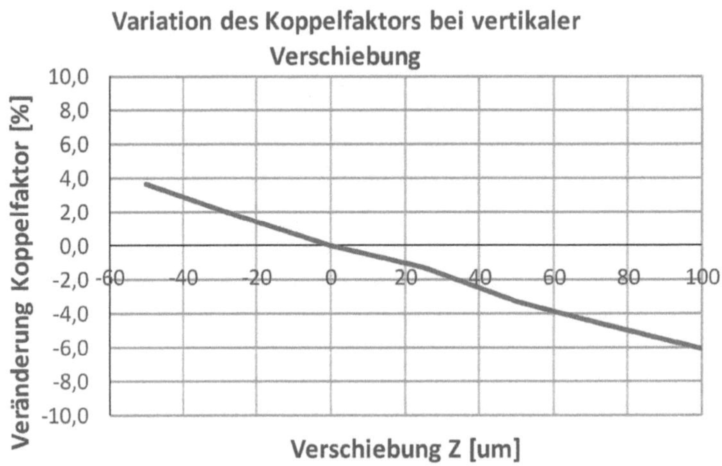

Bild 22: Relativer Einfluss von a) lateralen und b) vertikalen Positioniertoleranzen auf den Koppelfaktor.

Aus der in Bild 21 dargestellten Simulation des Gradientenfeldes ist eine klare Ortsabhängigkeit der Flussdichte zu sehen. Für die gewählte Positionierung kann damit eine relative Veränderung des Koppelfaktors und damit der Sensitivität des Sensors berechnet werden (vgl. Bild 22). Diese Ortsabhängigkeit muss bei den Fertigungstoleranzen des Sensor-Systems, also einerseits bei der Positionierung der sensitiven Elemente gegenüber der Leiterstruktur aber auch bei den Schichtdicken und damit den Abständen in allen drei Achsen berücksichtigt werden.

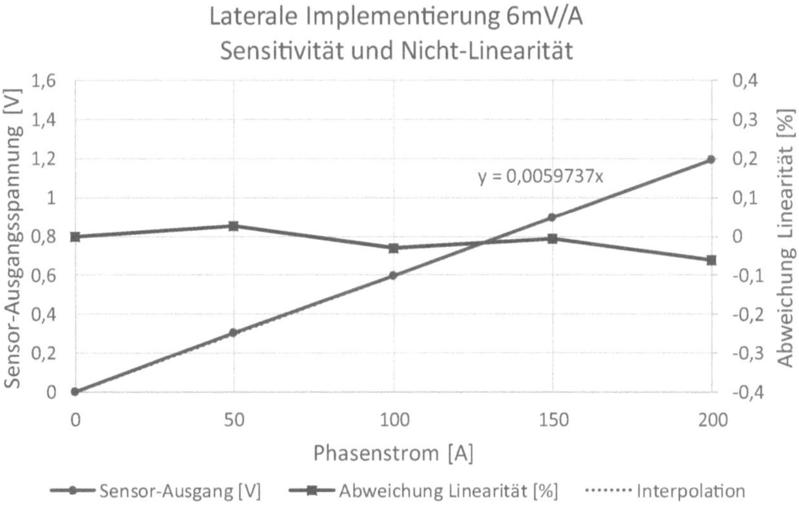

Bild 23: Sensitivität und differenzielle Nicht-Linearität einer lateralen Anordnung.

Typischerweise werden diese Toleranzen über eine End-of-line-Kalibration des Sensors kompensiert. Dafür wird einerseits der Offset des Sensors bestimmt (I_{test} = 0 A) und dann der Sensitivitätsfaktor S des Sensor-Systems (vgl. Gleichung (11)) über eine Einpunkt-Kalibration eingestellt. Durch die Konstanz des Sensor-Verstärkungsfaktors σ und die hohe Linearität des Sensor-Systems genügt in diesem Fall also eine Kalibrierung bei einem einzigen Stromwert bei Raumtemperatur. Typischerweise ermöglichen die Sensoren die nicht volatile Einstellung des Verstärkungsfaktors, wodurch nach dem erfolgten Abgleich des Sensorsystems sämtliche Fertigungstoleranzen über den Sensor kompensiert werden können.

Bild 23 zeigt eine gemessene Übertragungskennlinie des oben beschriebenen Sensor-Systems mit einer kalibrierten Sensitivität von 6 mV/A. Der tatsächliche Verstärkungsfaktor wird dabei über eine Interpolation über einen Strombereich von 0 bis 200 A berechnet. Die Nicht-Linearität über diesen Strombereich beträgt unter 0,06% und liegt dabei an der Nachweisgrenze des verwendeten Messsystems.

An diesem Sensor-System wurde neben der Sensitivität der Sensoren auch die Querverkoppelung (Crosstalk) bei einem Strom von 100 A bestimmt (vgl. Tabelle 1). Die Koppelfaktoren sind dabei auf die Sensitivität des jeweiligen Sensors gerechnet und entsprechend normiert.

Trotz der geringen Abstände zwischen den einzelnen Kanälen ergibt sich durch die intrinsische Streufeld-Unterdrückung ein maximal gemessener Crosstalk von 0,24%. Die doch signifikante Differenz zu der in Bild 21 gezeigten FEM-Simulation des Magnetfeldes ergibt sich durch einen minimalen Matching-Fehler der beiden Sensor-Elemente (vgl. Gleichung (22), $\gamma < 1$) und dem damit verbundenen Gleichtakt-Fehler. Der Crosstalk könnte noch über eine externe Kompensationsmethode verringert werden, dies ist in der gegebenen Applikation aufgrund der bereits sehr geringen Verkoppelung nicht mehr erforderlich.

Tabelle 1: Gemessene Koppelfaktoren.

Sensitivitäten, absolut			Sensitivitäten, relativ		
Sensor 1	**Sensor 2**	**Sensor 3**	**Sensor 1**	**Sensor 2**	**Sensor 3**
mV/A	**mV/A**	**mV/A**	**%**	**%**	**%**
6,02	0,01	0,006	100	0,24	0,08
0,01	6,00	0,007	0,19	100	0,12
0,005	0,003	6,00	0,07	0,04	100

2.3.4.2 Vertikale Implementierung mit massivem Kupferleiter

Für die Phasenstrommessung in Traktionsinvertern ist es wegen der sehr hohen Nominalströme erforderlich den Strom mit einem massivem Kupferleiter (Busbar) zu messen. Da in vielen Fällen die Leistungs-Endstufe in Modulen verbaut ist, bietet es sich an, die Stromsensorik in deren Abgangs-Laschen zu integrieren. Ein derartiges Beispiel ist schematisch in Bild 24 dargestellt. Der Sensor wird dabei durch ein entsprechend ausgebildetes Loch geführt und misst über zwei sensitive Elemente die laterale Feldkomponente an den beiden Flachseiten des Leiterstücks. Die mechanische Anbindung an den Leiter bzw. das Leistungsmodul wird dabei über eine entsprechende Umhausung des Sensors realisiert; diese übernimmt auch die galvanische Isolation des Sensors gegenüber der Hochspannungsseite und stellt die notwendigen Abstände (Clearance, Creepage) sicher. Der Anschluss des Sensors erfolgt in dem gezeigten Fall vorteilhaft direkt an die Gate-Treiberplatine, welche horizontal über dem Leistungs-Modul angeordnet wird.

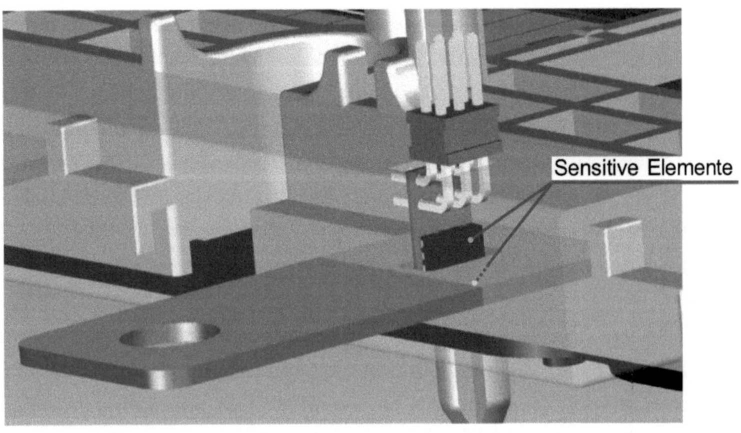

Bild 24: Vertikale Integration eines kernlosen Stromsensors mit einem Leistungsmodul.

In diesem Beispiel wird eine Strommessung mit einem Messbereich von 1100 A bei einer maximalen Spannung V_{IORM} von 650 V realisiert. Die Schlüsselparameter der Sensor-Anordnung können nun wieder analog zu dem vorher gezeigten Beispiel mittels einer FEM-Simulation ermittelt werden:

Der durch die Sensor-Durchführung verursachte Widerstand beträgt 1,5 µΩ. Für den Kopplungsfaktor κ ergibt sich ein Nominalwert von 21 µT/A.

Aufgrund der im Vergleich zum Beispiel in Abschnitt 2.3.4.1 gezeigten deutlich komplexeren Geometrie müssen hier wesentlich größere Verschiebungen und Verdrehungen der sensitiven Elemente gegenüber der Leiterstruktur berücksichtigt werden.

Analog zu den in Bild 22 gezeigten Abhängigkeiten der Flussdichte würde man bei der vertikalen Implementierung erwarten, dass die Sensitivität gegenüber Verschiebungen in z-Richtung deutlich höher als bei Verschiebungen in der xy-Ebene ist. Diese Sensitivität kann aber unter Ausnutzung des differenziellen Sensorik-Prinzips sehr effektiv minimiert werden. Durch eine vorteilhafte Ausformung der Durchführungsstruktur im Leiter kann der Flussdichtegradient entlang der Verschiebelinie konstant gehalten werden ($\frac{\partial^2 B_z}{\partial z^2} = 0$).

Somit bleibt die Differenz der an den sensitiven Elementen gemessenen Flussdichte innerhalb des Verschiebebereichs nahezu konstant. Die geometrische Addition der in Bild 25 dargestellten, statistisch unabhängigen Toleranzbeiträge für Verschiebung und Rotation des Sensors gegenüber der Stromschiene (vgl. Tabelle 2 bzw. Bild 26) ergibt somit eine sehr kleine Standardabweichung von 0,1 µT/A oder 0,25% FSR. Diese Toleranzen können wie bereits in Abschnitt 2.3.4.1 erwähnt über eine Einpunkt-Kalibration nach dem Zusammenbau des Sensor-Systems vollständig kalibriert werden.

Nachdem für das gezeigte Leistungsmodul [7] auch ein kernbasierter open-loop Sensor [6] zur Verfügung steht, bietet sich ein direkter Vergleich von Schlüsselparametern zwischen dem kernlosen und einem kernbasierten Konzept an, der nachfolgend beschrieben wird.

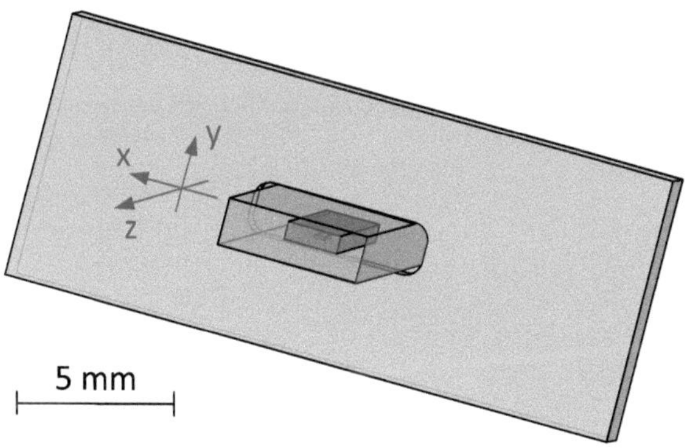

Bild 25: Geometrie einer vertikalen, differenziellen Sensorik-Implementierung.

Tabelle 2: Geometrische Toleranzen und deren Auswirkung auf die Sensitivität.

Toleranzwert	**Einheit**	**Nominaler Wert**	**Toleranz (+/− 6σ)**	**Feld-Toleranz (+/− 1σ)**	**Feld-Toleranz (+/− 1σ)**
		µm	**µm**	**µT/A**	**%**
x-Versatz	µm	0	250	0,052	0,12
y-Versatz	µm	0	250	0,054	0,13
z-Versatz	µm	0	250	0,05	0,12
Drehung um X	deg	0	6	0,007	0,02
Drehung um Y	deg	0	6	0,044	0,10
Drehung um Z	deg	0	6	0,039	0,09

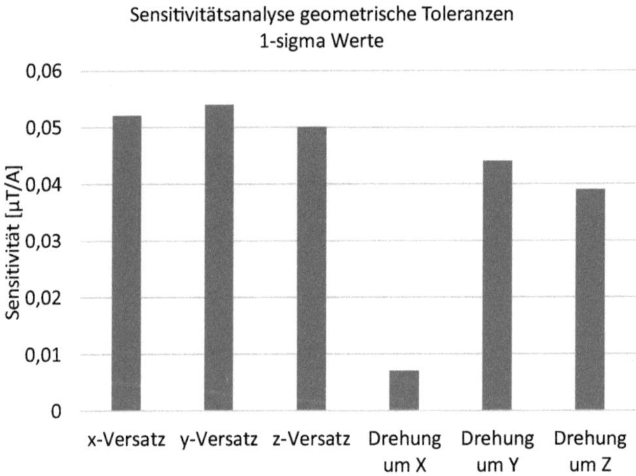

Bild 26: Auswirkung geometrischer Toleranzen auf die Sensitivität einer vertikalen Sensor-Implementierung.

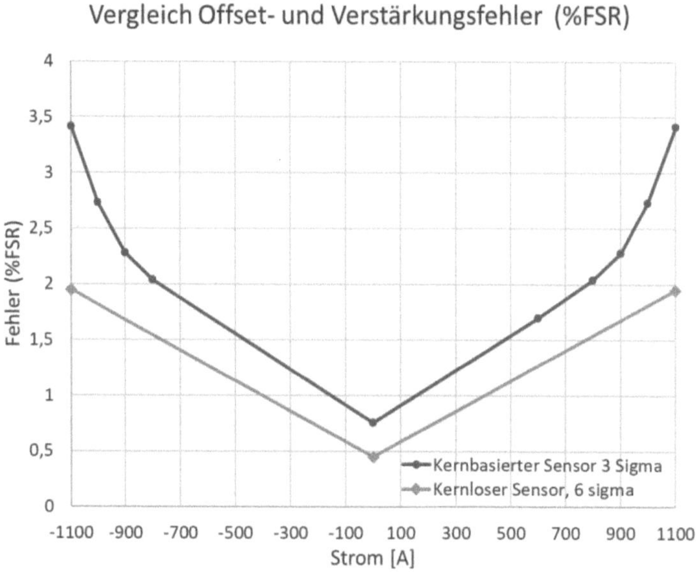

Bild 27: Vergleich von Schlüsselparametern zwischen kernlosem und kernbasiertem Sensor: Offset und Verstärkungsfehler.

In Bild 27 werden zuerst Offset- und Verstärkungsfehler der beiden Sensor-Implementierungen verglichen. Für den kernlosen Sensor wurde eine Ein-Punkt-Kalibration bei Raumtemperatur angenommen. Darüber hinaus ist festzustellen, dass die für den kernbasierten Sensor angegebenen Werte auf 3-Sigma Limits beruhen, während sich jene des kernlosen Sensors auf 6-Sigma-Limits beziehen.

Neben dem signifikanten Unterschied im Offset fällt hier vor allem der überproportionale Anstieg des Verstärkungsfehlers bei dem kernbasierten Sensor auf. Dies dürfte auf beginnende Sättigungseffekte im Kern bei hohen Flussdichten zurückzuführen sein.

In Bild 28 ist ein Vergleich der Nicht-Linearitäten beider Sensor-Systeme angeführt. Durch die hohe Nicht-Linearität des kernbasierten Systems ist eine Einpunkt-Kalibration nicht zielführend. Darüber hinaus kann das Übersprechen (Crosstalk) nicht mehr über eine extrinsische Matrix-Kompensation (vgl. Abschnitt 2.3.1) verbessert werden.

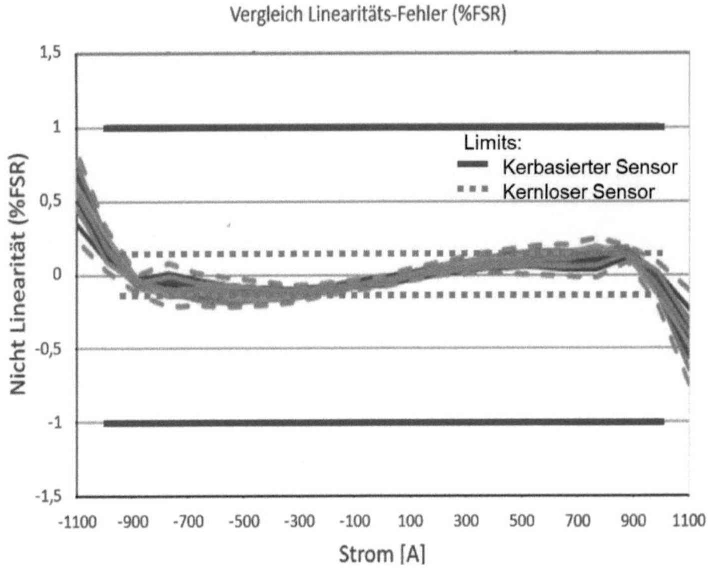

Bild 28: Vergleich von Schlüsselparametern zwischen kernlosem und kernbasiertem Sensor. Die Kurvenschar zeigt den Linearitätsfehler eines kernbasierten Sensors.

Bild 29 zeigt einen Vergleich des Kurzschlussverhaltens beider Sensorsysteme. Die Kurzschluss-Ströme in der Höhe von etwa 6 kA wurden dabei mit einem IGBT Leistungsmodul FS820R08A6P2 [7] und einer DC-Link-Spannung von 500 V erzeugt. Die unterschiedlichen Stromhöhen und Anstiegsgeschwindigkeiten ergeben sich durch Variation der Kurzschluss-Impedanz. Es fällt auf, dass der kernbasierte Sensor trotz beträchtlichen Überstroms nicht den Vollausschlag des Messbereichs des Sensors zeigt, sondern in einem mittleren Messbereich bleibt. Der angezeigte Strom entspricht dabei einem Wert von etwa 300 A, die Abweichung zum realen, über einen Rogowski-Sensor gemessenen Wert liegt dabei über 3,7 kA. Eine Kurzschluss-Erkennung wäre über einen derartigen Sensor also nicht möglich. Im Gegensatz dazu erreicht der kernlose Sensor entsprechend seiner Bandbreite den Vollausschlag.

Bild 30 zeigt schließlich einen Vergleich des Übersprechens der benachbarten Phasen bei einem typischen Stromschienenabstand (47 mm) eines automotiven Leistungsmoduls. Das kernbasierte Sensorprinzip zeigt hier erwartungsgemäß initial ein etwas günstigeres Verhalten. Bei einem kernlosen System kann das verbleibende Übersprechen mittels einfacher Bestimmung der linearen Kopplungsfaktoren wie in Abschnitt 2.3.1.2 beschrieben mathematisch kompensiert werden. Aufgrund der Nicht-Linearität ist eine entsprechende Matrix-Kompensation bei dem kernbasierten Sensor nicht mehr zielführend.

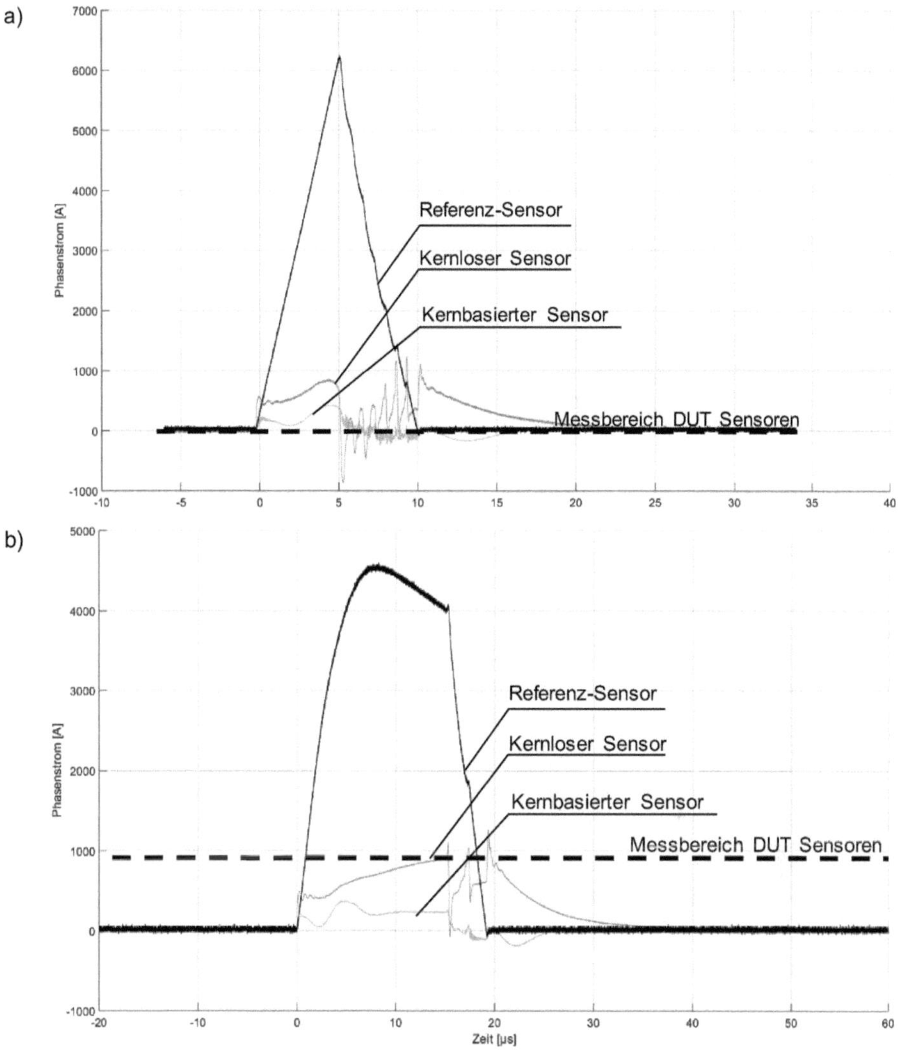

Bild 29: Vergleich des Kurzschlussverhaltens zwischen kernbasiertem und kernlosem Sensor bei unterschiedlichen Kurzschluss-Impedanzen: a) Kurzschluss am Inverter-Ausgang und b) Kurzschluss am Motor.

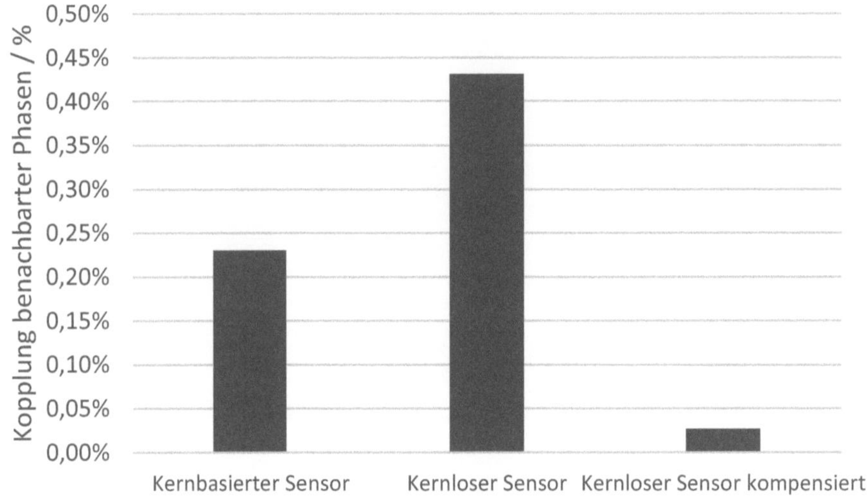

Bild 30: Vergleich des Übersprechens zwischen benachbarten Phasen bei einem Phasenabstand von 47 mm.

Der direkte Vergleich beider Sensor-Systeme zeigt also deutliche Vorteile des kernlosen Systems in Bezug auf die Offset- und Verstärkungsfehler. Das Übersprechen zwischen benachbarten Leitern ist bei einem differenziellen, kernlosen System mit einem kernbasierten Sensor vergleichbar; aufgrund der hohen Linearität des kernlosen Systems kann über eine einfache Matrix-Kompensation das verbleibende Übersprechen systematisch eliminiert werden. Dies ist aufgrund der gezeigten hohen Nicht-Linearität eines kernbasierten Systems nicht möglich. Bei sehr hohen Kurzschlussströmen am Ausgang des Inverters kommt es bei dem getesteten kernbasierten Sensor offensichtlich zu einer Funktionsstörung wodurch ein Kurzschluss nicht mehr korrekt dargestellt wird. Eine sichere Kurzschlusserkennung ist daher mit diesem Sensor nicht realisierbar.

Abschließend können also die Schlüsselparameter eines kernlosen, differenziellen Sensorsystems mit vertikaler Positionierung des Sensors zur Stromschiene zusammengefasst werden.

Tabelle 3: Zusammenfassung der wichtigsten Performance-Parameter bei vertikaler Integration.

Eigenschaft	**Wert**
Messprinzip	Magnetisch, kernlos, differenziell
Sensor-Positionierung bzgl. Leiter	Vertikal
Sensor-Sensitivität	Perpendikular
Temperaturbereich Leiter ϑ_B	$-40\ °C \leq \vartheta_B \leq 150\ °C$
Bandbreite	DC –120 kHz
Messbereich	1.100 A
Überstrom-Erkennungsschwelle	1.300 A
Überstrom-Erkennung, Verzögerung	< 1 µs
Offset-Fehler	< 0,5% (incl. Temperatur- und Lebensdauer)
Totaler Fehler (Offset + Verstärkung)	< 1,9% (incl. Temperatur- und Lebensdauer)
Linearitätsfehler	< 0,1%
Isolationsfestigkeit	4 kV DC; 2,8 kV AC (über Modul-Isolation)
Widerstand Sensing-Struktur	1,5 µΩ
Sensor-Bauraum LxBxH (Einphasen-Modul)	7 x 3 x 6 mm = 126 mm^3

2.4 Zusammenfassung

Die Messung von hohen Strömen gewinnt durch die fortschreitende Elektrifizierung des Fahrzeug-Antriebsstrangs sukzessive an Bedeutung. In der Vergangenheit wurde die Strommessung vorwiegend über Leistungswiderstände und in geringem Maße über kernbasierte, magnetische Prinzipien durchgeführt. Erhöhte Anforderungen an die Genauigkeit und Bandbreite einerseits aber auch die Systemkosten andererseits können über kernlose magnetische Systeme adressiert werden. Diese erfordern, verglichen mit kernbasierten Lösungen einen deutlich höheren Entwicklungsaufwand. Durch den deutlich einfacheren Aufbau können allerdings sowohl bei den direkten Kosten (Komplexität des Sensorsystems) als auch den indirekten Kosten (Performance, Kosten für Zusammenbau und Kalibration) wesentliche Einsparungen erzielt werden. Aufgrund der steigenden Integrationsdichte moderner Inverter kommt der Streufeld-Robustheit magnetischer Stromsensorik eine besondere Bedeutung zu. Dabei zeichnen sich lineare, kernlose Systeme durch eine hohe intrinsische Streufeld-Unterdrückung und auch durch eine sehr hohe Linearität aus.

Kernbasierte-Systeme bzw. Sensoren mit Feldkonzentratoren zeigen aufgrund von Effekten im Eisenkern hier deutliche Schwächen, die in weiterer Folge zu größeren Toleranzen auf Systemebene führen können. Letztlich ermöglichen kernlose Sensoren die sichere Implementierung erweiterter Schutzfunktionen, wie z. B. eine schnelle, auf der Strommessung basierte Überstromabschaltung.

Literatur

[1] Böcker, J., „Geregelte Drehstromantriebe", Universität Paderborn, Fachgebiet Leistungselektronik und Antriebstechnik, Skript zur Vorlesung, 2012.

[2] Schaller, R., „Isolationszuverlässigkeit und Lebensdauermodellierung für die Gehäusekonstruktion von Halbleitersensoren", Dissertation, TU Chemnitz, 2019.

[3] Aichriedler, L., Slama, P., „Hochintegrierte Strom- und Positionssensoren für elektrische Antriebssysteme", In: Tille, T. (Hrsg.), *Automobil-Sensorik 2*. Springer Vieweg, Berlin, Heidelberg, S. 147–175, 2018.

[4] Albach, M., „Der Einfluss des Kerns auf die Induktivität", in: *Induktivitäten in der Leistungselektronik*. Springer Vieweg, Wiesbaden, 2017

[5] ISO11452-8:2015 Road vehicles – Component test methods for electrical disturbances from narrowband radiated electromagnetic energy – Part 8: Immunity to magnetic fields.

[6] Datenblatt LEM HAH3DR-1100S07, Plan-les-Ouates (Schweiz): LEM International SA [Zugriff am 01.12.2019]. Verfügbar unter: https://www.lem.com/sites/default/files/products_datasheets/hah3dr_1100-s07.pdf.

[7] Datenblatt Infineon HybridPACKTM Drive Module FS820R08A6P2, München: Infineon Technologies AG [Zugriff am 01.12.2019]. Verfügbar unter: https://www.infineon.com/dgdl/Infineon-FS820R08A6P2-DataSheet-v03_20-EN.pdf?fileId=5546d4626cb27db2016cdda3fdba2f5e.

Kapitel 3
Hochintegrierte Stromsensoren für Elektrofahrzeuge

Thomas Holtij[1], **Rolf Slatter**[1]

Kurzfassung Im Vergleich zu einem Fahrzeug mit herkömmlichen Verbrennungsmotor, erfordert ein Fahrzeug mit elektrischem Antriebsstrang eine deutlich höhere Anzahl an Stromsensoren. Diese werden zum Beispiel zur Phasenstrommessung zwischen Inverter und Motor oder in DC/DC-Konvertern zur DC-Strommessung eingesetzt. Gleichzeitig steigen zudem die Anforderungen, die an die Stromsensoren gestellt werden. Beispiel hierfür sind Genauigkeit und Störfestigkeit bei gleichzeitig hoher Flexibilität. Dieser Artikel beschreibt den Einsatz von Stromsensoren, basierend auf dem magnetoresistiven, kurz MR-Effekt, in Hybrid- und Elektrofahrzeugen. Der MR-Effekt, die verschiedenen xMR-Technologien (AMR, GMR, TMR) sowie deren Vor- und Nachteile werden beschrieben. Aufbau und Funktionsweise, beginnend beim einzelnen MR-Widerstand, dem Sensorchip, bis hin zum kompletten Stromsensor werden veranschaulicht. Anschließend liegt der Fokus auf konkreten Anwendungen im Automobilbereich sowie den speziellen Anforderungen, die an die Strommesstechnik gestellt werden. Aktuelle sowie zukünftige Stromschienen-Konzepte, speziell zur Anwendung in engen Bauräumen, werden vorgestellt und entsprechend erklärt.

3.1 Einleitung

2017 belief sich die weltweite Fahrzeugproduktion auf 95,2 Millionen Personenkraftwagen und leichte Nutzfahrzeuge (mit einem Bruttogewicht von weniger als sechs Tonnen). 2018 ging die Fahrzeugproduktion um fast 1% auf 94,2 Millionen zurück [1].

---

[1] Sensitec GmbH.

T. Tille (Hrsg.), *Automobil-Sensorik 3*, https://doi.org/10.1007/978-3-662-61260-6_3

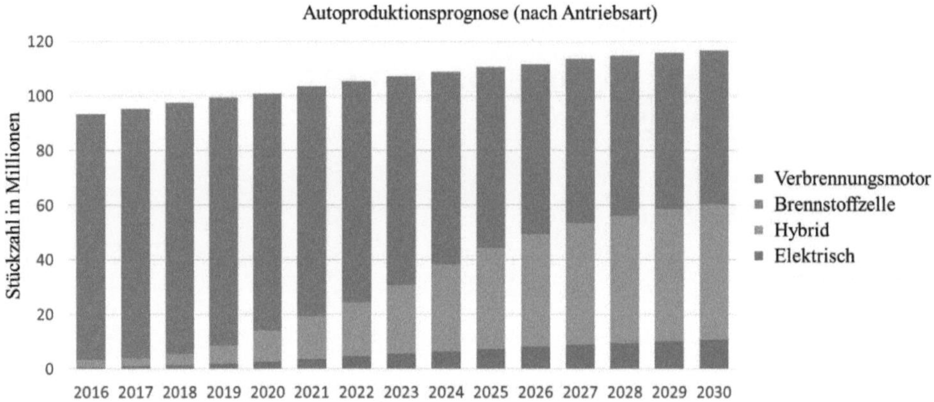

Bild 1: Marktprognose für unterschiedliche Antriebskonzepte [2].

Diesem Trend liegen verschiedene Faktoren zugrunde: Der rückläufige Absatz im chinesischen Automarkt, Handelskriege zwischen den USA und China, neue Vorschriften wie die Worldwide Harmonized Light Vehicle Test Procedure (WLTP) in Europa sowie die stagnierende Wirtschaftslage insgesamt.

Konträr zu dieser Entwicklung ist der Gesamtmarkt für Halbleiter und Sensoren für Anwendungen im Automobil im Jahr 2018 um 9,6% gewachsen [1]. Der Wandel vom Verbrennungsmotor zum elektrifizierten Antriebsstrang ist dabei einer der entscheidenden Faktoren, die zu einem deutlich höheren Bedarf an entsprechenden Halbleitern und Sensoren im Fahrzeug führen (vgl. Bild 1).

Es wird erwartet, dass sich dieser Trend in den kommenden Jahren fortsetzt und dazu beiträgt, dass der gesamte Markt für Halbleiter und Sensoren im Automobilbereich bis 2024 auf 68 Milliarden US-Dollar steigt – im Vergleich zu 43 Milliarden US-Dollar im Jahr 2018. Dies entspricht einer durchschnittlichen jährlichen Wachstumsrate von 8,3% in diesem Zeitraum [3]. Insbesondere mit der Einführung neuer Fahrzeugarchitekturen ergeben sich neue Designherausforderungen und Anforderungen, die den Einzug von neuen Technologien und Komponenten in diesen Bereich ermöglichen werden. Konkrete Beispiele sind neuartige Leistungshalbleiter, Temperatur-, Positions- und auch Stromsensoren. Bild 2 zeigt, in welchen Bereichen die jeweiligen Sensoren zum Einsatz kommen.

Zusammen mit den neuen Anforderungen entstehen gleichzeitig auch Chancen für neue Technologien, z. B. Sensorlösungen basierend auf dem magnetoresistiven (MR) Effekt. Oft auch als xMR-Technologie bezeichnet, wobei es sich konkret um den industriell genutzten anisotropen (AMR), Giant (GMR) und den Tunnel (TMR) Effekt handelt, die sich wesentlich durch ihren Schichtaufbau, die Funktionsweise und Performance unterscheiden. Aktuelle Zahlen zeigen, dass der Markt von Hall-basierten Sensoren dominiert wird. Der Ausblick bis 2030 macht jedoch deutlich, dass den MR-basierten Lösungen ein starkes Wachstum im Automobilbereich prognostiziert wird (vgl. Bild 3).

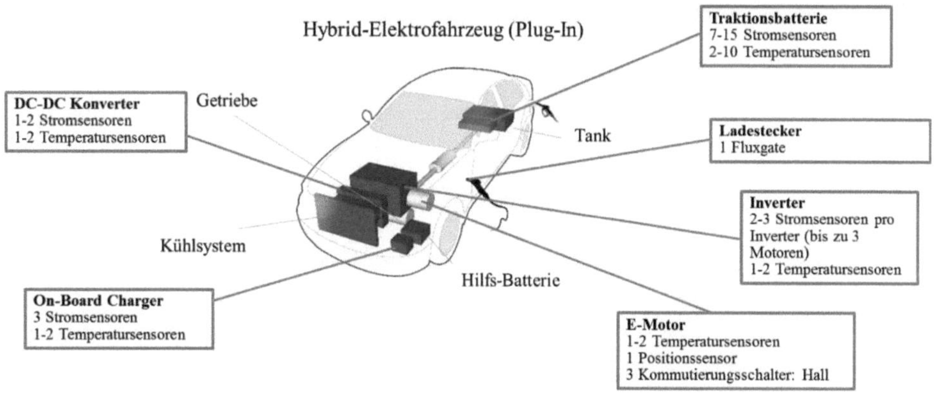

Bild 2: Sensoren für elektrische Fahrzeuge (EV) und Hybridfahrzeuge (HEV) [2].

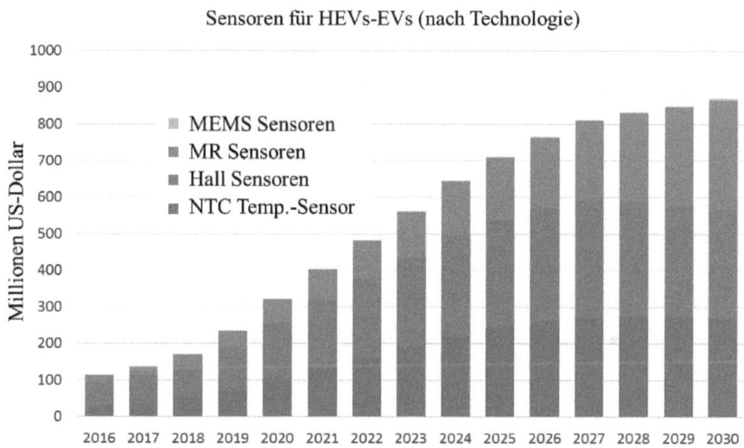

Bild 3: Entwicklung des Sensormarkts in elektrischen Fahrzeugen [2].

Dieses Wachstum lässt sich zum einen auf verschiedene technologische Vorteile zurückführen, die eine hohe Flexibilität im gesamten Anwendungsspektrum erlauben. Spezifische Vorteile AMR-basierter Stromsensorlösungen im Vergleich zu Hall-basierten sind zum Beispiel (vgl. Tabelle 1):

- Die höhere Bandbreite, da der MR-Effekt selbst erst im GHz-Bereich begrenzt ist.
- Das bessere Signal-Rausch-Verhältnis (SNR), da nur das Widerstandsrauschen (thermische Rauschen) relevant ist.
- Die höhere Sensitivität, weshalb auf einen Flusskonzentrator verzichtet werden kann.

Zum anderen wird das Wachstum durch die Forderung nach redundanten Systemen (aus Gründen der funktionalen Sicherheit) im elektrifizierten Fahrzeug beschleunigt. D. h., das Erfassen einer Messgröße muss mit Sensoren, die auf unterschiedlichen physikalischen

Prinzipien beruhen, erfolgen. Daher wird besonderer Wert auf unterschiedliche Sensortechnologien gelegt [4, 5].

Aus technologischer Sicht werden zudem mit zunehmender Nennleistung der E-Motoren, vermehrt Siliziumkarbid (SiC)- oder Galliumnitrid (GaN)-basierte leistungselektronische Systeme im Automobilbereich eingesetzt. Diese Wide-Bandgap (WBG)-Halbleiter ermöglichen, im Vergleich zu herkömmlichen Siliziumhalbleitern, höhere Schaltfrequenzen und somit ein kleineres Systemdesign mit leichteren magnetischen Komponenten und reduziertem Gesamtgewicht (Steigerung der Integrationsdichte, vgl. Bild 4) – ein entscheidender Faktor für die Reichweite von Elektrofahrzeugen und deren Gesamteffizienz.

Zugleich aber führt der Einsatz von WBG-Halbleitern zu neuen und noch anspruchsvolleren Anforderungen an die Stromsensorik. Diese sind:

- Eine hohe Bandbreite um aktuelle Si- und insbesondere die Nutzung der Vorteile zukünftiger WBG-basierter leistungselektronische Systeme voll zu unterstützen.
- Eine kleine Bauform zur Integration des Stromsensors in kleinste Bauräume.
- Zur Steigerung der Effizienz des Gesamtsystems eine hohe Genauigkeit, da die Regelung des E-Motors direkt von der Strommessung abhängig ist.
- Zusätzliche Funktionen wie zum Beispiel eine integrierte Überstromerkennung um im Kurzschlussfall die Sicherheit zu gewährleisten. Insbesondere bei WBG-Halbleitern, die mit einer zulässigen Kurzschlussdauer von oftmals nur wenigen Mikrosekunden spezifiziert sind, ist dies ein entscheidender Faktor.

Insgesamt lässt sich festhalten, dass der Markt für Stromsensoren stark mit der schnell wachsenden Fahrzeugelektrifizierung wächst. Je nach Elektrifizierungsgrad (Mild-Hybrid, Voll-Hybrid, Plug-In-Hybrid) und Anzahl der Motoren in der jeweiligen Architektur werden zwischen 15 und 30 Stromsensoren eingesetzt [4]. Dies schließt die Ladeinfrastruktur für Elektrofahrzeuge noch nicht mit ein.

Tabelle 1: Technologische Vorteile AMR-basierter Stromsensoren.

Parameter	MR-basiert (closed-loop)	Hall, mit Kern (open-loop)	Hall, mit Kern (closed-loop)	Hall, ohne Kern (open-loop)
Bandbreite	++	0	0	–
SNR	++	0	0	0
Sensitivität	++	+	+	–
Linearität	++	+	++	0
Genauigkeit	+	0	+	–
Abmessungen	+	0	–	+
Hysterese	++	–	–	++
Isolation	+	+	+	+

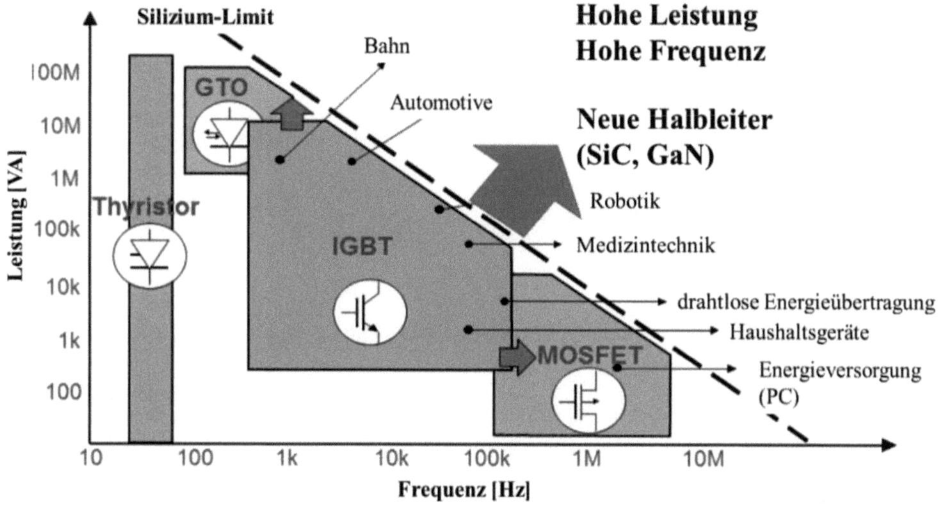

Bild 4: Trend im Bereich der Leistungshalbleiter.

3.2 Grundlagen Magnetoresistive (MR) Technologie

Die Änderung des elektrischen Widerstands eines Materials durch Anlegen eines äußeren Magnetfeldes wird im Allgemeinen als magnetoresistiver Effekt beschreiben. Dazu gehören insbesondere der anisotrope magnetoresistive Effekt (AMR-Effekt), der Giant- bzw. Riesenmagnetowiderstand (GMR-Effekt) und der magnetische Tunnelwiderstand (TMR-Effekt). Zudem wird unterschieden zwischen magnetoresistiven Effekten in magnetischen (AMR) und Hybrid-Bauteilen, bestehend aus magnetischen und nicht-magnetischen Materialien (GMR, TMR). Der Fokus des vorliegenden Berichts liegt auf dem AMR-Effekt und darauf aufbauenden Stromsensoren. Aus Gründen der Vollständigkeit werden ebenfalls der GMR- und TMR-Effekt kurz erläutert.

3.2.1 AMR

Der AMR-Effekt wurde 1857 durch William Thomson (Lord Kelvin) entdeckt. Er beruht auf einer von der Strom- und Magnetisierungsrichtung abhängigen Streuung von Elektronen (Anisotropie) in ferromagnetischen Metallen. Beschrieben wird der AMR-Effekt durch den Winkel α zwischen dem Stromdichtevektor des durch das Material fließenden Stroms $\vec{I}$ und dem Magnetfeldvektor der internen Magnetisierung $\vec{M}$ (vgl. Bild 5).

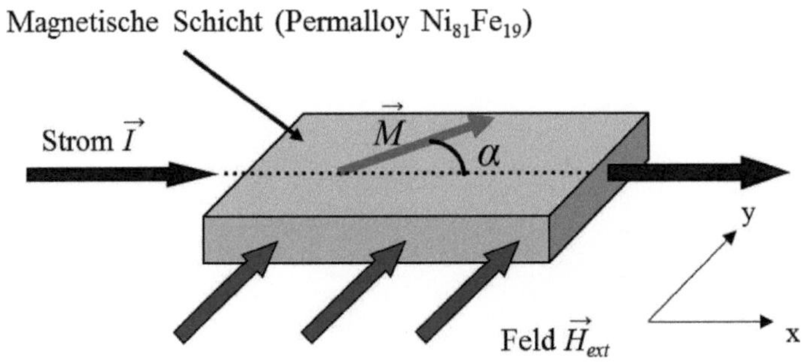

Bild 5: AMR-Widerstand unter Einfluss eines externen magnetischen Feldes $\vec{H}_{ext}$.

Ein von außen auf das Material wirkendes Magnetfeld $\vec{H}_{ext}$, das zum Beispiel der zu messende Strom durch eine Stromschiene erzeugt, dreht die interne Magnetisierung $\vec{M}$ des Materials so, dass diese sich mit steigender Magnetfeldstärke immer mehr an dem äußeren Feld $\vec{H}_{ext}$ orientiert. Ist die äußere Feldstärke stark genug, so ist die Orientierung der internen Magnetisierung und des äußeren Feldes gleich.

Wenn die interne Magnetisierung $\vec{M}$ und der Strom durch das Material parallel zueinander ausgerichtet sind ($\alpha = 0°$), erreicht der spezifische Widerstand sein Maximum ($R = R_{max}$). Bei senkrechter Ausrichtung ($\alpha = 90°$) ist $R = R_{min}$. Dazwischen variiert der Widerstand wie ein Kosinus (vgl. Bild 6).

In der Praxis kommt oftmals eine dünne Schicht aus Permalloy (ca. 20 nm), eine Legierung aus Nickel (81%) und Eisen (19%), zum Einsatz. Physikalisch wird der Effekt auf eine Verzerrung der Atomorbitale durch die Spin-Ausrichtung im Magnetfeld zurückgeführt. Die Änderung des effektiven Streuquerschnitts für Leitungselektronen bewirkt die Widerstandsänderung im Volumen des Materials [6]. Die typische Variation des spezifischen Widerstands ($\Delta R/R$) liegt im Bereich von 2% bis 3%. Technologische Vorteile AMR-basierter Stromsensoren gegenüber Hall-Lösungen sind in Tabelle 1 dargestellt.

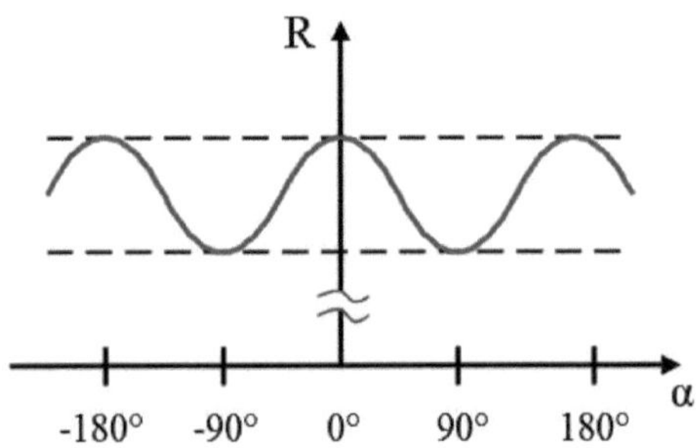

Bild 6: Widerstand in x-Richtung als Funktion des Winkels α zwischen Strom $\vec{I}$ und interner Magnetisierung $\vec{M}$.

3.2.2 GMR

Ein weiterer wichtiger Effekt ist der GMR-Effekt, der 1988 von Grünberg und Fert entdeckt wurde. Dieser Effekt hatte im Bereich der Festplattentechnik direkten Einfluss auf die Steigerung der Speicherdichte.

Der GMR-Effekt tritt in Schichtsystemen aus magnetischen und nicht-magnetischen metallischen Schichten auf. Minimal benötigt man zwei magnetische Schichten, die durch eine unmagnetische Zwischenschicht voneinander getrennt sind. Der GMR wird durch eine Widerstandsveränderung abhängig von der relativen Ausrichtung der Magnetisierungen in beiden magnetischen Schichten beschrieben. Typischerweise ist der Widerstand klein bei paralleler Ausrichtung der Magnetisierungen und groß, wenn sie antiparallel ausgerichtet sind. Die Richtung des Stromflusses bei diesen Sensoren liegt in der Regel in der Schichtebene, der Effekt tritt aber auch bei senkrechtem Stromfluss auf. Der Winkel zwischen Strom und Magnetisierung hat beim GMR-Effekt keinen Einfluss auf den Widerstand [6].

Der GMR ist ein Grenzflächeneffekt, wodurch nochmals wesentlich dünnere magnetische Schichten verwendet werden können im Vergleich zum AMR-Effekt. Dies führt zu einer höheren Sensitivität gegenüber externen Magnetfeldern. Bei Schichtsystemen mit zwei magnetischen Schichten liegt die relative Widerstandsänderung $\Delta R/R$ bei etwa 10%. In Multilagen mit vielfacher Wiederholung der magnetischen Schichten werden bis zu 80% erreicht.

3.2.3 TMR

Im Jahr 1975 wurde der TMR-Effekt durch M. Jullière entdeckt. Er tritt in Schichtsystemen aus ferromagnetischen Schichten und dazwischenliegenden Isolierschichten auf. Der Strom „tunnelt" in diesem Fall durch die Isolierschicht, d. h. die Stromrichtung verläuft senkrecht zu den Schichten. Aus diesem Grund ist eine andere Strukturierung der Schichten im Vergleich zu AMR und GMR notwendig. Der TMR wird beschrieben durch eine Widerstandsveränderung in Abhängigkeit von der relativen Ausrichtung der Magnetisierungen in den beiden magnetischen Schichten, die an die Tunnelbarriere angrenzen.

Typischerweise ist der Widerstand klein, wenn die Magnetisierungen parallel sind und groß bei antiparalleler Ausrichtung. Dieses Verhalten entspricht dem GMR-Effekt, obwohl der zugrunde liegende physikalische Effekt ein anderer ist. Der TMR-Effekt wird auf die Spin-Polarisation der einzelnen ferromagnetischen Elektroden eines magnetischen Tunnelkontaktes zurückgeführt [6, 7]. Die erreichbare relative Widerstandsänderung beim TMR liegen im Bereich $\Delta R/R$ = 30% bis zu 200%.

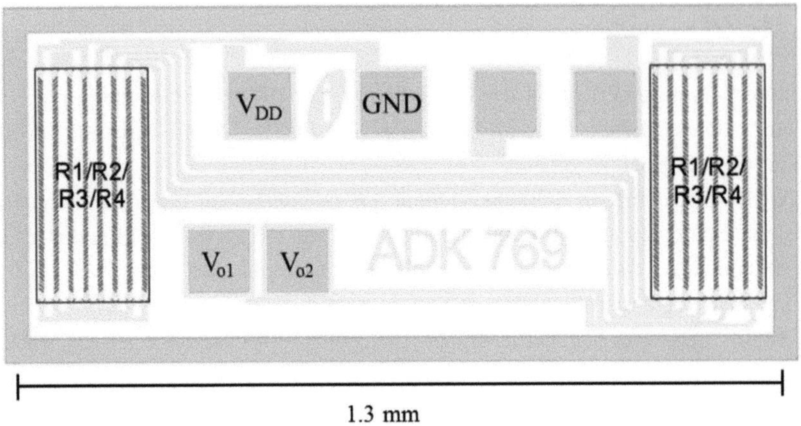

Bild 7: Sensorelement zur Strommessung.

3.3 MR-Sensorchip

Die AMR-basierten Sensorchips zur Strommessung, die bei Sensitec zum Einsatz kommen, beinhalten eine Wheatstonebrücke und mit Barberpole-Strukturen linearisierte MR-Widerstände (vgl. Bild 7). Das Sensorelement arbeitet als Differenzsensor und misst das Magnetfeld, das eine unter dem Chip liegende Leiterschleife erzeugt (Stromschiene, die den zu messendem Strom führt).

3.3.1 Wheatstonebrücke

Ein einzelner magnetoresistiver Widerstand kann bereits als Sensor zur Erkennung eines Magnetfeldes betrachtet werden. Es hat aber den Nachteil, dass sein Widerstand beispielsweise auch bei Temperaturveränderungen variiert und zwar in ähnlicher Größenordnung. Aus diesem Grund und um eine Differenzfeld-Messung zu ermöglichen, werden die MR-Widerstände als Wheatstonebrücke angeordnet (vgl. Bild 8).

Diese besitzt vier Anschlüsse: V_{DD}, *GND* sowie V_{o1} und V_{o2} (Potentiale für den Mittelabgriff). Die Widerstände der Wheatstonebrücke sind so aufgeteilt, dass jeder Widerstand zur Hälfte links und zur anderen Hälfte rechts auf dem Chip liegt (vgl. Bild 7). Durch diese Maßnahme wird eine sehr gute Temperaturstabilität erreicht, da alle MR-Widerstände nahezu identisch auf Temperatureinflüsse reagieren.

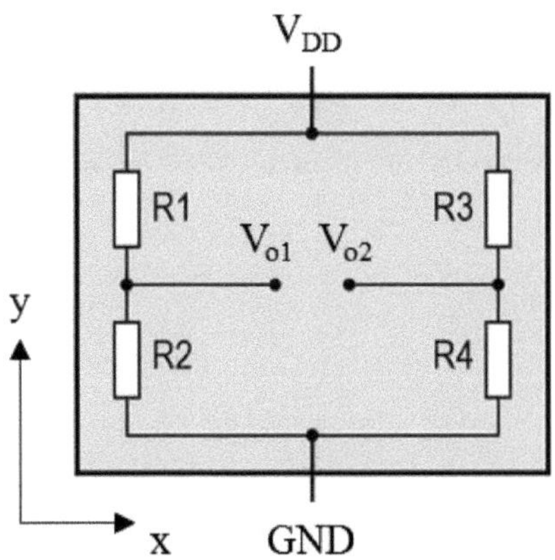

Bild 8: Veranschaulichung des Aufbaus des Sensorelements als Wheatstonebrücke.

3.3.2 *Barberpole-Struktur*

In einem AMR-Widerstand fließt der Strom $\vec{I}$, ohne Einfluss eines externen Feldes, parallel zur Magnetisierung $\vec{M}$, da sich diese entlang des Widerstands ausrichtet (vgl. Bild 9).

Wird die Magnetisierung des Widerstands durch ein orthogonales Magnetfeld ausgelenkt, ergibt sich eine quadratische Kennlinie (vgl. Bild 10).

Nachteile dieser Anordnung sind 1.) Die Richtung des magnetischen Feldes lässt sich nicht bestimmen und 2.) Bei kleinen Feldstärken tendiert die Sensitivität gegen Null (geringe Widerstandänderung bei kleinem äußerem Magnetfeld).

Durch den Einsatz von Barberpole-Strukturen wird die Stromrichtung im AMR-Widerstand, gegenüber der Ausrichtung der internen Magnetisierung, gedreht. Diese Maßnahme führt zu einer deutlichen Zunahme der Empfindlichkeit bei kleinen Magnetfeldern. Das Drehen der Stromrichtung erfolgt durch das Aufbringen einer Vielzahl schmaler, niederohmiger Streifen auf der MR-Schicht, die in einem Winkel von 45° entlang des Widerstands angeordnet sind und die MR-Schicht kurzschließen (vgl. Bild 11). Der Strom bevorzugt den Weg des geringsten Widerstandes und fließt daher senkrecht zu den niederohmigen, diagonalen Streifen auf dem kürzesten Weg durch den hochohmigen AMR-Widerstand.

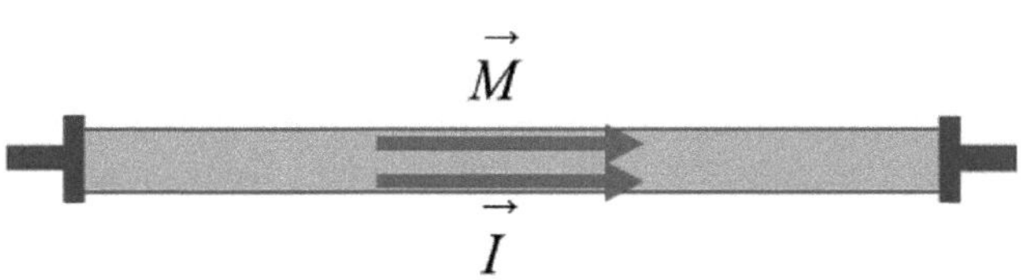

Bild 9: Illustration eines einfachen AMR-Widerstands ohne Barberpole-Struktur. Stromfluss und interne Magnetisierung sind parallel zueinander.

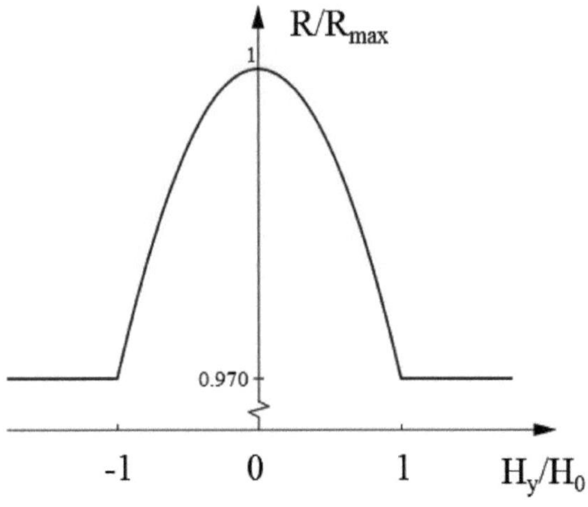

Bild 10: Kennlinie eines AMR-Widerstands ohne Barberpole-Struktur.

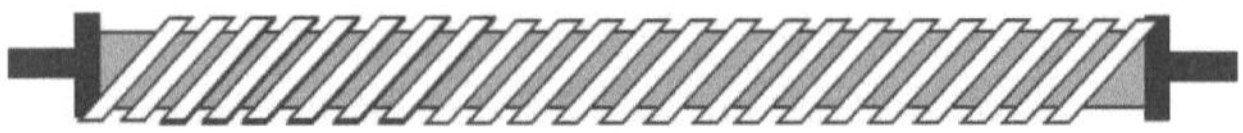

Bild 11: Schematische Darstellung eines einfachen AMR-Widerstands mit Barberpole-Struktur.

Neben der Erhöhung der Sensitivität ermöglicht dies die Linearisierung der Kennlinie des AMR-Widerstands. Zugleich lässt sich dadurch die Richtung des magnetischen Feldes bestimmen (vgl. Bild 12).

Schwachfeldsensoren mit Barberpole-Struktur, d. h. Sensoren, deren Ausgangssignal direkt von der Stärke des externen magnetischen Feldes bestimmt wird, müssen mit einem Stützfeld entlang der Ausrichtung des Widerstands betrieben werden. Dieses Stützfeld hat die Aufgabe, eine ungewollte Ummagnetisierung durch ein Störfeld zu verhindern. Zudem wird mit Hilfe des Stützfeldes die Steilheit der Kennlinie eingestellt. Grundsätzlich gilt dabei: je größer das Stützfeld, desto flacher die Kennlinie (vgl. Bild 13).

Im konkreten Fall erfolgt die Realisierung des Stützfeldes mit Hilfe von zwei Magneten, die sich in direkter Nähe zum Sensorelement befinden (vgl. Abschnitt 3.4).

3.3.3 Closed-loop Prinzip

Direkt über den MR-Widerständen liegt isoliert und mit einem sehr geringen Abstand ein Kompensationsleiter (vgl. Bild 14), der bei fließendem Kompensationsstrom I_{comp} ein Magnetfeld H_{comp} erzeugt, das dem durch den Messstrom I_{PN} erzeugten Magnetfeld H_{PN} entgegenwirkt.

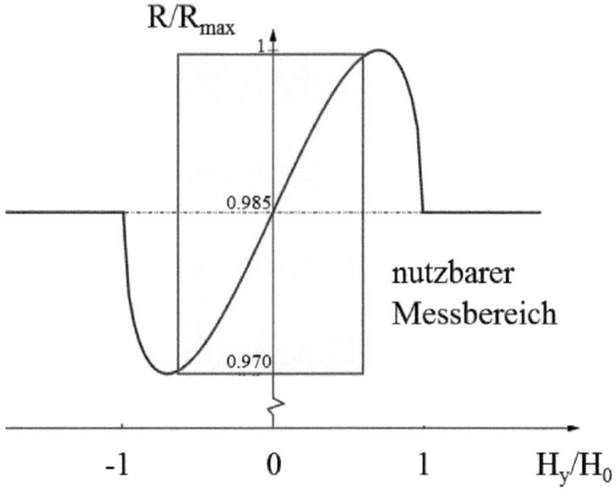

Bild 12: Linearisierte Kennlinie eines AMR-Widerstands mit Barberpole-Struktur.

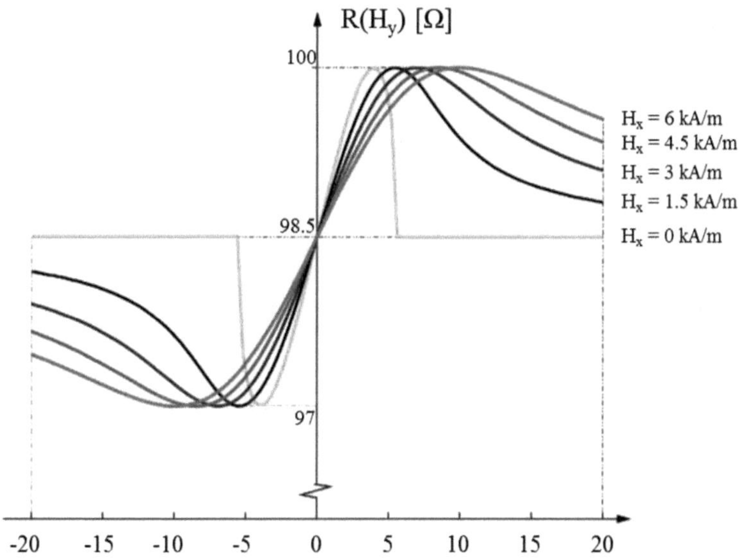

Bild 13: Kennlinie AMR-Widerstand mit Barberpole-Struktur in Abhängigkeit vom Stützfeld.

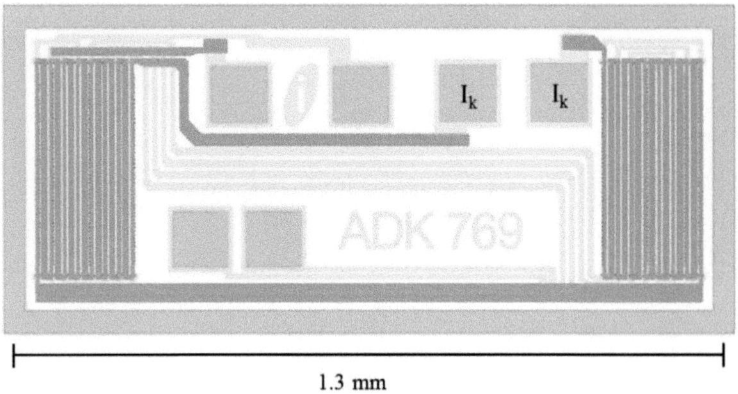

Bild 14: Kompensationsleiter auf dem MR Sensorelement.

Um dem Magnetfeld, das durch den Messstrom verursacht wird entgegenzuwirken, wird nur ein sehr kleiner Kompensationsstrom benötigt (ca. 26 mA). Ausschlaggebend dafür sind die unterschiedlichen Abstände von Stromschiene und Kompensationsleiter zum Sensorchip (vgl. Bild 15). Oder mit anderen Worten: Der kleine Steuerstrom I_{comp} ist ausreichend, um den großen Messstrom I_{PN} zu kompensieren.

Der normale Arbeitspunkt der MR-Wheatstonebrücke liegt im Nullpunkt (vgl. Bild 16). Dies hat den Vorteil, dass temperaturbedingte Veränderungen der Sensitivität des Sensors (Signalveränderung pro Primärstrom) das Ausgangssignal nicht beeinträchtigen.

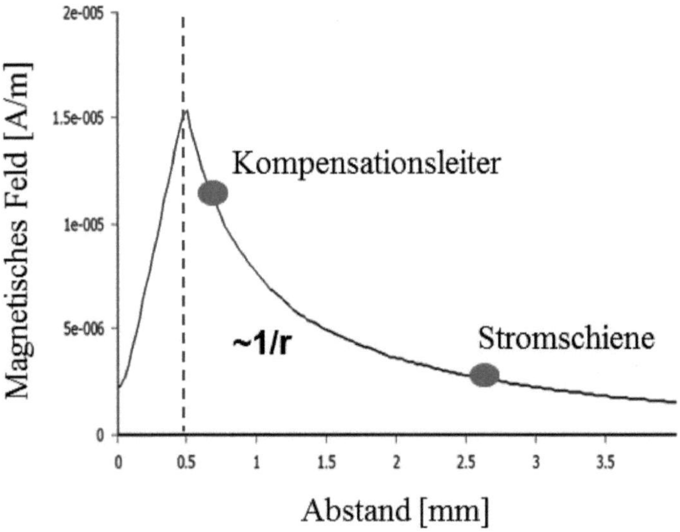

Bild 15: Verlauf der magnetischen Feldstärke eines stromführenden Leiters über den Abstand.

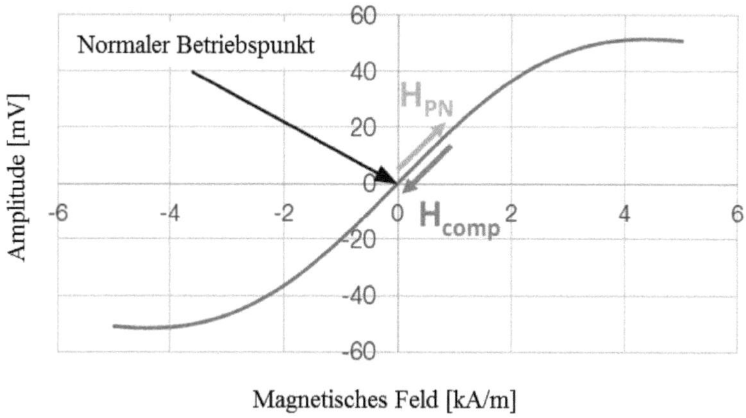

Bild 16: MR-Widerstands-Kennlinie und Closed-loop Prinzip.

Der benötigte Kompensationsstrom wird von einer externen Elektronik (ASIC: application-specific integrated circuit) erzeugt, basierend auf dem Mittelabgriff der Wheatstonebrücke, und über die Anschlusspads I_k eingespeist. Über den festen Zusammenhang zwischen Messstrom und Kompensationsstrom lässt sich zuerst genannter ermitteln.

Durch das Closed-loop Prinzip verfügt das Sensorsystem über einen hochlinearen Ausgang, was es wettbewerbsfähig zu Hall-basierten Messsystemen mit Eisenkern macht, jedoch ohne Nachteile wie Hysterese- oder Sättigungseffekte.

3.3.4 Störfeldunterdrückung

Aktuell müssen Sensoren im niederfrequenten Bereich eine Störfestigkeit von 4000 A/m (≈ 5 mT) aufweisen – gemäß ISO-Norm 11452-8:2015-06 [8] und entsprechenden Automobilhersteller-Anforderungen.

Grundsätzlich können magnetische Störfelder in homogene und inhomogene Störfelder unterteilt werden. Homogene Störfelder liegen vor, wenn die Feldlinien einen gleichmäßigen Abstand voneinander haben und in die gleiche Richtung zeigen. In diesem Fall ist die magnetische Flussdichte über einen spezifischen Bereich räumlich gleich. Ein homogenes Feld kann zum Beispiel mit Hilfe einer Helmholtz-Spule erzeugt werden.

Inhomogene Störfelder hingegen entstehen bereits beim einfachen stromdurchflossenen Leiter. Das bedeutet, die magnetische Flussdichte variiert über einen spezifischen Bereich. Die Wirkung des Störfeldes ist stärker, je geringer der Abstand zum Leiter ist (Feldstärke nimmt proportional mit $1/r$ ab, vgl. Bild 15). In realen Anwendungen treten überwiegend inhomogene Felder auf.

Um den steigenden Anforderungen an die Robustheit in dieser Hinsicht gerecht zu werden, sind gezielte Maßnahmen zur Verbesserung der Störfeldunterdrückung erforderlich. Dabei gilt es den Kostenfaktor stets zu berücksichtigen, weshalb aufwändige Schirmmaßnahmen – oft in Verbindung mit Materialien bestehend aus MuMetall oder seltener Edelstahl – in der Regel ausscheiden. Vielmehr ist der Einsatz einer aktiven Störfeldkompensation auf Sensorchip-Ebene sinnvoll. Beim hier beschrieben Sensorchip wird dies durch die Messung des Feldgradienten an zwei dicht benachbarten Messpunkten (Abstand 1,2 mm) erreicht.

3.4 MR-Stromsensoren

Um den Anforderungen hinsichtlich steigender Integrationsdichte gerecht zu werden (vgl. Abschnitt 3.1), sind Stromsensoren notwendig, die sich zusätzlich zur rein technischen Performance flexibel einsetzen lassen. Ein möglicher Ansatz hierfür ist die Verwendung einer vorqualifizierten Messzelle, die eine schnelle Anpassung an kundenspezifische Anwendungen ermöglicht – bei gleichzeitig niedrigem Entwicklungsaufwand.

Anhand eines spezifischen Stromsensors (CFS1000 = Messzelle [9]) wird dieses Konzept im Folgenden näher beschrieben. Tabelle 2 zeigt die technischen Daten des angegebenen Stromsensors.

Tabelle 2: Technische Daten des CFS1000.

Parameter	Beschreibung	Min.	Typ.	Max.	Einheit
V_{sup}	Versorgungsspannung	4,75	5	5,25	V
I_{PN}	Primärnennstrom (RMS)	10		1000	A
I_{out}	Ausgangsstrom bei I_{PN}		2		mA
f_{CO}	Obere Grenzfrequenz (−3 dB)		500		kHz
ε_{Σ}	Gesamtgenauigkeit (T = 25 °C)		1		%
$T_{\varepsilon\Sigma}$	Gesamtgenauigkeit (T = −40 °C bis + 125 °C)		2		%
T_{amb}	Umgebungstemperatur	−40		+125	°C

3.4.1 Aufbau- und Funktionsweise des Sensors

Die Sensormesszelle (CFS1000) besteht aus einem AMR-Sensorchip, zwei Dauermagneten und einem ASIC montiert auf einem nicht-magnetischen Leadframe im JEDEC (Joint Electron Device Engineering Council) konformen SO16w-Gehäuse (vgl. Bild 17). Das Funktionsprinzip des Stromsensors basiert auf einer kompensierten Differenzfeldmessung. Hierfür kommt der in Abschnitt 3.3 beschriebene Sensorchip zum Einsatz. Aufgrund der hohen Sensitivität des AMR-Sensorchips kann auf einen zusätzlichen Flusskonzentrator verzichtet werden. Dies ermöglicht ein kompaktes Design. Zudem sind Hysterese- und Sättigungseffekte nicht relevant.

Der zu messende Strom (Primärstrom I_{PN}) wird unterhalb des Sensors durch eine, in der Regel U-förmige, Stromschiene geführt. Durch diese Geometrie wird ein magnetisches Gradientenfeld zwischen den beiden Seiten des Leiters erzeugt. Das von I_{PN} verursachte Magnetfeld H_{PN} bewirkt eine Widerstandsänderung der MR-Widerstände in beiden Zweigen der Wheatstonebrücke, was eine Spannungsdifferenz am Mittelabgriff zur Folge hat. Basierend darauf generiert das ASIC einen Kompensationsstrom I_{comp}, der ein Magnetfeld H_{comp} erzeugt, das dem durch den Messstrom I_{PN} erzeugten Magnetfeld H_{PN} entgegenwirkt. Dadurch wird die Spannungsdifferenz auf null zurückgesetzt (Closed-loop Prinzip). Die Größe des hierfür benötigten Kompensationsstroms ist das proportionale Maß für den Messstrom und bildet das Ausgangssignal des Stromsensors (vgl. Bild 18). Durch die Messung des Feldgradienten an zwei dicht benachbarten Messpunkten wird dabei eine aktive Störfeldunterdrückung der Messanordnung erreicht.

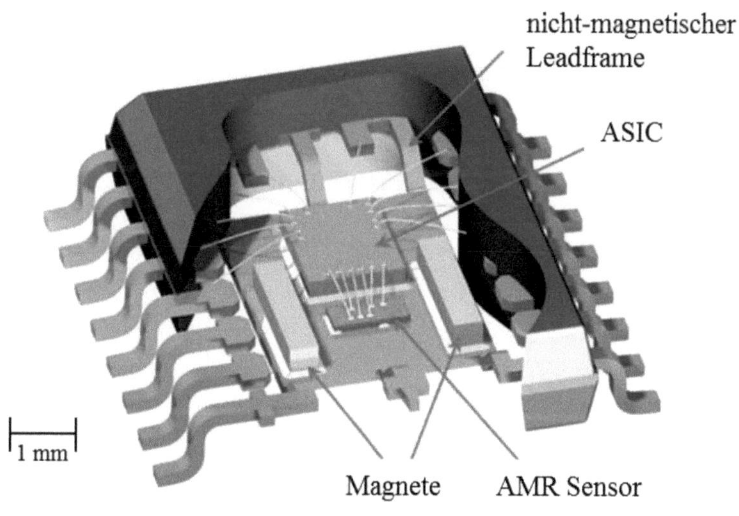

Bild 17: Schematischer Aufbau des Stromsensors CFS1000 [9].

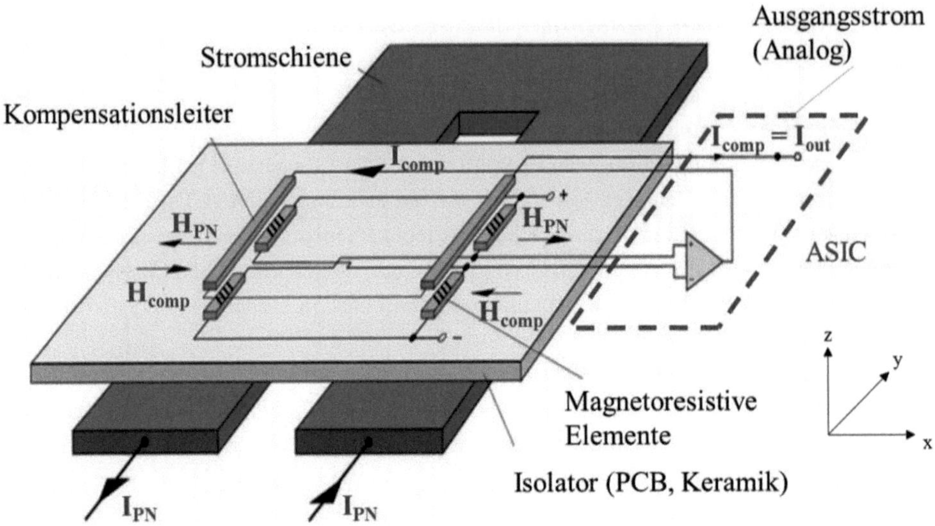

Bild 18: Funktionsprinzip des AMR-Stromsensors. Grundsätzlich besteht der Sensoraufbau aus Stromschiene, Isolator, Sensorchip mit Kompensationsleiter und ASIC. Hinzu kommen das Package und zwei Stützmagnete (vgl. Bild 17).

Ausschlaggebend für die korrekte Funktion des Sensors sind dabei stets die Magnetfelder, die den Sensorchip in x- und y-Richtung beeinflussen. Das gilt sowohl für die Magnetfelder des zu messenden Stromes als auch für die von Störquellen. Auch Einflüsse von mechanischen Toleranzen sind beim Design-In eines Stromsensors stets zu beachten.

3.4.1.1 Feld in x-Richtung (Gradienten-Feld)

Für die Messzelle des CFS1000 beträgt der Zielwert des Gradientenfeldes in x-Richtung 1,6 kA/m/mm (2 mT/mm) bei I_{PN}, was einem Zielwert von 1920 A/m Felddifferenz über 1,2 mm Basisbreite des MR-Sensorchips entspricht. Der Ursprung des Koordinatensystems liegt in der Mitte der Oberfläche des MR-Sensorchips (in der xy-Ebene). Die Stromschiene befindet sich immer in einer parallelen Ebene unterhalb oder seltener auch oberhalb der Sensorposition (Verschiebung in z-Richtung; vgl. Bild 19). Der Strom fließt auf der rechten Seite in die U-förmig geformte Stromschiene und erzeugt das Magnetfeld H_{x2}. Auf der linken Seite fließt der Strom zurück und erzeugt H_{x1}. Die Differenz zwischen den beiden Magnetfeldern ist der Magnetfeldgradient.

Eine solche magnetische Differenzfeldmessung hat den Vorteil, dass diese den Einfluss äußerer magnetischer Störfelder deutlich reduziert, da die Feldvektoren H_{x1} und H_{x2} nahezu identisch auf Störfelder reagieren (aufgrund der geringen Basisweite). Der für das Messergebnis entscheidende Differenzfeldvektor H_{diff} bleibt daher praktisch konstant.

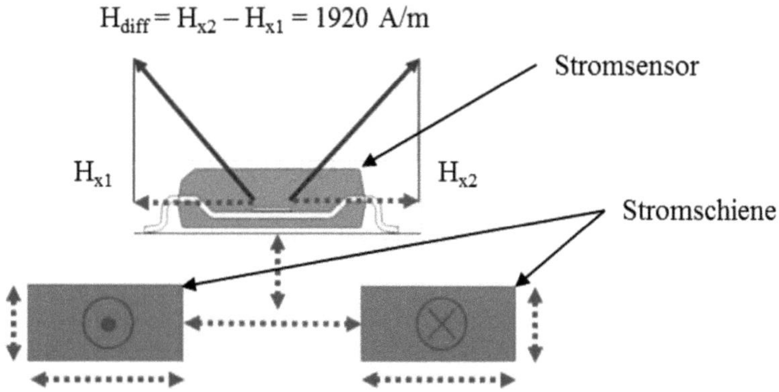

Bild 19: Anordnung der Stromschiene in Relation zum Sensor.

Aufgrund dieser Tatsache ist eine magnetische Abschirmung häufig nicht erforderlich. Darüber hinaus erlaubt das eingesetzte ASIC die Kalibrierung der Messzelle über einen großen Bereich, so dass Differenzfeldtoleranzen von ± 10% akzeptabel sind. Der Zielgradient bewegt sich dementsprechend bei 1920 A/m ± 190 A/m.

3.4.1.2 Feld in y-Richtung (Stabilisierungs-Feld)

MR-Widerstände haben eine initiale Magnetisierungsrichtung, die um 180° gedreht werden kann, wenn ein starkes externes Magnetfeld vorhanden ist, das dem Stabilisierungsfeld (y-Feld) entgegenwirkt und größer als dieses ist. Im geregelten Betrieb würde dies zu einer positiven Rückkopplungssituation führen, da die MR-Kennlinie invertiert wird. Hierbei handelt es sich um einen temporären Effekt, der so lange anhält, wie derartige Feldbedingungen vorliegen (eine dauerhafte Beschädigung erfordert Felder > 3 Tesla). Um ein Umkehren der initialen Magnetisierungsrichtung zu vermeiden, werden die MR-Widerstände durch ein Stabilisierungsfeld vorgespannt, das von zwei Permanentmagneten innerhalb des Gehäuses erzeugt wird (vgl. Bild 17). An der Sensorposition beträgt ihr Feld typischerweise 3000 A/m in y-Richtung. Da der Sensor bis zum 3-fachen des Nennfeldgradienten messen kann und bei Überströmen bis zum 5-fachen des Nennstroms stabil arbeiten soll, beträgt der maximal zulässige Störfeldeinfluss auf das Stabilisierungsfeld bei Nennstrom ± 500 A/m.

Für Anwendungen, bei denen der maximale Strom eindeutig auf das Fünffache des Nennstroms begrenzt ist oder eine stabile Messung in Überstromsituationen nicht zwingend erforderlich ist, kann dieser Grenzwert (± 500 A/m) erweitert werden. Dies ermöglicht ein nochmals kompakteres Stromschienen-Design.

3.4.2 Stromschienen-Design

Der Nennstrombereich des Stromsensors (10 A bis 1000 A) in der Anwendung wird über die Geometrie der Stromschiene eingestellt. Ziel ist es daher, die Stromschiene in der Art zu designen, dass sich am Sensorchip ein Gradientenfeld von 1920 A/m bei I_{PN} einstellt. Gleichzeitig ist bei der Auslegung darauf zu achten, dass das Stabilisierungsfeld idealerweise nicht beeinflusst wird. Dieses Konzept ermöglicht daher die Verwendung des gleichen Stromsensors (= Messzelle) für einen sehr großen Nennstrombereich.

Je nach Betrag des Nennstrom (I_{PN}) kann die Stromschiene entweder direkt in die Leiterplatte integriert (bis etwa 100 A; in Abhängigkeit der thermischen Randbedingungen; vgl. Bild 20) oder extern auf der Rückseite der Leiterplatte angebracht werden.

Da das Stromschienen-Design maßgeblich über die Performance des Stromsensors entscheidet, müssen verschiedene Kriterien berücksichtigt werden.

- Homogene Stromdichte: Inhomogene Stromdichteverteilungen innerhalb des Stromleiters können das Gradientenfeld modulieren. Zum Beispiel durch eine Veränderung des Leiterquerschnitts nahe des Sensorchips.
- Physikalische Effekte: Zum Beispiel der Skin-Effekt bewirkt, dass mit zunehmender Frequenz die Stromdichte am Rand des Stromleiters zunimmt. Hinzu kommt, dass aufgrund des U-förmigen Leiters zusätzlich der Proximity-Effekt berücksichtigt werden muss. Durch die Lorentzkraft ziehen sich die Ladungsträger im Leiter gegenseitig an, wodurch sich die Stromdichte im inneren Randbereich des Leiters zusätzlich erhöht. Dadurch wird das Gradientenfeld in Abhängigkeit der Frequenz moduliert. Dieser Effekt wird in der Frequenzantwort durch einen Anstieg der Ausgangsamplitude des Sensors sichtbar. Abhilfe schafft in diesem Fall ein frequenzabhängiger Widerstand auf Schaltungsebene. Dadurch wird ein konstantes Verhalten über den gesamten Frequenzbereich erzielt.
- Thermische Einflüsse: Ausdehnung der Leiterplattendicke mit der Temperatur, wodurch sich der Abstand zwischen Sensor und Stromleiter verändert.
- Mechanische Einflüsse: Setz- und Montagetoleranzen in Bezug auf Leiterplatte und Stromschiene sind grundsätzlich relevant für die Performance und daher zu beachten.

In der Regel eignet sich eine 3D FEM-Simulation ideal zur Auslegung der Stromschiene. Hierbei können neben den zuvor genannten Kriterien weitere Analysen durchgeführt werden. Falls zwingend erforderlich, kann zusätzlich zur Stromschiene die Auslegung einer geeigneten Schirmung durchgeführt werden, oder eine Optimierung des Gesamtsystems hinsichtlich Bauraum. In einer Anwendung konnte beispielsweise der Bauraum um ca. 35% reduziert werden – bei gleicher Sensor-Performance (vgl. Bild 21).

Werden alle Designkriterien berücksichtigt, lässt sich eine kompakte und hochgenaue Messstelle realisieren.

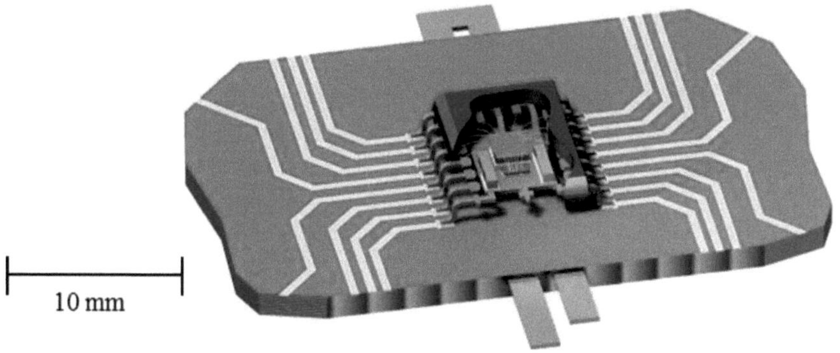

Bild 20: Beispiel zur Integration der Stromschiene in die Leiterplatte.

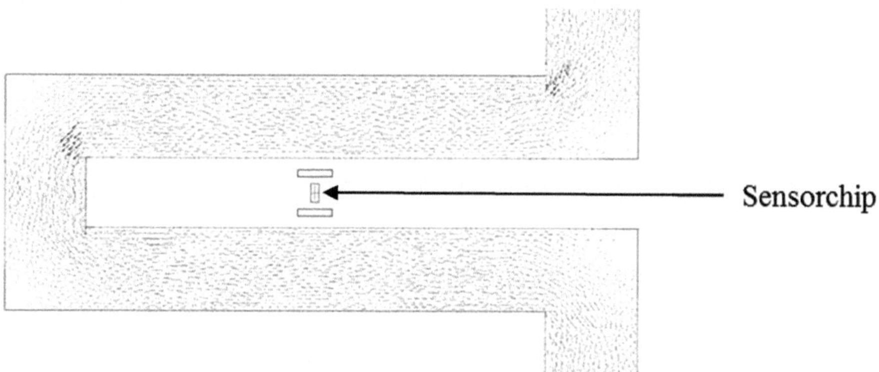

Simulation 250 A Stromschiene (vor Optimierung)

Simulation 250 A Stromschiene (nach Optimierung)

Bild 21: Optimierung einer Stromschiene mittels 3D FEM-Simulation. Der Sensorchip befindet sich jeweils zwischen dem U-förmigen Leiter.

3.4.3 Bandbreite

Die effektiv verfügbare Bandbreite eines Stromsensors stellt einen wichtigen Faktor für eine hochgenaue Messung dar. In Bild 22 ist in grober Näherung die Frequenzantwort zweier Stromsensoren dargestellt. Typischerweise wird die obere Grenzfrequenz in Datenblättern bei einer Dämpfung der Ausgangsamplitude von −3 dB angegeben. Eine Dämpfung von −3 dB bedeutet in diesem Zusammenhang einen Verlust von ca. 29% in der Amplitude des Sensorausgangssignals. Dadurch geht Messgenauigkeit verloren. Sinnvoll ist daher die Betrachtung der Bandbreite bei −1 dB, da hier die Dämpfung geringer ist (ca. 11% Verlust) und somit eine viel höhere Messgenauigkeit erzielt wird. Die höhere Messgenauigkeit jedoch geht zu Lasten der effektiv nutzbaren Bandbreite.

Zusätzlich wird die Bandbreite durch die Verwendung von Filtern in der realen Applikation reduziert. Beim MR-basierten Stromsensor wird ein frequenzabhängiger Widerstand zur Kompensation von Skin- und Proximity-Effekten in der Stromschiene eingesetzt (*R* und *C* in Serienschaltung parallel zum Bürdenwiderstand). Beim betrachteten Hall-Stromsensor ist zum Beispiel eine Noise-Filterung erforderlich (Tiefpassfilter 1. Ordnung) um optimale Messergebnisse zu erzielen.

In beiden Fällen reduziert sich durch den Einsatz von Filtern die effektiv nutzbare Bandbreite (vgl. Bild 23). Entscheidend ist daher, dass ein Stromsensor mit hinreichend hoher Bandbreite eingesetzt wird, um unter realen Bedingungen exakte Messungen zu ermöglichen – bei geringem Verlust in der Signalamplitude (−1 dB) und gleichzeitig aktiver Filterung.

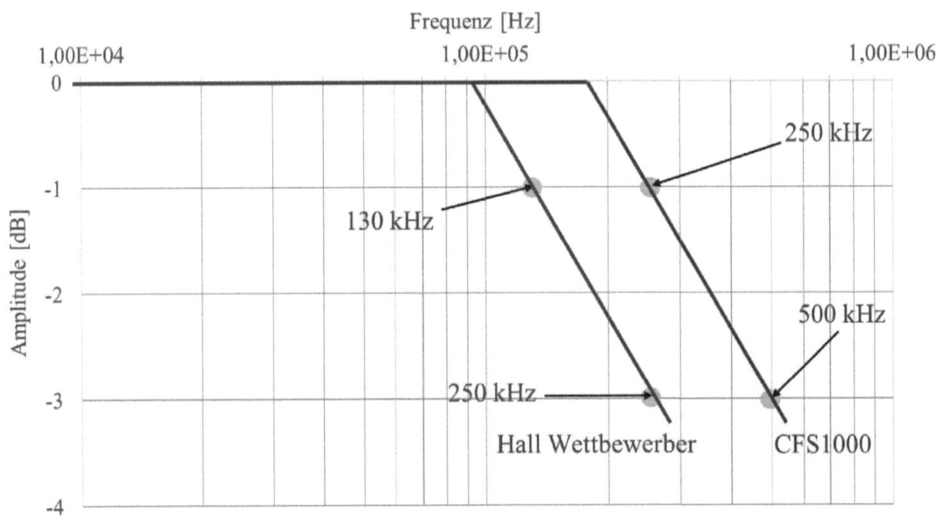

Bild 22: Näherung der Frequenzantwort zweier Stromsensoren (Datenblattwerte). Betrachtung der Bandbreite bei −3 dB und −1 dB.

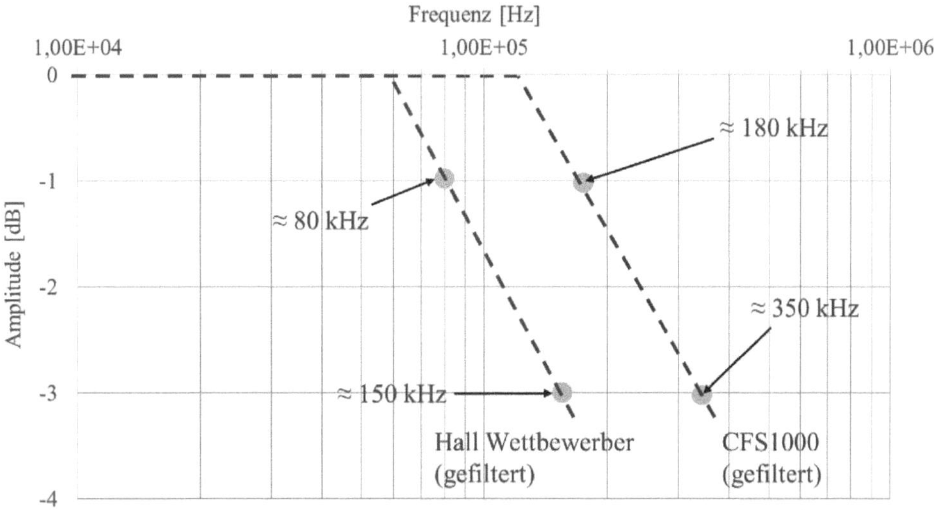

Bild 23: Näherung der Frequenzantwort zweier Stromsensoren (Datenblattwerte). Betrachtung der Bandbreite bei −3 dB und −1 dB, bei gleichzeitiger Anwendung von Filtermaßnahmen.

Bei der Messung von Phasenströmen, insbesondere im elektrifizierten Fahrzeug, ist die Genauigkeit der eingesetzten Stromsensoren von entscheidender Bedeutung, da die Steuerung des Motors und damit dessen Effizienz direkt von der Genauigkeit der Strommessung abhängig ist.

Da zusätzlich die Anforderungen an die Stromsensorik stetig steigen, z. B. aufgrund des Einsatzes von Wide-Bandgap Halbleitern und damit verbunden, steigenden Schaltfrequenzen, sollte ein Stromsensor grundsätzlich genügend Reserven hinsichtlich Bandbreite mit sich bringen.

3.4.4 Integrierte Überstromerkennung

Um adäquat auf Kurzschlüsse in leistungselektronischen Systemen reagieren zu können, ist eine schnelle Überstromerkennung unerlässlich. Kurzschlüsse zum Beispiel führen zur thermischen Zerstörung der Halbleiter im Leistungsmodul, wenn diesen nicht innerhalb einer vom Hersteller vorgegeben Zeit entgegengewirkt wird (durch Abschaltung des Systems).

Eine im Stromsensor integrierte Überstromerkennung bietet den Vorteil, dass diese ideal auf den Sensor abgestimmt ist und außerdem auf zusätzliche externe Komponenten auf Schaltungsebene verzichtet werden kann. Dadurch können sehr schnelle Reaktionszeiten, die deutlich unter 1 µs liegen erreicht werden (in Abhängigkeit von der intrinsischen Verzögerung des eingesetzten Sensors). Im Allgemeinen kann dabei die Schwellspannung, bei der die Überstromerkennung ausgelöst werden soll, vom Anwender frei eingestellt werden.

Um eine Fehltriggerung des Alarmausgangs zu vermeiden, zum Beispiel durch sehr kurze Stromspitzen, kann idealerweise ein zusätzliches „Debouncing delay“ eingestellt werden. Zur Veranschaulichung des Ablaufs zeigt Bild 24 exemplarisch das Verhalten und die Funktionsweise der Überstromerkennung beim CFS1000.

3.4.5 Kalibrierung

Im Allgemeinen ist eine Kalibrierung erforderlich, um die beste Sensorleistung in Bezug auf die Messgenauigkeit zu erzielen. Speziell Stromsensoren, bei denen die Stromschiene kein integraler Bestandteil des Strommesssystems ist, erfordern grundsätzlich die Durchführung einer End-of-Line (EOL) Kalibrierung nach der Montage auf der Leiterplatte. Dieser letzte Kalibrierschritt wird in der Regel direkt in der Anwendung ausgeführt. Die EOL Kalibrierung gleicht dabei Bestückungsabweichungen bezüglich der Ausrichtung zwischen Stromsensor, Leiterplatte und Stromschiene aus.

Zur Kalibrierung werden in der Regel eine Stromquelle, ein Präzisionsstromwandler als Referenz zum Abgleich und eine Hardware inklusive Software-Interface, um auf den Sensor zuzugreifen, benötigt. Allgemein bieten sich zwei Methode zur Kalibrierung an.

- Hardware-Kalibrierung: Bei der die Kalibrierdaten zum Beispiel im EEPROM des Stromsensors gespeichert werden.
- Software-Kalibrierung: Bei der eine nachgeschaltete Elektronik (z. B. ein µ-Prozessor) die Abweichung zur Referenzmessung softwareseitig ausgleicht.

3.5 Anwendungsbeispiele im Elektrofahrzeug

MR-basierte Stromsensoren lassen sich aufgrund ihrer Performance und Flexibilität in einer Vielzahl von Automotive-Anwendungen einsetzten. Wie in Kapitel 1 gezeigt, wird die Anzahl der Stromsensoren im elektrifizierten Fahrzeug deutlich zunehmen. Konkrete Anwendungsfälle ergeben sich bei: Ladestationen, On-Board Charger (OBC), DC/DC-Konvertern und Invertern, jeweils zur Messung von DC- oder AC-Strömen mit unterschiedlichen Anforderungsprofilen (vgl. Bild 25).

Auch Batteriemanagement-Anwendungen sind für MR-basierte Stromsensoren von Interesse. Da hier ein hoher Dynamikbereich erforderlich ist, d. h. große und gleichzeitig kleine Ströme mit sehr hoher Genauigkeit gemessen werden müssen, kommen oftmals Shunt-Widerstände zum Einsatz. Nachteilig bei Shunt-Widerständen hingegen sind die Leistungsverluste die insbesondere bei hohen Strömen, wie sie in Batteriemanagement-Anwendungen auftreten, erheblich sein können. Ziel ist es daher, diese Leistungsverluste so klein wie möglich zu halten und gleichzeitig einen hohen Dynamikbereich zuzulassen. Diesem Problem kann z. B. mit der Verwendung einer kaskadierten, MR-basierten Sensorlösung entgegnet werden.

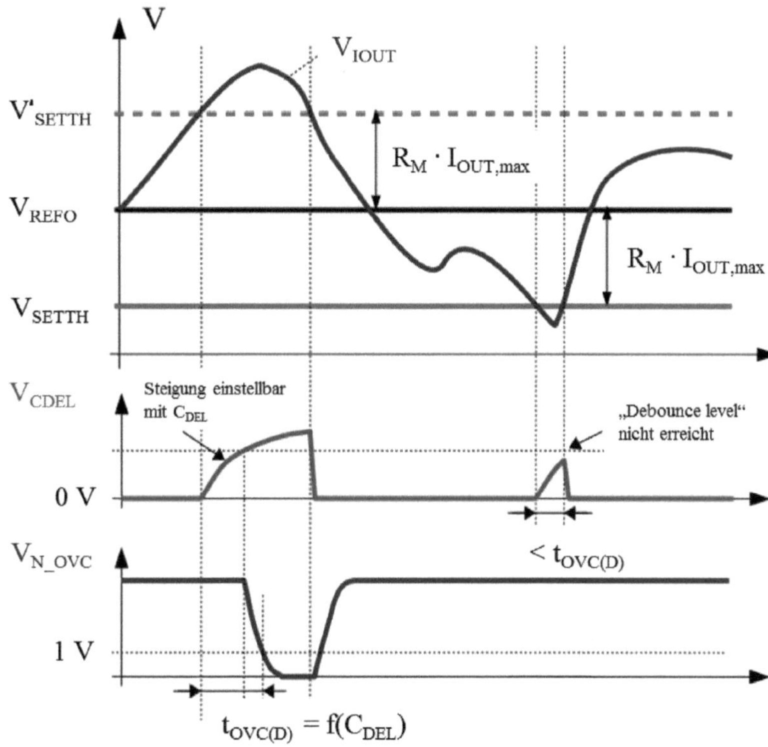

Bild 24: Funktionsweise der Überstromerkennung beim CFS1000. V_{IOUT}: Ausgangsspannung des Stromsensors, R_M: Bürdenwiderstand, $I_{OUT,max}$: Maximaler Ausgangsstrom bevor die Überstromerkennung auslöst, V_{SETTH}: Schwellspannung zum Auslösen der Überstromerkennung (obere und untere Grenze), V_{REFO}: Referenzspannung am Ausgang, C_{DEL}: Kapazität zum Einstellen des Debounce-Levels, V_{CDEL}: Spannungslevel Debouncing, V_{N_OVC}: Spannungslevel der Überstromerkennung, $t_{OVC(D)}$: Zeit bis zum Auslösen der Überstromerkennung.

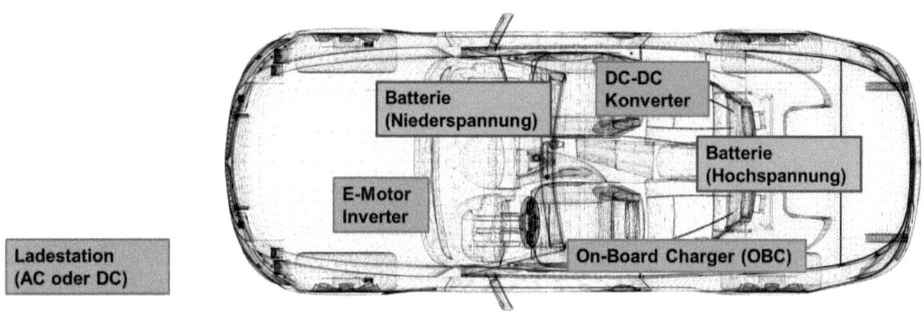

Bild 25: Beispielhafte Darstellung der Anwendungsmöglichkeiten von MR-basierten Stromsensoren in- und außerhalb des elektrifizierten Automobils.

Die Kaskadierung von beispielsweise zwei Sensoren erlaubt eine deutliche Vergrößerung des Dynamikbereichs bei gleichzeitig sehr guter Messgenauigkeit und zudem deutlich reduzierten Leistungsverlusten, da die Messung berührungslos erfolgt (galvanische Trennung). Dabei übernimmt in der Kaskadierung ein MR-Sensor die Messung der kleinen und der andere die Messung der großen Ströme.

Im Folgenden soll näher beschrieben werden, wie sich MR-basierte Stromsensoren in konkreten Automotive-Anwendungen einsetzen lassen und welche technischen Herausforderungen mit ihnen bewältigt werden können.

3.5.1 Phasenstrommessung (1-Phase)

Bild 26 zeigt ein vollelektrisches Sportfahrzeug, bei dem eine breitbandige und insbesondere hochgenaue 1-Phasen-Strommessung gefordert wurde, um in engen Kurven eine „on-demand“ Drehmomentverteilung zu ermöglichen. In dieser speziellen Anwendung waren die beiden E-Motoren direkt auf der Hinterachse montiert und wurden hochdynamisch einzeln angesteuert. Die Energieversorgung mit einer leistungsstarken 48,6-kWh-Batterie ermöglichte eine Leistung von 280 kW und ein max. Drehmoment von 820 Nm.

Das entstandene Stromschienen-Design zur Lösung dieser Messaufgabe ist in Bild 27 dargestellt (U-Form unter der Leiterplatte nicht erkennbar).

Bild 26: Beispielhafte Darstellung der Hinterachse eines Sportfahrzeugs [10].

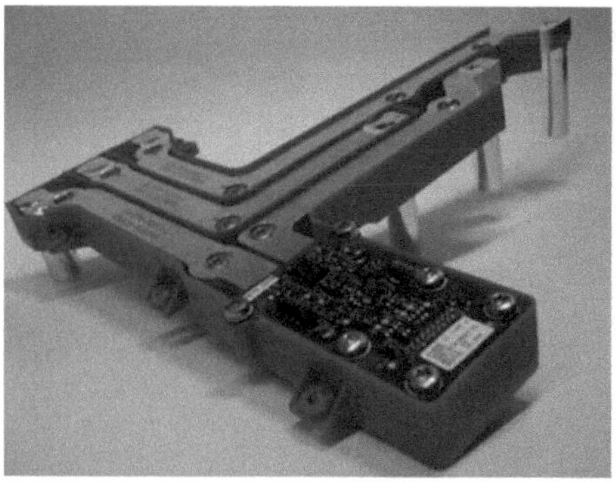
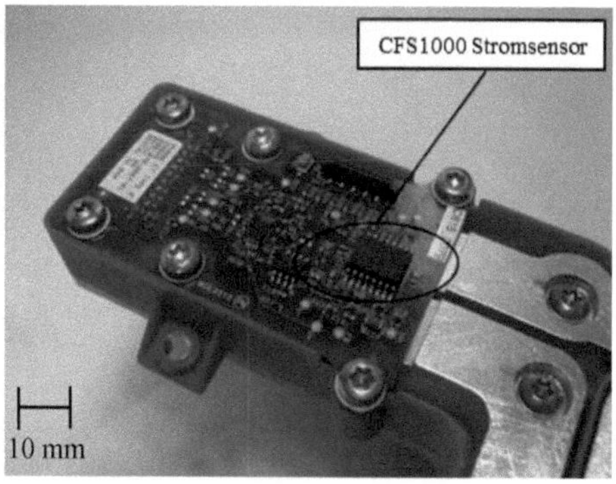

Bild 27: Links: Übersicht Stromschienenkonzept zur 1-phasigen Strommessung, Rechts: Detailaufnahme der Leiterplatte und des darauf montierten Stromsensors [10].

Für die Umsetzung der Strommessung waren folgende Randbedingungen zu erfüllen:

- Nennstrom ±500 A
- Spitzenstrom ±1500 A
- Bandbreite > 100 kHz
- Genauigkeit besser als 0,5% über den gesamten Strom- und Temperaturbereich (−40 °C bis +125 °C)
- Hohe Widerstandfähigkeit gegenüber mechanischen Einflüssen
- Galvanisch getrennte Strommessung

Die externe Führung des Primärleiters ergibt einerseits die galvanische Trennung zwischen Primärstrom und Signalverarbeitung, andererseits ermöglicht sie eine flexible Anpassung an den gewünschten Messbereich und erlaubt somit der hohen Genauigkeitsanforderung gerecht zu werden. Die hohe Empfindlichkeit gegenüber Hall-Effekt-basierten Lösungen erlaubte zudem größere Abstände zwischen Strompfad und Sensor, ohne zusätzliche Maßnahmen wie Fluss-Konzentratoren und ermöglicht somit verbesserte Isolationseigenschaften.

3.5.2 *DC-Link-Strommessung*

Ein weiteres Anwendungsbeispiel ist die Strommessung zwischen DC-Link und Inverter im elektrischen Serienfahrzeug. Wie zuvor ausgeführt, erzeugt der Primärstrom das magnetische Gradientenfeld, das vom Sensor gemessen wird. Das Stromschienen-Design jedoch unterscheidet sich deutlich von der bisherigen U-Form (vgl. Bild 28).

Bild 28: Schematische Darstellung des Stromschienen-Designs zur DC-Link-Strommessung (aus Gründen der Vertraulichkeit ist nur eine Illustration der Anwendung möglich).

Die Stromschienen zwischen DC-Link und Inverter (Hin- und Rückleiter) werden dabei so angeordnet, dass sie an einem vom Anwender bestimmten Ort das benötigte magnetische Gradientenfeld erzeugen (1920 A/m). Anschließend wird der auf einer Leiterplatte montierte Sensor entsprechend platziert. Diese Anordnung ermöglicht neben einer sehr kompakten Bauweise, eine robuste und hochgenaue Strommessung bei gleichzeitig einfacher Montage.

Um die Messaufgabe erfolgreich zu lösen mussten folgende technische Anforderungen erfüllt werden:

- Nennstrom 260 A (DC)
- Berührungslose Strommessung
- Hohe Störfestigkeit, da Betrieb in rauer Umgebung
- Genauigkeit von 2% über Temperatur und Lebensdauer
- Einfache und kostengünstige Montage

Der Einsatz der MR-basierten Stromsensorlösung ermöglichte einen Gesamtaufbau mit sehr kleinen Abmessungen, minimalem Gewicht und gleichzeitig maximaler Effizienz.

3.5.3 Phasenstrommessung (3-Phasen)

Speziell bei Hochstromanwendungen im Automotive-Bereich kann es vorkommen, dass das bisher beschriebene U-förmige Design der Stromschiene aufgrund des vorgegebenen Bauraums platzbedingt nicht eingesetzt werden kann.

Der durch die U-Form fließende Primärstrom erzeugt eine Feldkomponente in x- und eine in y-Richtung (vgl. Abschnitt 3.4.1). Insbesondere die Feldkomponente in y-Richtung hat bei hohen Strömen einen deutlichen Einfluss auf die Sensorperformance, da diese das Stabilisierungsfeld beeinträchtigten kann. Um diesen Einfluss zu reduzieren, ist es in der

Regel notwendig, die U-Form entsprechend zu vergrößern. Dies widerspricht jedoch der grundsätzlichen Forderung nach einer kompakten Bauweise.

Im Folgenden soll daher auf ein neuartiges Stromschienenkonzept eingegangen werden (es handelt sich um ein in der Entwicklung befindliches Projekt).

3.5.3.1 Neues Stromschienenkonzept für hohe Ströme

Oft ist die mechanische Konstruktion des Gehäuses für Inverter und Stromschienen bereits sehr weit fortgeschritten. Teilweise sind die Werkzeuge zur Fertigung von Gehäuseteilen bereits hergestellt, bevor die Integration einer Strommessstelle hinreichend berücksichtigt wurde. Die Anschraubpunkte der Stromschienen sind in einem solchen Fall fest vorgegeben. Um dennoch eine exakte Strommessung zu ermöglichen, ist neben der technischen Performance des Stromsensors ein Stromschienenkonzept erforderlich, das sich sehr flexibel einsetzen lässt (vgl. Bild 29).

Die konkreten Anforderungen an die Stromsensorik lassen sich hierbei wie folgt zusammenfassen:

- Messung von 3 Phasenströmen auf sehr kleinem Bauraum (120 x 15 x 45 mm^3)
- Nennstrom ±500 A_{RMS}
- Spitzenstrom bis ±800 A_{RMS}
- Bandbreite > 100 kHz
- Hohe Störfestigkeit, aufgrund von möglichem Crosstalk zwischen den Phasen
- Genauigkeit von 3% über Temperatur und Lebensdauer
- Einfache Montage

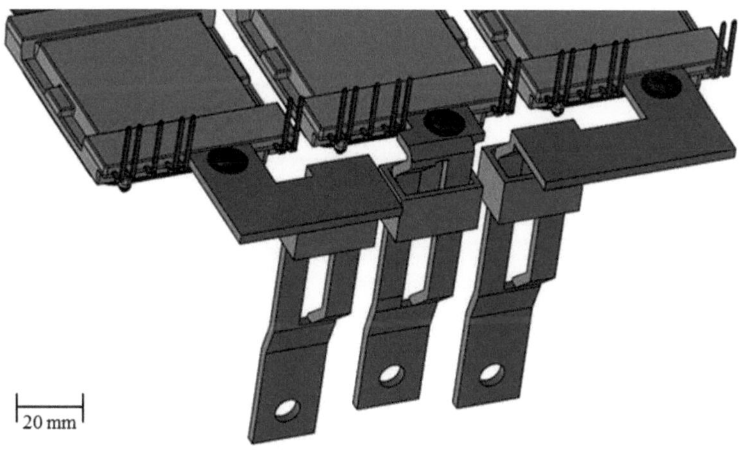

Bild 29: CAD-Darstellung einer 3-Phasenanordnung mit fest vorgegebenen Anschraubpunkten für die Stromschienen, vorgegebenem Bauraum und neuem Stromschienenkonzept. Oben im Bild befinden sich die IGBT-Leistungshalbleitermodule.

Dieses skalierbare Stromschienenkonzept, speziell für hohe Ströme im Bereich von 200 A bis zu 2000 A, zeichnet sich insbesondere dadurch aus, dass eine störfeste Gradientenfeld-Messung am geraden Stromleiter bei gleichzeitig kompakter Bauweise durchgeführt werden kann.

3.5.3.2 Funktionsprinzip

Bild 30 veranschaulicht die Funktionsweise des neuen Stromschienenkonzepts. Durch das Auftrennen der Stromschiene in zwei diagonal versetzte, parallel verlaufende Pfade, wird in deren Mitte der benötigte magnetische Feldgradient erzeugt (Stromfluss in eine Richtung). Die Leiterplatte mit dem Stromsensor wird mittig zwischen die aufgetrennten Leiterpfade montiert (vgl. Bild 30 unten).

Diese Art der Anordnung eignet sich sehr gut zur Messung von DC-Strömen. Untersuchungen mit Wechselstrom zeigten hingegen, dass das Ausgangssignal des Sensors frequenzabhängig ist. Dieses Verhalten lässt sich auf den Skin- und Proximity-Effekt zurückführen.

Mit zunehmender Frequenz steigt die Stromdichte in den Randbereichen des Stromleiters an (Skin-Effekt). Durch den gleichgerichteten Stromfluss stoßen sich die Ladungsträger im Leiter gegenseitig ab (Lorentzkraft; Proximity-Effekt). Sie werden in den äußeren Randbereich des Leiters gedrängt, wodurch die Stromdichte dort ansteigt. D. h., der Feldgradient in der Mitte des Leiters wird mit zunehmender Frequenz kleiner. Dieser Effekt wird in der Frequenzantwort durch einen Abfall der Ausgangsamplitude des Sensors sichtbar. Ziel ist es daher, das Gradientenfeld über den gesamten Frequenzbereich konstant zu halten. Dies wird durch ein verbessertes Konzept möglich (vgl. Bild 31).

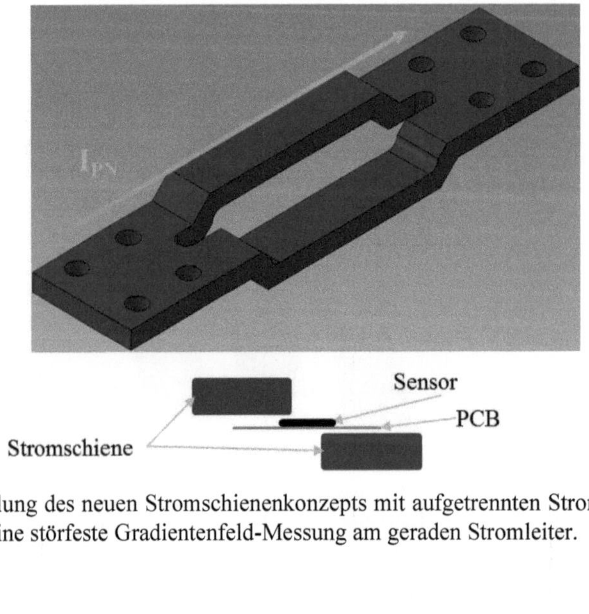

Bild 30: Darstellung des neuen Stromschienenkonzepts mit aufgetrennten Strompfaden. Die Anordnung erlaubt eine störfeste Gradientenfeld-Messung am geraden Stromleiter.

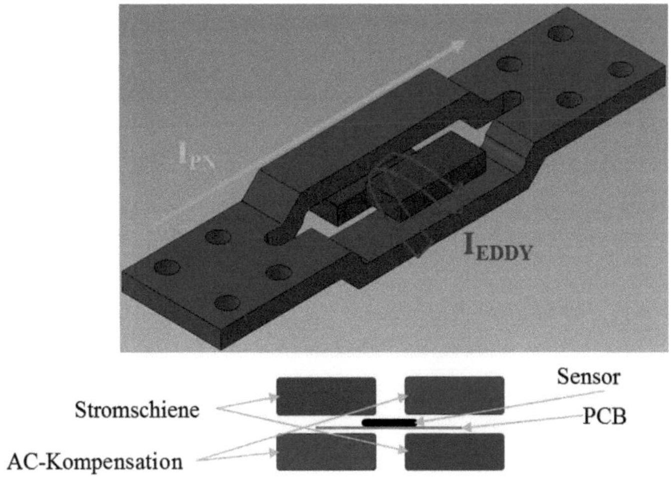

Bild 31: Neues Stromschienenkonzept mit aufgetrennten Strompfaden und zusätzlich integrierter AC-Kompensation.

Zusätzlich zur vorhandenen Stromschiene werden zwei Kupferblöcke eingesetzt, so dass sich die in Bild 31 unten dargestellte Anordnung ergibt. Der durch die Stromschiene fließende Strom I_{PN} induziert Wirbelströme I_{EDDY} in die hinzugefügten Kupferblöcke. Die Wirbelströme in den Kupferblöcken erzeugen ein zusätzliches Gradientenfeld, das mit steigender Frequenz zunimmt und somit dem zuvor beschriebenen frequenzabhängigen Verhalten entgegenwirkt. Das hier beschriebene Verfahren wird in diesem Zusammenhang als AC-Kompensation bezeichnet.

Bild 32 zeigt den Aufbau eines Stromsensorsystems (Funktionsmuster) basierend auf dem neuen Stromschienenkonzept – inklusive einer Leiterplatte mit montiertem Stromsensor, Delta-Sigma-Wandler und Impedanzwandler, der AC-Kompensation und einer optionalen Schirmung aus MuMetall. Die Sensorsignale können über eine Buchse oder auch einen Stecker nach außen geführt werden. Die technischen Daten der aktuellen 500 A-Variante sind in Tabelle 3 zusammengefasst.

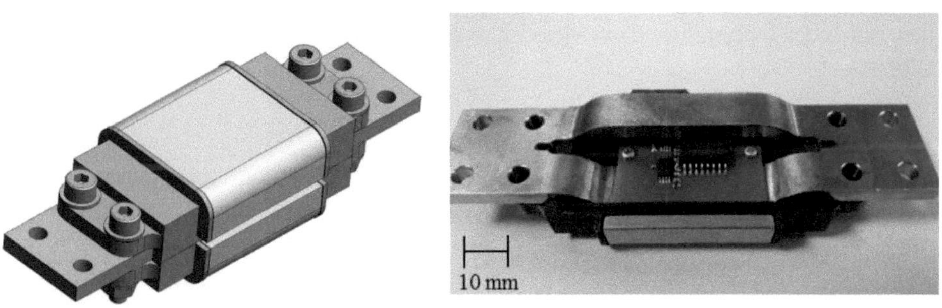

Bild 32: Links: 3D CAD-Darstellung des neuen Stromsensorkonzepts mit integrierter Stromschiene. Rechts: Aufbau eines Funktionsmusters des neuen Stromsensorsystems.

Tabelle 3: Technische Daten des neuen Strommesssystems (500 A-Variante).

Parameter	Beschreibung	Min.	Typ.	Max.	Einheit
V_{sup}	Versorgungsspannung	4,75	5	5,25	V
I_{PN}	Primärnennstrom (RMS)		500		A
I_{out}	Ausgangsstrom bei I_{PN}		2		mA
f_{CO}	Obere Grenzfrequenz (−3 dB)		500		kHz
ε_{Σ}	Gesamtgenauigkeit ($T = 25$ °C)		< 1		%
t_{resp}	Ansprechzeit (90% I_{PN}, 90% I_{out})		300		ns
T_{amb}	Umgebungstemperatur	−40		+105	°C

3.5.3.3 Messergebnisse

Wie Messungen an Funktionsmustern zeigen, kann die Ausgangsamplitude des Sensors mit Hilfe der AC-Kompensation über den gesamten Frequenzbereich konstant gehalten werden – bevor sie bei der oberen Grenzfrequenz von 500 kHz auf −3 dB abfällt (vgl. Bild 33). Ohne diese neue Technik hingegen fällt die Ausgangsamplitude des Sensors mit steigender Frequenz ab. Dabei muss stets beachtet werden, dass eine Änderung von nur ±0,25 dB einen Messfehler von etwa 3% verursachen kann.

Messungen der Sprungantwort zeigen zudem deutlich das schnelle Ansprechverhalten des Stromsensors in Verbindung mit dem neuen Stromschienenkonzept (vgl. Bild 34). Insbesondere bei sicherheitskritischen Anwendungen, wie zum Beispiel dem Abschalten von Kurzschlüssen, wird eine Ansprechzeit (t_{resp}) gefordert, die erheblich kleiner ist als die maximal zulässige Kurzschlussdauer der eingesetzten Leistungshalbleiter. Je nach Anwendungsbereich liegt diese bei IGBT-Leistungshalbleitermodulen bei etwa 8 µs, bei SiC-basierten Schaltern bei etwa 2 µs.

Aktuell befindet sich dieses neue Stromschienenkonzept in der Evaluierungsphase. Eine Anordnung zur Messung von drei dicht benachbarten Phasenströmen wird erprobt, wobei ein besonderer Fokus auf dem Crosstalk-Verhalten liegt. Erste Messungen zeigen, dass durch das Übersprechen ein Messfehler im Bereich von ±0,5% verursacht wird (vgl. Bild 35).

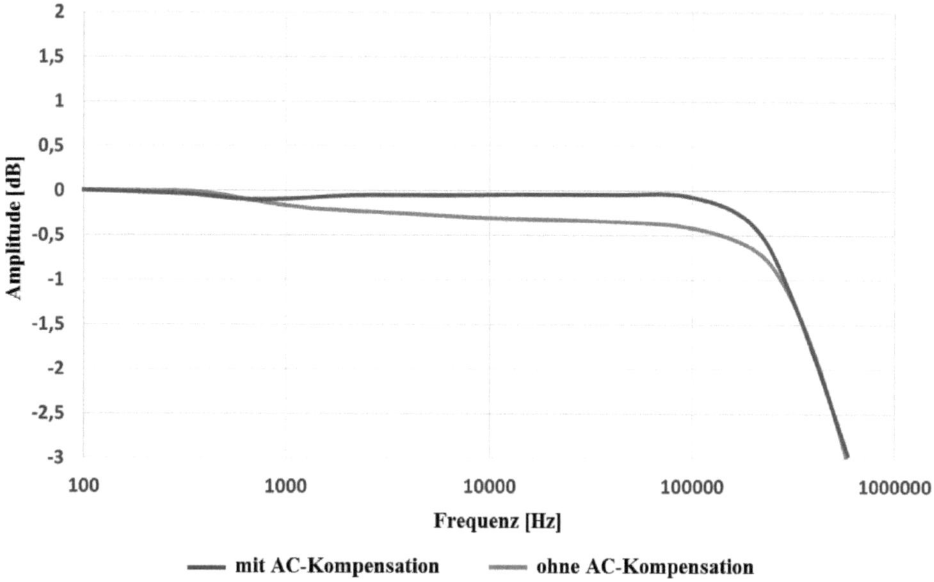

Bild 33: Frequenzantwort mit und ohne AC-Kompensation.

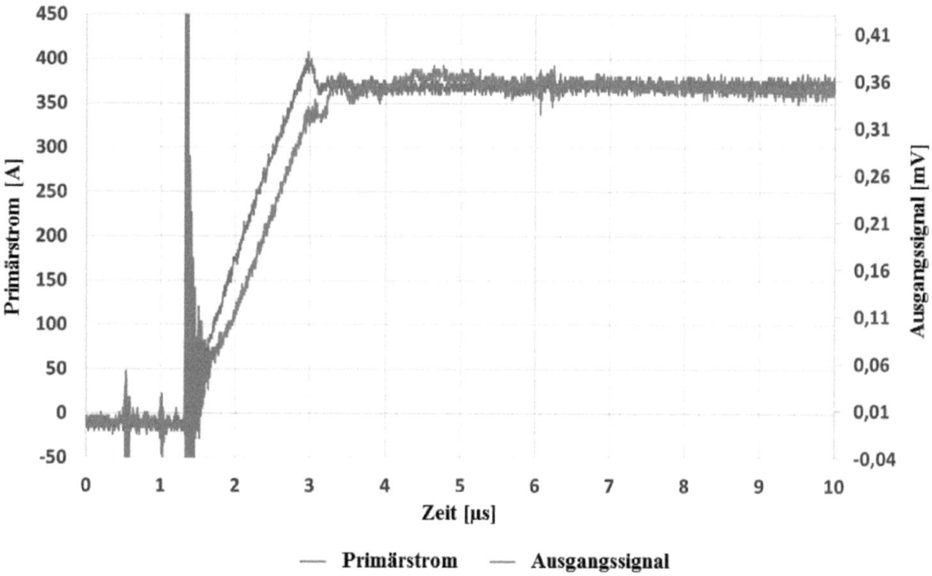

Bild 34: Sprungantwort (di/dt = 250 A/µs, I = 375 A). Ansprechzeit t_{resp} = 300 ns.

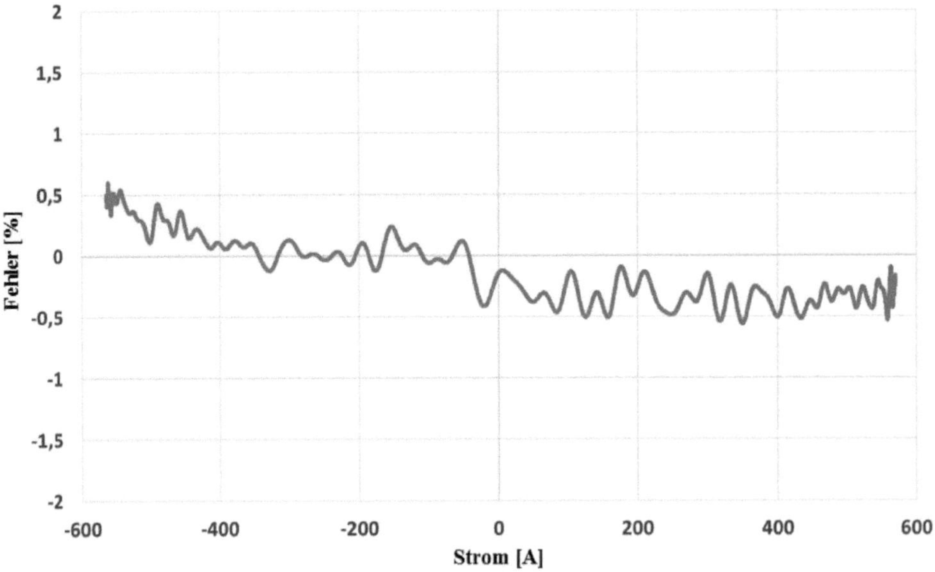

Bild 35: Crosstalk-Verhalten eines Funktionsmusters mit MuMetall-Schirmung unter dem Einfluss eines dazu parallel fließenden DC-Stroms mit $I = 500$ A (Abstand zwischen Funktionsmuster und Störer etwa 1 cm).

3.6 Zusammenfassung

Anwendungen für MR-basierte Stromsensoren nehmen aufgrund der Kombination von hoher Genauigkeit, hoher Bandbreite und kompakten Abmessungen zu. Zusätzlich zu Anwendungen im Automobil selbst steht auch die Nutzung in Ladesäulen im Vordergrund. Auch hier werden zunehmend Wide-Bandgap Leistungstransistoren auf SiC oder GaN Basis eingesetzt.

Parallel zu einem zahlenmäßigen Anstieg potenzieller Anwendungen, wie oben beschrieben, gibt es auch eine weitere Perspektive für völlig neue Anwendungen, wo die hohe Bandbreite von MR-basierten Stromsensoren ein wichtiger Faktor ist.

Konventionelle Regelungen verwenden Lagegeber zur Kommutierung von Elektro-Motoren. Diese Lagesensoren können durch „sensorlose Regelungen" eingespart werden, was extrem kostengünstige, robuste und kompakte Antriebslösungen ermöglicht, die auch zunehmend im automobilen Bereich von Interesse sind. Sensorlose Ansteuerungsverfahren verwenden direkt Strom- und Spannungsinformation aus dem Motor zur Bestimmung der Rotorlage. Aus der Veränderung der Rotorposition kann die Geschwindigkeit hergeleitet werden, die zur zusätzlichen Drehzahlregelung verwendet wird. Höherentwickelte sensorlose Ansteuerungen können sogar den Strom (Drehmoment) und die Position regeln. Hierfür werden Stromsensoren mit hoher Bandbreite benötigt, da dadurch eine höhere Regelgüte erreicht werden kann für den gesamten Drehzahlbereich inklusive Stillstand [11].

Darüber hinaus nimmt das Interesse an der Zustandsüberwachung von elektro-mechanischen Antrieben zu. Auch hier werden Stromsensoren mit hoher Bandbreite benötigt in Kombination mit intelligenten Algorithmen des maschinellen Lernens. Diese automatisierten Lernalgorithmen erkennen physikalisch interpretierbare Fehlercharakteristiken im Motorstrom, bestimmen deren Informationsgehalt und sind in der Lage mit Hilfe von Mustererkennung die verbleibende Lebensdauer vorherzusagen. Für den effektiven Einsatz maschineller Lernmethoden werden schnelle und genaue Stromsensoren – wie z. B. der CFS1000 – eingesetzt, die auch feine Fehlercharakteristiken im Stromsignal erfassen können [12].

Damit bilden Stromsensoren auf magnetoresistiver Basis eine wichtige Enabler-Technologie für aktuelle und zukünftige Anwendungen in Elektrofahrzeugen.

Literatur

[1] IHS Autoinsight, „Light Vehicle Production Forecast“, IHS Markit, Januar 2019.

[2] Richard Dixon, „Conventional sensors for Hybrid and Electric cars through 2030“, IHS Markit, 2018.

[3] IHS Technology, „Automotive Semiconductor Market Tracker“, IHS Markit, Q4 2018.

[4] Richard Eden, „SiC & GaN Power Semiconductors Report“, IHS Markit, 2018.

[5] Richard Dixon, „Magnetic Sensors for Automotive Report“, IHS Markit, 2018.

[6] Slawomir Tumanski, „Thin Film Magnetoresistive Sensors“, IOP Publishing Ltd, 2001.

[7] M. Jullière, „Tunneling between ferromagnetic films“, *Physics Letters A*. Band 54, S. 225–226, 1975.

[8] ISO/TC 22/SC 32 Electrical and electronic components and general system aspects, „Road vehicles—Component test methods for electrical disturbances from narrowband radiated electromagnetic energy—Part 8: Immunity to magnetic fields“, ISO, Juni 2015.

[9] Sensitec GmbH, „https://www.sensitec.com/de“, 2020.

[10] Continental Engineering Services / Zytek Automotive Ltd.

[11] Landsmann, P., Kennel, R.: „Rotor position estimation based on current oversampling – New possibilities for the „Sensorless Control of AC machines“, *Proc. of 13th MR-Symposium*, Wetzlar, 03. – 04.03.2015

[12] Slatter, R., Schneider, T.: „Zustandsüberwachung der Mechatronik durch schnelle Stromsensoren und Algorithmen zur automatisierten Merkmalextraktion und Fehlerklassifikation“, Praxisforum elektrische Antriebstechnik 2019, Würzburg, 25. – 27.03.2019

Kapitel 4
Modellgestützte Temperaturüberwachung von HV-Komponenten in Elektrofahrzeugen

Marco Wolf[1], **Tobias Meissner**[1], **Michael Ludwig**[1], **Uwe Hauck**[1]

Kurzfassung Das ultraschnelle Laden mit Gleichspannung oder englisch High Power Charging (HPC) stellt eine bisher unerreichte Spitzenbelastung für das elektrische System eines Fahrzeugs dar. Vor allem Steckverbinder erfahren durch diese Beanspruchung eine hohe Kontakterwärmung und damit einhergehend einen erhöhten Verschleiß. Die thermischen Engpässe liegen in der Regel in den Kontaktelementen und Kontaktwiderständen, also an unzugänglichen Positionen. Dadurch können reale Temperatursensoren die Schwachstellen gar nicht oder nur unter hohem Aufwand direkt überwachen. Die systemische Wärmesimulation erlaubt „virtuelle“ Temperatursensoren, deren Messgenauigkeit, Zuverlässigkeit, Robustheit und Sicherheit mit „echten“ Sensoren kaum erreicht werden können.

4.1 Einleitung

Die individuelle Mobilität wird derzeit von drei großen weltweiten Trends geprägt: Vernetzung, Autonomisierung und Elektrifizierung. Alle drei wirken sich stark auf das physikalische Bordnetz und die elektrische und elektronische Architektur (vgl. Bild 1) künftiger Fahrzeuge aus. Vernetzte, automatisierte und elektrifizierte Fahrzeuge werden viel mehr Daten produzieren, verarbeiten und kommunizieren als heutige Fahrzeuge. Drahtlose Vernetzung über die Luftschnittstelle (z. B. 5G, V2X) schafft zudem die Voraussetzungen für die Kommunikation mit anderen Fahrzeugen, mit der Infrastruktur und auch für Software-Updates Over-the-Air (OTA). Gleichzeitig werden in elektrifizierten Fahrzeugen hohe Ströme und große Leistungen fließen. Schon heute verfügen Elektroautos über 120 kW und mehr an Antriebsleistung. Die hohen Ströme für solche Antriebe erzeugen starke elektromagnetische Felder, so dass benachbarte Signalleitungen und Elektronik

[1] TE Connectivity Germany GmbH.

T. Tille (Hrsg.), *Automobil-Sensorik 3*, https://doi.org/10.1007/978-3-662-61260-6_4

vor Einstrahlungen und Störungen geschützt werden müssen (hohe Datenraten bis zu 20 Gbit vs. hohe Leistung). Somit bewirken alle drei weltweiten automobilen Megatrends höhere Anforderungen an die physikalische Schicht als Grundlage für die kommende Funktionalität sowie deren Zuverlässigkeit und Verfügbarkeit.

Die Nutzung von Strom als Antriebsenergie im Fahrzeug dient dazu, den Einsatz fossiler Brennstoffe für das Fahren trotz global wachsendem Mobilitätsbedarf zu reduzieren. Gleichzeitig lassen sich die immer strengeren Grenzwerte für den Ausstoß des Klimagases CO_2 pro Kilometer Fahrstrecke mittel- und langfristig nur mit einem elektrifizierten Antrieb erreichen, also mit Hybriden (Hybrid Electric Vehilces, HEV) und reinen Elektrofahrzeugen (Electric Vehicles, EV). Noch ist die Marktdurchdringung mit Elektrofahrzeugen sehr gering, allerdings mehren sich die Anzeichen, dass dieser bisher langsame Trend inzwischen Fahrt aufnimmt.

Um Elektromobilität erfolgreich zu machen, gilt es auch weiterhin einige Hürden zu überwinden. Kaufhemmnisse wie der hohe Preis und die begrenzte Reichweite verlieren nur langsam an Bedeutung. Positiv dazu trägt bei, dass die Batteriekosten pro kWh weiter sinken, während die Kapazität der Batterie und damit die Reichweite des Fahrzeugs steigen. Gleichzeitig wird inzwischen merklich in den Ausbau der Ladeinfrastruktur investiert, so dass auch lange Fahrten mit einem EV möglich werden.

Die Grundlage für lange Fahrten schafft das Superschnellladen mit Gleichstrom (DC-Laden) und einer hohen Ladeleistung von künftig beispielsweise 350 kW beim High-Power-Gleichstromladen (High-Power-Charging, HPC DC). Zum Vergleich: Die meisten EV sind heute für das Wechselstromladen (AC-Laden) mit 2,3 kW (1-phasiger Haushaltsstrom) und bis zu 22 kW (3-phasiger Wechselstrom) ausgelegt. Vor allem Premiummodelle verfügen aktuell auch über die Möglichkeit zum DC-Laden bis zu 150 kW mit der Alternative, (langsames) AC-Laden ebenfalls zu nutzen, wenn keine DC-Ladesäule erreichbar ist. Generell ist die Sorge, mit einem EV womöglich liegen zu bleiben, unverändert ein ernst zu nehmender psychologischer Faktor.

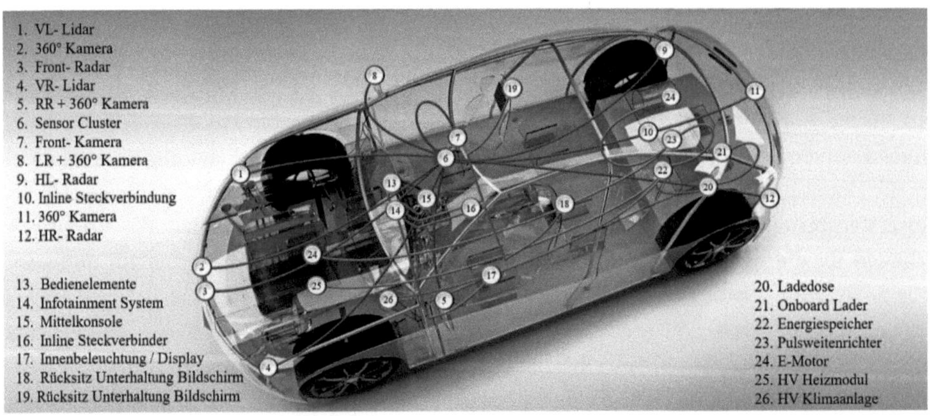

Bild 1: Bordnetz mit Signal-, Daten- und Leistungsebene in Elektro- und Hybridfahrzeugen mit teilautonomen Fahrassistenten.

4.1.1 Bedeutung des High-Power-Chargings

Bisher wurde bei der Elektromobilität der Fokus stärker auf das Fahren als auf das Laden gesetzt. Hintergrund sind die erst allmählich reifenden Geschäftsmodelle zweier verschiedener Industriezweige: Fahrzeughersteller (OEM) und Energiewirtschaft. Aktuell gilt:

- Global gesehen unterscheiden sich die Nutzerprofile für EV. Während europäische EV-Fahrer grundsätzlich auch die Möglichkeit haben wollen, lange Strecken mit ihrem Fahrzeug zurückzulegen, nutzen EV-Fahrer in Asien (auch bedingt durch einen besser entwickelten intermodalen Verkehrsverbund) ihre Fahrzeuge eher für kürzere Strecken in Mega-Cities. Mit der Möglichkeit zum HPC DC eignen sich EV optimal für alle denkbaren Nutzerprofile.
- Der Ausbau der innerstädtischen AC-Ladeinfrastruktur ist allein nur bedingt zielführend, weil die geringe Ladeleistung eine lange Standzeit bedeutet, so dass Ladestationen lange belegt sind. Bei vielen EV würde dies den Bedarf an Ladepunkten nach oben treiben. Dies gilt insbesondere für „heimatlose“ Fahrzeuge („Laternenparker“), für die der Halter keinen eigenen Stellplatz und damit keine eigene Lademöglichkeit hat.
- Für AC-Ladestationen spricht, dass sie eine bidirektionale Nutzung der angeschlossenen Fahrzeuge erlauben. Während DC-Ladestationen reine Energiequellen für das EV sind, können Fahrzeuge, die länger als die eigentliche Ladezeit (zu Hause oder am Arbeitsplatz) an einer AC-Ladestation hängen in Spitzenlastzeiten auch als dezentrale Energiequelle für das Stromnetz dienen und damit einen ökonomischen Nutzen generieren, der sich monetär positiv für den Halter auswirken kann. Damit sind beide Ladetechniken sinnvoll.
- Steigende Batteriekapazitäten (und damit größere Reichweiten) lassen sich nur dann sinnvoll nutzen, wenn größere Batterien nicht zu noch längeren Ladezeiten führen.
- Neue Nutzungsmodelle für EV (z. B. autonom fahrende Robotertaxis) basieren in ihrer Wirtschaftlichkeit darauf, dass sie möglichst rund um die Uhr fahren, denn nur im Betrieb amortisieren sie sich. Auch in diesem Fall ist ein langsames AC-Laden nicht gut mit dem Einsatzzweck vereinbar.

Mit einer Ladeleistung von 350 kW ließen sich in maximal 10 Minuten bis zu 300 km Reichweite nachladen. Damit werden Ladestopps beim EV zu vertretbar kurzen Pausen (anlog Verbrennungsmotor-Fahrzeugen), und DC-Ladepunkte werden sehr schnell wieder frei für das nächste Fahrzeug. Allerdings bedeuten 350 kW Ladeleistung mit Stromstärken bis zu 500 A eine Spitzenbelastung für den gesamten Strompfad vom Ladepunkt bis zur Fahrzeugbatterie. Der hohe Stromfluss entlang dieser Strecke bewirkt durch die physikalisch unvermeidlichen elektrischen Widerstände aller Komponenten (Steckverbinder, Kabel) eine hohe Verlustwärme. Diese Wärme muss bei der Auslegung aller elektrisch leitenden Komponenten berücksichtigt werden (vgl. Bild 2), um entweder Überlastungen / Überhitzungen zu vermeiden oder (wie heute teilweise üblich) eine kontrollierte Reduktion des Ladestroms (Derating) planen zu können, wenn beispielsweise die Batterie beim

Ladevorgang zu warm wird. Ein solches Derating schützt zwar die Batterie, aber es verlängert auch die Ladezeit. Insofern gilt es, diesen Zielkonflikt optimal zu lösen, indem das Wärmemanagement den genauen Zustand aller Komponenten in deren Struktur zu jeder Zeit kennt oder vorhersagen kann.

4.1.2 Herausforderung des High-Power-Chargings

Das HPC DC stellt eine Spitzenbelastung für das elektrische System eines EV dar. In keiner anderen Betriebssituation fließt für einen längeren Zeitraum derart viel elektrische Energie vom Ladepunkt zum Fahrzeug und im Fahrzeug. Selbst bei sportlichem Fahren mit hohen Lastanforderungen durch den Fahrer werden dauerhaft keine vergleichbaren Ströme erreicht. Mit dem hohen Ladestrom geht auch eine starke Erwärmung der stromführenden Komponenten einher, was im Stillstand kritischer ist als beim Fahren, weil im Stand keine Konvektion für die Kühlung verfügbar ist. Will man ein DC-Schnellladen also aus den eingangs genannten Gründen ermöglichen, so muss das elektrische System vom Ladepunkt bis zur Fahrzeugbatterie dafür elektrisch und thermisch ausgelegt sein.

Insbesondere folgender Aspekt erweist sich als Herausforderung: je höher der Strom, desto größer muss der Kabelquerschnitt bei gleichbleibender Spannung sein, um diese Leistung zu transportieren, ohne dabei zu überhitzen. Im Fahrzeug ist das in erster Linie eine Frage des Gewichts und des verfügbaren Bauraums. Es macht beispielsweise einen deutlichen Unterschied, ob man mit 50 mm^2 Leiterquerschnitt vom fahrzeugseitigen Anschluss für den Stecker des Ladekabels (Inlet) zur Batterie auskommt, oder doch auf bis zu 95 mm^2 verstärken muss. Deshalb bietet es sich auch an, die Spannung zu erhöhen, da sich bei höherer Spannung dieselbe Leistung bei reduziertem Strom transportieren lässt (Leistung ist das Produkt aus Strom und Spannung).

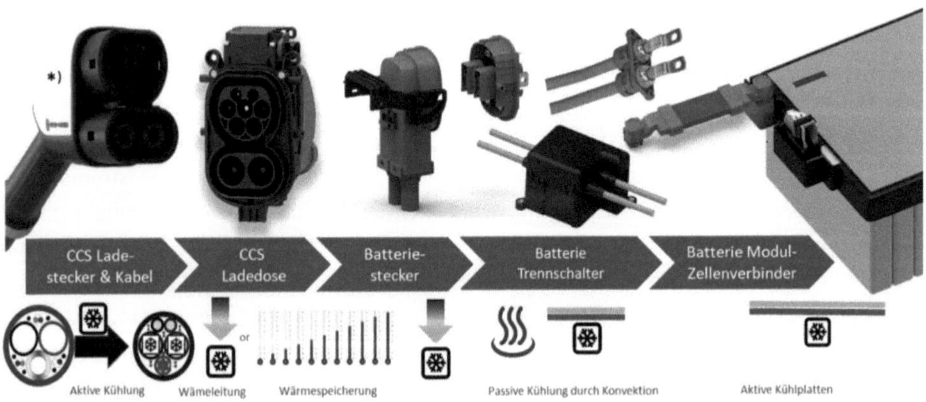

*) Abbildung mit freundlicher Genehmigung der Huber + Suhner AG

Bild 2: Komponenten im Leistungspfad für High-Power-Charge (HPC).

So erklärt sich der Übergang einzelner OEM von 400 V Systemspannung auf 800 V, denn damit lassen sich größere Kabelquerschnitte vermeiden.

Was im Fahrzeug unerwünschte zusätzliche Masse ist, stößt auch bei fest an die Ladeinfrastruktur angeschlossenen Ladekabeln (Mode 4 Anschlüsse) an Gewichtsgrenzen: Will man ein HPC DC realisieren, muss man jede Überdimensionierung des Kabels und aller beteiligten elektrischen Kontaktstellen vermeiden. Aus Gewichts- und Bauraumgründen gilt das auch für das EV, denn zusätzliche Masse bedeutet einen höheren Energiebedarf und damit geringere Reichweite. Allerdings gehen systemische Optimierungen oft mit der Erhöhung von Komplexität einher und müssen daher stets sorgfältig abgewogen werden.

4.2 Auslegung elektrischer Komponenten im HV-Pfad

Die bisherige Vorgehensweise zur Auslegung der elektrischen Komponenten entlang eines Hochvolt-Strompfades (HV-Pfad) basiert ursprünglich auf Annahmen, die für hoch dynamische Fahrprofile und das Anforderungsprofil des HPC DC im Fahrzeug weniger geeignet sind.

Geltende Normen und Standards basieren auf statischen Lastpunkten (und ursprünglich auch auf elektrischen Anwendungen zur Bemessung von Relais und Sicherungen), die mit statistischen Verfahren gemittelt und in ihrer Häufigkeit und Bedeutung gewichtet werden. Daraus resultiert ein sog. Effektivwert RMS (Rooted Mean Square), der die statischen Bedingungen abbildet (vgl. Bild 3). Für dieses (in der Realität nichtzutreffende) Lastprofil werden mit einem Sicherheitszuschlag von beispielsweise +20% elektrische Anschlusskomponenten ausgelegt. Im EV unterscheidet sich das tatsächliche Lastprofil jedoch dramatisch von bisherigen Fahrzeuganwendungen und von den Effektivwerten.

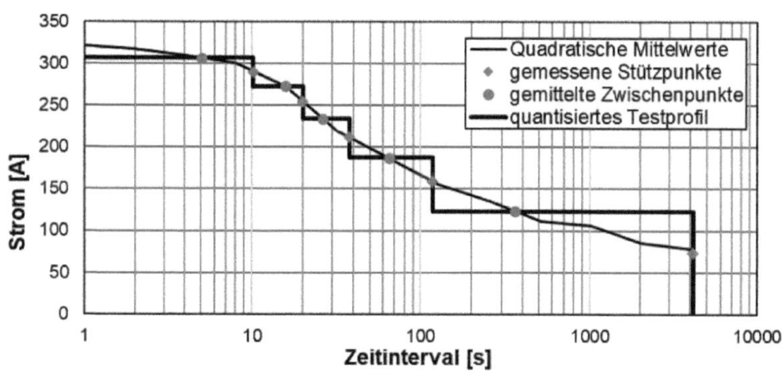

Bild 3: Quantifizierungslogik eines herkömmlichen Stromprofils.

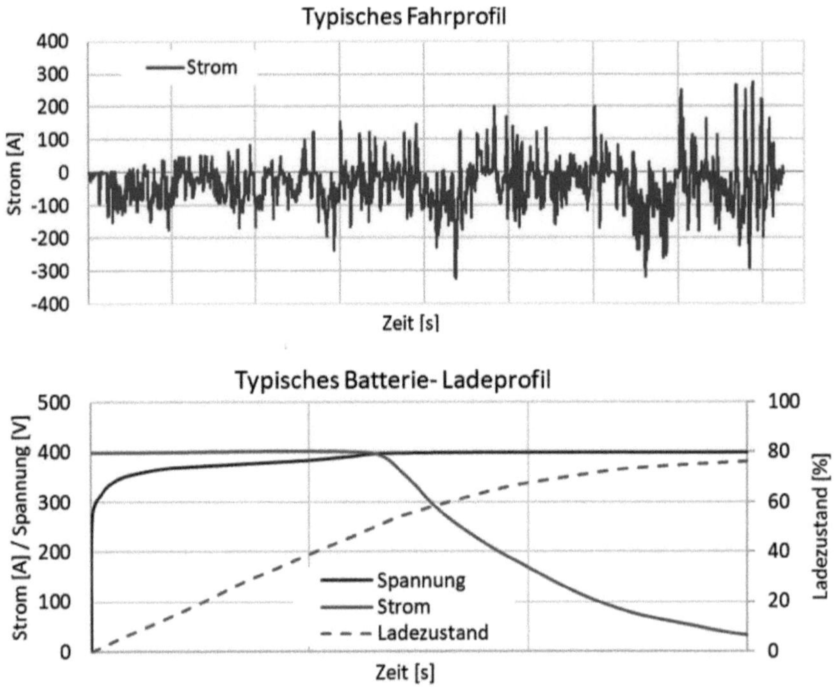

Bild 4: Vergleich von Fahrprofil (oben) und Lastprofil beim HPC (unten).

Bild 4 zeigt sehr deutlich, warum die thermische Auslegung im Hinblick auf das Laden so wichtig ist. Während sich beim Fahrbetrieb eine sehr dynamische Stromkurve ergibt, die von einem Lastwechsel zwischen hoher und niedriger Last charakterisiert ist, wird die hohe Dauerlast beim HPC DC von der aus dem Fahrprofil abgeleiteten Kurve überhaupt nicht abgedeckt. Will man eine Spitzenbelastung mit 350 kW Ladeleistung ermöglichen, so benötigt man eine andere Herangehensweise an die Auslegung der elektrischen Komponenten. Während die in der Batterie eines EV gespeicherte Leistung beim Fahren typischerweise im Verlaufe mehrerer Stunden abgerufen wird, fließt während des HPC DC die 3- bis 4-fache Leistung in wenigen Minuten in die Batterie. Deshalb muss man den gesamten HV-Pfad systemisch in seiner Verhaltensweise während des Ladens betrachten. Gemittelte Werte sind aus den genannten Gründen dafür nicht sinnvoll.

Entscheidend ist zu wissen, wo bei Dauerlast Übertemperaturen entstehen, die zu einem kritischen Zustand führen können. Dieser thermische Aspekt bedarf genauerer Betrachtung. Das ist mit den heute verwendeten Verfahren nicht möglich. Mit dem Ergebnis, dass aktuelle Systeme aus Sicherheitserwägungen um einen Faktor X statisch überdimensioniert werden. Bei 350 kW Ladeleistung kann man sich das aus Gründen des Gewichts, des Bauraums und der Handhabbarkeit prinzipiell nicht mehr leisten.

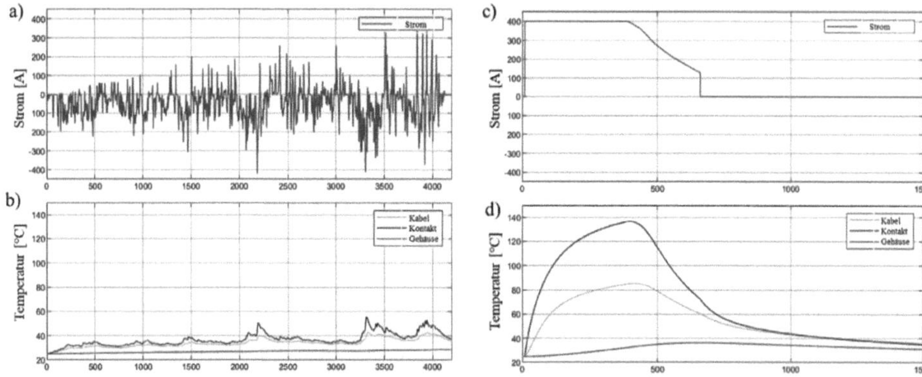

Bild 5: Vergleich der Strombelastung in einem typischen Fahrprofil a) und die damit verbundenen Temperaturentwicklung im Stecker b) beim Fahren gegenüber dem Ladeprofil c) beim High Power Charge und dessen berechneten Wärmeeintrag in der Schnittstelle d).

Dabei geht es um eine Methodik, die es dynamisch ermöglicht, den Temperatureintrag durch Komponenten und die Entwärmung im System mit etablierten Simulationsmethoden (bekannt aus elektrischen Systemen) zu jedem Zeitpunkt zu ermitteln und damit die Auslegung der verwendeten Komponenten frühzeitig untersuchen und das Verhalten dieser im Betrieb vorhersagen zu können.

Mit einer neuen Auslegungsmethodik auf der Basis einer realitätsnahen systemischen Wärmesimulation entlang des gesamten HV-Pfades soll ein sicherer Langfristbetrieb bei gleichzeitig gut handhabbarer Dimensionierung ermöglicht werden. Die systemische Wärmesimulation (Modelbased Thermal Management) schafft eine überprüfbare Grundlage für künftige Lastprofile und damit den Nachweis der Sicherheit, Zuverlässigkeit und Verfügbarkeit aller Verbindungskomponenten entlang des HV-Pfades.

Die Simulation in Bild 5 zeigt den Unterschied der zwei Profile bezüglich der Temperaturentwicklung in Kontaktpunkt. Während beide Profile den gleichen Spitzenstrom von bis zu 400 A aufweisen, ist der Temperaturanstieg bei dem Ladezyklus um den Faktor 2,5 größer als im Vergleichsmodell des Fahrbetriebs. Um diese Systemsimulation über alle Komponenten und Lieferantenschnittstellen zu ermöglichen bedarf es eine vereinheitlichte Methodik und standardisierte Modellbeschreibung.

4.3 Modellgestützte Temperaturüberwachung im HV-Pfad

4.3.1 Physikalische Modelle und Netzwerksimulation

Die gekoppelte Simulation von elektrischem und thermischem Modell ermöglicht Fahrdaten aus Versuchs-, Prüfstand oder anderen Simulationen direkt anzuwenden um das thermische Antwortverhalten im System zu ermitteln.

a)

Elektrisch	Thermisch
Strom I	P Wärmestrom
Spannung U	T Temperatur
Widerstand R	R_{th} thermischer Widerstand
Kapazität C	C_{th} Wärmekapazität

b)

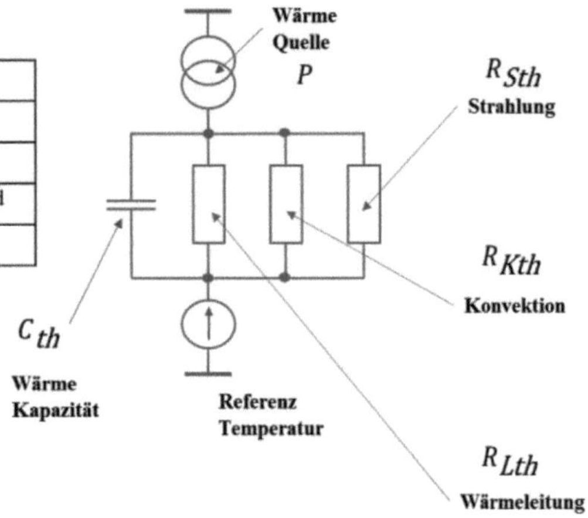

Bild 6: a) Analogie der physikalischen Modelle für den Transport von Wärme und elektrischen Ladungen und b) deren Beschreibung in thermischen und elektrischen Ersatzschaltbildern.

Analog der elektrischen Ersatzschaltbilder (vgl. Bild 6), die den Ladungstransport beschreiben [4], lassen sich auch thermische Modelle erstellen. Dabei gibt es Quellen (Stromquelle oder Wärmequellen), Gradienten (Spannung oder Temperatur Differenzen), Widerstände (begrenzter Transport von Ladungen oder Wärme) und Kapazitäten (Speicherung von Ladungen oder Wärme) [5].

Die Eigenerwärmung eines elektrischen Kontakts entsteht durch die Verlustleitung P im elektrischen Widerstand R_{el} [6].

$$P = I^2 \cdot R_{el} \tag{1}$$

Die Wärmequelle im thermischen Ersatzschaltbild ist die Verlust-Leistung P, die sich aus dem Strom I und dem Widerstand R_{el} der Komponenten ergibt. Analog des elektrischen Stroms können Wärmetransporte durch Widerstände im Ersatzschaltbild beschrieben werden. Je nach Art des Wärmetransports wird zwischen Wärmeleitung, Konvektion und Strahlung unterschieden. Der thermische Widerstand der Wärmeleitung R_{Lth} in einem Werkstoff ergibt sich gemäß Gleichung (2) aus der spezifischen Wärmeleitfähigkeit λ und der Geometrie, die für einfache Körper über die Länge ℓ und der Querschnittsfläche A des durchströmten Körpers beschrieben wird [7, 8].

$$R_{Lth} = \frac{\ell}{\lambda \cdot A} \tag{2}$$

Körperoberflächen die mit Luft oder Wasser angeströmt werden, geben Wärme an das Medium ab. Dieser Wärmeübergang durch Konvektion, beziehungsweise der thermische

Widerstand der Wärmleitung R_{Kth}, kann mit der Gleichung (3) beschrieben werden. Hierbei ist α der Konvektionskoeffizient und die Oberfläche des Körpers ist A_0.

$$R_{Kth} = \frac{1}{\alpha \cdot A_0} \tag{3}$$

Der Wärmeverlust R_{Sth} über die Strahlung ergibt sich gemäß Gleichung (4) aus dem Emissionsgrad ε, der Boltzmann-Konstante σ, der Oberfläche des strahlenden Körpers A_0, der Oberflächentemperatur T des strahlenden Körpers und der Umgebungstemperatur T_a.

$$R_{Sth}(T) = \frac{T - T_a}{\varepsilon \cdot \sigma \cdot A_0 \cdot (T^4 - {T_a}^4)} \tag{4}$$

Das Maß, mit der ein Körper Wärme aufnimmt oder speichert, ist die Wärmekapazität C_{th}, die wie folgt berechnet wird:

$$C_{th} = V \cdot \rho \cdot c_p \tag{5}$$

Diese ergibt sich aus der Masse, dem Volumen V, der Dichte ρ und der spezifischen Wärmekapazität c_p.

Eine grundlegende Eigenschaft der Ersatzschaltbilder (vgl. Bild 6) ist die Gültigkeit des Ohm'schen Gesetzes [4]. Durch die Äquivalenz zwischen thermischen und elektrischen Schaltbildern kann diese Gesetzmäßigkeit wie folgt umgeformt werden:

$$R_{th} = \frac{\Delta T}{P}. \tag{6}$$

Wie bei der elektrischen Netzwerksimulation gelten auch die Kirchhoffschen Regeln, so dass die Summe aller Spannungs- oder Temperaturabfälle innerhalb einer Masche und die Summe aller Ströme bzw. Wärmeströme in einem Knoten gleich Null sein müssen [4]. Damit lassen sich zur Berechnung von elektrischen oder thermischen Netzwerken lineare Gleichungssysteme aufstellen und numerisch lösen.

Dabei ist es je nach Zielsetzung zulässig, die Widerstände von Komponenten aus ihren Bestandteilen (wie z. B. Werkstoffe von Stift und Buchse, Materialübergänge im Crimp oder Kabelschweißung, Enge-Widerstand im Kontaktpunkt) zusammenzufassen. Ein typischer Summenwiderstand in der Lade-Dose eines Elektrofahrzeugs liegt bei ca. 50 µΩ.

Bei einem Ladestrom von künftig bis zu 500 A werden also Leistungen von einigen Watt je Kontaktpunkt anfallen; die zulässige Eigenerwärmung darf jedoch 50 K nicht überschreiten. Zur Überwachung von Fehlern oder vorhersehbaren Missbrauchsfällen wird daher die Kontakttemperatur mit Hilfe von Sensoren kontrolliert.

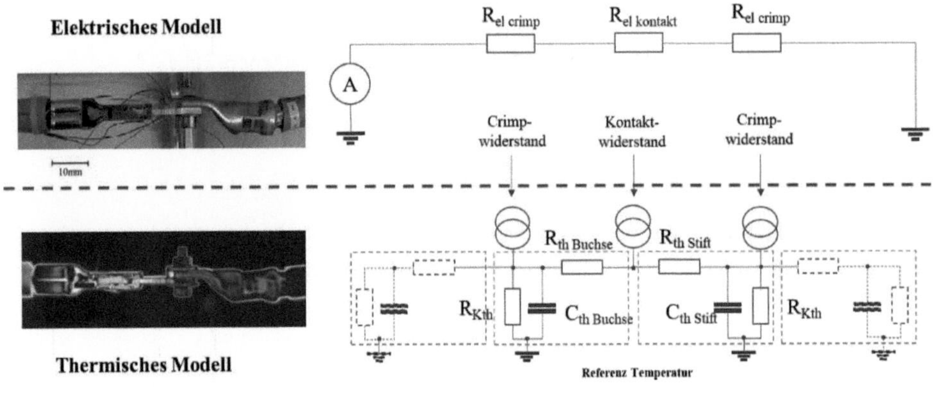

Bild 7: Kopplung von elektrischen und thermischen Domänen in physikalischen Modellen und Netzwerken. Dabei ist die Verlustwärme der Widerstände im elektrischen Modell die Wärmequelle im thermischen Ersatzschaltbild.

4.3.2 Temperatursensor-Technologien

Zur Erfassung von Temperaturen können eine Vielzahl von Technologien eingesetzt werden. Dabei werden Werkstoffeigenschaften genutzt, die eine hohe Temperaturabhängigkeit und zugleich eine elektrisch bzw. elektronisch auswertbare Wechselwirkung haben. Nach der elektrischen Eigenschaft unterscheidet man unter anderem voltametrische und amperometrische bzw. resistive Messverfahren. In Bild 8 ist eine Übersicht verschiedener Temperatursensor-Technologien und ihrer typischen Bauformen dargestellt.

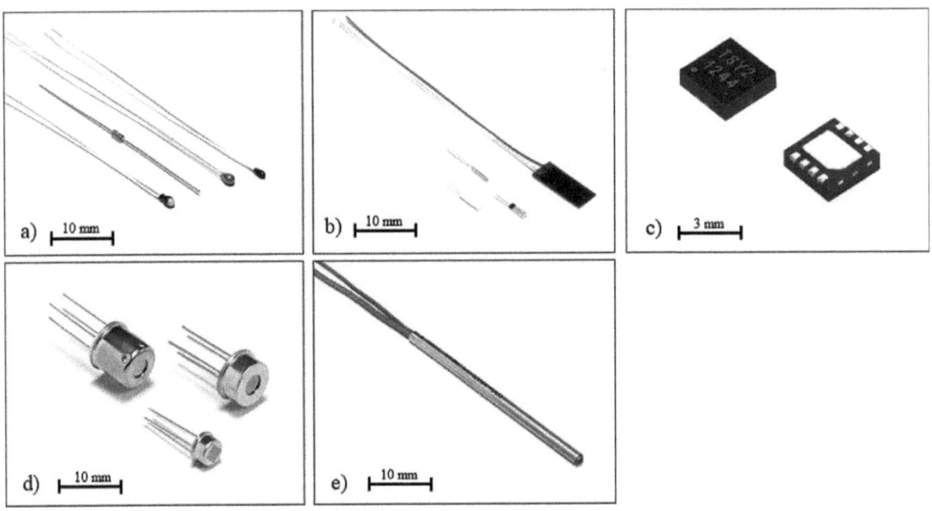

Bild 8: Übersicht verschiedener Temperatursensor-Technologien und ihrer typischen Bauformen a) Heißleiter (NTC-Thermistor), b) Kaltleiter (PTC) in Metallschichtwiderstands Bauform, c) Digitale Temperatursensoren, d) Infrarot-Thermopile, e) Thermoelemente [10].

Zu den voltametrischen Messverfahren zählt das Thermoelement (vgl. Bild 8e). Die Verbindungsstellen zweier metallischer Werkstoffe mit unterschiedlicher Austrittsarbeit der Elektronen in das Leitungsband erzeugen bei Kontakt eine Potentialdifferenz, die abhängig von der Temperatur ist. Diese Potentialdifferenz ist nach außen hin nicht messbar, wenn der Stromkreis über eine zweite Verbindungsstelle mit den gleichen Werkstoffen geschlossen wird. Die zweite Verbindungsstelle (Referenzstelle) hat bei gleicher Temperatur die gleiche Potentialdifferenz mit umgekehrtem Vorzeichen und es bildet sich ein thermoelektrisches Gleichgewicht. Sobald eine Temperaturdifferenz der zwei Verbindungsstellen vorliegt, wird eine Potentialdifferenz von wenigen µV/K zwischen den Verbindungsstellen messbar. Thermoelemente werden wegen ihrer einfachen Aufbauweise und vielfältigen Materialpaarungen und damit verbundenen Messbereichen von −270 °C bis 1.370 °C im Messlabor eingesetzt [2]. Die aufwändige Signalverstärkung und deren geringere Störfestigkeit gegenüber elektromagnetischen Störungen, sowie die Messgenauigkeit der Referenzstelle schränken jedoch den Einsatz in automobilen Anwendungen ein.

Eine besondere Ausführung von Thermoelementen stellt der Infrarot (IR) Thermopile dar (vgl. Bild 8d). Diese monolithisch integrierten und lithografisch strukturierten Bauteile sind so aufgebaut, dass die erste Verbindungstelle zweier Metalle sich auf einer dünnen IR-strahlungsabsorbierenden Membran und sich die zweite Verbindungstelle auf einem massiven Körper befindet. Beide Strukturen befinden sich in einer metallischen Kammer die über ein IR-transparentes Fenster verfügt. Über die Geometrie und den Abstand des Fensters zum Sensorchip wird sichergestellt, dass nur die Membran durch die IR-Strahlung erwärmt wird, während die zweite Verbindungsstelle bei konstanter Temperatur (Referenzstelle) gehalten wird. Thermopiles messen über die Thermospannung die emittierte IR-Strahlung eines Messobjekts berührungslos. Da weder die Emission der IR-Strahlung noch die optische Transmission zwischen Messobjekt und Sensor konstant über die Lebensdauer eines Fahrzeugs von 15 Jahren gewährleistet werden können, werden diese Sensoren, außer in der Klimaanlagensteuerung zur Messung der Körpertemperatur der Insassen, kaum eingesetzt.

Die meisten automobilen Anwendungen werden mit resistiven Temperatursensoren umgesetzt. Je nach den Werkstoffeigenschaften unterscheidet man Heißleiter und Kaltleiter. Heißleiter sind Werkstoffe mit negativem Temperaturkoeffizienten (negative temperature coefficent, NTC) des Widerstands und werden als NTC-Sensoren bezeichnet. Kaltleiter sind Werkstoffe mit positivem Temperaturkoeffizienten (positive temperature coefficent, PTC) und werden PTC-Sensoren genannt.

Keramische Werkstoffe haben in der Regel alle Elektronen im Valenzband und sind dadurch hervorragende Isolatoren. Durch Verunreinigung oder gezielte Dotierungen erhalten diese Werkstoffe eine Halbleiter-Charakteristik. Das bedeutet, Elektronen können durch äußere Anregung aus dem Valenzband angehoben und zu freien Ladungsträgern werden. Die Anzahl dieser Ladungsträger im Leitungsband ist von der Dotierung und von Temperatur abhängig. Je höher die Temperatur ist, desto höher ist die Ladungsträgerdichte im Leitungsband, wodurch sich der Widerstand des Bauteils verringert. Der elektrische

Widerstand der Keramik R berechnet sich gemäß Gleichung (7) aus der Materialkonstante A, der Thermistorkonstante B und der Temperatur T.

$$R(T) = A \cdot e^{\frac{B}{T}} \tag{7}$$

Die Nichtlinearität, sowie die Toleranzen der Geometrie aber auch die Werkstoffzusammensetzung schränken die Genauigkeit von NTC-Sensoren ein. Aus diesem Grund werden die Bauteile durch eine Referenzmessung (meist bei einer Temperatur von 25 °C) gemäß der Toleranzklassen selektiert. Sie sind in verschiedenen Bauformen (vgl. Bild 8a), sowohl als Surface Mount Technology (SMT) Bauteile als auch als gedrahtete und gekapselte Bauteile in unterschiedliche Größen verfügbar.

Rein metallische Werkstoffe zeichnen sich durch einen annähernd linearen Anstieg des Widerstands über der Temperatur aus. Auf atomarer Ebene weisen Metalle eine Überlappung von Valenz- und Leitungsband auf, sodass bereits eine geringe Energiezufuhr die Elektronen in das Leitungsband anheben. Die Beweglichkeit der Elektronen innerhalb der atomaren Gitterstruktur wird durch Streuung und der Bewegung der Gitteratome bei zunehmender Temperatur eingeschränkt.

Metallschicht-Temperatursensoren (vgl. Bild 8b) werden überwiegend aus Platin oder Nickel hergestellt. Diese haben gut reproduzierbare elektrische Eigenschaften, eine hohe chemische Beständigkeit und sind leicht zu Draht- und Dünnschichtstrukturen zu verarbeiten.

Der Widerstand $R(T)$ eines Platin-Temperatursensors [2] berechnet sich gemäß Gleichung (8) für Temperaturen größer 0 °C mit den Koeffizienten $a = 3{,}9083 \cdot 10^{-03}$ und $b = -5{,}775 \cdot 10^{-07}$.

$$R(T) = R(0) \cdot (1 + a \cdot T + b \cdot T^2) \tag{8}$$

Der Widerstand $R(T)$ eines Nickel-Temperatursensors [3] berechnet sich mit den Koeffizienten $a = 5{,}485 \cdot 10^{-3}$, $b = 6{,}65 \cdot 10^{-6}$, $c = 2{,}805 \cdot 10^{-11}$ und $d = -2{,}0 \cdot 10^{-17}$zu:

$$R(T) = R(0) \cdot (1 + a \cdot T + b \cdot T^2 + c \cdot T^4 + d \cdot T^6) \tag{9}$$

Die Genauigkeit der Sensoren wird fast ausschließlich durch die Güte der Widerstandsmessung bestimmt. Neben den typischen Digitalisierungsfehlern durch die Auflösung und die Nichtlinearität der Analog-Digital-Wandler spielen die Serienwiderstände der Kontakte und Leitungen zwischen Sensor und Elektronik eine entscheidende Rolle. Um diese Einflüsse zu minimieren, werden bei hoch genauen Anwendungen 3- bzw. 4-Leiter-Messanordnungen verwendet. Des Weiteren muss die Eigenerwärmung der Sensoren berücksichtigt werden. Durch eine gepulste Betriebsweise kann ein guter Kompromiss aus hohem Messstrom (> 1 mA) für eine genaue Spannungswandlung und einer geringen Eigenerwärmung erreicht werden.

4.3.3 Sensorkonzept und Integration

Eine mögliche Umsetzung dieses Messverfahrens wurde am Beispiel einer CCS2-Ladedose realisiert. Auf Basis des in Bild 9 gezeigten vereinfachten Blockschaltbildes wurde ein Konzept für den entsprechenden Bauraum entwickelt.

Dabei wurden alle für die Applikation relevanten Aspekte der Integration berücksichtigt. In Bild 10 sind der Konzeptentwurf und die Integration eines digitalen Differenztemperatur-Sensors in einer CCS2-Ladedose dargestellt.

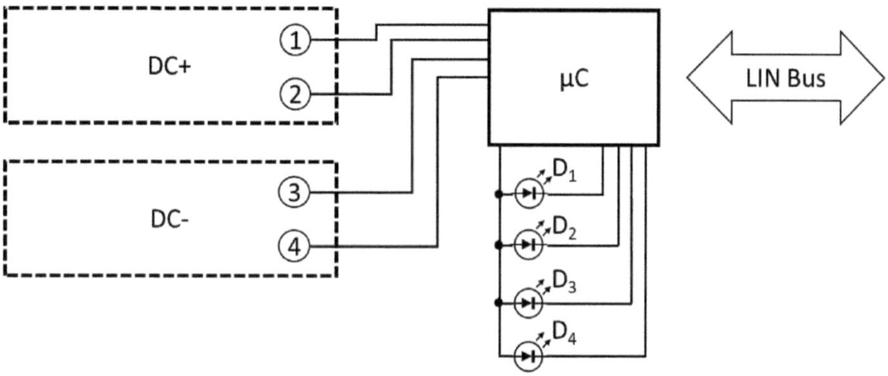

Bild 9: Vereinfachtes Blockschaltbild für das Sensorkonzept: Es werden vier Temperatursensoren vom Typ Pt1000 verwendet (vgl. Bild 8b) um die Temperaturen von *DC+* und *DC−* getrennt voneinander aufzunehmen. Mit Hilfe eines Micro-Controllers (µC) lassen sich aus den vier Signalen der Sensoren ① bis ④ die beiden virtuellen Temperaturen an den Kontaktstellen der Pins unabhängig voneinander berechnen. Derselbe Controller bietet eine integrierte LIN-Schnittstelle und die Möglichkeit bis zu 4 LEDs (D_1 bis D_4) anzusteuern zur Statusanzeige.

a) Baugruppe mit Pins b) Zusammenbau CCS2-Ladedose

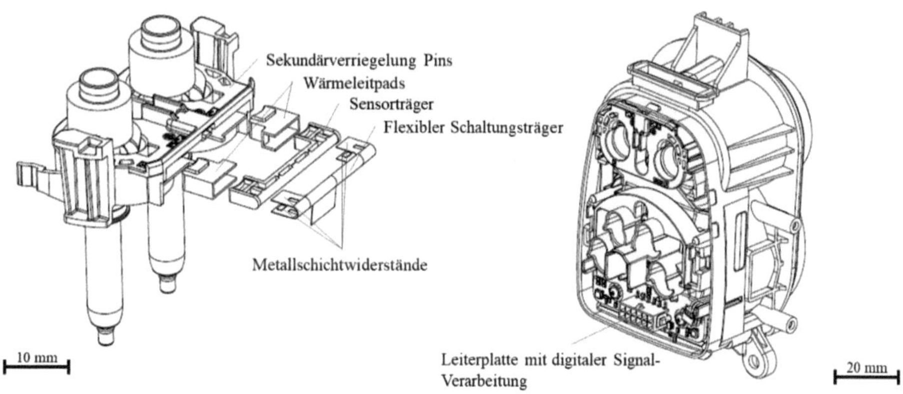

Bild 10: a) Konzeptentwurf und b) Integration eines digitalen Differenztemperatur-Sensors in einer CCS2-Ladedose.

Eine der wichtigsten Faktoren ist die Reihenfolge der Montage und die Verantwortlichkeiten im Serienprozess. Der Grundkörper der Ladedose (vgl. Bild 10b) wird beim Stecker-Lieferanten montiert wird. Die Pins, die an die Leitungen angeschlagen sind, werden vom Kabelkonfektionär bereitgestellt. Der finale Zusammenbau, die Montage ins Fahrzeug und die Inbetriebnahme werden vom Fahrzeughersteller realisiert. Das bedeutet, dass der Kontakt zwischen dem Temperatursensor und dem Pin erst im Zusammenbau ggf. beim Fahrzeughersteller hergestellt wird; der Sensor wird daher erst im Fahrzeug betriebsbereit. Aus diesem Grund sind der flexible Schaltungsträger und Sensorträger in die Sekundärverriegelung integriert (vgl. Bild 10a), die nach dem Einsetzen der Pins dafür sorgt, dass diese nicht mehr aus ihrer endgültigen Position verschoben werden können und den Toleranzen im gesamten System entsprechen.

Um die Sensoren ohne Luftspalt und den damit verbundenen hohen thermischen Widerstand an die Pins anzubinden, werden diese über Wärmeleitpads spielfrei angepresst. Dabei muss der Werkstoff der Pads über eine hohe Wärmeleitfähigkeit bei gleichzeitig hohen Isolations- und Durchschlagfestigkeit gegenüber den HV-Spannungen an den Pins aufweisen.

Funktional soll der Sensor eine Übertemperatur der Pins beim Ladevorgang erkennen und vor Erreichen der maximal zulässigen Temperatur von 90 °C diesen unterbrechen. Die Temperatur wird im Fehlerfalle überschritten, wenn z. B. durch Verschleiß oder Missbrauch die Übergangswiderstände im Stecker erhöht sind.

Um dies zu gewährleisten, muss die Interventionstemperatur zur Abschaltung geringer als die maximal spezifizierte Temperatur sein. Der Betrag dieses Sicherheitsabstands ist sowohl von der Sensor Toleranz als auch der maximalen Latenzzeit abhängig. So muss, wie am Beispiel in Bild 11 gezeigt, ein Sensor mit einer Toleranz von –5 K oder einer Latenz von 120 s, höchstens eine Interventionstemperatur von 85 °C haben. An diesem Beispiel wird deutlich, dass mit einer Verringerung beider Sensorparameter die Verfügbarkeit und Zuverlässigkeit von HPC erhöhen lässt.

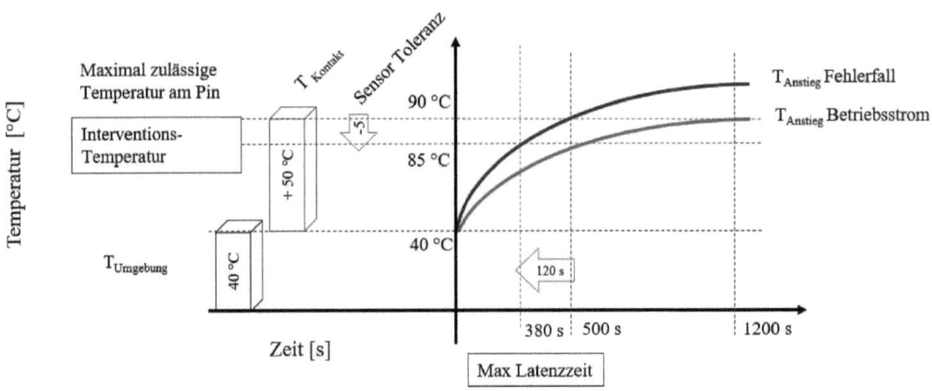

Bild 11: Festlegung sicherheitsrelevanter Funktionen: Interventionstemperatur und maximale Latenzzeit in der Tempertaturüberwachung.

Tabelle 1: Anforderungen an Temperatursensoren in Hochvolt-Anwendungen in Elektro- und Hybridfahrzeugen.

Eigenschaft	Wert
Umgebungsbedingungen der Einbausituation	−40 bis 125 °C
Messbereich des Sensors	−40 bis 150 °C
Messgenauigkeit des Sensors	±1 °C (Kalibrierung)
Ansprechzeit des Sensors	~ 5 s (nur Sensorelement)
Messgenauigkeit in der Anwendung	~ 5 K
Maximale Latenzzeit	~ 120 s
Isolationsfestigkeit	> 4,3 kV
Material-Kriechstromfestigkeit *CTI*	> 400
Kriechabstand	> 8 mm

Eine Zusammenfassung der Anforderungen und Leistungsmerkmale des vorgestellten Sensorkonzepts werden in der Tabelle 1 dargestellt.

Neben diesen messbaren Anforderungen gibt es noch Eigenschaften an den Sensor, die intrinsisch gefordert sind:

- Kalibrierfähigkeit des Sensors
- Hohe elektrische Isolation zur HV-Spannung
- Geringste Masse
- Hohe thermische Leitfähigkeit zu den Pins
- Geringe thermische Ableitung und gute thermische Isolation zur Umgebung
- Hermetisch gedichtet gegen Feuchtigkeit
- Robuste Anbindung gegenüber Vibration
- Toleranzausgleich im Luftspalt zum Pin
- Robuste Handhabung im Montageprozess

4.3.4 Applikationseinflüsse

Bei der Temperaturmessung werden häufig die Applikationseinflüsse unterschätzt. Es ist wichtig, die thermische Anbindung zu Beginn der Auslegung richtig auszuwählen. Zur Messung muss der Sensor die Temperatur, die er messen soll auch einnehmen können. Dazu ist ein direkter Kontakt mit geringem thermischem Widerstand zum Messobjekt entscheidend. Gleichzeitig sollte die thermische Isolation zur Umgebung groß genug sein, damit keine „Abkühlung“ durch thermische Verluste an die Umgebung erfolgt.

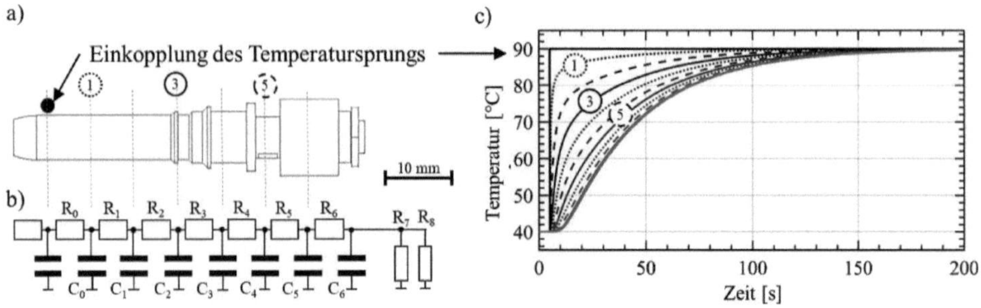

Bild 12: Eigenschaften von thermischen Gradienten in Festkörpern und deren Modell am Beispiel a) eines 8 mm-Kontaktpins, wie er in der CCS2-Ladedose verwendet wird, b) RC-Reihenschaltung im thermischen Modell und c) die zeitliche und örtliche Temperaturverteilung.

Zur Messung der Kontakttemperatur in einem Steckverbinder, müsste hierzu der Sensor in den Kontaktbereich integriert werden, was sich aber gegebenenfalls aus technischer oder wirtschaftlicher Sicht nicht realisieren lässt.

Aufgrund der Wärmekapazität und der begrenzten Wärmeleitfähigkeit breiten sich Temperaturgradienten nicht unendlich schnell aus. Es entsteht ein örtlicher und zeitlicher Verlauf der Temperaturverteilung im Körper. Wie in Bild 12 gezeigt, verzögert sich die Messung der Temperatur abhängig vom Abstand zum Einkoppelpunkt und der Temperaturverlauf weist einen geringeren Gradienten auf.

Im physikalischen Modell kann man dieses Verhalten wie bei einer Verzögerungsleitung von elektrischen Übertragungsfunktionen durch eine Kette von RC-Gliedern beschreiben (vgl. Bild 12b). Übertragen auf die Geometrie entspricht dies einer Stückelung des Kontaktstiftes in viele kleine Zylinder.

Bild 13a zeigt, dass der Stift ohne Kabel (links) eine Verzögerung der Sensorsignale bewirkt, aber stärker noch die Wärmekapazität der Leitung hinter dem Sensor (rechts) einen sehr langsamen Temperaturanstieg am Sensor erzeugt. Dieser Effekt verhindert die schnelle Erkennung kritischer Temperaturen in der Kontaktzone unabhängig von der Güte des verwendeten Temperatursensors. Deswegen ist es notwendig, zusätzliche Information, wie z. B. die Änderungsgeschwindigkeit der Temperatur vor und während des Ladens zur Berechnung heranzuziehen. Jedoch können Einflüsse der Umgebungstemperatur, wie Abkühlung oder Sonneneinstrahlung diese Gradienten so stark verfälschen, dass eine genaue Differenzierung nicht möglich ist.

Eine bewährte Methode zur Unterdrückung von Umgebungseinflüssen ist die Differenzauswertung zweier Sensoren gleicher Anordnung, die mit zeitlicher oder örtlicher Verschiebung das gleiche Signal erfassen.

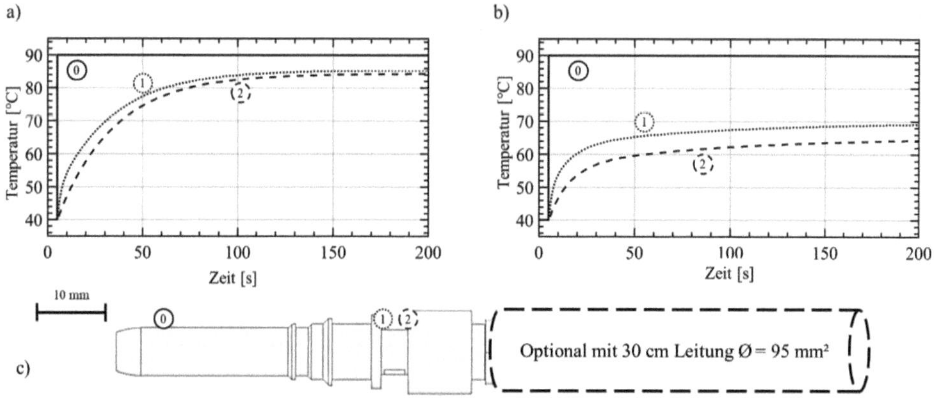

Bild 13: a) Simulation des Temperatursprungs am Kontaktpunkt ⓪ und an den Sensorpositionen ① ② ohne angeschlossene Leitung und b) mit angeschlossener Leitung und deren Wärmekapazität, c) Modellaufbau mit Sensorpositionen.

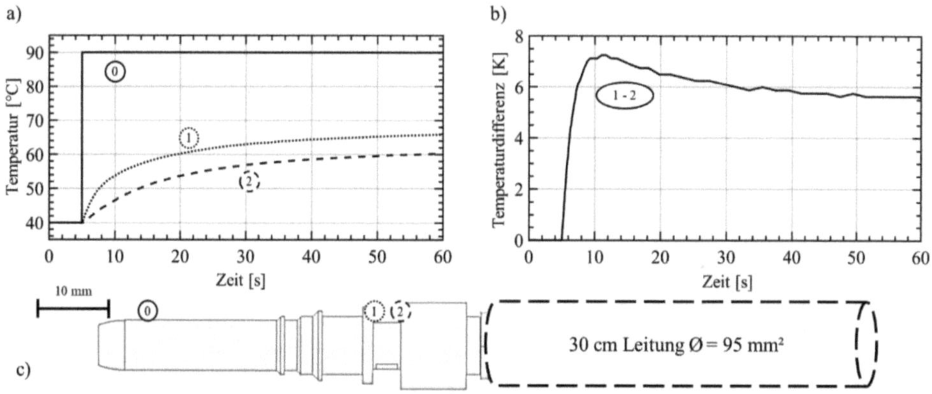

Bild 14: a) Simulation des Temperatursprungs am Kontaktpunkt ⓪ und an den Sensorpositionen ① ②, b) Berechnung der Differenztemperatur als Maß für den Wärmestrom im Pin und c) Modellaufbau mit Sensorpositionen.

Bildet man die Differenz der zwei Sensor-Signale ① und ② (vgl. Bild 14), dann ergibt sich eine Differenztemperatur, die zeitlich unmittelbar nach den Temperatursprung ihr Maximum hat. Dieses Maximum ist proportional zu dem eingekoppelten Wärmestrom am Referenzpunkt (R) und nahezu unabhängig von der tatsächlichen Temperatur am Pin. Kennt man den thermischen Widerstand der Pin-Geometrie, so lässt sich aus dem Wärmestrom die reale Temperatur des Referenzpunkts vorhersagen.

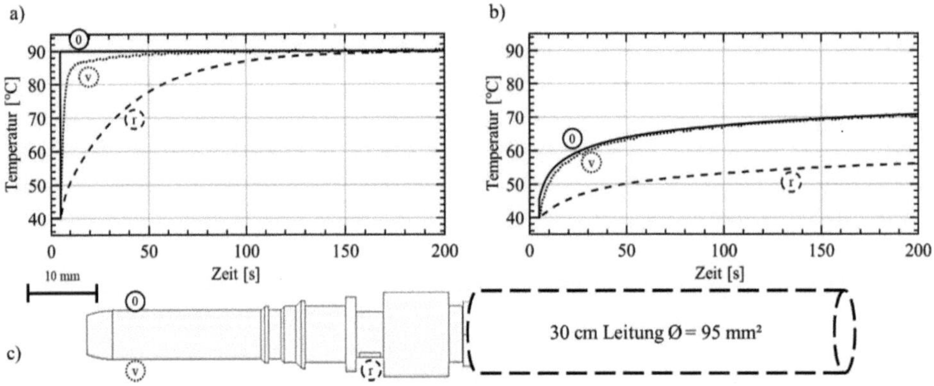

Bild 15: a) Simulation der Temperatursprungantwort im Kontaktpunkt ⓪, Vergleich eines realen Sensors ⓡ mit einem berechneten virtuellen Sensor ⓥ, b) Simulation der applikationsnahen Stromerwärmung und c) Modellaufbau mit Sensorpositionen.

In Bild 15 wird die Sprungantwort des virtuellen Sensors ⓥ mit der gemessenen Temperatur am realen Sensor ⓡ verglichen. Die Abweichung ist sowohl in der Simulation der Sprungfunktion ohne Kabel (links) und mit einer Temperatur als Stimulus als auch in einer applikationsnahen Simulation mit angeschlagener Leitung und einem Wärmestrom als Stimulus (rechts) relativ gering.

4.3.5 Sicherheitszuwachs

Die erforderliche Rechenleistung für die Thermosimulation auf Basis von elektrischen Ersatzschaltbildern ist gering, so dass es ohne weiteres möglich ist, diese Berechnung als Routine in einem fahrzeugtypischen elektronischen Steuergerät (Electronic Control Unit, ECU) mitlaufen zu lassen. Somit lassen sich die real herrschenden Lastprofile in Echtzeit berechnen und diese Simulation verbessert die Datenbasis für die Funktionssicherheit durch eventuell fehlerbehaftete Sensordaten. Die Systemfunktion der ECU oder die übergeordnete Diagnosefunktion können überlastete Komponenten erkennen und eine Reduzierung (Downrating) der Strombelastung anordnen um kritische Zustände zu vermeiden. Eine dynamische Eingriffsgrenze ist schon deswegen sinnvoll, weil Grenzsituationen bei extremen Umgebungstemperaturen schneller erreicht werden als bei der durchschnittlichen Nutzungsbedingung. Eine weitere Möglichkeit des Eingriffs liegt in der aktiven Kühlung kritischer Komponenten. Hier übernehmen Thermomodelle nicht nur die Überwachung, sondern auch die Stellgröße einer Temperaturregelung. Simulation und Sensordaten können sich hier gegenseitig als inhomogene Diagnostikroutinen ergänzen. Nicht nur in automatisierten Fahrzeugen, bei denen aus Sicherheitsgründen eine mehrfache Redundanz gefordert ist, kann dies ein Beitrag zum Sicherheitskonzept sein.

Die Aufgabenstellung der Sensorik besteht darin, diese Überlastung frühzeitig und zuverlässig zu erkennen, obwohl die thermische Anbindung, der Applikationsort und die Trägheit der Sensoren nie optimal sein können und immer einen technischen und kommerziellen Kompromiss darstellen. Weitere widersprüchliche Anforderungen bestehen unter anderem darin, dass eine gute thermischen Anbindung bei gleichzeitig sicherheitsrelevanter elektrischer Isolation der HV-Komponenten zu erzielen ist. Es lässt sich z. B durch einen Differenz-Temperatur-Sensor nicht nur die Temperatur einer Komponente, sondern auch der Wärmestrom und dessen Flussrichtung erfassen.

4.4 Zusammenfassung

Die vorgestellten einzeln wirkenden Sensortechnologien unterliegen alle der Herausforderung, dass sie eine hohe elektrische und gleichzeitig eine geringe thermische Isolation aufweisen müssen. Diese konträren Anforderungen limitieren die Toleranz und Latenz der Technologien. Um die funktionalen Anforderungen zur Übertemperaturerkennung beim HPC erfüllen zu können, ist eine modellbasierte Berechnung der Kontakttemperatur schneller und zuverlässiger. Im beschriebenen Verfahren kommen Differenztemperatur-Sensoren und thermische Ersatzschaltbilder zum Einsatz, die eine Temperaturverteilung im System über lineare Gleichungssysteme berechnen.

Die verwendete Technologie für die eigentliche Sensorik spielt dabei eine untergeordnete Rolle. Idealerweise weisen beide Sensoren am Pin ähnliche Eigenschaften auf (in Bezug auf die thermische Masse, Latenz, Messgenauigkeit und der thermischen Anbindung). Aber auch unterschiedliche Sensoren lassen sich über Kalibration in einen Differenztemperatur-Sensor überführen.

Die tatsächlich erreichbare Messgenauigkeit hängt hauptsächlich von der Stabilität der thermischen Anbindung der Sensoren an den Pin ab. Anders als bei einem einfachen Sensor dominiert hier die Notwendigkeit, dass sich die thermischen Widerstände zwischen Pin und Sensoren über Lebensdauer nicht unterschiedlich entwickeln.

Die Modelle für solch einen Differenztemperatur-Sensor weisen eine hohe Genauigkeit und Übereinstimmung mit tatsächlich gemessenen Werten auf. Darüber hinaus eignen sie sich auch, auf Grund der Existenz von mindestens zwei Einzelsensoren, für sicherheitsrelevante Auswertungen und Funktionen.

Literatur

[1] Fraden, J., „Handbook of modern Sensors", San Diego, Springer-Verlag New York Inc., 1996.

[2] Datenblatt Pt Temperature Sensor – PTF Family, TE Connectivity, 2015. https://www.te.com/deu-de/products/sensors/temperature-sensors.html

[3] Datenblatt Ni1000SOT Temperature Sensor, TE Connectivity, 2015. https://www.te.com/deu-de/products/sensors/temperature-sensors.html

[4] Philippow, E., „Taschenbuch Elektrotechnik – Band 1 Allgemeine Grundlagen“, Berlin, VEB Verlag Technik Berlin, 1986.

[5] Schmidt, H., et al, „Einfache thermische Modellierung von Steckverbindern“, Albert-Keil-Kontaktseminar, pp. 63–72, Oktober 2017.

[6] Philippow, E., „Taschenbuch Elektrotechnik – Band 6 Systeme der Elektroenergietechnik“, Berlin, VEB Verlag Technik Berlin, 1988.

[7] Incropera, F. P., et al, „Principles of Heat and Mass Transfer—7th Edition“, 2017.

[8] Lienhard, J. H., et al, „A Heat Transfer Textbook“, Cambridge, Phlogiston Press 2019.

[9] VDI-Gesellschaft Verfahrenstechnik und Chemieingenieurwesen, „VDI-Wärmeatlas“, 11. Auflage, Berlin Heidelberg, Springer-Verlag, 2013.

Kapitel 5
Ansätze der optischen Zustandsbestimmung in Lithium-Ionen-Batterien für die Nutzung in Elektro-Fahrzeugen

Florian Rittweger[1], Christian Modrzynski[1,2], Valentin Roscher[1], Karl-Ragmar Riemschneider[1]

Kurzfassung Es werden aktuelle Entwicklungsarbeiten zur optischen Batteriesensorik dargestellt. Mittels spektraler Untersuchungen wurde eine Referenzierungsmöglichkeit bei der Bestimmung des Ladezustands gefunden, um einige unerwünschte Quereinflüsse zu reduzieren. Weiterhin wurde die Elektrodenkinetik der Lithium-Ionen-Interkalation mit bildauswertenden Methoden eingehend untersucht.

Separate Lichtleitfasern wurden sowohl in die Graphit-Anode als auch in die Lithium-Eisenphosphat-Kathode innerhalb einer Batteriezelle eingebracht und deren Verhalten damit parallel beobachtet. Diese komplementären Informationen unterstützen das Batteriemanagement und erhöhen die Betriebssicherheit.

5.1 Einleitung

Moderne Lithium-Ionen-Batterien setzen auf eine immer höhere Energiedichte. Speziell für Elektro-Fahrzeuge ist dies notwendig, um die Kundenanforderung nach hoher Reichweite erfüllen zu können, ohne zeitgleich das Fahrzeuggewicht und die Kosten signifikant erhöhen zu müssen. Ähnliches gilt auch für batteriebetriebene Geräte, bei denen die mobile Nutzungszeit entscheidend ist. Die Steigerung der nutzbaren Energiemenge bei gleicher Bauraumausnutzung und gleichem Gewicht kann über verschiedene Maßnahmen erfolgen:

Erstens kann die chemische Speicherdichte verbessert werden. Dies kann durch die Auswahl von Elektrodenmaterialien mit größerer spezifischer Kapazität (in Ah/kg) oder einer Erhöhung der Spannungslage (in V) erfolgen. Letzteres führt bei gleicher Kapazität

[1] Hochschule für Angewandte Wissenschaften Hamburg.
[2] University of Waterloo (Ontario, Kanada).

T. Tille (Hrsg.), *Automobil-Sensorik 3*, https://doi.org/10.1007/978-3-662-61260-6_5

zu einer gesteigerten Energiedichte (in Wh/kg). Zu beachten ist, dass mit den derzeit verwendeten Hochleistungsmaterialien wie Nickel-Mangan-Cobalt (NMC) und Nickel-Cobalt-Aluminium (NCA) eine Erhöhung der Speicherdichte direkt mit höheren Kosten einhergeht. Darüber hinaus wird auch das Verhalten im Fehlerfall kritischer.

Zweitens kann der Masseanteil der passiven Komponenten im Batteriesystem verringert werden. Hierbei haben sowohl die Gehäuse auf Zellebene als auch auf Systemebene einen hohen Gewichtsanteil. Die Verwendung von Folienummantelung (Pouchzelle) anstelle von Blech für die Zellen kann zur Gewichtsreduktion führen. Ebenso entstehen auf der Ebene des Batteriesystems durch die Leitungslängen und die Anschlusskonstruktionen passive Gewichtsanteile. Zellintern tragen auch der Separator und die Stromableiterfolien, welche beide ohne Speicherwirkung sind, zum Gewicht bei.

Drittens kann die im Betrieb genutzte Kapazität der Batterie erweitert werden. Für Anwendungen im Automobil wird der theoretisch nutzbare Bereich des Energiespeichers eingeschränkt. Sowohl an der unteren als auch an der oberen Grenze der Ladekapazität wird eine Kapazität im einstelligen Prozentbereich als Sicherheitsreserve nicht verwendet. Diese ergibt sich durch einen im Batteriebetrieb eingehaltenen Abstand zu den Spannungsgrenzen bei Ladung und Entladung und bewirkt, dass ein Teil der gespeicherten Energie nicht nutzbar ist. Ein Grund für die Sicherheitsreserven ist die bisher nicht vermeidbare Toleranz bei der Bestimmung des tatsächlichen chemischen Ladezustands, da er in der Anwendung bisher nicht direkt gemessen wird. Er muss über eine Kombination aus aktueller Spannungsmessung und Integration der gemessenen Stromwerte geschätzt werden, bei der komplexe Rechenmodelle zum Einsatz kommen [1, 2]. Die beiden elektrischen Messverfahren haben jedoch unvermeidbare Nachteile. Zum einen wird die Spannungsmessung stark vom aktuellen Last- oder Ladestrom beeinflusst, zum anderen wirkt sich die Vergangenheit des Batteriebetriebs in Folge von Ausgleichsvorgängen (Relaxation) aus. Weiterhin leidet die Strommessung durch die fortlaufende Aufsummierung von Messwerten unter einem Integrationsfehler.

Ein ebenfalls auf elektrischen Messgrößen basierendes Verfahren zur Bestimmung des Batteriezustands ist die elektrochemische Impedanzspektroskopie. Eine Verwendung dieser Labormethode im Automobil ist wegen des hohen Informationsgehalts der Impedanzspektren vielversprechend. Neben dem Ladezustand, sind auch die Zellinnentemperatur, Alterungseffekte und Schädigungen erfassbar. Gegenwärtig wird an einer technischen Umsetzung der Impedanzmessung, welche passend für die vielen Zellen des Elektro-Fahrzeugs sein muss, geforscht und entwickelt [3, 4, 5, 6].

Weil alle elektrischen Methoden zur Bestimmung des Ladezustands nur indirekt und über Rechenmodelle beitragen können, ist eine ergänzende direkte Erfassung des chemischen Ladezustands anstrebenswert. Hierfür sind aufwendige Labormethoden verfügbar, welche sich jedoch nicht unmittelbar für einen Einsatz im Automobil eignen (vgl. Tabelle 1). Eine vergleichsweise einfache und kostengünstige Labormethode wurde bereits mit der optischen Elektrodenbeobachtung mit Mikroskopkameras vorgestellt [7, 8, 9, 10]. Diese Methode der Videomikroskopie erlaubt es, den aktuellen Zustand der Batterieelektroden während des Betriebs (in situ) zu erfassen. Darauf aufbauend kann mit Hilfe modifizierter Lichtleiter, welche in die Elektrode eingebracht sind, eine faseroptische Sensorik für kommerzielle Zellen realisiert werden [11, 12]. Beobachtet wird dabei der Transmissionsverlust durch die Lichtleitfaser, welcher durch Wechselwirkung des Lichts mit dem aktiven Elektrodenmaterial, abhängig von deren Beladung mit Lithium-Ionen, auftritt.

Die Verwendung der faseroptischen Sensoren als komplementäre Messmethode, um für Antriebsbatterien eine verbesserte Zustandsaussage treffen zu können, ist dabei die Zielstellung. Damit könnten die Sicherheitsreserven der Ladekapazität aufgrund der Spannungsgrenzen verkleinert werden. Auch die betriebliche Sicherheit könnte durch eine unabhängige Überwachungsmethode gesteigert werden. Die in der Arbeitsgruppe aktuell erzielten Ergebnisse der optischen Elektrodenbeobachtung und der faseroptischen Sensorik werden in den folgenden Abschnitten vorgestellt.

Tabelle 1: Auswahl aktueller in-situ-Methoden zur Batteriezustandserfassung.

Anwendungsgebiete		
Labor	**Zelltyp**	**Untersuchungsgegenstand**
Raman- und Elektronenmikroskopie, Röntgenanalyse [13]	Spezialangefertigte Einzelzelle, teilweise optisches Fenster notwendig	Materialeigenschaften und -charakterisierung, chemische Strukturänderungen
Videomikroskopie [14, 15, 7]	Spezielle Einzelzelle mit optischem Fenster	Ortsaufgelöst: Ladezustand, Ionenkinetik, Defekte, Dendriten
Fahrzeug	**Anwendung**	**Aussagekraft**
Klemmspannung, Strom [1, 16]	Allgemein üblich zur Batterieüberwachung	Einfache externe Messung, Interpretation mit Batteriemodell
Temperatursensor [17, 18]	Modul- und Zellebene (extern/intern)	Wichtige Einflussgröße auf den Batteriezustand
Gassensor [19] und Überdruckventil	Zellebene	Gasentwicklung, Abschalt-/Schutzfunktion
Elektrochemische Impedanzspektroskopie [3, 4]	Fahrzeugverwendung in der Entwicklung	Hoher Informationsgehalt zu Ladezustand, Alterung, Zelltemperatur
Faseroptische Sensorik [11, 9, 12, 20, 21, 22]	Forschungsgegenstand	Ladezustand, Druck, Zelltemperatur
Referenzelektrode [23]	Forschungsgegenstand	Früherkennung von Plating

5.2 Videomikroskopische Beobachtung der Elektroden

5.2.1 Messsystem und Aufbau der Testzelle

Durch die Videomikroskopie ist eine in-situ-Beobachtung der elektrochemischen Prozesse in den Batterieelektroden (Anode, Kathode) separat oder gemeinsam als Labor-Batteriezelle unmittelbar möglich. Im Vergleich zu anderen Labormethoden ist sie mit wenig Aufwand verbunden und liefert durch die Bildaufnahmen anschauliche Ergebnisse.

In einer kommerziellen Elektrodenanordnung ist eine Beobachtung des aktiven Elektrodenmaterials wegen der metallischen und optisch intransparenten Stromableiterfolien nicht möglich. Um dennoch die Elektroden beobachten zu können, wurde eine abweichende Elektrodenanordnung in der optischen Testzelle gewählt. Bild 1 zeigt den Aufbau eines Elektrodenstapels bestehend aus Gegenelektrode, Separator und Arbeitselektrode. Als Gegenelektrode wurde Lithium verwendet, um ein ungleiches Verhältnis der Ladekapazitäten von Anode und Kathode zu vermeiden. Die Arbeitselektrode bestand entweder aus Lithium-Eisenphosphat (LFP) als Kathode oder Graphit als Anode. Eine solche Kombination wird Halbzelle genannt. Der Aufbau mit einer LFP-Kathode und Graphit-Anode, ohne Lithium, wird als Vollzelle bezeichnet. Sowohl Vollzellen als auch Halbzellen können optisch beobachtet werden.

Farbumschläge bei der Graphit-Anode im Verlauf der Lithiierung sind seit längerem bekannt [24, 14, 25]. Während diese Farbumschläge mit einer Mikroskopkamera einfach zu erfassen sind und eine optische Untersuchung an der Anode somit sehr gut möglich ist, ist sie an der Kathode schwieriger. Die hohe Lichtabsorption des schwarzen Kohlenstoff-Nanopulvers, welches als Additiv für die Erhöhung der elektrischen Leitfähigkeit der Kathode notwendig ist, erschwert eine videomikroskopische Signalerfassung. Das Ersetzen des Kohlenstoffs durch die transparenten, leitfähigen Additive Indium-Zinn-Oxid (ITO) oder Antimon-Zinn-Oxid (ATO) ermöglicht eine deutliche Sichtbarkeit der optischen Veränderungen während des Zyklierens [9, 26, 27]. Zudem wirken ITO und ATO als elektrochrome Marker und verstärken diesen optischen Effekt.

Untersucht wurden eigens hergestellte [26] oder kommerziell erhältliche Elektrodenfolien. Aus diesen Folien wurden Rechtecke unterschiedlicher Größe geschnitten, welche unter inerter Argon-Schutzatmosphäre in einem Handschuhkasten (Glovebox) zusammen mit einem Separator und unter Zugabe kommerziellen Elektrolyts (1M $LiPF_6$ in 1:1 Ethylen-/Dimethylcarbonat) zu Batteriezellen verbaut wurden. Die so bestückte optische Batterie-Testzelle [28] wurde anschließend in das Labormesssystem eingesetzt (Bild 1).

Das System besteht aus einer USB-Kamera [29] mit zoomfähigem Objektiv [30], einem Microcontroller-gesteuerten RGB-LED-Beleuchtungsring [31] und einem Potentiostaten [32]. Für die zentrale Steuerung, die Datenerfassung und die Auswertung wird jeweils eine passende PC-Software verwendet.

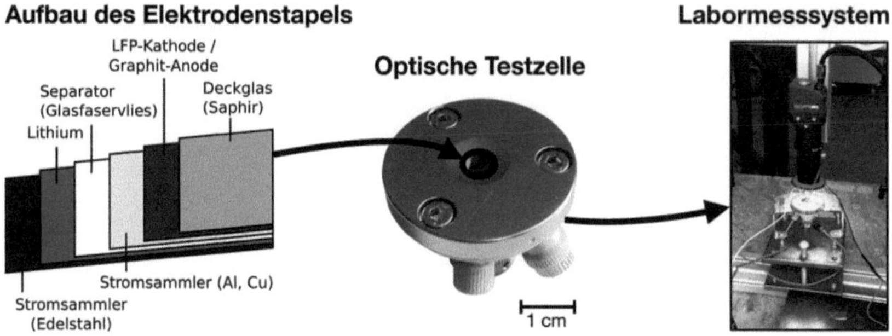

Bild 1: **Links:** Skizze des Elektrodenstapels für videomikroskopische Untersuchungen. **Mitte:** Optische Testzelle mit eingebrachtem Elektrodenstapel. **Rechts:** Labormesssystem mit Kamera, Beleuchtung und Testzelle.

Die Zykliervorgänge erfolgen mit geringen Lade- und Entladeströmen. Die Kenngröße der C-Rate gibt dabei das Verhältnis der Ströme bezogen auf die Gesamtkapazität der Batterie an. Ein Wert von 1C bedeutet beispielsweise, dass die Batterie in einer Stunde vollgeladen/-entladen wird. In den videomikroskopischen Experimenten ist die C-Rate mit C/10 und weniger, bezogen auf die gesamte Elektrodenfläche, gering. Trotz der niedrigen Ströme ist die Stromdichte in Relation dazu hoch, da der Fluss der Ionen nicht über die gesamte Elektrodenfläche, sondern seitlich über die viel kleinere Randfläche erfolgt. Die erreichten Stromdichten sind somit vergleichbar mit Stromdichten, die bei Zykliergeschwindigkeiten von $\geq$1C und einer üblichen Elektrodenanordnung erreicht werden.

Die am Potentiostaten eingestellten Spannungsbereiche für die Zyklierung betrugen bei den Halbzellenuntersuchungen an den Kathoden 2,8 bis 3,8 V (LFP/Li), bei den Anoden 0,005–1,0 V (Graphit/Li) und bei den Vollzellenmessungen 2,5 bis 4,0 V (LFP/Graphit).

5.2.2 Ladungsbestimmung durch Reflektivitätsmessungen

Für eine optische Zustandserkennung der Batterieelektroden ist ein genauer und reproduzierbarer Zusammenhang zwischen den elektrischen Eigenschaften wie der Ladung und der Reflektivität der Elektroden zwingend notwendig. Ist dieser gegeben, kann beispielsweise der Ladezustand der Batterie oder die Alterung untersucht werden.

Bild 2 zeigt eine solche Korrelation für eine LFP-Kathode. Durch die Verwendung der elektrochromen Marker sind die verschieden lithiierten Bereiche sehr gut erkennbar. Dabei sind dunkle Bereiche mit Lithium-Ionen beladen und helle Bereiche unbeladen. Dazwischen bildet sich eine scharf-abgrenzende Einlagerungs- oder Interkalationsfront aus. Während der Entladung wandert diese Front der Ionen vom Rand ins Material hinein. Im hier nicht gezeigten Ladeprozess wird die Kathode ebenfalls vom Rand aus delithiiert.

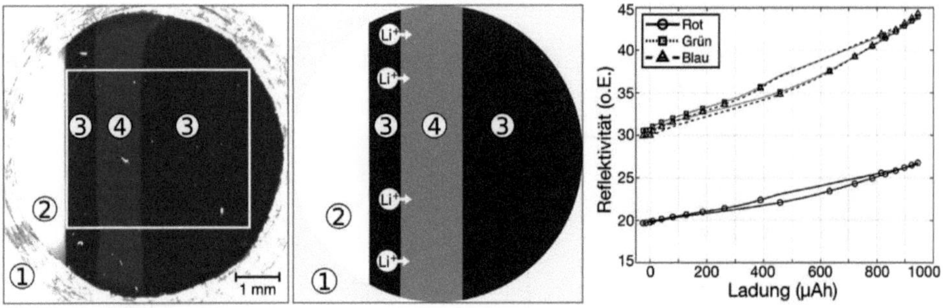

Bild 2: Links/Mitte: Kameraaufnahme und Skizze einer LFP-Kathode während des Entladevorgangs. Gekennzeichnet sind das Zellgehäuse (1), der Separator (2) sowie lithiierte (3) und delithiierte (4) Bereiche der Kathode. Während der Entladung bewegen sich die Lithium-Ionen von links nach rechts. **Rechts:** Reflektivität des weiß markierten Bereichs der Kathode in Korrelation zur elektrischen Ladung.

In der rechten Abbildung ist die Reflektivität der Kathode als Farbintensitäten der Kamerakanäle Rot, Grün und Blau in Abhängigkeit von der elektrischen Ladung für den weiß markierten Bildausschnitt gezeigt. Ein nahezu linearer Zusammenhang mit ähnlichem Grundverhalten ist für alle Kanäle zu erkennen. Die Reflektivität steigt während des Ladens und fällt während des Entladens. Die Ionenkinetik in der Kathode ist somit durch eine relative Helligkeitsänderung zu beobachten. Die Verwendung der elektrochromen Marker erlaubt dabei eine gute Aussteuerung von $\geq 10\%$ der Kameradynamik. Aus Gründen der Übersichtlichkeit ist nur ein Lade-/Entladezyklus gezeigt. Der Zusammenhang zwischen optischen und elektrischen Daten ist dennoch langzeitstabil [7].

Im Gegensatz zur LFP-Kathode ist bei der Graphit-Anode ein Farbwechsel bei der Einlagerung der Lithium-Ionen zu sehen (vgl. Bild 3). Über die verschiedenen Stufen der Lithium-Einlagerung und den damit verbundenen Reflektionseigenschaften der Phasen treten Farbänderungen von Gold (voll beladen) über Rot, Blau bis hin zu Grau-Schwarz (nicht beladen) auf [24, 25]. Eine einfache Korrelation zwischen Reflektivität und der Ladung, analog zur Kathode, ist nicht möglich. Eine detaillierte Darstellung der Reflektivität im Vergleich zur Ladung ist in Abschnitt 5.2.4 gezeigt und eine Verwendung für einen Sensor wird dort diskutiert.

Bei kommerziellen Batterien wird die Ladekapazität der Anode im Vergleich zur Kathode größer ausgelegt. Im Betrieb wird die Anode somit nie voll lithiiert, weshalb eine Goldfärbung im Regelfall nicht beobachtet wird. Durch die Überdimensionierung sollen Schädigungen an der Anode und Kapazitätsverluste der Batterie durch Lithium-Ablagerung vermieden werden. Die Gefahr der metallischen Lithium-Abscheidung ist bei voll lithiiertem Graphit besonders hoch, da die elektrochemische Potentialdifferenz zu metallischem Lithium mit ca. 50 mV sehr gering ist. Infolgedessen werden Batterien nicht im gesamten elektrochemischen Ladezustandsbereich betrieben.

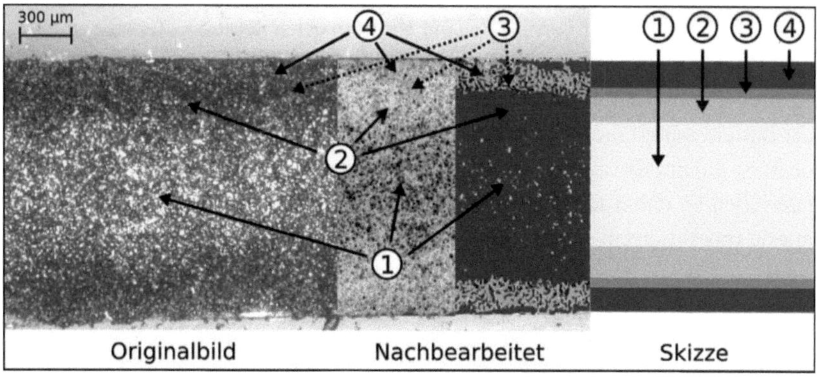

Bild 3: Kameraaufnahme einer Graphit-Anode während des Entladevorgangs. Markiert sind die unterschiedlichen Lithiierungsgrade – voll lithiiert (1) bis delithiiert (4). Es erfolgt ein vierstufiger Farbumschlag (gold/rot/blau/grau), welcher durch die Nachbearbeitung der Graustufen im mittleren Teil des Bildes verdeutlicht wird.

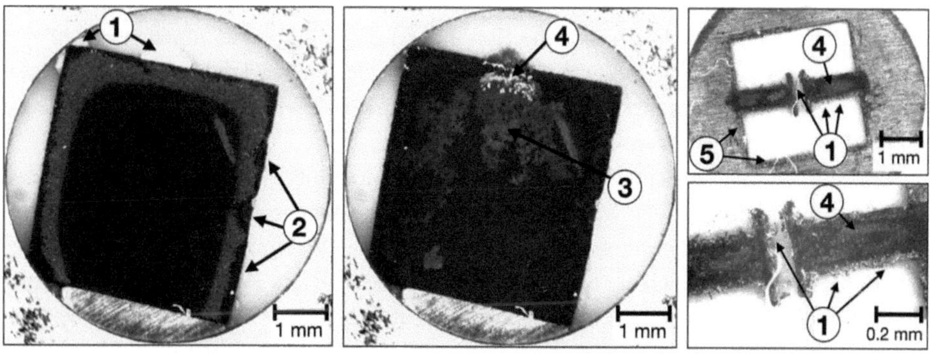

Bild 4: Kameraaufnahmen geschädigter Graphit-Anoden. Gekennzeichnet sind Dendriten (1), inaktivierte Bereiche, welche nicht mehr am Batterieprozess teilnehmen (2), Gasbildung (3), Plating (4) und ein beschädigter Cu-Stromableiter durch Korrosion und Lithium-Ablagerung (5).

Einige Prozent der theoretischen Ladekapazität verbleiben als Sicherheitsreserve ungenutzt. Bei den Versuchen gelang es auch, den Vorgang der Lithium-Abscheidung inklusive der noch unkritischen Vorstufen experimentell zu erfassen.

Bild 4 zeigt Schädigungen einer Graphit-Anode, welche teilweise durch gezieltes Überladen der Batterie mit hohen Strömen entstanden sind. Hierzu zählen vor allem die sicherheitskritischen Effekte der metallischen Lithium-Abscheidung (Dendritenwachstum, Plating) und der Gasentwicklung. Abgeschiedenes Lithium ist dabei gleich mehrfach kritisch. Es wirkt sich negativ auf die Betriebssicherheit, die Lebensdauer und die Leistungsfähigkeit der Batterie aus. So können beispielsweise wachsende Dendriten bei Durchstoßen des Separators einen Kurzschluss der Batterie herbeiführen. Plating wiederum verringert die Kapazität der Batterie, da die mit Lithium überzogenen Elektrodenbereiche nicht mehr gleichwertig am Ein- und Auslagerungsprozess der Lithium-Ionen beteiligt sind. In jedem Fall verringert eine Lithium-Abscheidung die Menge an Lithium im System und die Effizienz des elektrochemischen Prozesses.

Eine direkte optische Beobachtung der Auswirkung des Batteriebetriebs ist für die Auswahl der Batteriematerialien und deren Verhalten unter kritischen Operationsbedingungen wie hohen Strömen oder auch tiefen Temperaturen von großem Vorteil. Die Evaluierung der Materialien ist dabei schneller und effektiver, da sie nicht erst nach einer Zerlegung der Batterie (post-mortem-Untersuchung), sondern schon während des Zyklierens in situ stattfindet.

5.2.3 Bestimmung von Elektrodenparametern

Die Korrelation der optischen Elektrodeneigenschaften mit der elektrischen Ladung und die Beobachtungsmöglichkeit der Ionenkinetik sowohl an der Kathode als auch an der Anode lässt für die Materialcharakterisierung eine Vielzahl an Möglichkeiten zu.

Beispielsweise können Auswirkungen von Materialschädigungen und -defekten untersucht werden. Unterschiedlich schnelle Ein- und Auslagerungen von Ionen zeichnen sich dabei durch eine ungleichmäßige Interkalationsfront der Ionen (Trennung Hell-/Dunkelbereiche) aus. Diese erlauben Rückschlüsse auf lokale Schichtdickenunterschiede, Risse und andere Inhomogenitäten in den Elektroden.

Mikroskopisch lässt sich die beobachtete Ionenkinetik mit der Beweglichkeit der Ionen im Elektrolyten in Form von Migration und Diffusion sowie mit dem elektrochemischen Prozess der Ionen-Einlagerung ins Ionen-aufnehmende Aktivmaterial beschreiben. Aus diesen Einflüssen lässt sich ein effektiver Diffusionskoeffizient D als kompakter Parameter bestimmen [14, 25, 27]. Dieser ist dabei nicht als allgemeine Materialkenngröße, sondern als Kenngröße der untersuchten Elektrode mit ihren jeweils spezifischen Eigenschaften wie Porosität, Tortuosität, Leitfähigkeit, Kapazität, Schichtdicke usw. zu verstehen.

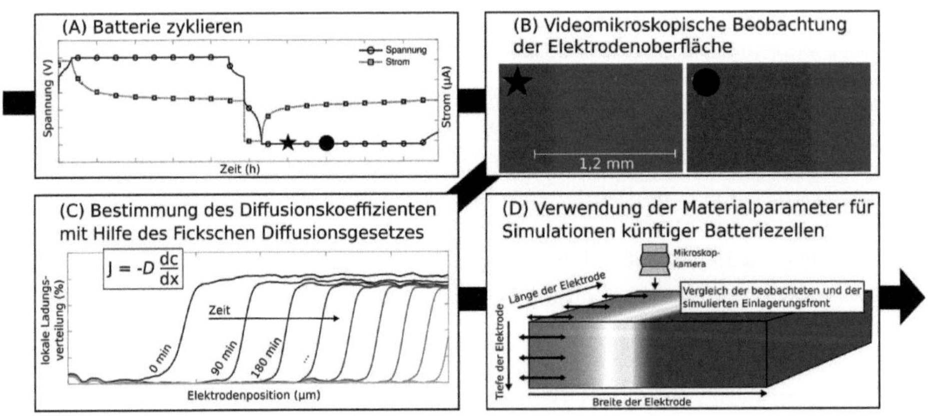

Bild 5: Schema zur quantitativen Bestimmung des Diffusionskoeffizienten der Batterieelektrode.

Bild 5 zeigt schematisch einen Arbeitsablauf zur quantitativen Bestimmung des Koeffizienten. Neben der schnellen Charakterisierungsmöglichkeit der Batterieelektroden, wird der Diffusionskoeffizient auch in komplexen physikalisch-elektrochemischen Simulationen zur Modellierung von Batteriezellen verwendet. Eine Kopplung mit thermodynamischen Modellen erlaubt die Erstellung detaillierter Designstudien künftiger Batteriezellen und -module [33, 34].

5.2.4 Ladezustandsbestimmung mittels Farb-Referenzierung

Abseits der Materialcharakterisierung ist die optische Bestimmung des Ladezustands anhand der gemessenen Reflektivität der Elektroden von gesteigertem Interesse. Auch wenn die videomikroskopische Bestimmung keine unmittelbare sensorische Anwendung im Fahrzeug besitzt, so können an ihr Möglichkeiten der Signalreferenzierung für eine Anwendung in der faseroptischen Sensorik diskutiert werden.

Die Erfassung und Auswertung der optischen Elektrodenveränderungen sind dabei unter Laborbedingungen unproblematisch. So kann die Empfindlichkeit der Kamera (Belichtungszeit, Signalverstärkung usw.) beliebig reguliert werden, da für die Auswertung nur relative Helligkeitsänderungen und deren Erkennung von Bedeutung sind.

Im Bereich der Videomikroskopie sind die Intensitätsschwankungen der Lichtquelle und deren Alterung der größte Quereinfluss auf das Messergebnis. Weitere Quereinflüsse wie die innere und äußere Temperatur oder der Druck in der Batteriezelle in Folge von Gasentwicklung können bei der videomikroskopischen Messung ausgeschlossen werden. Grund hierfür ist vor allem die sehr gute Kontrolle der Randbedingungen durch die verwendete Zellkonstruktion, aber auch die schonende Zykliergeschwindigkeit der Batterie.

Bild 6 zeigt eine Batteriezelle in Doppelelektroden-Geometrie. Zu sehen ist links die Anode mit ihren unterschiedlichen Lithiierungsgraden. Der Separator (weißer Bereich zwischen den Elektroden) trennt die Anode elektrisch von der Kathode auf der rechten Seite. Die Pfeile in der Skizze zeigen die Bewegungsrichtung der Lithium-Ionen während des Ladens an. Sie werden aus der Kathode ausgelagert und in die Anode eingelagert. Dieser Prozess kehrt sich beim Entladen um.

Der zeitliche Verlauf der gemessenen Absolutwerte der Farbkanäle Rot (R), Grün (G) und Blau (B) der beiden Elektroden, Kathode und Anode, ist in Bild 7 gezeigt. Das Ergebnis für die Kathode ist bereits bekannt. Alle Farbkanäle folgen in gleicher Weise dem Ladungsverlauf (schwarze Linie ohne Symbole) während des Ladens und Entladens. Das Farbverhalten der Anode ist grundsätzlich verschieden. Während Rot und Grün ein ähnliches Verhalten zeigen, verläuft Blau teilweise gegenläufig. So nimmt der gemessene Rotwert während des Ladens zu, da dies der dominante Farbanteil in der goldfarbenen Anode ist. Blau hingegen nimmt ab, da der Anteil von grau zu goldfarben geringer wird. Zu Beginn des Entladevorgangs kehrt sich dieses Verhalten um. Am Ende des Entladevorgangs, wenn die Anode fast gänzlich delithiiert und grau ist, bewegen sich die Farbwerte nahezu gleich.

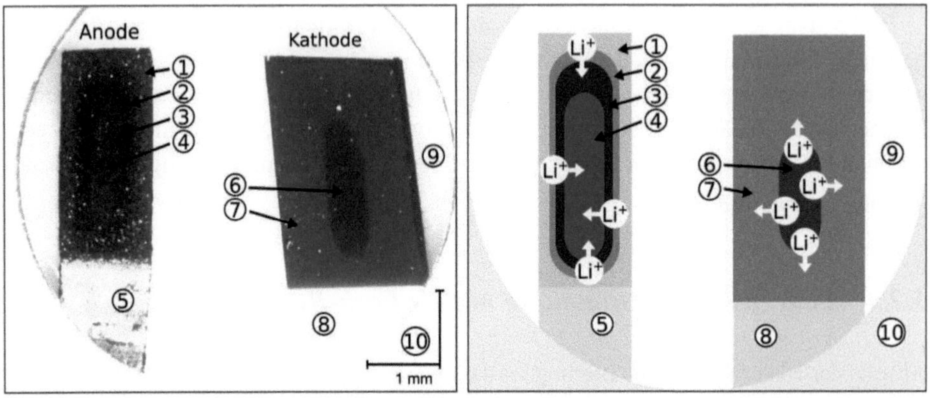

Bild 6: Links: Kameraaufnahme einer Doppelelektroden-Geometrie bestehend aus Graphit-Anode und LFP-Kathode während des Ladevorgangs. Gekennzeichnet sind die unterschiedlichen Lithiierungsgrade der Anode (1)–(4) und Kathode (7), (8), die Stromableiter aus Kupfer (5) und Aluminium (8), der Separator (9) und das Zellgehäuse (10). **Rechts:** Schematische Darstellung der Aufnahme. Die symbolisierten Lithium-Ionen zeigen die Bewegungsrichtung der Ionen an.

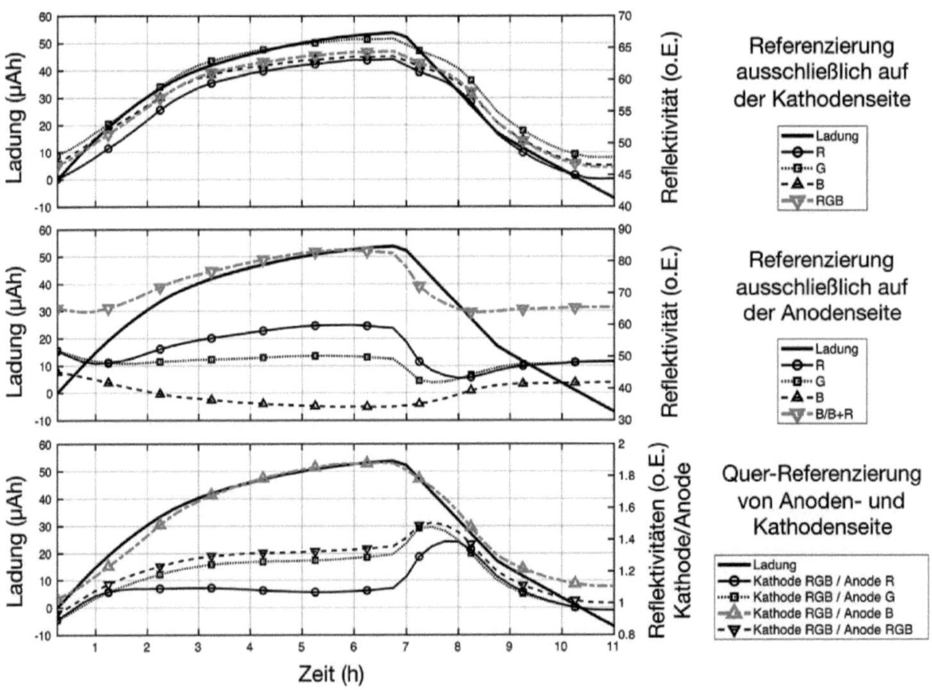

Bild 7: Zeitlicher Verlauf der Farbkanalintensitäten der Kameraaufnahme aus Bild 6 und daraus berechnete Referenzgrößen zur Verringerung von Quereinflüssen und zur Korrelation mit der Ladung. **Oben:** Kathode. **Mitte:** Anode. **Unten:** Querreferenzierung von Anode und Kathode.

Außerhalb des Laborbetriebs sind die absoluten Werte der Farbkanäle wenig aussagekräftig. Gründe hierfür sind unter anderem die Helligkeitseinstellung und die Intensitätsschwankungen der Lichtquelle oder die auf elektrochemischer Ebene fertigungstechnischen Unterschiede der Batterieelektroden. Speziell bei der Anode kann sich das optische Verhalten je nach chemischer Zusammensetzung verändern. Um diese Quereinflüsse zu berücksichtigen, soll nun eine Referenzierungsmöglichkeit der Farbkanäle untereinander analog zur Pulsoxymetrie [35, 36] angewandt werden. In der ursprünglichen Idee werden dabei Transmissionsverluste von Licht zweier verschiedener Wellenlängen beim Durchgang durch menschliches Gewebe ins Verhältnis gesetzt. In der videomikroskopischen Betrachtung der Elektroden nehmen die drei Farbwerte die Rolle der Lichtwellenlängen ein, sodass die Werte der Farbkanäle untereinander ins Verhältnis gesetzt werden.

Auf Seiten der Kathode liefert diese Art der Referenzierung wegen der reinen Helligkeitsänderung der Elektrode während des Zyklierens keine Mehrinformation (vgl. graue Linie Bild 7, Oben). Im Fall der Anode ist dies anders. Beispielsweise kann aus den Farbwerten von Rot und Blau eine Hilfsgröße

$$\xi_{Anode} = \frac{B}{B + R} \tag{1}$$

konstruiert werden, welche von Absolutwerten unabhängig ist. Diese bildet den Ladungsverlauf während des Ladevorgangs gut nach, versagt aber beim Entladevorgang (vgl. graue Linie Bild 7, Mitte).

Berücksichtigt man bei der Referenzierung und Konstruktion einer Hilfsgröße zusätzlich die Farbinformationen der Kathode, beispielsweise durch folgendes Verhältnis

$$\xi_{\text{Batterie}} = \frac{RGB_{\text{Kathode}}}{B_{\text{Anode}}}, \tag{2}$$

kann der vollständige Ladungsverlauf während des Zyklierens durch rein optische Beobachtung der Batterieelektroden bestimmt werden (vgl. graue Linie Bild 7, Unten).

5.3 Faseroptische Sensoren

5.3.1 Messprinzip

In einer Batteriezelle im Automobil können optische Informationen nicht praktikabel mit einem Kamerasystem erfasst werden, weshalb eine andere Methode der optischen Beobachtung erforderlich ist. Hierbei hat sich die Verwendung von Lichtleitfasern als geeignet erwiesen. Sie können modifiziert werden, um als optischer Sensor Informationen aus der Batterie zu erhalten.

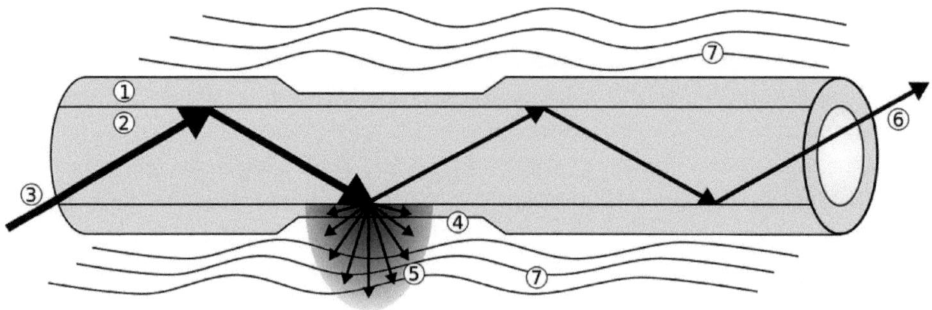

Bild 8: Wirkungsweise des faseroptischen Sensors. Gekennzeichnet sind Fasermantel (1), Faserkern (2), einfallendes Licht (3), geätzter Fasermantel (4), Wechselwirkungsbereich Licht/Umgebung (5), ausfallendes Licht mit verringerter Intensität (6) und Elektrodenbereich (7).

Die faseroptischen Sensoren basieren auf dem Prinzip des evaneszenten Feldes des Lichts in der Glasfaser (vgl. Bild 8) [37]. Prinzipiell wird das Licht durch den Kern der Faser geleitet und am Mantel (Cladding) der Faser reflektiert. Jedoch breitet sich bei dieser Reflektion ein Teil des Lichts auch in den Mantel der Faser aus. Wird nun die Stärke des Mantels verringert, kann die Lichtwelle die Faser vollständig verlassen und mit der Umgebung wechselwirken. Durch die Einbettung der Faser in die Elektrode können so Änderungen der Eigenschaften des Elektrodenmaterials beobachtet werden. Bei diesem Messprinzip wird die Lichttransmission durch die Faser erfasst.

Das Verfahren ist im Vergleich zu anderen faseroptischen Messanordnungen, welche mit kohärentem Laserlicht und Interferenzmethoden arbeiten, vergleichsweise einfach. Beispielsweise entfällt die präzise Bearbeitung der Fasern für Wellenlängenfilter (Bragg-Gitter) [20, 21, 22]. Laserdioden und komplexe Messgeräte wie Spektrometer werden ebenfalls nicht benötigt. Stattdessen werden einfache LED als Lichtquellen und Phototransistoren als Lichtempfänger genutzt, die günstig mikroelektronisch umzusetzen sind.

Die vorgestellte faseroptische Messmethode wurde von unserer Partnerarbeitsgruppe an der Universität Waterloo erstmals für die Anode vorgestellt und praktisch realisiert [11, 38, 39]. Sie lässt sich jedoch für beide Elektroden gleichermaßen verwenden [8, 12].

Im Unterschied zur videomikroskopischen Beobachtung erfasst der faseroptische Sensor nur einen kleinen Teilbereich der Elektrode. Das optische Verhalten wird in einem Bereich von ca. 20 mm um die Faser erfasst. Die Eindringtiefe des evaneszenten Lichts ins Material beträgt wenige Mikrometer. Diese lokale Messung stellt dabei keinen Nachteil dar, da die Elektrodenfläche trotz der eingebrachten Faser weitgehend homogen bleibt und somit das Signal repräsentativ für die gesamte Elektrode ist. Im Vergleich zur verbleibenden Elektrodenfläche sollte eine Störung durch die Faser vernachlässigbar sein und praktisch keinen Einfluss auf die Leistung und die Lebensdauer der Batterie haben.

5.3.2 Herstellung der faseroptischen Sensoren

Die Herstellung der faseroptischen Sensoren erfolgt durch Ätzen einer kommerziell verfügbaren Multimode-Glasfaser [40]. Dabei wird mittels gepufferter Flusssäure, Verhältnis 6:1 NH_4F/HF (49%), die Manteldicke der Faser von ca. 20 µm auf 1 µm reduziert. Für eine gleichbleibend hohe Sensitivität des Sensors ist es erforderlich, dass diese Zielgröße mit einer maximalen Abweichung von ±0,2 µm erreicht wird. Die bisher verwendeten Ätzmethoden [11] basierten lediglich auf einer vorgegebenen Ätzdauer innerhalb derer die angestrebte Manteldicke erreicht wird. Hierbei führen sowohl Temperatur- und Konzentrationsabweichungen als auch Toleranzen der Faserabmessung selbst von über 2 µm im Durchmesser zu erheblichen Abweichungen. Die angestrebte maximale Toleranz des Ätzstopps von ±20% für die verbleibende Manteldicke konnte bei diesem Prozess nicht eingehalten werden.

Für eine Erhöhung der Zuverlässigkeit und der Reproduzierbarkeit des Ätzvorgangs wurde zunächst ein neuer Prozess entwickelt. Dabei wird der Ätzfortschritt an der Faser in situ durch Transmissionsmessungen überwacht (vgl. Bild 9). Normalerweise findet keine Wechselwirkung der Glasfaser mit der umgebenden, farblosen und somit nicht absorbierenden Flusssäure statt. Zusätzlich wirkt die Säure wegen ihres geringen Brechungsindex als Cladding und reflektiert somit das Licht. Erst durch Zugabe des gelben Farbstoffs Tartrazin, welcher Licht im Spektralbereich von 450 nm absorbiert, konnte die Transmissionsänderung während des Ätzvorgangs genau gemessen werden. Ein Unterschreiten eines Schwellwerts entspricht dabei einer verbleibenden Manteldicke, bei der eine starke Wechselwirkung mit der Umgebung stattfindet. Sensoren mit der höchsten Empfindlichkeit in der Batterie erhält man bei einer Lichtabsorption von 2%. Dies entspricht einer Ätzdauer von ca. 45 Minuten. Mit diesem Verfahren lassen sich zuverlässig hochsensitive faseroptische Sensoren herstellen und der Ausschuss an ungeeigneten Glasfasern wird erheblich reduziert.

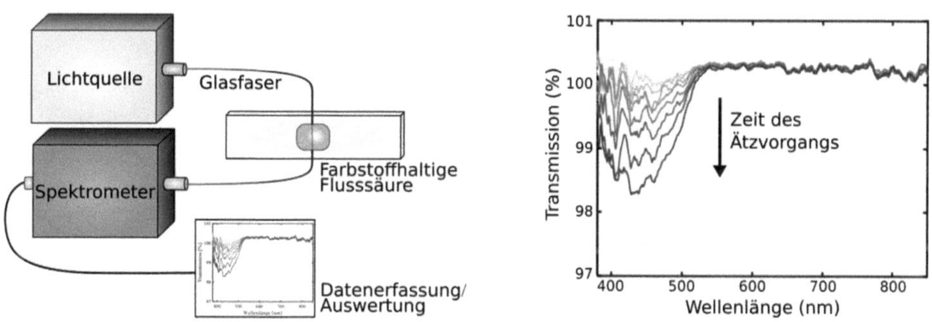

Bild 9: **Links:** Experimenteller Aufbau zur Sensorherstellung. **Rechts:** Spektroskopische Daten während des Ätzvorgangs. Der Pfeil gibt den zeitlichen Verlauf an (hell nach dunkel).

5.3.3 Einbringen der faseroptischen Sensoren in die Zelle

Für eine umfassende Überwachung der Batteriezelle ist es sinnvoll, den Zustand beider Elektroden optisch zu erfassen [12]. Daher wurden sowohl in die Anode als auch in die Kathode faseroptische Sensoren integriert (vgl. Bild 10). Um die Faser in das Elektrodenmaterial einzubringen wurde das Aktivmaterial einer kommerziellen Elektrode in einem Bereich von ca. einem halben Millimeter entfernt. In die gebildete Vertiefung wurde die Glasfaser platziert und mit einer Suspension des Elektrodenmaterials aus Aktivmaterial, Leitmittel und Binder so beschichtet, dass die Vertiefung wieder vollständig verschlossen war. Die Suspension entspricht dem flüssigen Rohmaterial der Elektrode und wird als Slurry bezeichnet. Im Falle der Anode wurde ein üblicher Graphit-Slurry verwendet. Für die Kathode wurde ein Slurry hergestellt, welches als Leitmittel Indium-Zinn-Oxid anstatt Kohlenstoff enthielt. Dies wirkt gleichzeitig als elektrochromes Markermaterial und verstärkt den optischen Effekt [26]. Zukünftig sollen die Lichtleiter direkt während der Elektrodenproduktion in die Elektrode eingebracht und im Falle der Kathode zuvor mit dem Markermaterial beschichtet werden (vgl. Bild 10). Dies führt zu einer drastischen Reduktion der Inhomogenitäten im Elektrodenmaterial, wodurch die Leistung und die Lebensdauer der Zelle deutlich weniger beeinträchtigt wird.

Der Bau der Zelle erfolgt anschließend in einer typischen Pouchzellenkonfiguration, wobei die Elektroden durch einen Separator getrennt werden (vgl. Bild 10). Der Elektrodenstapel wird dann in einer beschichteten Aluminiumfolie (Pouch) vakuumverschweißt. Neben den Stromableitern müssen zusätzlich die Glasfasern aus der Zelle geführt werden. Diese können jedoch in gleicher Weise mittels Siegelfolie abgedichtet werden, um das Eindringen von Luft und ein Austrocknen des Elektrolyten zu unterbinden. Die Herstellungsschritte sind in Bild 11 gezeigt.

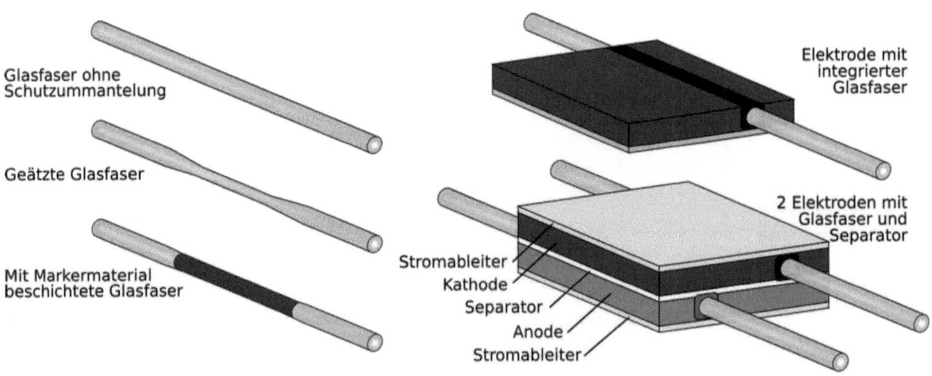

Bild 10: Schritte der Sensorherstellung und -integration in das Elektrodenmaterial.

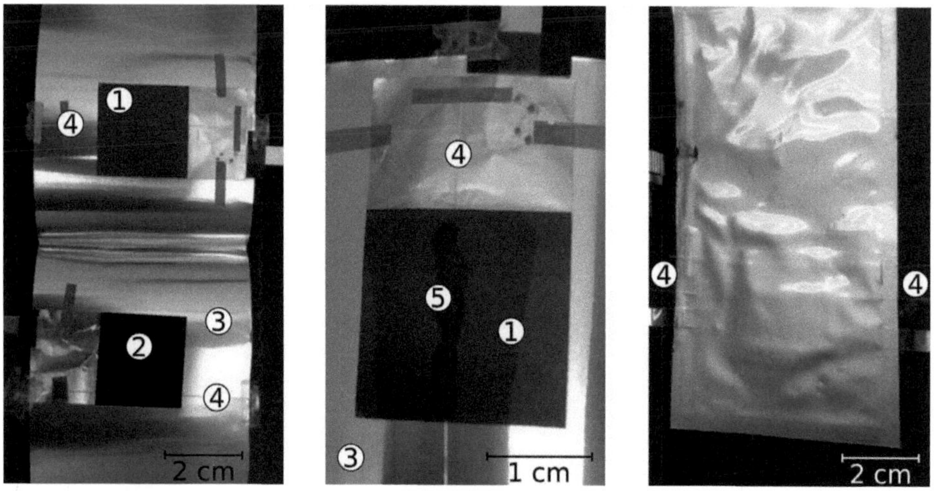

Bild 11: Zusammenbau einer Pouchzelle mit zwei faseroptischen Sensoren. Gekennzeichnet sind Anode (1), Kathode (2), Pouchfolie (3), Glasfaser (4) und zusätzlich aufgebrachtes Elektrodenmaterial (5). **Links:** Platzierte Elektroden und Fasern in der Zelle. **Mitte:** Beschichtung der Faser mit Elektrodenmaterial. **Rechts:** Versiegelte Pouchzelle.

5.3.4 Signalerfassung

Für die optische Erfassung des Batteriezustands muss die Transmission durch die Faser erfasst werden. Hierfür sind zwei unterschiedliche Anwendungsgebiete zu betrachten. Zum einen die Untersuchungen in einer Laborumgebung, bei der die Verwendung einer breitbandigen Lichtquelle [41] und eines Spektrometers [42, 43] vorteilhaft ist, da so Wellenlängen-abhängige Veränderungen und Quereinflüsse beobachtet werden können (vgl. Bild 12). Auf diese Weise lassen sich die für eine Anwendung im Automobil geeignetsten Wellenlängenbereiche ermitteln. In diesem zweiten Anwendungsgebiet ist eine möglichst kompakte und kostengünstige Messanordnung notwendig. Die Verwendung von LED und einfachen Phototransistoren als Lichtempfänger ist somit erforderlich. Eine geeignete elektronische Steuereinheit kann beispielsweise bei prismatischen Zellen platzsparend am Zellgehäuse zwischen den Stromabnehmern verbaut werden.

Die elektrischen Messungen der Zelle erfolgen zyklisch. Innerhalb eines Zyklus wird die Batterie zunächst mit konstantem Strom (CC) bis zum Erreichen der Maximalspannung von 3,6 V geladen und anschließend bei dieser konstanten Spannung (CV) weitergeladen bis ein Zehntel des ursprünglichen Stroms erreicht ist. Die Kombination beider Teile ist als CCCV-Schema bekannt. Anschließend erfolgt der Entladevorgang analog bis zu einer Spannung von 2,8 V. Die Lade- und Entladeströme liegen im Bereich von C/4.

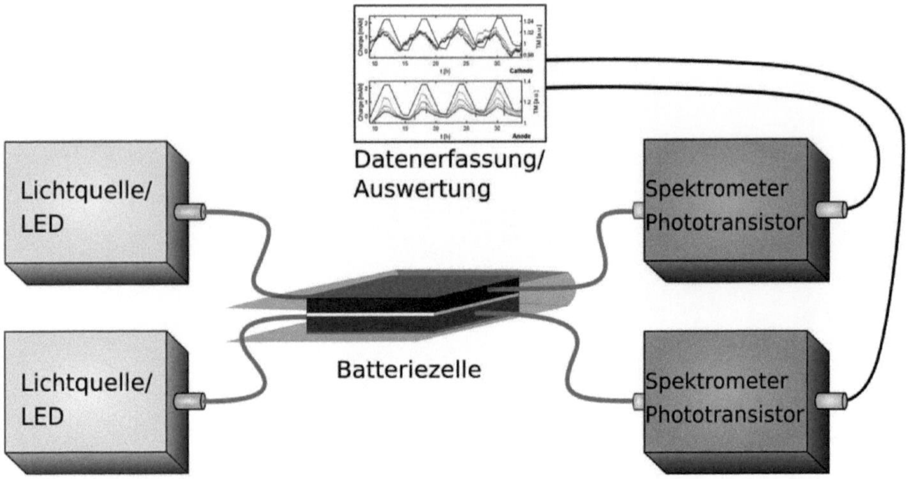

Bild 12: Apparativer Aufbau zur Erfassung des optischen Verhaltens beider Elektroden mit zwei faseroptischen Sensoren.

Für die aktuell vorgestellten Ergebnisse wurde der Laboraufbau realisiert und die Transmission spektroskopisch erfasst. Jedoch wurde bereits auch ein Prototyp für den LED/Phototransistor-Aufbau entwickelt und getestet.

5.3.5 Ladungsbestimmung durch Transmissionsmessungen

Mit Hilfe des vorgestellten Aufbaus (vgl. Bild 12) lassen sich Signale der faseroptischen Sensoren gemeinsam mit den Strom- und Spannungsdaten während der Zyklierung aufzeichnen. Der Vergleich dieser optischen Daten mit den elektrischen Daten liefert gute Korrelationen (vgl. Bild 13). Sowohl für Anode als auch Kathode ist deutlich erkennbar, dass die Transmission mit steigendem Ladezustand zunimmt, während sie beim Entladen sinkt.

Bei den Versuchen ist die Übereinstimmung mit der Ladung im Fall der Anode sehr stabil, während bei der Kathode noch nennenswerte Abweichungen auftreten. Ein weiterer grundsätzlicher Unterschied ist das Wellenlängen-abhängige Verhalten der beiden Elektroden. Die Anode zeigt für langwelligeres Licht eine deutlich größere Empfindlichkeit als für kurzwelliges Licht. Die Kathode hingegen weist für alle untersuchten Wellenlängen ein sehr ähnliches Verhalten auf. Dies deckt sich mit den Ergebnissen unserer videomikroskopischen Beobachtungen, die für die Kathode keine Farbveränderung, sondern lediglich Helligkeitsunterschiede für verschiedene Ladezustände ergeben haben. Ebenso entsprechen die Beobachtungen der Anode den Ergebnissen unserer Partnerarbeitsgruppe [11, 39].

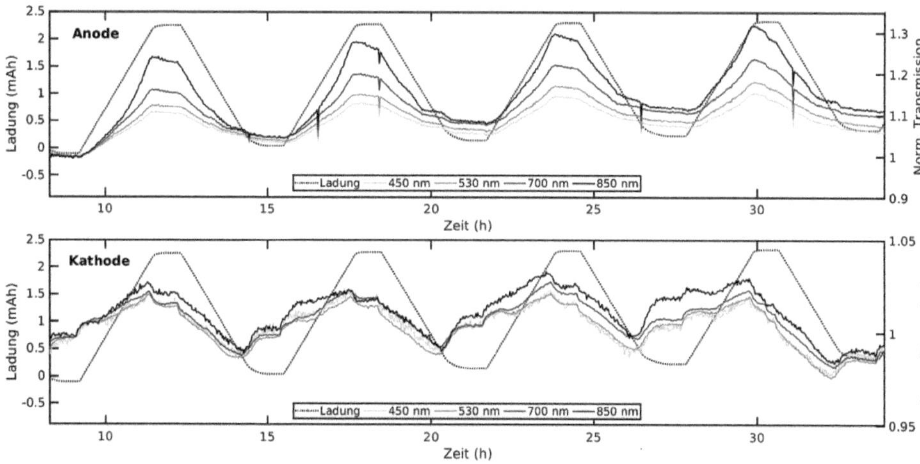

Bild 13: Ladung der Zelle sowie gemessene Transmissionen durch die Glasfasern in Anode und Kathode für ausgewählte Wellenlängen während des Zyklierens.

Im Gegensatz zu den videomikroskopischen Daten sind die Aussteuerungen der Transmissionen der beiden Elektroden sehr unterschiedlich. Die Anode weist während des Ladevorgangs mit einer Änderung von über 20% eine deutlich größere Empfindlichkeit als die Kathode mit ca. 4% auf. Diese geringen optischen Änderungen erschweren eine präzise Erfassung des Ladezustands auf der Kathodenseite.

Die für die Kathode beobachtete Verschiebung der Extrema des Transmissionssignals auf einen, im Vergleich zum Ladungsverlauf, zu frühen Zeitpunkt ist auf die Änderung des Signals während der Phasen mit konstanter Spannung zurückzuführen. Es lässt sich deutlich erkennen, dass beim Absinken des Lade- bzw. Entladestroms die Transmission sinkt bzw. steigt. Insbesondere beim Entladevorgang ist dieser Effekt besonders ausgeprägt. Betrachtet man den zeitlichen Verlauf der Transmission gegen den Ladestrom (vgl. Bild 14) wird dies offensichtlich. Der parallele Verlauf von Strom und Transmission während der Phasen mit konstanter Spannung ist deutlich erkennbar. Ursache dieses Verhaltens ist wahrscheinlich ein Relaxationsprozess innerhalb der Batterieelektrode.

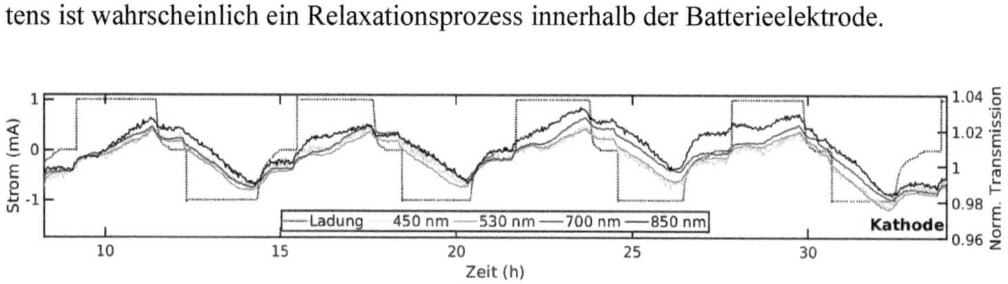

Bild 14: Darstellung des Zusammenhangs zwischen dem Lade- und Entladestrom der Zelle und der gemessenen Transmission durch die Glasfaser der Kathode.

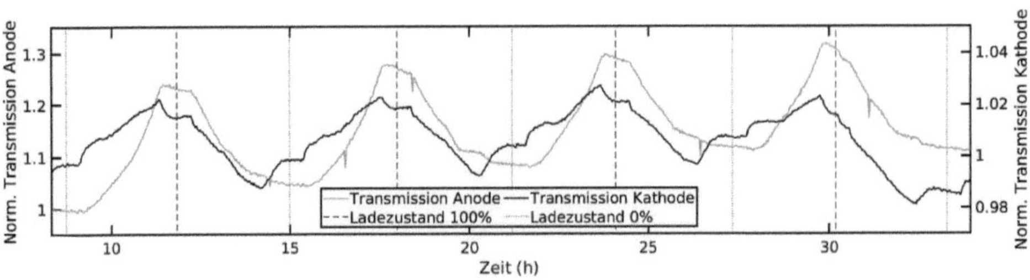

Bild 15: Vergleich der Transmissionen (Wellenlänge 850 nm) an Anode und Kathode.

Das Ansteigen der Transmission während des Entladevorgangs bedeutet, dass eine lokale Spannungsänderung auftritt. Diese weist auf eine Verringerung der Lithium-Ionen-Konzentration der Eisenphosphat-Partikel hin, welche die Faser umgeben. Durch die Verwendung zweier unterschiedlicher Elektrodenmaterialien (aktives Speichermaterial und ITO als Markermaterial) kommt es innerhalb der Elektrode zu einer ungewollten Ionenbewegung. Um diesen Effekt zu verringern, sollte eine möglichst dünne ITO-Beschichtung auf die Faser aufgebracht werden, um die unerwünschten Prozesse zu vermeiden.

Der Vergleich der faseroptischen Sensorsignale aus beiden Elektroden (vgl. Bild 15) zeigt, dass die Maxima der Transmissionen zum gleichen Zeitpunkt auftreten. Somit lässt sich der vollständig geladene Zustand der Batterie gut ermitteln. Für die Minima ergibt sich wegen des beschriebenen Relaxationsprozesses in der Kathode keine Übereinstimmung. Allerdings bilden die Transmissionsdaten der Anode den Verlauf der Ladung gut nach.

5.3.6 Kalibrierung, Quereinflüsse und Referenzierung

Für die Anwendung sind die Kalibrierung des faseroptischen Sensors sowie die Reduktion von Quereinflüssen von entscheidender Bedeutung. Für diese Aspekte werden derzeit noch weitere Messdaten erfasst, um präzise Aussagen zum langfristigen Verhalten des Sensors treffen zu können. Grundsätzlich kann eine Kalibrierung des Sensors in der Batterieproduktion während der Formatierung der Batterie erfolgen. Bei diesem Prozess werden mehrere Ladezyklen durchlaufen, um die elektrochemischen Vorgänge, die während der ersten Zyklen auftreten vor der Anwendung abzuschließen. Da dies ohnehin für jede Batterie erforderlich ist, kann parallel dazu auch das optische Signal erfasst, gespeichert und mit den elektrischen Daten korreliert werden.

Eine Referenzierung kann bei der Anode in ähnlicher Weise wie bei der videomikroskopischen Beobachtung erfolgen. Zwar ist der Verlauf der Wellenlängen-abhängigen Transmission von der Reflektivität der Elektroden verschieden, Referenzwerte können trotzdem mit gleicher Zielstellung gebildet werden. Ähnlich zu den Kameramessungen ist dies für die Kathode schwieriger. Allerdings wäre auch beim faseroptischen Sensor eine Querreferenzierung zwischen beiden Elektroden denkbar.

Als Quereinflüsse müssen hauptsächlich Temperatur und Druck berücksichtigt werden. Während schneller Lade- und Entladevorgänge (≥5C) steigt die Temperatur der Batterie erheblich an. Dies beeinflusst das optische Signal, da Glasfasern empfindlich auf Temperaturschwankungen reagieren. Durch das Ausdehnen der Elektrodenmaterialien während der Lithiuminterkalation beim Zyklieren, treten beständig Druckänderungen im Bereich der Faser auf. Die sich in ihrer Größe ändernden Partikel üben dabei auf mikroskopischer Ebene Druck auf die Faser aus und beeinflussen die gemessene Transmission.

Um diese beiden Quereinflüsse auf das optische Signal gering zu halten, können entweder mehrere Wellenlängen verwendet werden, um eine interne Referenzierung zu ermöglichen. Alternativ ist die Verwendung einer zweiten Faser als Referenzfaser möglich. Diese erfasst dabei nicht den optischen Elektrodenzustand, unterliegt aber den gleichen Einwirkungen der Temperatur und des Drucks. Beide Einflüsse können somit separat erfasst und aus den Messdaten des eigentlichen Sensors herausgerechnet werden. Zwar geht eine zusätzliche Faser mit zusätzlichem Aufwand bei der Integration einher, dieser könnte jedoch im Vergleich zu den Vorteilen lohnenswert sein.

5.3.7 Ausblick auf eine industrielle Fertigung

Entscheidend für die Anwendung des faseroptischen Sensors ist eine erfolgreiche Implementation während der Batteriefertigung. Prinzipiell stellt die Handhabung der Fasern auf Grund ihrer Fragilität eine Hürde dar, insbesondere beim Prozess des Kalandrierens (Pressen) der Elektroden, bei dem große Kräfte wirken. Die Elektrodenmaterialien sind jedoch mit ihren üblichen Schichtdicken ebenfalls empfindlich gegenüber ungleichmäßiger mechanischer Belastung. Im eingebetteten Zustand ist die Faser geschützt, weshalb vermutlich kaum zusätzliche Maßnahmen gegen das Brechen der Faser notwendig sind.

Neben dem Abschnitt der Faser, der im Elektrodenmaterial eingebettet ist, muss auch für den Teil der Faser, welcher mit der Lichtquelle und dem Sensor verbunden wird, eine stabile Fertigungstechnologie entwickelt werden. Diese Teile der Faser sind verhältnismäßig lang und stehen somit über die Elektrodenfläche hinaus. Damit stellen sie ein Hindernis für die zahlreichen Walzen dar, über die die Elektrodenfolie während der Produktion läuft. Daher müssen die Fasern fixiert werden und möglichst kurz sein, damit sie sich nicht in den Produktionsanlagen verfangen. Darüber hinaus ist die Länge der Faser auch ein Kostenfaktor. Idealerweise befinden sich beide Faserenden auf der gleichen Seite der Elektrode (vgl. Bild 16), wodurch Quelle und Empfänger räumlich nah verbaut werden können. Dieser Aufbau erfordert eine gewisse Mindestgröße der Zelle, da die Krümmung der Faser einen Biegeradius von ca. 20 mm nicht dauerhaft unterschreiten sollte. Für die Überwachung der Zellen sollte sich ein Zellencontroller auf jeder Zelle befinden, um Spannung, Strom und Temperatur zu erfassen. An diesen Controller kann die Faser direkt und distanznah gekoppelt werden. Damit ergibt sich für die überstehenden Fasern eine Länge von wenigen Zentimetern, die in den Produktionsanlagen zwar berücksichtigt werden müssen, jedoch nicht extrem hinderlich sein sollten.

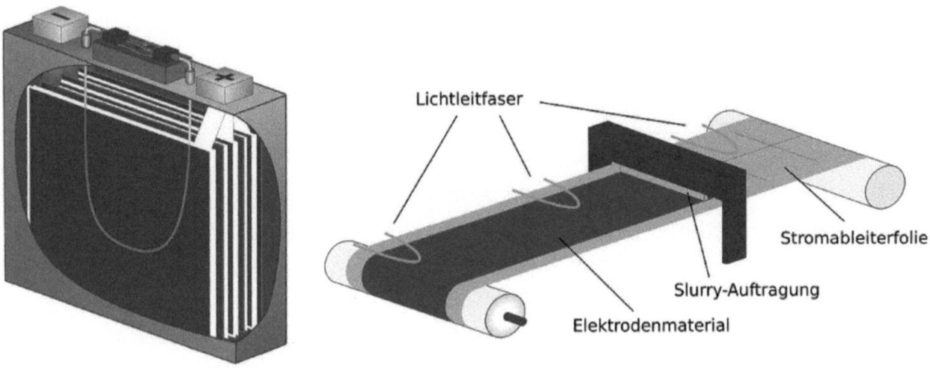

Bild 16: **Links:** Implementation eines faseroptischen Sensors in eine prismatische Batteriezelle. Auf der Zelle befindet sich ein überwachender Mikrocontroller mit einer LED-Lichtquelle und einem Phototransistor als Empfänger für das Transmissionsignal. **Rechts:** Prozess für die Integration der Fasern in das Elektrodenmaterial.

Eine Möglichkeit der industriellen Faserintegration in die Batterieelektroden ist rechts in Bild 16 gezeigt. Die Fasern werden u-förmig an den Rändern der Elektrodenfolie angebracht. Dadurch können in regelmäßigen Abständen Fasern auf der Folie platziert werden und je nach Abstand mehr oder weniger normale Elektrodenfolien ohne Faser für den Elektrodenstapel erhalten werden. Die Folie mit der Faser kann anschließend zusammen mit dem Slurry des Elektrodenmaterials beschichtet werden. Die Schichtdicke der Elektroden ist dabei durch den Durchmesser der einzubettenden Faser nach unten begrenzt. Die verwendeten Fasern von 125 µm Durchmesser passen damit gut zu den typischen Schichtdicken von 150 bis 400 µm. Nur für ganz dünne Schichten wäre eine vollständige Einbettung problematisch. Die so erhaltenen Elektrodenfolien können dann für Pouchzellen (als Teil prismatischer Zellen) auf die benötigte Größe aufgeteilt und geschichtet werden. Dabei kann pro Zelle jeweils eine Elektrodenfolie der Anode und Kathode mit integrierter Faser verwendet werden. Für Pouchzellen wird der Elektrodenstapel in einer Pouchfolie versiegelt. Dabei werden neben den Elektrodenkontakten auch die Fasern durch die Pouchfolie geführt, indem diese in analoger Weise mit Siegelfolie verschweißt werden. Der Schutzmantel, welcher bei kommerziellen Fasern aus Polymethylmethacrylat (PMMA) besteht, ist dabei vorteilhaft, um eine gute Dichtung zwischen Glasfaser und Kunststoffschicht zu erhalten. Wird eine prismatische Zelle mit starrem Metallgehäuse gefertigt, muss die Faser noch durch dieses geführt werden (vgl. Bild 16, links).

Außerhalb der Zelle befindet sich die Elektronik des Monitoring-Systems. An diesem wird die faseroptische Sensorik angeschlossen. Hier wird als Lichtquelle eine LED und als Empfänger ein Phototransistor verwendet. Für die Referenzierung mit unterschiedlichen Wellenlängen können auch zwei oder mehr verschiedenfarbige LED genutzt werden, die nacheinander angesteuert werden. Ein Silizium-Phototransistor ist dann ausreichend, da er breitbandig sensitiv ist. Dessen Messdaten können von der Batterieelektronik verarbeitet und an das zentrale Batterie-Management-System weitergeleitet werden.

Der Anschluss an den Zellencontroller mit Lichtquelle und -sensor unmittelbar an der Zelle ermöglicht es, die Faserlänge auf 10 bis 20 cm zu beschränken, wovon nur ein Teilabschnitt durch Ätzen bearbeitet werden muss. Damit ist vom Material- und Herstellungsaufwand des faseroptischen Sensors kein grundsätzliches Hindernis zu erwarten.

5.4 Zusammenfassung und Ausblick

Die vorgestellte Methode der optischen Beobachtung von Batterieelektroden stellt eine nützliche und einfach zugängliche Erweiterung auf dem Gebiet der Batterieentwicklung, -charakterisierung und -überwachung jenseits der bekannten elektrischen Verfahren dar.

Unter Verwendung eines videomikroskopischen Laboraufbaus wurden sowohl Merkmale schädlicher Batterieprozesse, Parameterbestimmungen bei der Materialcharakterisierung als auch Möglichkeiten bei der Ladezustandserkennung für eine sensorische Anwendung in automobiler Umgebung gezeigt und diskutiert. Grundlage dieser Untersuchungen ist die eindeutig festgestellte Korrelation zwischen der Reflektivität der Batterieelektroden und der eingebrachten elektrischen Ladung. Der Zusammenhang ist dabei reversibel und stabil. Die Graphit-Anode zeigt während des Zyklierens einen klaren Farbumschlag, wohingegen die LFP-Kathode eine Helligkeitsänderung erfährt.

In Hinblick auf eine automobile Anwendung der optischen Ladezustandserfassung wurde eine faseroptische Sensorik entwickelt. Diese ist in der Lage Veränderungen sowohl an der Anode als auch an der Kathode zu bestimmen. Es wurde ein eindeutiger und reversibler Zusammenhang zwischen den Transmissionen durch die Lichtleitfasern in den Elektroden und der elektrischen Ladung der Batteriezelle festgestellt. Allerdings treten speziell an der Kathode noch Abweichungen vom erwarteten Verlauf auf, welche weitere Entwicklungsarbeit erfordert. Darüber hinaus wurde eine mögliche Integration der faseroptischen Sensoren in den Fertigungsprozess von Batterieelektroden vorgestellt.

Entwickelt man den Ansatz der optischen Batterieüberwachung und Zustandserkennung weiter, wäre es von Vorteil bereits vorhandene Batteriekomponenten für die sensorische Aufgabe zu nutzen. Anbieten würde sich eine Lichtdurchleitung durch den Separator [44], da er flächendeckend mit der gesamten Elektrode in Kontakt ist. Jedoch müsste zunächst eine Lösung gefunden werden, welche die Porosität des Separators mit einer hinreichend guten Lichtleitung verbindet. Dies könnte Gegenstand zukünftiger Forschungsarbeiten sein.

Auch wenn bereits Fortschritte in der optischen Sensorik gezeigt werden konnten, sind noch viele Forschungs- und Entwicklungsschritte bis zur Verwendung im Fahrzeug notwendig [6]. Das Ziel einer direkten komplementären Messmethode zur Verbesserung der nutzbaren Leistungsparameter und der Sicherheit der Batterie ist weiterhin lohnenswert.

Projektpartner und Förderung

Die vorgestellten Ergebnisse entstanden in Projekten, die durch das BMVI, BMWi und die Hamburg Innovation GmbH gefördert wurden. Zu nennen sind die Vorhaben SINGER (FKZ 03EM0204E), IMBAT (ZF4019009RE7), FaserBAT (Calls for Transfer C4T06) und LImeS (03ETE019B), sowie die kooperierende Graduiertenschule „Key Technologies for Sustainable Energy Systems“ der Universität Hamburg und der HAW Hamburg. Die Zusammenarbeit im Bereich der faseroptischen Sensorik mit der Arbeitsgruppe von Prof. Patricia Nieva an der Universität Waterloo, Ontario, Kanada, wurde durch den DAAD gefördert.

Literatur

[1] Sauer, D. U. et al, „Batteriezustandserkennung: Mögliche Verfahrens- und Algorithmenansätze, Grenzen der Batteriezustandserkennung“, *Energiemanagement und Bordnetze II. expert-Verlag*, 2007.

[2] Schmidt, J. P. et al, „Integrierte Zell-Sensorik in Lithium-Ionen-Akkus für Elektro- und Hybrid-Fahrzeuge“, in Tille, T. (Hrsg.): *Automobil-Sensorik. Springer*, 2016.

[3] Buller, S. et al, „Impedance-based-nonlinear dynamic battery modeling for automotive applications“, *Journal of Power Sources*, Vol. 113, No. 2, 2003.

[4] Schmidt, J. P. et al, „Studies of $LiFePO_4$ as cathode material using impedance spectroscopy“, *Journal of Power Sources*, Vol. 196, No. 12, 2011.

[5] Schmidt, J. P., Hammerschmidt, T., „Impedanzsensorik für Batteriezellen in Elektro-Fahrzeugen“, in Tille, T. (Hrsg.): *Automobil-Sensorik 2. Springer*, 2018.

[6] Forschungsprojekt LImeS, „Lithium-Ionen-Zellen zur Integration mit erweiterter Sensorik“, *gefördert vom BMWi (03ETE019B)*, 2019.

[7] Roscher, V., Riemschneider, K.-R., „In situ Electrode Observation as an Optical Sensing Method for Battery State of Charge“, *IEEE Sensors App. Symp.*, 2017.

[8] Roscher, V., Riemschneider K.-R., „Optische Batteriesensorik für Elektro-Fahrzeuge“, in Tille, T. (Hrsg.): *Automobil-Sensorik 2. Springer*, 2018.

[9] Roscher, V., Riemschneider, K.-R., „Method and Measurement Setup for Battery State Determination Using Optical Effects in the Electrode Material“, *IEEE Transactions on Instrumentation and Measurement*, Vol. 67, No. 4, 2018.

[10] Roscher, V., „Optische Zellensensoren für die Batterieüberwachung: Effekt, Messprinzip und Umsetzung“, *Dissertation Universität Hamburg*, 2018.

[11] Ghannoum, A. et al, „Optical Characterization of Commercial Lithiated Graphite Battery Electrodes and in situ Fiber Optic Evanescent Wave Spectroscopy“, *ACS applied materials & interfaces*, Vol. 8, No. 29, 2016.

[12] Modrzynski, Ch., Roscher, V., Rittweger, F., Ghannoum, A., Nieva, P., Riemschneider, K.-R., „Integrated Optical Fibers for Simultaneous Monitoring of the Anode and the Cathode in Lithium Ion Batteries“, *IEEE Sensors Montreal*, 2019.

[13] Liu, D. et al, „Review of Recent Development of In Situ/Operando Characterization Techniques for Lithium Battery Research“, *Advanced Materials*, Vol. 31, 2019.

[14] Maire, P. et al, „Colorimetric determination of lithium-ion mobility in graphite composite electrodes“, *J. of Electroanalytical Chemistry*, Vol. 644, No. 2, 2010.

[15] Steiger, J. et al, „Mechanisms of dendritic growth investigated by in situ light microscopy during electrodedepostion and dissolution of lithium“, *Journal of Power Sources*, Vol. 261, 2014.

[16] Farman, A. et al, „Critical review of on-board capacity estimation techniques for lithium-ion batteries in electric and hybrid electric vehicles“, *Journal of Power Sources*, Vol. 281, 2015.

[17] Forgez, C. et al, „Thermal modeling of a cylindrical $LiFePO_4$/graphite lithium-ion-battery“, *Journal of Power Sources*, Vol. 195, No. 9, 2010.

[18] Mutyala, M. S. K. et al, „In-situ temperature measurement in lithium ion battery by transferable flexible thin film thermocouples“, *J. of Power Sources*, Vol. 260, 2014.

[19] Wenger, M. et al, „Investigation of gas sensing in large lithium-ion battery systems for early fault detection and safety improvement“, *IECON 2014-40th Annual Conference of the IEEE Industrial Electronics Society*, 2014.

[20] Novais, S. et al, „Internal and External Temperature Monitoring of a Li-Ion Battery with Fiber Bragg Grating Sensors“, *Sensors*, Vol. 16, No. 9, 2016.

[21] Nascimento, M. et al, „Internal strain and temperature discrimination with optical fiber hybrid sensors in Li-ion batteries“„, *Journal of Power Sources*, Vol. 410, 2019.

[22] Peng, J. et al. „High precision strain monitoring for lithium ion batteries based on fiber Bragg grating sensors“, *Journal of Power Sources*, Vol. 433, 2019.

[23] Raccichini, R. et al, „Critical Review of the Use of Reference Electrodes in Li-Ion Batteries: A Diagnositc Perspective“, *Batteries*, Vol. 5, No. 1, 2019.

[24] Maire, P. et al, „Colorimetric determination of lithium content in electrodes of lithium-ion batteries“, *J. of the Electrochemical Society*, Vol. 155, No. 11, 2008.

[25] Harris, S. et al, „Direct in situ measurements of Li transport in Li-ion battery negative electrodes“, *Chemical Physics Letter*, Vol. 485, No. 4–6, 2010.

[26] Roscher, V., Rittweger, F., Riemschneider, K.-R., „Electrochromic Effect of Indium Tin Oxide in Lithium Iron Phosphate Battery Cathodes for State-of-Charge Determination“, *ACS applied materials & interfaces*, Vol. 11, No. 7, 2019.

[27] Rittweger, F., Modrzynski, Ch., Roscher, V., Riemschneider, K.-R., „Investigation of charge carrier dynamics in positive lithium-ion-battery electrodes via optical in situ observation“, *eingereicht beim Journal of Power Sources*, 2020.

[28] EL-Cell GmbH, „ECC Opto-Std Cell“, https://el-cell.com, 2019.

[29] MATRIX VISION GmbH, „mvBlueFOX3-2064C“, www.matrix-vision.com, 2019.

[30] Opto Engineering GmbH, „MC3-03X“, www.opto-e.de, 2019.

[31] Adafruit, „NeoPixel Ring-16x RGB LED“, www.adafruit.com, 2019.

[32] Gamry Instruments, „Interface 1000E Potentiostat“, www.gamry.com, 2019.

[33] Cai, L., White, R. E., „Mathematical modeling of a lithium ion battery with thermal effects in COMSOL Inc. Multiphysics (MP) software“, *Journal of Power Sources*, Vol. 196, No. 14, 2011.

[34] Prada, E. et al, „Simplified electrochemical and thermal model of $LiFePO_4$-graphite Li-ion batteries for fast charge applications“, *Journal of The Electrochemical Society*, Vol. 159, No. 9, 2012.

[35] Nielsen, L. L., „Multi-wavelength incremental absorbence oximeter“, *US Patent 4167331A*, 1979.

[36] Severinghaus, J. W., Honda, Y., „History of blood gas analysis. VII Pulse Oximetry“, *Journal of clinical monitoring*, Vol. 3, No. 2, 1987.

[37] Messica, A. et al, „Theory of fiber-optic, evanescent-wave spectroscopy and sensors“, *Applied optics*, Vol. 35, No. 13, 1996.

[38] Ghannoum, A., et al, „Fiber optic monitoring of lithium-ion batteries: A novel tool to understand the lithiation of batteries“, *IEEE Sensors*, Vol. 1–3, 2016.

[39] Ghannoum, A. et al, „Development of Embedded Fiber-Optic Evanescent Wave Sensors for Optical Characterization of Graphite Anodes in Lithium-Ion Batteries“, *ACS applied materials & interfaces*, Vol. 9, No. 47, 2017.

[40] Thorlabs GmbH, „Multimode Fiber FG105LCA“, www.thorlabs.com, 2019.

[41] StellarNet Inc., „SL1 Tungsten Halogen Lightsource“, www.stellarnet.us, 2019.

[42] Ocean Optics, „HR2000+“, https://oceanoptics.com, 2019.

[43] ASEQ instruments, „ASEQ LR1-T“, www.aseq-instruments.com, 2019.

[44] Rittweger, F., Modrzynski, Ch., Roscher, V., Riemschneider, K.-R., “Verfahren und Anordnung zur Erkennung des Ladezustandes von Lithium-Ionen-Batterien mit optischen Mitteln“, *Dt. Patentanmeldung DE102019005317.6*, 2019.

Kapitel 6
Innovative H_2-Sensorik für Brennstoffzellen-Fahrzeuge

Olaf Kiesewetter[1], Alexander Kraußer[1], Nils Kiesewetter[1], Jürgen Müller[1], Marcus Bose[1], Stefan Schenk[1], Matthias May[1]

Kurzfassung Für den Einsatz in der Abgas- und Umgebungsüberwachung von Brennstoffzellen in Elektrofahrzeugen werden Entwicklungsergebnisse zu einem neuartigen applikationsspezifischen feuchtekompensierten H_2-Sensorsystem vorgestellt. Dieses Sensorsystem basiert auf dem sog. Semicon®-Verfahren, das durch die Kombination eines selektiven Metalloxid-Halbleitergassensors und eines Wärmeleitfähigkeitsdetektors sowie einer zu integrierenden Signalvorverarbeitung diversitäre Redundanz ermöglicht. Damit sind kostengünstige applikationsspezifische und validierbare H_2-Sensorsysteme mit breitem Messbereich sowie hoher Sensitivität, Selektivität, Stabilität und Sicherheit realisierbar, die insbesondere für sicherheitsrelevante Applikationen geeignet sind.

6.1 Einleitung

Wasserstoff ist das erste Element im Periodensystem der Elemente und das häufigste Element im Universum, während in der Erdkruste andere Elemente, wie z. B. Sauerstoff, sowie Eisen, Silizium und Magnesium häufiger sind. Wasserstoff kommt auf der Erde hauptsächlich in Form von Wasser und gebunden in Kohlenwasserstoffen und Mineralien vor. Wasserstoff kann relativ einfach durch Elektrolyse aus Wasser sowie mittels thermischen Verfahren aus Kohlenwasserstoffen hergestellt werden.

Als Energieträger ist Wasserstoff zu nahezu 100% in Wärme oder in Brennstoffzellen mit vergleichsweise hohem Wirkungsgrad in elektrische Energie umwandelbar. Mit einem Energiegehalt von 33,3 KWh/kg ist die gravimetrische Leistungsdichte von Wasserstoff sehr hoch, nachteilig ist seine geringe volumetrische Leistungsdichte. Für die Erreichung sinnvoller Leistungsdichten ist es notwendig, Wasserstoff unter Druck zu speichern.

---

[1] UST Umweltsensortechnik GmbH.

T. Tille (Hrsg.), *Automobil-Sensorik 3*, https://doi.org/10.1007/978-3-662-61260-6_6

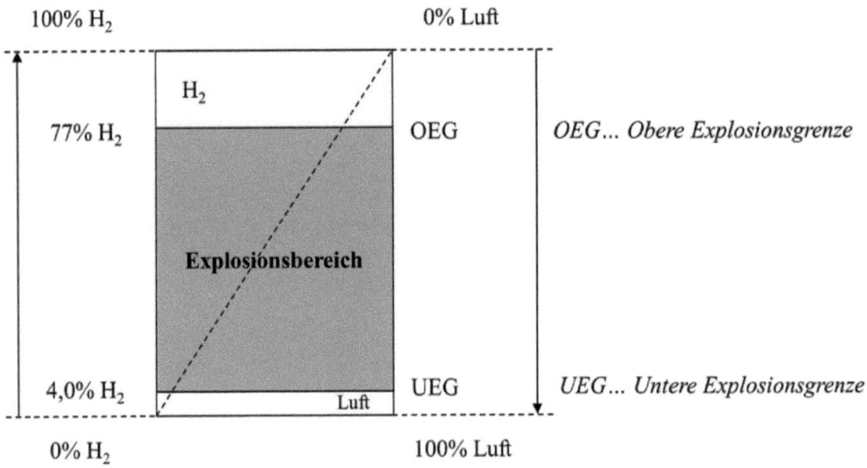

Bild 1: Darstellung des Explosionsbereichs von Wasserstoff.

In aktuellen Anwendungen werden Druckspeicher bis 700 bar angewendet. Wasserstoff bildet mit Luft in einem Bereich von 4,0% (UEG: Untere Explosions-Grenze) bis 77% (OEG: Obere Explosions-Grenze) explosive Gemische (vgl. Bild 1).

Daher ist es notwendig, Speichersysteme einzusetzen, die hinreichend druckfest, gasdicht und gleichzeitig explosionssicher sind. Da technische Systeme versagen können, bringt die Überwachung mit Sensoren einen zusätzlichen Sicherheitsgewinn, wenn diese optimal an die Applikation angepasst sind. Es sind Sensoren notwendig, die z. B. sowohl die Dichtheit der Speichersysteme in deren Einsatzumgebung als auch die Funktionalität von Brennstoffzellen im Betrieb, insbesondere auch durch H_2-Messungen im Abgas überwachen.

Im Folgenden wird eine spezifische Sicherheitssensorik für die Einsatzumgebung und die Abgasüberwachung von Brennstoffzellen beschrieben. Ausgewählte Ergebnisse aus Entwicklungsarbeiten zu neuen bzw. weiterentwickelten H_2-Sensoren werden im Folgenden vorgestellt, verglichen und diskutiert.

6.2 Sensoren zur H_2-Messung

6.2.1 Ausgewählte Sensorfunktionsprinzipien

Zur Qualifizierung und Validierung von Wasserstoffsensorik für automotive Anwendung wurden verschiedene Sensorfunktionsprinzipien zur H_2-Messung, die im Folgenden kurz charakterisiert werden, hinsichtlich deren Eignung untersucht und verglichen (vgl. Tabelle 1).

Tabelle 1: Ausgewählte H_2-Sensor-Funktionsprinzipien im Vergleich.

Funktions-prinzip	**Effekt / Ausprägung**	**Eigenschaften**											
		Selektivität	**Sensitivität ppm**	**Sensitivität Vol.-%**	**Genauigkeit**	**Linearität**	**Ansprechzeit**	**Temperaturstabilität**	**Resistenz gegen Verschmutzung, Vergiftung etc.**	**Energiebedarf**	**Langzeitstabilität**	**Lebensdauer**	**Preis**
Katalytisch	Wärmetönung / Pellistor	–	+	+		++				––	++		
Elektrochemisch	Elektrochemische Zelle	+	++			+	+		+	+++	+	+	
Wärmeleitfähigkeit	Wärmeleitfähigkeit	–	–	+	+++	+++		–	+++		+++	+++	+++
Resistiv	MOX-Gassensor	+++	+++	+	–	––	+++	+	+	––	+	++	+++
Optisch	IR-Spektroskopie, Lumineszenz, Ramanspektroskopie	+++	+++	+	+	+	+	+	–	–	+	+	–––
Akustisch	Schallgeschwindig-keit	–	–	+	+	–	+	–	–	+	++	+	
Mechanisch	Materialausdehnung	+++	–	+	+	–	–	–	+	++	–	–	+
Kombination von Funktionsprinzipien													
Resistiv und Wärmeleitfähigkeit		+++	+++	+++	++	++	+++	++	++	++	++	++	+

Wärmetönungssensoren bzw. Pellistoren nach dem katalytischen Prinzip nutzen die Tatsache, dass brennbare Gase bei der Reaktion mit Sauerstoff durch eine exotherme Reaktion Wärme abgeben, die das thermische Gleichgewicht einer Brückenschaltung in Abhängigkeit von der Gaskonzentration verändern. Das Signaloptimum ist bei stöchiometrischen Gemischen gegeben. Diese Sensoren werden insbesondere durch silikonhaltige Substanzen und Schwefel vergiftet.

Bei elektrochemischen Zellen erzeugen abhängig von der Gaskonzentration zwei Elektroden in einem Elektrolyt bei Gaseinwirkung unterschiedliche Potenziale und einen dadurch messbaren Strom. Das Elektrodenpotenzials E wird durch die Nernst-Gleichung (1) beschrieben.

$$E = E^\circ + \frac{R \cdot T}{z_e \cdot F} \cdot ln \frac{a_{ox}}{a_{Red}} \tag{1}$$

In Gleichung (1) beschreibt E° das Standardelektrodenpotential, R die universelle bzw. molare Gaskonstante ($R = 8{,}31447$ J mol^{-1} K^{-1}) und T die absolute Temperatur in Kelvin. Weiterhin gibt z_e die Anzahl der übertragenen Elektronen (auch Äquivalentzahl) an, F ist die Faraday-Konstante ($F = 96485{,}34$ C mol^{-1}) und a bezeichnet die Aktivität des betreffenden Redox-Partners [1].

Das Funktionsprinzip des Wärmeleitfähigkeitsdetektors (WLD) beruht auf der Auswertung von Temperaturänderungen und Energieflüssen, die aus den unterschiedlichen Wärmeleitfähigkeiten einzelner Gase und deren Konzentrationen resultieren. Für den einfachsten Fall erhält man für den Wärmestrom Φ, der durch den gasgefüllten Raum zwischen zwei planaren Platten fließt den folgenden Zusammenhang:

$$\Phi = -\lambda \cdot \frac{T_2 - T_1}{d} \cdot A \tag{2}$$

In Gleichung (2) beschreibt λ die Wärmeleitfähigkeit, d den Abstand zwischen den Platten, A die Fläche der Platten und T_1, T_2 die jeweilige Temperatur der Platten gemäß [2]. Bei nicht zu kleinen Drücken gilt für die Wärmeleitfähigkeit λ der in Gleichung (3) beschriebene Zusammenhang:

$$\lambda = \frac{1}{6} \Lambda \cdot v \cdot f \cdot k \cdot n \tag{3}$$

Hierbei gibt Λ die mittlere freie Weglänge, v die mittlere Geschwindigkeit der Moleküle, f die Zahl der Freiheitsgrade der jeweiligen Molekülsorte, k die Boltzmann-Konstante und n die Molekülzahldichte an. Die mittlere freie Weglänge Λ von Molekülen wird dabei gemäß Gleichung (4) über den gaskinetischen Moleküldurchmesser D bestimmt.

$$\Lambda = 1/(\pi \sqrt{2} \cdot n \cdot D^2) \tag{4}$$

Die mittlere Geschwindigkeit der Moleküle v kann durch Gleichung (5) mit Hilfe der Temperatur T, der Boltzmann-Konstante k, der Avogadrokonstante N_A und der Molmasse M bestimmt werden [2].

$$v = \sqrt{\frac{8kT}{\pi} \cdot \frac{N_A}{M}} \tag{5}$$

Bei Metalloxid (MOX)-Halbleiter-Gassensoren wird die Ladungsträgerdichte durch die Adsorption von Gasen auf der Oberfläche der gassensitiven Halbleiterschicht verändert. Die Einwirkung reduzierender Gase führt zur Verringerung, die Einwirkung oxidierender Gase zur Erhöhung des elektrischen Widerstands der gassensitiven Halbleiterschicht. Diese Änderung des elektrischen Widerstands bzw. Leitwerts wird ausgewertet. Vereinfacht gilt für die Bestimmung des Leitwertes G nach [3]:

$$G = G_0 \cdot c^r \tag{6}$$

In Gleichung (6) beschreibt G_0 den Grundleitwert, c die Gaskonzentration und r den empirisch ermittelten Exponenten.

Die meisten optischen Sensoren (auf Basis von IR-Spektroskopie, Lumineszenz und Ramanspektroskopie) nutzen die Wechselwirkung der Gase mit elektromagnetischen Wellen. Akustische Prinzipien nutzen die Schallgeschwindigkeit, die in Substanzen von verschiedenen Materialkonstanten abhängt. In H_2 ist die Schallgeschwindigkeit ca. 3,7-fach größer als in Luft.

Die Verknüpfung von WLD und MOX-Gassensor verbindet die Vorteile und kompensiert die Nachteile der beiden Sensorfunktionsprinzipien. Es können so diversitär redundante Systeme realisiert werden. Im Ergebnis dieser Untersuchungen hat sich das Kombinationsverfahren, basierend auf MOX-Halbleitergassensor und Wärmeleitfähigkeitsdetektor als geeignet erwiesen [4].

6.2.2 *H_2-Sensor auf Basis des Semicon®-Prinzips*

6.2.2.1 Funktionsweise

MOX-Halbleitergassensoren sind durch ihre hohe Empfindlichkeit im ppm-Bereich und die sehr hohe Selektivität für Wasserstoff bei Einsatz spezifischer filterbeschichteter gassensitiver Schichten gekennzeichnet. Die Genauigkeit bei der Detektion höherer Gaskonzentrationen ist vergleichsweise gering. Der WLD nutzt die unterschiedlichen Wärmeleitfähigkeiten der Gase und ist damit insbesondere auch für die Detektion höherer Gaskonzentrationen geeignet (vgl. Tabelle 2).

Deshalb werden zur Messung von H_2 in einem breiten Konzentrationsbereich ein selektiver MOX-Halbleitergassensor und ein WLD zu einem diversitär redundantem Sensorsystem kombiniert. Dadurch werden die Vorteile beider Sensorfunktionsprinzipien genutzt und deren Nachteile kompensiert, man spricht vom Semicon®-Prinzip [4].

Tabelle 2: Vergleich der Vor- und Nachteile der H_2-Sensor-Funktionsprinzipien selektiver MOX-Halbleiter-Gassensor und WLD.

H_2-MOX-Halbleiter-Gassensor	Wärmeleitfähigkeitsdetektor (WLD)
+ Hohe Empfindlichkeit + Kurze Ansprechzeit + Breiter Messbereich + Hohe Selektivität − Geringe Genauigkeit − Verschmutzungsempfindlich	+ Hohe Linearität + Hohe Genauigkeit + Hohe Stabilität + Verschmutzungsresistent − Geringe Selektivität − Temperaturempfindlichkeit

6.2.2.2 MOX-Gassensorelemente in Hybridtechnologie

Keramische MOX-Gassensorelemente in Hybridtechnologie sind typischerweise aus einem Al_2O_3-Trägersubstrat mit Platin-Dünnschicht-Mikrostrukturen (Elektroden, Heizer, Kontaktpads) und ein bis drei gassensitiven Metalloxid-Halbleiter-Dickschichten aufgebaut (vgl. Bild 2 und 3) [5].

Diese Sensorchips sind typischerweise sensorbauformabhängig, z. B. mit elektrischen Anschlussdrähten (in der Regel Platin) in spezifischen Gehäusen, z. B. TO39, Surface-mounted device (SMD) oder auch auf Leiterplatten montiert [5].

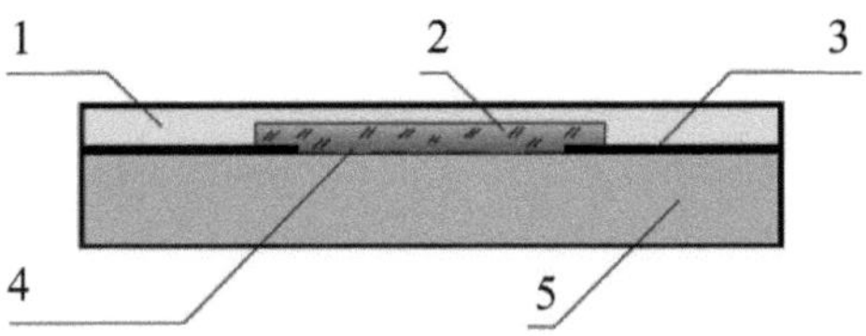

1… gassensitive Schicht
2… Isolationsschicht
3… Platin-Elektroden
4… Platin-Heizer
5… Al_2O_3-Trägersubstrat

Bild 2: Typisches Layout eines keramischen MOX-Gassensorelements in Hybridtechnologie [5].

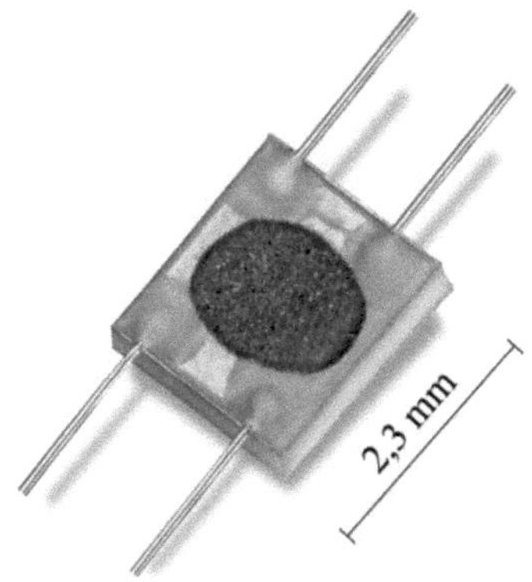

Bild 3: Keramisches MOX-Duo-Gassensorelement mit H_2-selektiver MOX-Schicht.

Halbleiter-Gassensoren als Vertreter der resistiven Sensoren detektieren vergleichsweise geringe Gaskonzentrationen. Die Funktion dieser Sensoren ist insbesondere dadurch gekennzeichnet, dass der an der Oberfläche des Metalloxids angelagerte Sauerstoff durch die Reaktion mit brennbaren Gasen entfernt werden kann. Das führt dazu, dass sich die Ladungsträgerkonzentration in der sensitiven Schicht erhöht, was wiederum eine Erhöhung der Leitfähigkeit der Schicht zur Folge hat, die, wie bereits dargestellt ausgewertet werden kann. Damit diese Reaktion schnell ablaufen kann, werden diese Sensoren typischerweise mit Temperaturen zwischen 350 °C und 400 °C betrieben. Man erhält dadurch kurze Ansprechzeiten im Bereich < 1 s. Bei dem im H_2-Sensorsystem eingesetzten selektiven Halbleiter-Gassensorelement soll die o. g. Reaktion nur bei Einwirkung von H_2 erfolgen. Da das Wasserstoffmolekül sehr klein ist und durch eine Vielzahl von Materialien gut diffundiert, wurde dieser Effekt ausgenutzt, um einen hochselektiven H_2-Sensor zu realisieren. Auf der Metalloxidschicht (Zinndioxid, SnO_2) wird mittels Chemical Vapor Deposition (CVD) eine spezielle Filterschicht mit einigen Nanometern Dicke aufgebracht. Diese Filterschicht lässt nur H_2 zur Reaktion mit dem auf dem Metalloxid angelagerten Sauerstoff zu [6]. Beim H_2-MOX-Duo-Sensorelement sind mehrere Platin-Elektrodenpaare mit unterschiedlichen Längen-Breiten-Verhältnissen für die gassensitiven SnO_2-Schichten auf dem Keramikchip in einem Prozess realisiert. In Bild 4 ist die Kalibrierkurve einer Ausführungsvariante eines H_2-MOX-Duo-Gassensorelements dargestellt. Durch die unterschiedliche Längen- und Breitenverhältnisse der Elektrodenstrukturen ergeben sich unterschiedliche Abhängigkeiten der MOX-Widerstände R_S der gassensitiven Schichten S_1 und S_2 von der H_2-Konzentration. Aus diesen Verhältnissen kann ein Kompensationsfaktor zur Kompensation von Sensordriften ermittelt werden.

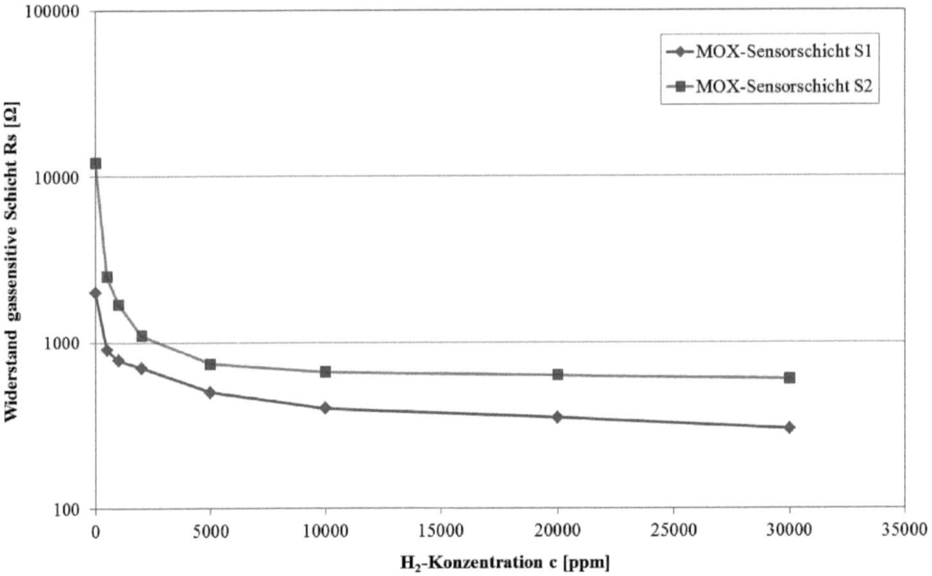

Bild 4: Kalibrierkurve einer Ausführungsvariante eines H_2-MOX-Duo-Gassensorelements.

Wärmeleitfähigkeitsdetektoren gemäß Bild 3 (insbesondere für Gase) benötigen eine Struktur, die es ermöglicht, den Energieübertrag durch ein gasförmiges Medium langzeitstabil zu messen. Zur Realisierung des WLDs wurde das konstruktive Konzept eines im Automobil erfolgreich in Großserie eingesetzten Luftgütesensors genutzt. Der WLD ist ebenfalls in Hybridtechnologie (keramisches Al_2O_3-Trägersubstrat mit Platin-Dünnschicht-Mikrostrukturen für Heizer-/Widerstandsmäander und Kontaktpads, abgedeckt mit Schicht aus Spezialglas) realisierbar. Dieser wird mittels Platin-Heizer auf Temperaturen bis 300 °C geheizt und durch das umgebende Messgas abgekühlt (vgl. Bild 5 und 6).

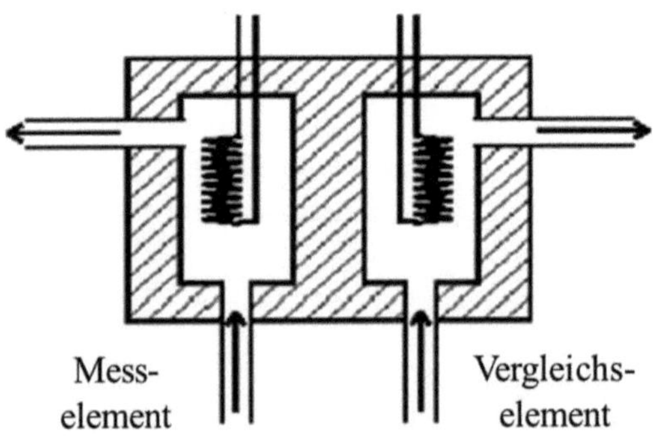

Bild 5: Schematische Darstellung eines Wärmeleitfähigkeitsdetektors (WLD).

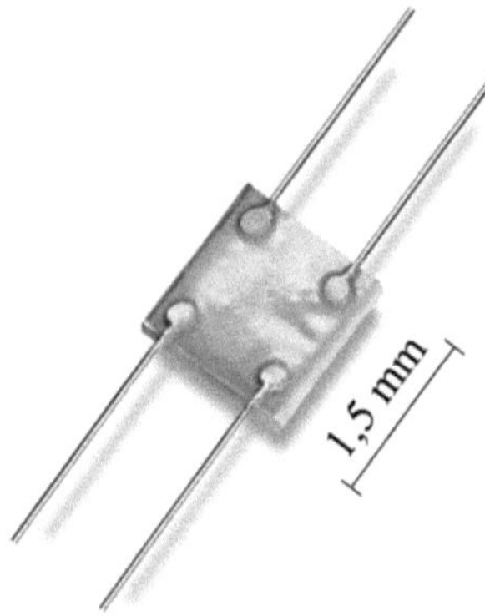

Bild 6: Keramisches WLD-Gassensorelement.

Diese Abkühlung ist von der Wärmeleitfähigkeit des umgebenden Gases bzw. Gasgemisches abhängig. Beispiele für Wärmeleitfähigkeiten von Wasserstoff und weiteren Gasen sind in Tabelle 3 dargestellt.

Über ein geeignetes Modell wird bei konstanter Übertemperatur die Leistungsaufnahme des Chips bezogen auf einen Referenztemperatursensor gemessen und somit die Wärmeleitfähigkeit des Gases bestimmt. Für binäre Gasgemische sind eindeutige Messungen möglich. Die erreichbare Genauigkeit für den realisierten Aufbau ermöglicht Auflösungen um ±500 ppm. Die Langzeitstabilität dieses Aufbaus ist deutlich von der Stabilität der Platin-Strukturen auf dem Chip abhängig. Da bei den vorliegenden Temperaturen (Platin-Heizer ca. 300 °C, Umgebung ca. 150 °C) nur Driften der Sensoren im mΩ-Bereich üblich sind, kann man so sehr stabile Sensoren realisieren. Bild 7 zeigt die Kalibrierkurve des WLDs bis 3 Vol.-%. Die typische Abhängigkeit des digital vorverarbeiteten WLD-Signals von der H_2-Konzentration ist hier dargestellt.

Tabelle 3: Wärmeleitfähigkeiten ausgewählter Gase (Temperatur 300 °C) [7].

Stoff	Wärmeleitfähigkeit λ [m·K]
Wasserstoff	0,186
Luft	0,0262
Sauerstoff	0,0263
Stickstoff	0,0260
Wasserdampf	0,0248
Kohlenstoffdioxid	0,0168

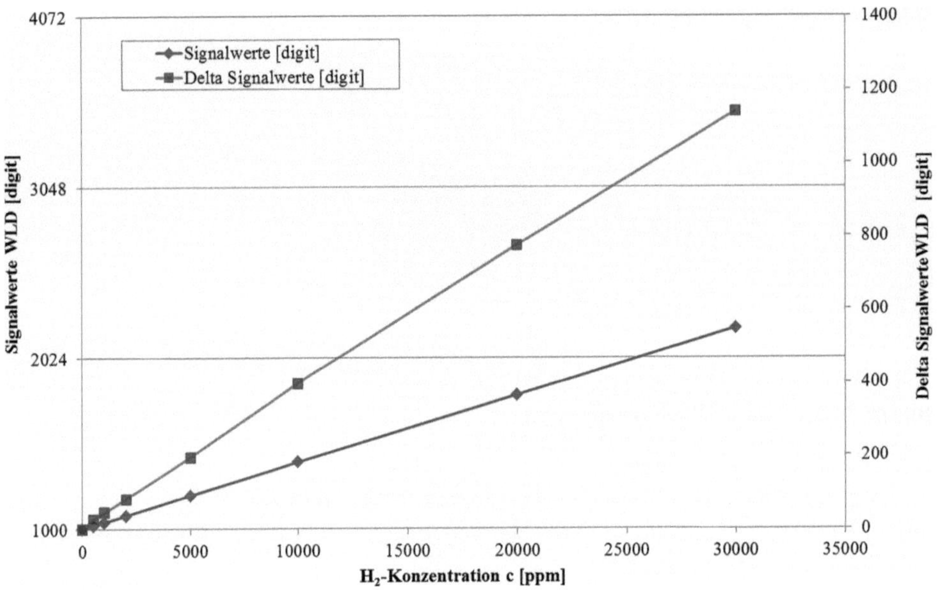

Bild 7: Kalibrierkurve eines WLD-Gassensorelements.

6.3 Sensorsystem

6.3.1 Anforderungen

Es wird im Folgenden ein applikationsspezifisches H_2-Sensorsystem für den Einsatz in der Abgas- und Umgebungsüberwachung von Brennstoffzellen in Elektrofahrzeugen vorgestellt. Das Sensorsystem basiert auf dem Semicon®-Verfahren, das durch die Kombination eines selektiven MOX-Multielektroden-Halbleitergassensors und eines WLD diversitäre Redundanz ermöglicht [4]. In Zusammenhang mit einer integrierten Signalvorverarbeitung werden H_2-Sensorsysteme mit vergleichsweise breitem Messbereich sowie hoher Sensitivität, Selektivität, Stabilität und Sicherheit möglich. Tabelle 4 zeigt wesentliche technische Zielparameter der H_2-Sensorsysteme für Abgas- und Umgebungsanwendung, die im Ergebnis der laufenden Entwicklungsarbeiten zu erreichen sind.

Die Anforderung der kurzen Zeit bis zur Betriebsbereitschaft resultiert aus dem alternierenden Betrieb dieser Sensorik. Die Sensoren sind im ausgeschalteten Zustand spannungslos und müssen innerhalb von max. 3 s zu 100% betriebsbereit sein. Das in Bild 8 dargestellte Einschaltregime ermöglicht die Umsetzung.

Nach dem Einschalten des Sensors erfolgt ein schnelles Aufheizen des WLDs auf 150 °C Betriebstemperatur. Der WLD ist nach deutlich weniger als 3 s betriebsbereit. Parallel dazu wird der H_2-MOX-Duo-Gassensor auf 420 °C aufgeheizt. Das Ausgangssignal des H_2-Sensorsystems wird durch die integrierte Signalverarbeitung zeitabhängig zunächst aus dem WLD-Signal und ab Sekunde 13 aus den Ausgangssignalen von WLD und H_2-MOX-Duo-Gassensor zeit- und konzentrationsabhängig erzeugt. Es erfolgt ein gleitender Übergang in den normalen Betriebsmodus, der nach 30 s erreicht wird. In Bild 9 ist das Ausgangssignal des WLD unmittelbar nach dem Einschalten bei Beaufschlagung mit drei verschiedenen H_2-Konzentrationen dargestellt. Im dynamischen Aufheizprozess vor Erreichen des statischen Gleichgewichts des Sensorsystems wird über die differentielle Auswertung der in digitale Signale transformierten Widerstände über ein Kennlinienfeld die H_2-Konzentration ermittelt. Um eine für die Applikation hinreichende Genauigkeit zu erreichen, werden 13 Stützpunkte verwendet.

Tabelle 4: Technische Zielparameter für die H_2-Sensorsysteme (für Umgebungs- und Abgasmessung).

Eigenschaft	**H_2-Sensor (Umgebungsmessung)**	**H_2-Sensor (Abgasmessung)**
Messbereich H_2-Konzentration c	1 ppm $\leq c \leq$ 10 Vol.-%	1 ppm $\leq c \leq$ 10 Vol.-%
Genauigkeit	± 30% vom Messwert (≤ 1% H_2) ± 10% vom Messwert (> 1% H_2)	
Zeit nach Einschalten bis zum Erreichen 100%-Messgenauigkeit	≤ 3 s	
Betriebsstunden	Min. 8.000 h	Min. 6.000 h
Lebensdauer	Min. 15 Jahre	Min. 10 Jahre
Ein-/Ausschaltzyklen	Min. 45.000	Min. 30.000
Kilometerleistung	≥ 300.000 km	≥ 300.000 km
Beständigkeiten	CO, C_6H_6, C_7H_8, NH_3, NO, NO_2, O_3, SO_2, Ammoniumsulfate/-nitrate, Hexamethyldisiloxan (HMDS), etc.	
Betriebsbereitschaft nach Vereisung	≤ 5 s	
Einsatztemperaturbereich T	−40 °C $\leq T \leq$ +85 °C / +125 °C	
Taupunkt ϑ	≤ 40 °C	80 °C $\leq \vartheta \leq$ 95 °C
Betriebsspannung U_b	12 V DC $\leq U_b \leq$ 16 V DC	

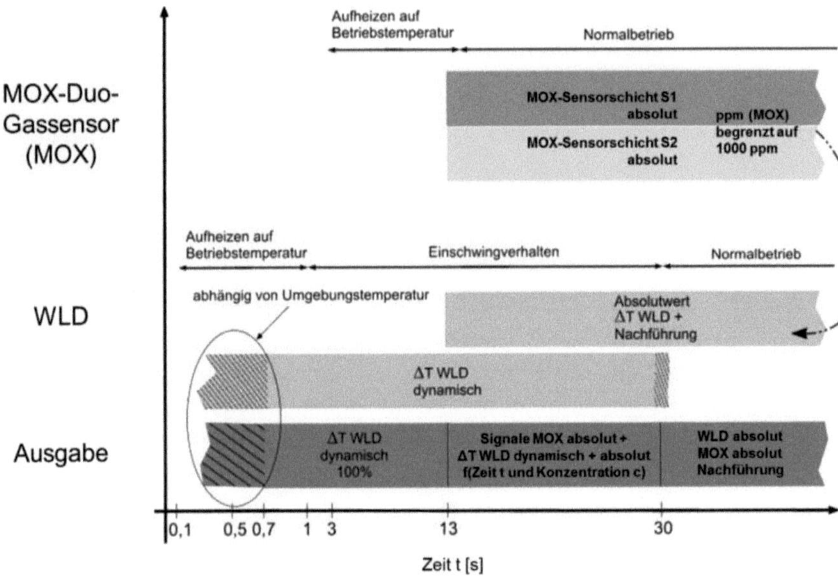

Bild 8: H_2-Semicon®-Sensorsystem – Einschaltregime und Signalverarbeitung von WLD und MOX-Duo-Gassensor bis zum Normalbetrieb.

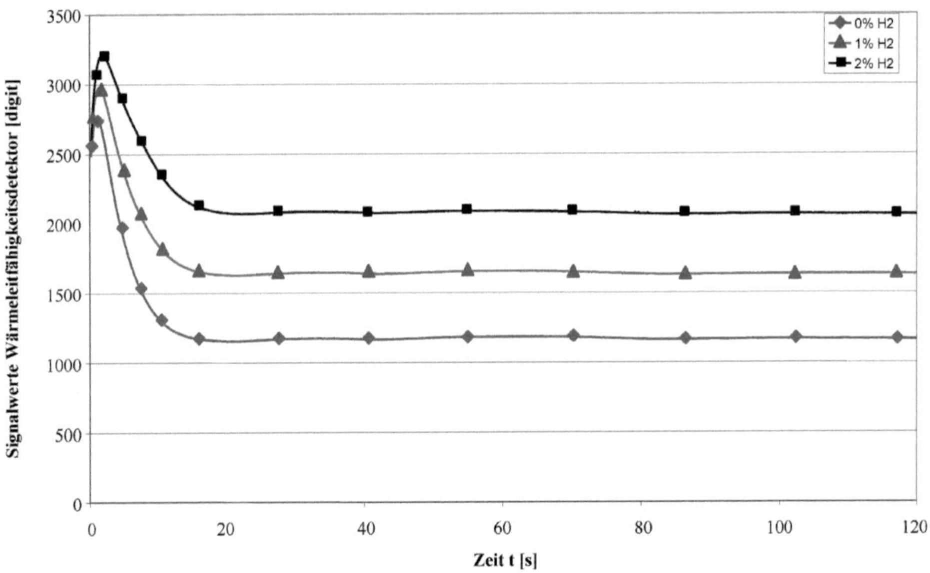

Bild 9: Signal eines Wärmeleitdetektors unmittelbar nach dem Einschalten bei drei verschiedenen H_2-Konzentrationen (0%, 1%, 2%).

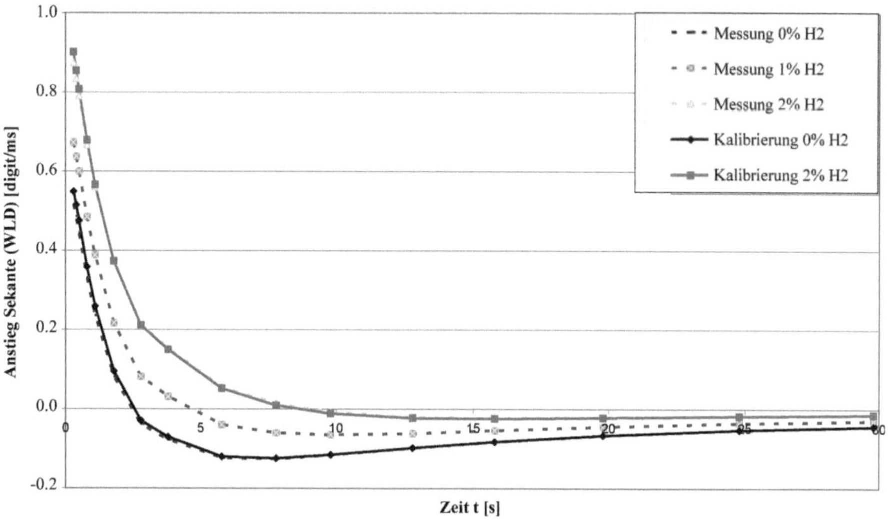

Bild 10: Berechnete Sekanten eines Wärmeleitfähigkeitsdetektors nach dem Einschalten bei Wasserstoffkonzentrationen von 0%, 1% und 2%.

Es erfolgt die Berechnung des Anstieges der Sekante zwischen dem aktuellen Messpunkt und dem minimalen Messpunkt beim Einschalten. Die Auswertung erfolgt über 13 Stützstellen vom minimalen Messpunkt beim Einschalten bis zu Sekunde 30. Bild 10 zeigt exemplarisch die Korrelation zwischen den Kalibriermessungen und folgenden Kontrollmessungen.

Für den Einsatz in der Abgasüberwachung von Brennstoffzellen in Fahrzeugen sind weitere besondere Eigenschaften der Sensorsysteme gegenüber vorhandenen H_2-Sensoren zu entwickeln und umzusetzen. Dazu gehören neben der bereits beschriebenen diversitären Redundanz durch die Kombination von zwei unterschiedlichen H_2-Messprinizien im Sensorsystem, integrierte Funktionen zur Selbstdiagnose und Fehlererkennung sowie dessen perspektivische Zertifizierbarkeit für den Einsatz in sicherheitskritischen Systemen bis Safety Integrity Level 2 (SIL 2) [9]. Weitere Anforderungen sind z. B. die Vereisungsresistenz, d. h. die Funktionsfähigkeit des Sensorsystems nach Auftauen bzw. Enteisung und die Resistenz des Sensorsystems gegenüber deionisiertem Wasser als Kondensat der Brennstoffzelle.

Insbesondere für automotive Applikationen erfordern z. T. erheblich variierende Einsatz-, Betriebs- und Umgebungsbedingungen (z. B. Temperatur, Feuchtigkeit, Vibrationen, Erschütterungen, chemische Belastungen) hohe Level von Funktionalität und Funktionssicherheit, geringe Quereinflüsse, hohe Langzeitstabilität und höchste Zuverlässigkeit.

Weitere Anforderungen sind die perspektivische Großserieneignung des Sensorkonzepts, dessen Skalierbarkeit an individuelle Kundenanforderungen und Validierbarkeit für Automotiv-Applikationen sowie die Einhaltung der Zielkosten.

6.3.2 *Aufbau*

Bild 11 zeigt das Blockschaltbild des untersuchten H_2-Sensorsystems. Die aktuell noch autarke Sensorelektronik realisiert die Sensorsteuerungen, die Sensorsignalverarbeitung, die Kommunikation, die Betriebsspannungsaufbereitung für die Stromversorgung sowie bedarfsweise eine Überwachung für die Funktionen des H_2-Sensorsystems. Im Sensorkopf sind jeweils ein H_2-MOX-Duo-Gassensorelement, ein WLD-Element sowie zwei Platin-Dünnschicht-Temperatursensorelemente als Referenzelemente integriert (vgl. Bild 12). Bild 13 zeigt den Aufbau des realisierten H_2-Sensorsystems für die Abgasüberwachung mit einem kombinierten MOX-WLD-Gassensorelement sowie die integrierte Sensorelektronik zur Steuerung, Signalverarbeitung und Kommunikation.

Das H_2-Sensorsystem für die Abgasüberwachung benötigt einen separaten MOX-Gassensor für die Realisierung der Enteisung innerhalb von 5 s (vgl. Bild 12).

Als Gassensorelemente im H_2-Sensorsystem kommen ein MOX-Duo-Gassensorelement entsprechend Bild 3 und ein WLD-Gassensorelement entsprechend Bild 6 zum Einsatz. Der H_2-Sensor zur Umgebungsüberwachung kann vereinfacht ausgeführt werden, in dem das MOX-Gassensor- und das WLD-Element auf einem Chip realisiert werden (vgl. Bild 13).

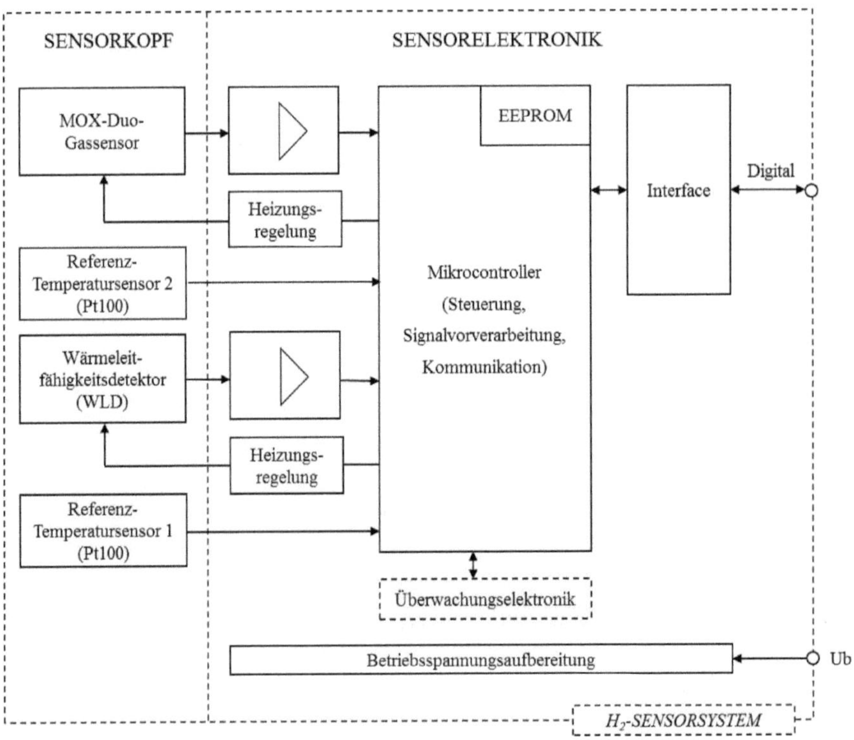

Bild 11: Blockschaltbild des H_2-Sensorsystems für die Abgasüberwachung einer Brennstoffzelle.

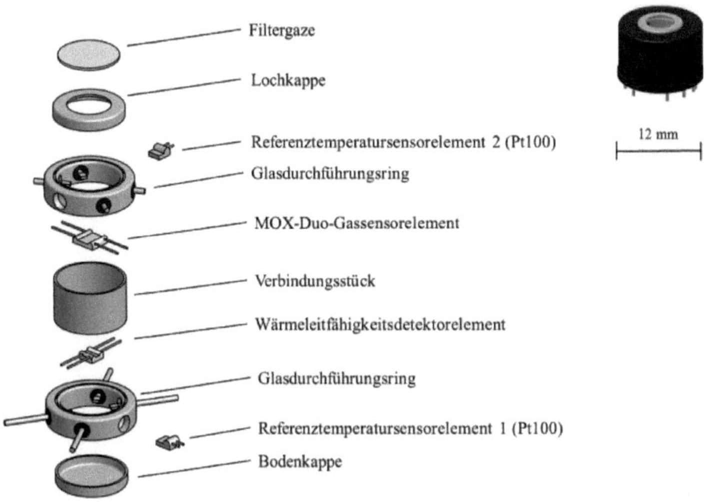

Bild 12: Explosionsdarstellung (links) und Zusammenbau (rechts) des Sensorkopfes eines H_2-Sensorsystems für die Abgasüberwachung.

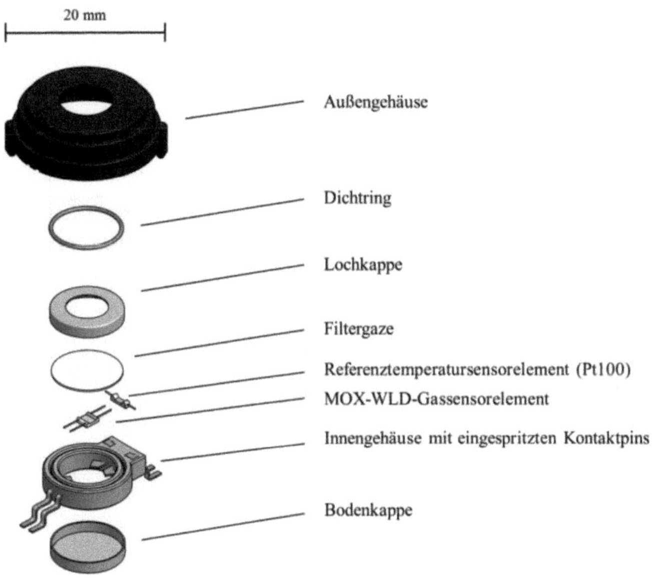

Bild 13: Explosionsdarstellung des Sensorkopfes eines H_2-Sensorsystems für die Umgebungsüberwachung.

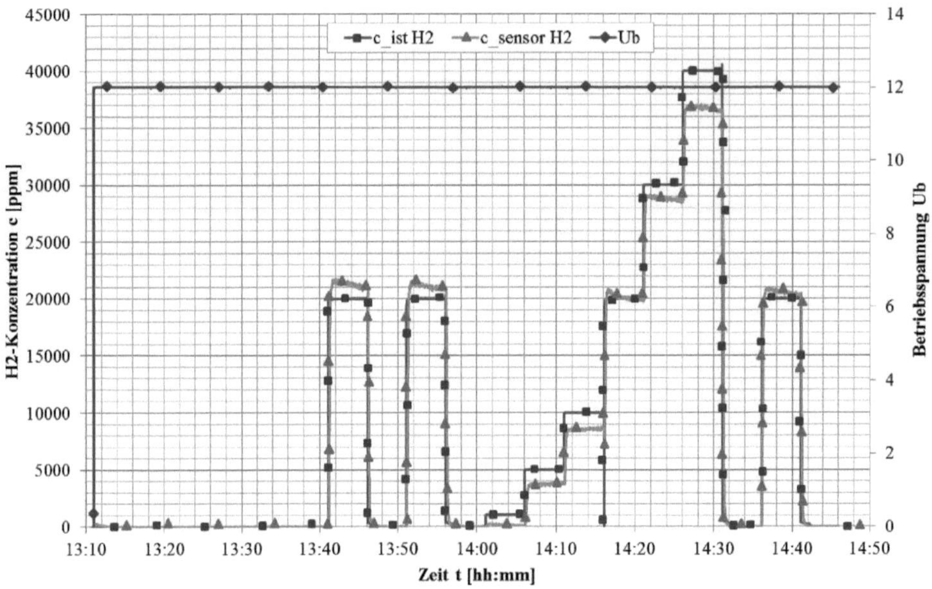

Bild 14: Überwachungsmessung eines H_2-Semicon®-Sensorsystems nach einigen Einsatz-Monaten in der Applikation.

6.3.3 Messergebnisse

Bild 14 zeigt die Ergebnisse einer Überwachungsmessung eines H_2-Sensorsystems nach einigen Einsatz-Monaten in der Applikation. Dazu wurde das H_2-Sensorsystem in der Labortestumgebung mit verschiedenen H_2-Konzentrationen *c_ist* beaufschlagt. Die vom Sensor ausgegebene H_2-Konzentration *c_sensor* ist im Diagramm dargestellt. Die Abweichungen zwischen *c_ist* und *c_sensor* liegen innerhalb der Spezifikation.

Der Einfluss der Gasströmung auf die Signale der im H_2-Sensorsystem integrierten Gassensoren ist in Bild 15 und Bild 16 dargestellt. Bei beiden integrierten Sensoren (H_2-MOX-Duo-Gassensor und WLD) sind lediglich geringe Strömungseinflüsse erkennbar.

Mit zwei verschiedenen applikationsspezifischen H_2-Sensormodulen für die Umgebungs- und Abgasmessung wurden im Labor Langzeittests mit spezifischen Testprofilen durchgeführt. Hierbei wurden Beaufschlagungen mit H_2 in Konzentrationsstufen von 0 bis 10 Vol.-% durchgeführt.

Im alternierenden Betrieb zeigt sich, dass der MOX-Gassensor Abweichungen im Grundwiderstand aufweist. Diese können durch die integrierte Signalverarbeitung kompensiert werden (vgl. Bild 17). Die Langzeitmessung zeigt nur geringe Abweichungen für H_2-Konzentrationen von 1 Vol.-%.

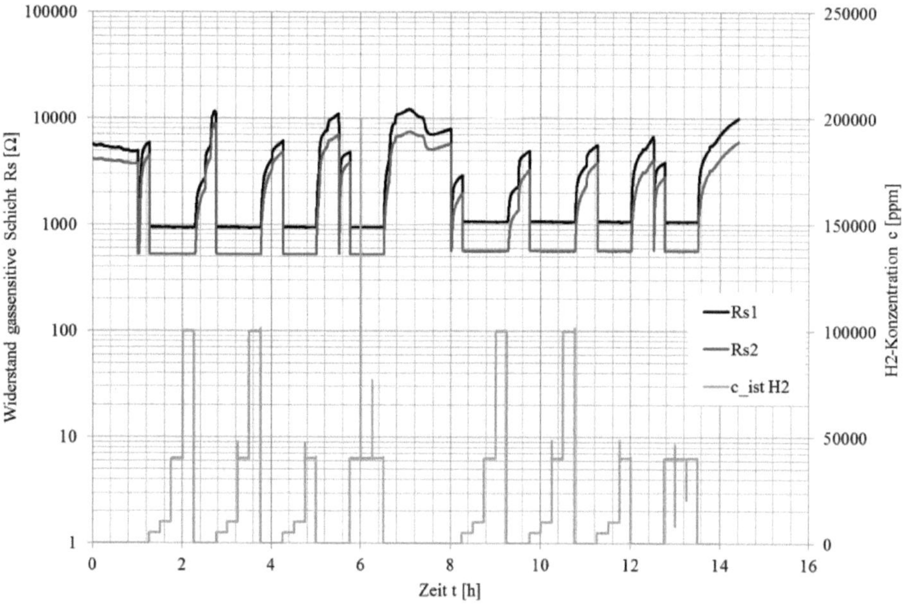

Bild 15: Labormessung der Strömungsabhängigkeit des MOX-Duo-Gassensors im H_2-Sensorsystem.

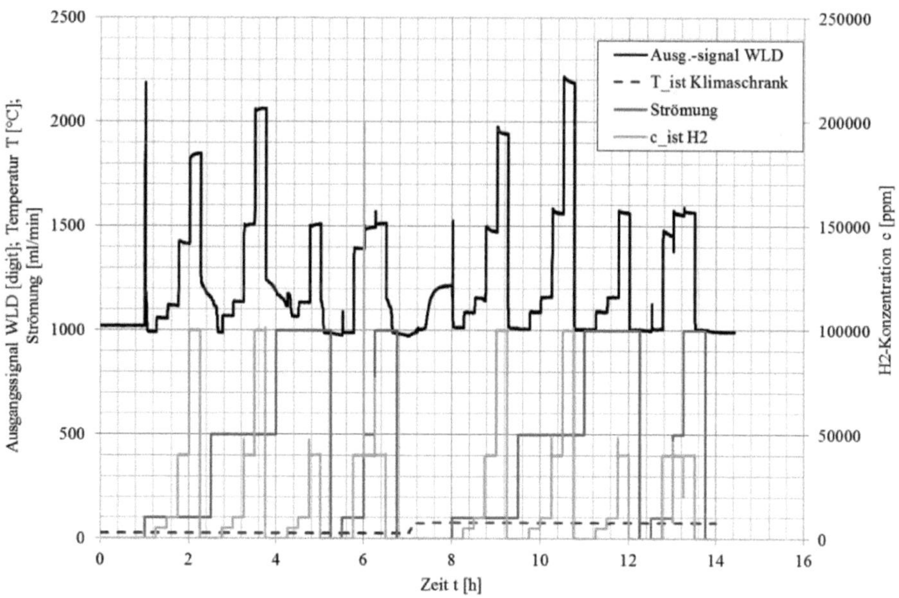

Bild 16: Labormessung der Strömungsabhängigkeit des WLDs im H_2-Sensorsystem.

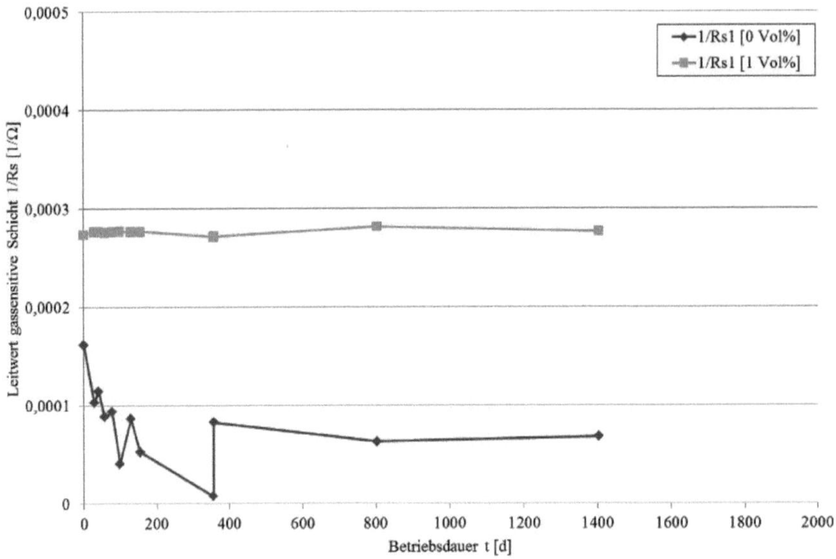

Bild 17: Langzeittestergebnisse eines H_2-Sensorsystems, Sensormodul für Umgebungsmessung, Leitwerte $1/R_{S1}$ der MOX-Sensorschicht S_1 als $f(t)$ über 1.400 Tage.

Bild 18 zeigt die Konzentrationsmesswerte des WLD bei H_2-Beaufschlagung mit 0 Vol.-%, 1 Vol.-% und 2 Vol.-% (normiert) als $f(t)$ über einen Zeitraum von 1.400 Tagen. Die Abweichungen der Messwerte bei allen drei beaufschlagten H_2-Konzentrationen liegen innerhalb der Spezifikation.

Die Leitwerte der MOX-Sensorschicht S_1 des Sensormoduls für die Abgasmessungen als $f(t)$ zeigt Bild 19. Die Messwerte sind bei unterschiedlichen Konzentrationen weitgehend konstant. Die Abweichungen liegen ebenfalls innerhalb der Spezifikation (vgl. Bild 19).

Die Abweichungen der Messwerte des WLDs des Sensormoduls für die Abgasmessung sind bei allen getesteten H_2-Konzentrationen ebenfalls innerhalb der Spezifikation (vgl. Bild 20).

Bild 21 zeigt beispielhaft für das Sensormodul für die Abgasmessung die Konzentrationsmesswerte innerhalb der Fehlergrenzen.

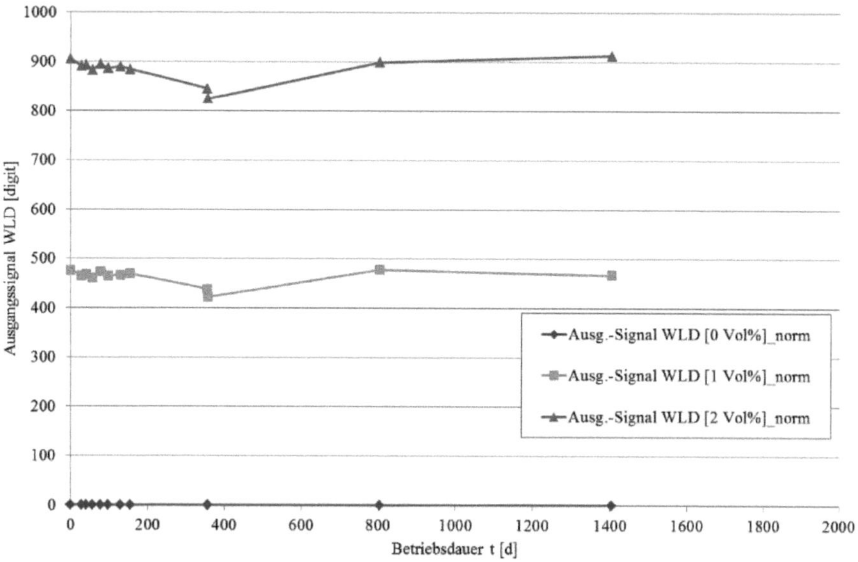

Bild 18: Langzeittestergebnisse eines H_2-Sensorsystems, Sensormodul für Umgebungsmessung, Konzentrationsmesswerte des WLDs bei H_2-Beaufschlagung mit 0 Vol.-%, 1 Vol.-%, 2 Vol.-% (normiert) als $f(t)$ über 1.400 Tage.

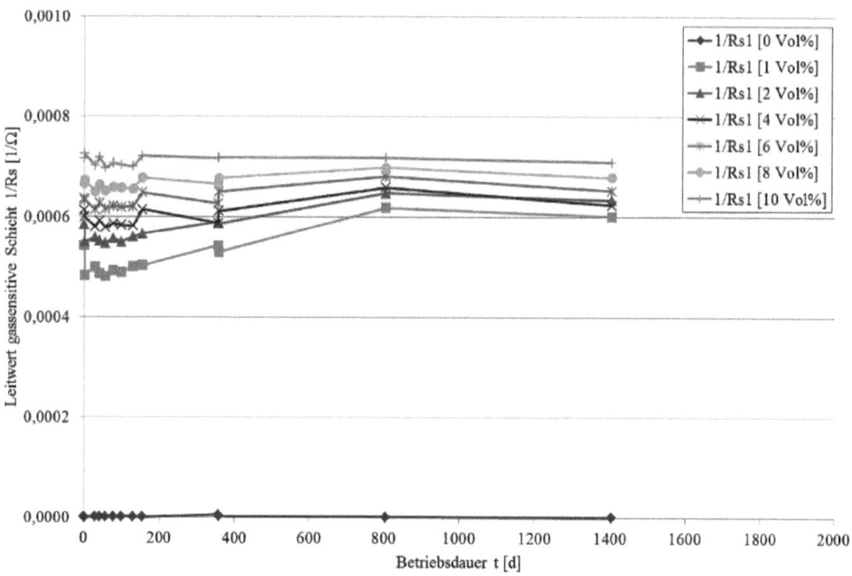

Bild 19: Langzeittestergebnisse eines H_2-Sensorsystems, Sensormodul für Abgasmessung, Leitwerte $1/R_{S1}$ der MOX-Sensorschicht S_1 als $f(t)$ über 1.400 Tage.

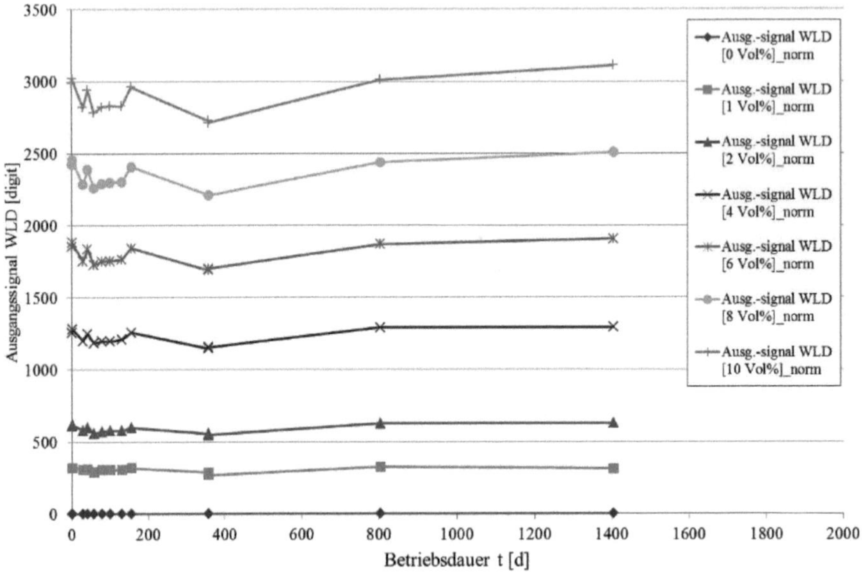

Bild 20: Langzeittestergebnisse eines H_2-Sensorsystems, Sensormodul für Abgasmessung, Konzentrationsmesswerte des WLDs bei H_2-Beaufschlagung mit 0 Vol.-%, 1 Vol.-%, 2 Vol.-% (normiert) als $f(t)$ über 1.400 Tage.

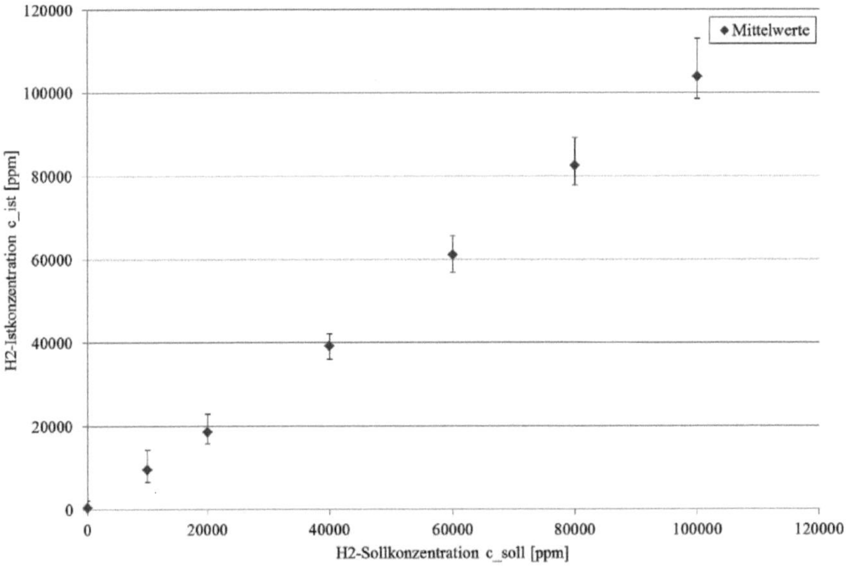

Bild 21: Langzeittestergebnisse eines H_2-Sensorsystems, Sensormodul für Abgasmessung, Konzentrationsmesswerte innerhalb der Fehlergrenzen.

6.4 Zusammenfassung

Es wurde ein H_2-Sensorsystem vorgestellt, dass auf der Kombination eines selektiven Metalloxid-Halbleitergassensors und eines Wärmeleitfähigkeitsdetektors basiert. Zur Verifikation der Funktionalität und der Eigenschaften im Langzeitbetrieb wurden die realisierten H_2-Sensorsysteme während des Langzeittests in verschiedenen Intervallen gemessen. Die Sensormesswerte zeigten im Testzeitraum nur minimale Abweichungen, die innerhalb der Spezifikation lagen. Sensorelementeseitig werden technische Zielparameter, wie z. B. Messbereich und -genauigkeit für die H_2-Konzentration, Zeit nach Einschalten bis zum Erreichen von 100%-Messgenauigkeit, Einsatztemperaturbereich und Taupunkt sicher erreicht. Parameter wie z. B. Betriebsstunden, Lebensdauer, Ein-/Ausschaltzyklen, Kilometerleistung sind im Rahmen nachfolgender Zuverlässigkeitstests für die zu entwickelnden serientauglichen Sensorsysteme zu ermitteln und nachzuweisen.

Die dargestellten Ergebnisse zeigen, dass das ausgewählte Messverfahren, das realisierte Sensorsystem und dessen entwickelte und getestete Komponenten in Zusammenhang mit einem geeigneten Sensorkopfdesign und einer integrierten Elektronik für Sensorsteuerung und Signalverarbeitung eine realistische Ausgangsbasis für die erfolgreiche Prototypen- und folgende Serienentwicklung kunden- bzw. applikationsspezifischer H_2-Sensoren für automotive Brennstoffzellenanwendungen sind.

Derzeit werden die H_2-Sensorsysteme weiterentwickelt, in dem die Sensorelemente, der die Genauigkeit und Langzeitstabilität prägende Analog-Teil, sowie die erste Stufe des Digital-Teils der Elektronik in einer Baugruppe integriert werden. Dadurch wird eine automatisierte Temperatur- und Gaskalibrierung der Sensorsysteme als Basis für deren Überführung in die Großserienfertigung ermöglicht.

Literatur

[1] CHEMIE.DE, https://www.chemie.de/lexikon/Nernst-Gleichung.html, Zugriff: 09.01.2020.

[2] Friedrich-Schiller-Universität Jena, Physikalisches Grundpraktikum, 201 – Wärmeleitfähigkeit von Gasen, 03/17, S. 1–2, https://www.physik.uni-jena.de/pafmedia/Praktika/Physikalisches+Grundpraktikum/Versuche_Anleitungen/V_201-p-9134.pdf, Zugriff: 09.01.2020.

[3] Wikipedia.de, https://de.wikipedia.org/wiki/Gassensor#Metalloxid-Halbleitergas-sensoren_%28MOX%29, Zugriff: 09.01.2020.

[4] Ewert, A., Kiesewetter, O., Kittelmann, S., Melchert, V., „Verfahren zur Erfassung brennbarer Gase, insbesondere zur Erfassung von Wasserstoff / Method for detecting combustible gases, in particular hydrogen", European Patent, No. EP000001621882B1, 02.06.2005.

[5] Kiesewetter, O., Kohl, C.-D., Melchert, V., Bauersfeld, D., May, M., „Innovative Plattform für keramische Sensoren als Basis für automotive Applikationen“, In: Tille, T., et al, *Sensoren im Automobil IV*, S. 236–259, Haus der Technik Fachbuch Band 119, ISBN 978-3-8169-3066-2 , Expert-Verlag, 2011.

[6] Hellmann, J., Petig, H., Kohl, C.-D., Kelleter, J., Kiesewetter, O., „Gerät zur Detektierung und Messung von oxidierenden Gasen“, Deutsches Patent, No. DE4321737B4, 13.05.2004.

[7] Lide, D. R. (Hrsg.): „CRC Handbook of Chemistry and Physics“, 90. Auflage, (Internet-Version: 2010), CRC Press/Taylor and Francis, Boca Raton, FL, Fluid Properties, S. 6–184.

[8] Wiegleb, G., „3.1 Wärmeleitfähigkeitssensoren (WLS)“, In: Wiegleb, G, *Gasmesstechnik in Theorie und Praxis*, S. 124–157, ISBN 978-3-658-10686-7, Springer-Vieweg, Springer Fachmedien Wiesbaden, 2016.

[9] DIN EN 61508:2011-02, „Funktionale Sicherheit sicherheitsbezogener elektrischer/elektronischer/programmierbarer elektronischer Systeme“, Teil 1-7, DIN Deutsches Institut für Normung e.V., Beuth Verlag GmbH, 2011.

Kapitel 7
Hochfrequenzsensorik zur direkten Beladungserkennung von Benzinpartikelfiltern

Stefanie Walter[1], Peter Schwanzer[2], Gunter Hagen[1], Gerhard Haft[3], Markus Dietrich[3], Hans-Peter Rabl[2], Ralf Moos[1]

Kurzfassung In Folge der Verschärfung der gesetzlichen Abgasnormen wurden für direkt-einspritzende Benzinmotoren Partikelfilter notwendig. Zur Beladungsüberwachung können aufgrund stark unterschiedlicher Rahmenbedingungen die aus Dieselmotoren bekannten Systeme, wie dem Differenzdrucksensor, nur eingeschränkt übernommen werden. Ein hochfrequenzbasiertes Verfahren koppelt mittels Antennen elektromagnetische Wellen in das Filtergehäuse ein, deren Ausbreitungsverhalten durch die dielektrischen Eigenschaften des eingelagerten Rußes beeinflusst wird. Hierdurch kann bei Auswertung von Transmissionsdämpfung oder Resonanzfrequenzen die Rußbeladung direkt detektiert werden.

7.1 Einleitung

In den letzten Jahren blieben Benzinmotoren im öffentlichen Diskurs bezüglich automobilem Schadstoffausstoß häufig unberücksichtigt. Aktuelle Untersuchungen zeigen allerdings, dass diese ebenfalls eine große Anzahl gesundheitsschädlicher Partikel ausstoßen [1]. Insbesondere der Einsatz von Direkteinspritzungssystemen, die im Vergleich zur Saugrohreinspritzung zu einem geringeren Kraftstoffverbrauch beitragen, führt aufgrund der inhomogenen Mischung von Kraftstoff und Ansaugluft im Brennraum zu einer Erhöhung des Rußpartikelausstoßes. Konnten aufgrund der im Vergleich zu Dieselruß geringeren Partikelgröße Abgasnormen, die lediglich die Partikelmasse begrenzen, ausschließlich durch innermotorische Maßnahmen erfüllt werden, ist dies durch Begrenzung der Partikelanzahl sowie Messung dieser im realen Fahrbetrieb im Rahmen der Euro-6-Normen bei einem Großteil der Fahrzeuge nicht mehr ausreichend [2]. Eine Erfüllung dieser

[1] Universität Bayreuth, Bayreuth Engine Research Center (BERC).
[2] Ostbayerische Technische Hochschule Regensburg.
[3] Vitesco Technologies GmbH.

T. Tille (Hrsg.), *Automobil-Sensorik 3*, https://doi.org/10.1007/978-3-662-61260-6_7

Grenzwerte ist allerdings durch die nachträgliche Filtration des Motorrohabgases mittels Benzinpartikelfiltern (engl.: gasoline particulate filter, GPF) möglich [3, 4].

Zur Regelung und Gewährleistung eines störungsfreien Betriebs müssen diese wie Dieselpartikelfilter (DPF) hinsichtlich der Rußbeladung überwacht werden. Dies erfolgt bei DPFs entsprechend dem Stand der Technik mittels einer Messung des Differenzdrucks Δp, der über dem Filter abfällt, und einem hierauf basierenden Beladungsmodell [5]. Dieses System kann auch bei Benzinpartikelfiltern eingesetzt werden, allerdings zeigt sich wie in Abschnitt 7.2.1 näher beschrieben, dass aufgrund der unterschiedlichen Eigenschaften des Motorabgases sowie des Filtersystems selbst eine fehlerfreie und genaue Bestimmung der vorliegenden Rußmasse nicht zu jedem Zeitpunkt gegeben ist.

Bei Dieselmotoren konnte mit der Hochfrequenzsensorik eine Alternative zur herkömmlichen Beladungserkennung entwickelt werden [6–8]. Mit dem Hochfrequenz-Sensor (HF-Sensor) lässt sich dabei die Menge des eingelagerten Rußes direkt über die dadurch veränderten dielektrischen Eigenschaften des Filters ermitteln. Im Gegensatz zur Differenzdruckmessung ist somit keine Berücksichtigung der Strömungsverhältnisse im gesamten Abgassystem notwendig. Allerdings kann das von DPFs erworbene Wissen nicht eins zu eins übernommen werden. Diese Arbeit zeigt die grundsätzliche Eignung des HF-Sensors für einen Einsatz bei Fahrzeugen mit Benzinmotor auf und betrachtet zusätzlich mögliche Einflussfaktoren auf das Messsignal. So unterscheiden sich Benzinpartikel nicht nur in ihrer Größe von Dieselpartikeln, sondern auch in ihrer Nanostruktur, wodurch auch die dielektrischen Eigenschaften beeinflusst werden könnten [9]. Zusätzlich zeigen für den HF-Sensor möglicherweise relevante Eigenschaften des Benzinrußes eine Abhängigkeit vom verwendeten Kraftstoff und Motorbetriebspunkt während der Rußbildung [10].

7.2 Grundlagen der Rußmassenüberwachung

7.2.1 Problematik beim Einsatz von Differenzdrucksensoren

Die seit Jahren im realen Betrieb bei Dieselpartikelfiltern erprobte Differenzdruckmessung zeigt im Einsatz für GPF-Anwendungen eine schlechtere Genauigkeit hinsichtlich der Rußbeladungsdetektion. Dies begründet sich in den stark unterschiedliche Betriebsbedingungen, die bei Fahrzeugen mit Benzinmotoren gegenüber Dieselmotoren vorherrschen. Aufgrund dessen sind für Benzinpartikelfilter Anpassungen hinsichtlich der porösen Filterwände sowie deren Geometrie notwendig [11, 12]. Gleichzeitig ist die erzeugte Rußmasse infolge der kleineren Partikelgröße bei Benzinmotoren geringer. Eine genaue Detektion der hieraus resultierenden niedrigeren Beladungsgrade ist für eine Überwachung des Filtersystems, z. B. hinsichtlich der Filtrationseffizienz, dennoch notwendig. Dies hat zur Folge, dass im Vergleich zu Dieselfahrzeugen ein deutlich geringerer Druckabfall relativ zu dem Grundströmungswiderstand des leeren Filters gemessen werden muss [12].

Neben dem direkten Einfluss der Rußmenge auf das Gegendrucksignal beeinflussen auch andere Rußeigenschaften die Sensorgenauigkeit. Zum Beispiel weist Benzinruß eine höhere Reaktivität bei einem Abbrand mit Sauerstoff auf [13]. In Kombination mit höheren Abgastemperaturen kann dies zu passiven, also nicht durch die Motorsteuerung eingeleiteten Regenerationen führen [12, 14]. Diese treten aufgrund des normalerweise bei Benzinmotoren vorliegendem Verbrennungsluftverhältnis von λ=1 erst bei Unterbrechung der Kraftstoffzufuhr (z. B. bei Schubabschaltung) auf. Je nach Dauer der Kraftstoffunterbrechung tritt zudem keine vollständige Regeneration des vorhandenen Rußes auf. Weiterhin können durch transienten Fahrbetrieb hohe Temperaturunterschiede im Filter vorliegen. Aufgrund der Temperaturabhängigkeit der Rußoxidationsrate kann dies nach einer passiven Regeneration in einer ungleichmäßigen Verteilung des Rußes resultieren. Dies kann durch den Einfluss auf die Strömungsverteilung im Filter ein niedrigeres Differenzdrucksignal hervorrufen, als es bei der im Filter befindlichen Rußmenge vorliegen müsste [15].

Ein weiterer Einflussfaktor auf den Differenzdruck stellt die Art der Rußabscheidung im Filter dar, die einerseits in den Poren der Filterwände (Tiefenfiltration) und andererseits als Rußschicht auf den Filterwänden der Einlasskanäle (Rußkuchen) erfolgen kann. In einen leeren Partikelfilter lagert sich der Ruß zuerst hauptsächlich in den Poren ein und beginnt erst, wenn diese gefüllt sind, mit der Bildung eines Rußkuchens. Der Rußabbrand erfolgt dagegen weitgehend unabhängig vom Einlagerungsort. Dies kann zu einer veränderten Verteilung der Rußmassen zwischen den beiden Bereichen im Vergleich zu einem Betrieb mit ausschließlich vollständigen Regenerationen führen [16]. Problematisch ist dies bezüglich einer exakten Beladungsbestimmung auf Basis des Differenzdrucks aufgrund des höheren Gegendruckanstiegs im Falle der Tiefenfiltration [17].

Zusammengefasst lässt sich also festhalten, dass sich die Differenzdruckmessung bei Benzinpartikelfiltern als deutlich schwieriger und potentiell ungenauer zur Rußmassenbestimmung als bei Dieselanwendungen darstellt.

7.2.2 Grundlagen des HF-Sensors

Eine Möglichkeit, etliche dieser Einflussfaktoren zu umgehen, ist die Verwendung des Hochfrequenz-Sensors. Dieser nutzt aus, dass durch das metallische Filtercanning ein elektromagnetisch begrenzter Hohlraum, der zum Großteil durch den Filter ausgefüllt ist, definiert wird. Mittels zwei Koppelelementen in Form von Stiftantennen werden dort elektromagnetische Felder angeregt, die bei bestimmten Frequenzen stehende Wellen (Resonanzen) bilden können. Gleichzeitig dienen die Koppelelemente zur Messung des Transmissionsspektrums S_{21}, über welches die Auswertung der Resonanzeigenschaften ermöglicht wird. Das Ausbreitungsverhalten der elektromagnetischen Wellen und somit auch die Resonanzen werden durch die dielektrischen Eigenschaften des zu durchdringenden Materials und somit des Filters beeinflusst. Dieser Effekt kann durch die Auswertung charakteristischer Resonanzparameter – der Resonanzfrequenz f_{res} und dem Gütefaktor Q_0 – messbar gemacht werden. Beide Parameter hängen dabei von unterschiedlichen Komponenten der komplexen relativen Primitivität ($\underline{\varepsilon} = \varepsilon' - \mathrm{j}\varepsilon''$) ab. So wird eine Verschiebung der Resonanzfrequenz durch die Materialpolarisation χ_e (welche durch die relative Permittivität des Materials ε' ausgedrückt werden kann) gemäß Gleichung (1) verursacht. Einer Änderung des Gütefaktors liegen nach Gleichung (2) dagegen dielektrische Verluste ε'', die unter anderem die Leitfähigkeit des Materials beinhalten, zugrunde. Dieses Messprinzip beruht auf der sogenannte Hohlraumstörungsmethode (engl.: Cavity Perturbation Method) und ist in der Literatur inklusive der Anwendung auf Filter- bzw. Katalysatorsysteme ausführlich beschrieben [7, 18, 19].

$$\Delta f_{\mathrm{res}}/f_{\mathrm{res},0} \propto \Delta\chi_{\mathrm{e}} = \Delta(\varepsilon' - 1) \tag{1}$$

$$\Delta Q_0^{-1} \propto \Delta\varepsilon'' \tag{2}$$

Die genaue Struktur des Filters sowie die exakte Position der Rußeinlagerung an den Filterkanalwänden müssen zur Bestimmung der Rußbeladung mit dem HF-Sensor nicht bekannt sein. Der Grund hierfür liegt in der Wellenlänge der betrachteten elektromagnetischen Felder, die in derselben Größenordnung wie der Filter selbst ist. Materialien mit verschiedenen Permitivitäten, die in deutlich kleineren Strukturen wie den Filterkanälen vorliegen, können mit der hier beschriebenen Hochfrequenzsensorik nicht unterschieden werden. Vielmehr wirken sich solche Strukturen mit einer mittleren Primitivität auf die elektromagnetische Wellenausbreitung aus. Die messbaren dielektrischen Eigenschaften des Filters hängen somit nach Gleichung (3) und (4) neben den dielektrischen Eigenschaften von Filtersubstrat und des Rußes $\varepsilon_{\mathrm{Substrat}}$ bzw. $\varepsilon_{\mathrm{Ruß}}$ auch linear von den Volumenanteilen beider Komponenten y_{Substrat} bzw. $y_{\mathrm{Ruß}}$ ab. Folglich ergibt sich ein linearer Zusammenhang zwischen den gemessenen Resonanzparametern und der im Filter befindlichen Rußmenge.

$$\varepsilon'_{\mathrm{Filter}} - 1 = y_{\mathrm{Substrat}} \cdot (\varepsilon'_{\mathrm{Substrat}} - 1) + y_{\mathrm{Ruß}} \cdot (\varepsilon'_{\mathrm{Ruß}} - 1) \tag{3}$$

$$\varepsilon''_{\mathrm{Filter}} = y_{\mathrm{Substrat}} \cdot \varepsilon''_{\mathrm{Substrat}} + y_{\mathrm{Ruß}} \cdot \varepsilon''_{\mathrm{Ruß}} \tag{4}$$

Als problematisch stellt sich allerdings die Messung größerer Rußmengen dar. Die hohe Leitfähigkeit des eingebrachten Rußes führt zu einer starken Dämpfung der Resonanzen, sodass eine Auswertung dieser nicht mehr möglich ist. Die Bestimmung der Rußmasse kann allerdings weiterhin erfolgen. Hierzu wird die über einen bestimmten Frequenzbereich gemittelte Transmissionsleistung $S_{21,\mathrm{mean}}$ betrachtet [7]. Dieser Parameter hängt dabei hauptsächlich von den dielektrischen Verlusten ε'' ab. Bei DPFs konnte die Funktionsfähigkeit des HF-Sensors auf dessen Basis bereits im realen Fahrbetrieb nachgewiesen werden [8]. Erste Untersuchungen an einem Motorprüfstand zeigten zudem die allgemeine Funktionsfähigkeit der Hochfrequenzsensorik zur Beladungsdetektion von Benzinpartikelfiltern [20]. Bei dem Einsatz des HF-Sensors zur Detektion von Katalysatorzuständen konnte bereits eine gleichzeitige Auswertung von zwei verschiedenen Speichermaterialien ermöglicht werden [21]. So wäre es ebenfalls denkbar, GPFs mit katalytischer Beschichtung nicht nur hinsichtlich der Rußbeladung zu überwachen, sondern simultan auch den Zustand der katalytischen Schicht [20].

7.3 Verhalten des HF-Sensors bei Rußbeladung am Motorprüfstand

Um das Verhalten des HF-Sensors unter realen Bedingungen testen und mit anderen Sensorkonzepten vergleichen zu können, stand ein Motorprüfstand mit einem direkteinspritzenden Benzinmotor und den in Tabelle 1 aufgeführten Kenndaten zur Verfügung.

Die Abgasanlage des Versuchsträgers wurde dabei so angepasst, dass bis zu vier verschiedene Sensorkonzepte ohne gegenseitige Beeinflussung parallel betrieben und hinsichtlich ihrer Eignung zur Beladungsbestimmung verglichen werden können. Hierzu teilt sich der Abgasstrang in vier Teilstränge auf, in denen jeweils ein Filterbohrkern mit einem Durchmesser von 48 mm verbaut ist. In dieser Arbeit wird allerdings lediglich auf das Sensorverhalten der Hochfrequenzsensorik eingegangen. Zur gleichmäßigen Verteilung des Abgases auf die vier Filterbohrkerne wurde vor der Aufspaltung des Abgasstrangs eine Beruhigungsstrecke, die turbulente Verwirbelungen verhindern soll, verbaut. Bei allen hier durchgeführten Untersuchungen kamen unbeschichtete Partikelfilter mit einer Länge von 5 Zoll (127 mm), einer Zelldichte von 200 cpsi (Anzahl der Filterkanäle pro Quadratzoll) und einer Wandstärke von 8,5 mil (0,216 mm) zum Einsatz. Die vier gleichzeitig verbauten Bohrkerne wurden dabei aus jeweils demselben Filter gewonnen.

Um die genaue Rußbeladung der einzelnen Filter bestimmen zu können, wurden die Proben vor und nach der Beladung mit einer Feinwaage gewogen. Des Weiteren standen während der Messung vor und nach dem Abgasteiler zwei Messgeräte zur Messung der Kohlenstoffkonzentration (engl.: black carbon, BC) [22] zur Verfügung. Diese wurden genutzt, um durch Integration die im Partikelfilter abgeschiedene Rußmasse bestimmen zu können. Zudem stand ein Messgerät zur Detektion der Partikelgrößenverteilung (SMPS [23] inkl. Messgasaufbereitung mittels eines Catalytic Stripper [24]) bereit.

Tabelle 1: Kenndaten des verwendeten Aggregats.

Parameter	Wert
Zylinder	4 / in Reihe
Leistung	125 kW @ 3800 1/min
Drehmoment	320 Nm @ 1500 1/min
Hubvolumen	1798 cm^3
Hub	84,1 mm
Bohrloch	82,5 mm
Kompressionsverhältnis	9,60:1

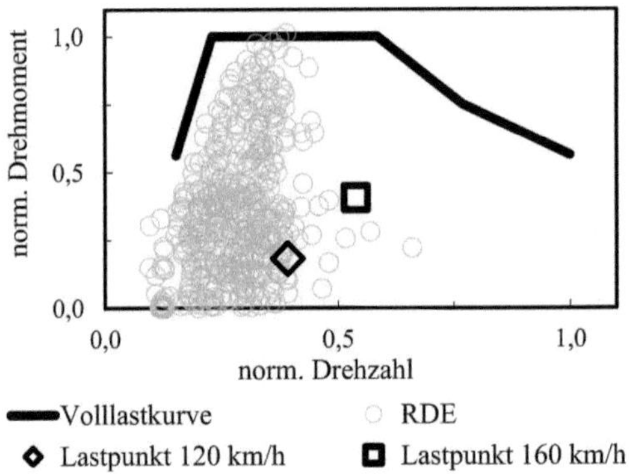

Bild 1: Darstellung der normierten Lastpunktverteilung des Versuchsträgers mit Volllastkurve und den bei einem RDE-Zyklus auftretenden Lastpunkten sowie der in dieser Arbeit untersuchten Lastpunkte.

Die Beladung der Partikelfilter wurde bei verschiedenen stationären Betriebspunkten durchgeführt, um dessen möglichen Einfluss auf das Sensorverhalten untersuchen zu können. Zur Auswahl der zu untersuchenden Punkte wurde die Lastpunktverteilung des Motors während einer RDE-Messung herangezogen (vgl. Bild 2). Aus dieser wurden Punkte gewählt, die einer Fahrt bei konstanter Geschwindigkeit von 120 km/h beziehungsweise 160 km/h mit einem oberen Mittelklasse-Fahrzeug (D-Segment) entsprechen.

Die Beladungsuntersuchung an beiden Lastpunkten wurde zudem mit Kraftstoffen unterschiedlicher Qualität durchgeführt. Einerseits stand herkömmlicher Kraftstoff, der an deutschen Tankstellen erhältlich ist, zur Verfügung (im Folgenden als „Super E05“ bezeichnet). Um auch den Einfluss wechselnder bzw. qualitativ schlechterer Kraftstoffe auf das Sensorverhalten untersuchen zu können, stand andererseits ein speziell künstlich hergestellter Kraftstoff mit schlechterer Zusammensetzung [25] (im Folgenden als „Grenzkraftstoff“ bezeichnet) bereit. Den Grenzkraftstoff charakterisiert, wie in Tabelle 2 dargestellt, ein besonders hoher Anteil von langkettigen Aromaten (C9, C9+), der zu einer erhöhten Partikelanzahl führt [26].

Zusätzlich zu der Variation der Kraftstoffqualität wurden die Lastpunkte mit jeweils zwei unterschiedlichen Motoreinstellungen betrieben. Durch die Anpassung von für die Partikelentstehung relevanten Parametern gegenüber den Standardeinstellungen des Motorsteuergeräts kann der HF-Sensor bei einem breiteren Spektrum an Partikeln mit unterschiedlichen Eigenschaften charakterisiert werden [28, 29]. In dieser Arbeit wurden hierzu der Einspritzdruck sowie der Beginn der Einspritzung variiert. Gleichzeitig erfolgte der Motorbetrieb bei einem fetten Verbrennungsluftverhältnis, weshalb die bei diesen Einstellungen berußten Proben im Folgenden als „λ<1“ bezeichnet werden. Im Gegensatz hierzu findet bei den ursprünglichen Steuergeräteeinstellungen die Verbrennung bei stöchiometrischen Bedingungen statt („λ=1“). Die Rußpartikel wurden unter chemischen (Anteil von elementarem Kohlenstoff (BC), volatilen Bestandteilen und Asche) und physikalischen (Partikelgrößenverteilung) Gesichtspunkten charakterisiert. Für die Beladung der Partikelfilter erfolgte auf Grundlage der dabei gewonnenen Erkenntnisse die Auswahl der Motoreinstellungen (bei Lastpunkt 120 km/h: λ=0,82; bei 160 km/h: λ=0,90), so dass der „λ<1“ Ruß für die Super E05-Kraftstoffqualität eine ähnliche Größenverteilung wie bei den Standardeinstellungen des Motorsteuergeräts aufwies. Gleichzeitig unterschieden sich durch die Anpassung der einzelnen Parameter allerdings die chemische Zusammensetzung des Rußes sowie die Anzahl der entstehenden Partikel. Folglich können Veränderungen der Rußpartikel hinsichtlich ihrer dielektrischen Eigenschaften und somit auch ein verändertes Betriebsverhalten des HF-Sensors nicht ausgeschlossen werden. Diese für Super E05 gewählten Einstellungen wurden bei dem Betrieb mit dem Grenzkraftstoff ebenfalls verwendet. Bild 2 zeigt beispielhaft die Partikelgrößenverteilung bei Betrieb des Motors mit dem Grenzkraftstoff im Betriebspunkt 160 km/h bei unterschiedlichen Einstellungen des Motorsteuergeräts. Dabei ist deutlich der Anstieg der Partikelanzahl bei gleichbleibender Größenverteilung erkennbar.

Wie bereits in Abschnitt 7.2.2 dargestellt, ist aufgrund der zunehmenden Dämpfung eine Auswertung der Resonanzmoden nur bis zu einer bestimmten Beladung möglich. Bild 3 zeigt diesen Effekt für verschiedene Beladungszustände im Betriebspunkt 160 km/h („Super E05 – λ<1“). Sind im leeren Filter im betrachteten Frequenzbereich noch insgesamt drei Resonanzmoden erkennbar, ist bereits bei einer geringen Rußbeladung von 0,5 g/ltr nur noch eine auswertbar. Aus diesem Grund wird in dieser Arbeit bei Messungen an berußten Filterproben lediglich die gemittelte Transmissionsleistung $S_{21,\mathrm{mean}}$ über den Frequenzbereich von 3,1–3,6 GHz ausgewertet. Aufgrund der bei den 120 km/h-Lastpunkten nur sehr geringen entstehenden Rußmenge erstreckte sich die Beladung der Filter über mehrere Tage, weshalb eine unterbrechungsfreie Berußung somit nicht möglich war. Aus diesem Grund wird in diesem Abschnitt nur der Lastpunkt bei 160 km/h betrachtet.

Tabelle 2: Kennzahlen der verwendeten Kraftstoffqualitäten (Analyse von „Super E05“ durch [27], Analyse von „Grenzkraftstoffs“ durch [25]).

Parameter	Super E05	Grenzkraftstoff
ROZ	95,5	98,8
MOZ	85,1	87,4
Dichte (15 °C) / kg/m³	745,9	760,9
Destillationsrückstand / Vol.-%	1	0,7
Olefine / Vol.-%	9,03	5,6
Aromaten (gesamt) / Vol.-%	34,61	36,6
C9-Aromaten / Vol.-%	5,78	7,5
C9-, C9+-Aromaten / Vol.-%	7,83	25,4
Benzolgehalt / Vol.-%	0,84	0,36
Schwefelanteil / mg/kg	8,8	5,1

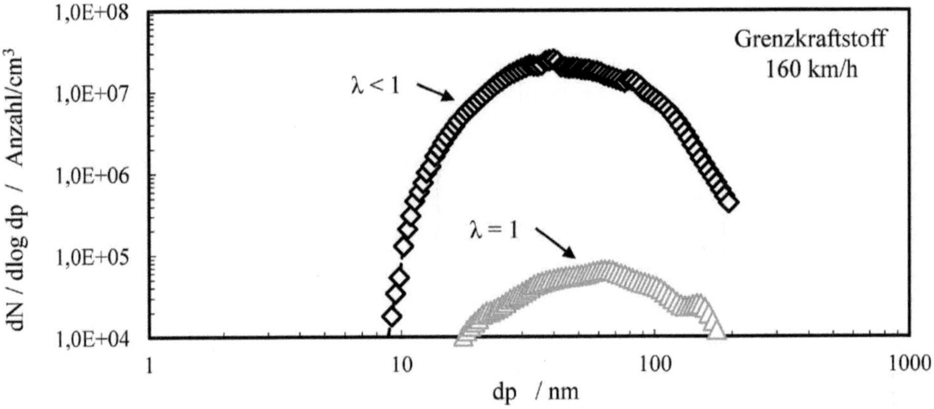

Bild 2: Partikelgrößenverteilung für den Lastpunkt 160 km/h (Grenzkraftstoff). Vergleich zwischen standardmäßigen Einstellungen des Steuergeräts (grau) und den veränderten Motorparametern (schwarz). Verluste bei Durchströmung des Catalytic Strippers werden nicht berücksichtigt.

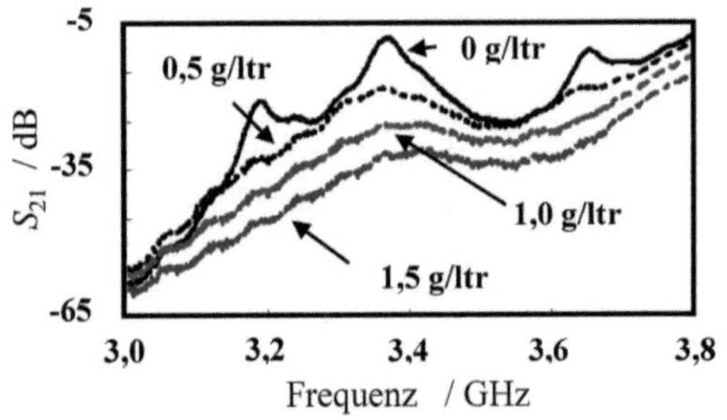

Bild 3: Signal des HF-Sensors im Lastpunkt 160 km/h (Super E05, veränderte Motorparameter) für verschiedene Beladungszustände.

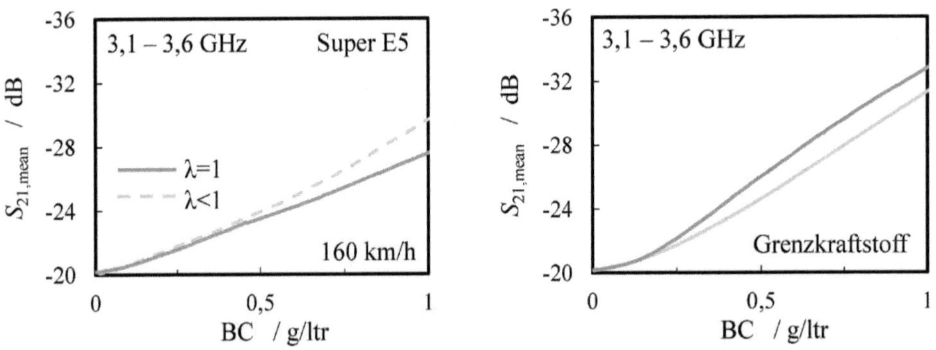

Bild 4: Signal des HF-Sensors im 160 km/h Lastpunkt aufgetragen über die detektierte Rußbeladung mittels AVL 483 MicroSoot für Super E05 (links) und für Grenzkraftstoff (rechts).

Bei der Gegenüberstellung der verschiedenen Beladungsvorgänge in Bild 4 wird deutlich, dass im nach [30] technisch entscheidenden Beladungsbereich von wenigen Zehntelgramm Ruß bezogen auf einen Liter des Filtervolumens nur sehr geringe Unterschiede zwischen den beiden Motoreinstellungen für den Kraftstoff Super E05 auftreten. Dagegen ist ab einer im Filter abgeschiedenen Kohlenstoffmenge von mehr als 0,5 g/ltr bei dem mit $\lambda<1$ erzeugtem Ruß eine leicht höhere Sensorempfindlichkeit festzustellen. Weiterhin ist im Sensorsignal unter stöchiometrischen Bedingungen ein leichter Sprung bei einer Beladung von ca. 0,4 g/ltr ersichtlich. Dieser könnte die Folge einer kurzzeitigen Magerphase sein, die zur Oxidation eines Teils des im Filter befindlichen Rußes führte. Zur Bestimmung der Rußmasse (BC) im Partikelfilter während der Beladung wird lediglich über die aus dem Abgas abgeschiedene Rußmenge integriert. Rußabbrände werden somit nicht berücksichtigt. Die leicht unterschiedlichen Sensorempfindlichkeiten bei Verwendung des Super E05 Kraftstoffs können nicht durch die Temperaturabhängigkeit des HF-Sensors, die in Abschnitt 7.3 näher erläutert wird, erklärt werden. Durch die Veränderung des Verbrennungsluftverhältnisses ist eine Abgastemperaturdifferenz von 20 K zwischen der Beladung bei $\lambda<1$ (ca. 510 °C) und $\lambda=1$ (530 °C) zu verzeichnen. Deren Berücksichtigung würde zu einem minimal größeren Unterschied der beiden Kennlinien führen. Aufgrund der nur geringen Temperaturdifferenz führt bei einer Rußbeladung von 1 g/ltr eine Temperaturkorrektur lediglich zu einer Signalverschiebung von etwa 0,2 dB. Dagegen ist durch die Anpassung der Steuergerätparameter bei derselben Beladung bereits ein Signalunterschied von etwa 2 dB zu verzeichnen.

Bei den Beladungen mit dem Grenzkraftstoff zeigt sich eine abweichende Sensorcharakteristik. Der unter Standardeinstellungen des Motorsteuergeräts erzeugte Ruß weist im Signal des HF-Sensors nun eine höhere Dämpfung als bei $\lambda<1$ auf. Dies könnte auf den Aufbau bzw. die Struktur der Primärpartikel zurückzuführen sein, bedarf aber weiterer Untersuchungen. Zudem fällt beim Vergleich der Kraftstoffqualitäten auf, dass der mit Grenzkraftstoff erzeugte Ruß allgemein durch eine höhere Signaldämpfung gekennzeichnet ist. Im Beladungsbereich, der im realen Einsatz am häufigsten auftritt (Beladungen von weniger als 500 mg/ltr), sind die Abweichungen zwischen allen untersuchten Betriebspunkten jedoch sehr gering. Zudem kann selbst bei sehr geringen Beladungen problemlos aus dem Sensorsignal auf die Beladung geschlossen werden.

7.4 Querempfindlichkeiten auf das HF-Signal

Nachdem durch die Messungen am Motorprüfstand gezeigt wurde, dass das HF-Signal in weiten Beladungsbereichen nahezu linear auf die Rußmasse reagiert, sollten die berußten Filter zusätzlich hinsichtlich verschiedener Querempfindlichkeiten untersucht werden. Als für die Hochfrequenzsensorik relevant erwies sich in früheren Untersuchungen neben dem Einfluss der Temperatur auch der Feuchtegehalt des Abgases [31]. Zusätzlich zu den Proben des 160 km/h-Lastpunkts wurde nun auch das Verhalten des 120 km/h-Rußes betrachtet. Bei Kenntnis über die Stärke dieser Querempfindlichkeiten müssen sich diese nicht notwendigerweise negativ auf die Genauigkeit der Beladungsbestimmung auswirken, sondern könnten vielmehr als zusätzliches Sensorsignal verwendet werden. So wäre es denkbar, aus der Veränderung des HF-Signals bei definierten Änderungen der Quereinflüsse (z. B. dem Abkühlvorgang des GPF nach Abstellen des Motors) auf die Beladung des Filters zu schließen.

Um sowohl Temperatur- als auch Feuchteinfluss systematisch und getrennt voneinander analysieren zu können, wurden die am Motor berußten Filter inklusive ihres Cannings entsprechend Bild 5 in einer sogenannten Synthesegasanlage verbaut. An dieser können die Filter unter definierten Gasatmosphären bei Temperaturen von bis zu 600 °C untersucht werden. Hierzu wird ein durch Massendurchflussregler eingestelltes Gasgemisch mit einem Volumenstrom von 40 ltr/min von einem Durchlauferhitzer vorgeheizt und im Bereich des Filters durch auf dem Canning angebrachte Heizelemente auf konstanter Temperatur gehalten. Durch Thermoelemente unmittelbar vor und nach den Resonatorgittern wird die Gastemperatur im Bereich des GPFs überwacht. Aufgrund eines bei stationären Temperatureinstellungen nur geringen Temperaturgradienten von unter 5 °C zwischen den beiden Messstellen, kann durch Mittelung beider Temperaturen auf die Filtertemperatur T_{GPF} geschlossen werden.

Während aller Untersuchungen wurde mit einem an den HF-Antennen angeschlossenen vektoriellen Netzwerkanalysator [32] der komplexe Streuparameter S_{21} im Bereich von 3,1 bis 3,9 GHz gemessen. Aufgrund der hohen Rußbeladung und damit starken Dämpfung des elektromagnetischen Feldes war bei keiner der untersuchten Proben eine Auswertung der – im Falle eines unberußten Filters – in diesem Bereich befindlichen Resonanzmoden möglich. Deshalb wurde als Sensorsignal die gemittelte Transmissionsleistung herangezogen. Bei den in diesem Abschnitt durchgeführten Untersuchungen erfolgte die Mittelung anders als bei den Motormessungen in einem Bereich von 3,3 bis 3,5 GHz, da in diesem eine geringfügig bessere Signalqualität verzeichnet werden konnte.

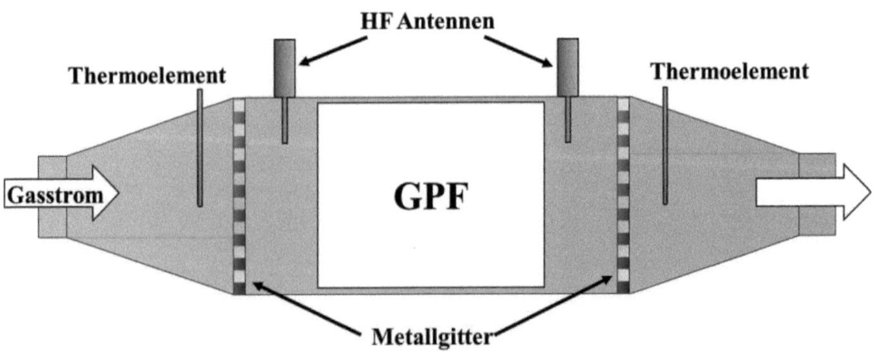

Bild 5: Skizze des Versuchsaufbaus; der Resonator wird zusätzlich zu dem Filtercanning durch zwei gasdurchlässige Metallgitter vor und nach dem GPF definiert.

Zur Bestimmung des Temperatureinflusses wurde der Filter stufenweise bis 600 °C in Stickstoffatmosphäre aufgeheizt. Nach Erreichen der stationären Temperaturpunkte wurde das zuvor trockene Synthesegas mit einem Verdampfer mit insgesamt 8 Vol.-% Wasser befeuchtet. Aufgrund der begrenzten maximalen absoluten Luftfeuchtigkeit bei Temperaturen unterhalb des Siedepunkts von Wasser wurde der Feuchtigkeitseinfluss erst bei Temperaturen oberhalb von 100 °C untersucht. Zur besseren Vergleichbarkeit der Querempfindlichkeiten wird in den folgenden Abschnitten lediglich die Veränderung der gemittelten Transmissionsleistung ΔS_{21} – negative Verschiebungen korrespondieren mit einer Zunahme der Signaldämpfung – bezogen auf einen Referenzwert betrachtet. Bei Betrachtung des Temperatureinflusses handelt es sich hierbei um die Dämpfung bei 20 °C. Der Feuchtigkeitseinfluss dagegen wird gegenüber dem Sensorsignal bei gleicher Filtertemperatur, aber trockenem Synthesegas bestimmt. Zusätzlich werden alle Signalveränderungen relativ zur vorhandenen Rußmenge betrachtet. Ermittelt wurde diese durch Wiegen der Filter vor und nach Abbrand des in den Filtern befindlichen Rußes unter Luftatmosphäre.

Um einen möglichen Einfluss volatiler Rußbestandteile (engl.: volatile organic compounds, VOC) beurteilen zu können, wurde der Aufheizvorgang unter gleichen Bedingungen wiederholt. Hierbei zeigten sich zwischen den beiden Messungen hinsichtlich der Querempfindlichkeiten nur kleinere, aber nicht signifikante Unterschiede. Allerdings muss hierbei angemerkt werden, dass die Dämpfung des Systems durch den erstmaligen Aufheizvorgang leicht zugenommen hat, woraus gefolgert werden kann, dass das Verflüchtigen der VOC zu einer leicht erhöhten Leitfähigkeit des Rußes führt. Dieser Effekt müsste für einen Serieneinsatz der Hochfrequenzsensorik noch genauer untersucht werden.

7.4.1 Einfluss der Filtertemperatur

Bei allen vermessenen Proben kann mit steigender Temperatur eine Zunahme der Dämpfung verzeichnet werden (vgl. Bild 6). Der Grund hierfür liegt nach den Gleichungen 3 und 4 in der Zunahme der dielektrischen Verluste des Rußes, da unberußte Filter während des Aufheizvorgangs kaum einen Einfluss auf die gemittelte Transmissionsleistung zeigen. So beträgt bei diesen die Zunahme der Dämpfung nach einem Temperatursprung von ca. 600 °C weniger als 1 dB. Weiterhin zeigen alle untersuchten Proben ein lineares Verhalten.

Zur exakten Rußmassenbestimmung ist es notwendig, den Temperatureinfluss zu berücksichtigen. So führt eine Beladung von 1 g/ltr Ruß bei dem Betriebspunkt 160 km/h – λ=1 mit dem Super E05-Kraftstoff zu einer zusätzlichen Dämpfung von 8 dB (vgl. Bild 4). Im Vergleich dazu würde bei derselben Rußmenge in Folge einer Abnahme der Temperatur um 100 °C das Transmissionssignal um 0,7 dB zunehmen. Somit würde ohne Berücksichtigung des Temperatureinflusses eine mehr als 8% zu geringe Rußmasse als tatsächlich vorhanden ermittelt werden. Aufgrund der Linearität der Temperaturabhängigkeit kann dieser Fehler ausgehend von einer Messung der Filtertemperatur jedoch korrigiert werden.

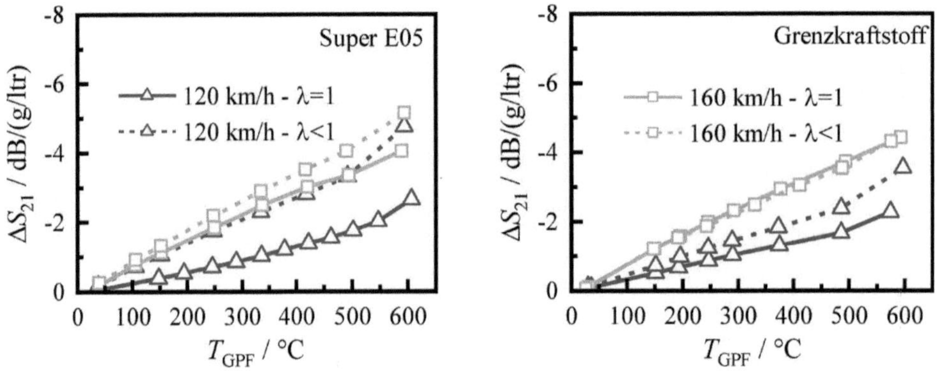

Bild 6: Verschiebung der gemittelten Transmissionsleistung infolge des Aufheizens des Filters inklusive Gehäuse relativ zur vorhandenen Rußmenge; Kraftstoff während der Berußung: links: Super E05, rechts: Grenzkraftstoff.

Allerdings unterscheiden sich die Temperaturempfindlichkeiten der verschiedenen Betriebspunkte zum Teil, weshalb diese und das zugehörige Temperaturverhalten für eine erfolgreiche Korrektur bekannt sein müssten. So zeigt der bei dem mit Super E05 erzeugte Ruß der nicht-stöchiometrische Betriebspunkt bei 160 km/h eine etwa doppelt so starke Zunahme der Dämpfung als der „120 km/h – λ=1“ Punkt. Vergleicht man die einzelnen Einflussfaktoren der Rußproben, ergibt sich ein systematisches Bild. Generell erhöht der Wechsel zu nicht-stöchiometrischem Motorbetrieb die Empfindlichkeit des Rußes auf Temperaturänderungen. Nutzt man solche Motoreinstellungen zur Kalibration des HF-Sensors, müsste dieser Effekt berücksichtigt werden. Weiterhin wirkt sich der Lastpunkt erheblich auf die Temperaturquerempfindlichkeit aus. Im Mittel zeigen die 160 km/h-Betriebspunkte gegenüber den Punkten mit geringerer Last eine um ein Drittel stärkere Zunahme der Dämpfung. Der Einfluss der Kraftstoffqualität ist dagegen deutlich geringer und kann nach den hier gewonnenen Erkenntnissen hinsichtlich der Temperaturabhängigkeit vernachlässigt werden.

7.4.2 Einfluss der Abgasfeuchtigkeit

Neben starken Temperaturwechseln treten in Verbrennungsmotoren auch Schwankungen hinsichtlich der Abgasfeuchtigkeit auf. Insbesondere bei einem Wechsel in die Schubabschaltung sinkt diese aufgrund des Fehlens des bei der Verbrennung von Kohlenwasserstoffen erzeugten Wassers auf die in der Ansaugluft enthaltene Feuchtigkeit ab. Um ein solches Betriebsverhalten an der Synthesegasanlage nachbilden zu können, werden dem während des Aufheizvorgangs trockenen Gas eine absolute Feuchtigkeit von 8 Vol.-% zugegeben, nachdem sich eine nahezu konstante Temperatur eingestellt hat. Die resultierende Verschiebung des HF-Signals ΔS_{21} gegenüber dem trockenen Zustand ist in Bild 7 dargestellt. Dabei ist zu beachten, dass die y-Achse umgekehrt aufgetragen ist, um der Darstellung bei den Temperaturabhängigkeiten zu entsprechen.

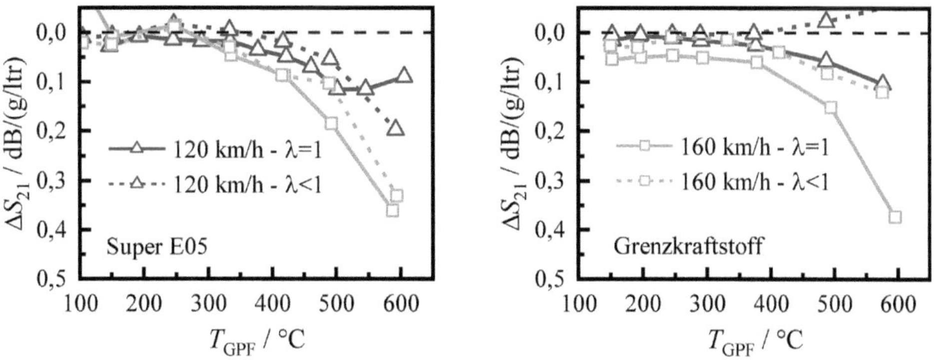

Bild 7: Verschiebung der gemittelten Transmissionsleistung ΔS_{21} infolge der Zugabe von 8 Vol.-% Wasser in das Synthesegas relativ zur vorhandenen Rußmenge; Kraftstoff während der Berußung: links: Super E05, rechts: Grenzkraftstoff.

Dementsprechend wirken sich die bei nahezu allen Betriebspunkten gemessenen positiven Verschiebungen der Transmissionsleistung wie eine Temperaturabnahme aus. Eine Ausnahme stellt lediglich der Betriebspunkt 120 km/h – λ<1 bei Grenzkraftstoff dar, der bei Befeuchtung des Gases eine leichte Zunahme der Dämpfung zeigt. Bei Wiederholung des Aufheizvorgangs kann dagegen über den gesamten Temperaturbereich nahezu kein Feuchtigkeitseinfluss registriert werden. Auch bei den übrigen Betriebspunkten treten beim wiederholten Aufheizen geringfügig stärkere Dämpfungsabnahmen auf. So erhöht sich beispielsweise die maximale Änderung der Transmissionsleistung ΔS_{21} bei dem mit Super E05 im Punkt 160 km/h – λ=1 erzeugtem Ruß von 0,36 dB/(g/ltr) auf 0,46 dB/(g/ltr). Effekte durch auskondensierendes Wasser während Kaltstartphasen wurden hierbei nicht näher untersucht. Erste Messungen in [20] zeigen allerdings, dass diese – insbesondere bei Auswertung der Resonanzfrequenz – erhebliche Störungen verursachen könnten.

Der Einfluss der Abgasfeuchtigkeit wirkt sich bei allen untersuchten Proben erst bei höheren Temperaturen aus. Diese nimmt dabei – im Gegensatz zum Temperatureinfluss – nicht linear mit der Temperatur zu. So existiert bei Temperaturen unterhalb von 300 °C unter Berücksichtigung von Messungenauigkeiten kaum ein Feuchteeinfluss auf das Messsignal. Ein ähnliches Verhalten konnte bereits bei Dieselruß beobachtet werden [33]. Vergleicht man diesen Einflussfaktor allerdings mit den durch die Temperatur hervorgerufenen Signaländerungen wird deutlich, dass selbst bei hohen Temperaturen die Feuchtigkeit nur geringe Auswirkungen auf das Beladungssignal besitzt. Insbesondere treten während des Motorbetriebs mit Ausnahme der Schubabschaltung nur geringe Feuchtigkeitsänderungen des Abgases auf. Um den Feuchtigkeitseinfluss besser visualisieren zu können, sind in Bild 8 sind die Auswirkung einer theoretischen Änderung von 1 Vol.-% H_2O (ermittelt aus den Messungen in Bild 6) im Verhältnis zu der Signalverschiebung in Folge einer Temperaturänderung von 10 K betragsmäßig dargestellt. So zeigt sich deutlich, dass selbst im schlechtesten Falle die betrachtete Änderung der Abgasfeuchtigkeit lediglich einer Temperaturänderung von weniger als 8 K entspricht.

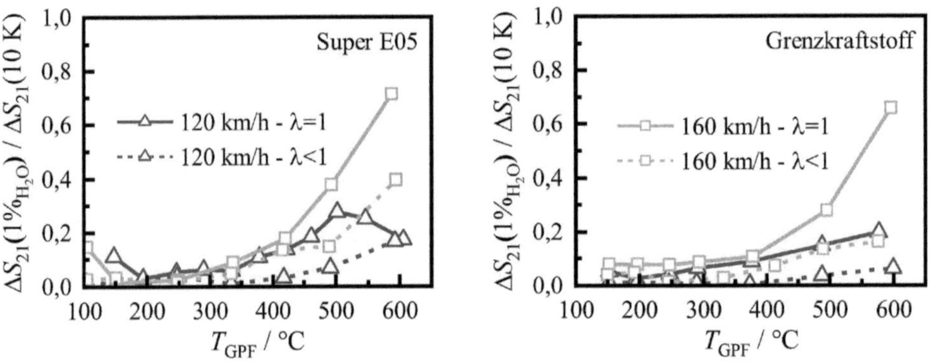

Bild 8: Verhältnis von Wassereinfluss zu den Auswirkungen einer Temperaturänderung; basierend auf den vorher gezeigten Grafiken; Kraftstoff während der Berußung: links: Super E05, rechts: Grenzkraftstoff.

Somit beeinflusst die Abgasfeuchtigkeit auch das Beladungssignal nur in geringem Maße. Ein nicht berücksichtigter Wechsel in die Schubabschaltung (entsprechend der Änderung der Abgasfeuchtigkeit um 8 Vol.-%) würde beispielsweise bei dem 160 km/h – λ=1 Betriebspunkt und der höchsten betrachteten Filtertemperatur lediglich in einer 4,5% zu niedrig detektierten Rußmasse resultieren. Unterhalb von 400 °C liegt der Bestimmungsfehler sogar bei weniger als 1%. Schwankungen der Abgasfeuchtigkeit führen somit im gesamten untersuchten Temperaturbereich zu einer unwesentlichen Beeinflussung der detektierten Rußmasse. Dementsprechend ist auch der Einfluss durch die unterschiedlichen Rußproben vernachlässigbar. Betrachtet man diese dennoch, zeigt sich wie schon bei dem Temperatureinfluss ein von der Kraftstoffart unabhängiges Bild und zudem eine etwas geringere Querempfindlichkeit bei den 120 km/h-Lastpunkten. Reagierte das HF-Signal bei nicht-stöchiometrischen Rußen noch stärker auf Temperaturschwankungen, zeigen bei Betrachtung der Abgasfeuchtigkeit die bei λ=1 erzeugten Rußproben einen stärkeren Signaleinfluss.

7.5 Einfluss der Rußabbrandkinetik auf die Sensorgenauigkeit

Neben den in den vorherigen Abschnitten erörterten Querempfindlichkeiten auf das HF-Signal können auch andere Effekte die Genauigkeit der Hochfrequenzsensorik negativ beeinflussen. So hängt die Verschiebung der Resonanzparameter neben den Materialeigenschaften auch von der Stärke des elektrischen Feldes ab. Dieses ist allerdings nicht im gesamten Filter gleich, sondern schwächt sich zu den Rändern des Cannings hin ab. Dort befindlicher Ruß wird somit mit einer zu geringen Masse detektiert. Auswirkungen auf die Sensorgenauigkeit hat dies vor allem dann, wenn der Ruß im Filter nicht gleichmäßig verteilt ist. Dies kann beispielsweise der Fall sein, wenn aufgrund starker Kühlwirkung durch die Umgebungsluft die Filtertemperatur in dessen Randbereichen deutlich abfällt und somit der dortige Ruß bei Regenerationen aufgrund der langsameren Reaktionskinetik nicht vollständig oxidiert wird. Gleichzeitig beeinflusst die Rußverteilung im Filter, wie bereits in Abschnitt 7.2.1 beschrieben, auch den Differenzdruck. Eine einfache Abschätzung der hierdurch verursachten Ungenauigkeiten bei beiden Sensorsystemen ist aufgrund der Vielzahl an Einflussgrößen aber nicht ohne weiteres möglich. Durch simulative Betrachtungen kann allerdings das Sensorverhalten des Abgasstrangs inklusive Filter unter definierten Betriebsbedingungen analysiert werden.

7.5.1 Reaktionskinetische Analyse

Um zu jedem Zeitpunkt die genaue Rußverteilung im GPF bestimmen zu können, ist eine genaue Kenntnis über das Abbrandverhalten des eingelagerten Rußes notwendig. Damit dies unter alle Betriebsbedingungen der Fall ist, wurde ein Rußreaktionsmodell aufgestellt, das die Reaktionsrate abhängig von verschiedenen Randbedingungen, wie der Filtertemperatur T_{GPF} oder der Sauerstoffkonzentration im Filter c_{O2}, beschreiben kann. Durch die Übertragung der Reaktionskinetik der verschiedenen Rußproben in ein Simulationsmodell kann deren Einfluss auf die Rußverteilung und den daraus resultierenden Sensorungenauigkeiten bestimmt werden. Das Oxidationsmodell berücksichtigt dabei den Abbrand von Kohlenstoff zu CO_2 sowie die unvollständige Oxidation zu CO (vgl. Gleichung 5 und 6).

$$\mathrm{C} + \mathrm{O_2} \rightarrow \mathrm{CO_2} \tag{5}$$

$$\mathrm{C} + \tfrac{1}{2}\mathrm{O_2} \rightarrow \mathrm{CO} \tag{6}$$

Eine unabhängige Betrachtung beider Reaktionen ist nicht notwendig, da gemäß [34] das Verhältnis der Produkte durch den Faktor f_{CO} in Abhängigkeit von Temperatur und Sauerstoffgehalt im Abgas gemäß Gleichung (7) ausgedrückt werden kann.

$$f_{\mathrm{CO}}(T_{\mathrm{GPF}}, c_{\mathrm{O2}}) = \frac{c_{\mathrm{CO}}}{c_{\mathrm{CO}} + c_{\mathrm{CO_2}}} \tag{7}$$

Dieses Verhältnis beeinflusst zudem lediglich die Menge des zur Verbrennung notwendigen Sauerstoffs und muss deshalb bei der Betrachtung des Rußumsatzes $\dot{m}_{\mathrm{Ruß}}$ in Gleichung 8 nicht berücksichtigt werden. Zur einfachen Implementierung der Reaktionskinetik in Simulationsmodelle wird der Abbrand durch eine Reaktion erster Ordnung in Bezug auf die Sauerstoffkonzentration c_{O2} sowie der verbleibenden Rußmasse $m_{\mathrm{Ruß}}$ beschrieben [35]. Eine Berücksichtigung abweichender Reaktionsordnungen bezüglich der Rußmasse wäre bei kompletten Regenerationen zwar möglich, bei unvollständiger Oxidation müssten allerdings die Auswirkungen einer Mischung von teilregeneriertem und neu eingelagertem Ruß auf die Reaktionsordnung bekannt sein.

$$\dot{m}_{\text{Ruß}} = -m_{\text{Ruß}} c_{\text{O2}} M_{\text{c}} k_{\text{c}}(T_{\text{GPF}}) \quad \text{mit } k_{\text{c}} = k_{\text{c,0}} \exp\left(-\frac{E_{\text{A}}}{R \cdot T_{\text{GPF}}}\right) \tag{8}$$

Die Temperaturabhängigkeit des Abbrands kann in dem angenommenen Modell durch lediglich zwei Materialparameter – den präexponentiellen Faktor $k_{\text{c,0}}$ und die Aktivierungsenergie E_{A} – beschrieben werden. Zur Vergleichbarkeit mit Literaturwerten wird in Gleichung 8 aus Dimensionsgründen die molare Masse von Kohlenstoff M_{c} berücksichtigt. Um die kinetischen Eigenschaften der am Motorprüfstand in Abschnitt 7.2.3 erzeugten Ruße ermitteln zu können, wurden die berußten Filter zermahlen und in einem thermogravimetrischen Analysator [36] bei einer konstanten Heizrampe von 5 °C/min unter 2 Vol.-% Sauerstoff abgebrannt. Zum Vergleich erfolgte zudem der Abbrand eines Filters, der zuvor mit dem synthetischen Ruß PrintexU [37] beladen wurde.

Die Abbrandkurven der mit Super E05 erzeugten Rußproben in Bild 9 zeigen für alle am Motorprüfstand erzeugten Proben eine geringere Abbrandtemperatur als bei dem mit PrintexU beladenem Filter. Zwischen den einzelnen Lastpunkten können nur minimale Unterschiede festgestellt werden. Dagegen führt die Anpassung einzelner Parameter im Steuergerät zu einer leicht langsameren Rußkinetik. Ein Massenumsatz von 50% wird bei diesen Proben erst bei einer ca. 20 °C höheren Temperatur erreicht.

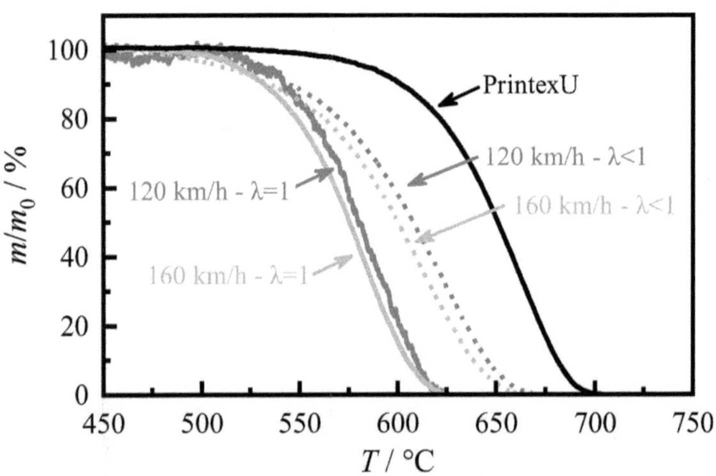

Bild 9: Abbrand der mit Super E05 erzeugten Rußproben bei einer TG-Analyse mit einer Heizrate von 5 K/min und 2 Vol.-% Sauerstoff im Vergleich zum synthetischen Ruß PrintexU.

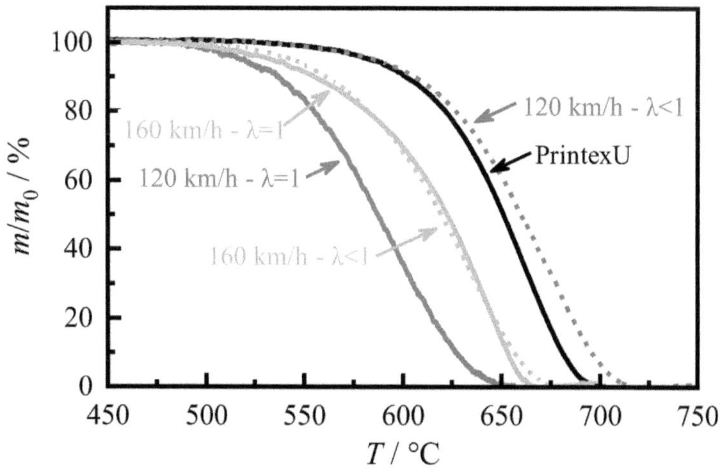

Bild 10: Abbrand der mit Grenzkraftstoff erzeugten Rußproben bei einer TG-Analyse mit einer Heizrate von 5 K/min und 2 Vol.-% Sauerstoff im Vergleich zum synthetischen Ruß PrintexU.

Anders als bei den Querempfindlichkeiten, die das HF-Signal direkt beeinflussen, treten zwischen den beiden Kraftstoffqualitäten hinsichtlich der Reaktionskinetik deutlichere Unterschiede auf. Wurde diese bei den Super E05 Proben durch die Wahl des Lastpunktes nur unwesentlich beeinflusst, zeigt bei Grenzkraftstoff unter stöchiometrischen Bedingungen die 160 km/h-Probe eine deutlich langsamere Kinetik (vgl. Bild 10). Durch die Anpassungen in der Motorsteuerung kehrt sich dieser Effekt allerdings um. So brennt der 120 km/h – $\lambda<1$-Punkt erst bei deutlich höheren Temperaturen als der bei $\lambda=1$ erzeugte Ruß ab und liegt dabei sogar oberhalb des synthetischen Rußes. Dagegen wirkt sich der Wechsel auf ein fettes Verbrennungsluftverhältnis bei den 160 km/h-Proben kaum auf den Verlauf der Massenabnahme aus. Aus diesen Abbrandverläufen kann nun durch arrheniusartige Auftragung der Messdaten die Aktivierungsenergie und der präexponentielle Faktor des Rußes getrennt voneinander bestimmt und in das Simulationsmodell übertragen werden.

7.5.2 Simulative Betrachtung unvollständiger Regenerationen

Um die Auswirkungen dieser unterschiedlichen Rußkinetik auf die Sensorgenauigkeit beschreiben zu können, wurde ein Simulationsmodell erstellt, das neben dem Filter selbst zusätzlich auch die Strömungsverhältnisse und die Temperaturverteilung im Abgasstrang vor und nach diesem betrachtet. Die Geometrie des modellierten Abgasstrangs ist einem realen Aufbau nachempfunden, wird allerdings zur Einsparung von Rechenzeit als rotationssymmetrisch angesehen. Auf Basis der Druckverhältnisse zwischen den Ein- und Auslasskanälen des Filters wird die Durchströmung der Filterwände bestimmt und die örtliche Verteilung der Rußeinlagerung bestimmt. Neben der Bildung eines Rußkuchens wird auch die Abscheidung der Rußpartikel durch Tiefenfiltration nachgebildet. Wie bereits in Abschnitt 7.2.1 beschrieben, muss dieses Einlagerungsverhalten aufgrund des potentiellen Einflusses auf die Differenzdruckmessung unbedingt berücksichtigt werden. Für eine realitätsnahe Nachbildung des Rußabbrandes wird zudem der Sauerstoffumsatz bei Durchströmen des Rußkuchens bzw. der Filterwände berücksichtigt. Zur Berechnung des Sensorsignals des HF-Sensors wird die Beladungs- und Temperaturverteilung im Filter in ein separates Hochfrequenzmodell übertragen, aus welchen die dielektrischen Eigenschaften des Filters ermittelt werden können. Dabei werden bei allen betrachteten Betriebspunkten dem Ruß dieselben dielektrischen Eigenschaften zugeschrieben, um lediglich den Einfluss der Reaktionskinetik betrachten zu können. Zur Einsparung von Rechenzeit werden zur Auswertung des HF-Signals keine kompletten Frequenzspektren berechnet, sondern lediglich eine Modalanalyse bei der Schwingungsmode mit der niedrigsten Resonanzfrequenz TE_{111} durchgeführt. Hierdurch ist eine direkte Bestimmung der Resonanzgüte Q_0, die sich ähnlich wie die zuvor betrachtete gemittelte Transmissionsleistung verhält, möglich. Im Gegensatz zu realen Messungen ist eine Auswertung einzelner Resonanzfrequenzen auch bei höheren Rußbeladungen möglich.

Das Simulationsmodell soll nun eingesetzt werden, um den Einfluss ungleichmäßiger Rußbeladung, wie sie auch in der Realität auftreten könnte, auf die Genauigkeit der Sensorsysteme untersuchen zu können. Hierzu wird eine Beladung bei einem stationären Betriebspunkt mit konstantem Abgasmassen- und Partikelstrom sowie einer gleichbleibenden Temperatur des einströmenden Abgases in das Modell von 600 °C nachgebildet. Nach Erreichen einer Rußbeladung von 1 g/ltr wird durch die Zugabe von 2 Vol.-% Sauerstoff ein Abbrand eingeleitet, der allerdings, nachdem weniger als 0,5 g/ltr Ruß auf dem Filter verbleiben, abgebrochen wird. Nach drei Beladungen wird eine vollständige Regeneration durchgeführt (vgl. Bild 11).

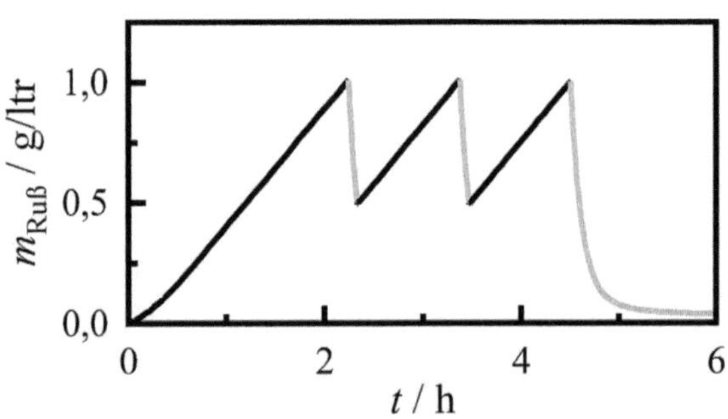

Bild 11: Verlauf der mittels Simulation ermittelter im Filter gespeicherten Rußmasse bei einer Beladung mit dem „120 km/h – λ=1 Super E05"-Ruß. Regenerationsphasen (grau markiert) durch Zugabe von 2 Vol.-% O_2.

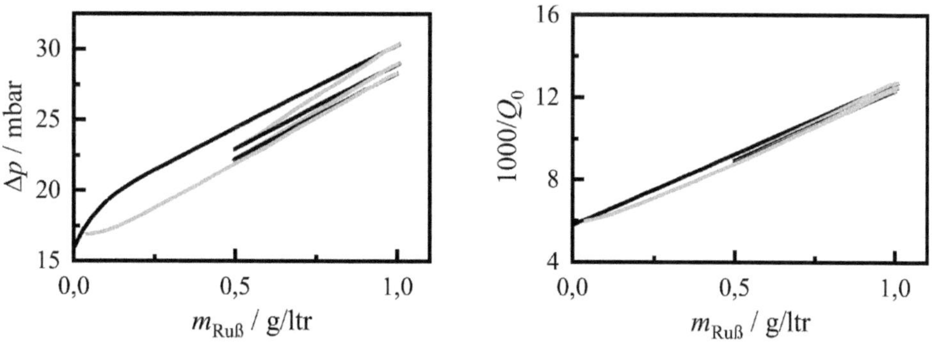

Bild 12: Sensorsignal abhängig von der gespeicherten Rußmasse des Differenzsensors und des HF-Sensors basierend auf dem Q_0-Signal; Regenerationsphasen sind grau markiert.

Aufgrund der Abkühlung des Abgassystems durch Konvektion und Wärmestrahlung liegt die durchschnittliche Filtertemperatur im unberußten Zustand leicht unterhalb der Eintrittstemperatur des Abgases bei 578 °C. In den Außenbereichen des Filters kann jedoch eine deutliche Abkühlung beobachtet werden, sodass die Filtertemperatur teilweise unterhalb von 540 °C liegt. Hierdurch sind in diesen Bereichen aufgrund der langsameren Reaktionskinetik erhebliche Auswirkungen auf das Regenerationsverhalten zu erwarten. So verbleibt bei den weniger reaktiven Rußen auch nach längerer Zeit in oxidierendem Abgas eine geringe Restmasse an Ruß auf dem Filter zurück. Diese könnte erst durch eine weitere Aufheizung des Filters abgebrannt werden.

Bild 12 zeigt, dass sowohl der Δp- als auch der HF-Sensor – mit dem inversen Gütefaktor Q_0^{-1} als Signal – ein nahezu lineares Beladungssignal wiedergeben. Bei der Differenzdruckmessung ist allerdings die Tiefenfiltration zu Beginn der Beladung durch einen stärkeren Gegendruckanstieg deutlich erkennbar. In den Regenerationsphasen findet dagegen der Abbrand gleichzeitig in der Porenstruktur und im Rußkuchen statt, sodass eine stärkere Abhängigkeit des Differenzdrucks von der Rußmasse als bei der vorausgegangenen Beladung zu beobachten ist. Zusätzlich verändert sich die Strömung durch den Partikelfilter, da in den kälteren Bereichen des Filters aufgrund des langsamer abbrennenden Rußes ein höherer Strömungswiderstand durch die Filterwände als im restlichen Filter vorliegt. Dieser Effekt trägt zusätzlich zum starken Gegendruckabfall während der Regeneration bei. Die ungleichmäßige Rußverteilung wirkt sich allerdings ebenfalls negativ auf die Genauigkeit des HF-Sensors aus, da wie bereits in Abschnitt 7.2.2 erläutert, dieser in den Außenbereichen des Filters eine geringere Empfindlichkeit besitzt. Zusätzlich beeinflussen die dort geringeren Temperaturen auch – wie in Abschnitt 7.4.1 beschrieben – direkt die dielektrischen Eigenschaften des eingelagerten Rußes. Durch die einfache Bestimmung einer mittleren Filtertemperatur ist eine Kompensation dieses Effekts zwar nicht möglich, allerdings könnte modellbasiert auf Grundlage des zeitlichen Verlaufs der Abgastemperatur eine Abschätzung über die Temperaturverteilung erfolgen und diese zur Korrektur des Sensorfehlers herangezogen werden.

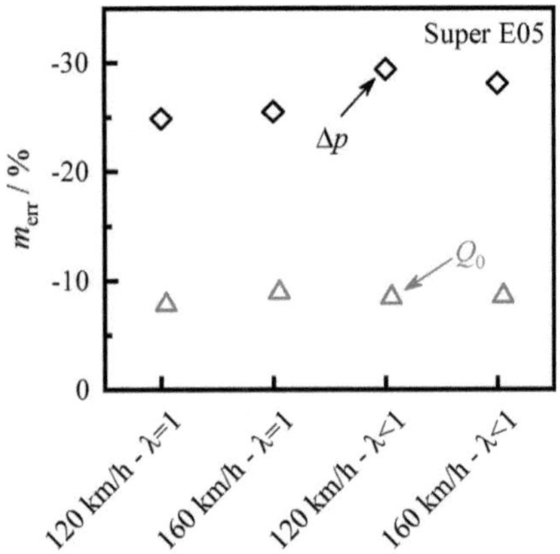

Bild 13: Relativer Fehler m_{err} bei der Bestimmung der Rußmasse mittels Δp- und HF-Sensors nach Beendigung der ersten Regeneration bei den mit dem Kraftstoff Super E05 erzeugten Rußproben.

Zudem beeinflusst der Betriebspunkt beziehungsweise dessen kinetischen Eigenschaf-
Zur besseren Vergleichbarkeit der nur geringen Signalunterschiede zwischen den verschiedenen Rußproben erfolgt die Auswertung eines Massenbestimmungsfehlers, der auftreten würde, wenn ausgehend vom Sensorsignal während der ersten Beladung auf die im Filter vorhandene Rußmasse geschlossen wird. In Bild 13 ist für die vier untersuchten Betriebspunkte die prozentuale Abweichung zur tatsächlichen Rußmasse nach der ersten Teilregeneration dargestellt. Der Differenzdrucksensor zeigt in allen Betriebspunkten einen relativen Fehler m_{err} an, der etwa dreimal größer als der des HF-Sensors ist.

ten den Sensorfehler der Differenzdruckmessung. Dabei zeigen die mit Super E05 unter nicht-stöchiometrischen Bedingungen erzeugten Ruße, die eine langsamere Abbrandkinetik aufweisen, zwar einen leicht größeren Fehler, ein eindeutiger Zusammenhang mit der Reaktionsgeschwindigkeitskonstanten k_c kann allerdings nicht ermittelt werden. Der HF-Sensor wird dagegen durch die unterschiedlichen Reaktionsgeschwindigkeiten nur minimal beeinflusst. Im Vergleich mit den direkt auf die dielektrischen Eigenschaften wirkende Temperaturquerempfindlichkeit liegt der Fehler infolge einer möglichen inhomogenen Rußverteilung in der gleichen Größenordnung wie eine unberücksichtigte Temperaturabweichung von 100 °C.

7.6 Zusammenfassung

Obwohl bei Dieselpartikelfiltern bereits die Anwendbarkeit der Hochfrequenzsensorik zur Beladungsüberwachung gezeigt werden konnte, ist deren Einsatz bei Benzinpartikelfiltern, die in den letzten Jahren in immer mehr Fahrzeugen verbaut werden, ohne weitreichende Untersuchungen kaum möglich. Die Gründe hierfür liegen in den unterschiedlichen Partikeleigenschaften, in veränderten Betriebsbedingungen sowie auf diese angepasste Filtereigenschaften.

In diesem Artikel konnte durch Beladungsuntersuchungen an einem Motorprüfstand gezeigt werden, dass mit dem HF-Sensor selbst die Detektion von geringen Beladungen möglich ist. Allerdings zeigt sich, dass je nach Wahl des Betriebspunkts oder der Kraftstoffqualität das Sensorsignal unterschiedliche Empfindlichkeiten auf die Rußbeladung aufweisen kann. Zur weiteren Charakterisierung der Hochfrequenzsensorik wurden die motorberußten Filter im Labor unter exakt definierten Bedingungen hinsichtlich der Temperatur- und Feuchtequerempfindlichkeit untersucht. Auf Temperaturänderung reagiert der HF-Sensor dabei nahezu linear, wobei ebenfalls wie bei den Beladungsversuchen eine deutliche Abhängigkeit vom Betriebspunkt festgestellt werden konnte. Die Kraftstoffqualitäten dagegen beeinflussen die Temperaturquerempfindlichkeit nur in geringerem Maße. Die Abgasfeuchtigkeit besitzt im Vergleich ebenfalls nur einen geringeren Einfluss und müsste für eine ausreichend genaue Messung wohl nur bei starken Änderungen, wie sie zum Beispiel bei einem Wechsel in Schubabschaltung bei gleichzeitig hohen Filtertemperaturen auftreten, berücksichtigt werden.

Ein weiterer Einflussfaktor, der neben der Genauigkeit des HF-Sensors auch die der Differenzdruckmessung beeinflusst, ist eine ungleichmäßige Verteilung von Ruß im Filter. Traten diese bei Dieselpartikelfiltern aufgrund der regelmäßigen vollständigen Filterregenerationen kaum auf, muss dieser Effekt bei Benzinpartikelfiltern unbedingt berücksichtigt werden. Deren Einfluss auf die Sensorgenauigkeit konnte durch Simulationen unvollständiger Rußabbrände beispielhaft gezeigt werden. Hierbei zeigte der HF-Sensor im Gegensatz zur Differenzdruckmessung keine Abhängigkeit von den kinetischen Eigenschaften der Rußproben. Dennoch kann die hierdurch resultierende ungleichmäßige Rußverteilung im Filter zu einer zusätzlichen Ungenauigkeit bei der Beladungsbestimmung führen.

Zusammenfassend lässt sich sagen, dass mit den vorgestellten Messungen ein großer Erkenntnisgewinn hinsichtlich verschiedener Querempfindlichkeiten auf den HF-Sensor erreicht wurde. Für eine störungsfreie und möglichst genaue Beladungsdetektion müssen allerdings noch weitere Untersuchungen bezüglich der Betriebspunktabhängigkeit von für die Hochfrequenzsensorik relevanten Rußeigenschaften durchgeführt werden.

Literatur

[1] Platt, S. M., El Haddad, I., Pieber, S. M., Zardini, A. A., Suarez-Bertoa, R., Clairotte, M., Daellenbach, K. R., Huang, R.-J., Slowik, J. G., Hellebust, S., Temime-Roussel, B., Marchand, N., Gouw, J. de, Jimenez, J. L., Hayes, P. L., Robinson, A. L., Baltensperger, U., Astorga, C., Prévôt, A. S. H., „Gasoline cars produce more carbonaceous particulate matter than modern filter-equipped diesel cars“, *Scientific reports*, Vol. 7, S. 4926, 2017.

[2] Schoenhaber, J., Kuehn, N., Bradler, B., Richter, J. M., Bauer, S., Lenzen, B., Beidl, C., „Impact of European Real-Driving-Emissions Legislation on Exhaust Gas Aftertreatment Systems of Turbocharged Direct Injected Gasoline Vehicles“, *SAE Technical Paper 2017-01-0924*, 2017.

[3] Richter, J. M., Klingmann, R., Spiess, S., Wong, K.-F., „Application of Catalyzed Gasoline Particulate Filters to GDI Vehicles“, *SAE International Journal of Engines*, Vol. 5, S. 1361–1370, 2012.

[4] Demuynck, J., Favre, C., Bosteels, D., Hamje, H., Andersson, J., „Real-World Emissions Measurements of a Gasoline Direct Injection Vehicle without and with a Gasoline Particulate Filter“, *SAE Technical Paper 2017-01-0985*, 2017.

[5] Rose, D., Boger, T., „Different Approaches to Soot Estimation as Key Requirement for DPF Applications“, *SAE Technical Paper 2009-01-1262*, 2009.

[6] Feulner, M., Hagen, G., Piontkowski, A., Müller, A., Fischerauer, G., Brüggemann, D., Moos, R., „In-Operation Monitoring of the Soot Load of Diesel Particulate Filters: Initial Tests“, *Topics in Catalysis*, Vol. 56, S. 483–488, 2013.

[7] Feulner, M., Hagen, G., Hottner, K., Redel, S., Müller, A., Moos, R., „Comparative Study of Different Methods for Soot Sensing and Filter Monitoring in Diesel Exhausts“, *Sensors*, Vol. 17, S. 400, 2017.

[8] Sappok, A., Bromberg, L., „Radio Frequency Diesel Particulate Filter Soot and Ash Level Sensors: Enabling Adaptive Controls for Heavy-Duty Diesel Applications“, *SAE International Journal of Commercial Vehicles*, Vol. 7, S. 468–477, 2014.

[9] La Rocca, A., Bonatesta, F., Fay, M. W., Campanella, F., „Characterisation of soot in oil from a gasoline direct injection engine using Transmission Electron Microscopy“, *Tribology International*, Vol. 86, S. 77–84, 2015.

[10] Luo, Y., Zhu, L., Fang, J., Zhuang, Z., Guan, C., Xia, C., Xie, X., Huang, Z., „Size distribution, chemical composition and oxidation reactivity of particulate matter from gasoline direct injection (GDI) engine fueled with ethanol-gasoline fuel“, *Applied Thermal Engineering*, Vol. 89, S. 647–655, 2015.

[11] Lambert, C., Chanko, T., Dobson, D., Liu, X., Pakko, J., „Gasoline Particle Filter Development“, *Emission Control Science and Technology*, Vol. 3, S. 105–111, 2017.

[12] Saito, C., Nakatani, T., Miyairi, Y., Yuuki, K., Makino, M., Kurachi, H., Heuss, W., Kuki, T., Furuta, Y., Kattouah, P., Vogt, C.-D., „New Particulate Filter Concept to Reduce Particle Number Emissions“, *SAE Technical Paper 2011-01-0814*, 2011.

[13] Wang-Hansen, C., Ericsson, P., Lundberg, B., Skoglundh, M., Carlsson, P.-A., Andersson, B., „Characterization of Particulate Matter from Direct Injected Gasoline Engines“, *Topics in Catalysis*, Vol. 56, S. 446–451, 2013.

[14] Chan, T. W., Meloche, E., Kubsh, J., Rosenblatt, D., Brezny, R., Rideout, G., „Evaluation of a Gasoline Particulate Filter to Reduce Particle Emissions from a Gasoline Direct Injection Vehicle“, *SAE International Journal of Fuels and Lubricants*, Vol. 5, S. 1277–1290, 2012.

[15] Gaiser, G., Mucha, P., „Prediction of Pressure Drop in Diesel Particulate Filters Considering Ash Deposit and Partial Regenerations“, *SAE Technical Paper 2004-01-0158*, 2004.

[16] Choi, S., Oh, K.-C., Lee, C.-B., „The effects of filter porosity and flow conditions on soot deposition/oxidation and pressure drop in particulate filters“, *Energy*, Vol. 77, S. 327–337, 2014.

[17] Suresh, A., Khan, A., Johnson, J. H., „An Experimental and Modeling Study of Cordierite Traps – Pressure Drop and Permeability of Clean and Particulate Loaded Traps“, *SAE Technical Paper 2000-01-0476*, 2000.

[18] Dietrich, M., Rauch, D., Porch, A., Moos, R., „A Laboratory Test Setup for in Situ Measurements of the Dielectric Properties of Catalyst Powder Samples under Reaction Conditions by Microwave Cavity Perturbation: Set up and Initial Tests“, *Sensors*, Vol. 14, S. 16856–16868, 2014.

[19] Moos, R., „Microwave-Based Catalyst State Diagnosis – State of the Art and Future Perspectives“, *SAE International Journal of Engines*, Vol. 8, S. 1240–1245, 2015.

[20] Dietrich, M., Jahn, C., Lanzerath, P., Moos, R., „Microwave-Based Oxidation State and Soot Loading Determination on Gasoline Particulate Filters with Three-Way Catalyst Coating for Homogenously Operated Gasoline Engines“, *Sensors*, Vol. 15, S. 21971–21988, 2015.

[21] Walter, S., Ruwisch, L., Göbel, U., Hagen, G., Moos, R., „Radio Frequency-Based Determination of the Oxygen and the NO_x Storage Level of NO_x Storage Catalysts“, *Topics in Catalysis*, Vol. 62, S. 157–163, 2019.

[22] AVL List GmbH, „AVL 483 MicroSoot“, Manual, 2009

[23] TSI GmbH, „Scanning Mobility Particle Sizer“, Manual, 2010.

[24] Catalytic Instruments, „Catalytic Stripper“, Manual, 2019.

[25] Haltermann Carless Deutschland GmbH, Grenzkraftstoff „Casablanca Fuel“, Analyseergebnisse vom 18.04.2019.

[26] Xing, J., Shao, L., Zheng, R., Peng, J., Wang, W., Guo, Q., Wang, Y., Qin, Y., Shuai, S., Hu, M., „Individual particles emitted from gasoline engines: Impact of engine types, engine loads and fuel components“, *Journal of Cleaner Production*, Vol. 149, S. 461–471, 2017.

[27] ASG Analytik Service GmbH, Kraftstoffanalyse „Tankstellenkraftstoff Super E05“, Analyseergebnisse vom 16.04.2018.

[28] Potenza, M., Milanese, M., de Risi, A., „Effect of injection strategies on particulate matter structures of a turbocharged GDI engine“, *Fuel*, Vol. 237, S. 413–428, 2019.

[29] Notheis, D., Bertsch, M., Velji, A., Koch, T., „Untersuchung der Partikelemissionen für unterschiedliche Einspritzstrategien an einem aufgeladenen Ottomotor mit Direkteinspritzung“, in: Tschöke, H. and Marohn, R. (Hrsg.), *10. Tagung Diesel- und Benzindirekteinspritzung 2016*, Proceedings, Springer Fachmedien Wiesbaden, Wiesbaden, ISBN 978-3-658-15326-7, S. 403–424, 2017.

[30] Nowak, D., „Ruß- und Aschedeposition in Ottopartikelfiltern“, Springer Fachmedien Wiesbaden, Wiesbaden, ISBN 978-3-658-21257-5, 2018.

[31] Dietrich, M., Hagen, G., Reitmeier, W., Burger, K., Hien, M., Grass, P., Kubinski, D., Visser, J., Moos, R., „Radio-Frequency-Based NH_3-Selective Catalytic Reduction Catalyst Control: Studies on Temperature Dependency and Humidity Influences“, *Sensors*, Vol. 17, S. 1615, 2017.

[32] Anritsu Company, „ShockLine™ MS46322A/B Series Economy Vector Network Analyzer“, Operation Manual, 2018.

[33] Feulner, M., Seufert, F., Müller, A., Hagen, G., Moos, R., „Influencing Parameters on the Microwave-Based Soot Load Determination of Diesel Particulate Filters“, *Topics in Catalysis*, Vol. 60, S. 374–380, 2017.

[34] Tognotti, L., Longwell, J. P., Sarofim, A. F., „The products of the high temperature oxidation of a single char particle in an electrodynamic balance“, *Symposium (International) on Combustion*, Vol. 23, S. 1207–1213, 1990.

[35] Choi, S., Seong, H., „Oxidation characteristics of gasoline direct-injection (GDI) engine soot: Catalytic effects of ash and modified kinetic correlation“, *Combustion and Flame*, Vol. 162, S. 2371–2389, 2015.

[36] Seiko Instruments Inc., „Thermogravimetry/Differential Thermal Analyzer Module: TG/DTA 6300“, Operation Manual, 1996.

[37] Orion Engineered Carbons GmbH, „Specialty Carbon Blacks“, Data Sheet, 2017.

Kapitel 8
3D-Sensorik auf Basis einer Time-of-Flight-Kamera zur kontaktlosen Fahrzeugbedienung

Niko Clemens Schmidt-Fischer[1], **Robert Krannich**[1], **Thomas Findeisen**[1]

Kurzfassung In heutigen Fahrzeugen nehmen Funktionsumfänge stetig zu und damit Bedienmöglichkeiten der Insassen. Im Zuge dessen stellen sich neue Herausforderungen, Bedienelemente zu reduzieren, Sicherheit und Komfort hingegen zu steigern. Lösungsansätze sind Sensoren zur 3D-Überwachung eines definierten Raumes und smarte Algorithmen zur Auswertung der Interaktion der Insassen mit dem Fahrzeug, um die Bedienmöglichkeit zu gewährleisten.

8.1 Einleitung

Die digitalen Veränderungen der heutigen Zeit wirken sich auch auf den Fahrzeuginnenraum aus. Der Trend, eine Vielzahl von Funktionen im Fahrzeug unterzubringen, ist die Herausforderung von heute und morgen. Zum einen bedarf es der Bedienung dieser Funktionen und zum anderen steigen Designansprüche. Klassische Bedienelemente wie Schalter werden heute erweitert bzw. ersetzt durch neue Eingabekonzepte wie Touchpads, Touchdisplays und Kamerasysteme, um nur einige zu nennen. Diese Aspekte werfen Fragen auf. Durch die steigende Anzahl von Funktionen beziehungsweise Bedienmöglichkeiten besteht die Gefahr, dass Fahrer mehr abgelenkt werden. Wie können im Umkehrschluss dennoch die Sicherheit im Straßenverkehr und der Komfort gewährleistet beziehungsweise gesteigert werden?

Die Beantwortung der Frage geht mit einer Reduzierung der klassischen Bedienelemente und dem Einsatz neuer innovativer Eingabesysteme einher. Eines dieser innovativen Eingabesysteme stellt eine sog. Time-of-Flight (TOF) Kamera dar, die in diesem Beitrag näher beleuchtet wird.

---

[1] Valeo Klimasysteme GmbH.

T. Tille (Hrsg.), *Automobil-Sensorik 3*, https://doi.org/10.1007/978-3-662-61260-6_8

8.2 Motivation

8.2.1 Sicherheit

Die Sicherheit der Verkehrsteilnehmer ist die höchste Prämisse für Fahrzeugbauer und Entwickler, trotzdem meldet die WHO ca. 1,35 Millionen Opfer bei Verkehrsunfällen [1]. Bei Kindern und Jugendlichen zwischen fünf und 29 Jahren wird der Verkehrsunfall als häufigste Todesursache weltweit gesehen [1]. Dabei machte schon 2011 die Ablenkung des Fahrers einen Anteil von über zehn Prozent aller Verkehrsunfälle aus und kann so als Ursache bei fast einem Drittel angesehen werden [2]. Um die Sicherheit zu erhöhen, muss die Ablenkung minimiert werden. Das Gegenteil scheint jedoch der Fall zu sein. Die Ablenkungen nehmen zu und damit auch die vermeidbaren Unfälle. Trotz verbesserter Fahrerassistenzsysteme ist die Zahl der Unfälle durch Ablenkung in den USA von 5,4 Millionen im Jahr 2010 auf 6,1 Millionen im Jahr 2014 gestiegen [2]. Eine der häufigsten Unfallursache ist die Suche nach den Tasten, um eine Aktion durchzuführen. Jedoch sind immer mehr Funktionen im Fahrzeug zu bedienen. Von dem Fahrmodus bis zur klassischen Lautstärkeregelung will alles auf die aktuellen Bedürfnisse eingestellt werden. 1971 konnte mit zehn Knöpfen ein komplettes Luxusfahrzeug bedient werden. 40 Jahre später verfügte der Nachfolger über 50 Knöpfe [3]. Hinzu kommen immer kompliziertere Infotainment-Systeme, in dessen Tiefen erst die gesuchte Einstellung gefunden werden muss. Somit wird das persönliche Einstellen des Fahrzeuges für manche Käufer soweit verkompliziert, dass die Sicherheitsfunktionen, die von Fahrzeugherstellern aufwendig konzipiert und integriert wurden, gar nicht erst genutzt werden. Wenn das Verbinden des Handys mit dem Fahrzeug zu komplex wird, oder die Bedienung des Anrufmenüs zu viel Zeit in Anspruch nimmt, wird doch direkt über das Smartphone angerufen, auch wenn es verboten ist [3]. Die Sicherheit beim Autofahren wird zu oft dem persönlichen Komfort nachgestellt. Dabei sind Blickrichtung und Ablenkzeit die Hauptprobleme. Wenn 5 Sekunden lang der Knopf zum Weiterschalten des Radiosenders gesucht wird, in denen der Fahrer auf das Radio schaut, hat er bei 50 km/h eine Fahrstrecke von 69 m zurückgelegt ohne auf die Straße zu schauen.

8.2.2 Reduzierung Bedienelemente

Die Knopfflut der modernen Fahrzeuge wird immer mehr zum Problem beim Fahren. Durch die Angebote von Carsharing und Mietautos wird die Bedienung der Knöpfe zu einem Suchmarathon während der Fahrt. Das einfache Einstellen der Sitzheizung kann den Fahrer ein paar wertvolle Sekunden von seiner eigentlichen Aufgabe ablenken, auf das Fahrzeugumfeld zu achten. Auf den Knopf zu verzichten und die Aktivierung im zentralen Display des Fahrzeuges unterzubringen, hat jedoch auch nur den Vorteil, den Blick nicht ganz so weit von der Straße entfernen zu müssen. Oft wird die Bedienung dann sogar noch erschwert, da die Funktion erst zeitaufwendig gesucht werden muss. Hinzu kommt, dass moderne Knöpfe gar keine mehr sind. Die Knöpfe werden nicht mehr im klassischen Sinn gedrückt, sondern durch die Näherung eines Eingabeobjektes erkannt. Damit kann der Knopfdruck nicht mehr alleine nur durch haptisches Fühlen durchgeführt werden, sondern es muss mit dem Blick zu dem Knopf gegenvalidiert werden. Ziel sollte es also sein, eine Bedienung zu entwickeln, die ohne größeren Ablenkungsaufwand die Funktionen bedienbar macht. Hier bietet sich ganz klar die Gestensteuerung an. Für einen spezifizierten Bereich wird eine spezielle Handhaltung mit Bewegungsabfolge definiert und mit dieser die dazugehörigen Funktionen freigeschaltet. Im Headup-Display kann die ausgeführte Geste angezeigt werden, um ein Feedback der Auslösung einer Funktion zu bekommen. Somit lassen sich Steuerungsbefehle geben, die der Fahrer nicht visuell überwachen muss.

8.2.3 Komfort

Die Akzeptanz einer Funktion wird durch den Komfort beim Ausführen der Eingabe und den Nutzen der Funktion gegeben. Mit Gesten können theoretisch alle Knöpfe im Fahrzeug simuliert und Funktionen im Center Display bedient werden. Der Vorteil besteht aber darin, dass nur eine Geste, die eine Bedienung erleichtert oder zusätzliche Funktionen freischaltet, wie zum Beispiel die Navigationseinstellung während der Fahrt, auch benötigt wird. Um eine Geste zu definieren, ist zu analysieren, welche Bewegungen intuitiv in welchem Kontext genutzt werden, bevor diese integriert wird. Ziel der Gestensteuerung ist es, die Ablenkung des Fahrers zu reduzieren und sein Wohlbefinden im Fahrzeug zu steigern. Da die Bedienung in einem frei definierbaren Raum stattfindet, kann die Integration für den Beifahrer oder weitere Personen im Fahrzeug mitgenutzt oder mit geringem Aufwand ein zusätzliches System für diese integriert werden. Bei Passagieren im Fahrzeug ist die Ablenkzeit vom Straßenverkehr natürlich nicht ganz so wichtig, aber die komfortable Steuerung über Gestik vereinfacht auch für sie die Fahrt. Durch die intuitive Gestaltung der Gesten kann ein schnelles Lernen und Ausführen dabei die Akzeptanz noch weiter verstärken.

8.3 Sensor-Vergleich

Zur 3D-Detektion von Gesten im Fahrzeug bieten sich neben dem TOF-System noch Stereokameras bzw. Triangulationssysteme oder im Nahbereich Kapazitive-Sensorik (E-Feld Sensorik) an. Für die Fahrzeuganwendung muss das optimale System klein sein, Echtzeitfähig laufen und dabei störunanfällig funktionieren. Die Vorteile und Nachteile der einzelnen Systeme werden im Folgenden dargestellt.

8.3.1 *Stereo-Kamera und Triangulationssystem*

Stereo-Kameras sind ein Teil der Triangulationssysteme. Das Prinzip der Triangulation beruht darauf, dass man den Abstand der Sensoren zueinander kennt und über den Winkel von mindestens zwei Sensoren zu einem Punkt im Raum die Entfernung berechnet wird.

In diesem Vortrag wird zwischen der Stereo-Kamera bestehend aus zwei Sensoren und dem Triangulationssystem mehreren Sensoren unterschieden, um die Vor- und Nachteile vom klassischen 2-Sensoren-Prinzip zum Multisensoren-Prinzip genauer hervorzuheben.

Stereo-Kameras sind sehr gut mit den menschlichen Augen vergleichbar. Die beiden Sensoren erzeugen ein Bild mit den gleichen Vor- und Nachteilen, die wir von der menschlichen Tiefenwahrnehmung kennen. Verdeckung eines Sensors, gleichfarbige Regionen oder sich wiederholende Muster machen es dem System sehr schwer, den Abstand zu einem Objekt richtig einzuschätzen [4]. Auch ist das System auf eine Lichtquelle angewiesen, da es nur Bilder aufnehmen kann, wenn diese beleuchtet werden. Zur Freiraumgestik in Fahrzeugen müsste das System über eine stabile Lichtquelle verfügen. Der Vorteil der Stereo-Kamera sind die relativ geringen Kosten für den Aufbau. Durch die hohe Störanfälligkeit ist das System jedoch nur sehr eingeschränkt für die Freiraumgestik im Auto geeignet. Auch muss ein nicht zu verachtender Aufwand betrieben werden, um das System echtzeitfähig zu machen. Zur Nutzung in Privathaushalten mit definierter Ausleuchtung und darauf optimierten Umgebungen ist es gut nutzbar.

Triangulationssysteme können durch zusätzliche Sensoren die Systemlimitierungen verringern [4]. Eine geschickte Verteilung der Sensoren im Raum führt zu höherer Stabilität und Genauigkeit des Systems. Damit lässt sich die Verdeckung eines Sensors, gleichfarbige Regionen oder sich wiederholende Muster unterbrechen und die Probleme auf ein Minimum reduzieren. Eine Beleuchtung wird jedoch weiterhin benötigt. Jede Kamera benötigt Licht, um etwas aufzunehmen. Die Störanfälligkeit kann reduziert werden, was gleichzeitig die Kosten durch mehr Hardware für das System nach sich zieht. Jede zusätzliche Kamera muss nicht nur realisiert und integriert werden, sondern auch die Bilder rechenaufwendig mit denen der anderen Kameras abgeglichen werden. Aus Kosteneffizienzgründen ist damit das Triangulationssystem nicht geeignet für eine Freiraumgestik im Fahrzeug. Es kann jedoch in stationären Anwendungen eine sehr genaue Entfernungsmessung vornehmen.

8.3.2 Kapazitive Sensorik

Bei kapazitiver Sensorik wird ein elektrisches Feld aufgebaut. Kleine kapazitive Änderungen werden von den Sensoren erkannt und einem Objekt zugesprochen. Tritt eine Erkennung ein, werden die Formen und Bewegungsrichtungen klassifiziert. Sollte die Klassifizierung einer spezifizierten Geste entsprechen, wird diese an die Verarbeitungseinheit weitergegeben. Der Platzbedarf dieses Aufbaus ist minimal und von der zu untersuchenden Fläche abhängig. Ein weiterer Vorteil ist, dass das System hinter einer geschlossenen Oberfläche oder hinter dem Display der Infotainment-Einheit verschwinden kann. Die benötigte Rechenleistung ist sehr gering und das System ist echtzeitfähig. Daraus ergeben sich auch geringe Kosten für die Umsetzung. Leider ist die Reichweite des Systems auf ca. 20 cm limitiert [6] und wird im größeren Maßstab für Störfaktoren wie eine zweite Hand im Interaktionsraum oder ein anderes kapazitives Objekt sehr anfällig. In der Umsetzung funktioniert nur eine vereinfachte Gestik. Kapazitive-Sensorik ist somit für eine umfangreiche Freiraumgestik nicht geeignet aber für Kleinanwendungen, wie Wischgesten vor einer Bedieneinheit gut zu gebrauchen.

8.3.3 TOF-System

Beim TOF-System wird die Zeit direkt oder indirekt durch Modulierung gemessen, die ein abgesendeter Lichtstrahl braucht, um auf ein reflektierendes Objekt zu treffen und zurück zum Sensor zu gelangen. Damit kann für eine hohe Genauigkeit bei dafür geringer Rechenleistung eine Tiefeninformation in Echtzeit gesammelt werden. TOF-Systeme benötigen anwendungsorientiert wenig Bauraum und können stabile Bilder und Tiefenberechnungen liefern, da sie ihre eigene Beleuchtung erzeugen und nur auf einen definierten Arbeitsbereich kalibriert werden. Sollten sich Überschneidungen mit anderen Infrarotstrahlern ergeben, die auf der gleichen Wellenlänge arbeiten, wird das System negativ beeinflusst. Die direkte Messung der Distanz reduziert Folgeberechnungen und somit lässt sich einfach ein kosteneffektiver, echtzeitfähiger Aufbau entwickeln, der für Freiraumgestik sehr gut geeignet ist.

Tabelle 1: Gegenüberstellung 3D-Sensoren.

Eigenschaft	Stereo-Kamera	Triangulations-System	E-Feld	TOF-System
Platzbedarf	Mittel	Groß	**Klein**	Mittel
Rechenleistung	Mittel	Groß	Gering	Gering
Aufwand für Echtzeitfähigkeit	Mittel	Groß	**Gering**	**Gering**
Störanfällig	Hoch	Mittel	Mittel	**Gering**
Sensoren	2	3 bis 8+	3+	1
Sender	Extern und Intern	Extern und Intern	**Intern**	**Intern**
Kosten	**Gering**	Hoch	**Gering**	Mittel
Freiraumgestik geeignet	**Ja**	**Ja**	Nein	**Ja**
Fahrzeugintegration empfehlenswert	Nein	Nein	**Ja**	**Ja**

8.3.4 Gegenüberstellung 3D-Sensoren

In Tabelle 1 sind alle Vor- und Nachteile der verschiedenen 3D-Sensoren vergleichend gegenübergestellt. Dabei sind die positiven Aspekte hervorgehoben.

8.4 Technik

8.4.1 Time-of-Flight

8.4.1.1 Funktionsprinzip

Eine Time-of-Flight-Kamera, auch kurz TOF-Kamera genannt, besteht prinzipiell aus den fünf Bestandteilen Sensor, Linse, Beleuchtungseinheit, Ansteuerelektronik und Auswerteeinheit (vgl. Bild 1) Dabei wird mittels der Beleuchtungseinheit ein gepulstes beziehungsweise moduliertes Licht abgegeben und die Kamera misst für jeden Pixel die Zeit des Lichts bis zum Objekt und wieder zurück. Anhand der benötigten Zeit kann die Entfernung ermittelt werden. Je nach Objekt im Field-of-View (FOV) und Sichtfeld der TOF-Kamera, kann jeder Pixel eine andere Tiefe aufweisen. Damit entsteht ein dreidimensionales Bild der Umgebung. Das TOF-System beinhaltet zusätzlich noch eine Gestik-Auswerteeinheit.

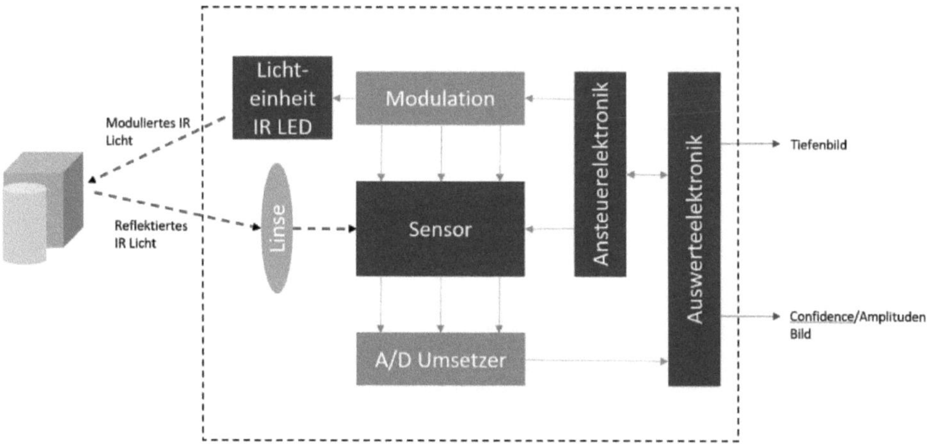

Bild 1: Aufbau TOF-Kamera.

Die Ansteuerelektronik dient zur Steuerung und damit Synchronisation der Lichteinheit und des Sensors. Gleichzeitig dient sie zur Modulation des von der Infrarot-LED ausgestrahlten Lichts. Mit der Linse wird das reflektierte Licht auf dem Sensor fokussiert. Je nach Linse kommt ein optischer Bandpassfilter zum Einsatz, um Rauschen zu verhindern. Der Analog-zu-Digital (A/D)-Umsetzer wandelt das vom Sensor aufgenommene Bild für die weitere Verarbeitung in digitale Signale um. In der Auswerteelektronik erfolgt die Berechnung Tiefen- und Confidence-Bildes aus den digitalen Sensordaten in mehreren Schritten. Hierbei kann in Verbindung ein Field-Programmable-Gate-Array (FPGA) zum Einsatz kommen, da dieser Daten parallel abarbeitet und damit eine höhere Frames-per-Second-Rate (FPS) möglich wird.

8.4.1.2 Kamera Field-of-View

Besonders bei der Gestensteuerung gilt es festzulegen, wer und an welcher Position im Fahrzeug die Gesten auszuführen sind. Im Folgenden wird auf die Bedienung des Infotainment-Systems eingegangen. Dieses soll sowohl vom Fahrer als auch vom Beifahrer bedienbar sein. Mit einem Verbau des TOF-Systems im Dachhimmel des vorderen Fahrzeugbereichs ist das Field-of-View (FOV) auf die Bedienelemente, das Display und der Bereich oberhalb des Gangwahlhebels gerichtet, was dem Sichtfeld der Kamera entspricht (vgl. Bild 2).

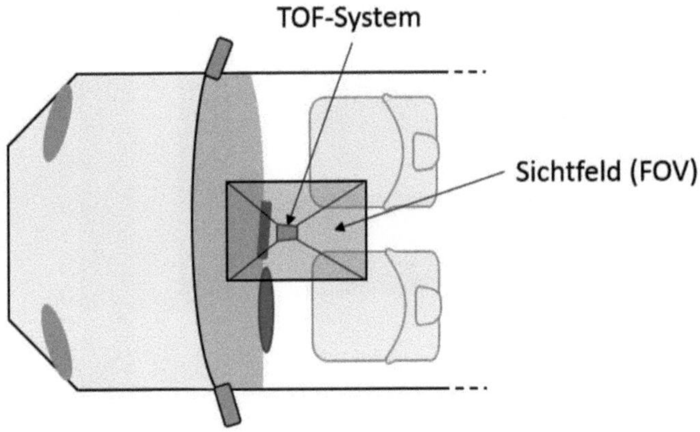

Bild 2: TOF-System im Fahrzeuginnenraum.

8.4.1.3 Tiefendarstellung

In Bild 3 ist das Tiefenbildbild eines TOF-Systems dargestellt, welches die zuvor beschriebene Einbaulage hat. Zu erkennen sind eine Hand und der Bereich mit den Bedienelementen des Autos sowie der Oberschenkel im Hintergrund. Im Gegensatz zu Bildaufnahmegeräten, welche die Farben der Objekte pro Pixel je nach Technologie in Rot, Grün und Blau (RGB) aufnehmen, gibt das TOF-System nur einen Tiefenzahlenwert an. Für die bessere Veranschaulichung des Bildmaterials auf einer 2D-Oberfläche, werden den Tiefen oft Farben oder Graustufen zugeordnet.

Grundsätzlich gilt es die Distanz d und die Tiefe Z zu unterscheiden, wobei sie jeweils abhängig voneinander sind. Die Distanz beschreibt die radiale Entfernung eines Objektes zum Sensor. Zur Ermittlung der Tiefe dient die Distanz, welche die Entfernung zur Ebene des Sensors beschreibt. Letztendlich erfolgt die Berechnung pixelweise p über die Bildbreite y und -länge x unter Zuhilfenahme der Brennweite f und dem Bildmittelpunkt c, wie Gleichung 1 zeigt.

$$Z_{(p_x,p_y)} = \frac{d_{(p_x,p_y)}}{\sqrt{1 + \frac{(p_x - cx)^2}{fx^2} + \frac{(p_y - cy)^2}{fy^2}}} \tag{1}$$

Zur Veranschaulichung des Unterschiedes zwischen Distanz und Tiefe dient Bild 4. Wird davon ausgegangen, dass die TOF-Kamera direkt auf eine ebene Fläche ausgerichtet ist, dann sind die Werte von Z_1 bis Z_5 gleich, wohingegen nur d_1 und d_5 sowie d_2 und d_4 denselben Wert haben. Im Mittelpunkt befindet sich d_3, welcher, wie bei der zuvor angegebenen Gleichung ersichtlich, den Werten von Z_1 bis Z_5 entspricht.

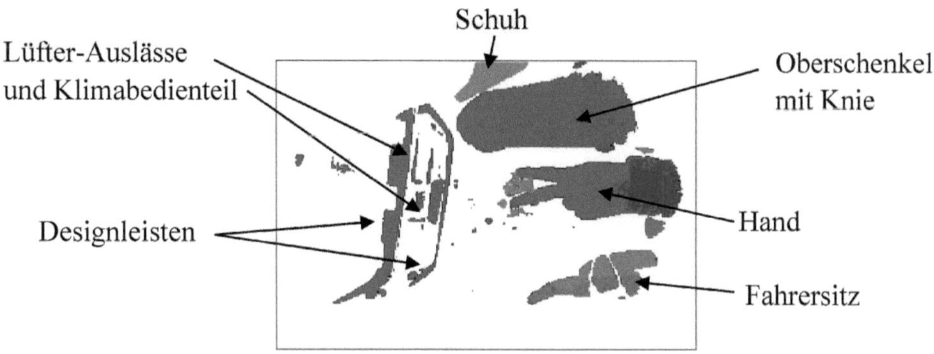

Bild 3: Tiefenbild eines TOF-Systems.

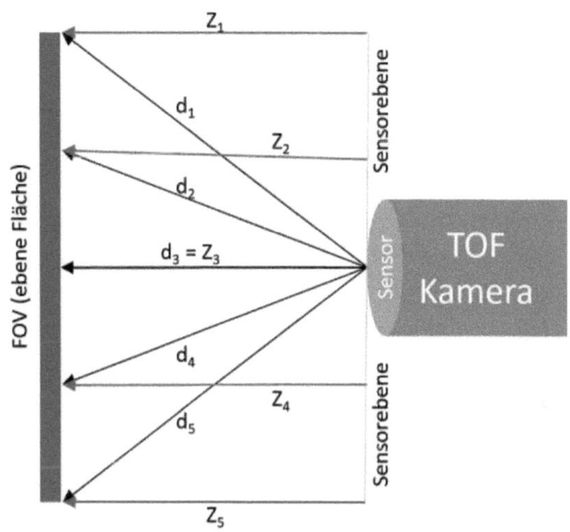

Bild 4: Veranschaulichung des Unterschieds von Tiefe Z_x und Distanz dx anhand einer TOF-Kamera und eine dazu parallel ausgerichteten ebenen Fläche im FOV.

8.4.1.4 Ausleuchtung

Mit einem im Fahrzeuginnenraum verbauten TOF-System ist es je nach Reflexionsgrad möglich, im Tiefenbild alle Objekte innerhalb des Sichtfeldes darzustellen. Bei dem oben gezeigten Tiefenbild sind allerdings nicht alle im Auto bekannten Elemente sichtbar, wie der Rest des Interieurs, Mittelkonsole, Sitze oder Becherhalter. Das Bild muss demnach eine Art Filter durchlaufen haben. Dies ist realisierbar, indem das TOF-System neben der Tiefe auch die Ausleuchtung aufnimmt. Das dabei entstandene Bild wird auch als Amplituden oder Confidence-Bild bezeichnet (vgl. Bild 5) und ähnelt einer Graustufenaufnahme. Dieses gibt wieder, wie stark die Objekte das von dem TOF-System ausgesendete Infrarot-Licht reflektieren. Gut reflektierende Areale werden sehr hell und schwach reflektierende Gebiete eher dunkel dargestellt.

Bild 5: Confidence-Bild einer TOF-Kamera.

Des Weiteren besagt das Abstandsgesetz, dass die Lichtintensität bei größer werdender Entfernung abnimmt [5]. Somit sind nahe Objekte heller als weiter entfernte. Damit ist es möglich, die nicht relevanten Pixel, welche zum Beispiel dem dunklen Hintergrund zugeordnet sind, im Tiefenbild auszufiltern.

Da für die Gestenerkennung nur die Hand benötigt wird, ist diese Filterung eine der ersten Schritte. Die Haut besitzt je nach TOF-System einen spezifischen minimalen Helligkeitswert. Alles darunter könnte abgeschnitten werden. Allerdings gilt es zu berücksichtigen, dass es zum Beispiel verschiedene Hauttypen gibt, die Hand eingecremt sein könnte, die Gesten mit Handschuhen ausgeführt werden oder eine starke Sonneneinstrahlung einfällt. Der für die Filterung genutzte Helligkeitswert muss dementsprechend durch Messungen ermittelt und gewählt werden.

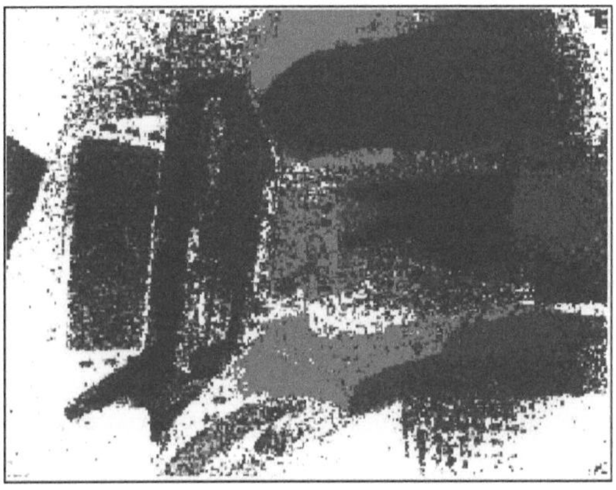

Bild 6: Tiefenbild ohne Confidence-Filter.

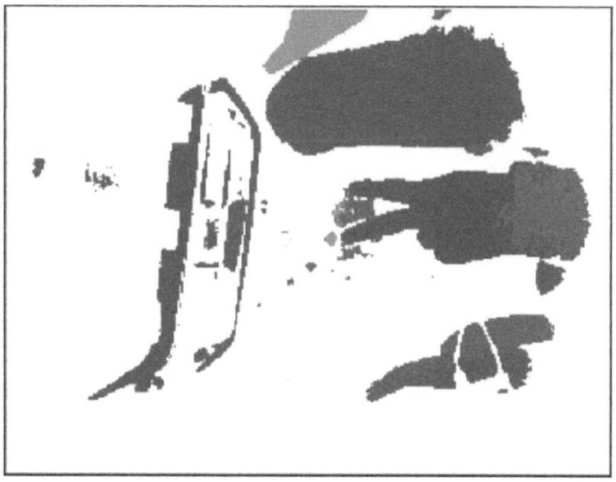

Bild 7: Tiefenbild mit Confidence-Filter.

Zur Verdeutlichung ist der Unterschied zwischen einem Tiefenbild ohne und mit Filterung in Bild 6 und Bild 7 dargestellt. In der linken Abbildung ist ein starkes Rauschen sichtbar, was die Handerkennung bei dem Gestenalgorithmus erheblich beeinträchtigt. Der Helligkeitswert kann sich je nach eingesetzter Hardware unterscheiden. Daher gilt es jedes System zu kalibrieren. Im nächsten Abschnitt wird darauf genauer eingegangen.

8.4.1.5 Kamerakalibrierung

8.4.1.5.1 Bedeutung

Bei dem oben erläuterten Funktionsprinzip geht es hauptsächlich um die grundsätzliche Funktionsweise eines TOF-Systems. Es stellen sich jedoch bei der realen Anwendung mehrere Kalibrierungsherausforderungen. Zunächst gibt es neben Einstellungen der Modulations- und Integrierzeit der Kameras, sowie Optimierung der Linsen- und Bildausrichtung die Kalibrierung des Tiefenbildes. Die Tiefenkalibrierung hat bei der Gestenerkennung im Fahrzeug einen großen Stellenwert, da es im Fahrzeug festgelegte Bereiche gibt, in denen Gesten erkannt werden müssen, und in denen keine erkannt werden dürfen. Das dient zur klaren Definition für die Gestenausführung und Vermeidung von Falscherkennungen. Die für die Realisierung dieses Sachverhaltes implementierten Ausschlussboxen haben eine feste X-, Y- und Z-Position, zum Beispiel in der Region um das Lenkrad. Daraus folgt, dass sichergestellt werden muss, den Z-Wert des TOF-Systems auf den realen Distanz Wert anzugleichen.

8.4.1.5.2 Distanzverschiebung

Die Distanzverschiebung (DShift) ist ein Offset, der den Z-Wert des Tiefenbildes auf die reale Entfernung angleicht. Dabei handelt es sich um einen konstanten Messwert, welcher von drei wesentlichen Kameraeigenschaften abhängig ist. Die Kamerahardware, wie Beleuchtung, Linse und Sensor, sowie Temperatur und Alterung.

Bei der Serienproduktion muss demnach jede Kamera bereits während der Produktion kalibriert werden, um die Unterschiede der einzelnen Elemente der Kamerahardware ausgleichen zu können. Das ist verhältnismäßig einfach umzusetzen, indem jede Kamera bei der gleichen Temperatur im gleichen Abstand zu einem verifizierten Objekt ausgerichtet und daraufhin ein Tiefenbild aufgenommen wird. Anschließend ist eine Differenz zwischen dem Tiefenbild und der realen Distanz messbar, welche als Wert im Parameter DShift abgespeichert wird.

Des Weiteren ist das TOF-System während der Betriebszeit verschiedenen Temperaturen ausgesetzt. Das hängt zum einen von der Außentemperatur und zum anderen von der Eigenerwärmung während des Betriebs ab. Zunächst muss in einem Klimakammertest ermittelt werden, wie hoch der Einfluss der Temperatur auf die Distanz ist. Bei dieser Messung wird für mehrere definierte Temperaturen jeweils ein Distanzoffset analysiert. Die dabei entstandene Umsetzungstabelle dient zur Berechnung des Temperaturdistanzoffsets, welcher auf dem DShift addiert wird. Voraussetzung dafür ist ein integrierter Temperatursensor in dem TOF-System.

Abschließend gilt es noch die Bildverschiebung bei der Alterung zu kompensieren. Da je nach Qualität der einzelnen Kameraelemente und Umgebungseinflüsse nicht davon ausgegangen werden kann, dass die Tiefe sich im Alter bei jedem TOF-System konstant ändert, wird eine automatische Selbstkalibrierung (Autokalibrierung) benötigt. Die Autokalibrierung ist ein sehr komplexes und vielfältiges Thema, daher wird in diesem Artikel nicht im Detail darauf eingegangen. Grundsätzlich lässt sich jedoch sagen, dass mehrere definierte Punkte des Tiefenbildes von dem im Fahrzeug verbauten TOF-System mit den realen Distanzen verglichen werden müssen und der gemessene Offset zu dem DShift entsprechend addiert wird. Diesen Offset gilt es dauerhaft zu speichern, sodass bei jeder Initialisierung der 3D-Sensorik von Anfang an die richtige Tiefe vorliegt.

8.4.1.5.3 Confidence-Offset

Wie bereits in Abschnitt 8.4.1.4 dient das Confidence-Bild zur ersten Filterung des Tiefenbildes. Die Confidence-Werte geben im Prinzip die Helligkeit wieder. Diese ist hauptsächlich abhängig von der Intensität der Beleuchtungseinheit des TOF-Systems. Da die verbauten Leuchtelemente, durch Produktionsprozesse oder Material divergieren können, kann sich letztendlich die Helligkeit unterscheiden. Damit ist es möglich, dass die Filterung zu zwei unerwünschten Nebeneffekten führen. Zum einen könnte das Tiefenbild ein größeres Rauschen aufweisen oder zu viel nicht benötigten Elemente sichtbar werden, wie in Bild 8 dargestellt. Zum anderen, dass zu viel Information gefiltert wird, zum Beispiel eine nicht mehr vollständige Hand (vgl. Bild 9). Daraus folgt letztendlich ein unerwünschtes Verhalten bei der Gestensteuerung, wie Falsch- oder Nichterkennungen.

Um für den Algorithmus einen konstanten Input zu gewährleisten, muss bei jeder Kamera die Helligkeit überprüft werden. Dadurch lässt sich jeweils ein Confidence-Offset ermitteln, welcher für jedes TOF-System individuell als Parameter abgespeichert und dem Helligkeitswert aufaddiert wird.

Bild 8: Tiefenbild mit zu hohem Helligkeitswert.

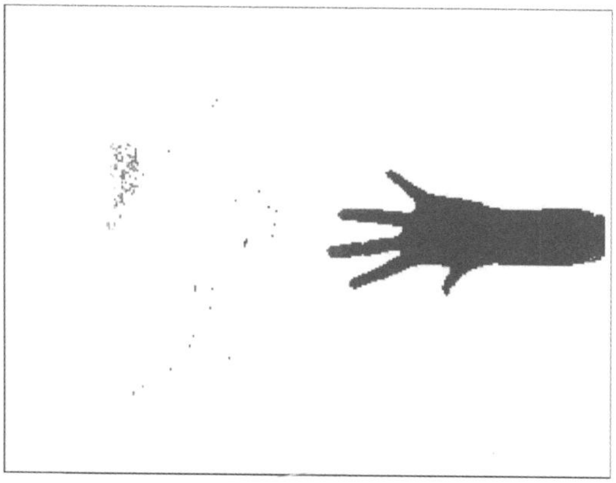

Bild 9: Tiefenbild mit zu geringem Helligkeitswert.

8.4.2 Hardware

8.4.2.1 TOF-System im Fahrzeug

In der Automobilindustrie wird viel Wert daraufgelegt, dass die im Fahrzeug verbauten Systeme leicht, platzsparend und besonders kosteneffektiv sind. Damit ist die Wahl der geeigneten Hardware von sehr hohem Stellenwert. Das Grundprinzip, wie das zuvor beschriebene TOF-System, bleibt zwar immer gleich, jedoch hat jeder Fahrzeughersteller und damit auch Zulieferer eigene Vorstellungen für die Verwirklichung.

So gibt es die Möglichkeit das System der 3D-Sensorik modular aufzubauen. Konkret bedeutet das den Einbau einer separaten TOF-Kamera an beliebiger Stelle im Fahrzeug und die zugehörige Logik zentral bei den Hauptsteuergeräten. Die Kamera selber kann dann sehr klein und günstig gestaltet werden. Besonders zum Tragen kommen die Vorteile bei einem Wechsel wegen eines Defekts. Des Weiteren können bei einer modularen Zusammenstellung zusätzliche Kameras verbaut werden, dessen Bilder von der einzelnen Logik verarbeitet werden können. Bei Abstands- und Personenerkennung, oder für das autonome Fahren wird dieses Prinzip bevorzugt angewandt. Ein Nachteil dieser Variante ist, darauf zu achten, dass die Kameras sich nicht gegenseitig beeinflussen. Denn das ausgesendete Licht einer Kamera kann bei einer anderen ein Fehlverhalten auslösen. Eine weitere Herausforderung sind die extra benötigten Leitungen. Jedes Fahrzeug, welches so ein System verbaut hat, benötigt speziell konzipierte Kabelbäume, was zusätzlichen Entwicklungsaufwand und Gewicht bedeutet. Selbst der Prozess beim Einbau in der Produktion muss daraufhin optimiert werden und ist demnach abweichend zu Fahrzeugen ohne 3D-Sensorik auf demselben Produktionsband.

Neben der modularen Einbauvariante gibt es das hier beschriebene kompakte TOF-System. Dieses beinhalten außer der TOF-Kamera gleichzeitig die gesamte Logik und Kommunikation zum Fahrzeug. Der Vorteil hierbei ist der schnelle Ein- und Ausbau bei der Produktion oder in der Werkstatt. Lediglich die Materialkosten sind etwas höher, als bei der modularen Variante. Zusätzliche Leitungen, bis auf die Controller-Area-Network-Verbindung (CAN), werden nicht benötigt. Dieses Prinzip wird eher bei Innenraumsystemen, wie beispielsweise Gesten-, Objekterkennung oder Fahrerüberwachung angewendet.

8.4.2.2 Aufbau kompaktes TOF-System

In Abschnitt 8.4.1.2 wurde bereits darauf eingegangen, an welcher Position das TOF-System für Gestenerkennung verbaut ist. Es ist demnach ein Bestandteil der Dachsteuereinheit (DSE), welche bei modernen Autos weit über aktivieren und deaktivieren des Innenraumlichts hinausgeht. Sie kann darüber hinaus die Steuerung für das Verstellen des Dachfensters oder die Fahrzeugalarmanlage sowie den Innenraumtemperatursensor beinhalten. In Bild 10 ist eine DSE mit Dachfenstersteuerung und dem TOF-System dargestellt.

Da sich das TOF-System während der Betriebszeit erhitzt besteht es aus einem mehrteiligen Aluminiumgehäuse mit Kühlrippen, um die Wärme besser abzuleiten (vgl. Bild 11). In der Mitte befindet sich die Linse mit rechts und links jeweils zwei IR-LEDs. Desweitern sind an der Unterseite die Anschlüsse für die Stromversorgung und Kommunikation zum Steuergerät sowie eine Schnittstelle für den Entwicklerzugriff verbaut. Das TOF-System mit Gestenerkennung ist alleinstehend funktionsfähig, muss allerdings im DSE verbaut sein, um die Verbindung zum Fahrzeug-CAN-Bus herstellen zu können.

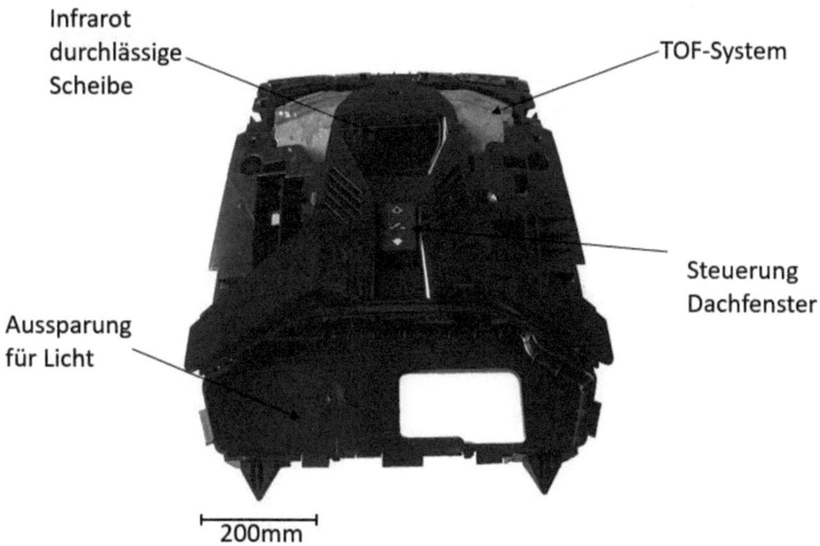

Bild 10: Dachsteuereinheit mit TOF-System.

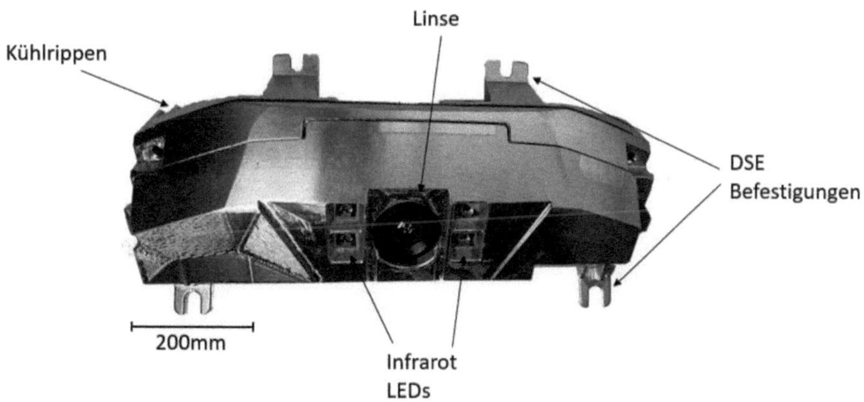

Bild 11: Hardware des TOF-Systems.

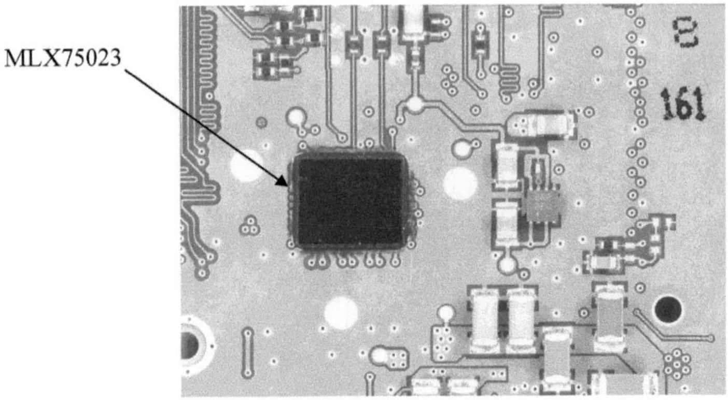

Bild 12: Ausschnitt TOF-System-Platine mit MLX75023 [7].

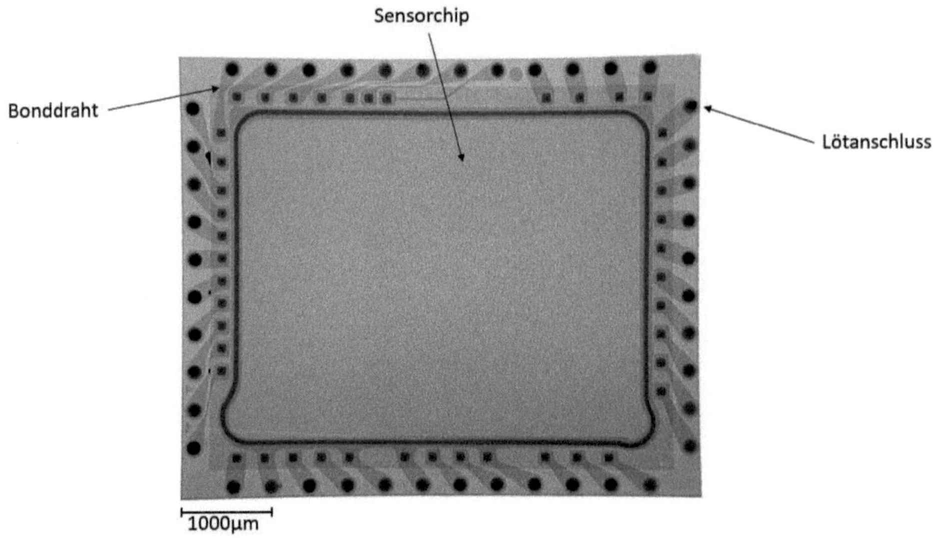

Bild 13: Röntgenaufnahme des MLX75023 [7].

Bei dem verbauten Sensor im TOF-System handelt es sich um das Modell MLX75023 [7]. Dieser ist speziell für die Anwendung in der Automobilindustrie entwickelt und kann neben der Gestensteuerung zum Beispiel auch bei der Insassenüberwachung zum Einsatz kommen [7]. In Bild 12 ist die Positionierung des MLX75023 auf der Platine dargestellt.

Zur besseren Veranschaulichung des MLX75023 dient das Bild 13. Zu erkennen sind die 44 Anschlüsse, welche sich an der Unterseite befinden und damit direkt auf die Platine gelötet werden können. Des Weiteren sind in der Röntgenaufnahme die Bonddrähte ersichtlich, diese dienen zur Verbindung der Lötanschlüssen zum eigentlichen Sensorchip.

Tabelle 2: Performanceübersicht.

Eigenschaft	**Wert**
Erkennungsabstand	150 cm
Auflösung	320 x 240 Pixel
Framerate	50 Frames per Second (FPS)
Betriebsspannung V_B	9,0 V $\leq V_B \leq$ 16,0 V
Schnittstellen	Spannungsversorgung Universal-Asynchronous-Receiver-Transmitter
Umgebungstemperatur ϑ_A	−40 °C $\leq \vartheta_A \leq$ 85 °C
Gewicht	163 g
Abmessung	122 x 42 x 31 mm
Lebensdauer	Min. 15 Jahre oder 300.000 km

8.4.2.3 Performance des TOF-Systems

Für den Einsatz im Automotivbereich muss das TOF-System bestimmte Anforderungen erfüllen (vgl. Tabelle 2). Das hier beschriebene System ist für den Serieneinsatz qualifiziert und erfüllt damit die notwendigen Anforderungen.

8.4.3 Software Gestensteuerung

8.4.3.1 Handerkennung

Für eine stabile Gestenerkennung ist es entscheidend, die aktive Hand von Fremdkörpern zu unterscheiden. Dabei wird in mindestens zwei Schritten das Gesehene analysiert. Als Erstes die sog. *Silhouetten-Methode*, in der die sichtbaren Silhouetten dahingehend überprüft werden, inwieweit sie einem möglichen Handumriss entsprechen [4]. In der Silhouetten-Methode kann die Tiefeninformation genutzt werden, um die Handhaltung zu klassifizieren, und gibt so Rückschlüsse, ob es sich größentechnisch um eine Hand handeln kann. Die aktiven Pixel (Silhouette) einer nahen Hand sind wesentlich mehr als die einer weit entfernten Hand. In Bild 14 ist die Detektion einer Hand-Silhouette gut zu sehen. Alle sichtbaren Objekte, bei denen es sich nicht um eine Hand handeln kann, müssen aus dem Bild entfernt werden, um negativen Einflüsse auf die Gestendetektion zu reduzieren. Bild 15 zeigt ein Tiefenbild, welches nur auf die Handsilhouette reduziert wurde. Für eine Freiraum-Gestenerkennung mit vielen Eingabemöglichkeiten reicht ein einfaches Silhouetten-Verfahren nicht mehr aus. Um die Gesten eindeutig zu differenzieren, ist es nötig, zusätzliche Merkmale zu definieren. Es bietet sich an, die sog. *Skelett-Methode* anzuwenden. Dabei wird ein Hand-Skelett in die Silhouette integriert. Die Endpunkte der Silhouetten sind die Zielrichtung beim Einzeichnen eines Knochens in dem Skelett. Um nicht zu viele Knochen zu erzeugen, werden noch spezielle Berechnungen mit integriert, wie zum Beispiel Pruning [4]. Beim Pruning wird die Länge der eingezeichneten Knochen bewertet und so die falsch eingezeichneten wieder entfernt. Richtig kalibriert, sollte sich ein Handskelett mit fünf Fingern ergeben. Den fünf Fingern können die Gelenke zugeordnet werden. In Bild 16 sind die Gelenke der Hand als Kreise eingezeichnet. Ein Gelenk bedeutet mindestens ein Freiheitsgrad.

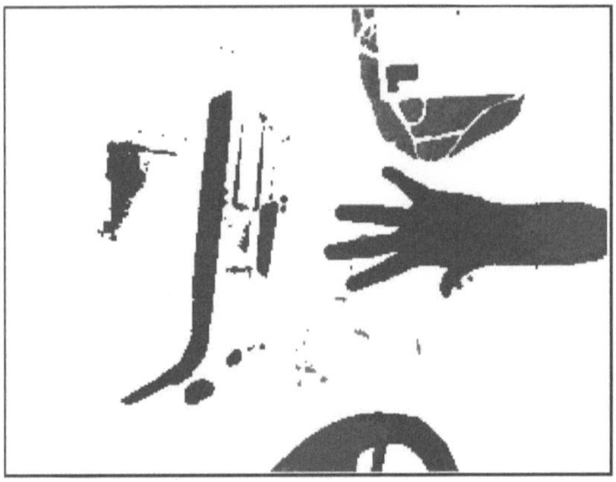

Bild 14: Handsilhouette mit Hintergrund.

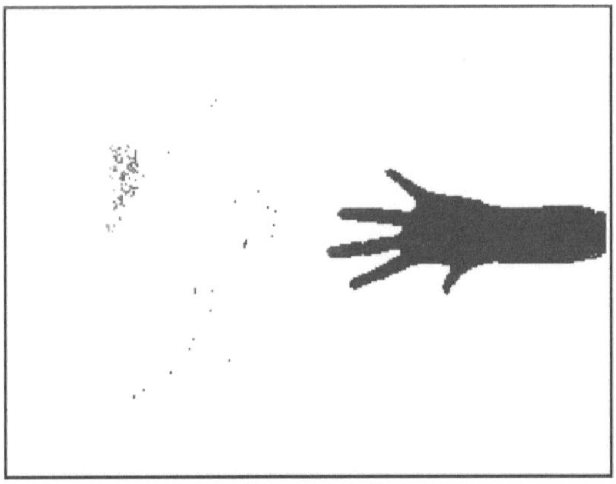

Bild 15: Handsilhouette ohne Hintergrund.

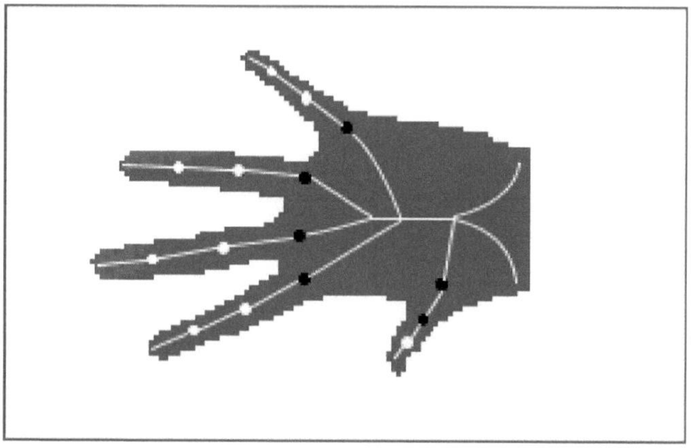

Bild 16: Handskelett mit Gelenken.

Dabei wird der Bewegungsspielraum eines Gelenkes mit einem Freiheitsgrad als heller Kreis dargestellt und ein Gelenk mit zwei Freiheitsgraden als schwarzer Kreis. Das Skelett gibt Aufschluss über mögliche Freiheitsgrade der Handhaltung und -bewegung [4]. Dabei muss eine Hand aus 15 Gelenken mit 20 bis 21 Freiheitsgraden bestehen [9]. Der Unterschied von einem Freiheitsgrad ist das mittlere Daumengelenk, welches für die Gestenerkennung nur einen theoretisch relevanten 2. Freiheitsgrad hat. Insgesamt sind mit Position und Rotation der Hand bis zu 27 Freiheitsgrade für die Gestensteuerung möglich. Mit dem Wissen über die Freiheitsgrade und der zuvor berechneten Hand kann ein sehr genauer Ausschluss von Fremdobjektiven zu detektierenden Händen getroffen werden.

8.4.3.2 Algorithmus Merkmalbestimmung

Ist eine Hand im Bild gefunden, wird die Handhaltung über die Freiheitsgrade der Gelenke, berechnet. Um den Algorithmus robust zu machen, ist es wichtig, Merkmale der Handhaltung zu bestimmen und daraus Hand-Posen zu separieren. Die Posen sind über weitere Merkmale, wie Bewegungsrichtung oder Bewegungsabfolge, zu eindeutigen Gesten zu definieren. Es gibt verschiedene Möglichkeiten der Software-Entwicklung, die man getrennt voneinander oder zusammen nutzen kann.

8.4.3.3 Direkte Algorithmusentwicklung

In der direkten Algorithmusentwicklung werden die Klassifizierungen der Merkmale aus Wissen über die menschliche Anatomie und dem Wissen über Fremdkörper im beobachteten Raum extrahiert. So können Merkmalsvektoren für die Klassifizierung von Handgesten durch Umfragen, oder Extraktionen aus Bildmaterial gesammelt werden. Auch kann das Ergebnis bereits durchgeführter Studien zu Hilfe genommen werden, um das Geschehen zu klassifizieren.

Freiheitsgrade der Merkmale werden eigenständig definiert und im Fahrzeug oder über aufgenommenes Bildmaterial bestätigt [9]. Als Beispiel bietet sich die Länge einer Bewegung an, die aus einer sich bewegenden Pose eine Geste definiert.

8.4.3.4 Maschinelles Lernen

Beim maschinellen Lernen wird ein Schritt weitergegangen. So wird auf der Basis der bereits gesammelten Daten der Code verbessert. Dabei gibt es zwei Möglichkeiten, das maschinelle Lernen für den Gestenalgorithmus einzusetzen. Zum einen können über maschinelles Lernen, für die aus der „direkten Algorithmusentwicklung“ erzeugten Merkmale, optimierte Werte der Freiheitsgrade zugeordnet werden, oder durch Offline-Deep-Learning nach neuen Merkmalen gesucht werden [9]. Eine Live-Anpassung auf den Akteur, auf der Basis von Deep-Learning, wird aktuell in Fahrzeugen noch nicht durchgeführt, könnte aber in Zukunft an Bedeutung gewinnen, um zum Beispiel einen Benutzer zu klassifizieren und die Freiheitsgrade seiner Hand besser einzuschränken.

8.5 Validierung

8.5.1 Bedeutung

Dass jedes Produkt während der Entwicklung in einem gewissen Grad getestet werden muss, ist eine Grundvoraussetzung. Bei der Gestenerkennung hat dies jedoch einen besonderen Stellenwert. Gesten werden üblicherweise nicht von Robotern ausgeführt, welcher akkurat die Hand in der immer gleichen Art und Weise bewegen kann. Daher muss eine Strategie zum Einsatz kommen, die verschiedene im Fahrzeug vorkommende Szenarien zuverlässig abdeckt und überprüft. Mittels Erfahrung und Wissen über das System werden verschiedene Parameter definiert. Die im Bild 17 dargestellten Testparameter sind ein Teil der zu überprüfenden Fälle, welche es neben der reinen Gestenerkennung zu testen gilt. Des Weiteren müssen zusätzlich die Wechselwirkungen untereinander beachtet werden.

Letztendlich entsteht eine Datenbank mit verschiedenen Testfällen, welche bei jeder Systemoptimierung herangezogen wird. Eine genauere Beschreibung des Vorgangs folgt in Abschnitt 8.5.2.

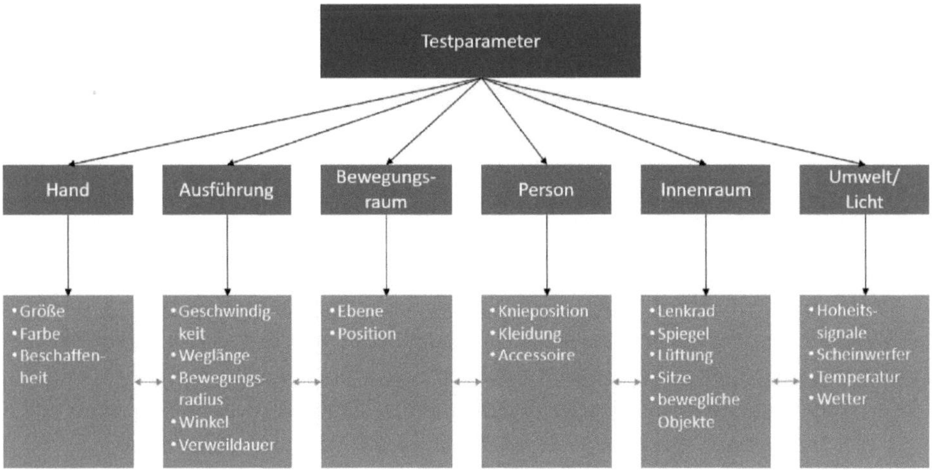

Bild 17: Ausschnitt der Parameter zur Gestenvalidierung.

8.5.2 Validierungsvarianten

8.5.2.1 Funktionale Validierung

Bei der funktionalen Validierung wird das System auf seine Grundfunktionen getestet. Werden alle Gesten erkannt, funktionieren sowohl die Parameter und sind richtig eingestellt, als auch die Kontrolle und Umsetzung der Spezifikationen. Auf Letzterem liegt der Hauptfokus. Der Prozess kann zum größten Teil vollautomatisch und ohne Fahrzeug ausgeführt werden. Die Auswertung erfolgt mittels Protokoll, in dem eventuelle Fehler aufgelistet sind. An diese Stelle bietet es sich an, mit dem Roboter zu testen, da dieser die Bewegung immer gleich ausführen kann.

8.5.2.2 Feldtest

Ein Feldtest ist die Überprüfung der Systemfunktion im Fahrzeug. Diese Variante der Validierung kann für die Gestensteuerung in drei Teile gegliedert werden.

Der erste Teil ist mit der funktionalen Validierung vergleichbar, mit dem Zusatz der subjektiven Bewertung, wie gut oder schlecht die Gestenerkennung ist. Die dadurch protokollierten Ergebnisse dienen als direktes Feedback für die Algorithmus-Entwicklung.

Beim zweiten Teil geht es weniger um den Test, als vielmehr um die Kalibrierung. Das beinhaltet die Optimierung der Gestenparameter und die Festlegung der Ausschlussboxen. Diese beschreiben den Bereich des FOV, an denen nichts erkannt werden darf. Die Ausschlussboxen wurden bereits in Abschnitt 8.4.1.5.2 erwähnt und sind für die Gestenerkennung unverzichtbar, denn durch die richtige Positionierung können Fehlerkennungen vermieden werden. Das kann im Umkehrschluss auch den Nachteil haben, dass Gesten an diesen Positionen nicht erkannt werden, obwohl sie von dem Auszuführenden gewollt sind. Daher sind längere Tests erforderlich. Das bedeutet, regelmäßige Fahrten von mehreren Personen über längere Strecken, welche mit Videoaufnahmen und subjektiven Eindrücken dokumentiert werden müssen.

Der dritte und für die Algorithmus-Entwicklung entscheidende Teil ist die Aufnahme von Videos mittels der TOF-Kamera für die Datenbank. Fahrten im Auto bieten zwar einen guten Eindruck über die Funktion der Gestensteuerung, jedoch kann ein fehlerhaftes Verhalten nicht unbedingt immer exakt reproduziert und dieselbe Situation nicht immer nachgestellt werden. Daher müssen im Fahrzeug klar definierte Videoaufnahmen vorgenommen werden, um damit immer wieder den Status des Algorithmus zu kontrollieren. Da der Datensatz derselbe bleibt, ist dies ein guter Indikator für Entwicklungsfortschritte. Des Weiteren können Probleme so deutlich identifiziert und abgestellt werden.

8.5.2.3 Key-Performance-Index

Der Begriff Key-Performance-Index (KPI) ist hauptsächlich aus der Betriebswirtschaft bekannt und beschreibt dabei mit Kennzahlen den Erfüllungsgrad von Zielsetzungen [8]. Das Prinzip kann auch bei technischen Entwicklungen verwendet werden. Bei der Gestensteuerung bedeutet das eine Auswertung darüber, wie gut die Erkennungsrate ist. Drei Kennzahlen sind dabei von Bedeutung (vgl. Tabelle 3).

Der für die Datenbank aufgenommene TOF-Videodatensatz wird über den Algorithmus abgespielt und das Ergebnis mittels einer Auswerteautomatik ausgegeben. Um sicherzustellen, ob eine Geste erkannt werden darf oder nicht, muss zuvor jedes einzelne Video annotiert werden. Das ist ein manueller Vorgang. Dabei betrachten eine oder mehrere Personen jedes Videos und vermerken die Frames, bei denen eine Geste ausgeführt wurde. Zeitgleich erfolgt eine Bewertung der Qualität.

Für die KPI-Darstellung gibt es mehrere Möglichkeiten. So kann eine Matrix beispielsweise dafür genutzt werden, die Kennzahlen TP, FN und FP gegenüberzustellen, siehe Bild 18. Der Hauptfokus besteht hierbei auf die richtig und falsch erkannten Gesten und gleichzeitig die Bewertung des Risikos. Die falsch erkannte TWO-Geste (hellgrau), wo eine TEN-Geste erwartet wurde, ist weniger kritisch, als die zehn TEN-Gesten (dunkelgrau), wo eigentlich TMB-RGT-Gesten zu erwarten waren.

Tabelle 3: Kennzahlen der Gesten-KPI.

Kennzahl	**Beschreibung**
True Positive (TP)	Geste erwartet und erkannt
False Negative (FN)	Geste erwartet, aber nicht erkannt
False Positive (FP)	Geste nicht erwartet, aber erkannt

		annotiert	Erkannt								FN
			Click	CCW	CWI	SWP	TEN	TMB RGT	TMB LFT	TWO	
Erwartet	Click	1000	950								50
	CCW	1000	5	801							199
	CWI	1000			913						87
	SWP	1000				731					269
	TEN	1000					925			1	75
	TMB RGT	1000						205			795
	TMB LFT	1000					10		1000		0
	TWO	1000								856	144

Bild 18: Exemplarische KPI-Matrix.

8.6 Anwendungsgebiete

Gestensteuerung als Funktionsbedienung im Fahrzeug wird aktuell überwiegend von den deutschen Autoherstellern angeboten. Dabei setzen die Hersteller auf unterschiedliche Systeme für unterschiedliche Anwendungen. Einer der Hersteller setzt dabei auf die Näherungssensorik, welche nur einfache Bewegungen wie die Wischgeste zum Weiterschalten in die nächste Funktion nutzbar macht. Hierbei wird die E-Feld-Sensorik im Center Display genutzt, um einfache Anwendungen in diesem steuern zu können. Der Vorteil ist eine kostengünstige autarke Einheit des Infotainment-Systems, welche die Gesten freischaltet und auswertet und ausführt.

Ein weiterer Hersteller nutzt die Gestensteuerung schon etwas intensiver. In dessen neuen Modellen wird mithilfe des TOF-Systems der Fahrzeuginnenraum überwacht. Die Daten werden zur Bedienunterstützung genutzt. So kann bei einem Griff zum Beifahrersitz die Leselampe eingeschaltet und beim Zurückgreifen diese wieder ausgeschaltet werden. Alternativ wird mit einer langsamen Handbewegung zur Dachbedieneinheit die Leselampe aktiviert und deaktiviert. Vorwiegend soll in dem Aufbau die Interaktion der Insassen mit den klassischen Funktionen der Fahrzeugunterhaltung unterstützt werden. Das System klassifiziert, wer Eingaben machen will, Fahrer oder Beifahrer, und hilft diesem mit der Eingabe. Auch eine vom Hersteller definierte Handhaltung kann einer auswählbaren Funktion zugeordnet werden [10].

Am umfangreichsten wird die Gestik bei einem dritten Hersteller genutzt. Dabei kommt auch ein TOF-Systems zum Einsatz. Dieser Hersteller setzt beim Einsatz auf Positionserkennung und Gestensteuerung. Die Gestensteuerung ist zur Unterstützung der Insassen, um Komforteinstellung im Bereich Entertainment vornehmen zu können. Dafür kann der Nutzer zwischen 8 Gesten wählen. Ein Teil der Gesten ist für vordefinierte Funktionen zu nutzen die anderen können zur Ausführung von zugeordneten Kurzwahlfunktionen genutzt werden. Die Positionserkennung ersetzt teilweise Näherungssensorik im Fahrzeug und hilft dadurch ein Teil der Hardwarekosten zu reduzieren. Eine weitere Positionserkennung wird für die Ausrichtung der Rundumkameras am Fahrzeug genutzt. Dabei kann mit einer speziell definierten Pose und der gezielten Bewegung dieser, die Blickrichtung der Kameras auf dem zentralen Display angepasst werden.

8.7 Zusammenfassung und Ausblick

Gesteninteraktion mit dem Fahrzeug ist auf dem Vormarsch, wodurch die Akzeptanz und Bedienung der Systeme gut untersucht und Hardware als auch Software stetig verbessert wird. Die Anwendungsgebiete sind mannigfaltig. Mit TOF-Systemen lassen sich alle Funktionen im Fahrzeug bedienen. Theoretisch kann sogar das Fahrzeug bedient werden. Sinnvoll eingesetzt ist es jedoch nur, wenn man die Sicherheit aller Verkehrsteilnehmer erhöht. Somit sollten erst einmal mit der Gestensteuerung die Insassen in ihren Bedienbedürfnissen unterstützt und Komfortfunktionen ausgeführt werden. Die Fahrunterstützungssysteme, welche verbaut werden, nehmen zu, so werden auch Sprachsteuerung, Headup-Displays und viele weitere aktuell integriert. Jede dieser Funktionseinheiten alleine hat viele Stärken und Schwächen. Um den Insassen perfekt zu unterstützen, ist es wichtig, die Stärken der Systeme zu nutzen und die Schwächen zu unterdrücken. So kann neueste Headup-Display Technik, die viel mehr Funktionen anzeigen kann, zusammen mit der Gestensteuerung genutzt werden, um sicherer die Bedienung im Fahrzeug zu gewährleisten. Das Headup-Display sollte dabei das zentrale Display in der Frontscheibe spiegeln und mit Gesten bedient werden. Die Gestensteuerung über TOF hat bereits das Potenzial, in dem Verbund als klassische PC-Maus zu agieren und zusätzlich mit einem relativ simplen Gestensatz durch die Menüs zu schalten. Wenige Gesten haben den Vorteil, die Eingaben gut voneinander unterscheiden zu können, um Falscheingaben zu vermeiden. So ausgestattet, mit hochwertigem Headup-Display, zentralem Display und Gestensteuerung, sollte es kein Problem darstellen, mit aktuell bereits verwendeten Gesten verlässlich zwischen den Modi zu wechseln, bestimmte Funktionen auszuwählen und durch das System zu blättern. Jede weitere entwickelte Geste kann komplett frei definierte Funktionen aufrufen. Damit wird optimal auf die Herausforderung eingegangen, Unfälle durch Ablenkung zu reduzieren. Zum Beispiel kann die Anruffunktion leicht durch eine frei einstellbare Geste aktiviert werden. Das ins Headup-Display gespiegelte zentrale Display wechselt in die Kontaktliste des Telefons und mit der nächsten Geste wird gescrollt bis der Wunschredepartner in der Frontscheibe zu sehen ist. Nun wird die Projektion der Hand, als Synonym der PC-Maus, in den Displays, auf das Symbol mit dem grünen Hörer geführt. Mit einer Klickgeste auf den grünen Hörer wird angerufen. Der Fahrer tätigt komfortabel einen Anruf, ohne je den Blick von der Straße zu entfernen oder sein Mobiltelefon in die Hand nehmen zu müssen.

Literatur

[1] WHO, „WHO: Weltweit immer mehr Verkehrstote“, *DW*, [Online]. Available: https://www.dw.com/de/who-weltweit-immer-mehr-verkehrstote/a-46624276, Zugriff: 13.11.2019.

[2] Kubitzki, J., „Ablenkung durch moderne Informations- und Kommunikationstechniken und soziale Interaktion bei Autofahrern“, *Allianz*, [Online]. Available: https://www.allianzdeutschland.de/wp-content/uploads/2018/10/allianz-ablenkungsstudie-2016.pdf, Zugriff: 13.11.2019.

[3] Rees, J., „Autofahrer unterliegen im Krieg der Knöpfe“, *Zeit Online*, [Online]. Available: https://www.zeit.de/auto/2013-03/auto-bedienung, Zugriff: 14.11.2019.

[4] Herrmann, M., „Berührungsfreie gestenbasierte Interaktion auf Basis der Eigenschaften von Körpersilhouetten“, *TU Dresden,* [Online]. Available: https://tu-dresden.de/ing/informatik/smt/mg/ressourcen/dateien/studentische-arbeiten/2011_beleg_herrmann.pdf?lang=de, Zugriff: 22.11.2019.

[5] Wikipedia Autoren, „Abstandsgesetz“, *Wikipedia,* [Online]. Available: https://de.wikipedia.org/wiki/Abstandsgesetz.

[6] Aubauer, R., Guete, A., „3D-Gestenerkennung für Multi-Touch Displays“, In: Tille, T. (Hrsg.) *Automobil-Sensorik, S.* 171–190, Springer-Verlag, 2016, Zugriff: 29.11.2019.

[7] Melexis, „MLX75023 Time-of-Flight Sensor Array“, *Melexis*, [Online]. Available: https://www.melexis.com/-/media/files/documents/datasheets/mlx75023-datasheet-melexis.pdf, Zugriff: 17.01.2020.

[8] Wikipedia Autoren, „Key Performance Indicator“, *Wikipedia,* [Online]. Available: https://de.wikipedia.org/wiki/Key_Performance_Indicator. Zugriff: 23.11.2019.

[9] Malerczyk, C., „Intuitive Interaktion durch videobasierte Gestenerkennung“, *Universität Rostock,* [Online]. Available: http://rosdok.uni-rostock.de/file/rosdok_disshab_0000000407/rosdok_derivate_0000004219/Dissertation_Malerczyk_2010.pdf, Zugriff: 22.11.2019.

[10] Jordan, M., „Mehr Details zum MBUX Interieur-Assistenten im CLA“, *mbpassion-blog,* [Online]. Available: https://blog.mercedes-benz-passion.com/2019/05/mehr-details-zum-mbux-interieur-assistenten-im-cla/, Zugriff: 22.11.2019.

Kapitel 9
Miniaturisierte 3D Time-of-Flight-Kamera zur Innenraumüberwachung und Gestensteuerung im Automobil

Cliff De Locht[1], Gaetan Koers[2], Gualtiero Bagnuoli[1], Kristof Lieben[1], Andreas Ott[3], Andreas Menath[4], Thomas Ewender[4], Christin Gassner[5], Robert Brüning[5], Johanna Awada[6], Foti Coleca[6], Niklas Hermes[6], Ercan Küçükkaraca[6], Josephine Zillmann[6]

Kurzfassung In diesem Beitrag wird ein miniaturisiertes 3D Time-of-Flight (ToF) Kamerasystem mit einem horizontalen Gesichtsfeld von 110° vorgestellt, welches mehrere Anwendungen zur Fahrer- und Beifahrerdetektion, sowie Objekterkennung im Fahrzeuginneren adressiert. Erste Ergebnisse zu den Anwendungen Gestenerkennung, Hand-am-Lenkrad-Erkennung und Sitzbelegungserkennung zeigen eine Detektionsgenauigkeit größer 95%. Teil des vorgeschlagenen Konzepts zur Miniaturisierung der ToF-Kamera ist ein neuartiges hybrides Linsensystem, welches über den gesamten Winkelbereich von mehr als 110° eine MTF-Performance zwischen 0,5 und 0,8 erreicht, was eine gute Abbildungsqualität für den gesamten betrachteten Objektbereich gewährleistet.

9.1 Einleitung

Time-of-Flight (ToF) wird seit einiger Zeit als Nische und exotische Technik in der Automobilelektronik betrachtet. Der Mangel an hierfür bewährten Sensoren in der Automobilindustrie, die begrenzte Auflösung und ein sich dafür noch entwickelndes Umfeld verhinderten bisher eine breitere Akzeptanz dieser Technik. Das erste ToF-basierte System ging im Jahr 2015 in die Serienfertigung. Das System ist in das Dachmodul eingebaut und verfügt über eine QVGA-Auflösung (Quarter Video Graphics Array 320 x 240 Pixel) und ein enges Gesichtsfeld von 76° x 60° und wurde zum Zweck entwickelt, ausschließlich

[1] Melexis Technologies NV, Belgien.
[2] GCK Technology Consulting, Belgien.
[3] Melexis GmbH.
[4] BMW AG.
[5] Fraunhofer Institute for Applied Optics and Precision Engineering IOF.
[6] gestigon GmbH.

T. Tille (Hrsg.), *Automobil-Sensorik 3*, https://doi.org/10.1007/978-3-662-61260-6_9

Handgesten zu erkennen. In letzter Zeit wurden die ToF-Techniken und deren Umgebung weiterentwickelt. Mit steigendem Interesse verfolgen OEMs (Original Equipment Manufacturers) immer mehr ToF-basierte Anwendungen für die Erfassung im Fahrzeuginnenraum. Der anhaltende Trend geht zu ToF-Kameras mit höherer Auflösung (z. B. VGA 640 x 480 Pixel) und einem größeren Gesichtsfeld (mehr als 110° horizontales Gesichtsfeld), um mehr Anwendungen rund um die Innenraumerkennung mit einer einzigen Kamera abzudecken zu können.

9.2 ToF-Technik

ToF ist eine 3D-Sensortechnik, mit der Personen und Objekte, sowie deren absolute Position, Bewegung und Form in 3D erfasst werden können. LEDs (Light Emitting Diode) oder VCSELs (Vertical Cavity Surface Emitting Laser) beleuchten eine Szene durch eine strahlformende Optik. Sobald dieses emittierte Licht von der Szene reflektiert wurde, erfasst und konditioniert ein ToF Sensor-IC das reflektierte Licht.

Die Entfernung wird ermittelt, indem die Zeit gemessen wird, welche das Licht benötigt, um von der Lichtquelle zum Objekt zu gelangen und wieder zurück zur Sensoranordnung. Die dazu benötigte Zeit (auch Laufzeit des Lichts) ist direkt proportional zur zurückgelegten Strecke, woraus die Bezeichnung „Time-of-Flight“ resultiert.

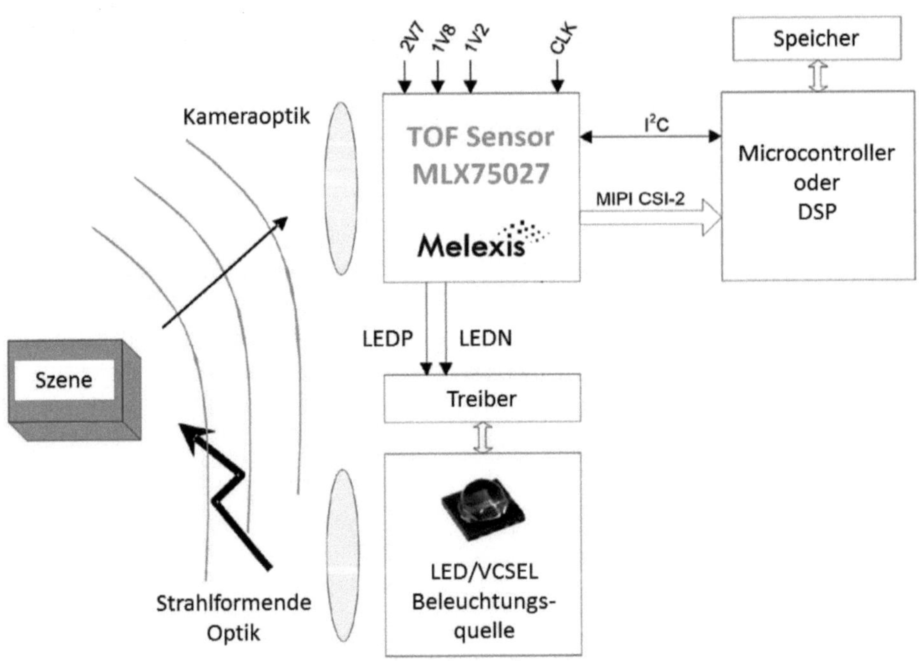

Bild 1: Blockdiagramm eines ToF-Systems.

Bild 1 zeigt das Blockdiagramm eines ToF-Systems. Zunächst erzeugt eine Quelle, bestehend aus einer oder mehreren LEDs oder VCSELn, moduliertes Licht im nahen Infrarotbereich, welches, ggf. durch eine strahlformende Optik gebündelt, in die Szene emittiert wird. Die in der Szene befindlichen Objekte reflektieren dieses Licht und dieses wird mittels Kameraoptik auf den ToF-Bildsensor projiziert. Jeder Pixel demoduliert das empfangene Signal, sodass der Sensor die Phasenverschiebung zwischen emittiertem und empfangenem Licht auswerten kann. Ein externer Microcontroller bzw. DSP (Digital Signal Processor) errechnet dann aus den verschiedenen Phasenlagen eine äquivalente Distanz zwischen Kamera und dem jeweiligen Objekt.

ToF-Kameras bieten zwei simultane Video-Ausgänge: Videostream mit Tiefenbildern und Videostream mit Amplituden-/Konfidenz-Bildern. Die Tiefenbilder werden als Punktwolke oder als Falschfarbenbild angezeigt, wobei die Farbe für die Tiefe repräsentativ ist (vgl. Bild 2).

Bild 2: ToF-Ausgabe eines Fahrzeuginnenraums (VGA-Auflösung, 110° horizontales Gesichtsfeld). Das Amplituden-/Konfidenz-Bild (oben links und rechts) zeigt eine 2D Darstellung der Szene im nahen Infrarotbereich. Vorhandenes Sonnenlicht wird durch das ToF System unterdrückt. Das Tiefenbild (unten links) zeigt die Entfernungsinformation als Falschfarbenbild dargestellt. Hierbei ist die Farbskala rot → blau, gleichbedeutend mit der Entfernung nah → fern. Eine weitere Methode zur Visualisierung wird durch die Punktwolke (unten rechts) dargestellt. Hierbei hat jeder Bildpunkt eigene 3D-Koordinaten.

9.2.1 Direkte ToF (dToF)

Zwei ToF-Methoden können zum Einsatz kommen. Die erste wird als direkte ToF oder dToF bezeichnet, da der Sensor die Zeit mithilfe einer sehr genauen Zeitbasis direkt misst. Dies ist der bevorzugte Ansatz für LiDAR (Light Detection And Ranging), da er sich für große Entfernungen (mehr als 100 m) gut eignet [1]. Die Genauigkeit im Nahbereich würde durch kleine Änderungen des internen Timings beeinträchtigt. Die dToF-Elektronik ist komplex und daher für hohe Auflösungen nicht gut skalierbar. Hier wäre (mechanisches) Scannen erforderlich, um diese zu erhöhen.

9.2.2 Indirekte ToF (iToF)

Der zweite Ansatz wird als indirektes ToF oder iToF bezeichnet, da der Sensor die Phasenverschiebung zu einem periodischen Referenzsignal misst. Indirektes ToF reagiert weniger empfindlich auf Abweichungen des internen Timings. Aufgrund der Fortschritte in der CMOS (Complementary Metal Oxide Semiconductor) Pixel-Technologie kann iToF in Pixel-Arrays implementiert werden, die Echtzeit-3D-Videos mit VGA-Auflösung (640 x 480 Pixel) ermöglichen.

Indirektes ToF eignet sich aufgrund seiner kombinierten hochauflösenden Tiefen- und Amplitudenabbildung (Graustufen) für viele Anwendungen rund um die Erfassung von Fahrzeuginnenräumen. Dies ermöglicht komplexe Anwendungsfälle wie das Identifizieren und Lokalisieren von Personen und Objekten, ohne dass ein Farbkontrast zwischen Vordergrund und Hintergrund erforderlich ist.

9.2.3 ToF für Exterior Cocooning

Während hier hauptsächlich Anwendungen im Fahrzeuginnenraum betrachtet werden, eignet sich ToF auch, um andere Bildverarbeitungssysteme zu erweitern oder zu ersetzen. Viele Frontkameras weisen zum Beispiel ein enges Gesichtsfeld auf, während Radar vergleichsweise nur eine relativ geringe Auflösung erreicht. So kann Radar zwar das Vorhandensein eines Objekts erkennen, es ist jedoch schwierig, einen Objekttyp von einem anderen zu unterscheiden. Für Nahbereichsanwendungen (5 bis 10 m) eignet sich ToF für den Einsatz in Umgebungssensorik und zur Fußgängererkennung (Exterior Cocooning), da die höhere Auflösung ein breiteres Gesichtsfeld bei gleichzeitig hoher räumlicher Auflösung ermöglicht.

9.2.4 2D- versus 3D-ToF

Kommt es auf die absolute 3D-Position oder -Orientierung an, bietet ToF einen klaren Vorteil: ToF-Sensoren liefern bereits Tiefeninformationen am Sensorausgang, sodass keine Verarbeitung zur Gewinnung dieses Daten mehr erforderlich ist. ToF-basierte Systeme benötigen daher im Vergleich zu 2D-basierten Systemen weniger Bildverarbeitungsressourcen, sodass Anwendungen auf kleineren Prozessoren ausgeführt werden können.

Die hohe Unempfindlichkeit gegenüber direkter Sonneneinstrahlung ist ein weiterer Vorteil von ToF-Systemen: Neben der Sonnenlichtunterdrückung durch einen optischen Filter – eine Technik, die bei beiden Technologien angewendet wird – verfügen iToF-Kameras über eine zusätzliche Technik zur Unterdrückung von Sonnenlicht: Das Auslesen von ToF-Pixeln erfolgt mittels HF-moduliertem Trägersignal (typ. 30 bis 80 MHz) synchron zum ausgesendetem Licht. Dabei weist jeder Pixel einen separaten Kanal für jede Phasenlage des Trägersignals auf, wodurch differentiell betrachtet, sich das vergleichsweise nur langsam ändernde Licht zu einem Gleichtaktsignal wandelt, welches durch die weitere Signalverarbeitung entsprechend unterdrückt wird.

Dadurch vereinfacht sich die Entwicklung von Erkennungs- und Klassifizierungsalgorithmen, verkürzt so die Entwicklungszyklen von Algorithmen und/oder verringert die Größe der Trainingssets für KI Deep Learning (Künstliche Intelligenz).

Benchmark-Tests zeigen, dass die Entfernungserkennung mit 3D-ToF-Kameras präziser ist als die Entfernungserkennung durch 2D-Kameras mit Hilfe fortschrittlicher Methoden des maschinellen Lernens. Bei 2D-Kameras erreichen die besten Ergebnisse, die z. B. in [2] und [3] angegeben wurden, relative Tiefengenauigkeiten von bis zu 36% (also 36 cm Tiefengenauigkeit auf 1 m Entfernung). Im Verlauf dieses Beitrags wird die erreichte relative Tiefengenauigkeit von 1% (also 1 cm Tiefengenauigkeit auf 1m Entfernung) gezeigt, gemessen mittels einer 3D-ToF-Kamera gemäß Abschnitt 9.4.2.3.

9.3 MinTOFKA-Projektziele

MinTOFKA steht für „Miniaturisiertes Time-of-Flight Kamerasystem für Automotive-Anwendungen". Es werden zwei neue Kamera-Demonstratoren D1 und D2 verwendet, die auf dem aktuellsten ToF-Sensor mit VGA-Auflösung basieren und über ein größeres Gesichtsfeld (vgl. Bild 3) und mehrere optische Kanäle verfügen.

Mögliche Anwendungen für die Demonstratoren D1 und D2 sind in Tabelle 1 dargestellt.

Mehrere Markttreiber bestimmen, welche Anwendungen von den Automobilherstellern umgesetzt werden. Zu diesen Markttreibern zählen:

- UX (User Experience) und HMI (Human Machine Interface), z. B. Gestenerkennung und Handbewegungen des Fahrers/Beifahrers
- Sicherheit, z. B. Identifizierung des Fahrers

- NCAP-Sicherheit (New Car Assessment Programme), z. B. Fahrer-Überwachung und Erkennung der Anwesenheit von Kindern
- Sicherheit beim autonomen Fahren nach Stufe 3 und Stufe 4, z. B. vollständige Fahrer-Überwachung zur Übergabe der Fahrsteuerung zwischen Fahrzeug und Fahrer
- Ersatz/Erweiterung bestehender Sicherheitsfunktionen, z. B. Sitzbelegungserkennung für das Auslösen des Airbags und Sicherheitsgurt-Erinnerung

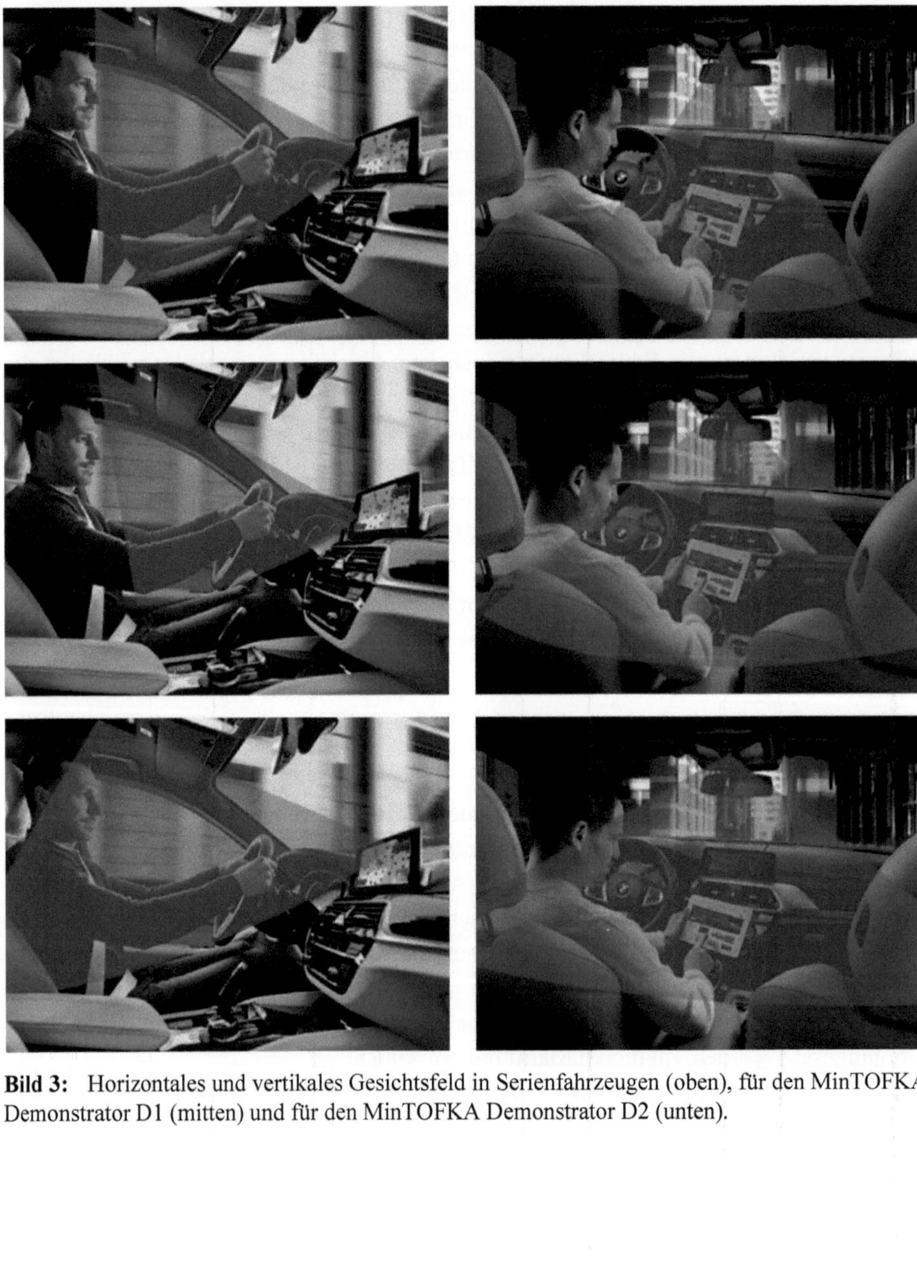

Bild 3: Horizontales und vertikales Gesichtsfeld in Serienfahrzeugen (oben), für den MinTOFKA Demonstrator D1 (mitten) und für den MinTOFKA Demonstrator D2 (unten).

Tabelle 1: Anwendungsfälle für die MinTOFKA-Demonstratoren D1 und D2.

Anwendung	**Demonstrator**
Hand-am-Lenkrad-Erkennung	D1
Gestenerkennung	D1
Sitzbelegungserkennung – vorne	D1
Sitzbelegungserkennung – alle Sitze	D2
Sicherheitsgurt-Erinnerung	D2
Vollständige Fahrerüberwachung– einschließlich Körperhaltung	D2
Klimatisierung – Körper-/Kopfhaltung, Erkennen von Kleidung	D2
Airbag-Steuerung	D2
Zeigegesten über den gesamten Interaktionsbereich	D2
Erkennung der Anwesenheit von Kindern – Rücksitze	D2

9.4 Simulationen und Messungen

Dieser Abschnitt beschreibt Simulations- und Messergebnisse der drei Subsysteme Optik, ToF-Kamera (einschließlich Optik, Beleuchtung) und Erkennungsalgorithmen. Die Messergebnisse basieren auf dem Evaluierungskit EVK75027 [4]. Der Schwerpunkt liegt dabei auf Anwendungen für D1 (vgl. Tabelle 1).

9.4.1 Optik

9.4.1.1 Konzept

Das entwickelte Objektiv beinhaltet die Umsetzung zweier neuartiger Konzepte zur Realisierung einer sehr kompakten ToF-Kamera im Fahrzeuginnenraum. Im ersten Konzept wurde eine spezielle hybride Abbildungsoptik bestehend aus einer klassischen Glasoptik sowie einem Wafer-Level-Optik (WLO) Element designt. Während die Glasoptikkomponente (vgl. Bild 4a), durch klassische preisgünstige Herstellungsverfahren auf sphärische Formen beschränkt ist, können für die WLO-Komponente (vgl. Bild 4b), auch asphärische Oberflächenprofile realisiert werden. Dies wird durch ein spezielles Herstellungsverfahren, der Polymer-auf-Glas-Abformung, ermöglicht. Bei dieser wird ausgehend von einer Originalstruktur die Linsenfläche mittels UV-härtenden Polymers auf einen Glaswafer aufgeprägt. Dadurch lassen sich aufwändige Primärstrukturen, wie die hier gezeigten asphärischen Linsenprofile, kostengünstig replizieren.

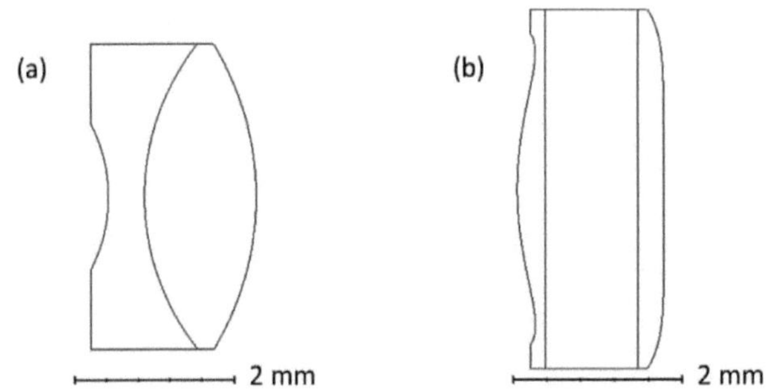

Bild 4: Für das ToF-Kameraobjektiv designte optische Komponenten, (a) klassisches Glas-Duplett und (b) Wafer-Level-Optik Komponente mit Polymer auf Glas-Linsen.

Bei der Kombination beider Elemente trägt die Glaskomponente den Hauptanteil der Brechkraft, wogegen die WLO-Komponente mit ihren asphärischen Oberflächenprofilen vor allem zur Korrektur von Abbildungsfehlern beiträgt. Durch diese Kombination war es möglich ein Design zu verwirklichen, welches mit ca. der Hälfte an Elementen auskommt im Vergleich zu einem Design basierend auf rein sphärischen Glaskomponenten. Die Kombination von Glas- und Kunststoffkomponenten besitzt neben der Reduzierung der Systemkomplexität den weiteren Vorteil, dass die thermische Stabilität gegenüber rein auf Kunststoff basierenden Ansätzen, wie z. B. in Objektiven mit Spritzgusslinsen, erhöht werden kann. Dies stellt eine der Grundvoraussetzungen für eine spätere Qualifizierung für Automotive-Anwendungen dar [5].

Das zweite Konzept, welches wesentlich zur Miniaturisierung beiträgt, umfasst die Gesichtsfeldaufteilung. Dabei wird nicht das gesamte zu beobachtende Gesichtsfeld mit einem Objektiv abgebildet, wie in klassischen Ansätzen, sondern es kommen mehrere parallelisierte Abbildungskanäle zum Einsatz, welche jeweils nur einen Teil des Gesichtsfeldes abdecken. Durch diese Aufteilung ist es möglich, mittels vereinfachten Objektivdesigns ein großes Gesichtsfeld abzubilden und gleichzeitig auf komplexe und verhältnismäßig große Objektivarchitekturen zu verzichten. Dieser Ansatz ermöglicht zudem eine Strahlumlenkung, die zur Aufteilung der Gesichtsfelder notwendig ist. Hier wurde die Umlenkung mittels Prisma verwendet, da die prismatische Dispersion aufgrund der monochromatischen Abbildung des ToF-Signals bei 850 nm eine untergeordnete Rolle spielt. Die zusätzlich durch das Prisma eingebrachten Aberrationen konnten durch Anpassen der asphärischen WLO-Komponente kompensiert werden. Das Gesamtdesign für einen Einzelkanal ist in Bild 5 zu sehen. Das vor der Abbildungsoptik platzierte Prisma erzeugt eine Ablenkung der Hauptblickrichtung von ca. 15°. Ein weiterer Vorteil dieses Systemansatzes besteht darin, dass alle Abbildungskanäle identisch sind und so parallel und kompakt auf einen Sensor aufgebaut werden können. Lediglich die Vorsatzoptik bedarf einer kanalspezifischen Ausrichtung.

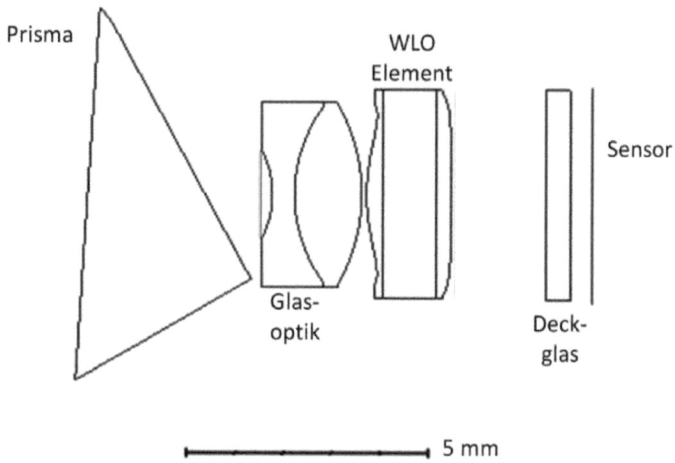

Bild 5: Optikdesign für Einzelkanal bestehend aus einem Prisma zur Strahlumlenkung und einer hybriden Optik aus Glas- und Wafer-Level-Optik (WLO)-Element.

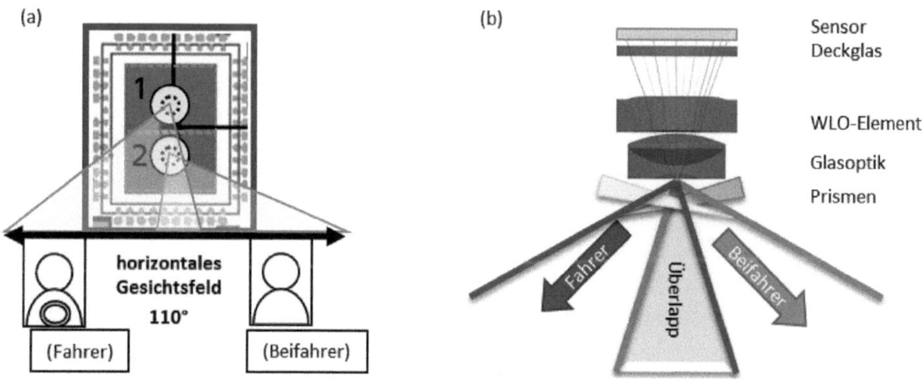

Bild 6: Konzept zur Gesichtsfeldaufteilung, (a) Aufsicht auf Sensor und der jeweiligen Zuordnung der Sensorfläche zum Gesichtsfeld, (b) Schnitt durch die Optikkanäle und Aufsicht auf das horizontal aufgeteilte Gesichtsfeld.

Das vorgestellte hybride Optikdesign erlaubt die Abbildung eines Bildkreises von ca. 70° je Kanal. Um das angestrebte horizontale Gesichtsfeld von 110° zu erreichen, wurde eine Kombination von zwei Kanälen gewählt (vgl. Bild 6a). Um für die anschließende Bildverarbeitung ein Zusammenführen der Tiefenkarten beider Kanäle zu ermöglichen, wurde zusätzlich eine Überlappung der Einzelgesichtsfelder von 15° vorgehalten (vgl. Bild 6b).

9.4.1.2 Optische Performance

Das auf Basis der zuvor beschriebenen Konzepte entworfene Objektiv besitzt bei einer F-Zahl von 1,8 eine Brennweite von 3,4 mm. Die resultierende Baulänge, inklusive Strahlumlenkung, beträgt ca. 11 mm. Für die optimale Ausnutzung der Schärfentiefe im Anwendungsfall wurde ein fester Fokuspunkt von 300 mm Objektabstand festgelegt. Integriert wird dieses Objektiv auf einem ToF-Sensor mit einer Pixelgröße von 10 µm. Ausgehend von dieser Pixelgröße ergibt sich eine Nyquist-Frequenz von 50 LP/mm. In Bild 7a sind die simulierten MTF-Kurven für die Feldpunkte mit dem maximal sowie minimal erzielbaren Kontrast abgebildet. Dabei wurde als Designziel eine MTF von $\geq$ 0,5 bei halber Nyquist-Frequenz (25 LP/mm) angenommen. Insgesamt besitzt das Objektiv eine gleichförmige optische Performance über den gesamten abgebildeten Winkelbereich, wie in Bild 7b dargestellt. Hier ist die MTF für verschiedene Ortsfrequenzen über das gesamte Gesichtsfeld aufgetragen. Für die Ortsfrequenz 25 LP/mm wird über den gesamten Winkelbereich eine MTF-Performance zwischen 0,5 und 0,8 erreicht, was eine gute Abbildungsqualität für den gesamten betrachteten Objektbereich gewährleistet.

Neben der reinen Umlenkung der Blickrichtung kommt es durch die Wirkung des Prismas zu einer asymmetrischen Verzeichnung, welche zusammen mit der tonnenförmigen Verzeichnung des Einzelobjektivs wirkt. Das resultierende Gesichtsfeld ist in Bild 8 dargestellt und zeigt die Winkelkoordinaten im Objektraum für jeden zehnten ToF-Sensorpixel an. Durch das Prisma kommt es zu einer Streckung des horizontalen Gesichtsfelds, wodurch sich die Ortsraumabtastung entlang dieser Achse ändert. In Bild 9a ist diese räumliche Abtastung entlang des horizontalen Gesichtsfelds für eine Entfernung von 500 mm dargestellt. Die durchgezogene Linie entspricht dem Verlauf durch die vertikale Sensormitte, die gestrichelte Linie dem Verlauf bei 80% vertikaler Sensorhöhe. Es zeigt sich, dass für ein horizontales Gesichtsfeld des Einzelkanals von −15° bis 48° eine Auflösung < 5 mm/Pixel erreicht wird, welche für die Gestenerkennung benötig wird. Für das Doppelkanal-Design bedeutet dies, dass das Auflösungskriterium für ein horizontales Gesichtsfeld von insgesamt 96° erfüllt wird. Bild 9b illustriert demgegenüber die vertikale Abtastung für die horizontale Sensormitte (durchgezogene Linie) und jeweils die Abtastung für +/− 80% Sensorbreite (gestrichelte bzw. gepunktete Linie). Bezogen auf den Objektraum entsprechen diese vertikalen Abtastlinien einer Blickrichtung von −6° (überlappendes Gesichtsfeld), 14,7° mittlerer Blickrichtung und 40° im äußeren Gesichtsfeld. In diesen Bereichen wird das Auflösungskriterium von < 5 mm/ Pixel überall erreicht.

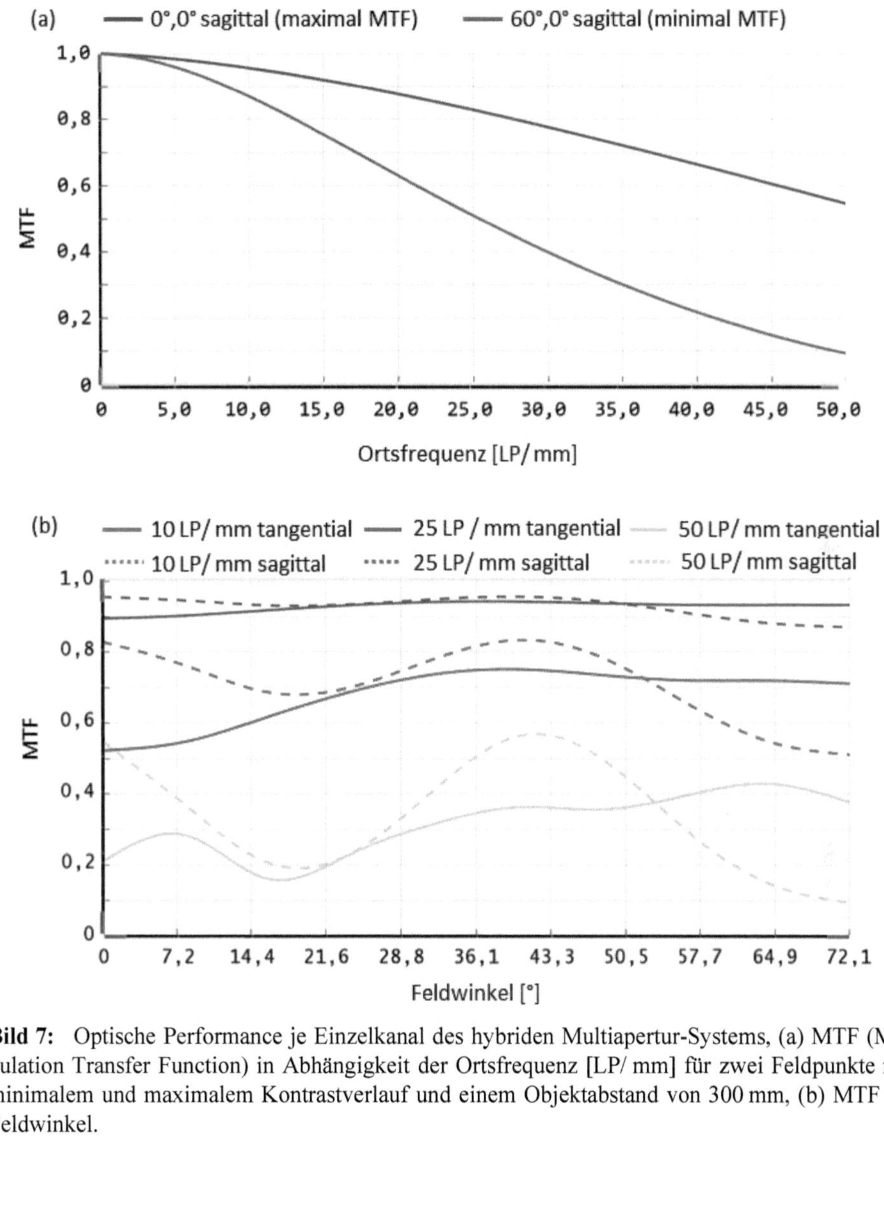

Bild 7: Optische Performance je Einzelkanal des hybriden Multiapertur-Systems, (a) MTF (Modulation Transfer Function) in Abhängigkeit der Ortsfrequenz [LP/ mm] für zwei Feldpunkte mit minimalem und maximalem Kontrastverlauf und einem Objektabstand von 300 mm, (b) MTF vs. Feldwinkel.

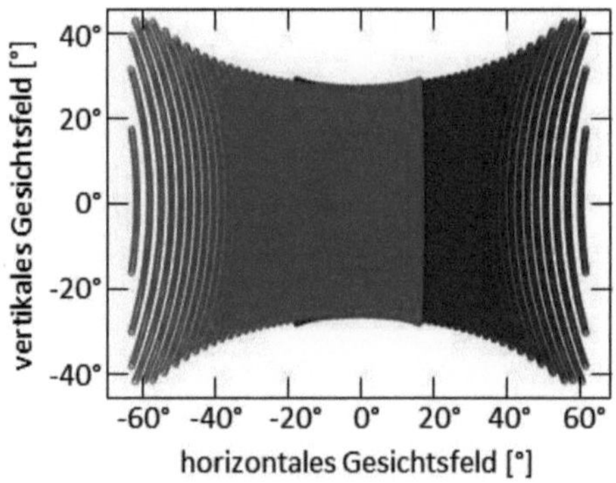

Bild 8: Einfluss der prismatischen Strahlumlenkung auf die Verzeichnung, Winkelkoordinate des Sehstrahls im Objektraum für jeden zehnten ToF-Sensorpixel (rechts: Kanal 1, links: Kanal 2).

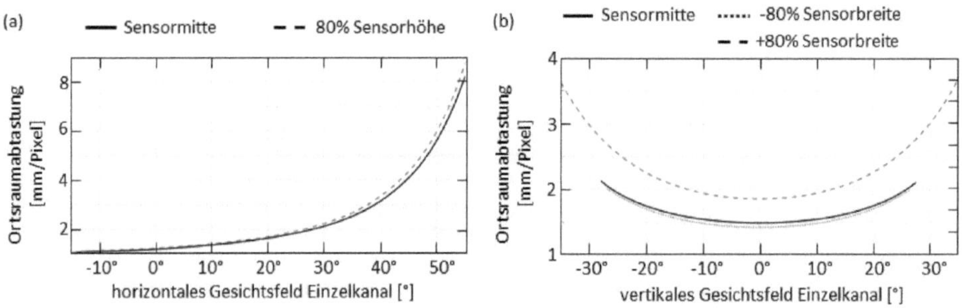

Bild 9: Ortsraumabtastung eines Einzelkanals für 500 mm Objektabstand, (a) entlang des horizontalen Gesichtsfelds bei Sensormitte (durchgezogene Linie) und 80% Sensorhöhe (gestrichelte Linie), (b) entlang des vertikalen Gesichtsfelds bei Sensormitte (durchgezogene Linie) und jeweils +/− 80% Sensorbreite (gestrichelte bzw. gepunktete Linie).

9.4.2 ToF-Kamera

9.4.2.1 VGA-ToF-Sensor MLX75027

Der verwendete ToF-Sensor mit der Bezeichnung MLX75027 [6] weist die in Tabelle 2 dargestellte Spezifikationen auf.

Die Bauform des ToF-Sensors ist in Bild 10 dargestellt. Der Sensor-Die wurde in 90 nm BSI (Backside Illumination) CMOS-Technologie hergestellt. In Bild 11 ist die schematische Darstellung des Schnittbilds des VGA-ToF-Sensors abgebildet.

Tabelle 2: MLX75027 Spezifikationen.

Spezifikationen	Wert
Auflösung	640 x 480 Pixel
Pixelgröße	10 x 10 µm
Linsengröße	1/2″
Externe Quanteneffizienz	44,3% @ 850 nm
Modulationsfrequenz	bis 100 MHz, programmierbar
Vollauflösende Distanz-Framerate	bis 135 fps, programmierbar (4 Phasen, T_{int} (Verschlusszeit) = 300 µs)
Umgebungstemperaturbereich	−40 bis 105 °C
Qualifizierung für automobile Anwendungen	AEC-Q100 Grad 2 [11]
Gehäuseabmessungen	14 x 14 mm (Version 2019) 11 x 9,5 mm (Version 2020)

Bild 10: Vorderseite (links) und Rückseite (rechts) des VGA-ToF-Sensors MLX75027 (Version 2020) [6].

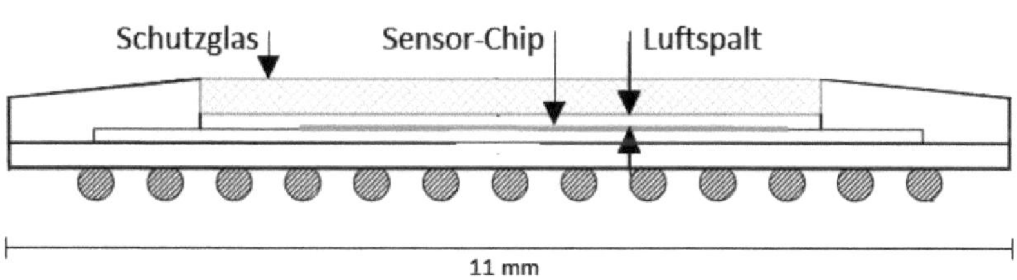

Bild 11: Schematische Darstellung des Schnittbilds des VGA-ToF-Sensors MLX75027 [6].

9.4.2.2 VGA-ToF-Kamera

Ein komplettes TOF-System bzw. Kameramodul besteht mindestens aus folgenden Komponenten:

- ToF-Pixel-Array
- Synchronisierte aktive Nahinfrarot-(NIR-)Beleuchtungsquelle mit hoher Bandbreite (LED oder VCSEL)
- Strahlformungsoptik für die Lichtverteilung
- Empfangssensorlinse (optimiert für maximale NIR-Wellenlängen-Durchlässigkeit)
- Mikroprozessor, DSP, FPGA oder SoC (System-on-Chip) zur Berechnung und Verarbeitung der Sensorrohdaten

Die Messungen werden mit dem Evaluierungskit EVK75027 [4] mit VCSEL-Beleuchtung und einer 110 x 80°-FOV-Objektivlinse durchgeführt. Der Aufbau des Evaluierungskits ist in Bild 12 dargestellt.

Das Evaluierungskit stellt eine komplette ToF-3D-Kameralösung dar, welche direkt mit einem Rechner verbunden wird und Darstellungen, Aufnahmen sowie Analysen in Echtzeit, bei einer gleichzeitig großen Vielfalt an Konfigurationsmöglichkeiten, ermöglicht. Die technischen Daten des Evaluierungskits sind in Tabelle 3 aufgeführt.

Das Evaluierungskit besteht aus vier einzelnen Boards, jeweils für Beleuchtung, Bildaufnahme, Prozessierung und Interface. Das Schaltbild des Evaluierungskits ist in Bild 13 dargestellt.

Bild 12: Aufbau des ToF-Kamera-Evaluierungskits EVK75027 [4].

Tabelle 3: EVK75027 [4] Spezifikationen.

Spezifikationen	Value
Horizontales Gesichtsfeld	110°
Beleuchtung	940 nm, 4 VCSEL
Modulationsfrequenz	4 bis 100 MHz
Objektivhalterung	Standard S-Mount
Bildwiederholrate (Konfidenz- u. Tiefenbild)	bis 35 fps
Abmessungen	80 x 50 x 35 mm
Rechner-Interface	Gigabit Ethernet

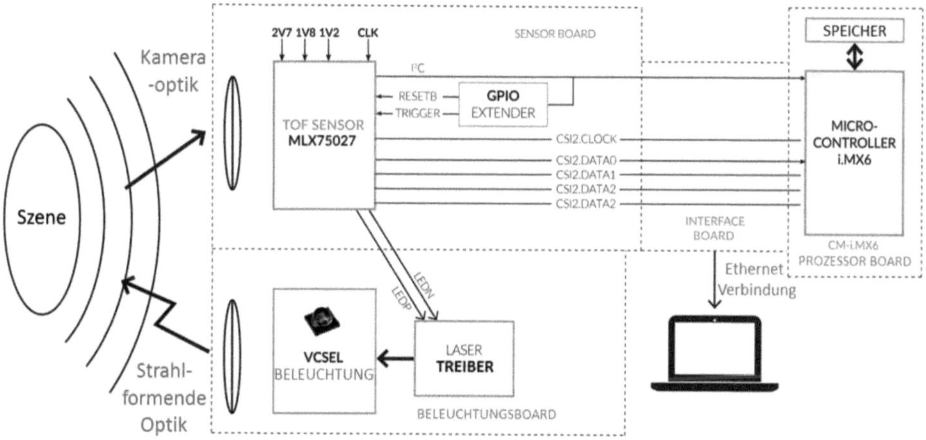

Bild 13: Schaltbild des Evaluierungskits EVK75027 [4].

9.4.2.3 Messung der Tiefengenauigkeit

Die in Bild 14 dargestellte Grafik zeigt die gemessene Abstandsgenauigkeit und Standardabweichung der gemessenen Entfernung (als Rauschmaß) für das EVK75027. Bei diesem Kit werden alle Objekte (mit einem Reflexionsvermögen von mehr als 50% in der Nähe der menschlichen Haut [8]), die näher als 1,5 m von der Kamera entfernt sind, mit einer Abstandsgenauigkeit von weniger als 1% der Entfernung erfasst. Unter diesen Bedingungen ist z. B. bei einem Abstand von 1 m die Genauigkeit höher als 1 cm.

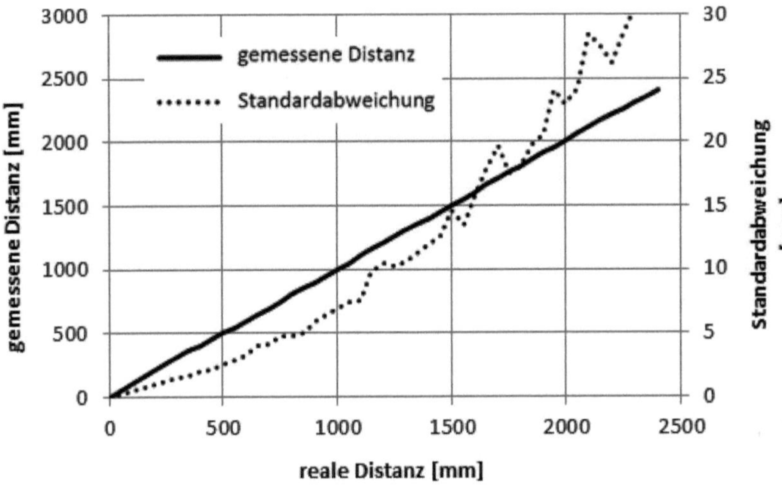

Bild 14: Durchschnittliche gemessene Entfernung und Standardabweichung (über 20 Bilder) im Vergleich zur tatsächlichen Entfernung. Gemessen mit dem EVK75027 bei 50% Lichtleistung (2 VCSELs), 50% Reflexionsvermögen, 80 MHz Modulationsfrequenz und 495 μs Integrationszeit.

9.4.3 Erkennungsalgorithmen

9.4.3.1 Versuchsaufbau

In diesem Abschnitt erfolgt die Evaluierung der Algorithmen für die Gestenerkennung, die Hand-am-Lenkrad-Erkennung und die Sitzbelegungserkennung auf Daten des Evaluierungskits EVK75027 [4] mit einem Gesichtsfeld von 110° x 80° unter Laborbedingungen. Um eine möglichst hohe Vergleichbarkeit zwischen dem Standard Evaluierungskit und dem zu entwickelnden MinTOFKA Demonstrator D1 zu gewährleisten, wird lediglich die Fahrerseite in Betracht gezogen. Das Gesichtsfeld und die für die Algorithmen verwendeten Bildbereiche werden so gewählt, dass sie D1 möglichst ähnlich sind. Zu diesem Zweck wurde der Sensor in einem realistischen Fahrzeug-Nachbau orthogonal nach unten gerichtet aufgehängt, womit folgende Tiefen- und Amplitudenbilder erzeugt werden (vgl. Bild 15).

Um eine möglichst hohe Framerate zu erreichen, wird für die Versuche der im Evaluierungskit zur Verfügung stehende Modus *Distance+Confidence* gewählt, der die Übertragung von 30 Frames pro Sekunde erlaubt.[7]

[7] Der Sensor-IC selbst erlaubt eine Framerate von mehr als 135 fps (Frames pro Sekunde), während die Framerate des Evaluierungskits auf 30 fps beschränkt ist.

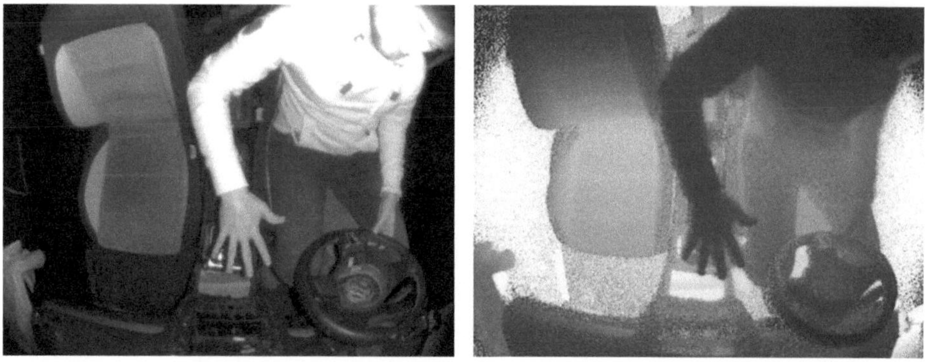

Bild 15: Amplitudenbild (links) und Tiefenkarte (rechts) des Sensors im Versuchsaufbau. Das Gesichtsfeld deckt Lenkrad und Mittelkonsole vollständig und Fahrzeuginsassen weitestgehend ab. Dunklere Pixel in der Tiefenkarte repräsentieren geringere Tiefenwerte.

Dabei ist zu beachten, dass der Wertebereich für Amplitudenwerte von 12-bit auf 8-bit reduziert wird, um eine schnellere Übertragung über die Netzwerkschnittstelle zu ermöglichen, die andernfalls bereits mit einer geringeren Framerate ausgelastet wäre. Ein etwaiger negativer Einfluss des Verlusts der Amplitudenauflösung wird hier nicht weiter quantitativ untersucht, ist aber vermutlich vernachlässigbar. Um darüber hinaus Bandbreite zu sparen, wird statt der Punktwolke lediglich die Tiefenkarte über das Gigabit Ethernet Interface übertragen und die Generierung der Punktwolke einschließlich der notwendigen Korrektur der 3D-Punkte auf dem Testrechner durchgeführt. Da eine individuelle Kalibrierung der Optik im Falle einer Serienproduktion nicht durchgeführt würde, wird hier auch darauf verzichtet und die bereitgestellten Standardparameter benutzt. Eine Korrektur des 2D-Bildes wird nicht vorgenommen, da diese für die hier besprochenen Anwendungsfälle nicht unbedingt notwendig ist und so eine sonst ressourcenintensive Operation vermieden werden kann.

9.4.3.2 Validierung

Auch wenn der Sensor zunächst in einer Laborumgebung evaluiert wird, wurde der Versuch unternommen, eine möglichst breite Abdeckung der in Abschnitt 9.4.4 erwähnten Merkmale zu erreichen. Für die Evaluation des Sensors wurden Daten von 13 Personen aufgenommen, die in relevanten Dimensionen, wie z. B. Körper- und Handgröße, Gewicht und Körperform oder Farbton der Haut, ein breites Spektrum abdecken. Ein Teil der Daten wird für das Training der Algorithmen genutzt, während ein davon unabhängiger Teil der Daten für die Evaluation verwendet wird. Dabei wird darauf geachtet, dass dieselbe Person nicht sowohl im Trainings- als auch im Evaluationsdatensatz auftritt. Auf diese Weise wird gewährleistet, dass die Ergebnisse nicht dadurch verfälscht werden, dass bestimmte Personen bzw. deren Charakteristika (Anatomie, Bewegungsmuster, etc.) auswendig gelernt werden.

9.4.3.3 Gestenerkennung

Auf Grund technologischer Fortschritte haben Gesten-Erkennungssysteme Einzug in diversen Bereichen gehalten. Im Automobilbereich eignen sich Gesten dabei insbesondere für den Einsatz bei der Ansteuerung des Entertainment- und Kommunikationssystems. Es erfolgt hier die Betrachtung der Erkennungsgenauigkeit von Gesten, die bereits heute serienmäßig in manchen Fahrzeugen zur Verfügung stehen (vgl. Bild 16):

- *DoubleFive*: Zweimalige Öffnung der Hand in einem kurzen Zeitintervall
- *PointClick*: Virtuelles vorwärtsgerichtetes Klicken mit dem Zeigefinger
- *RotateClockwise*: Rotation des Zeigefingers im Uhrzeigersinn
- *StaticPoseTwo*: Die Präsentation zweier Finger mit statischer Hand
- *SwipeRight*: Ein Wischen nach rechts mit einer beliebigen Handpose

Zur Erkennung wurden zwei unterschiedliche Ansätze getestet. Der erste (im Folgenden GST genannt) besteht aus einem von gestigon entwickelten proprietären echtzeit-fähigen Verfahren, das in erster Linie die Tiefenkarte in Kombination mit klassischen Bildverarbeitungsmethoden nutzt. Der zweite Ansatz [9] (im Folgenden TRN genannt) basiert auf maschinellem Lernen und der ausschließlichen Nutzung von Grauwertbildern (hier auf Grundlage der Amplitudenwerte), was hinsichtlich der potentiell kostengünstigeren Sensorik attraktiv erscheint. Der übliche Vorteil bei Verfahren wie TRN besteht darin, dass die Extraktion der relevanten Bildmerkmale automatisch erfolgt und nicht aufwendig erforscht und entwickelt werden muss. Auf der Kehrseite bedürfen derartige Verfahren allerdings großer Datensätze für ein erfolgreiches Training und sind darüber hinaus in der Regel wesentlich rechenintensiver. Da TRN im Rahmen dieser Studie lediglich für die oben genannten Gesten, nicht aber die „Nicht-Geste“, trainiert wurde, können für TRN im Gegensatz zu GST keine Falsch-positive, sondern lediglich Verwechslungen zwischen Gesten vermerkt werden. Darüber hinaus lässt sich mit TRN nicht die Anzahl der Rotationen bei der Rotationsgeste erfassen. Die in Tabelle 4 abgebildeten Ergebnisse deuten darauf hin, dass die Nutzung von Tiefendaten bei voller Auflösung vorteilhaft ist.

Bild 16: Schematische Darstellung der 5 untersuchten Gesten *DoubleFive, PointClick, RotateClockwise, StaticPoseTwo* und *SwipeRight* (v.l.n.r).

Tabelle 4: Sensitivität (jeweils links) und positiver Vorhersagewert (jeweils rechts) für die Erkennung der einzelnen Gesten bei unterschiedlichen Auflösungen.

Geste	GST@640x480		GST@320x240		GST@160x120		TRN	
DoubleFive	**0,930**	**1,000**	0,863	**1,000**	0,704	**1,000**	0,433	0,929
PointClick	0,930	0,930	**1,000**	0,932	0,976	0,930	0,837	**1,000**
RotateClockwise	**1,000**	**1,000**	**1,000**	**1,000**	0,976	0,976	0,950	0,745
StaticPoseTwo	**0,976**	0,976	0,952	**1,000**	0,786	**1,000**	0,929	0,765
SwipeRight	**0,973**	0,857	0,946	**0,957**	**0,973**	**0,838**	**0,973**	0,900

Interessanterweise scheint mit GST die Genauigkeit der Gesten *PointClick* und *RotateClockwise* auch bei abnehmender Auflösung konstant zu bleiben, während die Genauigkeit der Gesten *DoubleFive* und *StaticPoseTwo* stetig absinken. Bei genauerer Betrachtung der Bilddaten zeigt sich tatsächlich, dass die Testkandidaten erstere weiter oben und damit näher am Sensor ausführen, während letztere tendenziell eher unten ausgeführt werden. Dazu kommt, dass bei den Gesten *DoubleFive* und *StaticPoseTwo* nicht ein einziger, sondern eine genaue Anzahl von Fingern erkannt werden muss. Da sich die relevanten Finger-Merkmale bei größerer Entfernung und abnehmender Auflösung schwieriger erkennen lassen, sinkt dementsprechend die Genauigkeit. Der GST-Ansatz erreicht eine mittlere Empfindlichkeit von 96% und führt zu einem positiven Vorhersagewert von 95%. Hingegen erreicht TRN bei diesen Werten nur jeweils 82% bzw. 87%. Dass TRN in diesem Vergleich schlechter abschneidet, ist möglicherweise darauf zurückzuführen, dass für das *Finetuning* des genutzten vortrainierten Netzwerks nicht ausreichend Daten zur Verfügung standen. Es wurden bei dieser Arbeit nur ein kleiner Datensatz mit ungefähr 100 Ausführungen pro Geste genutzt. Es ist also keineswegs auszuschließen, dass TRN nicht vergleichbar gute Ergebnisse erzielen könnte. Ein vielversprechender Ansatz ist, beide Verfahren zu kombinieren und sowohl die Tiefen als auch die Amplitudeninformation zu nutzen.

9.4.3.4 Hand-am-Lenkrad-Erkennung

Für die Hand-am-Lenkrad-Erkennung ergibt sich die Schwierigkeit abzugrenzen, was ein positives Ergebnis konstituiert und was nicht. So stellt sich beispielsweise die Frage, ob ein einzelner Finger auf dem Lenkrad bereits ausreicht, oder ob das Lenkrad fest mit zumindest einer Hand gehalten werden muss. Darüber hinaus spielt möglicherweise eine Rolle, ob der Fahrer die Hände tatsächlich frei hat oder gegebenenfalls ein Objekt, wie z. B. ein Mobiltelefon oder eine Flasche, hält. Schlussendlich hat der Zustand der Hände allein nur begrenzte Aussagekraft über die tatsächliche Übernahmebereitschaft eines Fahrers.

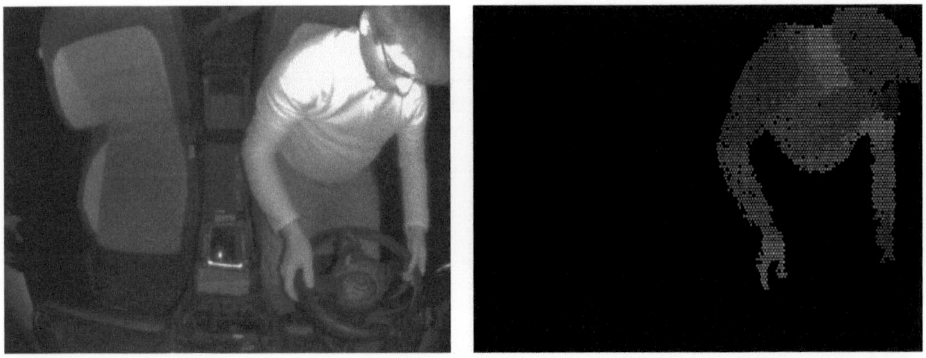

Bild 17: Amplitudenbild (links) und dazugehörige Körperteilsegmentierung (rechts) eines Fahrers, dessen Hände deutlich das Lenkrad umfassen.

Hier soll zunächst die einfachere Frage untersucht werden, mit welcher Genauigkeit ermittelt werden kann, ob sich die Hände in hinreichender Nähe zum Lenkrad befinden. Zu dem Zweck wird ein Bereich am bzw. vor dem Lenkrad definiert, der für die Erkennung ausschlaggebend ist. Dazu wird mithilfe der Tiefenkarte zunächst ein Segmentierungsverfahren angewendet, das für jeden Pixel des Bildes die Zugehörigkeit zu einem Körperteil des Fahrers bestimmt (vgl. Bild 17). So kann im nächsten Schritt für jeden Pixel, der auf der Hand des Fahrers liegt, getestet werden, ob dessen korrespondierende 3D-Koordinate im vorher festgelegten Bereich am Lenkrad liegt. Trifft dies für eine ausreichende, experimentell ermittelte Anzahl an Pixeln zu, so ist davon auszugehen, dass der Fahrer seine Hände am Lenkrad hat.

Durch die Segmentierung des Bildes hinsichtlich der Körperteile können sonst übliche Fehlauslösungen verhindert werden, die beispielsweise auftreten können, wenn sich die Knie des Fahrers zu nah am Lenkrad befinden oder es gar berühren. Da das Segmentierungsverfahren eine verhältnismäßig hohe Rechenleistung erfordert, wird dieses lediglich für eine gleichmäßig gesampelte Teilmenge der Pixel durchgeführt. Der Faktor für das Subsampling wird so gewählt, dass auch für kleinere Hände noch eine ausreichende Menge an Pixeln zur Verfügung steht, aber gleichzeitig die Echtzeitfähigkeit des Systems erhalten bleibt.

Der Ansatz wird mit einem Validierungsdatensatz getestet, der sich wesentlich auf schwierigere Szenarien konzentriert. Dazu gehören z. B. Situationen, in denen der Fahrer seine Hände in größter Nähe zum – aber nicht unmittelbar am – Lenkrad positioniert und Fälle, in denen die Sicht des Sensors auf die Hände oder das Lenkrad durch erhebliche Verdeckungen beeinträchtigt wird. Das Verfahren wird mit zwei unterschiedlichen Schwellenwerten getestet und erreicht dabei eine Genauigkeit von bis zu 95,78%. In Tabelle 5 werden die Konfusionsmatrizen für die beiden Experimente dargestellt.

Tabelle 5: Konfusionsmatrizen für die Hand-am-Lenkrad-Erkennung bei Nutzung unterschiedlicher Schwellenwerte (links: 15, rechts: 45) für die notwendige Anzahl der Handpixel im Lenkradbereich.

	ON	**OFF**			**ON**	**OFF**
ON	**0,982**	0,018		ON	**0,898**	0,102
OFF	0,081	**0,919**		OFF	0,191	**0,981**

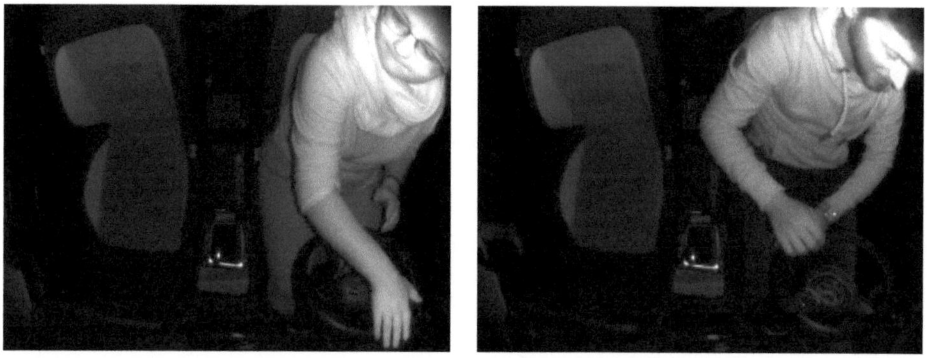

Bild 18: Beispiele für Situationen, in denen die Erkennung eine echte Herausforderung ist: links aufgrund der unmittelbaren Nähe zum Lenkrad und rechts aufgrund der Verdeckung der Hand am Lenkrad.

An den Konfusionsmatrizen erkennt man deutlich, dass ein höherer Schwellenwert eher die Klassifizierung als *OFF* begünstigt und damit aus Perspektive der Verkehrssicherheit die konservativere Wahl repräsentiert.

Prinzipiell lässt sich bei diesem Ansatz zwischen zwei Fehlerarten unterscheiden, nämlich zwischen Fehlern aufgrund des Versagens der Körperteilsegmentierung und Fehlern aufgrund Ungenauigkeiten in den Daten. Zu einem Versagen der Körperteilsegmentierung kann es beispielsweise kommen, wenn die Hände zu einem signifikanten Teil verdeckt sind oder eine Position der Hände nicht adäquat angelernt wurde (vgl. Bild 18). Ungenaue Tiefendaten wiederum können zu falschen Ergebnissen führen, wenn die Hände nahe am Lenkrad sind und die Tiefenauflösung nicht ausreicht, um noch zuverlässig zu unterscheiden. Schließlich können die für ToF-Systeme charakteristischen „Fliegenden Pixel“ in manchen Fällen nicht zuverlässig gefiltert werden und führen dann zu einem falschen Ergebnis.

9.4.3.5 Sitzbelegungserkennung

Da die Sitzbelegungserkennung eine wesentliche Bedeutung für die Sicherheit der Fahrzeuginsassen hat, z. B. als Input für die Ansteuerung des Airbagsystems, werden besonders hohe Anforderungen an die Genauigkeit und Zuverlässigkeit der Algorithmen gestellt. Da nicht zu erwarten ist, dass sich der Belegungszustand während der Fahrt mit hoher Frequenz ändert, muss die Erkennung im Gegensatz zu den anderen Anwendungsfällen allerdings nicht mit voller Framerate erfolgen. Dies ermöglicht den Einsatz etwas aufwendigerer Klassifizierungsmethoden auf Grundlage maschinellen Lernens. Um den hohen Anforderungen an ein solches System zu genügen, bietet sich an, daran anschließend geeignete Filter und State-Machines einzusetzen. So können etwaige Fehlklassifizierungen bzw. Ausreißer der Klassifizierung vermieden werden und kann von anderweitigem Umweltwissen, über welches das Fahrzeug verfügt, profitiert werden.

Ein denkbarer Ansatz ist die Verwendung einer einzelnen Spalte aus dem Tiefenbild, um verschiedene Sitzbelegungen zu unterscheiden. Bild 19 beschreibt die Tiefendaten aus einer Spalte der ToF-Tiefenkarte, die zeigen, dass ein leerer Sitz, ein Kindersitz oder eine Person auf dem Sitz deutlich erkennbar sind. Während die Kopfstütze des Sitzes in der gleichen Position bleibt (vgl. Bild 19 Grafik für die Zeilen 25–75), zeigt der mittlere Teil des Bildes gut unterscheidbare Abstände (vgl. Bild 19 Grafik für die Zeilen 200–500) für die verschiedenen Sitzbelegungen. Zusammen mit den bekannten Einstellungen des Fahrzeugsitzes (Position von Sitz und Stellung der Rückenlehne), kann eine genaue Klassifizierung der Sitzbelegung durchgeführt werden.

Es wird ein Klassifizierungsverfahren angewendet, das sowohl die Amplituden- als auch die Tiefeninformation des Sensors nutzt. Während die Tiefendaten gemäß Bild 18 bereits ein hohes Maß an wertvollen Informationen in sich tragen, reichen diese in manchen Fällen allein nicht für eine korrekte Klassifikation aus. So haben vorangegangene Experimente gezeigt, dass insbesondere wenig reflektierende Materialien Probleme bereiten, da diese die Ermittlung korrekter Tiefendaten erschweren oder gar unmöglich machen. In Kombination mit der hohen Verformungsfähigkeit des menschlichen Körpers können sich für Personen und Objekte wie Kindersitze Tiefenmuster ergeben, die nicht mehr zuverlässig unterschieden werden können.

Da diese Untersuchung sich auf die Fahrerseite beschränkt, kommen für die folgenden Betrachtungen allerdings ohnehin lediglich die Klassen *PERSON* und *OTHER* in Betracht. Dabei umfasst die Klasse *OTHER* sowohl leere als auch mit Objekten belegte Sitze. So werden beispielsweise die Ausgabe des Klassifizierungsalgorithmus auf Jacken oder Taschen getestet. Mit Einschränkung auf den relevanten fahrerseitigen Bildbereich und eine Halbierung der Auflösung sind die Eingabe für den Klassifizierungsalgorithmus Bilder mit 240 x 160 Pixeln. Nach dem Training des Algorithmus erreicht dieser auf dem Evaluationsdatensatz eine Genauigkeit von 97,01%.

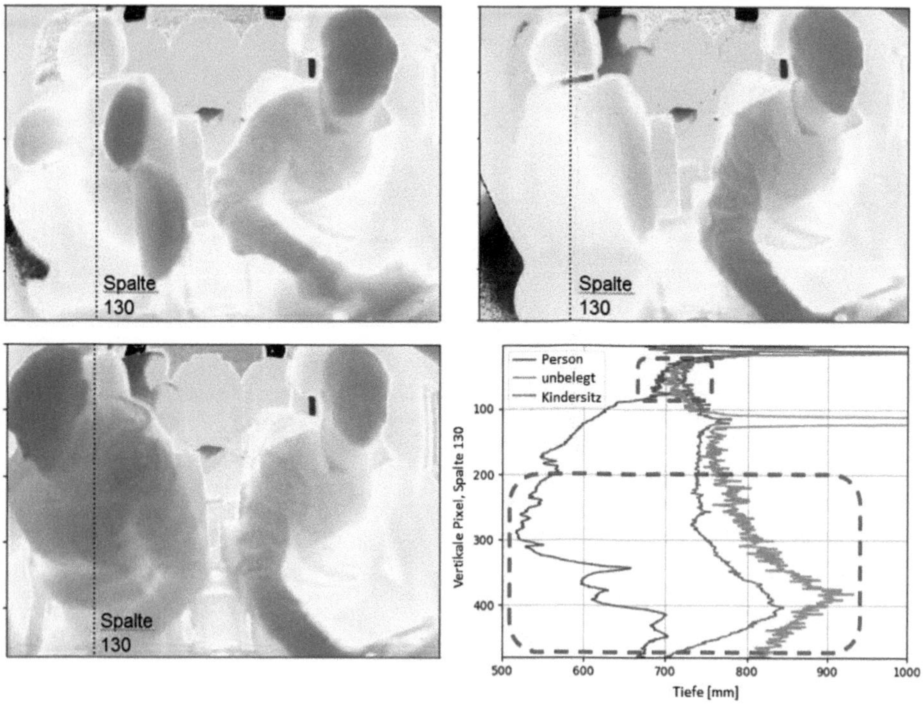

Bild 19: ToF-Tiefenbilder zur Fahrgasterkennung: (oben links) Kindersitz, (oben rechts) leerer Sitz, (unten links) Person. Die Grafik (rechts unten) gibt den Bildquerschnitt in Spalte 130 an.

Die Fehlklassifizierungen ergeben sich insbesondere durch Verwechslungen zwischen Personen und Objekten (insbesondere Jacken), ein Problem, das erfahrungsgemäß durch die Nutzung einer größeren Datenbasis behoben würde. Eine weitere Analyse möglicher Erkennungsalgorithmus-Konzepte für ToF-Bilder wird in [10] beschrieben.

9.4.3.6 Synthetische Datengenerierung

Für das Training der oben beschriebenen Algorithmen sollen in Zukunft synthetisch generierte Tiefen- und Amplitudendaten genutzt werden, um aufwendige Aufnahmen mit einem echten Sensor zu vermeiden oder zumindest zu minimieren. Bild 20 zeigt Ergebnisse des Verfahrens zur Generierung synthetischer Amplitudenbilder.

Das Verfahren wird die Eigenschaften eines ToF-Sensors physikalisch möglichst realitätsgetreu nachbilden. Um den Demonstrator D1 zu simulieren, wird die virtuelle Szene zunächst mit einem standardmäßigen Lochkamera-Modell gerendert. Das dadurch erzeugte Bild wird im Folgenden mithilfe der in Bild 8 dargestellten optischen Simulation transformiert. Die asymmetrischen Verzerrungen und ungleichmäßige Ortsauflösung könnten darüber hinaus anschließend mit der gleichen Information korrigiert werden.

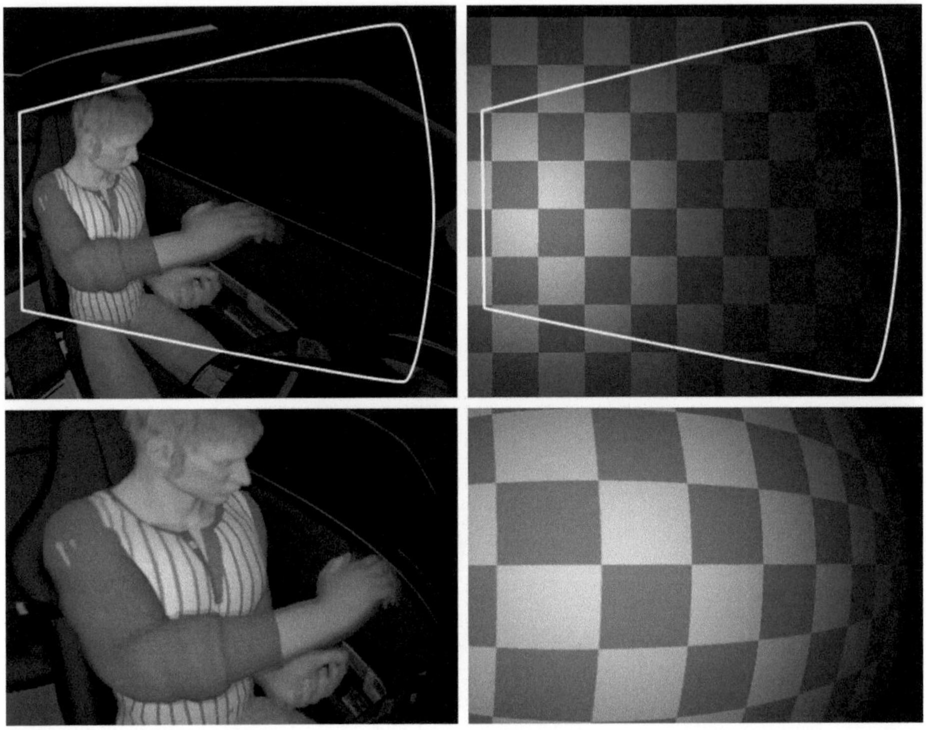

Bild 20: Ursprüngliche Renderings (oben) eines Fahrers und eines Schachbrettmusters und deren zu erwartende verzerrte Versionen (unten) mit der Optik von D1. Für eine verbesserte Sichtbarkeit wurde eine Gamma-Korrektur vorgenommen.

9.4.4 Messungen im Fahrzeuginnenraum

9.4.4.1 Vorbereitungen und Testaufbau im Fahrzeug

Um eine Auswertung der Kameradaten in Fahrzeugumgebung zu ermöglichen, muss ein Fahrzeugtestaufbau vorbereitet werden. Dazu wird eine mechanische Halterung verwendet, mit deren Hilfe der Demonstrator in der Aussparung des Dachhimmels, die für das aktuelle Seriendachmodul vorgesehen ist, befestigt werden kann (vgl. Bild 21). Die Halterung ermöglicht eine variable Positionierung der Kamera in Richtung der Fahrzeuglängsachse sowie eine Drehung der Kamera an der Fahrzeugquerachse, um das optimale Gesichtsfeld empirisch bestimmen zu können.

Zur Stromversorgung der Kamera wird ein Spannungswandler an die 12V-Steckdose des Fahrzeugs angeschlossen. Die Bilddaten werden über einen Ethernet Stecker an der Kamera abgenommen und an einen Messrechner übertragen, der sich auf der hinteren Sitzreihe befindet. Der Verbau von Kamera und Messtechnik ist nicht dauerhaft und ermöglicht dadurch einen schnellen Ein- und Ausbau zur Auswertung in verschiedenen Fahrzeugen.

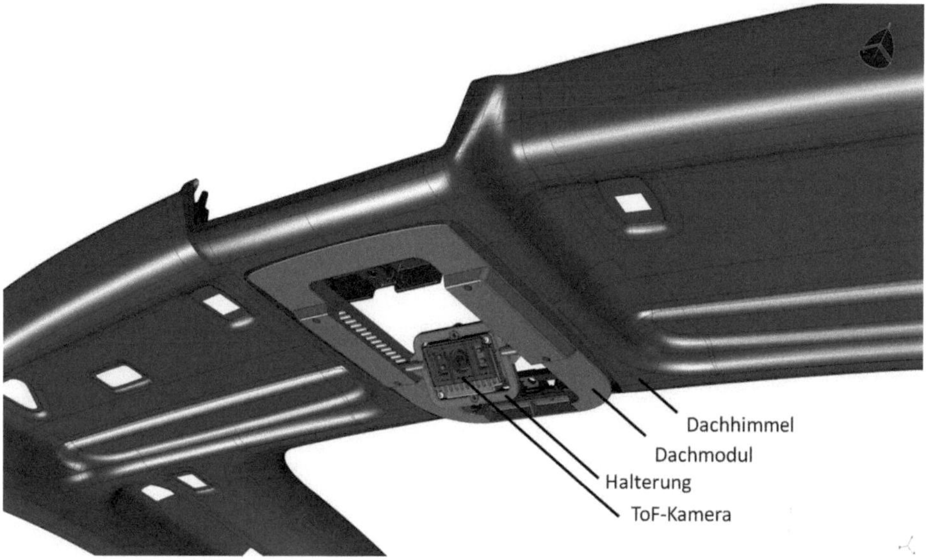

Bild 21: Rendering der ToF-Kameraposition für die MinTOFKA-Demonstratoren.

9.4.4.2 Ablauf der Fahrzeugtests

Generell werden für die Fahrzeugaufnahmen zur Bewertung der Kamera verschiedene Probanden verwendet, um eine ausreichende Verteilung verschiedener physischer Eigenschaften (z. B. Körpergröße, Handgröße, Handproportionen) sicherzustellen. Die Fingergröße etwa spielt eine entscheidende Rolle zur Bewertung der Gestikfunktion, da sichergestellt werden muss, dass Finger aller Probanden mit einer ausreichenden Anzahl an Pixeln erkannt werden, um einerseits eine Identifikation der Hand zu ermöglichen und andererseits verlässliche Tiefeninformationen zu erhalten.

Die Aufnahmen finden einerseits im Stand statt mit einem festgelegten Ablauf der Aufnahmen durch Bewegungsdrehbücher, andererseits während der Fahrt, um ein möglichst realistisches Nutzerverhalten zu erhalten.

9.4.4.3 Anwendungsfall Hand-am-Lenkrad-Erkennung

Grundsätzlich findet eine Bewertung der Funktion Hand-am-Lenkrad-Erkennung im Stand sowie während der Fahrt statt. Für eine Bewertung im Stand werden die im Folgenden beschriebenen Testbedingungen variiert.

Die Fahrzeugeinstellungen haben Auswirkungen auf die Ergonomie des Fahrers, d. h. auf die Position von Rumpf, Kopf und Gliedmaßen in Bezug auf die Bedienelemente und damit auf und die Bewegungsabläufe. Zu den für den Anwendungsfall Hand-Am-Lenkrad-Erkennung relevanten Einstellungen zählen die Lenkradeinstellung sowie die Sitzeinstellung (mit Auswirkungen auf Knieposition, Abstand des Torsos zum Lenkrad und Winkel der Arme). Über die Fahrzeugeinstellungen hinaus ist auch die Sitzposition des Fahrers auf dem Sitz, beispielsweise auf welchem Bereich der Sitzfläche sich der Fahrer befindet, zu variieren.

Auswirkung auf das Messergebnis der Kamera hat daneben die Wahl der Kleidung und das Tragen von Accessoires. Bei der Kleidung ist zum einen die Reflektivität der Kleidungsstücke im NIR-Bereich zu beachten, die stark variieren kann und damit die Tiefendaten und die Klassifizierung der Körperteile beeinflussen kann. Zum anderen ist auch die Form der Kleidung, d. h. ob es sich um kurzärmlige Kleidung handelt oder um Jacken mit dicken Ärmeln relevant. Für die korrekte Erkennung von Händen spielt auch das Tragen von Schmuck und Uhren eine Rolle und sollte in den Testbedingungen berücksichtigt werden.

Eine große Rolle beim ToF-Verfahren spielen die Lichtverhältnisse. Hier ist in den Testbedingungen zu unterscheiden zwischen direkter Sonnenlichteinstrahlung, dunkler Umgebung sowie herausfordernden Lichtverhältnissen wie Schlagschatten auf den zu erkennenden Körperteilen und Objekten, wie er durch eine tiefstehende Sonneneinstrahlung verursacht wird.

Neben den statischen Testbedingungen besitzt das Verhalten des Nutzers den größten Einfluss auf die Bewertung der Funktion. In diesem Bereich ergeben sich zwei Arten von Herausforderungen, wie in Bild 18 dargestellt. Zum wird die Erkennungsgenauigkeit betrachtet, im Fall von Hand-am-Lenkrad-Erkennung die Genauigkeit, mit der Hände am Lenkrad als solche erkannt werden. Dabei werden die Bedingungen bewusst durch eine Variation der Handpositionen sowie eine Erzeugung von Okklusionen erschwert (vgl. Bild 18 rechts). Zum anderen betrachtet man potentielle Falscherkennungsszenarien, d. h. Fälle, in denen sich die Hände nicht am Lenkrad befinden und damit eine rasche Übernahme der Fahraufgabe durch den Fahrer nicht gegeben ist (vgl. Bild 17 links). In diesem Zusammenhang wurde die Interaktion mit Objekten wie Consumer Electronics (CE)-Geräte, Getränken oder Taschen untersucht. Zusätzlich zu betrachten sind Fälle von Nutzermissbrauch, d. h. Lenken des Fahrzeugs durch das Knie oder den Oberschenkel am Lenkrad.

Für eine Bewertung der Funktion während der Fahrt wird über die beschriebenen Variationen der Testbedingungen hinaus auch Lenkbewegung bei verschiedenen Fahrszenarien sowie generell die vermehrte Interaktion des Fahrers mit dem Fahrzeug während der Fahraufgabe betrachtet (vgl. Bild 22).

Aus den Bildern lässt sich erkennen, dass während der Bewegung in der Nähe und am Lenkrad die Hände deutlich sichtbar sind – das Lenkrad selbst teilweise aber nicht vollständig sichtbar ist. Auch der linke Teil des Lenkrads liegt knapp außerhalb des Gesichtsfelds der Kamera. Dies ist auf die geringe Reflexion und den Glanz des Lenkradmaterials zurückzuführen, was den Signal-Rauschabstand (SNR) verringert.

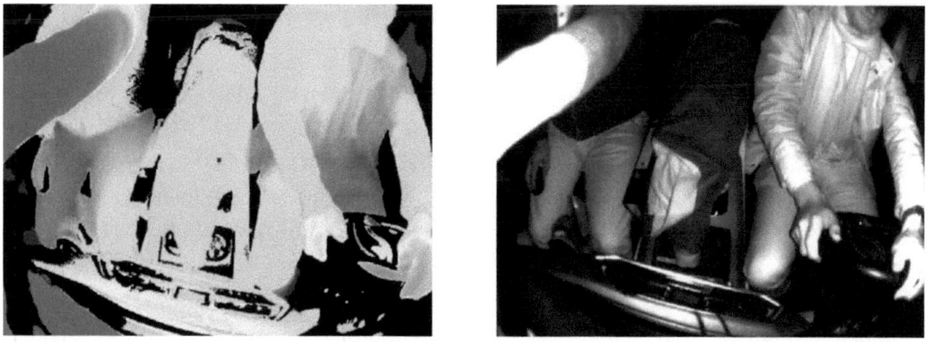

Bild 22: Tiefenkarte (links) und Amplitudenbild (rechts) im Innenraum eines BMW X5. Bilder des EVK75027 mit VGA-ToF-Sensor, Objektiv: Gesichtsfeld 110° x 80°, T_{int} = 500 µs, 23 MHz Modulationsfrequenz, 80% Beleuchtungsstärke.

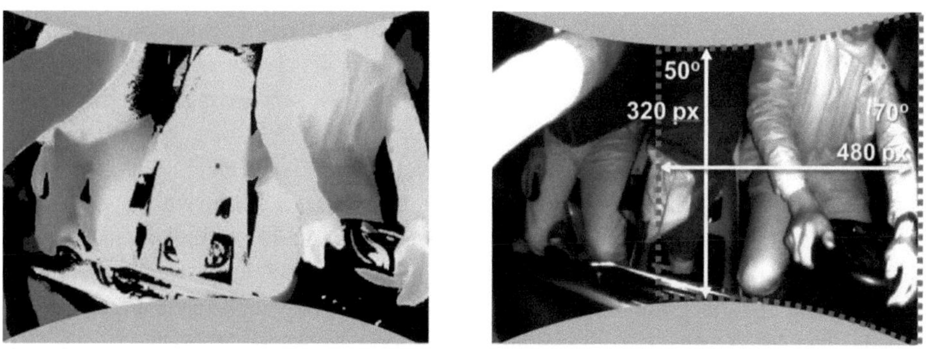

Bild 23: Simulation des MinTOFKA-Demonstrators D1, Tiefenkarte (links) und Amplitudenbild (rechts) mit dem rechten optischen Kanal, dargestellt mit Punktlinien. Der linke optische Kanal ist nicht dargestellt. Die Kanäle werden gegenüber der vertikalen Bildmittellinie gespiegelt und überlappen sich teilweise im mittleren Teil des Bildes.

Die erwartete Ansicht von Demonstrator D1 ist in Bild 23 dargestellt, mit einem niedrigeren vertikalen Gesichtsfeld in der Bildmitte im Vergleich zum EVK75027.

Es ergibt sich folgende Schlussfolgerung für diesen Anwendungsfall: Es wird erwartet, dass das Gesichtsfeld von D1 nur einen Teil des Lenkrads erfasst, möglicherweise nicht das volle Lenkrad. Es wird erwartet, dass Handpositionen innerhalb des Gesichtsfelds der Kamera leicht erkennbar sind. Mit der erweiterten FOV-Optik von D2 lässt sich eine Erkennung der Handpositionen im gesamten Bereich um das Lenkrad erzielen. Abhängig vom Reflexionsvermögen des Lenkradmaterials muss davon ausgegangen werden, dass die Erfassung der Lenkradposition nicht einfach ist.

9.4.4.4 Anwendungsfall Gestikerkennung

Wie auch beim Anwendungsfall Hand-am-Lenkrad-Erkennung findet beim Anwendungsfall Gestikerkennung eine Bewertung im Stand sowie während der Fahrt statt. Für eine Bewertung im Stand werden die im Folgenden beschriebenen Testbedingungen variiert.

Analog zum vorherigen Anwendungsfall werden für den Anwendungsfall Gestikerkennung die Fahrzeugeinstellungen variiert, insbesondere die Sitzeinstellungen. Die größte ergonomische Auswirkung bezüglich der Gestikbedienung wird durch die Verstellung des Sitzes in Fahrzeugrichtung erzielt, da dadurch der Interaktionsbereich stark variiert wird. Wie in automobilen Systemen üblich, wird die Variation der Sitzeinstellung hinsichtlich der Körpergröße zwischen der *5-Prozent-Frau* und dem *95-Prozent-Mann* betrachtet. Diese Begrifflichkeiten entstammen der Anthropometrie und bezeichnen das 5%-Perzentil für Frauen und das 95%-Perzentil für Männer als statistische Extremwerte.

Die Sitzeinstellung variiert dabei zwischen der Position maximaler Sitzhöhe und Sitzfläche maximal am Lenkrad sowie tiefer Sitzhöhe und Sitzfläche nach hinten positioniert.

Wie bei der Hand-am-Lenkrad-Erkennung werden die Testbedingungen durch die Wahl von Kleidung und Accessoires variiert. Für die Gestikerkennung spielen insbesondere Uhren und Schmuck eine große Rolle, da durch diese Accessoires bei sehr niedriger Reflektivität im NIR-Bereich Gliedmaßen im Konfidenz- und Tiefenbild abgetrennt erscheinen können, was die Klassifikation der Handform massiv erschwert.

Analog zu den anderen Anwendungsfällen spielen die Lichtverhältnisse auch bei der Gestikerkennung eine große Rolle und werden wie oben beschrieben variiert. Eine Herausforderung für die Erkennung stellen in diesem Fall Schattenkanten direkt auf den Gliedmaßen dar, die eine Klassifikation der Handform erschweren können.

Neben den statischen Testbedingungen wird für den Anwendungsfall Gestikerkennung das Verhalten des Nutzers variiert, d. h. die Ausführung der Gesten und betrachteten typische Falscherkennungsszenarien. Die Ausführung der Gesten kann für jede Geste nutzerabhängig stark variieren. Betrachtet man als Beispiel die Rotationsgeste, die etwa zur Lautstärkeregelung verwendet werden kann. Bei dieser Geste führt der Nutzer eine Kreisbewegung mit ausgestrecktem Zeigefinger im Uhrzeigersinn und Gegenuhrzeigersinn durch. Dabei können der Kreisradius, die Rotationsgeschwindigkeit, der Winkel des Zeigefingers, sowie verschiedene Rotationsarten, wie Rotation aus dem Fingergelenkt, Handgelenk und Ellbogengelenkt erfolgen.

Eine entscheidende Rolle für die Nutzerakzeptanz der Gestikbedienung spielt die Falscherkennungsrate. Um zu bewerten, ob Falscherkennungen anhand der Bilddaten vermieden werden können, werden typische Nutzerinteraktionsszenarien mit dem Fahrzeug betrachtet. Dazu zählen Interaktionen mit Bedienelementen an Displays, Armaturenbrett, Lenkrad, Lenkstöcke und Mittelkonsole für einerseits Fahrt und Fahrtvorbereitung und andererseits Bedienung von Komfortfunktionen wie Radiobedienteil und Klimabedienteil. Darüber hinaus wird die Interaktion mit Ablagefächern wie Becherhalter, Handschuhfach und Mittelkonsolenfach betrachtet.

Bild 24: Tiefenkarte (links) und Amplitudenbild (rechts) im Innenraum eines BMW X5. Bilder des EVK75027 mit VGA-ToF-Sensor, Objektiv: Gesichtsfeld 110° x 80°, T_{int} = 500 µs, 23 MHz Modulationsfrequenz, 80% Beleuchtungsstärke.

Für eine Bewertung der Funktion Gestikbedienung während der Fahrt erfolgt die Betrachtung über die beschriebenen Testbedingungen hinaus auch Gestikbedienung in Verbindung mit Lenkbewegung sowie generell Szenarien mit hoher Nutzerinteraktion mit dem Fahrzeug, z. B. beim Ein- und Ausparken sowie auch Interaktion mit dem Beifahrer im Gespräch mit natürlicher Gestikulation (vgl. Bild 24).

Beim Vergleich des in Bild 25 gezeigten Gesichtsfelds des Demonstrators D1 mit den derzeit in Produktion befindlichen ToF-Kameras ergibt sich eine um 63% bessere horizontale Auflösung (D1: 70° für 480 Pixel gegenüber 76° für 320 Pixel). Außerdem vergrößert sich in D1 das gesamte horizontale Gesichtsfeld von 76° auf 110°. Aufgrund eines engeren vertikalen Gesichtsfelds von D1 ist ein Kompromiss zwischen der Gestenerkennung in der Nähe der Mittelkonsole und der Sichtbarkeit des Kopfes (zur Erkennung der Kopfhaltung) erforderlich.

Von der letztendlichen Montageposition der Kamera aus wird erwartet, dass der Abstand 100 cm nicht überschreitet. Das Reflexionsvermögen von bloßen Händen beträgt in etwa 50% [7]. Basierend auf den in Abschnitt 9.4.2.3 dargestellten Abstandsgenauigkeitsmessungen erwartet man daher eine Abstandsgenauigkeit von ±10 mm (1 Sigma). Um eine grobe Schätzung der Fingerzeige-Genauigkeit zu erhalten, betrachtet man einen gestreckten Zeigefinger mit 70 mm Länge und geht davon aus, dass der Winkel zwischen den Endpunkten gemessen wird. Dies würde zu einer Winkelgenauigkeit von ±16° (1 Sigma) führen.

Die vorläufige Schlussfolgerung für diesen Anwendungsfall lautet: Innerhalb des Gesichtsfelds von D1 (110 x 50°) können eine Reihe von Gesten erkannt werden. Die theoretische Auflösung reicht aus, um Fingervektoren zu bestimmen. Es wird erwartet, dass D2 eine ausreichende Auflösung mit größerem Gesichtsfeld bestätigt.

Bild 25: Simulation des MinTOFKA-Demonstrators D1, Tiefenkarte (links) und Amplitudenbild (rechts) mit dem linken optischen Kanal, dargestellt mit Punktlinien. Der rechte optische Kanal ist nicht dargestellt. Die Kanäle werden gegenüber der vertikalen Bildmittellinie gespiegelt und überlappen sich teilweise im mittleren Teil des Bildes.

9.4.4.5 Anwendungsfall Sitzbelegungserkennung

Analog zu den vorherigen Anwendungsfällen werden für den Anwendungsfall Sitzbelegungserkennung die Fahrzeugeinstellungen variiert, insbesondere die Sitzeinstellungen und damit die Position der zu erkennenden Personen und Objekte. Bei Personen spielt aufgrund der unterschiedlichen Reflexivität im NIR-Bereich hauptsächlich die Variation der Kleidung eine Rolle, ebenso wie das Material von Objekten. Analog zu den oben beschriebenen Anwendungsfällen werden auch hier die Lichtverhältnisse bei direkter Sonnenlichteinstrahlung betrachtet bis hin zur völligen Dunkelheit, ebenso schwierige Lichtverhältnisse wie Schlagschatten bei tief stehender Sonne.

Bezüglich Nutzerverhalten reduziert sich für diesen Anwendungsfall die Variation auf die Sitzposition sowie sogenannte „out-of-position"-Fälle, in denen die Sitzposition des Nutzers von der aufrechten nach vorne zeigenden Sitzposition abweicht (vgl. Bild 26).

Aus den Bildern geht hervor, dass ein Gesichtsfeld von 110 x 80° die Vordersitze (und sogar einen Großteil der Rücksitze) mit der im Dachmodul montierten ToF-Kamera abdecken kann. Bedenkt man, dass das vertikale Gesichtsfeld des Demonstrators D1 kleiner ist (50° in der Bildmitte), ergibt sich ein Kompromiss zwischen dem Erfassen der Mittelkonsole und dem Erfassen der Köpfe von Fahrer und Beifahrer. Die Integrationstests mit Demonstrator D1 werden daher in Erwartung eines breiteren Gesichtsfelds beim Demonstrator D2 durchgeführt.

Vorläufige Schlussfolgerung für diesen Anwendungsfall: Innerhalb des Gesichtsfelds von D1 (110 x 50°) ist zu erwarten, dass die Position von Kopf, Schulter und Oberkörper ermittelt werden kann. Auch die Erkennung eines Kindersitzes auf dem Beifahrersitz ist möglich. Für eine vollständige Erkennung von Kopf bis Knie wird das Gesichtsfeld im Rahmen von D2 erweitert.

Bild 26: Tiefenkarte (links) und Amplitudenbild (rechts) im Innenraum eines BMW X5. Bilder des EVK75027 mit VGA-ToF-Sensor, Objektiv: Gesichtsfeld 110 x 80°, T_{int} = 500 µs, 23 MHz Modulationsfrequenz, 80% Beleuchtungsstärke.

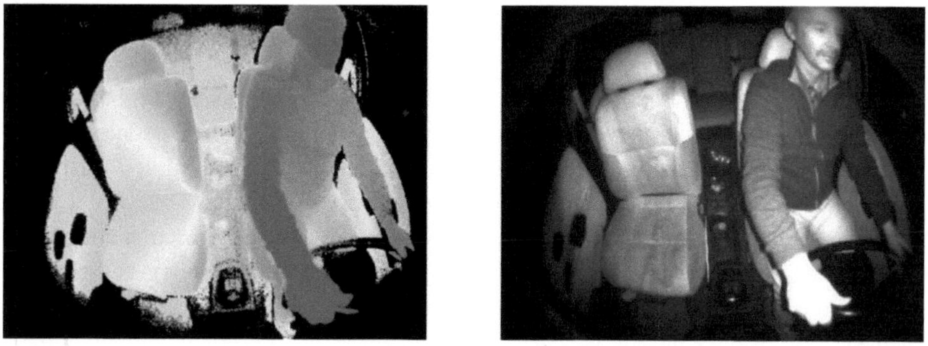

Bild 27: Tiefenkarte (links) und Amplitudenbild (rechts) für ein ToF-System mit 156° horizontalem Gesichtsfeld.

9.4.5 Demonstrator D2

Der Demonstrator D2 wird die gewonnenen Erkenntnisse aus dem Demonstrator D1 festigen und wird darüber hinaus ein breiteres horizontales und vertikales Gesichtsfeld als der Demonstrator D1 (vgl. Bild 26) bieten, wodurch sich mehr Anwendungsfälle abdecken lassen (vgl. Tabelle 5).

Mit einem klassischen (größeren) Objektiv und einem FOV in der Nähe des Ziel-FOV für Demonstrator D2 wurde Bild 27 im Fahrzeuginneren aufgenommen. Bild 27 zeigt das Potenzial eines ToF-Systems mit einem sehr großen Gesichtsfeld.

9.5 Zusammenfassung

Dieser Artikel beschreibt die ersten Testergebnisse einer miniaturisierten 3D-ToF-Kamera mit VGA-Auflösung und einem horizontalen Gesichtsfeld von 110°. Ziel des Systems ist die Unterstützung mehrerer Anwendungen zur Fahrer- und Beifahrerdetektion, sowie Objekterkennung im vorderen Bereich des Fahrzeuginneren mit einer einzelnen Kamera.

Testresultate für folgende drei Anwendungsbereiche wurden vorgestellt: Gestenerkennung, Hand-am-Lenkrad-Erkennung und Sitzbelegungserkennung.

Zur Gestenerkennung wurden 5 verschiedene Gesten getestet. Basierend auf dem 3D Tiefenbild, konnte eine mittlere Empfindlichkeit von 95% und ein positiver Vorhersagewert von 95% erreicht werden. Wenn das Amplitudenbild zur Erkennung genutzt wurde, ergaben sich entsprechend niedrigere Werte von 82% bzw. 87%. Dies kann möglicherweise an der geringeren Anzahl an Daten liegen. Weitere Untersuchungen hierzu, unter Benutzung größerer Datenbasis, werden benötigt.

Im Falle der Hand-am-Lenkrad-Erkennung wurde das Verfahren mit zwei unterschiedlichen Schwellenwerten getestet und erreichte dabei eine Genauigkeit von bis zu 95,78%.

Die Sitzbelegungserkennung erreichte eine Genauigkeit von 97,01%. Die Fehlklassifizierungen ergeben sich insbesondere durch Verwechslungen zwischen Personen und Objekten (insbesondere Jacken) – ein Problem, dass erfahrungsgemäß durch die Nutzung einer größeren Datenbasis behoben würde.

Außerdem wurde für die Realisierung des weiten Gesichtsfelds der miniaturisierten 3D-ToF Kamera ein neuartiges optisches System vorgestellt: eine hybride Abbildungsoptik bestehend aus einer klassischen Glasoptik sowie einem Wafer-Level-Optik (WLO) Element. Das zweite Konzept, welches wesentlich zur Miniaturisierung beiträgt, umfasst die Gesichtsfeldaufteilung. Ein Sichtbereich von mehr als 110° wird erreicht. Über den gesamten Winkelbereich wird eine MTF-Performance zwischen 0,5 und 0,8 erreicht, was eine gute Abbildungsqualität für den gesamten betrachteten Objektbereich gewährleistet.

Diese Arbeit ist Teil des Projekts „MinTOFka – Miniaturisierte optische Systeme hoher Integrationsdichte“. Das Projekt befasst sich mit Entwicklung, Aufbau und Erprobung kompakter 3D Time-of-Flight (ToF) Kamerasysteme für verschiedene Anwendungsbereiche im Fahrzeuginnenraum, wie u. a. der Erkennung von Gesten, von Fahrer und Passagieren sowie deren Kopf- und Körperhaltung, der Hand-am-Lenkrad Erfassung, der Sitzbelegung, sowie Innenraumüberwachung im Allgemeinen.

Literatur

[1] Rablau C., „Lidar: a new self-driving vehicle for introducing optics to broader engineering and non-engineering audiences“, *Proc. SPIE 11142, Fifteenth Conference on Education and Training in Optics and Photonics:* ETOP 2019.

[2] Saxena A., Sun M., Andrew Y. Ng, „Make3D: Learning 3-D Scene Structure from a Single Still Image“, *IEEE Transactions on Pattern Analysis and Machine Intelligence (PAMI)*, 2008.

[3] Karsch K., Liu C., Kang S.B., „Depth Extraction from Video Using Non-parametric Sampling“, *European Conference on Computer Vision (ECCV)*, 2012.

[4] www.melexis.com/en/product/EVK75027/Evaluation-Kit-VGA-ToF-Sensor

[5] Brückner A., Oberdörster A., Hubold M., Wippermann F.C., „Compact array camera using hybrid technology for automotive applications“, *Proc. SPIE 10545, MOEMS and Miniaturized Systems XVII*, 1054509 (2018).

[6] www.melexis.com/en/product/MLX75027/Automotive-VGA-Time-Of-Flight-Sensor

[7] Lange R., Seitz P., „Solid-State Time-of-Flight Range Camera“, *IEEE Journal of Quantum Electronics*, Vol. 37, No. 3, March 2001.

[8] Marschner S. R., Westin S. H., Lafortune Eric P. F., Torrance Kenneth E., and Greenberg Donald P., „Reflectance Measurements of Human Skin“, *Eurographics Workshop on Rendering*, 1999.

[9] Zhou, B., Andonian, A., Oliva, A., „Temporal Relational Reasoning in Videos“, *European Conference on Computer Vision*, 2018.

[10] Grzegorzek, M., Theobalt, C., Koch, R., Kolb, A. (Editors), „Time-of-Flight and Depth Imaging. Sensors, Algorithms and Applications“, *Dagstuhl Seminar 2012 and GCPR Workshop on Imaging New Modalities,* ISBN 978-3-642-44964-2.

[11] www.aecouncil.com/AECDocuments.html

Kapitel 10
Intelligente kontaktlose Gestensensoren für zukünftige Fahrzeugzugangssysteme

Boudewijn Venema[1], Andreas Gornik[1], Xi Chen[1], Steffen Leib[1], Frederik Hempelmann[1]

Kurzfassung Der bequeme Fahrzeugzugang mit kontaktlosen Gestensensoren liegt im Trend, ebenso wie die Elektromobilität. Da es bei den Elektrofahrzeugen zu erhöhten Anforderungen bezüglich Störrobustheit bei niederfrequenten Störungen und Stromaufnahme kommt, wurde ein neuartiges Messverfahren in der aktuellen Generation kapazitiver Sensoren entwickelt, das diese Anforderungen erfüllt. Auf Basis einer entwickelten Low-Power LiDAR (Light Detection and Ranging)-Technik, einem optischen dreidimensionalen Messverfahren, wurde ein gestengesteuertes Heckklappenöffnungssystem mit optischer Rückmeldung realisiert, das mittels Echtzeit-Bildverarbeitung die Bewegungsmuster eines Nutzers verfolgt und die Heckklappe über definierte Gesten automatisch öffnet. Im Beitrag werden zunächst die technischen Grundlagen eines stromsparenden kapazitiven Messsystems aufgezeigt und anschließend der Low-Power-LiDAR-Sensor detailliert dargestellt.

10.1 Einleitung

Kontaktlose Gestensensoren, wie z. B. Annäherungssensoren im Türaußengriff oder im Stoßfänger (Kick-Sensor), sind Stand der Technik bei Fahrzeugzugangssystemen. Sie erkennen die Annäherung oder Gesten von Personen und sorgen dafür, dass Komfortfunktionen (z. B. Passive-Entry für Seitentür- und Heckklappen-Öffnung) und Sicherheitssysteme zur Lokalisierung und Authentifizierung der Identifikations-Geber (ID-Geber, Funkschlüssel im sog. Passive-Entry/Keyless-Go-System) und Entriegeln rechtzeitig aktiviert werden.

Aufgrund der im Sensor integrierten Auswerteeinheit werden Gesten und Annäherungen nicht nur erkannt, sondern auch verifiziert und an das übergeordnete Steuergerät als erkannt gemeldet. Eine Gestenauswertung findet daher direkt im Sensor statt, und für das

[1] Huf Hülsbeck & Fürst GmbH & Co. KG.

T. Tille (Hrsg.), *Automobil-Sensorik 3*, https://doi.org/10.1007/978-3-662-61260-6_10

übergeordnete Steuergerät steht das Ergebnis zur Weiterverarbeitung bereit. Folgende Kriterien sind heranzuziehen, ob Sensoren mit *Intelligenz* oder *ohne Intelligenz* eingesetzt werden:

- Wahl der passenden Sensortechnologie für den spezifischen Anwendungsfall durch abwägen der jeweiligen Vor- und Nachteile
- Zuverlässige Gestenerkennung unter verschiedensten Umweltbedingungen (Minimierung von *Misuse*-Fällen wie z. B. unerwartete Aktivierung)
- Dichtigkeit, insbesondere bei Exterieur-Sensoren für den Fahrzeugzugang
- Integration ins Fahrzeugdesign, Position und physische Distanz zum übergeordneten Steuergerät
- Aufwand für Datenübertragung, Signalverarbeitung, Datenprotokoll und erforderliche Übertragungsrate
- Systemkosten der Funktion (auch unter dem Aspekt der gesamten Fahrzeugelektronik- und Elektrik-Architektur)
- Verfügbare Rechenleistung im Sensor
- Anforderung an das Energiemanagement für geringen Stromverbrauch bei einer ständigen Verfügbarkeit (24 Stunden / 7 Tage).

Eingesetzt werden Gestensensoren im Bereich der Komfortfunktionen. In heutigen Fahrzeugen startet eine erkannte Annäherung der Handgestik im Türgriff sowie eine erkannte Fußgestik (Kicksensor) die Schlüsselsuche und damit den Fahrzeugzugang. In diesem Anwendungsfall sind die Sensoren ständig (24 Stunden / 7 Tage) aktiv. Dafür kommt hauptsächlich die kapazitive Technologie zum Einsatz. Im folgenden Artikel wird auch ein optisches Sensorverfahren beschrieben, welches die Anforderungen eines ständig aktiven Sensors für den Fahrzeugzugang erfüllt und auch für den Einsatz im Fahrzeug-Exterieur geeignet ist.

Des Weiteren kommen Gestensensoren für die Steuerung von Infotainment-Funktionen im Fahrzeuginnenraum zum Einsatz. Dabei finden optische Sensoren basierend auf der *Time-of-Flight* (ToF) Technologie, bei der die Flugzeit von Photonen zur Distanzmessung ausgewertete werden, bereits heute Anwendung, z. B. bei der Annäherungserkennung an den Bildschirm und der Steuerung rudimentärer Infotainment-Funktionen.

Trends, wie autonomes Fahren, E-Mobilität und Shared Mobility haben auch einen erhöhten Bedarf an Komfortfunktionen mit schlüssellosem Zugang zur Folge. Dazu gehört das bequeme Öffnen und Schließen von Fahrzeugen mit Stellmotoren. Kontaktlose Gestensensoren (vgl. Bild 1) zur Erkennung des Nutzerwunsches im Hinblick auf den Fahrzeugzugang werden daher zunehmend Anwendung finden.

Seit 1999 hat sich dieser Trend stetig weiterentwickelt. Angefangen bei der Markteinführung der ersten kapazitiven Näherungssensoren für Türaußengriffe, wurden in den Folgejahren immer neue technologische Felder erschlossen, wie kapazitive Gestensensoren für Heckapplikationen (im Jahr 2011), digitale Zugangssysteme (im Jahr 2016) oder flächenbündige Türaußengriffe, die sich nahtlos in das Gesamtdesign eines Fahrzeugs einbetten.

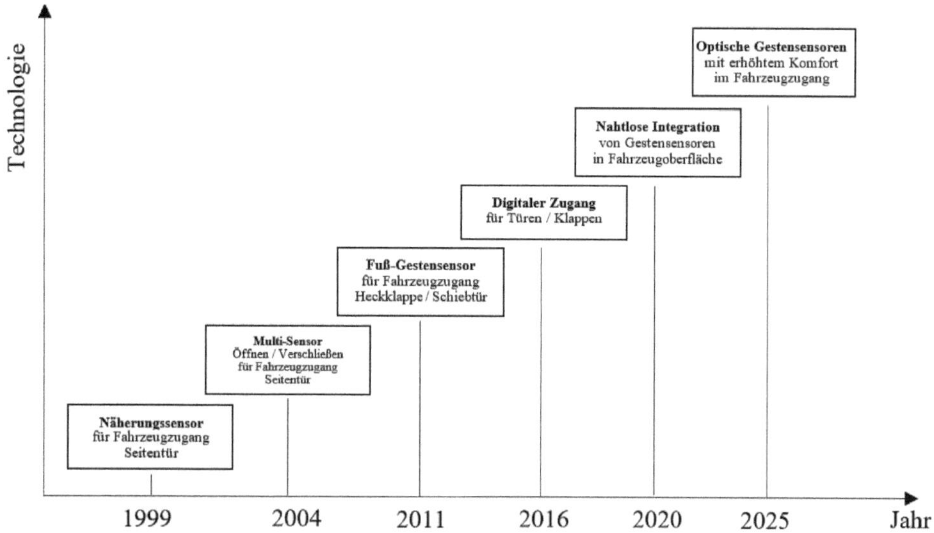

Bild 1: Technologie/Produkt-Roadmap und Innovationen bei kontaktlosen Sensoren für Fahrzeug-Zugangssysteme.

Heutzutage gehören diese Technologien zur Standardausstattung von Oberklassefahrzeugen, für die Zukunft ist bereits ein Trend abzusehen, dass diese Technologien ebenfalls zur Standardausstattung für Mittelklasse- und Kompaktklasse sowie Kleinwagen zählen werden.

10.2 Stromsparendes kapazitives Messsystem für den Einsatz in Elektrofahrzeugen

10.2.1 Grundlagen

Bei Anwendungen im Fahrzeug kommt es für kapazitive Sensoren besonders auf eine niedrige Stromaufnahme während des Bereitschaftsmodus und auf eine hohe EMV (elektromagnetische Verträglichkeit)-Störrobustheit im Frequenzbereich ab ca. 1 MHz an. Durch die Einführung von Elektrofahrzeugen kommt verstärkt noch die Forderung hinzu, eine ausreichende EMV-Störrobustheit im Frequenzbereich von 100 Hz bis zu mehreren 100 kHz zu erreichen.

Aus diesem Grund widmet sich dieser Teil des Beitrags dem Thema EMV-Störrobustheit im kHz-Bereich und einigen Gedanken zur Optimierung des Stromverbrauchs durch die Wahl eines geeigneten Messverfahrens bzw. der Wahl einer geeigneten Abtastung.

Weit verbreitet sind momentan kapazitive Messverfahren, die auf dem Prinzip des Ladungstransfers basieren. Ladungstransfer bedeutet, dass von einer veränderlichen Messkapazität am Sensor C_S die Ladung auf einen festen Referenzkondensator C_{ref} übertragen wird. Dabei ergibt sich eine resultierende Spannung an den beiden Systembauteilen, die von ihrer Kapazität abhängt, gemäß der Formel $C = Q \cdot U$. Wenn nun ein mit der Spannung U_B geladener Kondensator mit einem Sensor mit der Spannung $U = 0$ derselben Größe verbunden wird, so ist die resultierende Messspannung U_m an beiden Kapazitäten $U_m = U_B/2$, weil sich die Ladung Q gleichmäßig aufteilt. Dieser Umstand wird bei kapazitiven Sensoren genutzt, da die Sensorkapazität C_S veränderlich und die Referenzkapazität C_{ref}, meist ein Kondensator, konstant ist. Dadurch ändert sich die Spannung am Referenzkondensator, wenn sich die Sensorkapazität ändert.

Bei den Ladungstransferverfahren kann zwischen Monopuls- und Multipulsverfahren unterschieden werden (vgl. Bild 2). Bei Monopulsverfahren wird die resultierende Spannung von einem einzelnen Ladungstransfer zwischen C_S und C_{ref} für die Erfassung einer Kapazitätsänderung ausgewertet. Dagegen werden bei Multipulsverfahren mehrere Ladungstransferschleifen auf dem Referenzkondensator C_{ref} akkumuliert und nach einer Anzahl N an Ladungstransfervorgängen (Lade-Pulsen) die Kapazitätsänderung ausgewertet.

Ein Vorteil wird in der Gegenüberstellung in Bild 2 direkt ersichtlich: durch die Akkumulierung der Ladungen wird Rauschen, welches während der Ladungstransfers auftritt, durch die Summation der Ladung reduziert. Dieses Verhalten kann auch bei einem Monopulsverfahren erreicht werden, indem nachträglich in der Datenverarbeitung die erfassten Spannungswerte aufaddiert werden. Dies gilt nur für den Vergleich mit Multipulsverfahren mit einer geringen Anzahl an Ladungstransfers N zwischen 20 und 100, da sonst die Anzahl der Erfassungen beim Monopulsverfahren die zulässige Stromaufnahme zu stark übersteigt, wie weiter unten dargestellt wird. Ein zum Vergleich geeignetes Multipulsverfahren mit wenigen Ladungstransfers wird in [1] beschrieben.

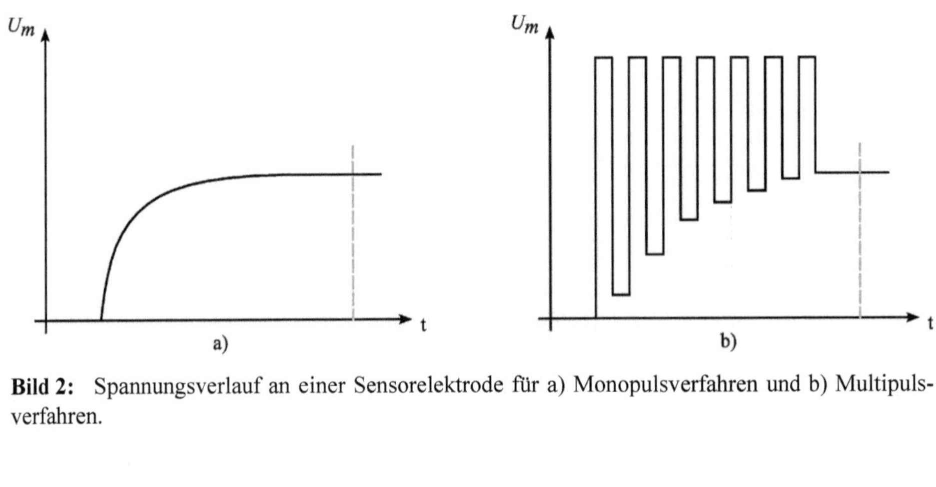

Bild 2: Spannungsverlauf an einer Sensorelektrode für a) Monopulsverfahren und b) Multipulsverfahren.

10.2.2 Maßnahmen zur Optimierung der Stromaufnahme

Für die Optimierung der Stromaufnahme gibt es zwei maßgebliche Stellschrauben: die Ausführungszeit des kapazitiven Messsystems inklusive der nachfolgenden Datenverarbeitung und die Abtastrate. Wird angenommen, dass für Monopuls- und Multipulsverfahren die Datenverarbeitung dieselbe Ausführungszeit hat, so fließt hier nur die Ausführungszeit für den Ladetransfer inklusive der Erfassung der resultierenden Spannung am Referenzkondensator ein.

Des Weiteren wird angenommen, dass die Dauer eines Ladungstransfers t_{LT} bei einem Monopulsverfahren genauso lange dauert wie bei einem Multipulsverfahren. Daraus ergibt sich eine Gesamtdauer für das Monopulsverfahren t_{MOP}, die sich aus der Dauer des Ladungstransfers t_{LT} und der Dauer für die Erfassung der Messspannung t_E zusammensetzt:

$$t_{MOP} = t_{LT} + t_E \tag{1}$$

Für ein Multipulsverfahren ergibt sich für eine Anzahl N an Ladungstransfers die Gesamtdauer:

$$t_{MUP} = N \cdot t_{LT} + t_E \tag{2}$$

Wenn nun aber mit einem Monopulsverfahren die gleiche Rauschreduzierung wie mit einem Multipulsverfahren mit wenigen Ladungstransfers erzielt werden soll, so müssen ebenfalls N Ladungstransfers durchgeführt werden. So ergibt sich eine Gesamtdauer von:

$$t_{MOP,N} = N \cdot (t_{LT} + t_E) \tag{3}$$

Bereits durch die Betrachtung der Ausführungsdauer wird ersichtlich, dass ein Monopulsverfahren, wenn es die gleiche Qualität haben soll wie ein Multipulsverfahren, eine höhere Stromaufnahme hat. Dabei ist noch nicht berücksichtigt, dass die Messspannungserfassung, wenn sie z. B. mit einem Analog-Digital-Wandler erfolgt, eine höhere Stromaufnahme hat als der Ladungstransfer selbst. Die Wahl des Messverfahrens hat damit starken Einfluss auf die Stromaufnahme des gesamten kapazitiven Messsystems.

Die tatsächliche Ausführungszeit einer Messung der Kapazitätsänderung (Messverfahren und Datenverarbeitung) liegt im Bereich zwischen 200 µs und 2 ms. Der Mikrocontroller bzw. ASIC (Application-Specific Integrated Circuit), welcher bei der Messung maßgeblich für die Stromaufnahme verantwortlich ist, ist während der Ausführungszeit der Messung aktiv und hat dabei eine Stromaufnahme von etwa 1 bis 4 mA.

Für eine kontinuierliche Messung ohne Unterbrechung ist diese Stromaufnahme zu hoch, da der kapazitive Sensor auch aktiv ist, wenn das Fahrzeug nicht im Betrieb ist, und dadurch würde die Fahrzeugbatterie zu sehr belastet. Um die Stromaufnahme zu verringern, ist es ein übliches Mittel, die Abtastperiode T_A in einem Bereich zwischen 5 und 50 ms zu wählen.

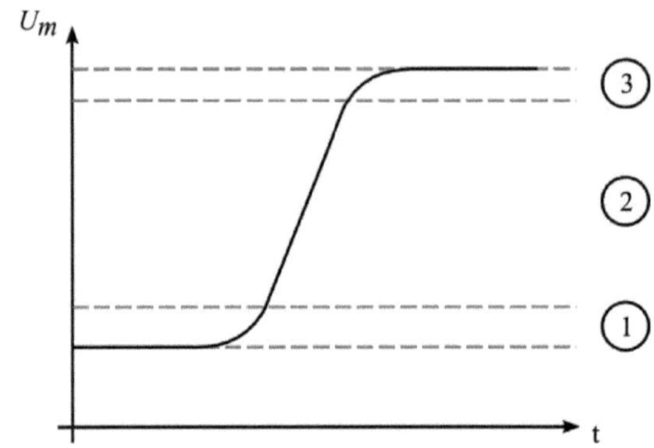

Bild 3: Darstellung eines Spannungsverlaufs der Messspannung bei der Berührung einer kapazitiven Sensorfläche.

Es stellt sich aber hier die Frage, welche Abtastperiode wirklich nötig ist, um eine Aktivierung durch einen Benutzer im gewünschten zeitlichen Rahmen zu erkennen. Um diese Frage zu beantworten, muss erst einmal geklärt werden, was für ein Signal ausgewertet werden soll und wie die optimale Abtastperiode des Signals aussieht.

Im Folgenden soll ein Signal exemplarisch behandelt werden, welches einer Berührung einer kapazitiven Sensorfläche entspricht. Dieses Signal kann gemäß Bild 3 in folgende drei Bereiche eingeteilt werden: Anlaufbereich ①, Anstiegsbereich ② und Plateaubereich ③.

Der Anlaufbereich ① ergibt sich durch das Eintreten eines Objekts (z. B. Finger eines Nutzers) in den Detektionsbereich des Sensors. Im Anstiegsbereich ② nähert sich das Objekt der Oberfläche, bis es im Plateaubereich ③ auf die Oberfläche trifft. Der leichte Anstieg bis zum Plateau ergibt sich daraus, dass an der unteren Grenzlinie des Bereichs ③ der erste Kontakt entsteht und dann z. B. der Finger nachgibt und die Auflagefläche vergrößert.

Für die Abtastperiode ist der Anstiegsbereich entscheidend. Dieser Bereich muss mit einer genügend hohen Auflösung erfasst werden, damit ein Signalverlauf schlüssig vom System erkannt werden kann. Die Anstiegsrate *AR* ist im Allgemeinen definiert als:

$$AR = dU/dt \tag{4}$$

Um daraus eine Aussage über die Abtastperiode machen zu können, muss hier eine Analogie zu einer Frequenz gesucht werden. Dazu kann die Steigung *s*, welche durch die Anstiegsrate gegeben ist, gleichgesetzt werden mit der Steigung einer Sinusschwingung:

$$s(t) = \hat{s} \cdot sin(\omega_{AR} \cdot t) \rightarrow s'(t) = \hat{s} \cdot \omega_{AR} \cdot cos(\omega_{AR} \cdot t) \tag{5}$$

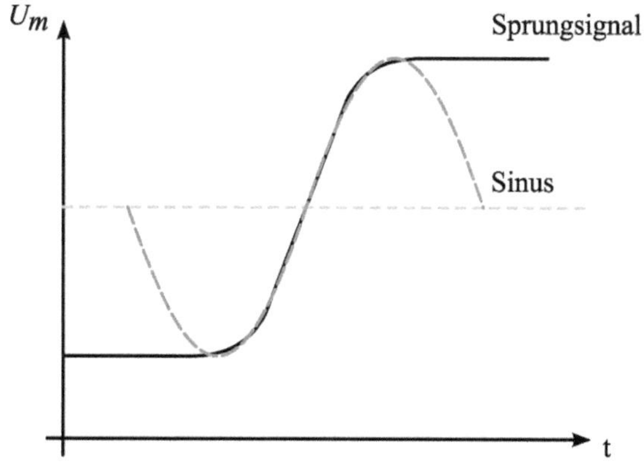

Bild 4: Überlagerung des Spannungsverlaufs bei Berührung einer kapazitiven Sensorfläche mit einem Sinus der gleichen Steigung.

Wie in Bild 4 zu sehen ist, befindet sich bei einer Überlagerung des Berührungssignals mit dem Sinus der Anstiegsbereich des Berührungssignals im Bereich des Sinus, bei dem $t = 0$ ist. Daraus ergibt sich aus der Ableitung:

$$s'(t = 0) = \hat{s} \cdot \omega_{AR} \cdot cos(0) = \hat{s} \cdot \omega_{AR} = 2\pi \cdot f_{AR} \cdot \hat{s} \qquad (6)$$

Die Amplitude des Sinus entspricht der Hälfte der Spannungsamplitude: $\hat{s} = \hat{U}_m / 2$.

Wird nun die Abtastrate AR, welche die Steigung der Kurve im Anstiegsbereich ist, mit der Steigung der Sinusfunktion gleichgesetzt, so ergibt sich:

$$AR = \frac{2\pi \cdot f_{AR} \cdot \hat{U}_m}{2} \rightarrow f_{AR} = AR/\,(\pi \cdot \hat{U}_m) \qquad (7)$$

Die Frequenz f_{AR} ist die Frequenz einer Sinusschwingung, die der Änderungsrate des Spannungsverlaufs bei einer Sensorberührung entspricht. Um hiervon die Abtastperiode abzuleiten, wird das Nyquist-Theorem herangezogen, was besagt, dass die Abtastfrequenz f_a mindestens doppelt so groß sein muss wie die Frequenz des abzutastenden Signals f_s. Dies ist in Bild 5 dargestellt.

Da das Berührungssignal nur ein Ausschnitt der Sinusfunktion um den Nulldurchgang ist (vgl. Bild 5), und zwar von $-\pi/4$ bis $+\pi/4$, muss die Abtastfrequenz wesentlich größer gewählt werden.

Für eine robuste Detektion des Signals sollten mindestens drei Abtastwerte zur Verfügung stehen, damit ein Signal auch bei einer Phasenverschiebung sicher erkannt werden kann. Daher sollte eine Abtastfrequenz f_S gewählt werden, die achtmal so groß ist wie die Signalfrequenz (vgl. Bild 5b).

$$f_s = f_{AR} \rightarrow f_a = 8 \cdot f_{AR} \qquad (8)$$

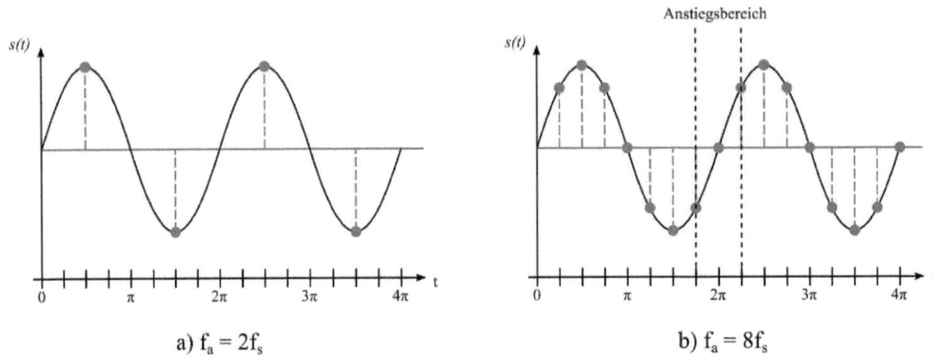

Bild 5: Sinussignal mit Abtastpunkten für a) $f_a = 2 \cdot f_s$ und b) $f_a = 8 \cdot f_s$.

Dies führt gemäß Gleichung (9) zur optimalen Abtastperiode T_a.

$$T_a = 1 / f_a = 8/(AR/(\pi \cdot \hat{U}_m)) = 8\pi \cdot \hat{U}_m/AR \tag{9}$$

10.2.3 EMV und Störrobustheit

Ein grundlegendes Problem bei der Kapazitätsmessung ist, dass bei der Messerfassung kein sogenannter Anti-Aliasing-Filter eingebaut werden kann, da der kapazitive Anteil eines RC- oder LC-Filters die zu messende Kapazitätsänderung ΔC_S bei Messverfahren ohne aktive Verstärkung reduziert. Die zu ΔC_S zugehörige Ladungsänderung ΔQ_S würde sich anteilig auf die Filterkapazität mit aufteilen. Daraus resultiert, dass sich hochfrequente Störungen in dem Messwert widerspiegeln und es keine diskrete Möglichkeit der Filterung ohne Empfindlichkeitsverlust gibt.

Die Situation wird durch die Existenz parasitärer Tiefpässe im Eingangspfad der Messschaltungen (vgl. Bild 6) verbessert.

Da die Tiefpässe parasitär sind, gibt es jedoch nur geringe Möglichkeiten, sie zu beeinflussen. Bei Monopulsverfahren wird der parasitäre Tiefpass durch einen Dämpfungswiderstand $R_{D,MO}$ in Reihe zum Referenzkondensator $C_{ref,MO}$ gebildet. Die Referenzkapazität $C_{ref,MO}$ liegt meist in der Größenordnung zwischen 5 und 20 pF, da sie meist in einem Mikrocontroller integriert ist. Mit einem Dämpfungswiderstand in der Größenordnung von 10 bis 20 kΩ, um die Dauer des Ladetransfers nicht zu begrenzen, ergibt sich eine Grenzfrequenz $f_{g,MO} = 1/(R_{D,MON} \cdot C_{ref,MO}) = 2{,}5$ MHz, wenn die maximalen Werte gewählt werden.

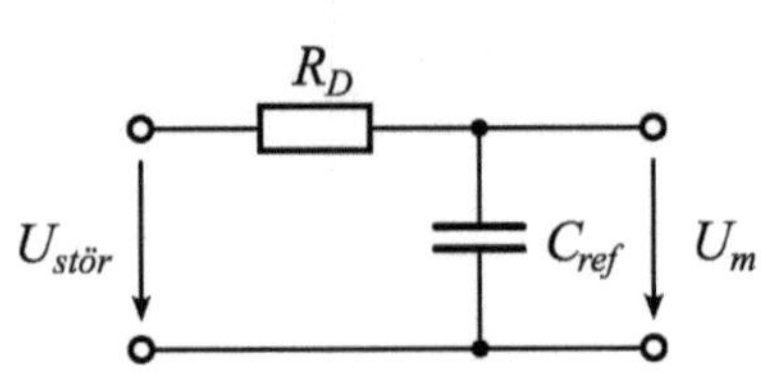

Bild 6: Parasitärer Eingangstiefpass mit Dämpfungswiderstand R_D und Referenzkondensator C_{ref}.

Für ein Multipulsverfahren sieht der parasitäre Eingangstiefpass genau so aus, mit einem Dämpfungswiderstand $R_{D,MU}$ und dem Referenzkondensator $C_{ref,MU}$. Hier liegen die Werte in anderen Größenordnungen, da die Zeitkonstante für die Ladungstransfer geringer sein muss. Der Wert für $R_{D,MU}$ liegt im Bereich zwischen 2 und 10 kΩ und für den Referenzkondensator $C_{ref,MU}$ im Bereich von 500 pF bis 1,2 nF. Wird auch hier die Grenzfrequenz mit den maximalen Werten ausgerechnet, so ergibt sich $f_{g,MO} = 83{,}33$ kHz. Aus diesen Werten wird ersichtlich, dass ein Multipulsverfahren im Gegensatz zu einem Monopulsverfahren wesentlich robuster bezüglich Störeinstrahlung ist, vor allem im niederfrequenten Bereich bis zu einer Frequenz von ca. 1 MHz. Zusammengefasst zeigt sich, dass Multipulsverfahren gegenüber Monopulsverfahren sowohl im Bereich Stromaufnahme als auch im Bereich Störfestigkeit große Vorteile besitzen.

10.3 Gestengesteuertes Heckklappenöffnungssystem auf LiDAR-Basis

10.3.1 Allgemeines

In den letzten Jahren hat sich LiDAR zu einer vielversprechenden Sensortechnik für das autonome Fahren entwickelt. Auch andere Fahrzeugbereiche könnten von dieser Technologie profitieren, allerdings werden die Einsatzmöglichkeiten mitunter durch technologische Rahmenbedingungen, die derzeitig verfügbare LiDAR-Systeme aufweisen, limitiert: Bei Laser- oder Multi-LED-Beleuchtung (Continuous Wave oder gepulst) muss die funktionale Sicherheit berücksichtigt werden, um jedwede Gefahr durch die Lichtsignale für Augen bzw. die Netzhaut auszuschließen. Darüber hinaus schließen der hohe Energiebedarf der Beleuchtung und die Anforderungen an das Ruhestrom-Energiemanagement die Verwendung von LiDAR bei stehendem Motor derzeit noch aus.

Diesen technischen Restriktionen lässt sich mit einem Single-LED-LiDAR-Sensor mit minimalem Stromverbrauch begegnen, der unabhängig vom Anwendungsszenario oder von Umwelteinflüssen die Vorschriften für photobiologische Sicherheit von Nahinfrarot-Lichtsystemen erfüllt. Da er den charakteristischen Anforderungen der Automobilhersteller hinsichtlich eines kontinuierlichen Energieverbrauchs gerecht wird, können erstmalig neuartige ADAS (Advanced Driver Assistance Systems) mit Dauerverfügbarkeit auf Basis der LiDAR-Enhanced-Technologie entwickelt werden. Insbesondere im Kontext der Elektro- und Plug-in-Hybridfahrzeuge mit einem hohen Bedarf an energiesparenden Technologien ermöglicht dieses Sensorsystem die Implementierung mehrerer ADAS, wie das gestengesteuerte Öffnen von Türen (z. B. Schiebetüren, Heckklappe und Seitentür), Short-Range-Fahrassistenzsysteme (z. B. Hinderniserkennung, autonomes Fahren) oder berührungslose Bedienung von Mensch-Maschine-Schnittstellen im Fahrzeuginnenraum (z. B. Steuerung von Navigationssystem, Radio und Schiebedach).

Im Folgenden wird ein gestengesteuertes Heckklappenöffnungssystem vorgestellt, das auf dem neuen Single-LED-LiDAR-System basiert. Hierdurch kann der Nutzer durch die

Betätigung eines „virtuellen Schalters", welches über eine optische Projektion auf dem Boden vor dem Fahrzeug dargestellt wird, die Heckklappe berührungslos öffnen. Um die Leistungsfähigkeit des Systems unter verschiedensten Bedingungen zu untersuchen, wurden Testreihen im Labor und im Rahmen von Freifeldstudien an verschiedenen Orten mit unterschiedlichen natürlichen Lichtverhältnissen durchgeführt. Es wurde eine Detektionsgenauigkeit von 80% mit einer Richtig/Falsch-Rate von 87% erreicht.

10.3.2 Funktionsprinzip

Das im neuen Sensorverfahren eingesetzte ToF-Messprinzip basiert grundsätzlich auf einer intuitiven Funktionsweise: Im einfachsten Fall wird das Objekt bzw. die Szene mit einem kurzen Lichtimpuls beleuchtet und die Zeit *t* gemessen, die das reflektierte Licht benötigt, um zurück zum Sensor zu gelangen. Mit der bekannten Lichtgeschwindigkeit von $c_0 = 3 \cdot 10^8 \, {}^{m}/_{s}$ [2] kann die Distanz *s* gemäß Gleichung (10) ermittelt werden.

$$s = \frac{c_0 \cdot t}{2} \qquad (10)$$

Die Messung erfolgt anhand von Ladevorgängen innerhalb eines fotosensitiven Empfängerelements. Bild 7 verdeutlicht das Prinzip. Jedes Pixel verfügt über mindestens zwei Ladungstöpfe. Diese werden geladen, sobald Photonen auf der Sensorfläche der Diode D_f freie Ladungsträger generieren. Erfolgt zuerst die Aufladung des Ladungstopfs 1, werden die Ladungsträger nach einer festen Zeitspanne (Größenordnung 50 ns) auf den Ladungstopf 2 umgeleitet. Durch die Flugzeit der Photonen verzögert sich das Auftreffen der Photonen auf die Sensorfläche. Je nach Flugzeit (=Distanz) werden die Kondensatorladungen (Ladungstöpfe) Q_1 und Q_2 mehr oder weniger stark ausgeprägt. Das Verhältnis der Kondensatorspannungen ergibt die Information, wie lang die Flugzeit gedauert hat. Dieses Prinzip impliziert jedoch die Limitierung, dass bei einer bestimmten Pulslänge die erfassbare Distanz begrenzt ist. So können Pulse mit einer Länge von 50 ns theoretisch eine maximale Distanz von 2,5 m erkennen. Aufgrund dieser Einschränkung müssen bei der Systemauslegung die Pulslänge und die Systemdynamik gegeneinander abgewogen werden.

Eine Umgebungslichtkompensation kann erreicht werden, indem eine Referenzmessung ohne Lichtpuls durchgeführt wird. Die Subtraktion dieses Werts kompensiert die Verzerrung durch das Umgebungslicht. Bei heller Sonneneinstrahlung ist jedoch darauf zu achten, dass die Ladungstöpfe dabei nicht in Sättigung geraten.

Das Messprinzip wird auf alle Pixel eines Kamerachips angewendet, wodurch eine 3-dimensionale Punktwolke entsteht. Als alternatives LiDAR-Konzept kann mit einem Laserscanner das Objekt bzw. die Szene gerastert werden, wozu es theoretisch nur einer einzelnen Messzelle bedarf. Diese Methodik erlaubt eine beliebig hohe Auflösung, die jedoch durch deutlich langsamere Bildwiederholraten erkauft wird. Beispielsweise erfordert die Rekonstruktion eines 3-D-Bilds mit einer HD (High Definition)-Auflösung von

1920 × 1080 Pixeln bei einer Pulsdauer von 50 ns und einer 50-ns-Referenzmessung mindestens eine Zeit t von:

$$t = 1920 \cdot 1080 \cdot (50ns + 50ns + 50ns) = 0{,}3s, \tag{11}$$

während kamerabasierte Systeme hier eine Bildwiederholrate f_{ps} von bis zu

$$fps = {}^{1}/_{(50ns + 50ns + 50ns)} = 6{,}6\ MHz \tag{12}$$

erlauben. Die technische Realisierung von ToF-Systemen war aufgrund der sehr hohen Anforderungen hinsichtlich zeitlicher Koordinierung und Messgeschwindigkeit lange Zeit nicht möglich. Denn eine Distanzauflösung von 1 cm erfordert die zeitliche Auflösung von 25 ps. Soll eine absolute Messung erfolgen, muss das Timing zwischen Lichtimpuls und Messung ebenfalls reproduzierbar diese Genauigkeit aufweisen.

Ende des 20. Jahrhunderts war (inspiriert durch nichtinvasive optische Diagnoseverfahren in der Medizin, wie Photoplethysmographie und optische Kohärenztomographie) die Messung der Zeitkomponente von sich im Gewebe ausbreitendem Licht in den wissenschaftlichen Fokus gerückt [6–8]. Noch vor einigen Jahren gehörten ToF-Systeme weitestgehend in den Bereich der Forschung [3–5], bis ab etwa 2010 die ersten serienreifen ToF-Kameras für industrielle und medizinische Zwecke auf den Markt kamen [9, 10]. In den vergangenen Jahren wurde, bedingt durch einen steigenden Sicherheitsanspruch und das Bestreben der Automobilindustrie, (teil-)autonomes Fahren zu realisieren, die 3-dimensionale Umfelderfassung durch das Fahrzeug immer wichtiger. Neben gängigen Techniken wie Radar bietet ToF eine Möglichkeit, das Umfeld hochaufgelöst und 3-dimensional zu erfassen. In Anlehnung an die Radartechnologie spricht man in diesem Kontext bei ToF seitdem auch von LiDAR [11].

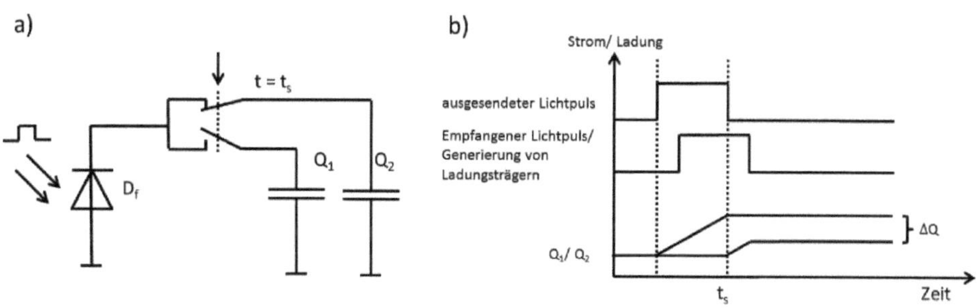

Bild 7: Time-of-Flight-Messprinzip a) prinzipieller Aufbau einer Time-of-Flight Messzelle, b) der empfangene Lichtpuls ist zum ausgesendeten Lichtpuls um die Flugzeit verzögert. Bei definierter Umschaltzeit t_s erfolgt eine zeitverzögerte Aufladung der Ladungstöpfe Q_1 und Q_2.

10.3.3 Auswahl der Beleuchtung

Die Notwendigkeit, sehr kurze Lichtpulse in der Größenordnung einiger Nanosekunden mit akzeptabler Flankensteilheit zu erzeugen, stellt eine technische Herausforderung für die Beleuchtungseinheit dar. Naheliegend ist die Erzeugung der Lichtpulse mithilfe von Resonanzlaser- oder VCSEL (Vertical-Cavity-Surface-Emitting-Laser)-Dioden in Kombination mit aufweitenden Optiken. Eine typische Ansteuerschaltung ist in Bild 8a dargestellt. Bei LiDAR-Systemen, die im Außenbereich Anwendung finden, ist auf Grund des Umgebungslichts häufig eine hohe Pulsenergie vom System gefordert. Es empfiehlt sich, Stützkapazitäten C in unmittelbarer Nähe zur Laserdiode D_L zu positionieren, die die Energie während des Laserpulses kurzfristig zur Verfügung stellen und sich während des Pulses partiell entladen (vgl. Bild 8b). Obwohl die Strom-Spannungs-Kennlinie und die Temperaturabhängigkeit von Halbleiterlasern klassischerweise eine Arbeitspunkteinstellung über einen Vorwiderstand oder eine Stromregelung erfordern, führt dies bei der Erzeugung kurzer Lichtpulse zu einer Trägheit in der Dynamik, was mit einer deutlich langsameren Flankensteilheit einhergeht.

Beim Betrieb von gepulsten Lasern sind je nach Applikationsszenario besondere Sicherheitsaspekte zu beachten, die auch technische Vorkehrungen umfassen können. Die Laserklassifikation erfolgt in Deutschland nach Vorgabe der DIN EN 60825-1 [12]. Die Pulsleistung und die Pulswiederholrate sind, je nach geforderter Laserklassifizierung, zu begrenzen. Für die Grenzwerte sind bei gepulsten Lasern die Expositionszeiten für einzelne Pulse (Nanosekunden), als auch die mittleren Grenzwerte für aufeinanderfolgende Pulse zu betrachten. Denn für unterschiedliche Expositionszeiten liegen verschiedene Grenzwerte vor.

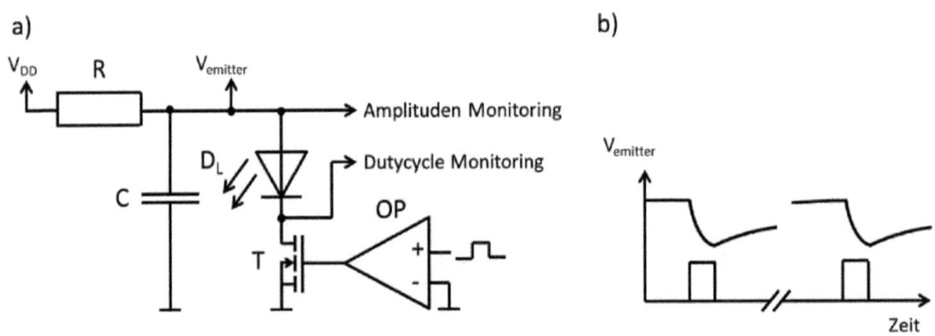

Bild 8: Beispielhafte LiDAR-Emitteransteuerung und Signalverlauf a) Prinzipschaltung einer Beleuchtungsquelle mit Laserdiode D_L und b) Charakteristischer Spannungsverlauf am Emitter.

Besteht die Gefahr, dass im Fehlerfall eine Gefährdung der Gesundheit von Menschen auftreten kann, fordert die ISO26262 zusätzliche besondere Maßnahmen [13]. Neben der Systemauslegung nach Worst-Case-Methoden (Kalkulation unter der Annahme eines Zusammentreffens ungünstiger, jedoch möglicher Einflussfaktoren, wie Bauteiltoleranzen und Temperaturdrift, etc.) wird die Betrachtung bauteilinterner Defekte und Fehler in Bezug auf Schweregrad und Wahrscheinlichkeit gefordert. Das kann beispielsweise durch die Berücksichtigung von Fehlermodellen für elektronische Bauteile oder einzelne Baugruppen erfolgen. Ebenfalls kann es notwendig sein, die Teilfunktionen, wie die Amplitude oder das Puls-Pausen-Verhältnis, zu diagnostizieren, wie es in Bild 8 angedeutet ist. Durch die Erfüllung der Vorgaben der DIN EN 60825-1 und der ISO26262 genügen laserbasierte LiDAR-Systeme den Sicherheitsanforderungen der Automobilindustrie, als Folge daraus ist eine Systemauslegung jedoch nur weit unterhalb der Expositionsgrenzwerte möglich.

Seit einigen Jahren sind LEDs verfügbar, die gepulste Stromstärken von einigen Ampere umsetzen können. Obwohl die vergleichbar große aktive Fläche der LEDs mit höheren Kapazitäten einhergeht, zeigen Untersuchungen, dass mittels *Current-peaking* und *Active-sweep-out*-Techniken eine akzeptable Flankensteilheit erreicht werden kann [14].

Im Automobilbereich ist für die Auswahl der Wellenlänge das dominante Umgebungslicht relevant. Das Spektrum des Sonnenlichts folgt der Natur des Schwarzen Körpers und nimmt somit zu höheren Wellenlängen an Intensität ab. Diese Charakteristik und die Tatsache, dass das menschliche Auge sich evolutionär am Maximum (555 nm) orientiert hat, begünstigen die Wahl eines Lichts im Infrarotbereich, das für das menschliche Auge unsichtbar ist. Die Empfindlichkeitscharakteristik von siliziumbasierten Lichtempfängern begrenzt die maximale Wellenlänge auf ca. 1000 nm. Da Wasser bzw. Wasserdampf (Regen, Nebel) ein Absorptionsmaximum bei ca. 1000 nm aufweist, empfiehlt sich der nahinfrarote Wellenlängenbereich zwischen 800 und 900 nm.

10.3.4 Systemübersicht

Das hier beschriebene LiDAR-System stellt ein berührungsloses Heckklappenöffnungssystem mit optischem Feedback durch Spotprojektion dar. Mit Blick auf die Entwicklung der Elektromobilität wurde ein besonderes Augenmerk auf den Energieverbrauch gelegt. Das System ist im Heck eines Fahrzeugs integriert und überwacht kontinuierlich den Erkennungsbereich. Bild 9a zeigt die prinzipielle Funktionsweise. In Bild 9b ist die Sensorik mit Blick auf die optischen Elemente dargestellt.

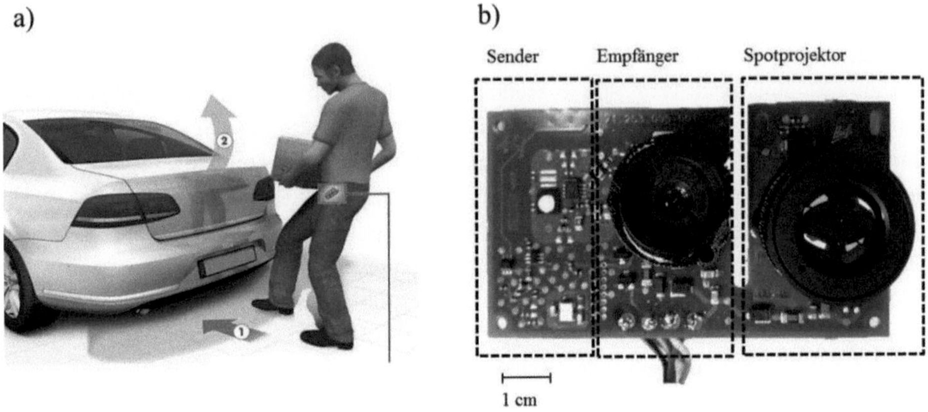

Bild 9: LiDAR-System zur kontaktlosen Heckklappenöffnung/Schließung a) Funktionsschema des Passive-Entry-Systems und b) Seriennahes Muster des LiDAR-Systems.

Die Gestensteuerung des Heckklappenöffnungssystems erfolgt in den nachfolgenden Schritten:

1. Ein Nutzer nähert sich dem Fahrzeug aus dem Hinten und betritt den Erkennungsbereich ①. Hierbei sind die Näherungsrichtungen *frontal von hinten kommend, diagonal von hinten kommend* und *seitlich kommend* gültige *Use-Cases*. Alle übrigen Bewegungsmuster werden als nicht relevant (*Misuse-Cases*) ignoriert.
2. Das LiDAR-System sendet daraufhin die Nachricht über den Fahrzeugbus an das Fahrzeugberechtigungssystem, das die Schlüsselberechtigung des Nutzers überprüft.
3. Bei gültiger Schlüsselberechtigung wird die Lichtfläche auf den Boden projiziert (für diese Form der Umfeldbeleuchtung ist in Europa ausschließlich weißes Licht zugelassen)
4. Der Nutzer muss innerhalb einer Zeit von 10 s in den Spot hineintreten.
5. Die projizierte Lichtfläche wird bei erkannter Geste gedimmt und der Nutzer kann wieder aus dem Lichtkegel heraustreten.
6. Wird die Geste als korrekt klassifiziert, entriegelt das System das Heckschloss und öffnet die Heckklappe elektrisch ②.

In Bild 10 ist eine Systemübersicht des optischen LiDAR-Sensors dargestellt. Zentrale Einheit bildet der ToF-Kamerachip, der für die Pulsansteuerung des Emittertreibers zuständig ist und ein erstes On-Board-Preprocessing der Bilddaten vornimmt. Die Konfiguration des Kamerachips und die Bildübertragung mit 32 x 32 Pixeln erfolgt mit einem Mixed-Signal-Mikroprozessor via SPI-Schnittstelle (Serial Peripheral Interface).

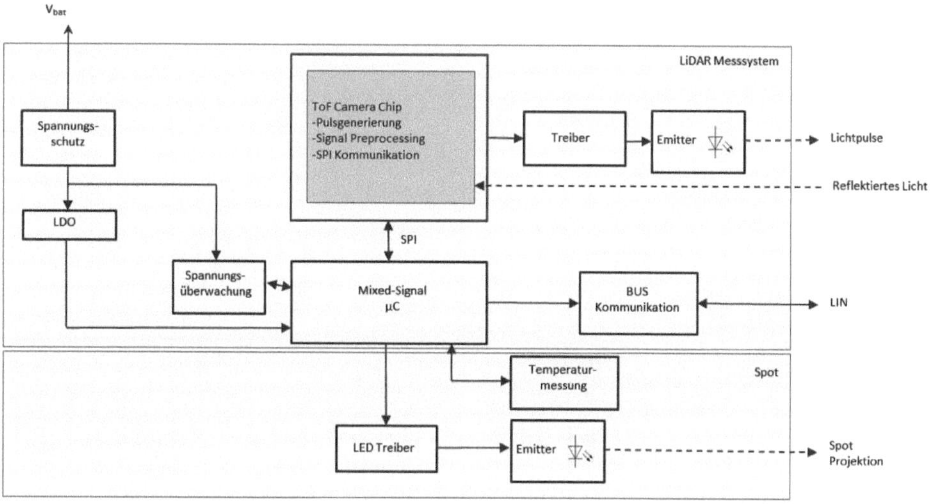

Bild 10: Übersicht der Komponenten des optischen LiDAR-Sensorsystems.

Die Energieversorgung des Systems erfolgt über die Batteriespannung V_{bat}. Durch verschiedene Betriebszustände, ein Beispiel ist die situationsabhängige Adaption der Bildwiederholrate, genügt das System im statistischen Mittel den gängigen Energieanforderungen der Fahrzeughersteller für den kontinuierlichen Betrieb. Die Spannungsversorgung ist im Bereich 9 bis 16 V spezifiziert, außerhalb dieser Spezifikation verfügt das System über Schutzmaßnahmen gegen undefinierte Systemzustände.

Neben der LiDAR-Funktionalität ist ebenfalls der oben beschriebene Spotprojektor integriert, der eine weiße, kreisrunde Abbildung auf dem Untergrund projiziert. Sie dient dem Nutzer als Orientierungshilfe und optisches Feedback. Die Helligkeit ist so gewählt, dass die Sichtbarkeit bei einer Sonneneinstrahlung mit 100 kLx noch auf den gängigen Untergründen gegeben ist.

10.3.5 Software-Algorithmus

Der Bildverarbeitungsalgorithmus umfasst eine Kombination aus Objekterkennung und Objektverfolgung mit Pfadanalyse, die anhand von 5600 Testsequenzen optimiert wurde. In Bild 11 sind die wichtigsten Preprocessing-Schritte zur Gestenklassifikation dargestellt, die in den folgenden Unterkapiteln beschrieben werden.

Die einzelnen Preprocessing-Schritte zur Gestenklassifikation werden nachfolgend genauer beschrieben.

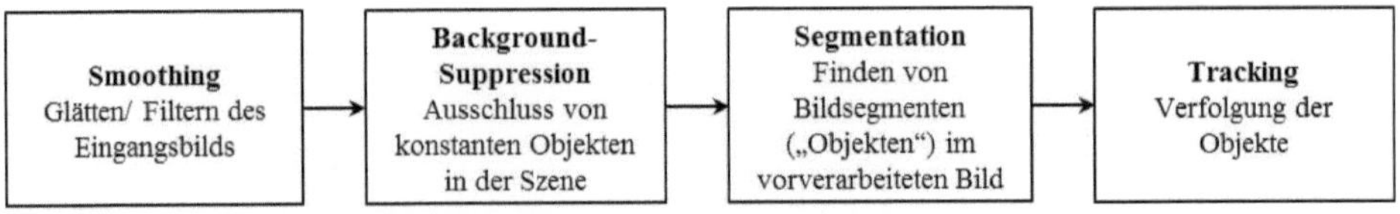

Bild 11: Preprocessing-Schritte zur Gestenklassifikation.

Tabelle 1: Übersicht gängiger Filtermethoden für die Artefaktunterdrückung.

	Mittelwert-bildung	**Gauß-Filter**	**Median-Filter**	**Bilaterale Filterung**
Rechen-aufwand	gering	mittel	hoch	hoch
Artefakte	glättet Artefakte	glättet Artefakte	entfernt Artefakte vollständig, die außerhalb des Medians liegen	glättet überwiegend gleiche Bereiche
Objekt-kanten	werden abgerundet (Informationsverlust)	werden abgerundet (Informationsverlust abhängig vom Kontrast)	bleiben erhalten	bleiben erhalten

10.3.5.1 Smoothing

Im alltäglichen Fahrzeugbetrieb sind den eigentlichen Nutzinformationen der Sensorik naturgemäß Störungen überlagert (Systemrauschen, Regentropfen, etc.), die im ersten Schritt mit Glättungsfiltern unterdrückt werden. Signalglättungen gehen stets mit Informationsverlust einher, sodass bei der geringen Bildauflösung eine vergleichsweise kleine Kernelgröße gewählt wurde. Darüber hinaus kommen nur solche Verfahren in Betracht, deren Rechenkomplexität in Echtzeitanwendungen die Kapazität des gewählten Low-Power-µC nicht übersteigt. Tabelle 1 stellt einige gängige Filtermethoden gegenüber [15]. Gauß-Filter bieten hierbei eine gute Balance zwischen Rechenaufwand, Artefaktunterdrückung und Kantenerhalt.

10.3.5.2 Background-Suppression

Inhomogene Untergrundreflektion und Objektausleuchtung machen eine Hintergrundausblendung (Background-Suppression) erforderlich, d. h. die Eliminierung statischer, unbewegter Elemente im Bild. Die Auswahl statischer Bildbereiche erfolgt auf Basis zurückliegender Bildinformationen. Hierzu wird einem gleitenden Varianzfilter ein empirisch ermittelter Schwellwert zugeordnet. Robustheit (lange Historie, hoher Schwellwert) und Dynamik (geringe Historie, niedriger Schwellwert) sind konkurrierende Größen, die anhand der Testsequenzen iterativ optimiert werden müssen.

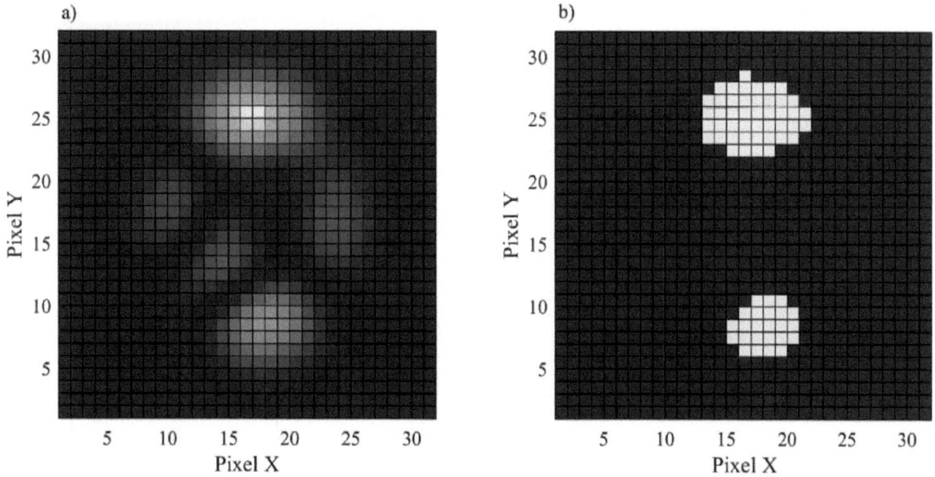

Bild 12: Segmentation von Bildinhalten a) Original, b) segmentierte Objekte.

10.3.5.3 Segmentation

Die Segmentation von relevanten, dynamischen Bildobjekten erfolgt auf Basis des sog. *Region Growing*. Hierzu werden benachbarte Pixel, deren Differenz kleiner als ein Schwellwert ist, zu Regionen zusammengefasst. Bild 12 verdeutlicht das Verfahren. In Bild 12a ist ein beispielhaftes Originalbild mit verschiedenen Maxima dargestellt. Eine Schwellwertanalyse liefert die Segmentierten Bereiche in Bild 12b. Der Schwellwert wird, in Abhängigkeit von zurückliegenden Bildinformationen, adaptiv festgelegt.

10.3.5.4 Tracking und Klassifikation

Im letzten Schritt erfolgt das Einordnen der Objekte in die Klassen *valide Geste* und *nicht valide Geste*. Die Systemauslegung fordert eine robuste Abgrenzung der *Use-Cases* von sonstigen, im Alltag vorkommenden Bewegungserscheinungen, die nicht zu ungewollten Auslösungen führen sollen (z. B. bewegende Blätter und Äste, wechselnde Lichtverhältnisse, vorbeilaufende Personen, Haustiere). Hierzu ist die Objektverfolgung der erste Schritt zur Klassifikation der Geste. Mathematisch kann die Verfolgung als euklidische Distanz d zwischen Vektorgruppen segmentierter Bereiche $[a, b]$ im n-dimensionalem Raum (normiert auf s_i) gemäß Gleichung (13) dargestellt werden:

$$d(a,b) = \sqrt{\sum_{i=1}^{n} \left[\frac{(a_i - b_i)}{s_i}\right]^2} \qquad (13)$$

Für die Klassifikation wird zwischen den Bereichen Geometrie (Breite, Höhe und Fläche des Objekts) und Dynamik (Geschwindigkeit, Verweildauer im Bereich des Lichtsensors) unterschieden. Die Parameter wurden anhand der 5.600 Trainingsdatensätze optimiert. Die Trainingsdaten umfassten eine möglichst große Variation hinsichtlich Untergründen, Schuhformen und -größen, Wetterverhältnissen, sowie *Use-Cases*/*Misuse-Cases*.

Weitere Maßnahmen wie Fuzzy-Logik, adaptive Filter oder Winkelbestimmung erhöhen in folgenden Preprocessing-Schritten sukzessive die Systemrobustheit.

10.3.6 Validierung und Ergebnisse

10.3.6.1 2D-/3D-Messungen

Zur reproduzierbaren Messung der Systemleistungsfähigkeit dient ein Versuchsaufbau mit einem Zielobjekt, das eine definierte Reflektanz von 99 % ausweist. Es lässt sich automatisiert verfahren, sodass eine Distanz zwischen 10 und 70 cm zum Sensor eingestellt werden kann. In Bild 13 sind die Messwerte eines Sensorpixels für 3D- und 2D-Messungen in Abhängigkeit der Distanz aufgezeigt. Die konvertierten 3D-Werte fallen proportional zur Distanz (vgl. Bild 13a), was grundsätzlich eine Kalibrierung für Distanzmessungen erlaubt. Die Signalstärke wächst erwartungsgemäß exponentiell mit kleiner werdender Distanz an (vgl. Bild 13b). Bei einem Abstand von weniger als 25 cm nähert sich die Messung der physikalischen Sättigung, sodass die 2D- und 3D-Daten ab dieser Grenze nicht mehr valide sind. Dies wird insbesondere an den 3D-Daten deutlich, die unterhalb von 30 cm nicht mehr monoton verlaufen. Aus diesem Grund wird die Belichtungszeit bei Fahrzeuganwendungen adaptiv an die Signalstärke angepasst. Für die Laboruntersuchungen ist dieser Mechanismus zu Evaluationszwecken jedoch deaktiviert worden.

Messungen mit geringeren Reflektanzen zeigen jedoch gerade bei der 3D-Messung noch Optimierungspotential, sodass die Distanzinformation derzeit lediglich als Plausibilitätsprüfung in die Signalauswertung einfließt.

10.3.6.2 Freifeldstudien

Da Umwelteinflüsse, insbesondere die Sonnenexposition, den größten Einfluss auf aktive optische Messsysteme haben, erfolgte die Validierung anhand von Freifeldstudien im Sommer in unterschiedlichen Regionen weltweit mit jeweils divergierenden Breitengraden. Tabelle 2 zeigt die Messorte, die sich von Island bis zu den Kapverden erstreckten.

Getestet wurden alle definierten *Use-Cases* und *Misuse-Cases* bei Kombinationen unterschiedlicher Untergründe (z. B. Sand, Asphalt, Schnee) und verschiedener Schuhe. Jeder Testdurchlauf erfolgte viermal. Um den Einfluss des Sonnenazimuts statistisch zu erfassen, wurde der Versuchsaufbau zudem auf unterschiedliche Himmelsrichtungen ausgerichtet.

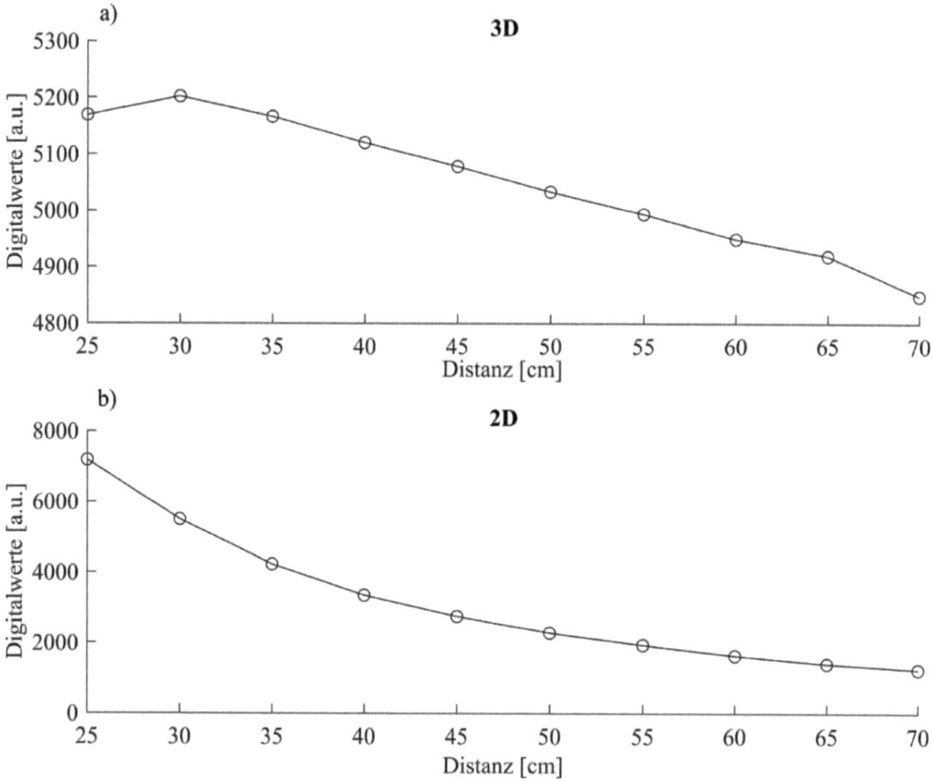

Bild 13: Signalwerte der a) 2D-Messung und b) 3D-Messung in Abhängigkeit von der Distanz.

Tabelle 2: Übersicht der Messorte für durchgeführte Freifeldstudien.

Ort	Land	Kontinent	Breitengrad
Nahe Velbert	Deutschland	Europa	51°N
Nahe Narbonne	Frankreich	Europa	43°N
Nahe Murcia	Spanien	Europa	38°N
Nahe Cartagena	Spanien	Europa	38°N
Nahe St. Anton (Gletscher)	Österreich	Europa	47°N
Nahe Reykjavík	Island	Europa	64°N
Nahe Praia	Capverden	Afrika	15°N

Tabelle 3: Übersicht der erzielten Systemperformance.

Eigenschaft	**Wert**
Gesamtgenauigkeit	79,9%
Korrekt klassifizierte *Use-Cases*	75,9%
Korrekt ignorierte *Misuse-Cases*	87,4%
Erkennungsabstand	> 1 m
Reaktionszeit Gestenerkennung[2]	50 ms
Umgebungstemperatur ϑ_A	$-40\ °C \leq \vartheta_A \leq 85\ °C$
Betriebsspannung V_B	$9{,}0\ V \leq V_B \leq 16{,}5\ V$
Langzeit-Leistungsaufnahme P_{Max}	12,2 mW
Abmessungen mit Projektor	80 x 45 x 25 mm
Abmessungen ohne Projektor	50 x 45 x 25 mm
Gewicht	ca. 45 g (inkl. Projektor)

Die gemessene Systemperformance wurde in Tabelle 3 zusammengefasst. Die Gesamtgenauigkeit ist hierbei als das Verhältnis der als korrekt klassifizierten *Use-Cases* sowie der als korrekt ignorierten *Misuse-Cases* zu allen Messergebnissen definiert. Die korrekt klassifizierten *Use-Cases* und die korrekt ignorierten *Misuse-Cases* entsprechen statistisch der Sensitivität bzw. der Spezifität. Die Werte zeigen sehr hohe Übereinstimmungen, die auf dem Niveau aktuell eingesetzter kapazitiver Sensoren für den Fahrzeugzugang liegen.

Die Werte umfassen die Gesamtheit der Systemtests und beinhalten somit die relevanten Einflussgrößen Wetter, Untergrund(-Beschaffenheit), Schuhtyp (Form, Größe und Farbe) und Wetterlage. Die Permutation der Einflussgrößen ist eher zufällig, da den Testpersonen keine Vorgaben gemacht wurden. Dadurch ergibt sich ein repräsentatives Ergebnis, das der Praxis bestmöglich gerecht wird. Es muss jedoch an dieser Stelle erwähnt werden, dass die Testpersonen während der Studiendurchführungen unweigerlich „geschult" wurden, da mit zunehmender Anzahl an Testdurchläufen das Systemverständnis wächst. Allerdings kann für die Praxis angenommen werden, dass der Schulungseffekt ebenfalls gegeben ist und dass eine einmalige Nutzung eher die Ausnahme sein dürfte.

Wie in der Tabelle 3 gezeigt ist, ist die Systemperformance mit dem kapazitiver Sensoren vergleichbar.

Weiterhin konnte in Laboruntersuchungen nachgewiesen werden, dass mit dem optischen System eine Distanzmessung möglich ist. Bei geringen Reflektanzen hat eine geringe Signalstärke jedoch auf die Distanzmessung den größten Einfluss.

[2] Zur Ermittlung der Gesamtreaktion bis zur Öffnung der Heckklappe muss die nicht unerhebliche Verarbeitungszeit für die Schlüsselabfrage des Fahrzeugs hinzuaddiert werden. Dies geschieht jedoch innerhalb des Fahrzeugs: Das vorgestellte System hat keinen Einfluss darauf.

In Freifeldstudien konnte in einer Versuchsreihe mit diversen Messorten und unterschiedlichsten Messsituationen eine Sensitivität von ca. 80% bei einer Spezifität von ca. 87% nachgewiesen werden.

10.4 Zusammenfassung und Ausblick

Mit dem stromsparenden kapazitiven Messsystem können kapazitive Sensoren mit verbesserter Zuverlässigkeit und Sicherheit gegen *Misuse* der Gestenerkennung im Fahrzeugzugangssystem zum Öffnen und Schließen von Türen und Klappen eingesetzt werden.

Es wurde zudem ein innovatives LiDAR-System entwickelt, das mithilfe einer ToF-Kamera einerseits ein zweidimensionales Bild des Detektionsraums aufnehmen und andererseits die Distanz zu einem darin befindlichen Objekt ermitteln kann. Aufgrund der geringen Abmessungen kann das System vielfältig eingesetzt werden, z. B. für die gestengesteuerte ADAS-Bedienung. Aufgrund der geringen Leistungsaufnahme, die den üblichen Anforderungen für den Dauerbetrieb genügen, eignet sich das System insbesondere für energiesensible Anwendungen.

Weiterhin wurde das LiDAR-System um ein optisches Feedback (Lichtkegel auf dem Untergrund) erweitert, um ein gestengesteuertes Heckklappen-Öffnungssystem zu realisieren. Installiert im unteren Stoßstangenbereich des Fahrzeugs, ermöglicht es das berührungslose Öffnen und Schließen der Heckklappe durch eine einfache Fußgeste. Hierzu bedient der Nutzer einen *virtuellen Schalter*, dessen Positionierung die Lichtkegelprojektion signalisiert.

Die zuverlässige Gestenerkennung unter verschiedensten Umweltbedingungen mittels LiDAR-Sensoren eröffnet weitere Anwendungsfelder für gestengesteuerte Applikationen. Darunter fallen Steuerungsfunktionen für elektrische Schiebetüren oder elektrische Seitentüren. Des Weiteren kann das System zur Umgebungserkennung zum Einsatz kommen, um weitere Fahrerassistenz- und Fahrberechtigungssysteme durch Sensorfusion zu realisieren.

Literatur

[1] Sieg, B., „Auswerteanordnung für eine kapazitive Sensorvorrichtung“, Europäische Patentanmeldung No. EP 3 457 569 A1, 2017.

[2] Rømer, O., „Démonstration touchant le mouvement de la lumière.“, *Journal des Sçavans. de Boccard*, Paris 1676: 233–236.

[3] Lange, R., „3D Time-of-Flight Distance Measurement with Custom Solid-State Image Sensors“, CMOS/CCD-Technology, 2000.

[4] Lange, R., Seitz, P., „Solid-state time-of-flight range camera.“ *IEEE journal of quantum electronics*, 37.3, 2001: 390–397.

[5] Moses, W. W., Derenzo, S. E., „Prospects for time-of-flight PET using LSO scintillator.“, *IEEE Transactions on Nuclear Science*, 46.3, 1999: 474–478.

[6] Hebden, J. C., Kruger, R. A., „Transillumination imaging performance: A time-of-flight imaging system.“, *Medical physics*, 17.3, 1990: 351–356.

[7] Hebden, J. C., Kruger, R. A., „Time-of-flight breast imaging system: spatial resolution performance“, Time-Resolved Spectroscopy and Imaging of Tissues, International Society for Optics and Photonics, Vol. 1431, 1991: 225–231.

[8] Wyatt, J. S., et al, „Measurement of optical path length for cerebral near-infrared spectroscopy in newborn infants.“, *Developmental neuroscience*, 12.2, 1990: 140–144.

[9] https://www.elektroniknet.de/markt-technik/automation/erste-3d-kamera-von-basler-128136.html, Zugriff am: 21.10.2019.

[10] Ringbeck, T., Profittlich, M., Schaller, C., „Kameras für die dritte Dimension: PMD-Technologie ermöglicht neue effiziente Anwendungen in der Industrie und Medizintechnik“, *Optik & Photonik*, 4.3, 2009: 30–33.

[11] Buxbaum, B., et al, „3D Time-of-Flight (ToF).“ Handbuch Fahrerassistenzsysteme, Vieweg+ Teubner Verlag, Wiesbaden, 2012.

[12] „Sicherheit von Laser-Einrichtungen“, DIN, EN. 60825-1 bzw. IEC 60825-1/01, 2001.

[13] „26262: Road vehicles-Functional safety.“, ISO26262, International Standard ISO/FDIS 26262, 2011.

[14] Halbritter, H., et al „High-speed LED driver for ns-pulse switching of high-current LEDs“, *IEEE Photonics Technology Letters*, 26.18, 2014: 1871–1873.

[15] Nixon, M., Aguado, A. S., „Feature extraction and image processing for computer vision“, Academic Press, London, 2012.

Kapitel 11
Datenfusionsbasiertes, thermodynamisches Sensormodell zur Innentemperaturerfassung

Tobias Glohr[1], José Manuel Briones Ayala[2], Thomas Tille[1]

Kurzfassung Die Innenraumtemperatur in Fahrzeugen wird vorwiegend über einen zentralen diskreten Innenraumtemperatursensor erfasst und in der Regelung der Klimaautomatik verarbeitet. Die Positionierung des Sensors hat einen wesentlichen Einfluss auf die Mess- und Regelgüte. Dies führt meistens zu einer kompromissbehafteten, design-unverträglichen Integration im Fahrzeuginterieur. Mit der Verwendung von bereits existenten temperaturabhängigen Widerständen, weiteren Bordnetzsignalen und deren Fusion in ein thermodynamisches Modell ergibt sich die Möglichkeit, auf einen diskreten Innentemperatursensor zu verzichten. In diesem Beitrag wird ein softwarebasierter Ansatz eines thermodynamischen Modells auf Basis von Energiebilanzen im Fahrzeuginnenraum vorgestellt. Die Ergebnisse werden an Hand von Simulationen und Messungen diskutiert.

11.1 Einleitung

Trotz der über 100-jährigen Geschichte des Automobils wurden die ersten Systeme, die heutigen Klimaanlagen gleichen, erst mit Beginn der 1950er Jahre in den USA angeboten. Diese Klimasysteme ermöglichten die heute bekannten Funktionen des Heizens, Kühlens, Lüftens und Entfeuchtens des Luftstroms. Mittels heutiger Klimaanlagen bzw. -geräten ist ebenfalls ein Befeuchten des Luftstroms möglich [1].

Mit dem Fortschreiten der Automobilentwicklung gehören Klimaanlagen (HVAC: Heating Ventilation Air Conditioning) in heutigen Fahrzeugen im Premiumsegment zur Grundausstattung und tragen zur Verkehrssicherheit bei. So steigt bereits bei einer Temperatur von 27 °C im Fahrzeuginnenraum das Unfallrisiko außerorts um 6% und innerorts um 11%, was infolge einer Klimatisierung reduziert werden kann [2].

[1] BMW AG.
[2] Technische Hochschule Ingolstadt.

T. Tille (Hrsg.), *Automobil-Sensorik 3*, https://doi.org/10.1007/978-3-662-61260-6_11

Die Klimatisierung des Fahrzeuges trägt somit zu einer Reduzierung des thermischen Stresses der Fahrzeugnutzer bei. Diese Stressreduktion hat positive Auswirkungen auf die Wahrnehmung, Verarbeitung von Information und Reaktion/Handlung der Fahrzeugnutzer zur Steigerung der Verkehrssicherheit [3].

Neben dem positiven Einfluss auf die Verkehrssicherheit steigern Klimaanlagen ebenfalls den Komfort im Fahrzeug. Gemäß Bubb [4] zählt das Klima neben Lärm, Schwingungen, Licht und Geruch zu den wichtigen Faktoren zur Erfüllung der individuellen Komfortbedürfnisse der Fahrzeuginsassen.

Zur weiteren Komfortsteigerung bieten Automobilhersteller zusätzlich Klimaautomatiken an. Bei Klimaanlagen ohne Automatik werden die Temperatur und das Gebläse manuell geregelt. Bei automatischen Klimasystemen wird mit Hilfe von Innenraumtemperatursensoren ein gleichbleibendes Klima, nach definierter Vorgabe des Nutzers, eingestellt und geregelt. Die Klimaregelung erfolgt dabei durch Abgleich der definierten Wunschtemperatur (Sollwert) und der durch den Sensor gemessen Innenraumtemperatur (Istwert) im Fahrzeug. Die Differenz zwischen Ist- und Sollwert wird in der HVAC ausgewertet. Über eine Klappensteuerung werden unter anderem die Ausblasgeschwindigkeit, Ausblastemperatur und Luftverteilung geregelt. Nach Erreichen des definierten Temperaturwertes erfolgt die erneute Regelung, sobald die Sensoren eine Veränderung der Innenraumtemperatur (z. B. durch Sonneneinstrahlung) detektieren [5, 6].

Zur Bestimmung der erforderlichen Innenraumraumtemperatur kommt in der heutigen Praxis vermehrt ein unbelüfteter Innenraumtemperaturfühler (UIF) (vgl. Abschnitt 11.2.1.3) in Bediensystemen im Bereich der Instrumententafel oder im Dach des Fahrzeugs zum Einsatz [6]. Neben der ganzheitlichen Integration des HVAC-Moduls ist die Positionierung des Innenraumtemperaturfühlers eine Herausforderung während des Entwicklungsprozesses. Wesentliche Gründe hierfür sind bspw. die erforderlichen Abstände zu weiteren internen Wärmequellen innerhalb der Instrumententafel, Abstände zu Ausströmern oder die notwendige Erfassung der Sonneneinstrahlung. Fälschlicherweise kann der sichtbare Innenraumtemperaturfühler in Bedienelementen von Nutzern als Bedienfunktion interpretiert werden. Bei einer möglichen Berührung des Sensors ergeben sich eine falsch gemessene Innenraumtemperatur und eine daraus resultierende falsche Regelung des HVAC-Moduls. Des Weiteren erhöhen sich auf Grund der steigenden elektronischen Komplexität und der steigenden Anzahl von Bedien- und Anzeigesystemen die Bauraumanforderungen insbesondere im Bereich der Instrumententafel.

In diesem Abschnitt wird daher die Entwicklung eines thermodynamischen Modells zur Erfassung der repräsentativen Innenraumtemperatur beschrieben. Das physikalische MATLAB/Simulink-Modell [7] nutzt dabei Daten zur Berechnung aus bereits vorhandenen Sensoren wie Solar- und Beschlagsensoren sowie temperaturabhängigen Widerständen aus weiteren Steuergräten. Die Entwicklung inkludiert die Evaluation des Modells mit der Integration zur Regelung mittels des HVAC-Moduls.

11.2 Stand der Technik

11.2.1 Verfahren zur Erfassung der Innenraumtemperatur

Die Lufttemperatur im Fahrzeuginnenraum lässt sich anhand unterschiedlicher Methoden messen. Zu den wesentlichen Verfahren zur Messung der Innenraumtemperatur gehören die Infrarotstrahlung, die Zwangsbelüftung, der unbelüftete Ansatz oder die Simulation [8].

11.2.1.1 Infrarotstrahlung

Bei der Temperaturmessung durch die Infrarotstrahlung kommt, mit einem sog. Thermopile, ein thermoelektrischer Strahlungssensor zum Einsatz [8]. Der Thermopile setzt sich aus mehreren in Reihe geschalteten Thermoelementen zusammen, wobei thermische Energie in elektrische Energie gewandelt wird [9].

Die Thermoelemente sind dabei zwischen zwei unterschiedlichen, sich berührenden, Materialien angebracht. Mit der Änderung der Temperatur wird mittels dieser Anordnung eine Kontaktspannung erzeugt. Bei diesem Funktionsprinzip nach dem Seebach-Effekt ist die Änderung der Kontaktspannung zwischen den unterschiedlichen Materialien proportional zur Temperaturänderung/-differenz [10].

Im Gegensatz zu den nachfolgend beschriebenen Methoden (z. B. Zwangsbelüftung) ist die Messung durch die Infrarotstrahlung verschleißfrei. Allerdings haben bei der beschriebenen Methode die Sonneneinstrahlung und die Farbe der bestrahlten Fläche starken Einfluss und können die Messung der Wärmestrahlung verfälschen. Dieser Nachteil bedingt einen weniger relevanten Praxiseinsatz in der Fahrzeugklimatisierung [8].

11.2.1.2 Zwangsbelüfteter Ansatz

Bei der zwangsbelüfteten Methode wird die Luft des Fahrzeuginnenraums in die HVAC gesaugt. Die angesaugte Luftmenge wird dabei mittels einem NTC (Negative Temperature Coefficient)-Widerstand und dessen Regelung im Klimasteuergerät gemessen und ausgewertet. Vorteil dieser Methode ist die schnelle Adaptionsmöglichkeit des Sensors auf Veränderungen der Lufttemperatur. Der zur Ansaugung notwendige Lüftermotor führt zu einer zusätzlichen Geräuschentwicklung im Interieur und ist anfällig für Verschmutzungen und Verschleiß. Ein weiterer Nachteil ist die fehlende Sensitivität im Falle direkter Sonneneinstrahlung. Auf Grund dieser genannten Nachteile spielt die zwangsbelüftete Temperaturmessung eine untergeordnete Rolle zur Regelung der Innenraumtemperatur in der heutigen Fahrzeugklimatisierung [8].

11.2.1.3 Unbelüfteter Ansatz

Eine weitere Methode zur Messung der Innenraumtemperatur bildet der unbelüftete Innenraumtemperaturfühler (vgl. Abschnitt 11.1). In [8] wird das sog. ITOS®-Sensorsystem (Integrated-Thermal-Optical-Sensor) im Ansatz vorgestellt, der in der Fahrzeugklimatisierung verbreitet und etabliert ist (vgl. Bild 1). Dieser Sensor kombiniert die Prinzipien der Wärmeleitung und Wärmestrahlung (vgl. Abschnitt 11.2.3.2) und berechnet die Innenraumtemperatur hieraus [8].

Der Sensor wird in der Regel in Bedienelemente integriert, wobei der Sensorkopf von der Oberfläche des Gehäuses in den Fahrzeuginnenraum herausragt. Der Sensorkopf beinhaltet einen Solarsensor und einen Temperatursensor. Ein weiterer Temperatursensor ist auf einer Platine zusammen mit dem Sensorkopf positioniert. Der weitere Temperatursensor auf der Platine dient zur Korrektur und Erfassung der Störwärme, die beim Temperatursensor im Sensorkopf auf Grund der mechanischen Befestigung anliegt. Der Solarsensor, der im unmittelbaren Infrarotbereich regelt, erfasst die direkte Sonneneinstrahlung [8].

In weiteren Ausführungen besteht der unbelüftete Innenraumtemperaturfühler aus drei Temperatursensoren, wobei auf den Solarsensor verzichtet wird. Einen solchen Ansatz verfolgt z. B. [11]. Der erste Temperatursensor ist dabei ebenfalls unmittelbar am Sensorkopf integriert und erfasst den dort anliegenden Zustand des Innenraumes [12, 13]. Die beiden weiteren Sensoren sind auf einer Platine positioniert [13].

Die Messung der Temperatur an den drei Positionen und die daraus resultierenden NTC-Signale werden innerhalb eines internen Softwaremodells verarbeitet, die Innenraumtemperatur berechnet und an die Klimaregelung übergegeben [11, 13].

Der Innenraumtemperaturfühler kann analog oder über das LIN-(Local Interconnect Network)/CAN-(Controller Area Network) Bus-Interface direkt mit dem erforderlichen Klimasystem verbunden werden [8, 11]. Vorteil der unbelüfteten Temperaturfühler ist die geringere Bauraumanforderung gegenüber dem zwangsbelüfteten Ansatz [8].

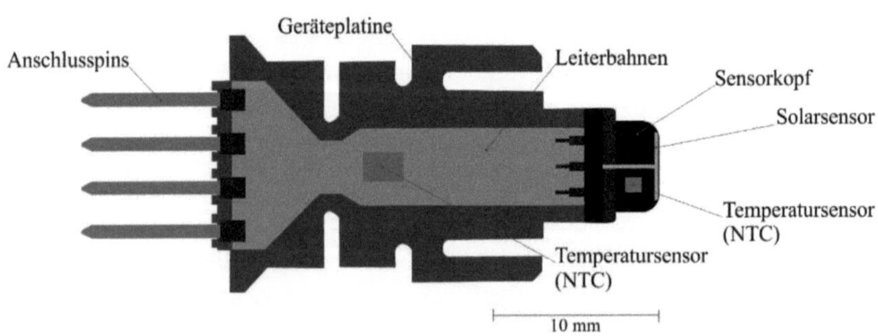

Bild 1: Schematische Querschnittsdarstellung eines unbelüfteten Innenraumtemperaturfühler nach Beispiel ITOS® [8].

Neben den aufgeführten Nachteilen in Abschnitt 11.1 hat der durchtauchende Sensorkopf Einfluss auf das Design sowie die Einschränkung bei der Gestaltung einer glatten und fugenlosen Oberfläche im Interieur.

11.2.1.4 Modellbasierter Ansatz

Die Simulation der Innenraumtemperatur auf Basis von thermodynamischen Modellen ist eine weitere Messmethode zur deren Bestimmung. Dabei wird das Fahrzeuginterieur (Sitze, Karosserie und Glasflächen) thermisch modelliert und die Innenraumtemperatur auf Basis verfügbarer Sensor- oder Modellgrößen wie Sonneneinstrahlung, Energieeintrag der Klimaanlage und Energieeinträge der Fahrzeuginsassen errechnet. Herausforderung dieser Simulationsmodelle ist die Gewährleistung einer Echtzeitfähigkeit, sodass die Umwelteinflüsse schnellstmöglich adaptiert werden können sowie der hohe Aufwand der Parametrierung. Vorteil der Simulation ist der Entfall von Sensoren wie z. B. des Innenraumtemperaturfühlers, dessen Verzicht Kostenvorteile mit sich bringt [8].

Auf Grund der Vielzahl an Fahrsituationen und Testbedingungen sowie der daraus resultierenden Einflüsse erreichen die bisherigen Simulationsmodelle nicht die Genauigkeit, wie die der sensorischen Ansätze in [8] und [14].

Eine Lösungsmöglichkeit ist daher die Generierung eines virtuellen Sensors aus der Kombinatorik des modellbasierten und des sensorfusionsbasierten Ansatzes durch die Auswahl geeigneter und im Fahrzeug vorhandener Sensoren (z. B. NTCs von Steuergeräten).

11.2.2 Funktionsweise von Klimageräten

Heutige Klimaanlagen bzw. -geräte bestehen im Einzelnen aus dem eigentlichen Klimagerät, einem Heizkreislauf, einem Kältekreislauf sowie den Luftführungen. Das Klimagerät selbst setzt sich aus den Hauptkomponenten Verdampfer, Heizkörper, Lüfterrad und Luftleitelementen zusammen. Damit konzentrieren sich die Grundfunktionen des Klimageräts auf die Förderung, Reinigung, Temperierung, Entfeuchtung und Verteilung der Luft. Über Öffnungen in der Motorhaube oder in der Stoßstange im Frontbereich des Fahrzeugs wird mittels eines Gebläses und eines Kondensators Luft ins Klimagerät gesaugt. Bei reinem Frischluftbetrieb gelangt die angesaugte Luft so über Luftkanäle in den Fahrzeuginnenraum. Über Öffnungen und Entlüftungen im Heckbereich des Innenraums bzw. des Fahrzeuges gelangt die Luft wieder ins Freie. Die so geförderte Luft wird über Filtersysteme (Partikel-, Hybridfilter) gereinigt. Im Falle einer Temperierung und Entfeuchtung (vgl. Bild 2) wird die gereinigte Luft über einen Verdampfer gekühlt. Die Luft wird entfeuchtet, wobei Kondenswasser entsteht, das ins Freie abgeleitet wird. Im Anschluss an den Verdampfer wird die Luft an den Heizkörper geleitet, um dort die vom Nutzer eingestellten Ausblastemperaturen zu erreichen. Hierbei durchströmt bei der sogenannten luftseitigen Regelung der Kühlmittelfluss kontinuierlich den Heizkörper.

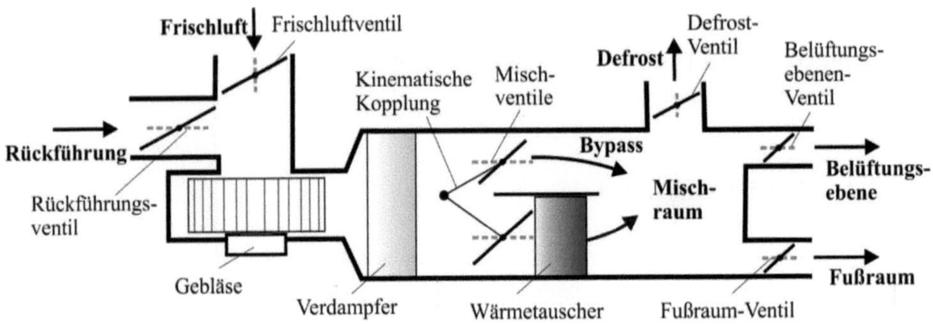

Bild 2: Funktionsweise von Klimageräten (HVAC-System) nach [15].

Der Luftstrom wird dabei in einen Kanal durch den Heizköper und in einen weiteren Kanal außerhalb des Heizkörpers geteilt. Im anschließenden Mischraum werden die beiden Teilluftströme wieder zusammengeführt. Nach dem Mischraum wird die Luft den unterschiedlichen Austrittsebenen Fußraum, Belüftungsebene (Mittel- und Seitendüse) sowie den Front- und Seitenscheiben (Defrost) zugeführt. Je nach Klappenstellung in den unterschiedlichen Austrittsebenen wird die Luftverteilung reguliert [6].

11.2.3 Relevante thermische Grundlagen

Bevor die thermodynamische Modellierung des virtuellen Sensors zur Erfassung der Innenraumtemperatur detailliert werden kann, müssen die Grundlagen zur Energieerhaltung und den unterschiedlichen Wärmeübertragungsarten beschrieben werden.

11.2.3.1 Energieerhaltung und Wärmemenge

Gemäß dem 1. Hauptsatz der Thermodynamik (vgl. Gleichung (1)) kann der Gesamtbetrag der Energie U innerhalb eines abgeschlossenen Systems nicht vergrößert oder verkleinert werden. Innerhalb dieses abgeschlossenen Systems können nur die unterschiedlichen Arten von Energie (Wärme Q, Arbeit W) untereinander umgewandelt werden [16].

$$\Delta U = Q + W \tag{1}$$

Eine Änderung der Energie kann durch zwei Möglichkeiten herbeigeführt werden: Entweder durch die Übertragung der Wärme bzw. Arbeit über die Systemgrenze hinweg, oder durch Arbeit, die innerhalb des Systems ausgeübt oder auf das System ausgeübt wird. In Erweiterung kann der erste Hauptsatz auf offene Systeme angewandt werden. Innerhalb des offenen Systems wird neben den Prozessgrößen Arbeit und Wärme, ebenfalls die Masse zwischen zwei Körpern ausgetauscht. Die Wärmemenge Q, die hierbei notwendig ist um einem Körper von Zustand 1 auf Zustand 2 zu erwärmen, wird definiert durch die spezifische Wärmekapazität c_p des Mediums Gas, den Massestrom $\dot{m}$ und die Temperaturdifferenz $(T_2 - T_1)$ der beiden Körper (vgl. Gleichung (2)) [17].

$$Q = \dot{m} \cdot c_p \cdot (T_2 - T_1) \tag{2}$$

Dieses Prinzip der Erwärmung kann auf Systeme wie den Fahrzeuginnenraum übertragen werden.

11.2.3.2 Arten der Wärmeübertragung

Der erste Hauptsatz der Thermodynamik aus Abschnitt 11.2.3.1 ist entscheidend für die Beschreibung der Wärmeübertragung, da dieser die Basis bildet. Im Wesentlichen wird zwischen drei verschiedenen Arten der Wärmeübertragung unterschieden (vgl. Bild 3): Wärmeleitung, Wärmekonvektion und Wärmestrahlung [18].

Die Wärmeleitung beschreibt den Energietransport innerhalb der ruhenden Fluiden oder von Festkörpern hin zu abnehmenden Temperaturen. Bei der Wärmekonvektion wird durch die Bewegung von Molekülen die Wärme transferiert. Diese Übertragungsart unterscheidet zwischen einer freien und erzwungenen Konvektion. Bei der erzwungenen Wärmekonvektion wird die Bewegung der Moleküle durch Ventilatoren oder Pumpen hervorgerufen. Bei der freien Konvektion bewirkt eine Temperaturdifferenz eine Dichteänderung, wodurch eine Bewegung der Moleküle resultiert. Bei der Wärmestrahlung wird die Energie mittels elektromagnetischer Strahlung zwischen zwei Körpern übertragen.

Art	**Wärmeleitung** (durch einen Festkörper)	**Wärmekonvektion** (von einer Oberfläche zu einem bewegendem Fluid)	**Wärmestrahlung** (von einer Oberfläche zu einer umgebenden Fläche)
Prinzip	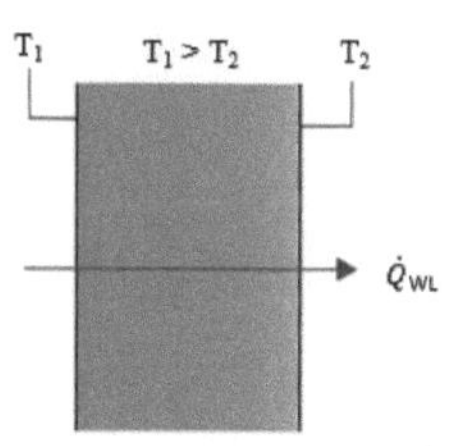 [17]	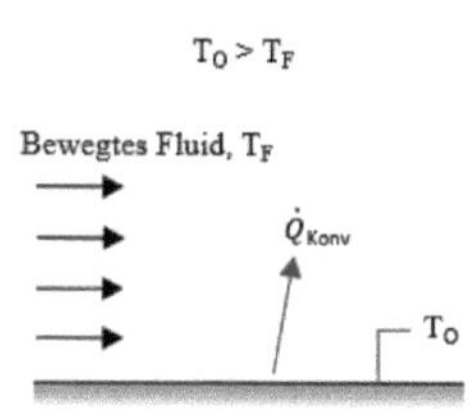 [17]	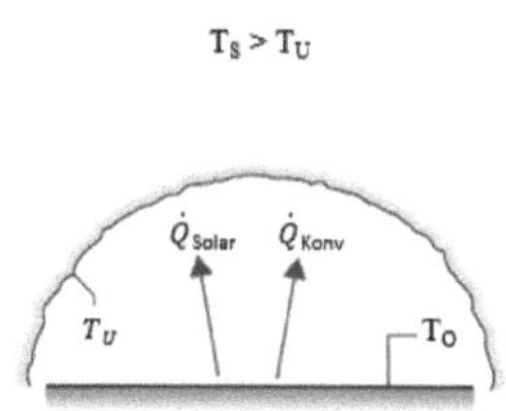 [17]
Medium	Festkörper/Fluide	Luftstrom	Infrarotstrahlung
Gleichung	$\dot{Q}_{WL} = \frac{A}{L} \cdot k \cdot (T_1 - T_2)$ (3)	$\dot{Q}_{Konv} = A \cdot \alpha \cdot (T_O - T_F)$ (4)	$\dot{Q}_{Solar} = \epsilon \cdot \sigma \cdot A \cdot (T_O^4 - T_U^4)$ (5)
	A = Fläche (Körper) L = Dicke (Körper) K = Wärmeleitfähigkeitskoeffizient T = Temperatur	A = Fläche α = Wärmeübergangskoeffizient T_O = Temperatur Oberfläche T_F = Temperatur Fluid	A = Fläche ϵ = Emissionsgrad σ = Boltzman Konstante T_O = Temperatur Oberfläche T_U = Temperatur Umgebung

Bild 3: Übersicht der Wärmeübertragungsarten nach [17].

Im Gegensatz zur Konvektion und Leitung wird bei der Strahlung kein Medium (Festkörper, Fluid) benötigt [17, 18, 19].

Auf und innerhalb des Systems des Fahrzeuginnenraums wirken mehrere Wärmeübertragungsarten wie Strahlung (z. B. Sonne), Wärmeleitung (z. B. Innenraumausstattung) und Wärmekonvektion (z. B. Luft im Innenraum) zusammen.

11.3 Thermodynamische Modellierung

11.3.1 Grundlagenmodell

Das im Folgenden beschriebene thermodynamische Innenraummodell basiert auf einer Energiebilanzgleichung (vgl. Gleichung (1)). Unter Berücksichtigung der aufgezeigten Möglichkeiten zur Änderung der Energie (vgl. Abschnitt 11.2.3.1) bedeutet dies bei der Adaption auf das System des Fahrzeuginnenraums, dass die Energie zwischen Innenraum und Fahrzeugumgebung übertragen wird. Ist beispielsweise die Umgebungstemperatur größer als die Temperatur im Fahrzeuginnenraum wird Wärme zugeführt und innerhalb des Systems wird keine Arbeit verrichtet. Bild 4a zeigt schematisch das System des Fahrzeuginnenraums (Systemgrenze in Strichlinie) und die verschiedenen thermischen Wärmeeinträge bzw. Belastungen auf das System. Das HVAC-System (vgl. Bild 4b, Bereich ①) ist dabei eine signifikante von außen wirkende Einflussgröße auf die Bestimmung der Innenraumtemperatur. Hintergrund ist, dass sich die Innenraumtemperatur nach einer bestimmten Zeit oder im Beharrungszustand dem vorgegebenen Wert aus der Temperatureinstellung des Klimageräts annähert. Im Weiteren hat die vorliegende Sonneneinstrahlung einen wesentlichen Einfluss auf die Innenraumtemperatur. Ebenfalls müssen die Umschließungsflächen (vgl. Bild 4b: Oberflächen der Instrumententafel ②, Türen ③, Fenster ④, Dach ⑤) berücksichtigt werden. Weitere mögliche Einflüsse durch Insassen (vgl. Bild 4b, Bereich ⑥) im Fahrzeug und Störgrößen wie Öffnung/Schließung Fenster und Türen steigern die Güte des Modells (vgl. Abschnitt 11.2.1.4).

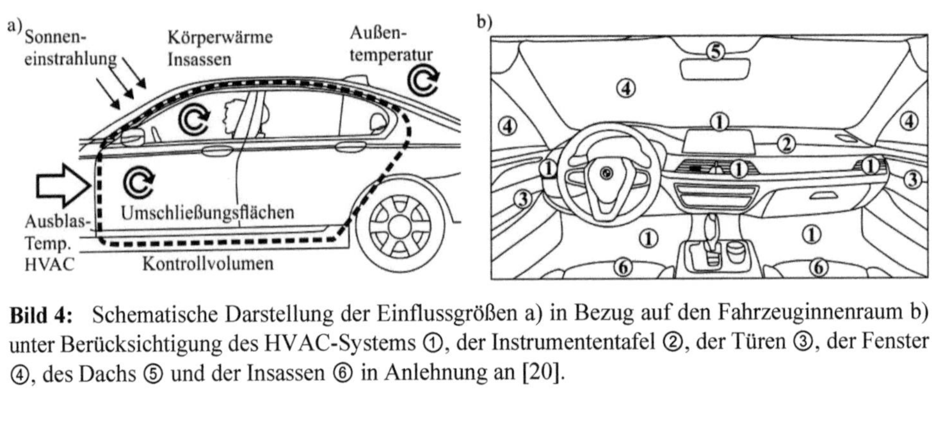

Bild 4: Schematische Darstellung der Einflussgrößen a) in Bezug auf den Fahrzeuginnenraum b) unter Berücksichtigung des HVAC-Systems ①, der Instrumententafel ②, der Türen ③, der Fenster ④, des Dachs ⑤ und der Insassen ⑥ in Anlehnung an [20].

Zur Vereinfachung des komplexen Systems werden folgende Annahmen definiert. Innerhalb des thermodynamischen Modells ist die Temperatur des Kontrollvolumens (definierter Innenraum) eine reine Zeitfunktion und ist räumlich unabhängig und gleichmäßig. Sofern der Temperaturgradient innerhalb des Kontrollvolumens vernachlässigt werden kann, ist die transiente Rückmeldung der Temperatur definiert durch die übergreifende Energiebilanz. Die Zuwachsrate der inneren Energie des Kontrollvolumens entspricht dem reinen Wärmeeintrag, der über die Systemgrenzen in das Kontrollvolumen eingebracht wird. Der Wärmeeintrag ist als eindimensionale und die Luft als strahlungsdurchlässige Größe definiert.

Die modellierte Temperatur T_C bezieht sich auf die Fahrzeuginnenraumtemperatur $T_{Kopfhöhe}$ auf Kopfhöhe des Fahrers. Die Fahrzeuginnenraumtemperatur wird innerhalb eines transienten Modells berechnet, bestehend aus den Energien der Wärmeübertragungen des Klimageräts $\dot{Q}_{AC}$, der Umschließungsflächen im Innenraum (z. B. Instrumententafel) $\dot{Q}_{UF}$, der Körperwärme der vorhandenen Insassen $\dot{Q}_I$ und weiteren Wechselwirkungen der Energie durch Störeinflüsse $\dot{Q}_D$. Aus der Summe der genannten Wärmeeinträge bzw. Wärmeübertragungsarten resultiert die gesamthafte Wärmeübertragungsrate $\dot{Q}_{total}$ gemäß Gleichung (6).

$$\dot{Q}_{total} = \dot{Q}_{AC} + \dot{Q}_{UF} + \dot{Q}_I + \dot{Q}_D \tag{6}$$

Aus der gesamthaften Wärmeübertragungsrate wird innerhalb einer Differentialgleichung die Temperaturänderung des Fahrzeuginnenraums unter Anwendung der spezifischen Wärmekapazität c_P und Masse m_{air} der Luft gemäß Gleichung (7) berechnet.

$$m_{air} \cdot c_p \frac{dT_C}{dt} = \dot{Q}_{total} \tag{7}$$

Bei Betrachtung der Temperatur in Abhängigkeit der Zeit bzw. zum Zeitprunkt t wird die Gleichung (7) in Integralform in das zu Grunde liegende MATLAB/Simulink-Modell integriert. Dieses Integral wird ebenfalls um die vorliegende initiale Starttemperatur T_0 (Konstante) zum Aufstartzeitpunkt des Fahrzeugs ergänzt (vgl. Gleichung (8)).

$$T_C(t) = \frac{1}{m_{air} \cdot c_p} \int (\dot{Q}_{AC} + \dot{Q}_{IS} + \dot{Q}_{ML} + \dot{Q}_D)\, dt + T_0 \tag{8}$$

Die gesamthafte Integralgleichung ist folglich das Resultat aus der Summe der untergeordneten Systeme aus dem Einfluss HVAC-System (vgl. Abschnitt 11.3.2), der Starttemperatur (vgl. Abschnitt 11.3.3) der Umschließungsflächen (vgl. Abschnitt 11.3.4), der Insassen (vgl. Abschnitt 11.3.5) und der Störgrößen durch Fenster-/Türöffnung (vgl. Abschnitt 11.3.6). Bild 5 zeigt das gesamthafte Grundlagenmodell zur Ermittlung der zeitabhängigen Fahrzeuginnenraumtemperatur $T_C(t)$.

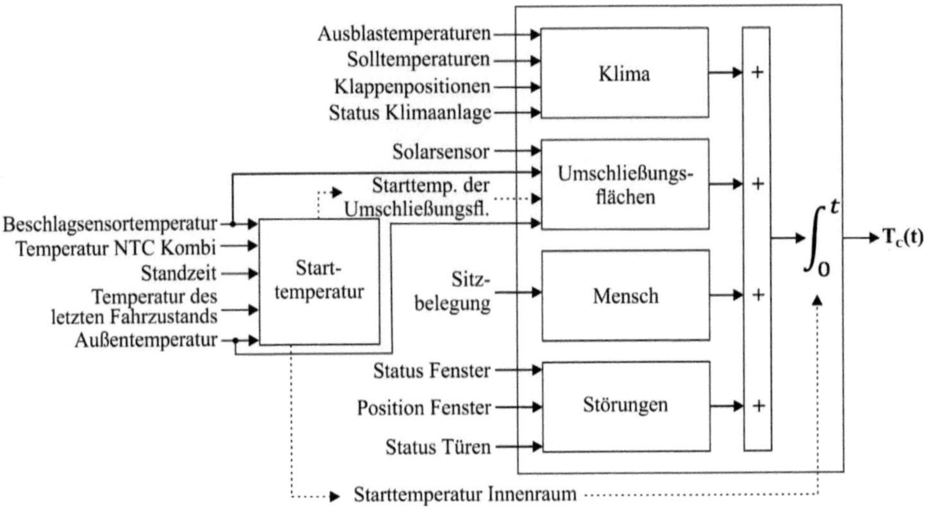

Bild 5: Grundlagenmodell zur Ermittlung der Fahrzeuginnenraumtemperatur T_C.

Zur Bestimmung der Innenraumtemperatur werden in Summe 37 Signale als Eingangsgrößen verwendet. Auf Grund des erwähnten signifikanten Einflusses des HVAC-Systems auf die Bestimmung der Innenraumtemperatur bezieht sich der Großteil der Signale auf das Klimagerät. Die übrigen Signale beziehen sich auf die Einflussgrößen Sonneneinstrahlung, Insassen, Umschließungsflächen und mögliche Störgrößen.

11.3.2 Modell zur Integration im HVAC-System

Das Klimagerät dient zum Erreichen eines thermischen Wohlbefindens der Fahrzeuginsassen (vgl. Abschnitt 11.1). Ziel ist es, weitere thermische Einflussgrößen (z. B. Sonneneinstrahlung) zu kompensieren, um den vom Insassen definierten Sollwert der Temperatur zu erreichen. Der Wärmestrom des Klimageräts $\dot{Q}_{AC}$ ist abhängig von dessen Ausblastemperatur T_{AC} und der vorliegen Innenraumtemperatur des Fahrzeugs sowie des vorliegende Luftmassenstroms $\dot{m}_{AC}$ und berechnet sich gemäß Gleichung (9).

$$\dot{Q}_{AC} = \dot{m}_{AC} \cdot c_p \cdot (T_{AC} - T_C) \tag{9}$$

Die Ausblastemperatur T_{AC} wird unter Anwendung des Mittelwerts aus den Temperatursensoren in den Luftkanälen der verschiedenen Austrittsebenen Fußraum und Belüftungsebene (vgl. Abschnitt 11.2.2) gemessen. Die Ausblastemperaturen zwischen Fußraum, Front- und Seitenscheibe werden als gleich angenommen. Auf Grund eines fehlenden Sensors zur Detektion des Luftmassenstroms aus den verschieden Austrittsebenen wird hierfür ein Luftverteilungsmodell entwickelt.

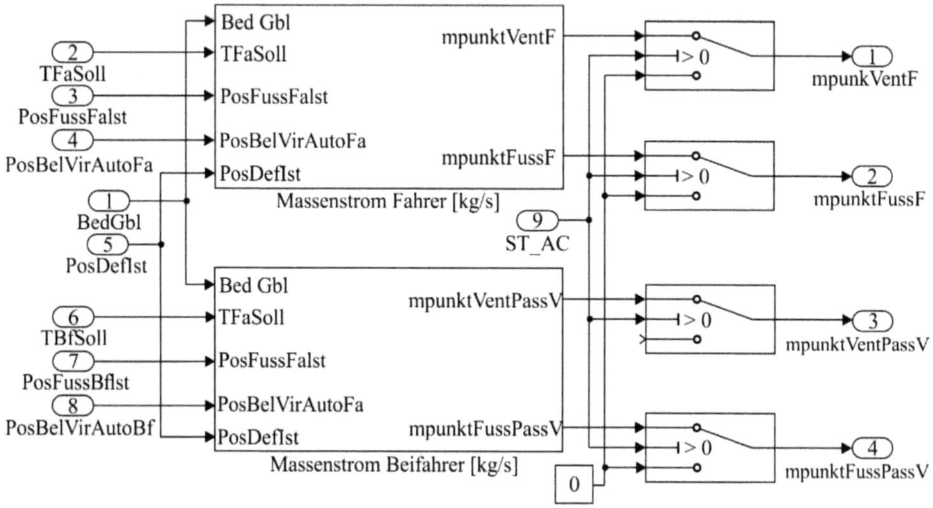

Bild 6: Modell des Luftmassenstroms $\dot{m}_{AC}$ und dessen Verteilung für Fahrer und Beifahrer.

Der Luftmassenstrom hängt dabei vom Druckunterschied in den Luftkanälen, der Geometrie der Luftkanäle sowie der Geschwindigkeit des Massenstroms ab. Unter Berücksichtigung der Rechengeschwindigkeit des Modells wird das Luftmassenverteilungsmodell (vgl. Bild 6) im ersten Ansatz speziell für ein Fahrzeugderivat (BMW 7er Langversion [21]) mit einer 4-Zonen-Klimaautomatik entwickelt und adaptiert.

Dabei wird der Luftmassenstrom für die erste Sitzreihe anhand von Kennlinien auf Basis der Ausblasgeschwindigkeit, Solltemperatur und der Klappenstellung des Klimageräts berechnet. Der Luftmassenstrom der zweiten Sitzreihe wird im ersten Ansatz dabei vernachlässigt. Der Luftmassenstrom wird bei aktivem Klimagerät (Signal: *ST_AC*) aus der Belüftungsebene und des Fußraums von Fahrer und Beifahrer berechnet. Bei deaktiviertem Klimagerät ist der Luftstrom mit Null definiert.

Der jeweilige Luftmassenstrom für Fahrer und Beifahrer wird auf Basis einer Kennlinie durch die Temperatur (Signal: *TFaSoll*) und die Geschwindigkeit (Signal: *BedGbl*) des Gebläses berechnet (vgl. Bild 7).

Die weitere Kennlinie betrifft die Position der Klappenstellungen für die verschiedenen Belüftungsebenen (Signale: *PosFussFalst*, *PosBelVirAutoFa*, *PosDeflst*). Aus beiden Dimensionen wird der Luftmassenstrom für die Belüftungsebene (Signal: *mpunktVentPassV*) und den Fußraum für jeweils Fahrer und Beifahrer berechnet (Signal: *mpunktFussPassV*). Die Definition der zu Grunde liegenden Kennlinie basiert auf Untersuchungen zur systematischen Variation der Klappenstellungen (vgl. Tabelle 1).

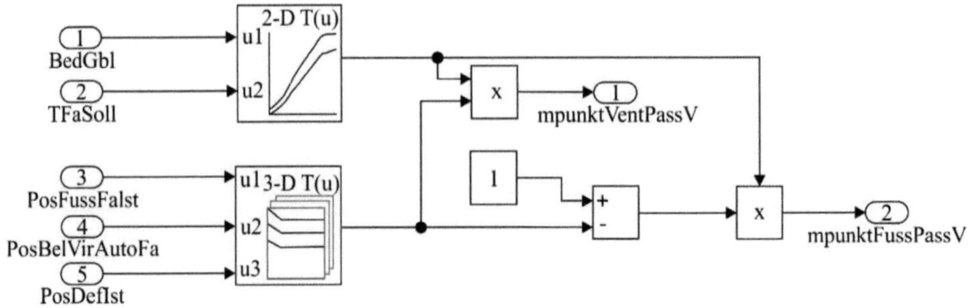

Bild 7: Modell des Luftmassenstroms $\dot{m}_{AC}$ am Beispiel Fahrer.

Tabelle 1: Beispiel zur Berechnung der Luftmengen in Abhängigkeit der Klappenstellungen.

Defrost 0%		**Belüftungsebene**				
		20%	**40%**	**60%**	**80%**	**100% ***
Fußraum	**20%**	0%	27,13%	38,82%	49,25%	50,09% *
	40%	0%	22,48%	32,17%	40,82%	41,51% *
	60%	0%	22,39%	32,03%	40,65%	41,34% *
	80%	0%	22,48%	32,17%	40,82%	41,51% *
	100%	0%	22,39%	32,03%	40,65%	41,34% *

* z. B. Gesamtluftmenge (0,124 kg/s): Luftmenge Belüftungsebene (41,34%) = 0,051 kg/s, Luftmenge Fußraum (58,66%) = 0,073 kg/s

Hierbei werden auf Basis einer Zustandsmatrix für zwei Temperaturzustände (16 °C und 28 °C) die unterschiedlichen Klappenstellungen variiert (z. B. Defrost 0%, Belüftungsebene 100%, Fußraum 100%). Zu jeder Variation wird die dort anliegende Verteilung der Luftmenge gemessen und daraus die Luftmenge für die Belüftungsebenen berechnet.

11.3.3 Modell zur Integration der Starttemperatur

Die Bestimmung der Starttemperatur ist eine wichtige Kenngröße innerhalb des thermodynamischen Modells. Grund ist der ständige Abgleich und die Auswertung zwischen dem Ist- und Sollwert bei Klimaautomatiken (vgl. Abschnitt 11.1). Eine inkorrekte Messung des Startwertes hätte eine fehlerhafte Regelung des HVAC-Systems zur Folge. Der Startwert dient somit als Eingangsgröße für die Innenraumtemperatur und wird nur in der ersten initialen Iterationsschleife der Modellierung verwendet.

Die Starttemperatur T_C wird definiert als die Temperatur zum Zeitpunkt Null, welches dem Zeitpunkt des Aufstartens des Fahrzeuges gemäß Gleichung (10) entspricht.

$$T_c(t = 0) = T_0 \tag{10}$$

Herausforderung bei der Ermittlung des Startwerts ist die fehlende Information über den Fahrzeugzustand und die wirkenden Umgebungseinflüsse während das Fahrzeug inaktiv/geparkt ist. Wesentliche Einflussgröße (vgl. Abschnitt 11.3.1) bei inaktivem HVAC-System im geparkten Zustand ist die Sonneneinstrahlung. Messungen in Bild 8a zeigen, dass sich die Innenraumtemperatur ohne Sonneneinstrahlung der Außentemperatur annähert. Im Innenraum wandert Energie auf Grund von Wärmeleitung (vgl. Abschnitt 11.2.3.2) über die Karosserie ab. Bei vorhandener Sonneneinstrahlung steigt jedoch die Innenraumtemperatur, da Energie von außen dem System zugeführt wird (vgl. Bild 8b). Dieser Vergleich verdeutlicht den Einfluss der Sonneneinstrahlung und die Notwendigkeit eines Verfahrens zur Erfassung der Starttemperatur.

Zur Ermittlung der Starttemperatur werden NTCs von im Fahrzeug vorhanden Steuergeräten analysiert, die dort die Eigenerwärmung der elektronischen Bauelemente detektieren. Ziel ist die Identifikation eines oder mehrerer NTCs, die sich bei ihrer Temperaturmessung der Innenraumtemperatur annähern. In Summe werden 17 NTCs aus verschiedenen Steuergeräten (z. B.: Kamerabasierte Fahrerassistenzsysteme, Displays, Fond-Entertainment, Headunit) und ein Beschlagsensor analysiert (vgl. Tabelle 2). Hierzu wird das Fahrzeug für mehr als acht Stunden im Klimakanal vorkonditioniert (Fenster offen). Die Messungen der NTCs erfolgen über eine Temperaturrampe bei verschiedenen Außentemperaturen (−20 °C, 14 °C, 25 °C, 40 °C). Die Ergebnisse zeigen, dass sich die Temperatur T_{Kombi} des Kombiinstrument-NTCs und die Temperatur T_{BS} des Beschlagsensors an der Windschutzscheibe sich der Fahrzeuginnenraumtemperatur T_C annähern. Die Temperaturen der weiteren Steuergeräte (Kamerabasierte Fahrerassistenzsysteme, Displays, Fond-Entertainment, Headunit) werden infolge der Abweichungen zur Fahrzeuginnenraumtemperatur T_C nicht weiter berücksichtigt.

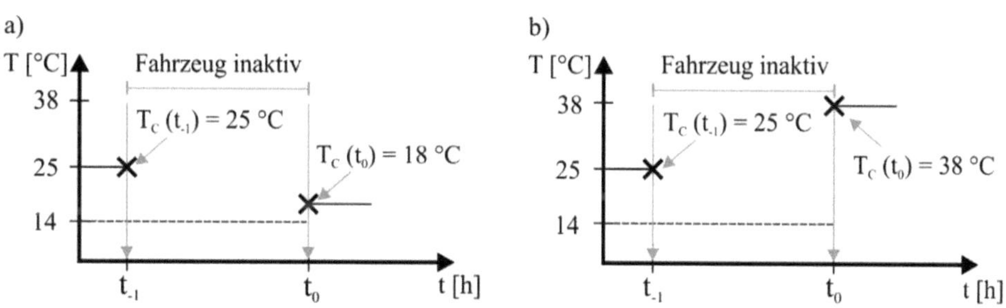

Bild 8: Vergleich des Einflusses der Sonneneinstrahlung auf die Innenraumtemperatur bei einer Außentemperatur $T_{Außen} = 14$ °C zum Zeitpunkt $t_{-1} = 12{:}00$ Uhr (Fahrzeug geparkt) und $t_0 = 13{:}00$ Uhr (Fahrzeug gestartet), a) ohne Solarleistung und b) mit Solarleistung $P_{Solar} = 400$ W/m².

Tabelle 2: Übersicht Identifikation Sensoren zur Ermittlung der Starttemperatur.

Sensor	Temperatur [°C]			
Außentemperatur $T_{Außen}$	**−20,0**	**14,0**	**25,0**	**40,0**
Fahrzeuginnenraumtemperatur T_C	**−12,6**	**14,9**	**24,4**	**39,1**
Beschlagsensortemperatur # 1 T_{BS}	−16,5	15,5	19,0	40,5
Temperatur # 2 NTC Kombiinstrument T_{Kombi}	−10,0	18,6	25,0	43,0
Temperatur # 3 Kombiinstrument	−2,3	23,5	30,1	48,7
Temperatur # 4 Kamera Fahrerassistenzsystem	–	28,0	44,6	48,0
Temperatur # 5 Kamera Fahrerassistenzsystem	–	27,0	40,3	46,0
Temperatur # 6 Kamera Fahrerassistenzsystem	–	22,0	37,1	40,6
Temperatur # 7 Kamera Fahrerassistenzsystem	–	25,6	39,7	41,7
Temperatur # 8 Kamera Fahrerassistenzsystem	–	25,6	39,5	42,5
Temperatur # 9 Kamera Fahrerassistenzsystem	–	19,4	33,4	40,9
Temperatur # 10 Headunit	–	16,0	24,0	43,0
Temperatur # 11 Headunit	8,0	30,0	30,0	52,0
Temperatur # 12 Headunit	11,0	35,0	31,0	61,0
Temperatur # 13 Headunit	17,0	41,0	36,0	64,0
Temperatur # 14 Headunit	6,0	28,0	27,0	51,0
Temperatur # 15 Headunit	16,0	42,0	38,0	65,0
Temperatur # 16 Fond Entertainment	3,0	26,0	26,0	53,0
Temperatur # 17 Fond Entertainment	14,0	38,0	37,0	60,0
Temperatur # 18 Fond Entertainment	17,0	40,0	38,0	61,0

Im weiteren Analyseschritt wird untersucht, über welchen Zeitraum die Temperaturen der ausgewählten NTCs des Kombiinstruments und des Beschlagsensors der Innenraumtemperatur gleichen. Hierfür wird eine Versuchsfahrt bei definierter Umgebungsbedingung (30 Minuten, Sonneneinstrahlung 400 W/m^2, Solltemperatur Innenraum 22 °C, Außentemperatur 14 °C) im Klimakanal durchgeführt. Nach der 30-minütigen Fahrt wird die Innenraumtemperatur T_C gemessen (Beginn Standzeit) und mit den NTCs der Sensoren verglichen. Nach Ende der unterschiedliche Standzeiten t_S (30, 60, 120 Minuten) werden die Temperaturen erneut gemessen und gegenübergestellt (vgl. Tabelle 3).

Tabelle 3: Übersicht Verhalten Sensoren bei unterschiedlichen Standzeiten 30, 60, 120 min.

Sensor	Standzeit t_S = 30 min		Standzeit t_S = 60 min		Standzeit t_S = 120 min	
	Temperatur [°C]		Temperatur [°C]		Temperatur [°C]	
	Beginn	Ende *	Beginn	Ende *	Beginn	Ende *
T_C	26,5	33,3	27,0	33,7	25,9	36,4
T_{BS}	26,5	30,5	30,0	41,5	26,0	44,0
T_{Kombi}	67,8	40,6	64,1	34,7	67,5	37,8

* Ende = Starttemperatur beim Aufstarten des Fahrzeugs nach Standzeit t_S 30, 60, 120 min.

Die an der Windschutzscheibe durch den Beschlagsensor gemessene Temperatur ist unmittelbar der Einflussgröße der Sonneneinstrahlung ausgesetzt. Während der 30-minütigen Fahrt zeigen die Messungen (Beginn der Standzeit), dass sich die Temperaturen T_C des Innenraums und die Temperatur T_{BS} des Beschlagsensors ähneln. Während der Standzeit und ohne die Einflussgröße einer aktiven HVAC steigt die Temperatur des Beschlagsensors. Demgegenüber misst der Sensor des Kombiinstruments im Zuge der Versuchsfahrt Temperaturen T_{Kombi} > 60 °C. Während der Standzeit t_S und somit im inaktiven Zustand des Kombiinstruments nähert sich T_{Kombi} an T_C an. Demzufolge kann bei einer Standzeit von $t_S \geq 60$ Minuten der NTC des Kombiinstruments und somit die Temperatur T_{Kombi} als Referenzwert für die Starttemperatur zur Berechnung der Innenraumtemperatur gemäß Gleichung (11) definiert werden.

$$T_{Kombi} = T_0 \qquad \text{für } t_s \geq 60\,min \tag{11}$$

Zur Bestimmung der Standzeiten kleiner 60 Minuten wird auf die in Bild 8 erzielten Erkenntnisse und Ansatz nach Nagengast [22] zurückgegriffen. Demnach nähert sich die Innenraumtemperatur der Außentemperatur an. Zusätzlich zeigen die Ergebnisse aus Tabelle 3, dass sich die Temperatur des Beschlagsensors bei vorhandener Sonneneinstrahlung erhöht. Das Verhalten der Innenraumtemperatur $T_{0\_berechnet}$ während der Standzeit bei inaktivem Klimagerät und Sonneneinstrahlung wird auf Basis einer Exponentialgleichung gemäß Gleichung (12) nach Nagengast [22] berechnet. Die Gleichung basiert auf den Informationen der Innenraumtemperatur zum Zeitpunkt des Beginns der Standzeit $T_{C\_StartStand}$ und der dabei vorhandenen Außentemperatur $T_{Außen}$. Wenn das Fahrzeug nach Ende der Standzeit erneut aufstartet, werden die zurückliegende Standzeit und ein experimentell bestimmtes t ebenfalls berücksichtigt. Die Größe τ beschreibt dabei den Zustand, wie schnell sich die Innenraumtemperatur T_C an die Außentemperatur $T_{Außen}$ annähert [22].

$$T_{0\_berechnet} = \left(1 - e^{\frac{-t}{\tau}}\right) \cdot \left(T_{Außen} - T_{c\_StartStand}\right) + T_{c\_StartStand} \tag{12}$$

Tabelle 4: Übersichtstabelle Offset Starttemperatur.

$\Delta(T_{BS} - T_{0\_berechnet})$ [°C]	**5,5**	**9,1**	**11,1**	**14,6**	**19,4**	**21,4**	**24,7**
Offset [°C]	0	5,2	7,0	9,4	12,8	15,6	18,2

Der hieraus resultierende Wert $T_{0\_berechnet}$ wird anschließend mit den Temperaturmessungen des Beschlagsensors verglichen, woraus die Differenz $\Delta(T_{BS} - T_{0\_berechnet})$ zu unterschiedlichen Messzeitpunkten berechnet wird. Für die jeweilige Differenz $\Delta(T_{BS} - T_{0\_berechnet})$ wird auf Basis einer empirisch ermittelten Kennlinie aus Messreihen ein Offset ausgegeben (vgl. Tabelle 4) [22].

Die Starttemperatur, für Standzeiten $t_S < 60$ Minuten, resultiert somit aus der berechneten Temperatur unter Berücksichtigung der Außentemperatur und der Innenraumtemperatur zu Beginn der Standzeit sowie dem Offset (vgl. Gleichung (13)).

$$T_0 = T_{0\_berechnet} + Offset \quad \text{für } t_S < 60\,min \tag{13}$$

Die Standzeit (Signal: *RealStandzeit*) wird bei der Implementierung in das MATLAB/Simulink-Modell mit einer Schalterfunktion ausgeführt und detektiert, wie lange das Fahrzeug inaktiv (geparkt) ist. Bei einer Standzeit $t_S \geq 60$ Minuten wird der Temperaturwert des Kombiinstruments T_{Kombi} als Startwert verwendet. Bild 9 stellt die Differenzierung zwischen den Standzeiten und die Ermittlung der Starttemperatur im Modell dar.

Bild 10 zeigt weiterhin die Modellierung für den Fall von Standzeiten $t_S < 60$ Minuten mit der Abschätzung der Innenraumtemperatur ohne Einfluss der Sonneneinstrahlung für $T_{0\_berechnet}$ und die Korrektur des Starttemperatur unter Verwendung der Informationen des Beschlagsensors.

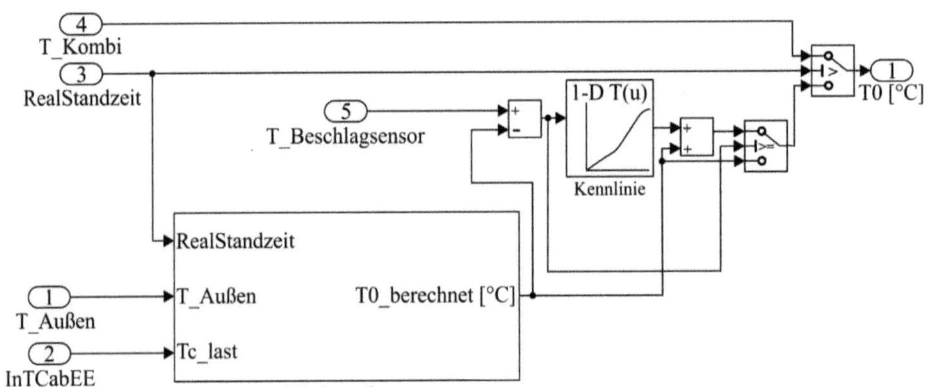

Bild 9: Modell zur Ermittlung der Starttemperatur T_0 unter Berücksichtigung der Standzeit t_S.

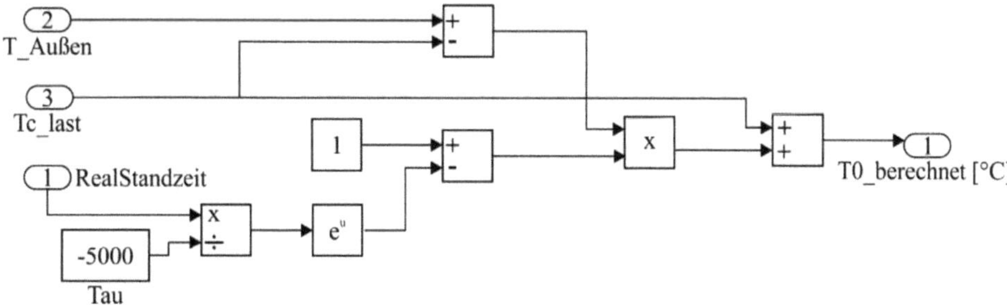

Bild 10: Modell zur Ermittlung des Startwertes $T_{0\_berechnet}$ (ohne Einfluss Sonneneinstrahlung) bei Standzeiten $t_S < 60$ min.

11.3.4 Modell zur Integration der Umschließungsflächen

Um die Wärmebelastung im Fahrzeuginnenraum zu ermitteln, ist es erforderlich den Wärmeeintrag durch die Innenraumausstattungen, den sog. Umschließungsflächen zu bestimmen. Eine Möglichkeit wäre die Messung der Temperaturen über NTCs direkt an jeweiligen Ausstattungselementen. Auf Grund hierbei entstehender Mehrkosten muss ein alternativer Ansatz ohne zusätzliche Sensorik angewandt werden. Für die Modellierung der Umschließungsflächen wird ein Ansatz, auf Basis interner Untersuchungen, zur Erstellung einer wärmemengenbasierten Klimatisierungsregelung nach Nagengast [22] angewandt.

Die Untersuchungen bestätigen den Einfluss der Innenraumausstattung auf die Wärmeströme im Innenraum, insbesondere durch Fensterflächen, Türen, Dach(-himmel) und die Instrumententafel. Demnach wirken zur Bestimmung des Wärmestroms bei den Umschließungsflächen $\dot{Q}_{UF}$ alle drei Arten der Wärmeübertragung (vgl. Abschnitt 11.2.3.2) (vgl. Gleichung (14)) [22].

Der Wärmestrom der Sonne $\dot{Q}_{\text{solar}}$ wird direkt aus der Solarleistung P_{Solar} bzw. dem Solarsensor abgeleitet (vgl. Gleichung (15)). Die Wärmeleitung $\dot{Q}_{WL}$ und -konvektion $\dot{Q}_{Konv}$ für die Umschließungsflächen wird gemäß der in Abschnitt 11.2.3.2 vorgestellten Gleichungen (4) und (5) (vgl. Bild 3) berechnet.

$$\dot{Q}_{UF} = \dot{Q}_{Solar} + \dot{Q}_{WL} + \dot{Q}_{Konv} \tag{14}$$

$$\dot{Q}_{Solar} = P_{Solar} \tag{15}$$

Im weiteren Schritt wird eine Energiebilanz angewandt (vgl. Gleichung (16)) um die Wärmeströme der Umschließungsflächen zu berechnen und ein Integral wird gebildet (vgl. Gleichung (17)). Bei der Berechnung der Umschließungsflächen ist nach dem Ansatz von Nagengast [22] ebenfalls die Ermittlung einer Starttemperatur erforderlich.

$$m \cdot c \cdot \frac{dT_{UF}}{dt} = \dot{Q}_{UF} \tag{16}$$

$$T_{UF}(t) = \int \frac{P_{Solar}}{m \cdot c_{Solar}} + \frac{\frac{A}{L} \cdot k \cdot (T_1 - T_2)}{m \cdot c_{WL}} + \frac{A \cdot \alpha \cdot (T_s - T_f)}{m \cdot c_{Konv}} \, dt + T_{0\,UF} \tag{17}$$

Zur Vereinfachung des Modells wird angenommen, dass die über den Beschlagsensor gemessene Temperatur an der Windschutzscheibe konform ist zu den restlichen Fensterflächen des Fahrzeugs. Dieses Verfahren wird zur Ermittlung der Temperaturen an Instrumententafel, Dach und Türen angewandt (vgl. Tabelle 5). Wie in Abschnitt 11.2.3.2 erwähnt gelten nicht alle Wärmeübertragungsarten für alle Elemente der Umschließungsflächen. So wird bspw. die Instrumententafel rein durch die Wärmekonvektion und die Solar- bzw. Wärmestrahlung beeinflusst.

Zur Bestimmung der Starttemperatur werden, wie in Abschnitt 11.3.3 erläutert, die Standzeiten berücksichtigt. Für Standzeiten $t_S \geq 60$ Minuten (vgl. Gleichung (18)) sind alle Startkonditionen identisch zu den Messwerten der Temperatur T_{Kombi} des Kombiinstruments.

$$T_{Kombi} = T_0 = T_{0\_Dach} = T_{0\_ITafel} = T_{0\_Türen} \quad \text{für } t_S \geq 60\,min \tag{18}$$

Tabelle 5: Wärmeübertragungsarten für Elemente der Umschließungsflächen.

Umschließungsfläche	**Wärmeübertragungsarten**		
	Wärmeleitung	**Wärmekonvektion**	**Wärmestrahlung**
Dach	X	X	X
Instrumententafel	–	X	X
Türen	X	X	X

Tabelle 6: Übersichtstabelle Offset Umschließungsflächen

$\Delta(T_{BS} - T_{0\_berechnet})$ **[°C]**	5,5	9,1	11,1	14,6	19,4	21,4	24,7
Offset Dach [°C]	3,0	4,9	6,2	8,8	13,0	16,3	18,8
Offset Instrumententafel [°C]	7,0	8,5	9,8	12,3	16,6	19,7	22,3
Offset Türen [°C]	1,0	2,5	3,5	5,5	8,8	11,5	13,7

Für Standzeiten $t_S < 60$ Minuten wird die Temperatur unter Anwendung der bekannten Gleichung (19) berechnet. Im Falle einer direkten Sonneneinstrahlung wird eine Korrektur der Temperatur T_{0UF} durch den Beschlagsensor und des Offsets aus Messreihen-Kennlinien für die einzelnen Umschließungsflächen vorgenommen (vgl. Tabelle 6).

$$T_{0UF} = T_{0\_berechnet} + Offset_{UF} \quad \text{für } t_S < 60\,min \tag{19}$$

Die Implementierung in MATLAB/Simulink (vgl. Bild 11) entspricht mit der Integration eines Schaltblocks zur Differenzierung der Standzeit dem gleichen Ansatz der Ermittlung des Startwertes (vgl. Bild 9). In Abhängigkeit der Standzeit errechnet sich die Temperatur der Umschließungsflächen entweder aus dem NTC des Sensors (Signal: *T_Kombi*), vgl. Gleichung (11) oder der Temperaturkorrektur gemäß Gleichung (13). Das Modell zur Berechnung der Temperaturkorrektur ohne Einfluss der Sonneneinstrahlung ist in Bild 10 vorgestellt worden.

Nach erfolgreicher mathematischer Beschreibung des Modells zur Bestimmung der Temperatur T_{UF} der Umschließungsflächen ist es ebenfalls notwendig, den Einfluss der Umschließungsflächen auf die Innenraumtemperatur zu berücksichtigen. Für die Luft im Innenraum wird angenommen, dass diese durchlässig für thermische Strahlung und Sonneneinstrahlung ist. Demzufolge muss die Wärmekonvektion als Wärmeübertragungsart im Innenraum berücksichtigt werden [23]. Aus der allgemeinen Gleichung (4) in Abschnitt 11.2.3.2 ist bekannt, dass die Wärmekonvektion aus der Oberflächentemperatur und der Lufttemperatur resultiert. Im vorliegenden Fall des Fahrzeuginnenraums wird für die Luft die Innenraumtemperatur T_C angewandt (vgl. Gleichung (20)). Der Wärmeübergangskoeffizient ist eine Funktion der Windgeschwindigkeit v (vgl. Gleichung (21)). Die Luft im Fahrzeuginnenraum wird als stationär behandelt und ist dabei gleich null, vergleichsweise zum Wärmeübergangskoeffizient bei einer freien Konvektion (vgl. Abschnitt 11.2.3.2) [23].

$$\dot{Q}_{Konv} = A \cdot \alpha \cdot (T_{UF} - T_c) \tag{20}$$

$$\alpha = 2{,}8 + 3 \cdot v \tag{21}$$

Die Bestimmung der gesamthaften Wärmeströme erfolgt in zwei Schritten (vgl. Bild 12). Im ersten Schritt werden die Temperatur T_{Dach} des Dachs, die Temperatur $T_{Türen}$ der Türen und die Temperatur T_{ITafel} der Instrumententafel berechnet. Im nächsten Schritt werden die zugehörigen Wärmeströme im Innenraum (z. B. Dach-Signal: *dQpuDach*) berechnet.

Die Modellierung der Temperaturen für die Elemente Dach, Türen und Instrumententafel ist in Bild 13 dargestellt. Es erfolgt eine weitere Aufteilung in drei Untermodelle gemäß der unterschiedlichen Elemente. Gemäß der dargestellten Unterschiede in Tabelle 5 werden für die unterschiedlichen Elemente und zur Berechnung der Temperaturen die zugehörigen Wärmeübertragungsarten berücksichtigt.

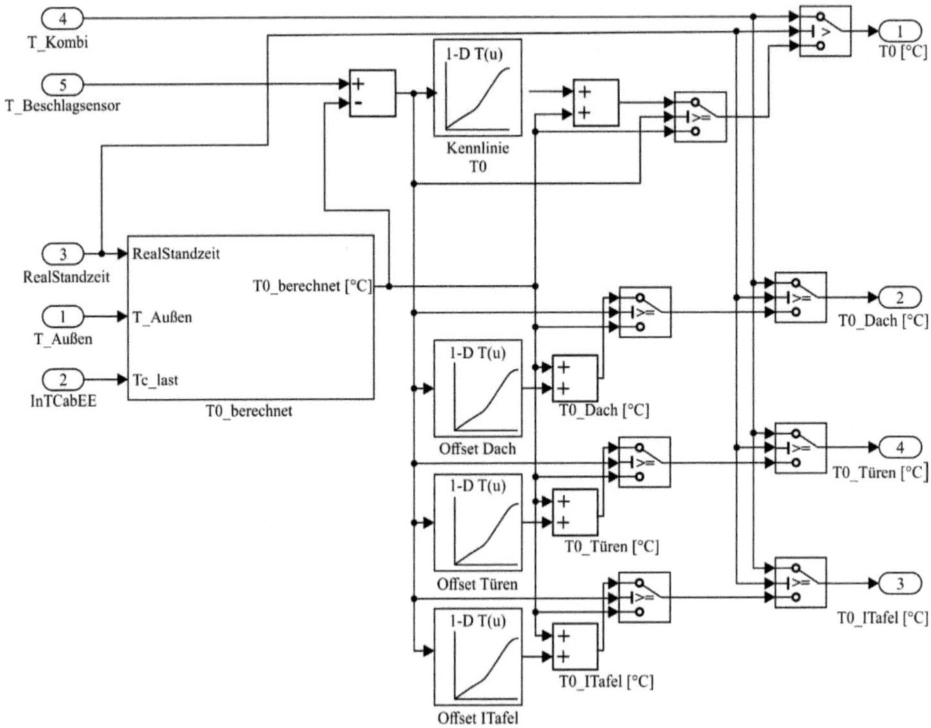

Bild 11: Modell zur Bestimmung der Starttemperatur T_0 der Umschließungsflächen unter Berücksichtigung der Standzeit t_S.

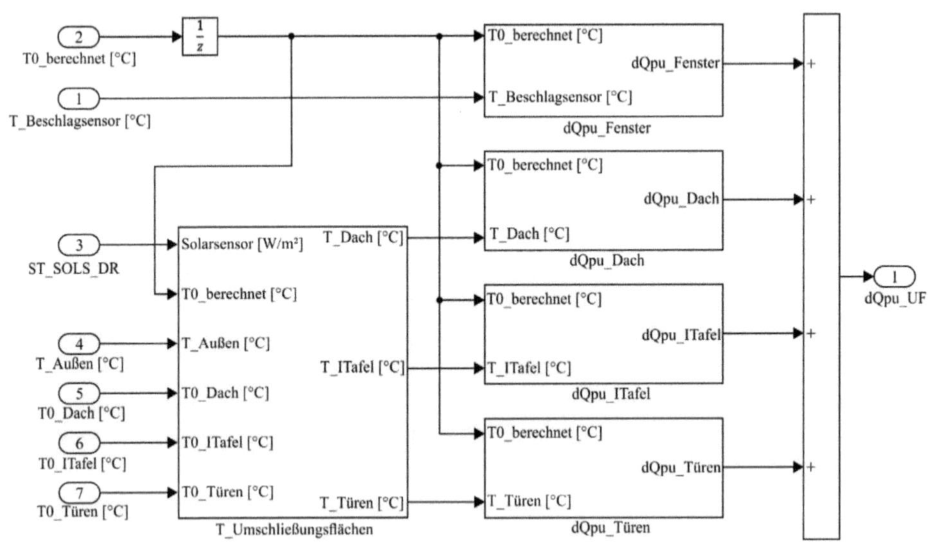

Bild 12: Modell zur Bestimmung der Wärmeströme $\dot{Q}_{UF}$ der Umschließungsflächen (Fenster, Dach, Instrumententafel und Türen).

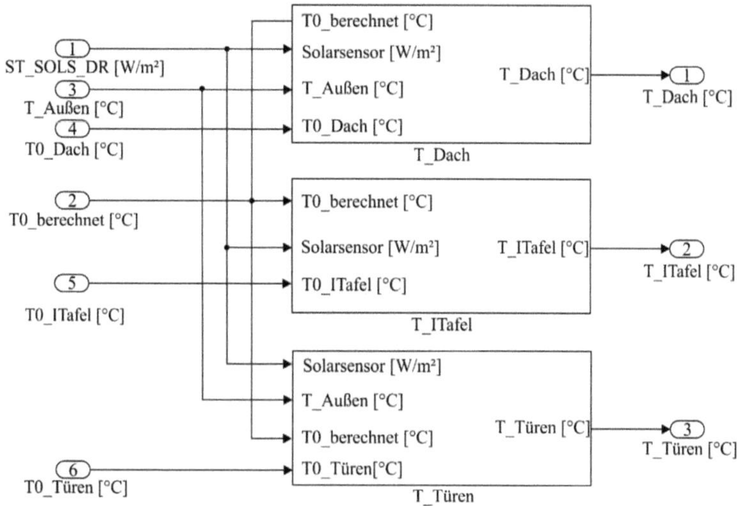

Bild 13: Modell zur Ermittlung der Temperatur T_{UF} der Umschließungsflächen (Fenster, Dach, Instrumententafel und Türen).

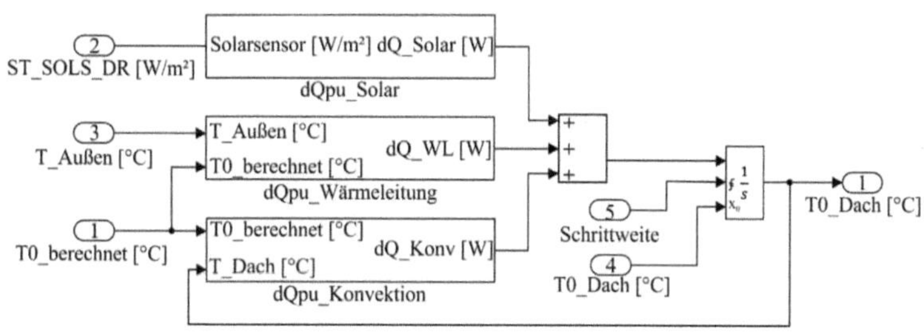

Bild 14: Modell zur Ermittlung der Starttemperatur T_{0_Dach} am Beispiel der Umschließungsfläche Dach.

Bild 14 zeigt beispielhaft für die weiteren Elemente die Berechnung der Starttemperatur T_{0_Dach} der Umschließungsfläche Dach. Hierbei werden alle drei Wärmeübertragungsarten berücksichtigt (Leitung, Konvektion und Strahlung).

Zur fehlerfreien Berechnung der Temperaturen der Umschließungsflächen sind die Parameter für die einzelnen Umschließungsflächen in Tabelle 7 nach [22] und Messungen am Versuchsfahrzeug (BMW 7er Langversion [21]) definiert. Wie in Tabelle 5 gezeigt, gilt für die Instrumententafel keine Wärmeleitung. Ebenfalls berücksichtigt wird der Gewichtungsfaktor für die Sonneneinstrahlung. Der Solarsensor ist hierbei an der Heckscheibe positioniert. Die so gemessene Strahlungsintensität gilt somit nicht übergreifend für alle Elemente der Umschließungsflächen, sondern muss über den Gewichtungsfaktor Solar f_S angepasst werden. Für die Parametrierung der Umschließungsflächen der Fahrgastzelle sind die Parameter Wärmeübergangskoeffizient α, Wärmeleitfähigkeit k, Dicke D, Fläche A, die Wärmekapazität c_S für Strahlung, die Wärmekapazität c_K für Konvektion, die Wärmekapazität c_L für Leitung, die Masse m, den Regelungsfaktor τ_{solar} und der Gewichtungsfaktor Solar f_S relevant. Diese sind abhängig von den verwendeten Übergangsbarrieren Dach, Instrumententafel und Türen.

Der jeweilige Einfluss der Umschließungsflächen wird durch Gleichung (14) berechnet. Die Implementierung der Gleichung ist in Bild 15 am Beispiel der Instrumententafel dargestellt in Bezug auf geltenden Wärmeübergangskoeffizient α (Signal: *alpha_ITafel*) und die Fläche (Signal: *A_ITafel*). Die dazugehörige Parametrierung der Wärmeübergangskoeffizienten in Bezug auf die Wechselwirkung mit der Innenraumtemperatur ist in Tabelle 8 dargestellt.

Tabelle 7: Parametrierung der Umschließungsflächen.

Parameter	Dach	Instrumententafel	Türen
Wärmeübergangskoeffizient α [W/m²K]	11	13	13
Wärmeleitfähigkeit k [W/m K]	0,90	–	1,50
Dicke D [m]	0,03	–	0,15
Fläche A [m²]	1,56	0,5	1,96
Spez. Wärmekapazität c_S [J/kg K]	900	500	50
Spez. Wärmekapazität c_K [J/kg K]	80	130	45
Spez. Wärmekapazität c_L [J/kg K]	200	–	200
Masse m [kg]	93,6	50	588
Regelungsfaktor τ_{solar} [s]	70	20	20
Gewichtungsfaktor Solar f_S	1	0,5	0,08

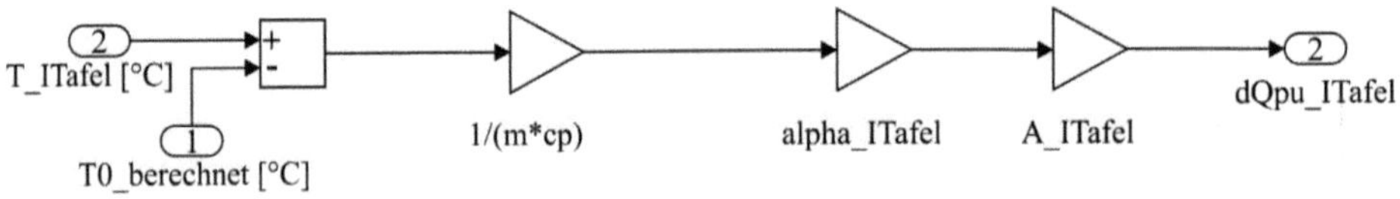

Bild 15: Modell zur Ermittlung des Wärmestroms $\dot{Q}_{UF}$ am Beispiel Instrumententafel.

Tabelle 8: Parametrierung Umschließungsfläche in Bezug auf die Innenraumtemperatur.

Parameter	Dach	Instrumententafel	Türen
Wärmeübergangskoeffizient α [W/m²K]	2,8	2,8	2,8

11.3.5 Modell zur Integration der Insassen

Im Zuge der Modellierung der Innenraumtemperatur muss zusätzlich der Wärmeeintrag der Insassen innerhalb eines Stoffwechselmodells berücksichtigt werden. Dieser Wärmeeintrag durch den Menschen ist abhängig von Kleidung und weiteren subjektiven Faktoren wie Haut, Atmung, Transpirationsverhalten und der ausgeführten Aktivitäten [24]. Ohne die Anwendung von zusätzlichen Sensoren oder Kameras ist die Detektion des physischen Zustands des Fahrers und somit die Erfassung dessen Energie- und Wärmehaushalts nicht möglich. Aus diesem Grund wird der Wärmefluss M der Insassen als konstant angenommen. Auf Basis von Fayazbakhsh & Bahrami [20] und Berglund [24] wird ein konstanter Wert in Höhe von $M = 85\ \mathrm{W/m^2}$ definiert. Der Wärmeeintrag der Insassen $\dot{Q}_I$ wird durch die Gleichung (22) bestimmt. Hierbei werden der konstante Wärmefluss M, die Anzahl der Insassen und die Fläche des Körpers A_I berücksichtigt.

$$\dot{Q}_I = \textstyle\sum_{Insassen} M \cdot A_I \tag{22}$$

Die Bestimmung der Körperfläche A_I wird wiederum aus dem Körpergewicht und der Körperhöhe berechnet gemäß Gleichung (23) berechnet. Im Zuge der Modellierung wird eine konstante Körpergröße von $A_I = 1{,}8\ \mathrm{m^2}$ (Körperhöhe l: 1,73 m; Körpergewicht m: 70 kg) angenommen [20].

$$A_I = 0{,}202 \cdot m^{0{,}425} \cdot l^{0{,}725} \tag{23}$$

Bild 16 zeigt die Modellierungen der Gleichungen zur Ermittlung des Wärmeeintrags durch die Insassen. Das Modell wird dabei in vier weitere Untermodelle gegliedert, wobei jedes Modell dem Stoffwechsel eines Insassen entspricht (Summe: 4 Insassen). Der konstante Wärmefluss als Eingangsgröße (Signal: *Wämefluss_Mensch*) wird dabei mit dem Status der Sitzbelegung verrechnet (z. B. Signal Sitzbelegung Fahrer: *ST_Sitz_Beleg_F*).

Die Untermodelle für die jeweiligen Insassen arbeiten hierbei als IF-Schleife. Sofern der Sitzplatz belegt ist, wird der genannte konstante Wärmeeintrag (85 W/m²) definiert. Bei unbelegtem Sitzplatz wird der Wert Null ausgegeben (vgl. Bild 17).

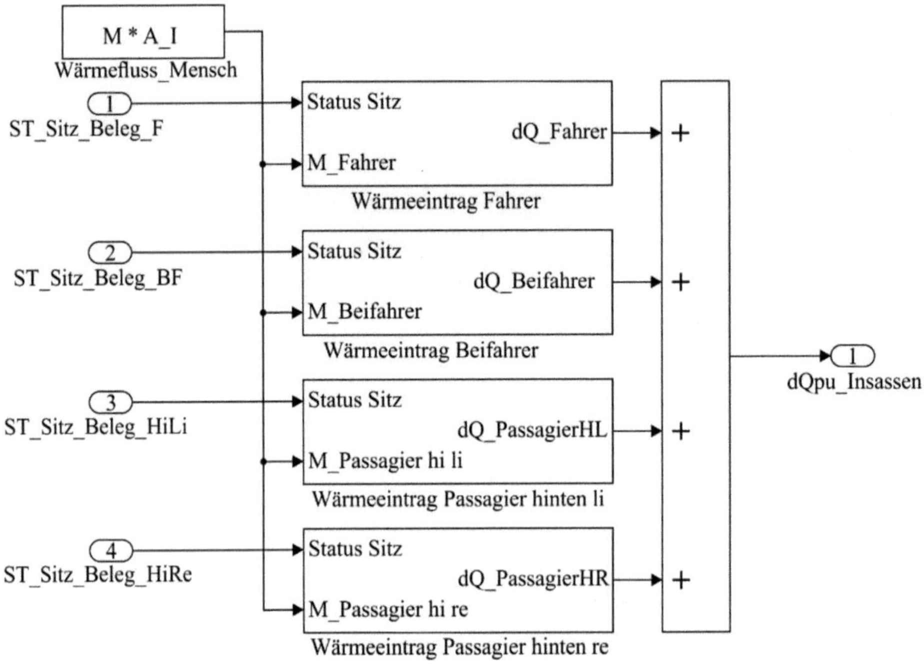

Bild 16: Modell zur Ermittlung des Wärmestroms $\dot{Q}_I$ der Insassen.

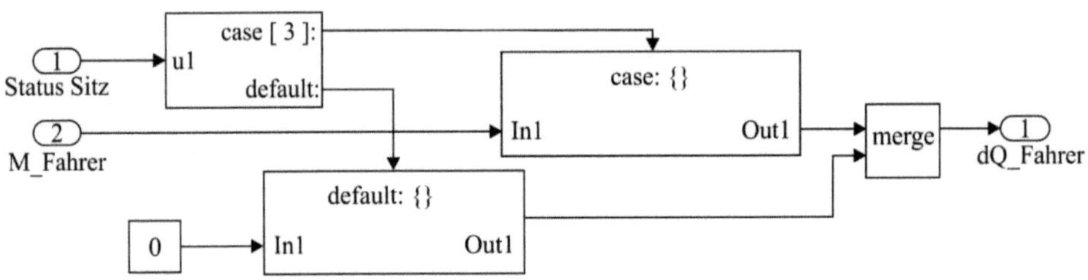

Bild 17: Modell zur Ermittlung des Wärmestroms $\dot{Q}_\mathrm{I}$ am Beispiel Fahrer.

11.3.6 Modell zur Integration der Störgrößen

Mögliche Störgrößen wie die Fensteröffnung während der Fahrt oder die Türöffnung beim Ein-/Ausstieg müssen bei der Bestimmung der Innenraumtemperatur ebenfalls berücksichtigt werden. Zu Berechnung des Wärmeeintrags der Störgrößen $\dot{Q}_D$ muss die Außentemperatur $T_{Außen}$ und die Fläche A des Wärmeeintrags (Fenster- oder Türfläche) mit einbezogen werden (vgl. Gleichung (24)). Hierbei wird erfasst, wie weit das Fenster geöffnet ist. Der Wärmeübergangskoeffizienten α wird gemäß Fayazbakhsh & Bahrami [20] abhängig von der Geschwindigkeit v des Fahrzeugs gemäß Gleichung (25) berechnet.

$$\dot{Q}_D = A \cdot \alpha \cdot (T_{Außen} - T_c) \tag{24}$$

$$\alpha = 0{,}6 + 6{,}64 \cdot \sqrt{v} \tag{25}$$

Die Berechnung des Wärmeeintrags (Signal: *dQ_Fenster_Stör*) durch die Störgröße eines Fensters ist beispielhaft in Bild 18 dargestellt. Die Fläche des geöffneten Fensters wird über die Höhe des geöffneten Fensterschlitzes detektiert und auf Basis einer Kennlinie berechnet.

Der Wärmeeintrag durch das Öffnen der Türe folgt dem gleichen Ansatz des Öffnens/Schließens eines Fensters (vgl. Bild 19). Hierbei wird über das Türsteuergerät detektiert, ob und wie viele Türen geöffnet sind und dementsprechend das Signal im Modell über den Wärmeeintrag (Signal: *dQ_Tür_offen*) verarbeitet. Eine Differenzierung über eine Kennlinie für die geöffnete Fläche der Türe ist auf Grund der fehlenden Detektion des Öffnungswinkels der Türe nicht möglich. Ebenfalls wird die Geschwindigkeit nicht berücksichtigt, da die Türöffnung zum Ein-/Ausstieg im Stand des Fahrzeugs vollzogen wird. Der Wärmeübergangskoeffizient wird hierbei als konstant mit 0,6 angenommen.

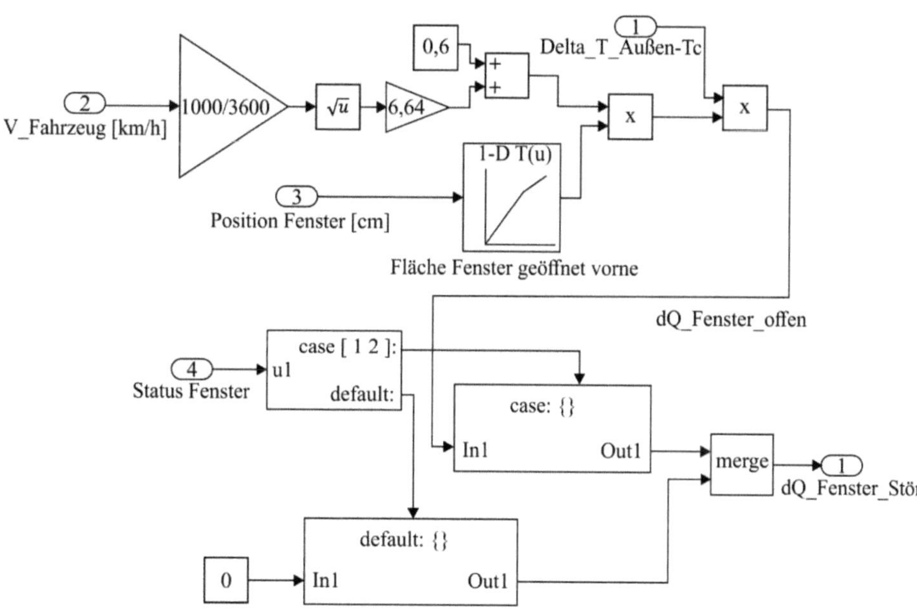

Bild 18: Modell zur Ermittlung des Wärmestroms $\dot{Q}_D$ als Störgröße am Beispiel Fenster.

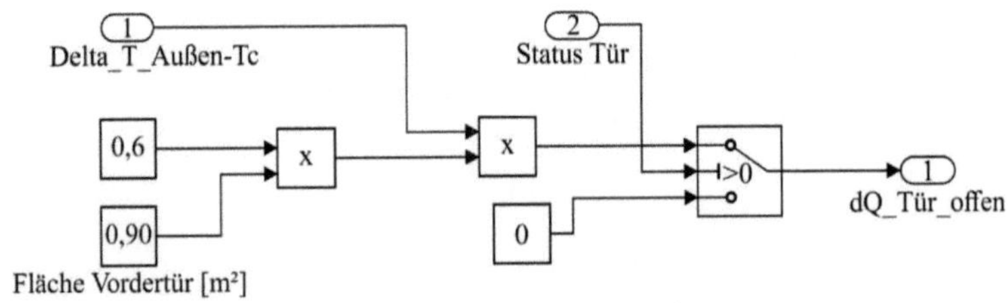

Bild 19: Modell zur Ermittlung des Wärmestroms $\dot{Q}_D$ als Störgröße am Beispiel Türe.

11.4 Optimierung des thermodynamischen Modells

Die Optimierung des in Abschnitt 11.3 entwickelten Modells wird im Rahmen von Simulationen auf Basis vorhandener Messdaten aus Versuchsfahrten durchgeführt und so verifiziert. Die Messdaten resultieren aus sechs Versuchsfahrten in einem Klima-Wind-Kanal mit jeweils definierten unterschiedlichen Temperaturprofilen (−20 °C bis 40 °C). Im Rahmen der Verifizierung erfolgt somit eine iterative Anpassung der initial definierten Parameter des Modells (vgl. Abschnitt 11.3.4, Tabelle 7 und Tabelle 8) nach jeder Versuchsfahrt. Hierbei findet ein ständiger Abgleich der berechneten Werte des Modells mit den Realwerten aus dem bekannten unbelüfteten Innenraumtemperatursensor (T_{UIF}) und einer weiteren gemessenen Referenztemperatur $T_{Kopfhöhe}$ durch einen Sensor auf Kopfhöhe des Fahrers statt. Innerhalb der Messfahrten ist das Versuchsfahrzeug (BMW 7er Langversion [21]) in Summe mit 60 zusätzlichen Thermoelementen im Fahrzeuginnenraum ausgerüstet. Diese Thermoelemente dienen zum Abgleich der tatsächlich anliegenden Temperaturen an den Schlüsselpositionen der Umschließungsflächen (z. B. Instrumententafel, Türe, Fenster) mit dem Modell. Die zusätzlich erhobenen Daten aus den Messstellen fließen somit nicht in die Modellierung ein. Das Testfahrzeug wird für die jeweiligen Versuchsfahrten mit unterschiedlichen Temperaturprofilen über Nacht vorkonditioniert. Der Einfluss der Solareinstrahlung ist in den vorhandenen Messdaten konstant gehalten und wurde innerhalb einer Versuchsfahrt nicht variiert. Ebenfalls wird bei der Simulation der Einfluss der Insassen (vgl. Abschnitt 11.3.5) und Störgrößen (vgl. Abschnitt 11.3.6) nicht berücksichtigt, da die Messdaten aus den Versuchsfahrten auf einem Rollenprüfstand ohne Insassen und ohne Öffnen/Schließen von Fenstern erfolgt ist. Die zur Simulation genutzten Messdaten verwenden als Eingangsgröße für das Steuergerät des HVAC-Systems die bekannten Werte des unbelüfteten Innenraumtemperaturfühlers. Im Rahmen der anschließenden Evaluation (vgl. Abschnitt 11.5) werden die modellierten Werte als Eingangsgröße zur Steuerung des HVAC-Systems herangezogen.

Tabelle 9: Parametrierung der Umschließungsflächen nach Optimierung.

Parameter	**Dach**	**Instrumententafel**	**Türen**
Wärmeübergangskoeffizient α [W/m²K]	**20**	**35**	13
Wärmeleitfähigkeit k [W/m K]	0,90	–	1,50
Dicke D [m]	0,03	–	0,15
Fläche A [m²]	1,56	0,5	1,96
Spez. Wärmekapazität c_S [J/kg K]	750	**250**	50
Spez. Wärmekapazität c_K [J/kg K]	80	130	45
Spez. Wärmekapazität c_L [J/kg K]	**800**	–	**400**
Masse m [kg]	93,6	50	588
Regelungsfaktor τ_{solar} [s]	**50**	20	20
Gewichtungsfaktor Solar f_S	**0,8**	**0,1**	0,08

Tabelle 10: Parametrierung der Umschließungsflächen in Bezug auf die Innenraumtemperatur nach Optimierung.

Parameter	**Dach**	**Instrumententafel**	**Türen**
Wärmeübergangskoeffizient α [W/m²K]	**1,3**	**1,2**	**1,5**

Aus den Simulationen resultieren Optimierungen der Koeffizienten hinsichtlich der unterschiedlichen Wärmeübertragungsarten für die jeweiligen Umschließungsflächen (vgl. Tabelle 9). Ebenfalls resultiert die Optimierung des Wärmeübergangskoeffizienten für die Wechselwirkung der Umschließungsflächen mit dem Innenraum (vgl. Tabelle 10). Eine wesentliche Steigerung der Güte des Modells wird dabei beim Einfluss der Solareinstrahlung und der Außentemperatur erzielt. Dies zeigt sich an den geringeren Wärmeübergangkoeffizienten zwischen Umschließungsflächen und Innenraum. Die dargestellten Werte sind die finalen Parametrierung im Rahmen der Modellentwicklung und sind Basis für die nachfolgende Evaluation des Modells unter realen Umgebungsbedingungen.

11.5 Evaluation des thermodynamischen Modells

Das entwickelte (vgl. Abschnitt 11.3) und im ersten Ansatz optimierte (vgl. Abschnitt 11.4) Modell wird im Rahmen von Messreihen evaluiert. In Summe werden acht Messungen unter Verwendung des bekannten Versuchsfahrzeugs (BMW 7er Langversion [21]) durchgeführt. Die acht Messungen werden auf drei Messreihen aufgeteilt. Dabei werden vier Messungen innerhalb einer kontrollierten Testumgebung im Klima-Wind-

Kanal durchgeführt (ohne Insassen). Die vier weiteren Messungen finden unter realen Umgebungsbedingungen auf Straßenfahrten statt. Während der Messungen werden die Fahrzeuggeschwindigkeit (0 bis 160 km/h), Solarleistung (0 bis 1000 W/m^2), Sollwertverstellung der Innenraumtemperatur (20 bis 24 °C), Außentemperatur (−20 bis 35 °C) und Standzeiten (> 60 Minuten vs. < 60 Minuten) variiert. Nach Abschluss einer Messreihen werden im Falle von Abweichungen zu den Referenztemperaturen (Kopfhöhe des Fahrers und serienmäßiger unbelüfteter Innenraumtemperaturfühler) Korrekturen und Optimierungen der Parameter vorgenommen. Im Folgenden werden beispielhaft die Ergebnisse aus einer kontrollierten Testumgebung und einer realen Straßenfahrt mit realen Umgebungsbedingen vorgestellt und analysiert.

Die Umgebungsbedingungen für die Messung unter kontrollierter Testumgebung (vgl. Bild 20) inkludiert eine Standzeit von > 60 Minuten. Dies bedeutet, dass der Startwert für das gesamthafte Modell und für die Umschließungsflächen auf dem NTC-Wert T_{Kombi} des Kombiinstruments basiert. Die Regelung der Klimaautomatik basiert entgegen der ersten Optimierung auf den Temperaturwerten des entwickelten Modells.

Die Ergebnisse zeigen die erfolgreiche Implementierung des Startwerts. Demnach beträgt die Abweichung zwischen der modellbasierten Temperaturerfassung und den realen Referenzwerten zur Kopfhöhe 2 °C bzw. zum UIF 1 °C (vgl. Bild 20, Zeitpunkt ①). Die gesamthafte Betrachtung zeigt die schnelle Reaktionszeit auf den Einfluss der Klimaanlage. Dies wird insbesondere innerhalb des Zeitraums der ersten 15 Minuten deutlich, in dem die Klimaautomatik aktiv ist. Ebenfalls ist ein schnelles und korrektes Reaktionsverhalten bei manueller Verstellung des Sollwerts über das Klimabedienteil erkennbar (vgl. Bild 20, Zeitpunkt ②). Die Zuschaltung der Solareinstrahlung (800 W) zur zweiten Hälfte der Messung verdeutlicht eine zu schnelle Reaktion des thermodynamischen Modells auf den Einfluss der Sonneneinstrahlung (vgl. Bild 20, Zeitpunkt ③). Im weiteren Verlauf zeigen sich im Beharrungszustand Abweichungen von höchstes 2 °C im Vergleich zur Referenztemperatur an der Kopfhöhe des Fahrers, wobei auch der Wert des UIF Abweichungen aufzeigt (vgl. Bild 20, Zeitpunkt ④). Auf Basis der erzielten Ergebnisse resultiert eine Korrektur des Gewichtungsfaktors, sodass die Reaktion des Modells auf den Einfluss der Solarleistung vermindert wird.

Im Folgenden Bild 21 wird die Messung und Absicherung des Modells unter realen Bedingungen beschrieben. Hierbei variieren die Umgebungsbedingungen wie Sonneneinstrahlung und Außentemperatur ständig und unkontrolliert. Des Weiteren wird der Einfluss der Insassen und der Störgrößen getestet. Bei der beispielhaft vorgestellten Messung befinden sich drei Personen im Fahrzeug.

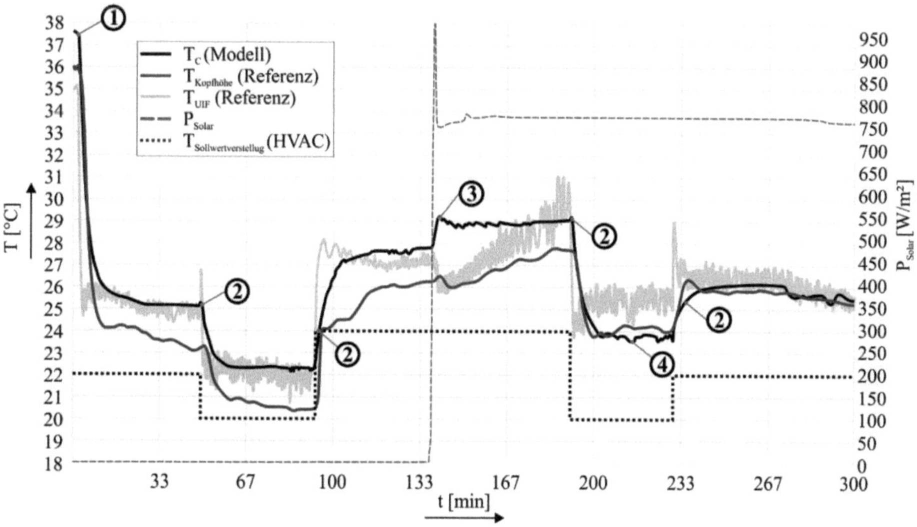

Bild 20: Messung zur Evaluation des thermodynamischen Modells bei definierter Umgebungsbedingung in Abhängigkeit der Temperatur *T*, der Zeit *t*, und der Solarleistung P_{Solar}.

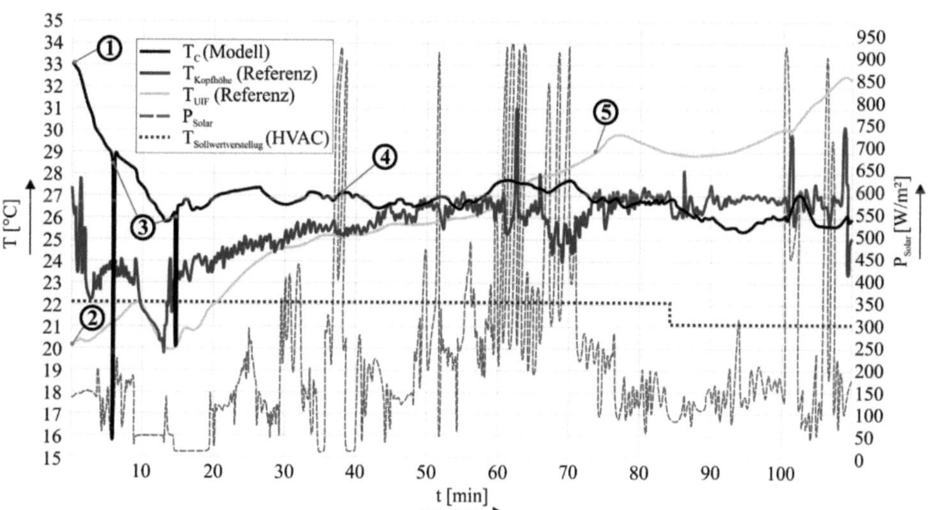

Bild 21: Messung zur Evaluation des thermodynamischen Modells bei realer Umgebungsbedingung in Abhängigkeit der Temperatur *T*, der Zeit *t*, und der Solarleistung P_{Solar}.

Die Messung startet nach einer anfänglichen Einfahrt (5 Minuten) und einer Pause von weiteren 5 Minuten. Aus diesem Grund beträgt die initiale Referenztemperatur auf Kopfhöhe des Fahrers bereits zum Start des Messung 26 °C. Der vom Modell berechnete Startwert liegt mit 32 °C ($\Delta T = 6$ °C) über der Referenztemperatur der Kopfhöhe (vgl. Bild 21, Zeitpunkt ①). Bild 21, Zeitpunkt ② zeigt jedoch, dass ebenfalls der serienmäßige Innenraumtemperaturfühler mit einer Differenz von 6 °C unterhalb der Referenztemperatur der Kopfhöhe liegt. Ebenfalls zu beachten ist die erzwungen Konvektion mit Öffnen des Fensters (vgl. Bild 21, Zeitpunkt ③). Nach 40 Minuten nähert sich die berechnete Temperatur des Modells an die Referenztemperatur der Kopfhöhe an. Mit dem Einfluss einer erhöhten Solarleistung reagiert das überarbeitete Modell, im Gegensatz zur beschriebenen Messung unter definierter Umgebungsbedingen (vgl. Bild 20), mit einer diesmal ausreichenden aber dennoch schnellen Reaktionsgeschwindigkeit (vgl. Bild 21, Zeitpunkt ④).

Zu beachten ist, dass der verfügbare Solarsensor nicht den Winkel und die Richtung der Solareinstrahlung misst. Das Modell profitiert in diesem Testfall von der Positionierung des Sensors im Frontbereich des Fahrzeugs. Sofern die Sonne seitlich oder von hinten auf das Fahrzeug einstrahlt, könnte dies einen negativen Einfluss auf das Modell haben. Dies muss im weiteren Entwicklungsschritt zur Stabilisierung des Modells berücksichtigt werden. Ein möglicher Ansatz ist die Verwendung eines weiteren Solarsensors im hinteren Bereich des Fahrzeugs. Die Ergebnisse zeigen weiter (vgl. Bild 21, Zeitpunkt ⑤), dass mit dem Einfluss der erhöhten Solarleistung der serienmäßige Innenraumtemperaturfühler von der Referenztemperatur an der Kopfhöhe stärker abweicht als das Modell.

Auf Basis der erzielten Ergebnisse aus den Messfahrten erfolgt die Korrektur des Modells (vgl. Tabelle 11 und Tabelle 12). Zur Stabilisierung des Einflusses der Störgrößen (Öffnung Fenster) wird ein Gewichtungsfaktor in Höhe von 1/100 zu der ursprünglichen Berechnung des Wärmeübergangskoeffizienten α (vgl. Gleichung (27)) ergänzt.

Unter Anwendung der genannten Korrekturen wird das überarbeitete Modell auf Basis der beschriebenen Messfahrt unter realen Umgebungsbedingungen (vgl. Bild 21) simuliert ($T_{C\ Simulation}$). Das final optimierte Modell (vgl. Bild 22) zeigt eine Verbesserung des Startwerts (vgl. Bild 22, Zeitpunkt ①), Stabilisierung bei Öffnung des Fensters (vgl. Bild 22, Zeitpunkt ②) sowie eine weitere Verbesserung hinsichtlich des Einflusses von Solareinstrahlung (vgl. Bild 22, Zeitpunkt ③) und des HVAC-Systems (vgl. Bild 22, Zeitpunkt ④).

Tabelle 11: Parametrierung der Umschließungsflächen nach Evaluation.

Parameter	**Dach**	**Instrumententafel**	**Türen**
Wärmeübergangskoeffizient α [W/m²K]	**20**	**35**	13
Wärmeleitfähigkeit k [W/m K]	0,90	–	1,50
Dicke D [m]	0,03	–	0,15
Fläche A [m²]	1,56	0,5	1,96
Spez. Wärmekapazität c_S [J/kg K]	750	250	50
Spez. Wärmekapazität c_K [J/kg K]	80	130	45
Spez. Wärmekapazität c_L [J/kg K]	800	–	400
Masse m [kg]	93,6	50	588
Regelungsfaktor τ_{solar} [s]	50	20	20
Gewichtungsfaktor Solar f_S	**1,9**	**0,08**	0,08

Tabelle 12: Parametrierung der Umschließungsfläche in Bezug auf die Innenraumtemperatur nach Evaluation.

Parameter	**Dach**	**Instrumententafel**	**Türen**
Wärmeübergangskoeffizient α [W/m²K]	**1,0**	**1,1**	**1,5**

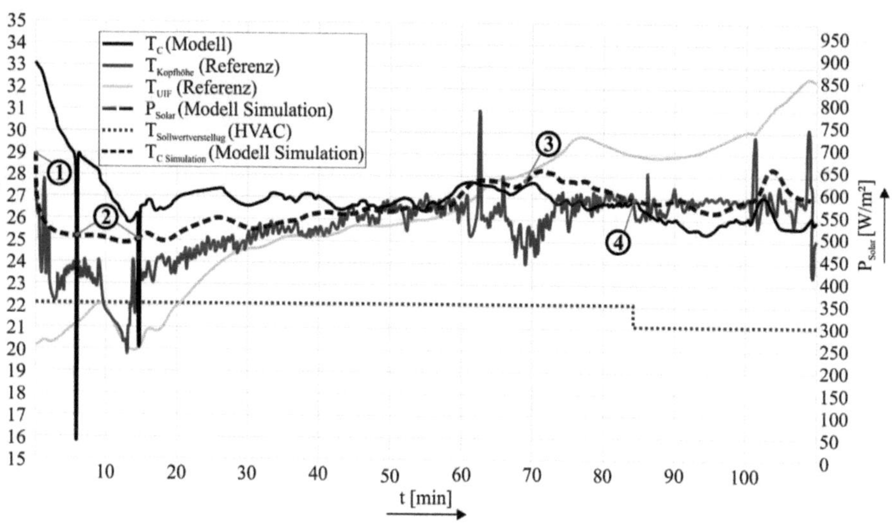

Bild 22: Messung und Simulation mit finalen Parametern zur Evaluation des thermodynamisches Modells auf Basis realer Umgebungsbedingungen in Abhängigkeit der Temperatur T, der Zeit t, und der Solarleistung P_{Solar}.

11.6 Zusammenfassung

Das auf Basis einer Bordnetzsignal-Fusion realisierte thermodynamische Modell zeigt, an Hand verschiedener Simulationen und Messungen, einen möglichen Ansatz zur Substitution eines physischen, unbelüfteten Innenraumtemperatursensors. Dabei ist zu beachten, dass der entwickelte Algorithmus und die Parametrierung für Standzeiten < 60 Minuten weiter optimierbar sind. Möglichkeiten in der weiteren Ausgestaltung des Modells sind die Detektion und Speicherung der Außentemperatur und Sonneneinstrahlung während der Standzeit < 60 Minuten. Voraussetzung und essentiell für das realisierte Modell ist die Verwendung der Signale aus Solar- und Beschlagsensor. Diese sind nicht flächendeckend über alle Fahrzeug-Derivate serienmäßig in der Klimaautomatik implementiert. Eine weitere Herausforderung in der Modelloptimierung ist die aufgeführte fehlende Information über den Einstrahlungswinkel für den Solarsensor. Die Erfassung des Winkels zur Verbesserung des Modells muss als zusätzliche Anforderung bei dessen Positionierung berücksichtigt werden. Der Aufbau und die Strukturierung des Modells durch Submodelle ermöglicht im weiteren Entwicklungsprozess die einfache und beliebige Erweiterung und Ergänzung der genannten Informationen. Im weiteren Schritt ist ebenfalls die Integration des Modells in die Ablaufsteuerung der Klimaregelung, die Steigerung der Echtzeitfähigkeit sowie die Optimierung des Speicherbedarfs zu fokussieren. Zu beachten ist, dass die Simulation und Anwendung der finalen Parameter (vgl. Bild 22) auf einer einzigen Messfahrt unter realen Bedingungen angewandt wurde. Zur Stabilisierung des Modells, insbesondere zur Evaluation der Standzeiten sind weitere Testfahrten und Simulationen ebenfalls im Rahmen von Heiß- und Kaltlanderprobungen erforderlich.

Literatur

[1] Großmann, H., „Pkw-Klimatisierung“, Berlin: Springer Vieweg, 2. Auflage, 2013.

[2] Müller, R., Pester, W., „Behagliches Klima im Auto senkt das Unfallsrisiko beträchtlich“, Artikel in *ingenieur.de*, https://www.ingenieur.de/technik/fachbereiche/verkehr/behagliches-klima-im-auto-senkt-unfallrisiko-betraechtlich/, zuletzt abgerufen am 06.08.2019, 1999.

[3] Temming, J., „Fahrzeugklimatisierung und Verkehrssicherheit. Auswirkungen sommerlichen Klimas in Kfz auf die Leistungsfähigkeit der Fahrer“. *Schriftenreihe 177, Forschungsvereinigung, Automobiltechnik e.V.*, Frankfurt, 2003.

[4] Bubb, H., „Ergonomie in Mensch-Maschine-Systemen“, *Lehrgangsunterlagen Komfort und Ergonomie im Kraftfahrzeug*, Haus der Technik, Essen, 1995.

[5] Mechnich, M., „Ratgeber Auto – Klimaanlage oder Klimaautomatik?“, Artikel in *Tagesspiegel.de*, https://www.tagesspiegel.de/mobil/ratgeber-auto-klimaanlage-oder-klimaautomatik/8663232.html, zuletzt abgerufen am 06.08.2019, 2013.

[6] Wawzyniak, M., „Innenraumbehaglichkeit/Thermischer Komfort“, In: Braess, H-H. & Seiffert, U. (Hrsg), *Vieweg Handbuch Kraftfahrzeugtechnik*, Wiesbaden: Springer Vieweg, 6. Auflage, S. 464–471, 2011.

[7] Mathworks, „Matlab® & Simulink®, Simulink® User Guide“, https://www.mathworks.com/help/pdf_doc/simulink/sl_using.pdf, 2019, Zugriff am 09.10.2019.

[8] Trapp R., Nagel, D., Pankratz E., „Intelligente Innenraum-Temperatursensorik im Automobil“, In: Tille, T. (Hrsg.), *Automobil-Sensorik 2*, Berlin: Springer Vieweg, S. 267–289, 2018.

[9] Montgomery, R., McDowall, R., „Fundamentals of HVAC Control Systems“, Elsevier, 2008.

[10] ITWissen, „Thermopile“, https://www.itwissen.info/Thermopile-thermopile.html, Zugriff am 12.08.2019.

[11] Preh GmbH, „Innovationsreport – Variabel platzierbare LIN- und CAN-Temperatursensoren sorgen für Designfreiheit im Interieur“, https://www.preh.com/fileadmin/user_upload/Preh_Temperatursensoren.pdf, Zugriff am 22.08.2019.

[12] Knüttel, B., Blaufuß, M., Preh GmbH, „Temperaturfühler zur Messung einer Fahrzeuginnenrautemperatur“, DE 10 2010 030 769 A1 2012.01.05, Offenlegungsschrift, 2012.

[13] Preh GmbH, „Preh Lüfterloser Temperatur-Sensor“, https://www.youtube.com/watch?v=u_wR6oUIg78, 2014, Zugriff am: 22.08.2019.

[14] Gehsat, C., Bertram, T., Trapp, R., „Modellierung thermischer Systeme für die Hardware – in-the-Loop Simulation am Beispiel eines Fahrzeugmodells“, In: Deatcu, C., Dünow, P., Pawletta, T. (Hrsg.), *4. ASIM Workshop Wismar – Modellierung, Regelung und Simulation in Automotive und Prozessautomation*, Hochschule Wismar, S. 155–161, 2008.

[15] Christ, P., „Modeling of Automotive HVAC Units Using Proper Orthogonal Decomposition“, *Dissertation*, Technische Universität München, 2019.

[16] Doering, E., Schedwill, H., Dehli, M., „Grundlagen der Technischen Thermodynamik“, Wiesbaden: Springer Vieweg, 7. Auflage, 2012.

[17] Incropera, F., Dewitt, D., Bergman, T., Lavine, A., „Fundamentals of Heat and Mass Transfer“, Hoboken, NJ: John Wily & Sons, Sixth Edition, 2007.

[18] Lienhard, J. IV, Lienhard J. V, „A Heat Transfer Textbook“, Cambridge: Lienhard, Third Edition, 2000.

[19] Herwig, H., Moschallski, A., „Wärmeübertragung – Physikalische Grundlagen und ausführliche Anleitung zum Lösen von Aufgaben“, Wiesbaden: Springer Vieweg, 2019.

[20] Fayazbakhsh, M. A., Bahrami, M., „Comprehensive modeling of vehicle air conditioning loads using heat balance method“, *SAE Technical Paper 2013-01-1507*. 2013.

[21] BMW AG, „Betriebsanleitung BMW 7er“, Sach-Nr. 0140 2 966 457 – X/15, 2015.

[22] Nagengast, M., „Erstellung und Untersuchung einer wärmemengenbasierten Klimatisierungsregelung“, *Diplomarbeit*, Hochschule München / BMW AG, 2008.

[23] Horak, J., Schmerold, I., Wimmer, K., Schauberger, G., „Cabin air temperature of parked vehicles in summer conditions: life-threatening environment for children and pets calculated by a dynamic model“, *Theoretical and Applied Climatology*, S. 107–118, 2017.

[24] Berglund, L. G., „Thermal Comfort, Chapter 8“, In: *ASHRAE Handbook American Society of Heating, Refrigerating and Air-Conditioning Engineers, Fundamentals.* Atlanta, S. 8.1–8.29, 2001.

Kapitel 12
Hochintegrierte Motorpositionssensoren für Bremssysteme und elektrische Antriebe

Nils Labahn[1], **Fabian Utermöhlen**[1], **Harry Weber**[1]

Kurzfassung Die zunehmende Elektrifizierung des Antriebsstranges führt vermehrt zu erhöhten Anforderungen an die Fremdfeldrobustheit von Sensoren. Die CIPOS®-Technologie [14], welche immun gegenüber statischen magnetischen Störfeldern ist, stellt dafür eine Lösung dar. Dabei ist eine Integration in übergeordnete Systeme möglich. Zu diesen gehören beispielsweise elektrohydraulische Bremssysteme oder die Kommutierung von elektrischen Motoren. In diesem Beitrag werden die genannte CIPOS®-Technologie, die Unterschiede zu anderen induktiven Positionssensor-Technologien und konkrete Umsetzungen vorgestellt.

12.1 Einleitung

In der Automobilindustrie ist eine zunehmende Elektrifizierung zu beobachten. Diese fordert zusätzlich zu der Entwicklung neuer Sensorkonzepte auch höhere Anforderungen an bereits bestehenden Sensoren. Zu den Anforderungen gehören zum einen eine hohe Integrität, um einen möglichst effizienten Einbau in das System zu ermöglichen, als auch eine hohe Robustheit gegenüber äußeren Störeinflüssen, die aufgrund der zunehmenden Störquellen im Automobil immer weiter zunehmen. Eine besonders wichtige Größe, die im Automobil in verschiedenen Anwendungsgebieten detektiert wird, ist eine Position. Klassische Anwendungen von Positionssensoren sind dabei beispielsweise im Fahrpedal, in Aktuatoren und in Scheinwerfern zu finden. Für diesen Typ von Sensoren existiert eine Vielzahl von Ansätzen, die auf unterschiedlichen Prinzipien aufbauen. Bevorzugt werden dabei kontaktlose Sensoren eingesetzt, die magnetbasiert, induktiv oder kapazitiv realisiert werden. In diesem Beitrag werden induktive Positionssensoren betrachtet, die eine höhere Robustheit gegenüber äußeren Störeinflüssen im Vergleich zu magnetbasierten

[1] HELLA GmbH & Co. KGaA.

T. Tille (Hrsg.), *Automobil-Sensorik 3*, https://doi.org/10.1007/978-3-662-61260-6_12

Sensoren, wie beispielsweise Sensoren basierend auf dem anisotropen magnetoresistiven Effekt (AMR) aufweisen. Eine besonders robuste Realisierung eines induktiven Positionssensors ist der Contactless Inductive Position Sensor (CIPOS®), der immun gegenüber statischen magnetischen Störfeldern ist [14]. Zudem lässt sich aufgrund des Sensoraufbaus eine gute Integration im Gesamtsystem realisieren. Ein auf dem CIPOS®-Prinzip neu entwickelter Sensor, der obengenannte Vorteile kombiniert, ist der Motor Position Sensor (MPS). Dieser Sensor ermöglicht eine Vielzahl neuer Anwendungen und bietet Vorteile gegenüber klassischen Lösungsansätzen, wie beispielsweise einen kompakteren Aufbau.

Es wird zunächst in Abschnitt 12.2 das CIPOS®-Prinzip und der Aufbau des hier betrachteten MPS beschrieben. Weiterhin werden in Abschnitt 12.3 konkrete Umsetzungen des MPS im Bereich der elektrohydraulischen Bremssysteme und elektrischen Antriebe vorgestellt sowie die Unterschiede zu anderen Positionssensortechnologien erläutert.

12.2 CIPOS®

Nachfolgend wird das CIPOS®-Prinzip, auf dem der MPS beruht, erläutert und der spezielle Aufbau beschrieben. In Abschnitt 12.2.1 wird hierzu zunächst das grundlegende Funktionsprinzip erklärt und anschließend in Abschnitt 12.2.2 der Aufbau des Sensors dargestellt.

12.2.1 Funktionsprinzip MPS

In Bild 1 ist der grundlegende Aufbau eines CIPOS® dargestellt. Der Sensor besteht aus einer PCB, dem Stator, auf der sowohl mindestens eine Sende- und mindestens zwei Empfangsspulen realisiert sind, sowie einem Rotor. Auf der PCB (Printed Circuit Board) befindet sich ein ASIC (Application Specific Integrated Circuit) für die Signalverarbeitung.

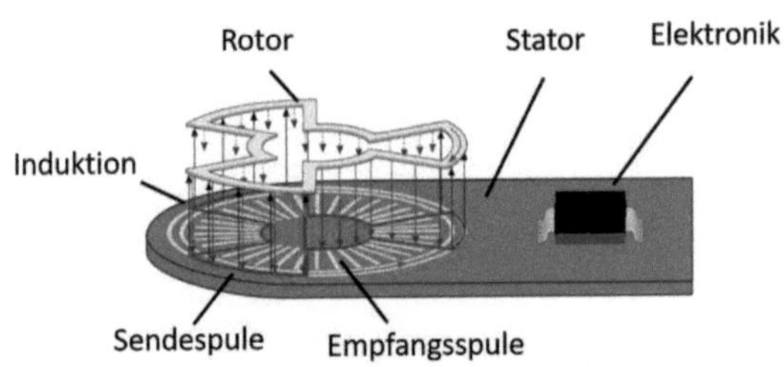

Bild 1: Grundlegender Aufbau eines CIPOS®.

Die Sendespule wird als Induktivität eines LC-Oszillators, der mit einer Frequenz von wenigen MHz schwingt, verwendet und es wird dadurch ein magnetisches Wechselfeld erzeugt. Die Frequenz *f* des Oszillators lässt sich in guter Näherung mit Hilfe von

$$f = \frac{1}{2\pi\sqrt{L \cdot C}} \tag{1}$$

berechnen, wobei die Induktivität L durch das Design der Erregerspule vorgegeben ist. Anhand einer Simulation kann die Induktivität L bestimmt werden, um dann die passende Kapazität C wählen zu können. Aufgrund der zeitlichen Veränderung des Magnetfeldes tritt der Effekt der Induktion auf. Hierdurch wird in dem elektrisch leitfähigen Rotor nach dem Induktionsgesetz

$$\operatorname{rot} \vec{E} = -\frac{\partial \vec{B}}{\partial \mathrm{t}} \tag{2}$$

mit dem E-Feld $\vec{E}$ und dem B-Feld $\vec{B}$ eine Spannung induziert [17]. Da der Rotor als Kurzschlussring ausgeführt ist, fließt ein Strom. Wie in Gleichung (2) anhand des Vorzeichens ersichtlich, führt der Stromfluss im Rotor zu einem Magnetfeld, das dem Magnetfeld der Sendespule entgegenwirkt (Lenz'sche Regel). Die Überlagerung beider Felder führt in den auf der PCB befindlichen zwei oder drei Empfangsspulen zu von der Position des Rotors abhängigen induzierten Spannungen.

Das elektrische Ersatzschaltbild für den Sensor ist in Bild 2 dargestellt. In diesem Ersatzschaltbild sind die ohmschen Verluste in den Sende- und Empfangsspulen vernachlässigt. Weiterhin ist der Rotor als kurzgeschlossene Induktivität modelliert, wobei die ohmschen Verluste maßgeblich vom Querschnitt und dem verwendeten Material abhängen.

Die beiden Kapazitäten C_1 und C_2 bilden gemeinsam mit der Induktivität L_1 einen Schwingkreis für einen LC-Oszillator. Für die folgende Modellierung wird angenommen, dass an der Induktivität daher eine sinusförmige Anregung U_1 anliegt. Unter der Annahme, dass die beiden Ströme in den Empfangsspulen L_3 und L_4 klein gegenüber den anderen Strömen sind, lassen sich die induzierten Spannungen U_{L3} und U_{L4} am Empfangssystem anhand des linearen Gleichungssystems

$$\begin{pmatrix} U_1 \\ 0 \end{pmatrix} = \begin{pmatrix} jwL_1 & jwL_{12} \\ jwL_{21} & jwL_2 + R_1 \end{pmatrix} \begin{pmatrix} I_1 \\ I_2 \end{pmatrix} \tag{3}$$

und

$$U_{L3} = jwL_{23}I_2 + jwL_{13}I_1 \tag{4}$$

als auch

$$U_{L4} = jwL_{24}I_2 + jwL_{14}I_1 \tag{5}$$

berechnen, wobei I_1 und I_2 den Strömen durch die Induktivitäten L_1, bzw. L_2, U_1 der harmonischen Anregung an der Induktivität L_1, w_1 der Kreisfrequenz der Anregung, R_1 dem Widerstand des Rotors und $L_{n1\,n2}$ der Gegeninduktivität zwischen den Spulen L_{n1} und L_{n2} entspricht. Da die Gegeninduktivitäten von der geometrischen Anordnung der Induktivitäten zueinander und der Permeabilität des Mediums abhängen, ergibt sich abhängig von der Position des Rotors eine Änderung von L_{23} und L_{24}, die eine direkte Änderung der induzierten Spannungen im Empfangssystem bewirkt [17]. Durch Auswertung der Spannungen kann somit die Position des Rotors ermittelt werden.

Durch die für den Sensor speziell entwickelte Geometrie des Rotors und der Empfangsspulen kann ein sinusförmiger Zusammenhang zwischen induzierten Spannungen und Drehwinkel realisiert werden. Im Entwurfsprozess wird daher ein speziell für den Sensor entwickelter Simulator angewendet, um ein optimiertes Design zu erhalten.

Weiterhin folgt aufgrund der geometrischen Verschiebung der Empfangsspulen untereinander, dass die induzierten Spannungen in den jeweiligen Empfangsspulen bezogen auf den Drehwinkel zueinander phasenverschoben sind. Dadurch kompensieren sich äußere Effekte, wie zum Beispiel Temperatureinflüsse, prinzipbedingt und der gemessene Drehwinkel ist nur von der Position des Rotors abhängig. Die induzierten Spannungen werden anschließend im ASIC gemessen und für die weitere Signalverarbeitung (Filterung, Verstärkung) verwendet. Das Winkelsignal wird schließlich digital, beispielsweise über SENT (Single Edge Nibble Transmission) [18], SPI (Serial Peripheral Interface) [19] oder PSI5 (Peripheral Sensor Interface) [20], oder analog über eine Sinus/Kosinus-Schnittstelle ausgegeben. Der Aufbau der Signalverarbeitung ist in Bild 3 schematisch dargestellt. Es ist zu erkennen, dass lediglich eine Spannungsversorgung und ein Filter benötigt werden, um den Sensor zu betreiben und die Signale auswerten zu können.

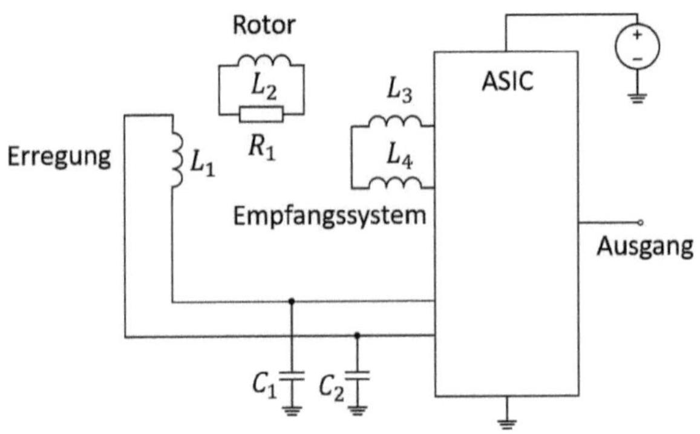

Bild 2: Elektrisches Ersatzschaltbild für den hier beschriebenen MPS, bestehend aus Erregung, Rotor und ASIC.

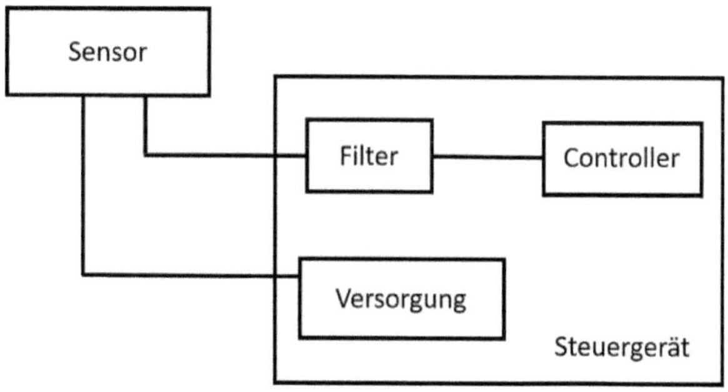

Bild 3: Aufbau der Signalverarbeitung und Ansteuerung des MPS, bestehend aus einem Filter, Controller und Versorgungsspannung im Steuergerät.

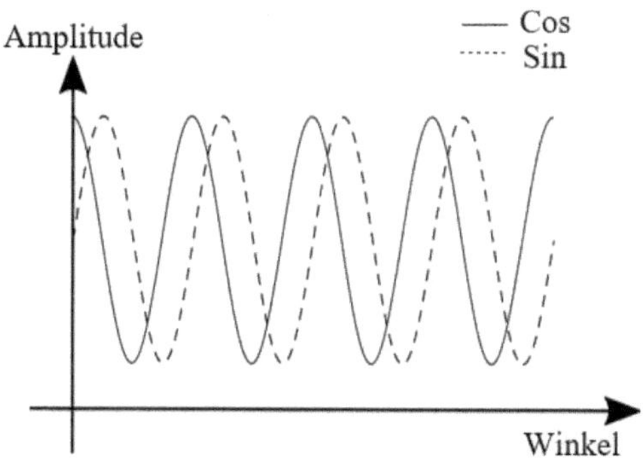

Bild 4: Sensorausgang des hier betrachteten MPS bei Rotation des Rotors mit Sinus/Kosinus-Schnittstelle ohne Redundanz.

Bei dem hier betrachteten MPS wird eine Sinus/Kosinus-Schnittstelle gemäß Bild 4 verwendet. Diese erlaubt es durch Anwendung des Arkustangens den Drehwinkel des Rotors zu berechnen.

Ein redundanter Aufbau ist möglich und damit werden auch die höchsten Anforderungen der funktionalen Sicherheit bis zu ASIL D (Automotive Safety Integrity Level) [21] mit dem MPS auf Systemebene erfüllt. In Bild 5 ist der beschriebene redundante Aufbau mit zwei MPS schematisch dargestellt. Im nächsten Abschnitt werden der konkrete Aufbau und eine mögliche Integration des MPS im Gesamtsystem beschrieben.

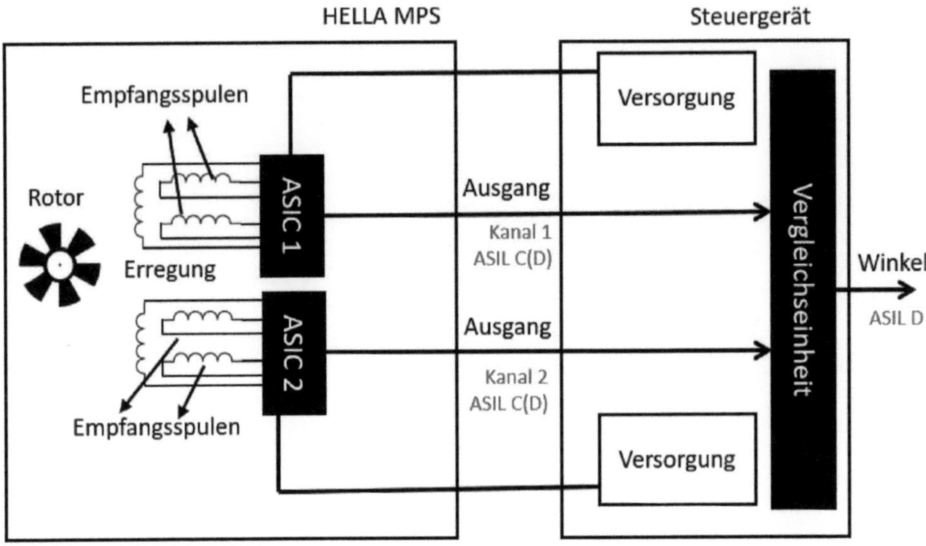

Bild 5: Redundanter Aufbau für den MPS bestehend aus jeweils zwei Erregerspulen und Empfangsspulensysteme, die unabhängig voneinander ein Winkelsignal ausgeben.

12.2.2 Aufbau und Integrationsmöglichkeiten

Aufgrund des flexiblen CIPOS®-Prinzips ist ein variabler Einbau des MPS in das Gesamtsystem möglich. In Bild 6 sind drei Integrationsmöglichkeiten dargestellt. Neben dem Einbau des Sensors am Ende einer Motorwelle kann der Sensor ebenfalls an einer beliebigen anderen Stelle der Motorwelle angebracht werden, wobei dabei zwei Einbaumöglichkeiten bestehen.

Eine besonders platzsparende Ausführungsform kann durch eine segmentförmige Anordnung, wie in Bild 7 dargestellt, erreicht werden. Die Motorwelle wird dabei mit dem Rotor verbunden und der Sensor wird neben der Welle befestigt. Wie in Bild 7 dargestellt, lässt sich der MPS somit auch dort integrieren, wo nur geringer Bauraum zur Verfügung steht. Weiterhin müssen aufgrund der Immunität gegenüber Störfeldern keine Schirmung verwendet oder anderweitige Maßnahmen getroffen werden.

Im nächsten Abschnitt werden zwei exemplarische Anwendungsgebiete des MPS vorgestellt, in denen die Verwendung des hier vorgestellten Sensors eine effiziente Alternative gegenüber klassischen Lösungen darstellt. Zu den Vorteilen gehören beispielsweise geringer Bauraum und Verringerung des Einflusses von Toleranzen.

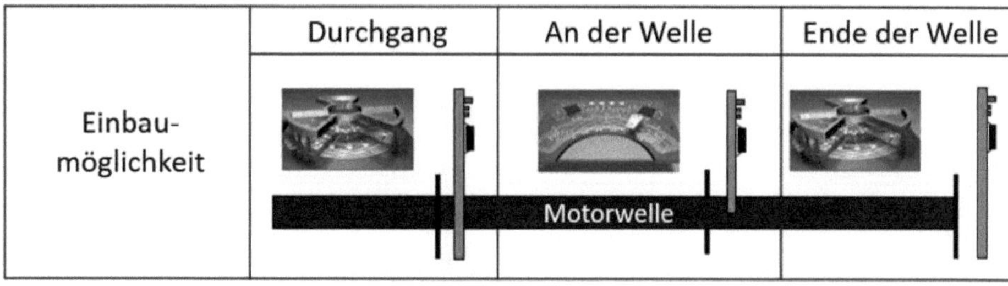

Bild 6: Verschiedene Integrationsmöglichkeiten eines MPS/CIPOS® an einer Motorwelle eines elektrischen Antriebs.

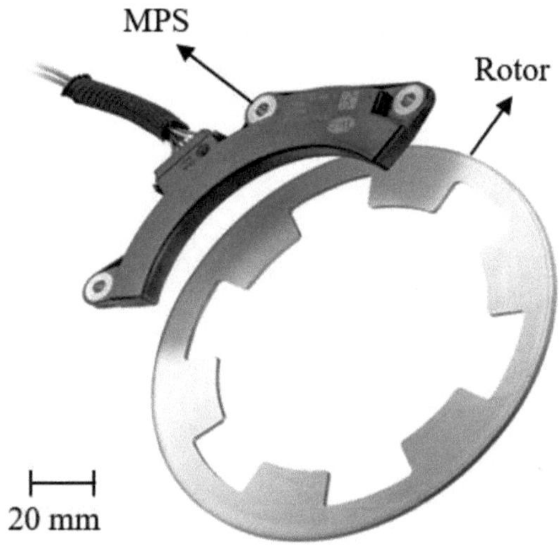

Bild 7: MPS in segmentförmiger Ausführungsform für eine Montage an der Motorwelle, siehe Bild 6.

12.3 Anwendungen

Aufgrund des geringen Einbauraums und der Immunität gegenüber elektromagnetischen Störungen kann der MPS in unterschiedlichen Bereichen angewendet werden. In diesem Abschnitt werden beispielhaft zwei Anwendungen konkret beschrieben. In Abschnitt 12.3.1 wird die Anwendung im Bereich der elektrohydraulischen Bremssysteme und in Abschnitt 12.3.2 im Bereich der elektrischen Antriebe erläutert und mit klassischen Lösungsansätzen verglichen.

12.3.1 Bremssysteme

In modernen Bremssystemen, die eine Bremskraftunterstützung direkt elektrisch erzeugen und keinen pneumatischen Unterdruck mehr benötigen, gibt es typischerweise zwei Positionsmessaufgaben. Zum einen muss die Position des Bremspedals gemessen werden, um den Fahrerwunsch zu erfassen, und zum anderen die Winkelstellung des Elektromotors, der die Bremskraftunterstützung liefert. Dieser Motor ist typischerweise als permanentmagneterregte Synchronmaschine (PSM) ausgeführt, weil diese Bauform eine besonders hohe Leistungsdichte aufweist, die für diesen Anwendungsfall von großer Bedeutung ist [8]. Für die Regelung der Kommutierung kann ein MPS verwendet werden.

Die beiden Messaufgaben stellen unterschiedliche Anforderungen an den jeweiligen Sensor. Während der Pedalwegsensor vorzugsweise als Linearsensor realisiert wird, ist der MPS dagegen ein rotatorischer Sensor, bei dem die wichtigste Anforderung ein geringes Signalalter ist. Unabhängig von den unterschiedlichen Anforderungen bietet eine Kombination der beiden Sensoren wesentliche Vorteile für den Aufbau des Bremssystems, dazu gehören insbesondere Kosten- und Bauraumvorteile. Aufgrund ihrer großen Flexibilität bezüglich der Bauformen und der Verfügbarkeit ganz unterschiedlicher Sensor-ASICs mit verschiedenen Eigenschaften ist die CIPOS®-Technologie prädestiniert für eine solche Sensorintegration.

Bild 8 zeigt das grundsätzliche Prinzip einer solchen Kombination. Beim Design ist darauf zu achten, dass die Kopplung zwischen beiden Sensoren möglichst gering ausfällt. Wenn die Anordnung der beiden Sensoren und der Elektronik auch im Layout prinzipiell so erfolgt, wie in Bild 8 dargestellt, ist ein minimales Übersprechen sichergestellt.

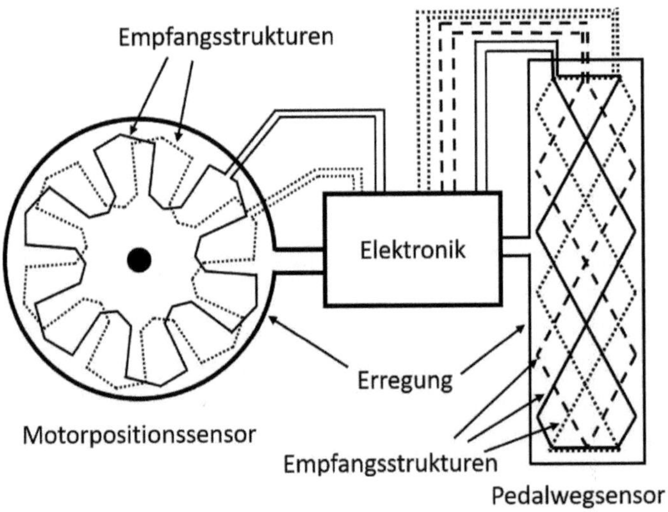

Bild 8: Grundsätzlicher Aufbau einer Sensorkombination für Bremssysteme, bestehend aus einem MPS und dem Pedalwegsensor mit einer gemeinsamer Auswerteelektronik.

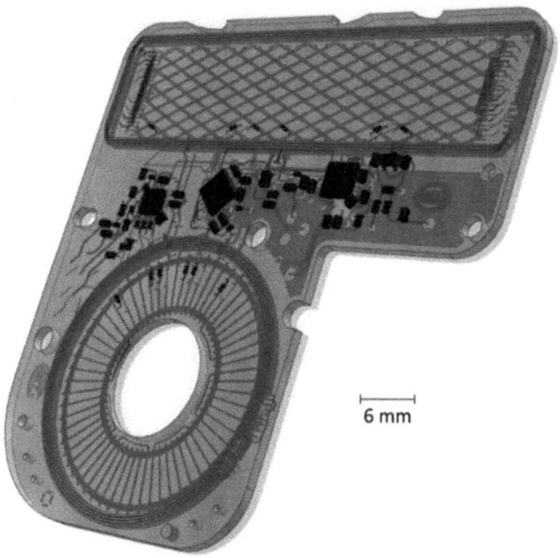

Bild 9: Semitransparente Darstellung der Leiterplatten für die in Bild 8 dargestellte Sensorkombination.

Dieses Konzept verbindet alle Vorteile miteinander, um ein kostenoptimales Design zu erhalten. Es ist nur eine PCB mit wenigen Lagen erforderlich, die Sensoren haben den im gegebenen Bauraum maximalen Abstand, um gegenseitige Störungen zu vermeiden, und beim Einsatz zweikanaliger Sensor-ASICs ist eine optimale Gestaltung für die funktionale Sicherheit möglich, indem jeder Sensor-ASIC einen Kanal pro Pedalwegsensor und Motorpositionssensor bedient.

In Bild 9 ist eine semitransparente Darstellung der Leiterplatte für die Sensorkombination in Bild 8 dargestellt. Wie zu erkennen ist, ist die PCB kompakt gestaltet und die Auswerteelektronik befindet sich in dem zwischen Motorpositionssensor und Pedalwegsensor aufgespannten Raum. Dies führt zu einer kompakten Integration in das Gesamtsystem.

Allerdings ist so eine optimale Anordnung der beiden Sensoren zueinander, die alle Vorteile miteinander verbindet, aufgrund des Designs des Bremssystems nicht immer möglich. In einer anderen Umsetzung wurden zwei rotatorische Sensoren verwendet und dafür der lineare Pedalweg mechanisch in eine rotatorische Bewegung gewandelt. Die beiden Sensoren sind in diesem Fall einander genau gegenüber auf einer Platine angeordnet (vgl. Bild 10).

Die Vorteile bezüglich der optimalen Nutzung der Sensor-ASICs für die funktionale Sicherheit ergeben sich auch in diesem Fall, aber die PCB benötigt mehr Lagen und die beiden Sensoren beeinflussen sich normalerweise sehr stark. Durch eine geeignete Auswahl der Messbereiche der beiden Sensoren und besondere Maßnahmen im Inneren der PCB lässt sich das Übersprechen aber auf ein für die Anwendung akzeptables Maß reduzieren.

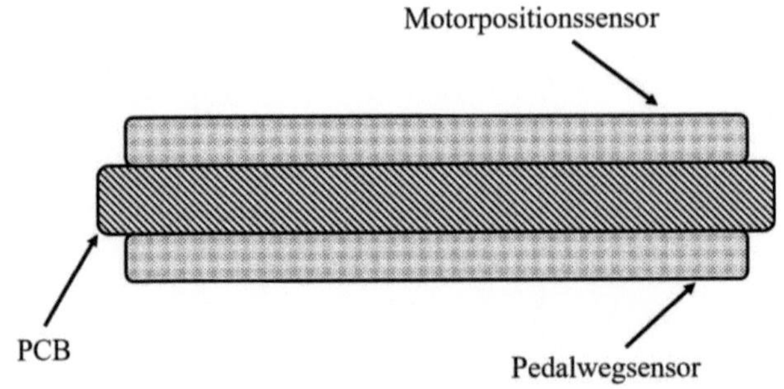

Bild 10: Alternative Anordnung der Sensoren in einer Sensorkombination für Bremssysteme basierend auf dem CIPOS®-Prinzip.

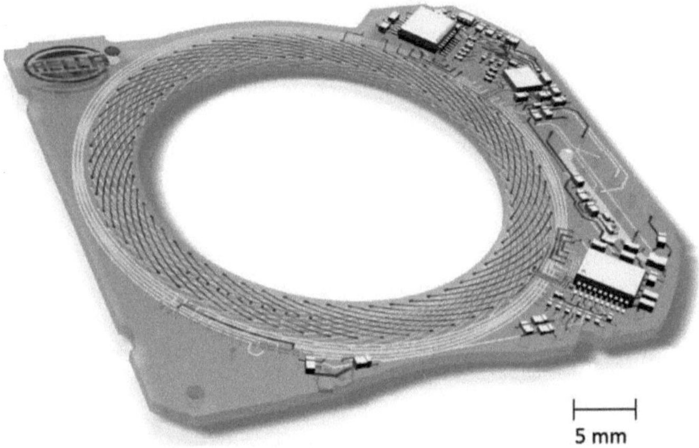

Bild 11: Semitransparente Darstellung der Leiterplatten für die in Bild 10 dargestellte Sensorkombinationen.

Bild 11 zeigt den Aufbau der Leiterplatte der in Bild 10 beschriebenen Sensorkombination in einer semitransparenten Darstellung. Auch hier ist zu erkennen, dass aufgrund des Aufbaus auf beiden Seiten der PCB ein effizienter Aufbau gegeben ist, der eine gute Integration in das Gesamtsystem ermöglicht.

In Bild 12 sind der absolute Fehler des Ausgangssignals des Pedalwegsensors bei einer Rotation des Rotors für den Motorpositionssensor und der daraus berechnete *Low Frequency Ripple* dargestellt, der dem niederen Frequenzanteilen des absoluten Fehlers entspricht. An beiden ist zu erkennen, dass die maximale Auswirkung des Motorpositionssensors in der Größenordnung der Auflösung des Pedalwegsensors liegt.

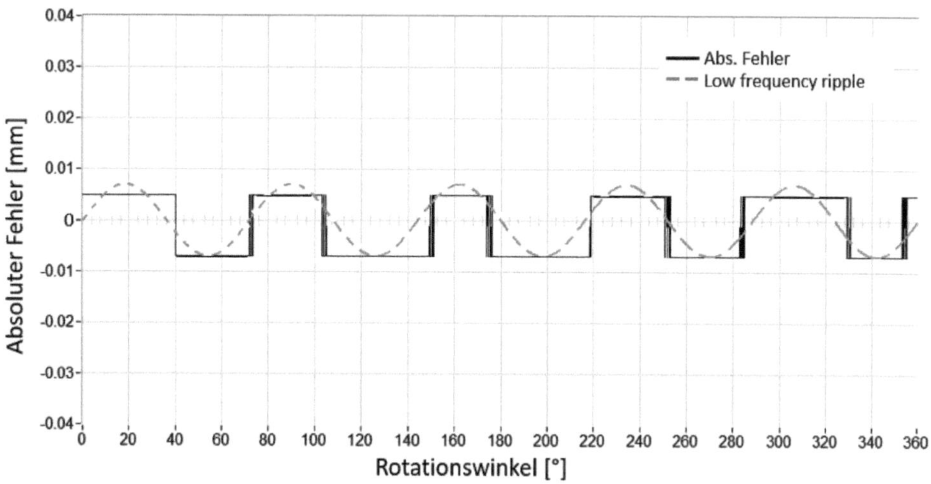

Bild 12: Absoluter Fehler (durchgezogene Linie) und der dazugehörige Low Frequency Ripple (gestrichelte Linie) des Pedalwegsensors bei Rotation am MPS.

12.3.2 Elektrische Antriebe

Für den Einsatz des in Abschnitt 12.3.1 erwähnten PSM ist eine Regelung der Kommutierung notwendig. Dazu ist die Rotorposition des Motors zu bestimmen, um die entsprechende Regelung realisieren zu können. In der Literatur existieren dabei zwei verschiedene Ansätze: Sensorlose und sensorbasierte Methoden [8]. Bei einem sensorlosen Ansatz kann entweder ein Beobachter verwendet werden oder es können zusätzliche Signale in die Statorspulen eingespeist werden [1]. Allerdings liefern sensorlose Ansätze nur für einen beschränkten Arbeitsbereich des Antriebs ausreichende Informationen für eine effiziente Regelung und führen dadurch zu einem erhöhten Realisierungsaufwand des Antriebs [9]. Für weitere Informationen über sensorlose Kommutierung siehe [5, 6, 7, 8].

Alternativ kann die Position des Rotors des elektrischen Antriebs mit Hilfe von Sensoren ermittelt werden. Diese Methode liefert im gesamten Arbeitsbereich des Antriebs ausreichende Informationen für eine effiziente Regelung. Erste Patente für solche Sensoren wurden bereits in den 1940er Jahren veröffentlicht, in denen Resolver für die Positionsbestimmung verwendet werden [10, 11]. Ein Resolver besteht im Wesentlichen aus drei Spulen, wobei eine Spule rotiert oder ein angepasster Rotor des Antriebs verwendet wird [12]. Obwohl ein Resolver für eine genaue Messung der Position und Geschwindigkeit des Rotors eingesetzt werden kann, ist aufgrund des Aufbaus eine flexible Integration in ein übergeordnetes System nicht ohne weiteres möglich [15].

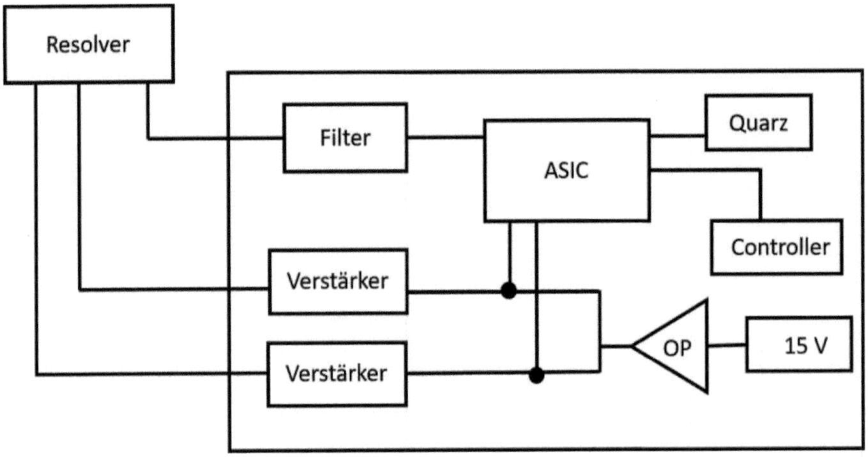

Bild 13: Aufbau der Signalverarbeitung bei der Verwendung eines Resolvers.

Weiterhin sind die Ansteuerung sowie die anschließende Signalverarbeitung für einen Resolver äußerst aufwendig und erfordern viele verschiedene Komponenten. In Bild 13 ist das Blockschaltbild für die Ansteuerung sowie Signalverarbeitung eines Resolvers dargestellt. Wie zu erkennen ist, ist eine aufwendige Steuerung im Vergleich zu dem hier vorgestellten MPS notwendig (vgl. Bild 4).

Nachteilig sind weiterhin ein hoher Bauraum- sowie Strombedarf, ein hohes Gewicht, eine nicht zu vernachlässigende Sensitivität gegenüber Fremdfeldern durch die Frequenz der PWM (Pulsweitenmodulation) des Inverters, fehlende Redundanz sowie ein hoher Diagnoseaufwand auf Systemebene.

Eine weitere Möglichkeit für die Detektion des Rotorlagewinkels bieten Hall-Sensoren. Neben dem Hall-Sensor ist dabei ein Permanentmagnet notwendig. Abhängig von der Position des Magneten kann eine Hall-Spannung am Sensor detektiert werden, die eine Rückrechnung auf die Position ermöglicht [13]. In Bild 14 ist eine beispielhafte Implementierung von Hall-Sensoren für die Detektion der Rotorposition in einer PSM dargestellt.

Es ist zu erkennen, dass die Hall-Sensoren in einer vorgegebenen Anordnung in den Antrieb integriert werden müssen. Ein Anbringen von außen ist nicht möglich. Dies führt zu einer eingeschränkten Flexibilität in den Einbaumöglichkeiten, die beim Entwurf des elektrischen Antriebs berücksichtigt werden muss.

Zudem beeinflussen äußere Störfelder das Verhalten der Hall-Sensoren, so dass weitere Maßnahmen getroffen werden müssen, um eine korrekte Detektion der Rotorposition gewährleisten zu können (z. B. Schirmung). Ähnliche Eigenschaften weisen magnetoresistive Sensoren auf, die abhängig vom Magnetfeld ihren elektrischen Widerstand verändern [16].

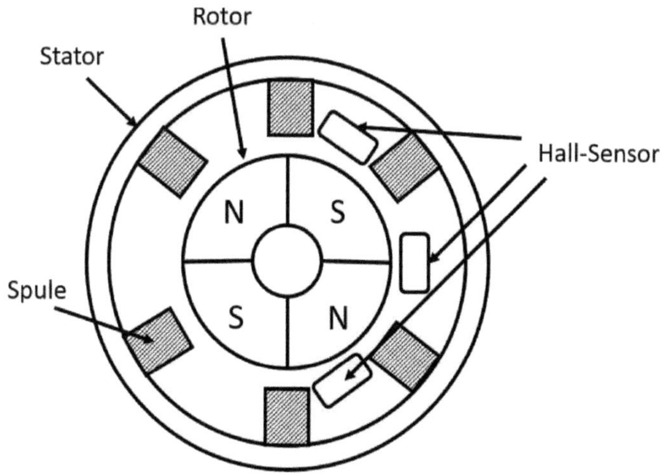

Bild 14: Implementierung von Hall-Sensoren für die Detektion der Rotorposition in einer PSM.

Eine Alternative zu den oben beschriebenen Ansätzen bietet der hier vorgestellte induktive MPS. Aufgrund der vielfältigen Einbaumöglichkeiten kann dieser in den Antrieb auf verschiedene Weise integriert werden. Dabei sind spezielle Anpassungen im Antrieb nicht notwendig, so dass der Sensor zum Beispiel auch von außen am Antrieb angebracht werden kann. Aufgrund der Robustheit gegenüber mechanischen Toleranzen ist zudem oftmals eine einfache Befestigung des Sensors ausreichend. Die Flexibilität des MPS ermöglicht eine kompakte Integration von Lager und Sensor, was wiederum zu mehr Freiheitsgraden beim Entwurf des elektrischen Antriebs führt.

Bild 15 zeigt den mechanischen Aufbau eines MPS. Die PCB ist in einem Gehäuse eingelegt und mit einem speziell entwickelten Stecker wird die elektrische Verbindung zum Sensor hergestellt. Durch Verwendung von Isolierverguss werden die PCB und der Stecker im Gehäuse fixiert und gegen äußere Einflüsse geschützt, womit eine hohe Robustheit erreicht wird. Die Befestigung des Sensors erfolgt in diesem Fall mit zwei Schrauben, die durch Buchsen geführt werden.

Um die Robustheit des MPS gegenüber mechanischen Toleranzen zu demonstrieren, sind die Einflüsse verschiedener Fehlstellungen des Rotors untersucht worden. In Bild 16 sind die verschiedenen Toleranzen für den Rotor bildlich dargestellt. Wie zu erkennen ist, wurden die Luftspaltvariation betrachtet, die Verkippung des Rotors zu einer Seite als auch die translatorische Verschiebung (Exzentrizität) des Rotors. Für die Untersuchung der mechanischen Toleranzen wurde ein 120°-Sensor verwendet, der für eine dreipolige Maschine ausgelegt wurde. Der Sensor hat dabei einen Durchmesser von 35 mm und wurde am Ende der Motorwelle angebracht.

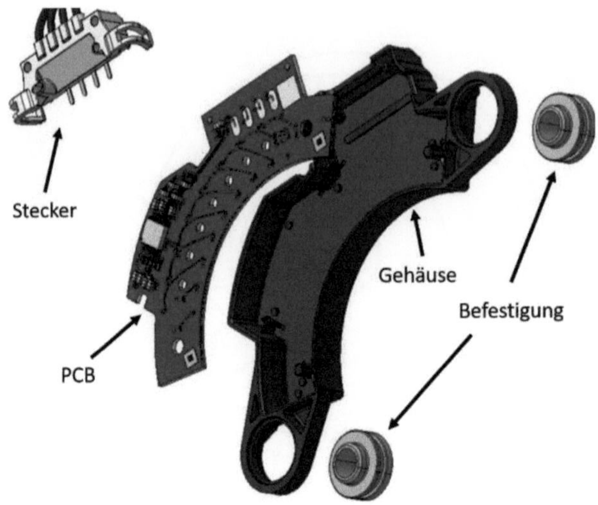

Bild 15: Mechanischer Aufbau eines Motorpositionssensors für die Befestigung und des Anschlusses des Sensors.

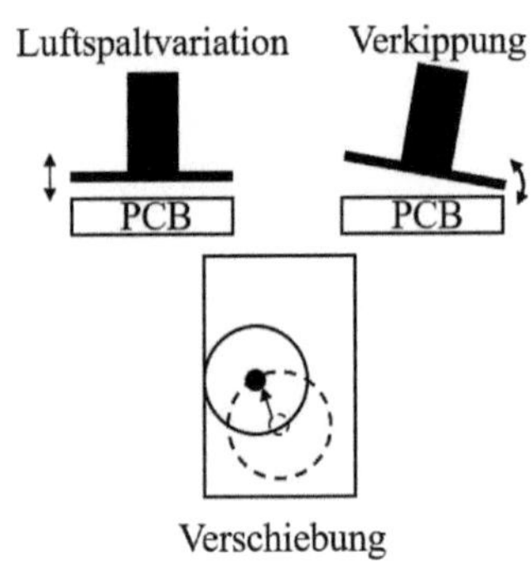

Bild 16: Visualisierung der untersuchten Luftspaltvariation; Verkippung und Verschiebung des Rotors.

Der absolute Fehler des MPS für die Luftspaltvariation ist in Bild 17 für zwei unterschiedliche Luftspalte dargestellt.

Wie zu erkennen ist, führt eine Luftspalterhöhung nur zu einer geringen Veränderung der Sensorgenauigkeit (~0,1°el) und der absolute Fehler bleibt durchgehend unter 0,38°el. Eine dynamische Veränderung des Luftspaltes hätte somit nur einen geringen bis keinen Einfluss auf die Sensorgenauigkeit, selbst für einen größeren Toleranzbereich.

In Bild 18 ist der Einfluss einer Exzentrizität des Rotors anhand des absoluten Fehlers für zwei Fehlstellungen dargestellt. Es ist zu erkennen, dass die Einflüsse der Exzentrizität von bis zu 0,651 mm nur eine minimale Veränderung (< 0,5°el) zur Folge hat. Selbst für einen größeren Toleranzbereich ist somit nur ein geringer Einfluss auf die Sensorgenauigkeit zu erkennen.

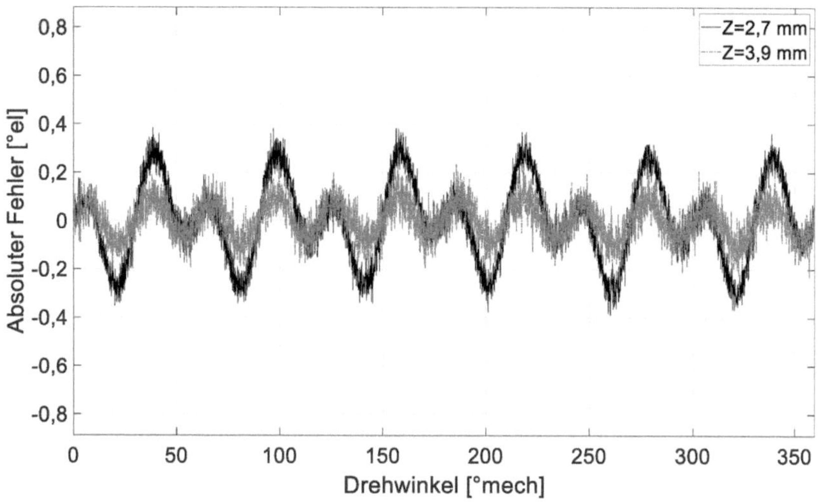

Bild 17: Absoluter Fehler des MPS bei einer Luftspaltvariation des Sensorrotors.

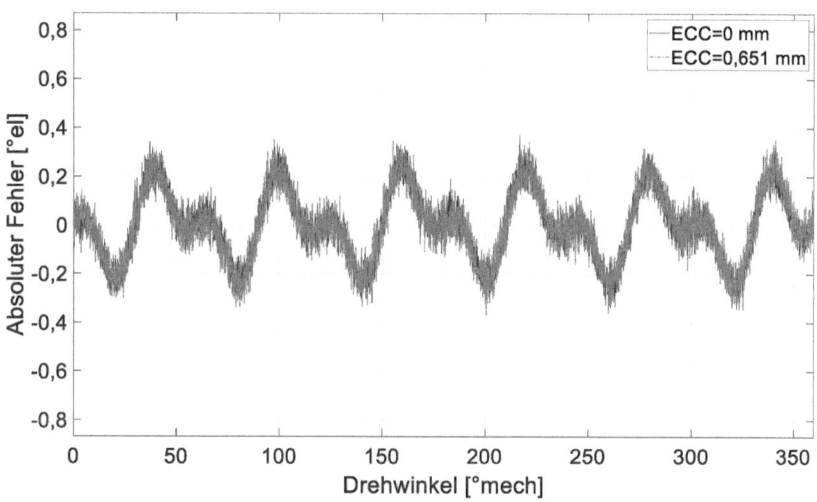

Bild 18: Absoluter Fehler des MPS bei Exzentrizität des Rotors.

Die letzte betrachtete Fehlstellung ist die Verkippung des Rotors. Der absolute Fehler für die Verkippung ist in Bild 19 dargestellt. Hier ist zu erkennen, dass durch die Verkippung nur eine geringfügige Änderung (< 0,01°el) auftritt. Auch bei größerer Fehlstellung von 1,51° können weiterhin höchste Genauigkeitsanforderungen erfüllt werden. Zusammenfassend lässt sich anhand der durchgeführten Messungen feststellen, dass sich der Sensor robust gegenüber mechanischen Toleranzen des Rotors verhält. Selbst bei größeren Toleranzen wird eine hohe Positionsgenauigkeit erreicht. Diese Eigenschaft ermöglicht einen einfachen Einbau im Gesamtsystem und es ist keine hochgenaue Positionierung und Fixierung des Rotors notwendig.

Abschließend wurde eine Kombination der verschiedenen mechanischen Toleranzen untersucht. Hierfür ist in Bild 20 der absolute Fehler des Sensors für zwei Fehlstellungskombinationen dargestellt.

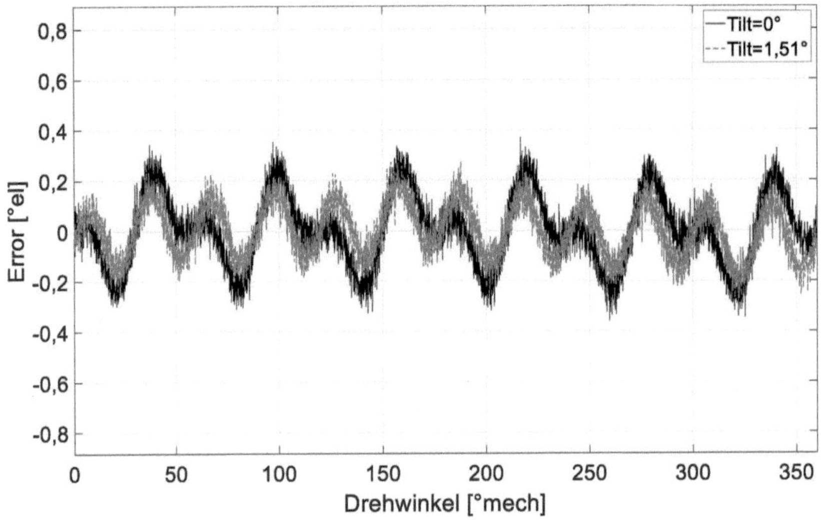

Bild 19: Absoluter Fehler des MPS bei Verkippung des Rotors.

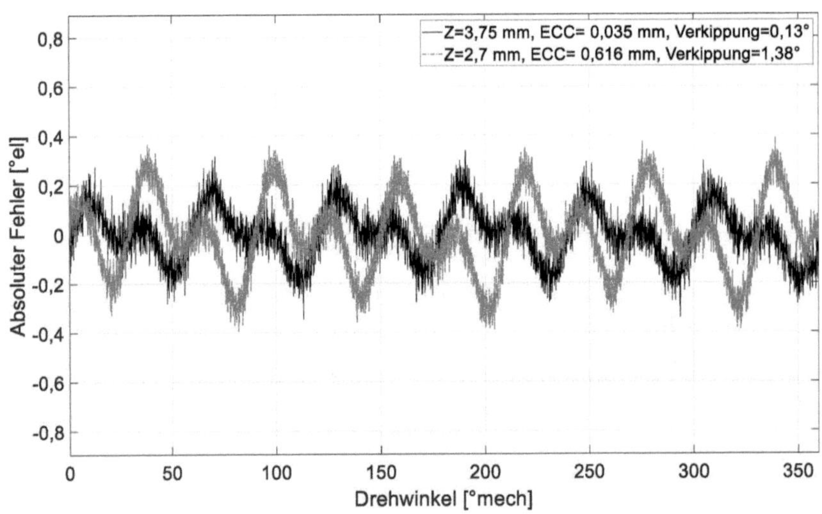

Bild 20: Genauigkeit des MPS bei verschiedenen Fehlstellungen des Sensorrotors (*z*: Luftspalt, ECC: Exzentrizität des Rotors).

Es ist zu erkennen, dass sich die Genauigkeit des Sensors um maximal ~0,1°el. verändert, so dass die hohen Anforderungen an die Genauigkeit des Sensorsignals auch bei kombinierten mechanischen Fehlstellungen weiterhin erfüllt sind.

Neben der Robustheit gegenüber mechanischen Toleranzen bietet der MPS eine hohe Genauigkeit unter verschiedenen Einflüssen. In Bild 21 ist die Messungenauigkeit in Abhängigkeit der Rotorgeschwindigkeit für eine dreipolige Maschine für eine Rotation im (blau) und gegen (gelb) den Uhrzeigersinn dargestellt. In diesem Fall beträgt der Messbereich des Sensors 120°. Die Genauigkeit des MPS bleibt dabei nahezu konstant, so dass der MPS für den gesamten Geschwindigkeitsbereich des Antriebs eingesetzt werden kann. Die Abweichung zwischen Rechts- und Linkslauf bei 11.000 rpm basiert auf einer Resonanz des Messsystems.

Das Verhalten des Sensors in Abhängigkeit von der Temperatur ist ebenfalls zu beachten. Der absolute Fehler zwischen Mess- und Referenzsignal in Grad ist für einen Temperaturbereich von −50 °C bis 170 °C in Bild 22 für eine fünfpolige Maschine dargestellt. Auch in diesem Fall bleibt die Genauigkeit des MPS nahezu konstant, so dass keine weiteren Einschränkungen gemacht werden müssen.

Anhand der Messergebnisse ist zu erkennen, dass der MPS eine effiziente und robuste Alternative zu den üblicherweise verwendeten Sensorkonzepten im Bereich der elektrischen Antriebe darstellt. Dabei kann der Sensor ohne viel Aufwand an die Parameter des Motors angepasst werden. Aufgrund der hohen Flexibilität ergeben sich zudem weitere Entwurfsoptimierungen für den Antrieb.

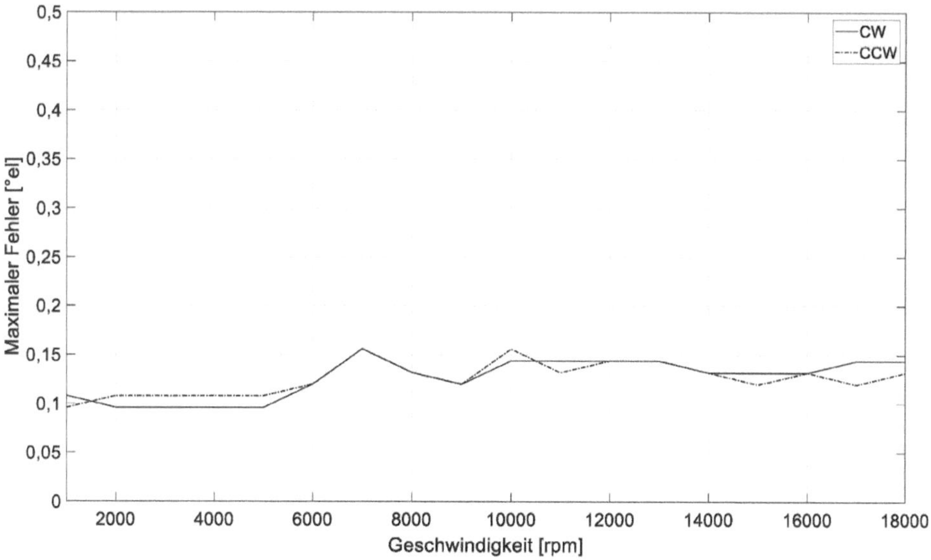

Bild 21: Messabweichung des MPS in Abhängigkeit von der Rotorgeschwindigkeit (CW: im Uhrzeigersinn; CCW: gegen den Uhrzeigersinn).

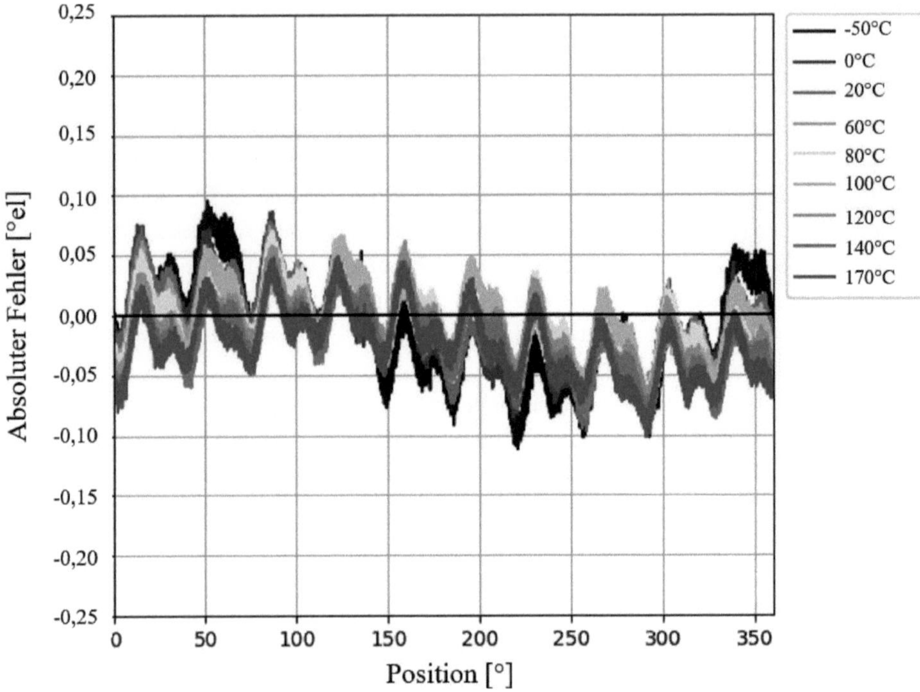

Bild 22: Messabweichung des MPS in Abhängigkeit von der Temperatur.

Tabelle 1: Technische Performance des MPS.

Eigenschaft	**Wert**
Betriebsspannung	5 V
Leistungsaufnahme	< 100 mW
Verarbeitungszeit	< 5 μs
Max. Erkennungsabstand	Bis zu ~ 6 mm
Umgebungstemperatur	−50 °C bis 170 °C
Drehgeschwindigkeit	Bis 20.000 rpm für zehn Polpaare.
Rotor-Toleranzen	
Absoluter Fehler über Luftspaltvariation	< 0,38°el.
Absoluter Fehler über Exzentrizität	< 0,38°el.
Absoluter Fehler über Verkippung	< 0,38°el.
Absoluter Fehler bei kombinierten Toleranzen (Exzentrizität + Luftspalt + Verkippung)	< 0,39°el.

Eine Zusammenfassung der technischen Performance des MPS ist in Tabelle 1 dargestellt. Enthalten sind neben der Zusammenfassung für die Abweichungen unter Betrachtung der mechanischen Toleranzen ebenfalls grundlegende Betriebsparameter.

12.4 Zusammenfassung

In diesem Beitrag wurde ein auf der CIPOS®-Technologie basierendes, neuartiges Sensorkonzept vorgestellt, das neue Anwendungsmöglichkeiten im Automobilbereich erlaubt. Es wurde anhand von zwei konkreten Umsetzungen gezeigt, wie der hier vorgestellte MPS als effiziente Alternative zu den klassischen Lösungen eingesetzt werden kann. Aufgrund der hohen Flexibilität im Einbau und der hohen Robustheit gegenüber mechanischen Toleranzen sowie äußeren Bedingungen ergeben sich neue Optimierungsmöglichkeiten für bereits bestehende Systeme. In Abschnitt 12.2 wurde hierfür zunächst das Funktionsprinzip des auf der CIPOS®-Technologie basierenden MPS erläutert und prinzipielle Verwendungsmöglichkeiten beschrieben. Anschließend wurden in Abschnitt 12.3 zwei konkrete Anwendungen des MPS, Bremssysteme und elektrische Antriebe, sowie die Unterschiede zu den üblicherweise verwendeten Sensoren vorgestellt. Anhand von Messergebnissen wurden dabei die Vorzüge des MPS demonstriert.

Literatur

[1] Xu, D., Wang, B., Zhang, G., Yu, Y., „Review of Sensorless Control Methods for AC Motor Drives“, CES *Transaction on Electrical Machines and Systems*, Vol. 2, No. 1, 2018.

[2] Johnson, T. C., „Selsyn design and application“, Electrical Engineering, Vol. 64, Issue. 10, 1945.

[3] Sonntag, C. L. W., Lomonova, E. A., Duarte, J.L., „Implementation of the Neumann Formulat for Calculating the Mutual Inductance between Planar PCB Inductors“, Proceedings of the 2008 *International Conference on Electrical Machines*, 2008.

[4] Lehner, G., „Elektromagnetische Feldtheorie – für Ingenieure und Physiker (7. Aufl.)“, Springer-Verlag, Berlin – Heidelberg – New York, 2010.

[5] Setty, A., Chatterjee, K., „Detailed Analysis of Torque Ripple in High Frequency Signal Injection based Sensor less PMSM Drives“, *Advances in Science, Technology and Engineering Systems Journal*, Vol. 2, No. 1, 2017.

[6] Setty, A., Wekhande, S., Chatterjee, K., „Comparison of high frequency signal injection techniques for rotor position estimation at low speed to standstill of PMSM“, 2012 *IEEE 5th India International Conference on Power Electronics* (IICPE), 2012.

[7] Agrawal, J., Bodkhe, S., „Low speed sensorless control of PMSM drive using high frequency signal injection“, 2015 Annual *IEEE India Conference* (INDICON), 2015.

[8] Wu. R., Slemon, G., „A Permanent Magnet Motor Drive Without a Shaft Sensor“, *IEEE Transactions on Industry Applications*, Vo. 27, No. 5, 1991.

[9] Taylor, D.G., „Nonlinear control of electric machines: an overview“, *IEEE Control Systems Magazine*, Vol. 14, Issue 6, 1994.

[10] Hays, R., Syosset, Jr., „Selsyn-controlled Servo System“, U.S. Patent 2455364A, December 7, 1948.

[11] Edwards, M., Scotia, N. Y., „Selsyn controlled electric Motor System“, U.S. Patent 2424809, July 29, 1947.

[12] Johnson, T. C., „Selsyn Design Application“, Electrical Engineering, Vol. 64, Issue 10, 1945.

[13] Ramsden, E., „Hall-Effect Sensors Theory and Applications“, Elsevier Inc., 2006.

[14] Labahn, N., Irle, H., Saure, M., „Kombinierter Lenkwinkel-/Lenkmomentensensor unter Einsatz diversitärer Technologien“, In: Tille, T., et al: „Sensoren im Automobil V“, Expert-Verlag, Renningen, S. 105–114, 2014.

[15] Tootoonchian, F., „Design, Performance, and Testing of a Brushless Axial Flux Resolver Without Rotor Windings“, *IEEE Sensors Journal*, Vol. 16, Issue 20, 2016.

[16] Tumanski, S., „Thin Film Magnetoresistive Sensors“, Taylor & Francis Group, LLC, 2001.

[17] Mathis, W., Reibiger, A., „Küpfmüller Theoretische Elektrotechnik Elektromagnetische Felder, Schaltungen und elektronische Bauelemente“, 20. Auflage, Springer-Verlag, 2017.

[18] SAE International (2016): SENT – Single Edge Nibble Transmission for Automotive Applications (J2716).

[19] Hill, S., Jelemensky, J., Heene, M. (1987), U.S. Patent No. 4,816,996. Washington, DC: U.S. Patent and Trademark Office.

[20] PSI5 Steering Committee (2018): Peripheral Sensor Interface for Automotive Applications – Base Standard.

[21] International Organization for Standardization (2018), Road vehicles – Functional safety – Part 1: Vocabulary (Standard No. 26262 – 1), Vernier, Genf.

Kapitel 13
Innovative 3D-Hallsensoren mit intelligenter Energieverwaltung und Streufeldunterdrückung

Andreas P. Friedrich[1], Fabian Winkler[1], Till-Jonas Ostermann[1], Christophe Lutz[1]

Kurzfassung Es wurde eine neue Produktfamilie von 3D-Hallsensoren entwickelt, welche magnetische Flussdichten in allen drei Raumdimensionen erfassen können. Dies ermöglicht neue, berührungslose magnetische Positions-, Rotations-, Winkel- und Lagemesssysteme. Die 3D-Hallsensoren zeichnen sich insbesondere durch eine intelligente Energieverwaltung und verschiedene Betriebsmodi aus, die den Einsatz in Streufeld-robuste Anwendungen ermöglicht. In diesem Artikel werden die ersten, bereits veröffentlichten Sensoren, das Messprinzip sowie mehrere Anwendungsbeispiele vorgestellt.

13.1 Einleitung

Fortschritte im Design und der Fertigung von integrierten Schaltkreisen (ICs) erlauben die Herstellung von vertikalen Hallelementen, welche den magnetischen Fluss parallel zur Sensoroberfläche messen können. Sie funktionieren ebenso wie planare Hallelemente, welche magnetischen Fluss 90° orthogonal zur Sensoroberfläche messen. Diese Funktionalitäten sind unabhängig von der Sensororientierung bzw. -drehung. Der magnetische Fluss parallel zu einer Leiterplatte kann mit einem oberflächenmontierten Sensor (SMD-Sensor) mit planaren Hallelementen nicht gemessen werden. Bild 1 stellt ein typisches planares Hallelement dar. Dieses ist so ausgelegt, dass vier Kontakte quadratisch planar angeordnet sind, wobei an den jeweils gegenüberliegenden Kontakten der Erregerstrom eingeprägt bzw. die Hallspannung abgegriffen wird. Bei den vertikalen Hallelementen ist diese Struktur anders angelegt: Statt vier Kontakten im Quadrat sind üblicherweise fünf Kontakte in einer länglichen Struktur angeordnet. Die aktive Fläche ist vertikal zur Sensoroberfläche, wie in Bild 2 dargestellt.

---

[1] Allegro MicroSystems.

T. Tille (Hrsg.), *Automobil-Sensorik 3*, https://doi.org/10.1007/978-3-662-61260-6_13

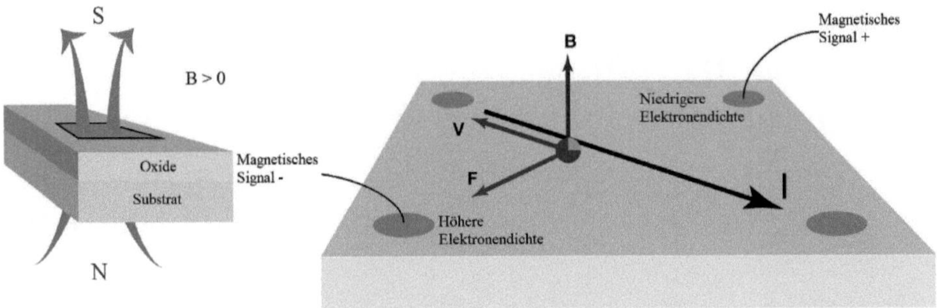

Bild 1: Schematische Darstellung eines planaren Hallelements. *B* ist die Richtung des Magnetfeldes durch das Hall-Element. *I* stellt den Strom dar, welcher durch das Hall-Element fließt. Durch das Magnetfeld wird der Strom abgelenkt, was eine Kraft *F* auf die Elektronen versucht. Dadurch bildet sich an Messstellen eine Spannungsdifferenz, anhand der die Stärke des Magnetfeldes berechnet werden kann.

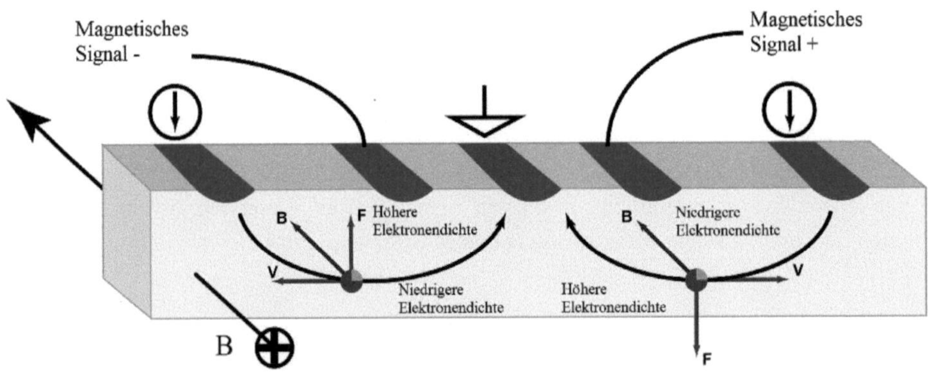

Bild 2: Schematische Darstellung eines vertikalen Hallelements im Querschnitt. An den äußeren beiden Kontakten wird ein Strom angelegt. Der mittlere Kontakt stellt die Masse dar. Ähnlich wie in Bild 1, werden die Elektronen durch ein Magnetfeld *B* abgelenkt. Wie stark diese Ablenkung ist, hängt von der Magnetfeldstärke *B*, als auch vom angelegten Strom ab. Dadurch ergibt sich eine Differenzspannung bei den beiden verbleibenden Kontakten. Da der angelegte Strom bekannt ist, kann die Stärke des Magnetfeldes berechnet werden.

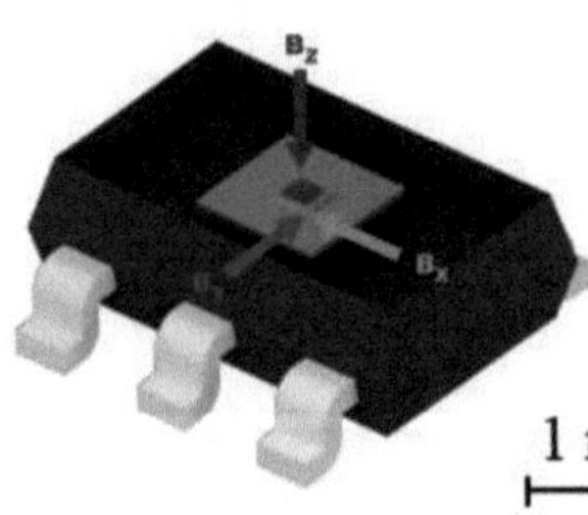

Bild 3: Schematische Darstellung eines 3D-Hallsensors mit planaren und vertikalen Hallplatten.

Wird ein eindimensionaler Hallsensor gedreht, können die Richtung und die Stärke (Dichte) des magnetischen Flusses bestimmt werden. Wenn eine Drehbewegung des Sensors nicht möglich ist, können in einem Sensor mehrere vertikale und / oder planare Hallelemente kombiniert werden, sodass die verschiedenen magnetischen Flusskomponenten erfasst werden (vgl. Bild 3).

Für folgende Situationen ist dies besonders nützlich:

- Abstandsmessungen mit besonders großem Abstand zwischen Sensor und Magnet.
- Fälle, in denen der magnetische Sensor nur mit hohen Positions- oder Verkippungstoleranzen eingebaut werden kann.
- Positions-, Geschwindigkeits- und Drehrichtungsmessung von rotierenden Ringmagneten.
- Kostenreduktion durch den Wechsel von bedrahteten Sensoren zu günstigeren SMD-Sensoren, welche magnetische Flüsse parallel zu Leiterplatten messen sollen.
- Berührungslose magnetische Dreh- oder Linearbewegungserfassungen, bei denen der Magnet sich in mehreren Dimensionen bewegt oder sich seitlich versetzt befindet.

Dieser Beitrag stellt nachfolgend stromsparende 3D-Hallsensoren mit I^2C-Ausgang [2] vor.

13.2 3D-Hallsensoren

Die neuen Produkte sind eine Kombination aus vertikalen Hallelementen (sensitiv in X- und Y-Richtung) und planaren Hallelementen (sensitiv in Z-Richtung). Bild 4 zeigt das Blockdiagramm des 3D-Hallsensors vom Typ ALS31313 [3].

Die 3D-Hallsensoren des Typs ALS31313 stellen drei digitale 12 bit-Werte für die Flussdichten in X-, Y- und Z-Richtung bereit. Es können je nach Anwendung verschiedene Operationsmodi eingestellt werden, sodass der Sensor für Linearbewegungen, Drehbewegungen oder Winkelmessungen verwendet werden kann. Zusätzlich ist eine Joystick-Einstellung für Bedienelemente-Anwendungen implementiert, welche eine geringere Verstärkung für den Z-Kanal aufweist. Dies ermöglicht die Verwendung von Magneten, die sowohl für das Zurückkehren zur Ausgangslage als auch für das Erfassen der Winkel des Joysticks verwendet werden können. So können traditionell federbasierte Joysticks durch magnetische Bedienelement-Joysticks ersetzt werden.

Die Sensoren sind in drei Varianten für verschiedene Flussdichten verfügbar: ±50 mT, ±100 mT, ±200 mT. Die I^2C-Adresse der Sensoren kann entweder über externe Widerstände (16 Adressen) oder per EEPROM (127 Adressen) festgelegt werden, sodass komplexe I^2C-Bussysteme realisiert werden können. Die Sensoren stellen auch 78 Bits zur freien Konfigurierbarkeit, z. B. für Seriennummern bereit.

Da die Messfrequenz frei konfigurierbar ist, kann der Nutzer die Sensoren perfekt auf seine Anwendung anpassen und den optimalen Grad aus Updaterate und Strombedarf wählen. Im Sleep-Mode betragen die Leckströme typischerweise nur 14 nA, was die Sensoren ideal für mobile, batteriebetriebene Anwendungen macht.

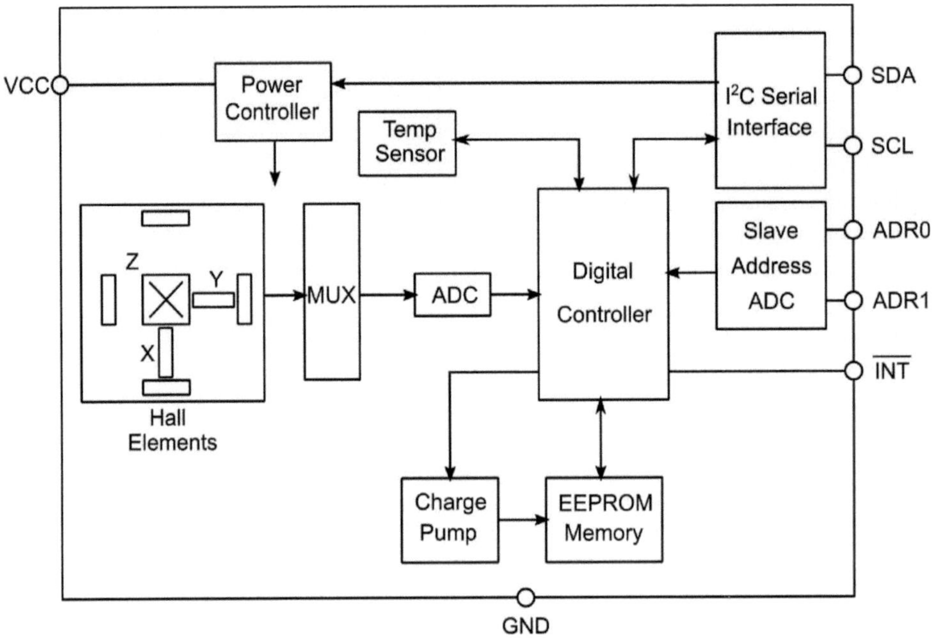

Bild 4: Blockdiagramm 3D-Hallsensor ALS31313. Der ALS31313 enthält sieben Hallelemente, auf deren Signale oder Signalzusammensetzungen über einen Multiplexer (MUX) zugegriffen werden kann. Die Signale werden mit einem Analog-Digital-Wandler (ADC) digitalisiert, bevor sie den Controller erreichen, welcher die Temperaturdrift mit dem integrierten Temperatursensor (Temp.-Sensor) ausgleicht und im Speicher (EEPROM) ablegt. Mittels I²C kann auf den Speicher zugegriffen werden.

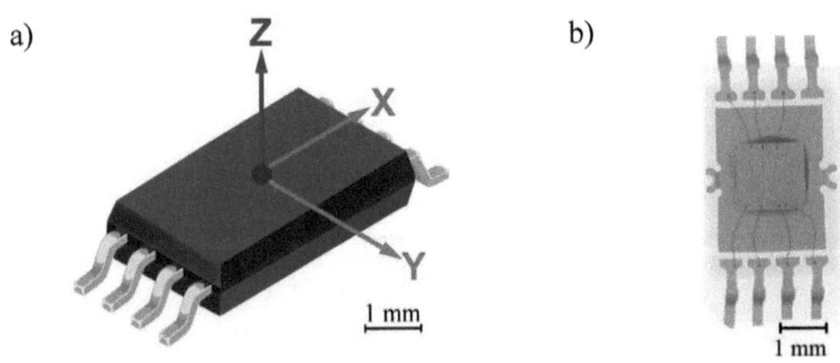

Bild 5: a) ALS31313 8-pin TSSOP (LE). Das Koordinatensystem beschreibt die Ausrichtung des 3D-Hallelements im Sensor. In Bild b) ist eine Röntgenaufnahme des ALS31313 zu sehen, in der die Verbindungen zwischen Chip und den Pins erkennbar sind.

Tabelle 1: Übersicht der Betriebsmodi für ALS31313.

Betriebsmodus	Beschreibung
Single-Ended-Modus	Stellt die Flussdichtekomponenten in X-, Y- und Z-Richtung bereit
Differential-Modus	Für X und Y gibt es jeweils zwei vertikale Hallplatten, die 1,36 mm auseinander liegen. Für X und Y werden zwischen diesen Platten die Differenz gebildet und bereitgestellt. Für Z wird die Flussdichte direkt bereitgestellt. Dies ermöglicht Streufeld-robuste Anwendungen.
Common-Modus	Es wird jeweils die Summe der beiden Hallplatten in X und Y Richtung bereitgestellt. Für Z wird die Flussdichte direkt bereitgestellt.
Alternating-Modus	Schaltet laufend zwischen den Betriebsmodi Differential und Common Mode um. Es gibt ein Statusregister, über das der Nutzer weiß, ob die Daten differentiell oder im Common Mode ermittelt wurden.

Der ALS31313 ist für die Anwendung in der Automobilindustrie ausgelegt und ist im 8-pin TSSOP-Gehäuse (LE) verfügbar, vgl. Bild 5.

Der ALS31313 ist bleifrei und verwendet zu 100% matt verzinnte Leadframes. Der Sensor stellt verschiedene Betriebsmodi zur Verfügung. Diese sind in Tabelle 1 dargestellt.

Für die meisten Anwendungen ist die Verwendung des Single-Ended-Modus ausreichend. Liegen aber Stromleitungen, welche hohe Ströme führen in der Nähe des Sensors, so kann durch die Verwendung des Differential-Modus der Einfluss von Streufeldern reduziert werden. Durch die Differenzbildung im Differential-Modus ist es typischerweise notwendig verschiedene Magnetformen auszuprobieren, um die maximale Signalstärke zu erhalten. Der Common-Modus kann durch die Summenbildung aus den jeweils zwei vertikalen Hallplatten die Signalqualität verbessert werden. Dabei wird geringeres Rauschen erzielt und eine mögliche gegenläufige Drift der Hallplatten ausgeglichen. Die Bandbreite und die Updaterate dieses Modus sind allerdings geringer als im Single-Ended-Modus. Der Alternating-Modus erlaubt eine gleichzeitige Verwendung des Differential- und des Common-Modus, sodass bei guter Auslegung das Beste aus beiden Ansätzen genutzt werden kann.

13.3 Power-Modi

Der ALS31313 hat ein konfigurierbares Power Management, welches es erlaubt, die Sensoren entweder für maximale Genauigkeit oder für minimalen Strombedarf zu konfigurieren. Folgende Modi werden unterstützt: Active Mode, Sleep Mode und Low-Power Duty Cycle Mode (LPDCM).

Im aktiven Modus messen die Sensoren kontinuierlich und benötigen maximal 3,9 mA, unabhängig von der Temperatur. Die Sensordaten werden mit Frequenzen bis zu 63 kHz bereitgestellt, abhängig von der Anzahl der verwendeten Kanäle und der verwendeten Bandbreite.

Im Sleep-Mode, benötigt der Sensor nur einen typischen Strom von 14 nA. In diesem Modus ist der Sensor immer noch per I²C ansprechbar, während das analoge Frontend des Sensors selbst aber inaktiv ist. Durch den niedrigen Strom ist eine komplette Abschaltung des Sensors nicht mehr notwendig. Die Zeit, um den Sleep-Mode zu beenden ist gleich lang, wie die reguläre Einschaltzeit.

Im LPDCM schaltet der Sensor kontinuierlich zwischen einem aktiven und inaktiven Zustand um, wodurch der Strombedarf signifikant reduziert wird. Es sind Messfrequenzen zwischen etwa 1 Hz und 2 kHz einstellbar, welche einen Strombedarf zwischen 12 µA und 2 mA haben. Bild 6 stellt den Stromverbrauch der ALS31313 im LPDCM dar. Es sind acht verschiedene inaktive Zeiten programmierbar.

Der typische Strombedarf I_{CC} in der inaktiven Phase beträgt 12 µA. Die Dauer des aktiven Zustands wird durch die Bandbreite und die Anzahl der verwendeten Kanäle festgelegt. Mehr Informationen zu dieser Betriebsart sind in einem Anwendungshinweis [5] ersichtlich.

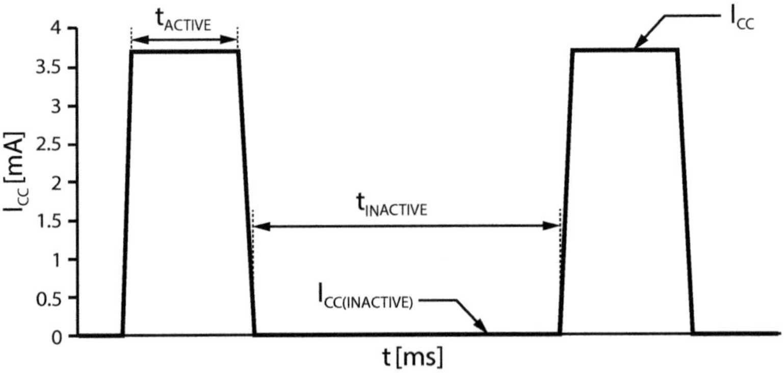

Bild 6: Strombedarf I_{CC} vom ALS31313 im Low-Power Duty Cycle Modus. Während der einstellbaren Zeit t_{ACTIVE} misst der Sensor die Magnetfeldstärke. Innerhalb dieser Zeit liegt der Stromverbrauch vom Sensor typischerweise bei 3,4 mA. Während der Zeit $t_{INACTIVE}$ ist der Sensor im Standby-Modus und hat einen Stromverbrauch von typischerweise 12 µA. Die Spannungsversorgung V_{cc} bleibt währenddessen bei 3 V.

13.4 Interrupt Pin

Eine Besonderheit des ALS31313 ist der Interrupt Pin, welcher zwei verschiedene Modi bietet. Der Interrupt Pin kann genutzt werden, um große Änderungen des Magnetfeldes zu signalisieren (Threshold Mode), z. B. wenn der ADC (Analog-Digital-Wandler) gezwungen wird einen höheren Wert anzuzeigen als einen vom Benutzer programmierten Grenzwert. Eine weitere Möglichkeit wäre, dass das aktuelle Magnetfeld mit dem Wert verglichen wird, welcher vor dem Low-Power Duty Cycle anlag (Delta Mode). Ist die Differenz über einen benutzerdefinierten Grenzwert, wird der Interrupt Pin gesetzt. Der Ausgang selbst kann ebenfalls im Verhalten konfiguriert werden. Mit dem Register *Latch Enable* wird eingestellt, ob der Ausgang nur aktiv ist, solange das Ereignis besteht und danach wieder zurückgesetzt wird oder ob der Ausgang gesetzt bleibt.

Der Interrupt Pin bietet damit die Möglichkeit, externe Mikrocontroller usw. aufzuwecken, wenn Änderungen im Magnetfeld auftreten. Dadurch kann der Mikrocontroller in den Sleep-Mode versetzt werden, wenn das System inaktiv ist, um zusätzlich Strom zu sparen.

13.5 Anwendungsmöglichkeiten

13.5.1 Bedienelement-Joystick

Joysticks sind eine typische Schnittstelle zwischen Mensch und Maschine im Automobil. Ein magnetischer Joystick hat gegenüber einem klassischen Joystick, basierend auf Potentiometern, den Vorteil, dass durch die berührungslose Messung wesentlich weniger Verschleiß auftritt und die Lebensdauer signifikant erhöht werden kann. Im Fahrzeug werden Joysticks zum Beispiel für die Verstellung der elektrischen Seitenspiegel oder für die Bedienung des Infotainment-Systems benutzt.

Normalerweise stellt ein Joystick zwei Winkelinformationen bereit (vgl. Bild 7). Der Magnet ist unterhalb des Kugelgelenks und oberhalb eines 3D-Hallsensors angebracht. Erfasst werden der Neigungswinkel θ und der Rotationswinkel φ.

Der Magnet, welcher in der Joystick-Anwendung verwendet wird, wird entlang der Achse des Sticks magnetisiert. Der Sensor ruft die 3D-Projektion des erzeugten Magnetfeldes ab. Wenn sich der Stick in Mittelstellung befindet ist das Magnetfeld vertikal, seine Komponenten auf der X- und Y-Achse sind daher null (vgl. Bild 8). Das Kippen des Sticks dreht das Magnetfeld und überträgt nach und nach die vorherige Z-Komponente des Feldes auf X- und Y-Komponenten. Bild 9 veranschaulicht das Funktionsprinzip.

In der Joystick-Anwendung wird erwartet, dass die Verschiebung r (Abstand zur Mittelstellung) des Cursors (Ausgang des Sensors) proportional zum Neigungswinkel θ ist. Die Hallsensoren sind in der Lage, sehr effektiv das Magnetfeld zu projizieren (vgl.

Bild 9) und somit sehr gut die relevanten Informationen zu erhalten, nämlich die Neigungsrichtung φ und die Größe der Neigung θ. Das folgende Diagramm zeigt Simulationsdaten, die diese Eigenschaft deutlich veranschaulichen.

Ein magnetischer Hallbasierter Joystick hat im Vergleich zu anderen Technologien (wie einem Potenziometer-basierten Joystick) sehr gute Ergebnisse gezeigt. Die Potenziometer-basierten Joysticks haben eine geringe Empfindlichkeit für kleine Neigungswinkel, die eine inhomogene Reaktion ergeben. Bei den nachfolgenden Abbildungen handelt es sich um experimentelle Daten von zwei Joysticks mit den gleichen geometrischen Abmessungen: einer mit Potentiometer (vgl. Bild 10) und der andere mit Hallsensoren (vgl. Bild 11). Die Verschiebung des Cursors wurde für verschiedene Winkel aufgezeichnet, um die homogene Reaktion des magnetischen Joysticks in alle Richtungen zu zeigen.

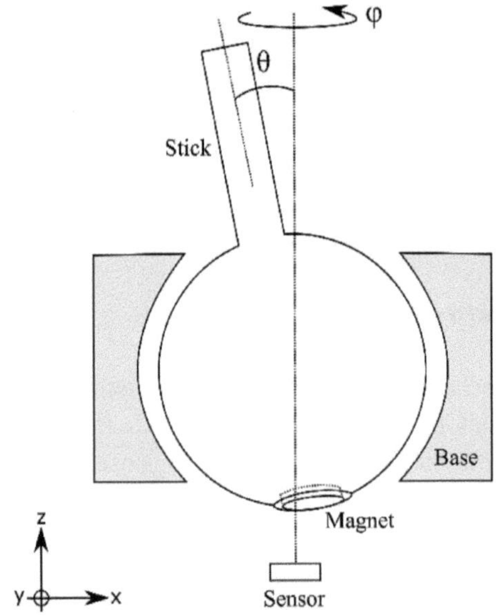

Bild 7: Schematische Darstellung eines magnetischen Joysticks mit einem 3D-Hallsensor unterhalb des Sticks. Die Struktur besteht aus einem Magneten, welcher in der rotierenden Kugel des Sticks eingebettet ist. Die Kugel wird von einer Basis- oder Haltestruktur eingeschlossen, welche aber dennoch eine Neigung θ und Rotation φ des Sticks zulässt. Der Magnet ist der vom Stab definierten Achse (hier Z-Richtung) magnetisiert, so dass der 3D-Hallsensor dem Nord- oder Südpol ausgesetzt ist.

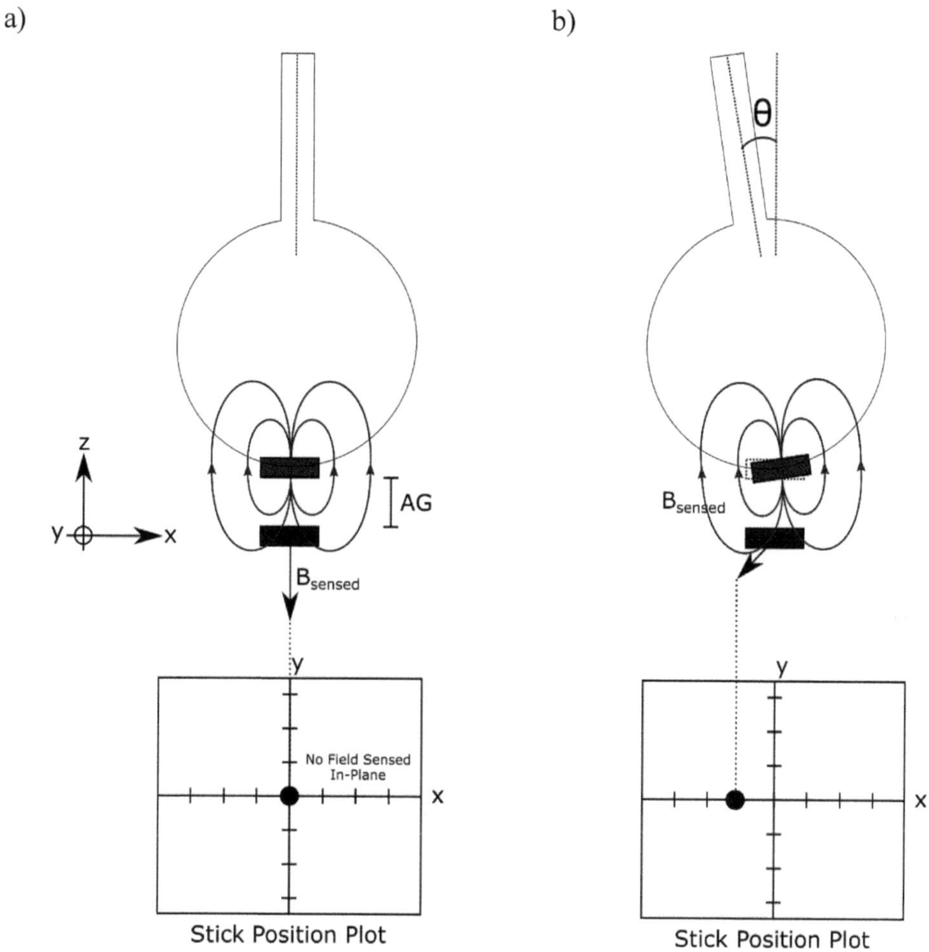

Bild 8: Funktionsbeispiel für Joystick mit 3D-Hallelement, welches einen Luftspalt (AG) zum Magneten hat. In a) ist der Joystick in seiner initialen Position. Das Magnetfeld ist auf die Stabachse ausgerichtet. Das in X- und Y-Richtung erfasste Signal ist Null, da der Magnet orthogonal zur Sensorebene ist. In b) ist der Joystick in gekippter Position. Das Kippen des Magneten, um den Winkel θ, ergibt bei der Projektion des Magnetfeldes auf den Sensor einen Wert ungleich Null. Dieser Effekt erzeugt das bekannte Verhalten eines Joysticks.

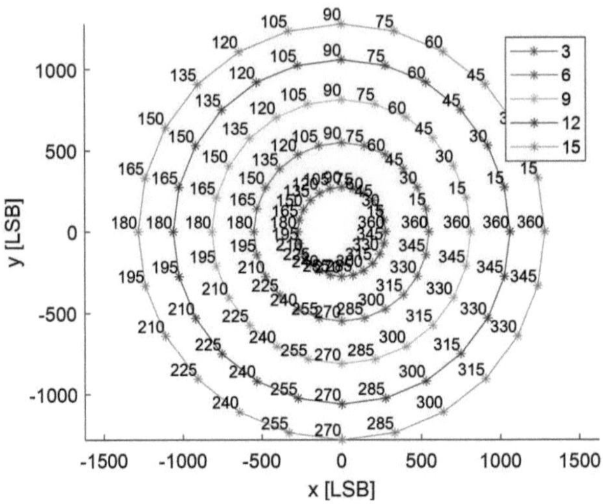

Bild 9: Projektion des Magnetfelds für X- und Y-Achse in Abhängigkeit vom Neigungs- und Drehwinkel. Die X- und Y-Achse ist als Bitwertigkeit ausgeführt, hier als niedrigstwertiges Bit (*LSB*) angeben.

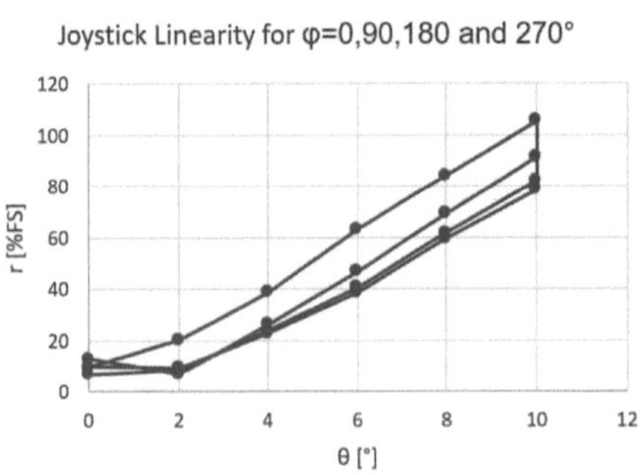

Bild 10: Linearität in unterschiedlicher Betätigungsrichtung eines Potentiometer-Joysticks. Die Reaktion ist in allen Richtungen inhomogen und für kleine (<5°) und große Winkel (>5°) unterschiedlich.

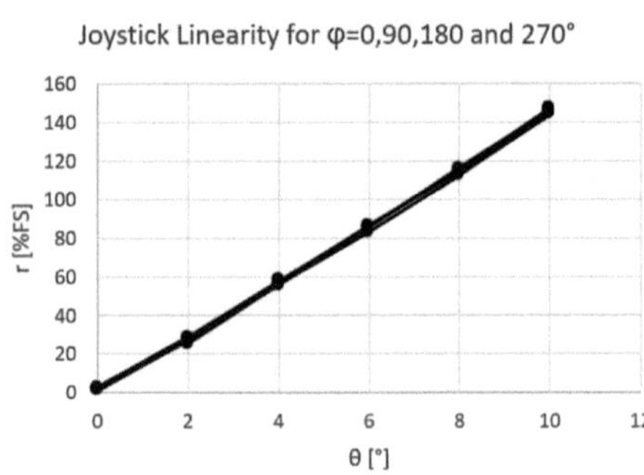

Bild 11: Linearität in unterschiedlicher Betätigungsrichtung eines magnetbasierten Joysticks. Die Reaktion ist linear und in alle Richtungen ähnlich.

Die 3D-Halltechnologie ist in der Lage, das Design hochwertiger Bedienelemente-Joysticks zu vereinfachen. Ein Merkmal, das üblich ist, ist die Push-Funktion (knopfartige vertikale Betätigung des Sticks). Während ein einfacher Joystick nur zwei von drei Achsen für die Bewegungserfassung verwendet, nutzt der Joystick mit Push-Funktion alle drei Achsen der Sensorik. Wenn der Stick gedrückt wird, wird der Magnet in Richtung der Hallsensoren gerichtet. Das sensorische Magnetfeld wird auf der planaren Hallplatte (Z-Achsen) erhöht, die für das Schaltverhalten verwendet werden kann. Der Nachteil eines Sticks, der sich nicht nur bewegen, sondern auch gedrückt werden kann, ist die inhärente Korrelation von X-/Y-Signalen und Z-Signalen.

Die Ratio-Tracking-Technik ist eine einfache und erschwingliche Technik, die diese Korrelation deutlich reduziert, um eine unabhängige Joystickbewegung (X-/Y-Cursorbewegung) und Push-Funktion (Z-Bewegung) zu bekommen. Dies beruht auf einer einfachen Tatsache: Variationen des Luftspalts beeinflussen die Signalamplituden (X/Y und Z) auf ähnliche Weise. Das Verhältnis ist daher nahezu konstant. Das Kugelgelenk bei dieser Anwendung hat einen Durchmesser von 10 mm und kann maximal 25° seitlich ausgelenkt werden. Der Magnet hat einen Durchmesser von 5,4 mm, eine Stärke von 1 mm und ist axial magnetisiert.

Der Luftspalt (AG) sollte in etwa 1 mm betragen. Es gibt zwei Arten, um die Auslenkung des Joysticks zu erfassen (vgl. Bild 12). Dies geschieht entweder direkt, durch die Signale der vertikalen Hallplatten, oder durch den Quotienten aus X/Z bzw. Y/Z. Der Vorteil der zweiten Variante liegt in der geringeren Luftspalt-Abhängigkeit bei großen Auslenkungen (vgl. Bild 13 und Bild 14). Die Luftspalte treten fertigungsbedingt auf.

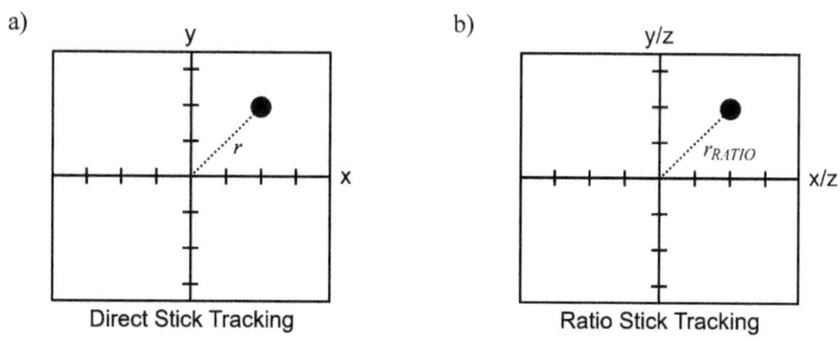

Bild 12: Stick-Erfassungsarten: entweder a) direkt durch Flussdichtekomponenten X und Y oder b) indirekt durch den Quotienten aus X/Z oder Y/Z.

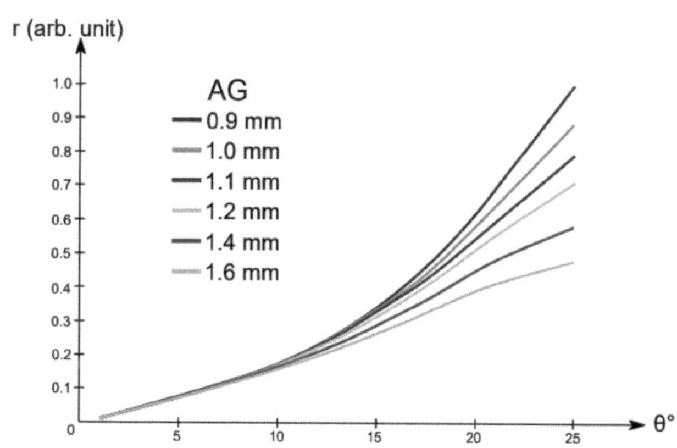

Bild 13: Signalabhängigkeit bei einfacher Auswertung der vertikalen Hallplatte X von Joystickwinkel in einer Ebene, wenn der Joystick nur in X-Richtung ausgelenkt wird. Ein kleiner Luftspalt (AG) führt zu einem Joystick, der für kleine Winkel θ linear reagiert, bei großen Winkeln aber nichtlinear wird. Diese Eigenschaft ist interessant, wenn eine hohe Linearität erforderlich ist bei größerem Luftspalt. Die Y-Achse ist normalisiert auf das maximale Magnetfeld.

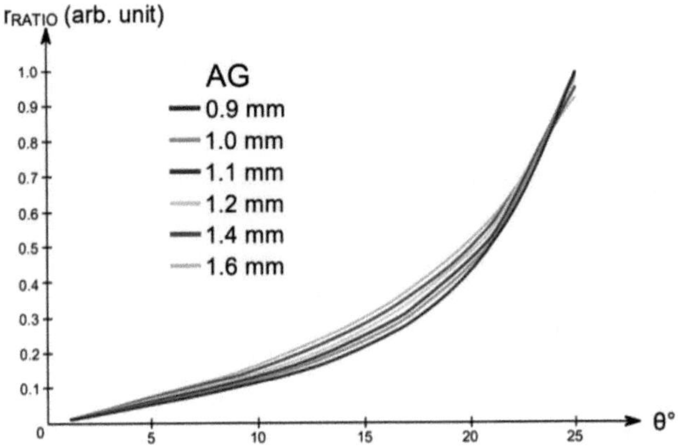

Bild 14: Signalabhängigkeit bei Quotienten-Auswertung der Hallplatten X/Z von Joystickwinkel in einer Ebene, wenn der Joystick nur in X-Richtung ausgelenkt wird. Der Joystick reagiert linear für kleine Winkel θ unabhängig vom Luftspalt (AG), wird aber nichtlinear für große Winkel. Diese Eigenschaft ist interessant für Anwendungen, welche eine hohe Empfindlichkeit bei hohen Winkeln erfordern. Die Y-Achse ist normalisiert auf das maximale Magnetfeld.

Die dargestellten Abhängigkeiten gelten nicht nur in den Ebenen X und Y, sondern ebenso bei Auslenkungen, die zwischen den Ebenen stattfinden. Es gilt gemäß Gleichung (1) nachfolgender Zusammenhang.

$$r_{ratio} = \sqrt{\left(\frac{x}{z}\right)^2 + \left(\frac{y}{z}\right)^2} \tag{1}$$

Durch die Quotientenmethode ist die Signalqualität bei großen Auslenkungen signifikant verbessert, wodurch sich diese Auswertung besonders für magnetische Joysticks mit hohen Präzisionsanforderungen eignet. Weitere Informationen sind in einem Anwendungshinweis [6] ersichtlich.

13.5.2 Linearbewegungsdetektion

Eine weitere Einsatzmöglichkeit eines 3D-Hallsensors ist die Positionsmessung von Linearbewegungen. Ein 3D-Hallsensor bietet für diese Anwendung die maximale Flexibilität bei der Ausrichtung. Dies ist gerade vorteilhaft, wenn man einen möglichst kleinen Luftspalt zwischen Sensor und Magneten benötigt. Das planare Hallelement erlaubt es, den Magneten parallel zur Sensoroberfläche zu bewegen. Ein Beispiel eines konkreten Anwendungsgebietes ist die Positionsdetektion einer Parksperre im Automobil, welche dafür sorgt, dass das Fahrzeug im geparkten Zustand sicher festgehalten wird. Mittels des Sensors wird kontrolliert, ob sich die Parksperre an der richtigen Position befindet.

13.5.2.1 Single-Ended-Messung

Eine Single-Ended-Messung ist eine Messung, wo nur mit einem 3D-Hallelement gemessen wird. Diese Art der Messung ist nicht Streufeldrobust. Im Anwendungsbeispiel gemäß Bild 15 wird von einer Bewegung von 14 mm ausgegangen. Über diesen Bewegungsbereich soll die Position möglichst genau gemessen werden.

Um den Bereich möglichst gut abzudecken wird der Sensor mittig platziert, sodass ±7 mm gemessen werden. Das stellt sicher, dass der Sensor über die ganze Bewegung ein Magnetfeld sieht, welches stark genug ist. Der Luftspalt (AG) beträgt 5 mm zum Hallelement und während des Betriebs wird von einem dynamischen Luftspalt von ±0,3 mm ausgegangen, welcher nicht korrigierbar ist. Der dynamische Luftspalt beinhaltet in diesem Fall mechanische Vibrationen und Verschleiß über Lebenszeit der Anwendung. Der Magnet besteht aus Ferrit mit einer Remanenz von 550 mT (5,5 kG) und misst 13 mm x 9 mm x 9 mm.

Wenn es die Anwendung erlaubt und keine oder nur sehr kleine Streufelder auftreten, ist eine Single Ended Messung zu bevorzugen, da dessen Performance besser ist. Bei größeren Streufeldern wird der Einfluss auf die Positionsbestimmung allerdings zu groß und es sollte eine differentielle Messung in Betracht gezogen werden. Beim ALS31313 muss berücksichtigt werden, dass nur ein planares Hallelement vorhanden ist und differentielles Messen nur in X- und Y-Richtung möglich ist.

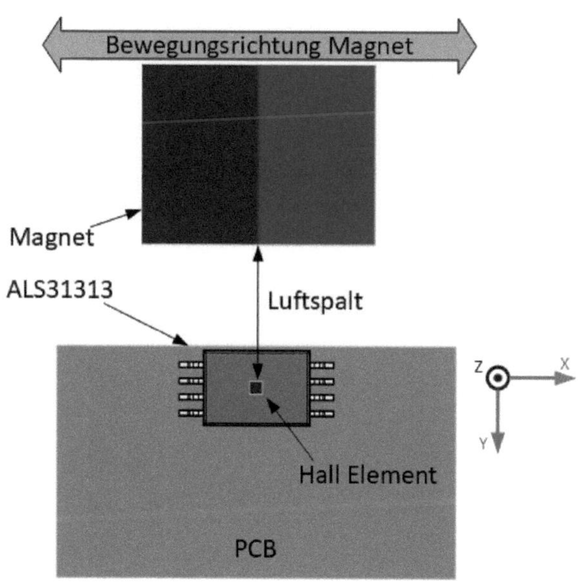

Bild 15: Anwendungsbeispiel Single-Ended. Der ALS31313 ist auf einer Leiterkarte (PCB) gelötet und hat einen definierten Luftspalt von 5 mm zwischen Hallelement und Magnet. Der Magnet bewegt sich in der gezeigten Richtung um ±7 mm. Für die Single-Ended-Messung wird nur ein Hallelement je Achse für die Messung genutzt.

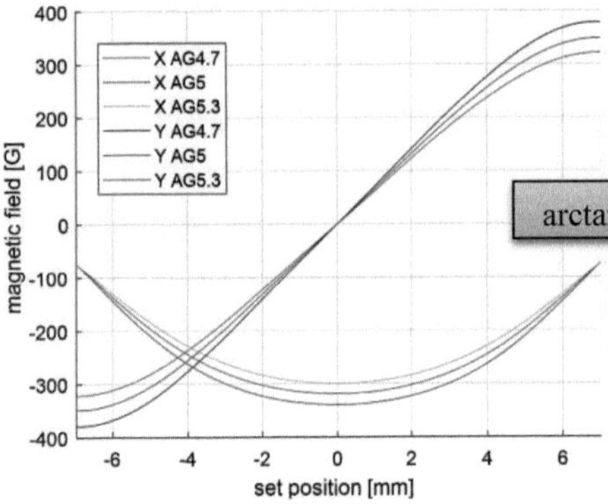

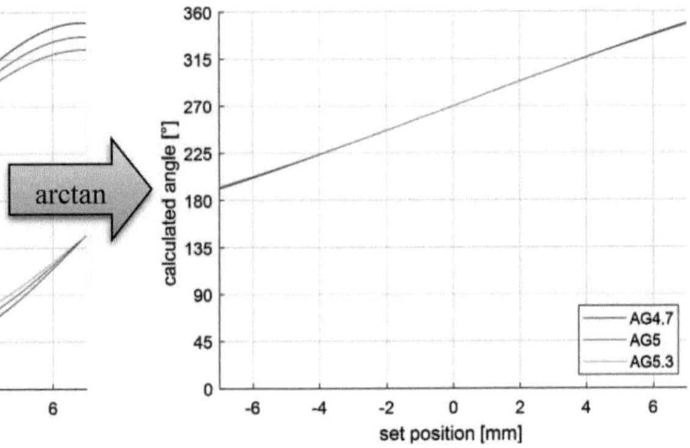

Bild 16: Feldstärke über 14 mm Weg für X- und Y-Kanal (Single-Ended). Die Amplitude des Magnetfelds (Y-Achse) ist mit bis zu ±400 G sehr gut für eine Single Ended Messung geeignet.

Bild 17: Winkelausgabe über 14 mm Weg (Berechnet mittels arctan-Funktion und X- und Y-Kanal). Der Winkel für diese Messung ist schon nahezu linear. Es wird ca. der halbe Ausgangsbereich vom Sensor genutzt. Die dynamische Luftspaltänderung hat nur einen sehr kleinen Einfluss auf den Winkel.

In Bild 16 und Bild 17 wird der Vorteil gezeigt, wenn zwei Achsen für die Positionsbestimmung benutzt werden: Das Messergebnis ist unempfindlicher gegenüber dynamischen Luftspaltänderungen. Luftspaltänderungen von ±0,3 mm haben nur einen sehr geringen Einfluss auf den vom Mikrocontroller berechneten Winkel. Im weiteren Vorgehen müsste ein Mikrocontroller den Winkel in eine Position umrechnen. Idealerweise würde der Mikrocontroller die Ausgabedaten direkt linearisieren.

Die Linearisierungsparameter müssten nach dem Zusammenbau in der Produktion mit einer Messung ermittelt werden. Wurde dies durchgeführt, kann der gemessene Winkel von 0° bis 360° ausgegeben werden, was in Millimeter umgerechnet wird (vgl. Bild 18). Im Anschluss kann von der gemessenen Position die gesetzte Position abgezogen werden, um den Positionsfehler zu ermitteln (vgl. Bild 19). In diesem Beispiel beträgt der Positionsfehler durch einen dynamischen Luftspalt von ±0,3 mm ca. ±0,1 mm. Über einen Großteil der Bewegung wird gar ein deutlich geringerer Positionsfehler erreicht.

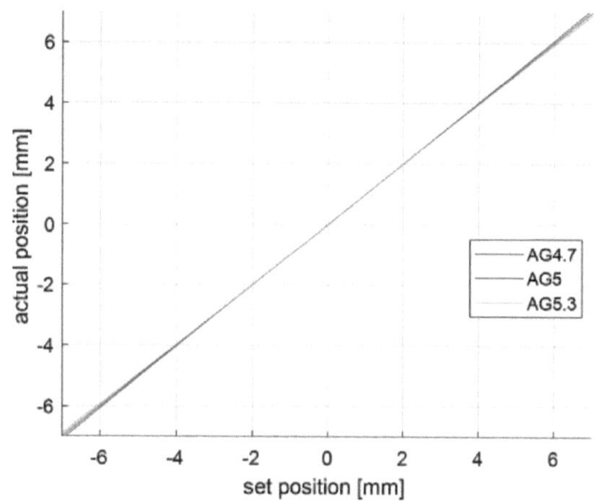

Bild 18: Winkel nach Linearisierung. Der nominelle Luftspalt von 5 mm bildet nun eine sehr lineare Linie über den ganzen Ausgabebereichs des Sensors abhängig von der Magnetposition.

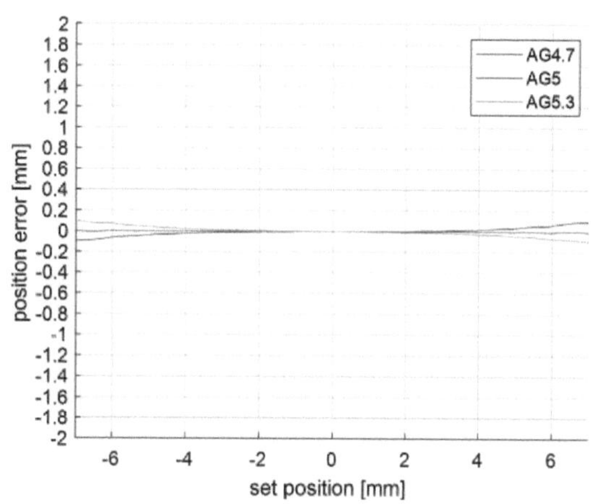

Bild 19: Positionsfehler durch dynamischen Luftspalt. Der nominelle Luftspalt von 5 mm hat eine verschwindend kleinen Positionsfehler. Der Positionsfehler inklusive des dynamischen Luftspalts beträgt ±0,1 mm.

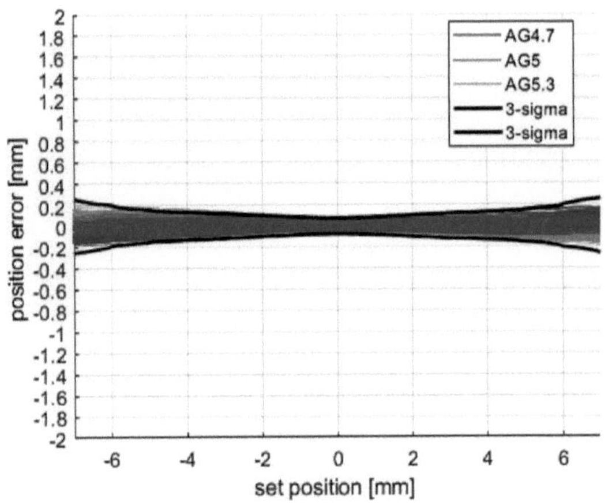

Bild 20: Positionsfehler inklusive Luftspaltänderungen und Sensorfehler. Sensorfehler und mechanische Toleranzen haben neben Streuquellen den größten Einfluss auf das Sensorsystem. Durch die Sensorfehler erhöht sich der Positionsfehler über die Messstrecke von ±0,1 mm (3-Sigma) auf ±0,26 mm (3-Sigma).

Werden dazu noch Sensitivitäts- und Offsetfehler über Temperatur hinzuaddiert (vgl. Bild 20), wird der Gesamtfehler vom System ersichtlich. In diesem Anwendungsbeispiel wird ein Positionsfehler von ±0,26 mm (3-Sigma) erreicht.

13.5.2.2 Einfluss von Streufeldern

Der Einfluss von Streufeldern kann relativ gravierend sein und unterschiedlichste Ursachen haben. Für dieses Beispiel gehen wir von einem homogenen Streufeld mit 4 kA/m aus (ca. 50 G), welches direkt auf den X-Kanal des Sensors wirkt. Wie in Bild 21 zu sehen, hat das Streufeld einen sehr starken Einfluss auf den gemessenen Positionsfehler. Statt ±0,26 mm Positionsfehler, wird jetzt ein Positionsfehler von ±1,0 mm (3-Sigma) gemessen. Mit einem differentiellen Sensor wäre ein homogenes Streufeld, wie hier im Beispiel betrachtet, vernachlässigbar.

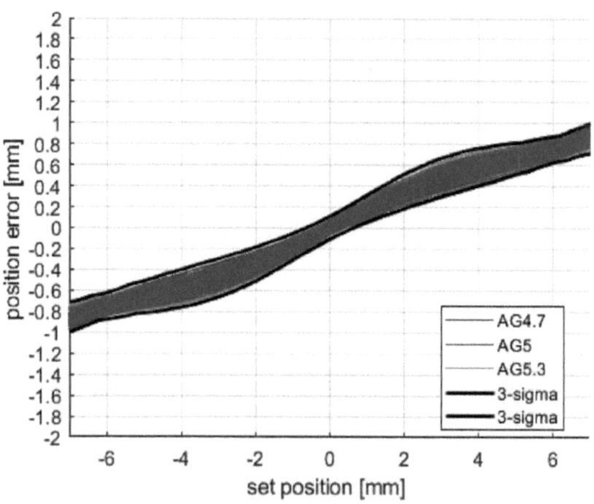

Bild 21: Einfluss von 4 kA/m Streufeld. Der Einfluss von Streufeldern ist signifikant bei einer Single-Ended Messung. Der Positionsfehler erhöht sich auf ±1 mm (3-Sigma).

13.5.2.3 Differentielle Messung

Bei der differentiellen Messung (vgl. Bild 22) werden für jede verwendete Achse zwei Hallelemente benötigt. Diese beiden Hallelemente haben dabei einen definierten Abstand, welcher beim ALS31313 [3] 1,36 mm beträgt. Auf der einen Seite ist gewünscht, dass die Hallelemente möglichst nah beieinander liegen, damit beide Elemente das gleiche Streufeld sehen, auf der anderen Seite ist es gewünscht, die beiden Elemente weiter auseinander zu legen, damit die Differenz der Magnetfeldmessung dieser beiden Hallelemente möglichst groß ist. Hier gilt es die beste Balance zwischen Streufeldrobustheit und Sensorperformance zu finden. Für homogene Streufelder ist der Hallelement Abstand nicht wichtig, für differentielle Streufelder, also Streufelder mit einer starken Steigung, ist der Abstand der Hallelemente dagegen entscheidend für die Robustheit der Messung. Zur Vereinfachung und weil es bei der Single-Ended-Messung schon gezeigt wurde, wird in diesem Beispiel erneut ein homogenes Streufeld angenommen.

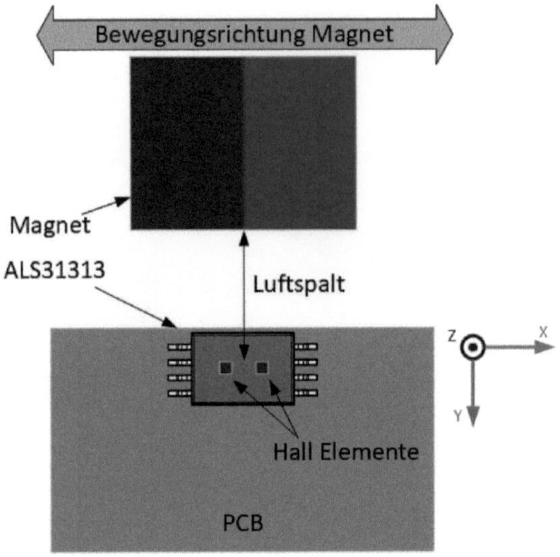

Bild 22: Anwendungsbeispiel Differential. Der ALS31313 ist auf einer Leiterkarte (PCB) gelötet und hat einen definierten Luftspalt von 5 mm zwischen den Hallelementen und dem Magneten. Der Magnet bewegt sich in der gezeigten Richtung um ±7 mm. Für die differentielle Messung werden zwei Hallelement je Achse für die Messung genutzt. Der Vorteil der differentiellen Messung liegt in der Störfestigkeit gegenüber Streufeldern.

Der Luftspalt (AG) beträgt erneut 5 mm zum Hallelement und während des Betriebs wird von einem dynamischen Luftspalt von ±0,3 mm ausgegangen, welcher nicht korrigierbar ist. Der Magnet wurde leicht verändert und besteht aus Neodym-Eisen-Bor mit einer Remanenz von 1,15 T (11,5 kG) und misst 9 mm x 9 mm x 9 mm. In diesem Fall kommt ein deutlich stärkerer Magnet zum Einsatz, da nur die Differenz zwischen den beiden Hallelementen je Achse betrachtet wird. Durch die Differenzbildung werden die nutzbaren Signale kleiner, was mit einem stärkeren Magneten zum Teil kompensiert werden kann.

In Bild 23 sieht man die gemessenen Feldstärken für das erste Hallelement (HP1) und dem zweitem Hallelement (HP2) mit den verschiedenen Luftspalten. Für die differenzielle funktionsweise wird nun HP2 von HP1 abgezogen. Dadurch werden homogene Streufelder komplett eliminiert. Das Ergebnis ist in Bild 24 zu sehen. Wie im Beispiel zum Single-Ended-Messverfahren wird jetzt extern vom Mikrocontroller der Winkel mittels arctan-Funktion berechnet (vgl. Bild 25) und linearisiert (vgl. Bild 26).

Nach der Linearisierung kann der Positionsfehler dargestellt werden. In diesem Beispiel beträgt der Positionsfehler durch einen dynamischen Luftspalt von ±0,3 mm ca. ±0,2 mm (Bild 27). Das ist genauso viel, wie bei der Single-Ended-Messung, allerdings lässt sich schon erkennen, dass auch im mittleren Teil ein höherer Fehler vorliegt. Werden dazu noch Sensitivitäts- und Offsetfehler über Temperatur addiert (vgl. Bild 28), wird der

Gesamtfehler des Systems ersichtlich. In diesem Anwendungsbeispiel wird ein Positionsfehler von ±0,6 mm (3-Sigma) erreicht.

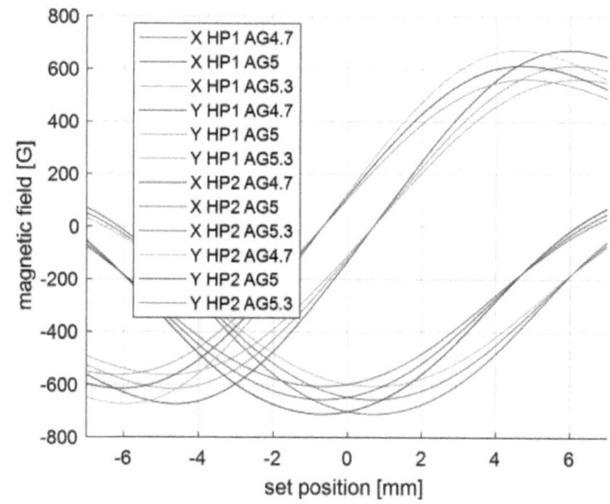

Bild 23: Feldstärke über 14 mm Weg für X- und Y-Kanal beider Hallelemente. Das Magnetfeld ist wieder ausreichend stark.

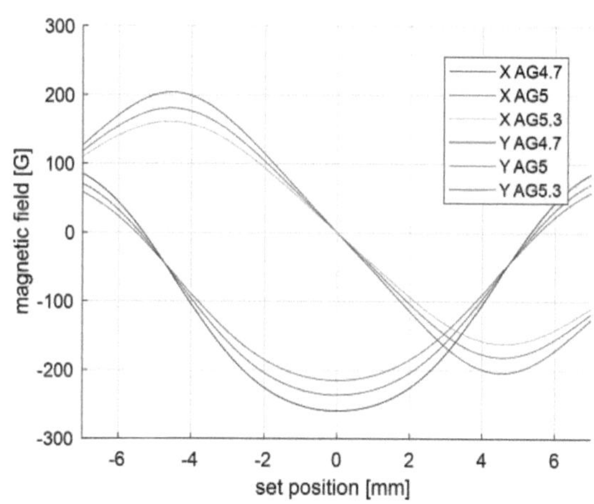

Bild 24: Differentielle Feldstärke (Hallelement 2 minus Hallelement 1). Auch das differentielle Magnetfeld ist ausreichend.

Die Genauigkeit der differentiellen Messung ist damit der Single-Ended-Messung unterlegen. Der Unterschied würde mit steigendem Bewegungsbereich noch etwas größer werden, da größere Kompromisse bei der Magnetgeometrie gemacht werden müssten als bei der Single-Ended-Messung. Wird hingegen der Positionsfehler von ±0,6 mm (3-Sigma) der differentiellen Messung mit dem Positionsfehler der Single-Ended-Messung inklusive Streufeld verglichen (±1 mm, 3-Sigma), wird ersichtlich, dass die differentielle Messung in diesem Szenario deutlich überlegen ist.

In Tabelle 2 ist die technische Performance des Sensors ALS31313KLEATR-1000 gemäß [3] ersichtlich.

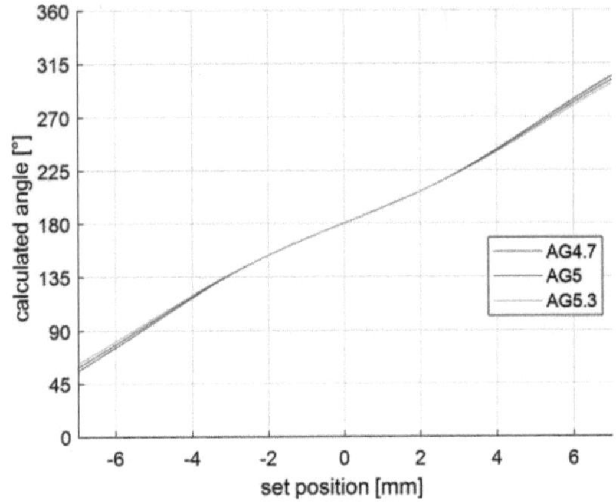

Bild 25: Berechneter Winkel mittels arctan-Funktion aus X- und Y-Kanal. Der Winkel ist nicht so linear, wie bei der Single-Ended-Messung.

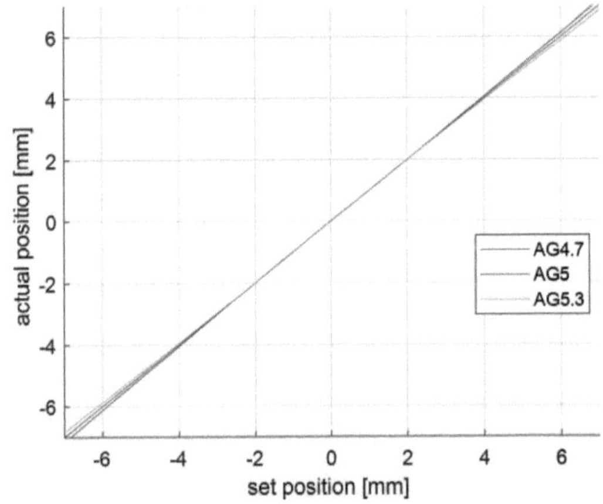

Bild 26: Winkel nach Linearisierung. Nach der Linearisierung ist das Ausgabesignal über der Messtrecke linear und kann in eine Position umgerechnet werden.

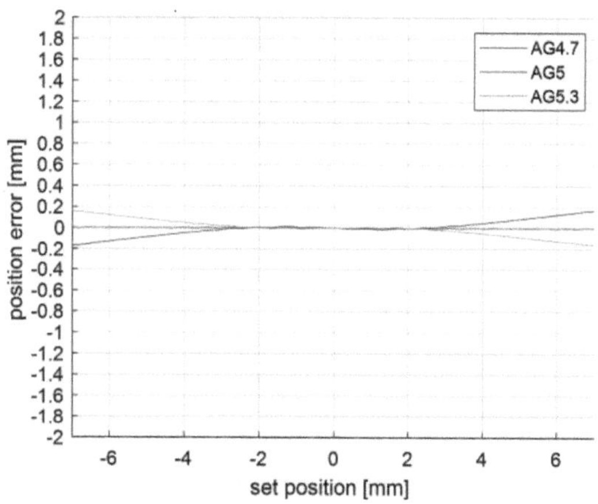

Bild 27: Der Positionsfehler durch die dynamische Luftspaltänderung beträgt ±0,2 mm.

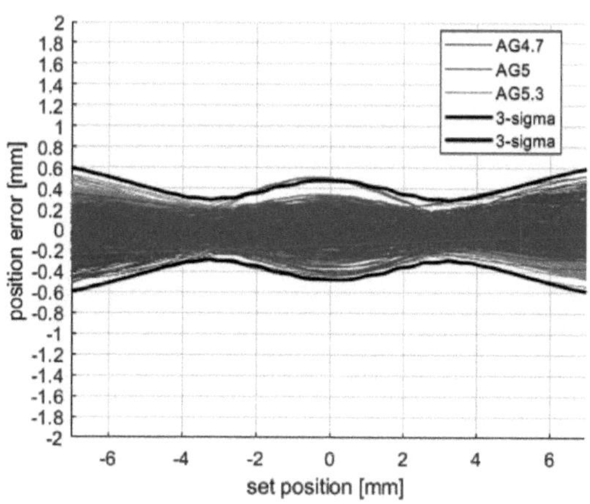

Bild 28: Der Positionsfehler inklusive Luftspaltänderungen und Sensorfehler beträgt ±0,6 mm (3-Sigma).

Tabelle 2: Technische Performance ALS31313KLEATR-1000 [3].

Eigenschaft	Wert
Betriebstemperatur T_A	$-40\ °C \leq T_A \leq 125\ °C$
Betriebsspannung V_{cc}	$2{,}65\ V \leq V_{cc} \leq 3{,}5\ V$
Stromaufnahme I_{cc}	Typ.: 3,4 mA (normal) Typ.: 12 µA (Sleep-Mode) Typ.: 6,2 mA (EEPROM Programmierung)
Optimierter Erfassungsbereich B_{IN}	$-1000\ G \leq B_{IN} \leq +1000\ G$
Sensitivität $SENS$	2 LSB/G
Schnittstelle	I²C
Pinbelegung	Pin 1: Betriebsspannung Pin 2: ADR0 Pin 3: Masse Pin 4: Interrupt Ausgang Pin 5: NC Pin 6: ADR1 Pin 7: SDA Pin 8: SCL
Gehäuse	TSSOP8 (LE)
Abmessungen	6,4 mm x 3 mm x 1,1 mm
RMS Rauschen X-/Y-Kanäle $N_{RMS(XY)}$, Select = 0	Typ.: 4 G
RMS Rauschen Z-Kanal $N_{RMS(Z)}$, BW Select = 0	Typ.: 1,5 G
Offsetfehler Drift über Lebenszeit E_{OFF_DRIFT}	$-10\ LSB \leq E_{OFF\_DRIFT} \leq +10\ LSB$
Sensitivitätsfehler Drift über Lebenszeit E_{SENS_DRIFT}	$-2{,}6\% \leq E_{SENS\_DRIFT} \leq +2{,}6\%$
Update Rate	1 Kanal: Typ.: 6 bis 63 kHz 2 Kanäle: Typ.: 3 bis 24 kHz 3 Kanäle: Typ.: 2 bis 16 kHz einstellbar über das Register BW Select
−3 dB Bandbreite	Typ.: 3,5 bis 40 kHz einstellbar über das Register BW Select

13.6 Sensorsysteme im Vergleich

13.6.1 ALS31313 versus A3131x Single-Ended

Die zukünftige Generation der 3D-Hallsensoren (A3131x) ist dem ALS31313 bei der Linearbewegung im Single-Ended-Modus deutlich überlegen (vgl. Bild 29 und Bild 30). Während die Performance in den Randbereichen noch vergleichbar ist (3-Sigma), ist der Positionsfehler (3-Sigma) über einen Großteil der Bewegung nur noch halb so groß wie beim ALS31313. Die bessere Performance ist hauptsächlich auf Verbesserungen im Design bzgl. Sensitivitäts- und Offset zurückzuführen.

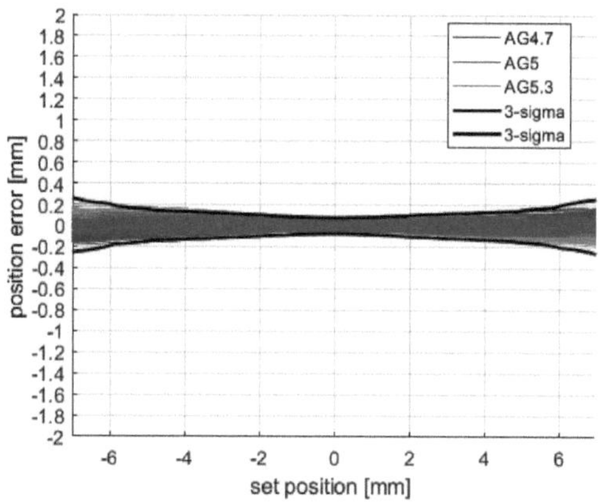

Bild 29: ALS31313 Single Ended Positionsfehler inklusive Luftspaltänderungen und Sensorfehler.

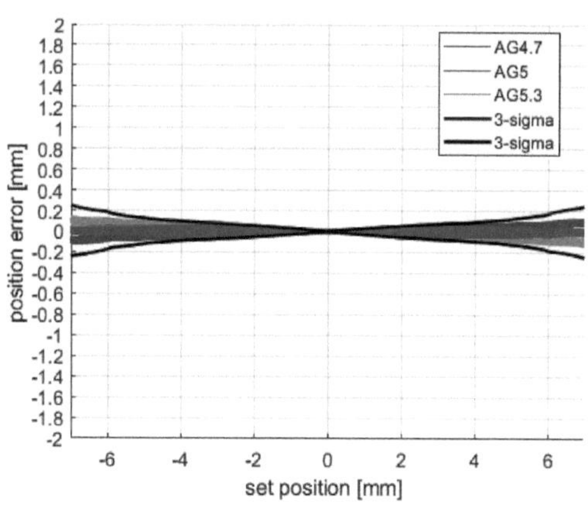

Bild 30: A3131x Single Ended Positionsfehler inklusive Luftspaltänderungen und Sensorfehler.

13.6.2 ALS31313 versus A3131x Differentiell

Bei der Linearbewegung im differentiellen Modus fällt der Unterschied noch deutlicher aus, wie bei der Single-Ended-Messung (vgl. Bild 31 und Bild 32). Mit einem anderen Magneten für den A3131x wäre das Ergebnis noch besser. Das ist unter anderem damit begründet, dass die Hallelemente im A3131x 2,2 mm voneinander entfernt sind, statt 1,36 mm wie beim ALS31313. Damit wäre für den A3131x eine leicht andere Magnetgeometrie besser geeignet. Dennoch macht sich auch hier die bessere Performance bei Sensitivitäts- und Offsetdrift bemerkbar. Der Positionsfehler ist fast nur noch halb so groß, wie beim ALS31313.

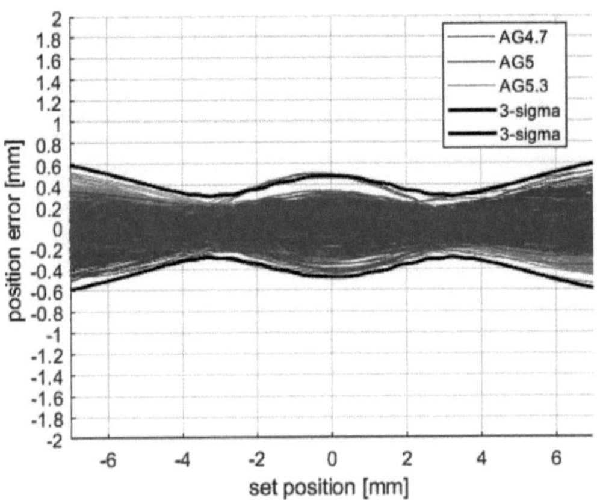

Bild 31: ALS31313 differentiell, Positionsfehler inklusive Luftspaltänderungen und Sensorfehler.

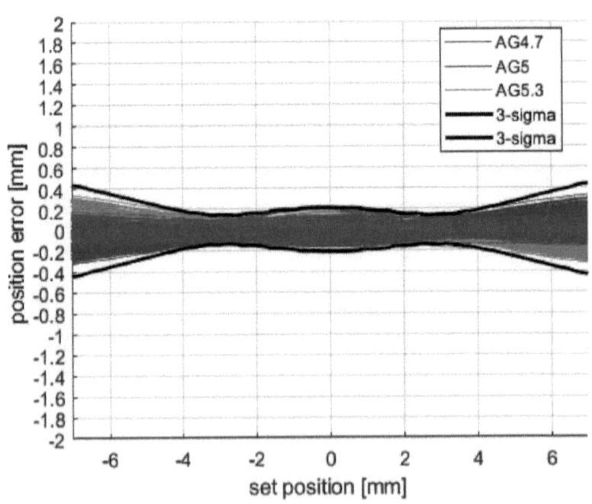

Bild 32: A3131x differentiell, Positionsfehler inklusive Luftspaltänderungen und Sensorfehler.

13.6.3 ALS31313 versus A3131x Rauschen Single-Ended

Das Rauschverhalten, welches beim ALS31313 bereits sehr gut ist und nur einen Positionsfehler von ±35 µm verursacht, wurde beim A3131x ebenfalls verbessert (vgl. Bild 33). Beim A3131x liegt der Positionsfehler durch Rauschen bei ≪ ±5 µm (vgl. Bild 34).

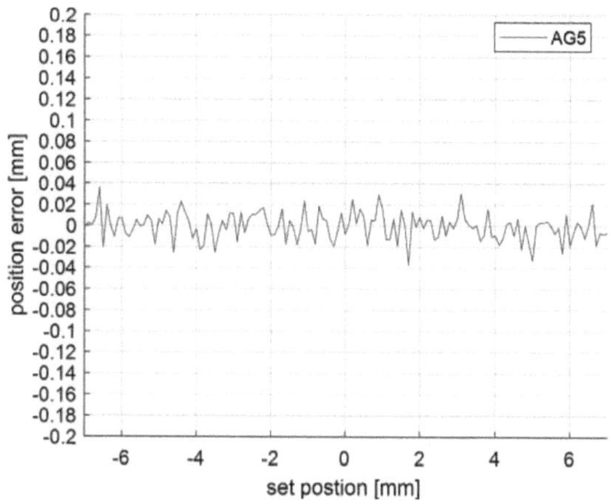

Bild 33: ALS31313, Positionsfehler durch Rauschen bei Single-Ended-Messung.

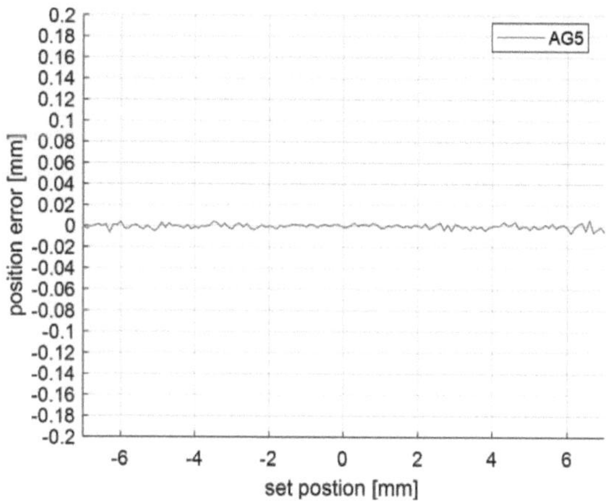

Bild 34: A3131x, Positionsfehler durch Rauschen bei Single-Ended-Messung.

13.7 Zusammenfassung und Ausblick

Dieser Beitrag stellt den 3D-Hallsensor ALS31313 vor, welcher für die Automobilindustrie entwickelt wurde. Mit dem 3D-Hallsensor können eine Vielzahl von berührungslosen und verschleißfreien Systemen realisiert werden, welche präzise, energiesparend und kosteneffizient sind. Das Besondere am ALS31313 ist, dass er einen preiswerten Einstieg in die differentielle Magnetfeldmessung bietet und dazu auch noch mit Eigenschaften, wie einer intelligenten Energieverwaltung aufwarten kann. Sein Interrupt-Pin kann dazu genutzt z. B. externe Mikrocontroller aufzuwecken, womit zusätzlich Energie im Gesamtsystem gespart werden kann.

Weitere 3D-Hallsensoren, speziell für den Automotive Markt sind in der Entwicklung, wobei typische Automotive-Schnittstellen, verbesserte Performance und neue Packages im Fokus stehen. Dass führt zu einer nochmals stark verbesserten Performance in den Bereichen Offset- und Sensitivitätsdrift, als auch beim Rauschverhalten. Des Weiteren kommen für verschiedene Anwendungsgebiete spezialisierte Sensoren zum Einsatz. Dazu zählen 3D-Hallsensoren, welche lediglich Single-Ended-Anwendungen unterstützen und auch nur zwei selektierbare aktive Achsen zulassen, als auch Sensoren welche voll 3D-fähig sind mit einem differentiellen Modus, der über alle Achsen hinweg funktioniert.

Ein weiteres Highlight der neuen Generation ist der erhöhte Grad der Integration. Im Beispiel der Linearanwendung musste noch ein Mikrocontroller die Winkelberechnung und Linearisierung übernehmen. Bei den zukünftigen Sensoren, wie dem A3131x wird das nicht mehr nötig sein, da diese Funktionen bereits im Sensor integriert sind. Der Sensor muss lediglich für die Linearisierung kalibriert werden. Kommuniziert wird mit dem Sensor dabei über verschiedene Ausgangsprotokolle, welche im Automobilbereich Standard sind. Für die immer höheren Sicherheitsanforderungen im Automobilmarkt sind die neuen Sensoren je nach Variante bereits ASIL-Level B und D (Automotive Safety Integrity Level) nach ISO 26262:2011 [7] konform.

Literatur

[1] Friedrich, A. P., Ostermann, T. J., „Allegro 3D Low Power Halleffektsensoren“, *Sensor Magazin*, No. 3, pp. 25–27, 2019.

[2] NXP Semiconductors, „The I²C-Bus Specification and User Manual“, Rev. 6, 2014.

[3] Allegro Datasheet ALS31313-DS, Rev. 4, „Automotive Grade, 3-D Linear Hall-Effect Sensor with I2C Output and Advanced Low Power Management“, 2019.

[4] Bussing, W., Bate, R., „3D Linear or 2D Angle Sensing with ALS31300 and ALS31313 Hall-Effect IC*s*“, *Allegro MicroSystems Application Information 296140-AN*, Rev. 2, 2019.

[5] Bussing, W., „Advanced Power Management Using the ALS31300 and ALS31313 3D Hall-Effect Sensor ICs with I²C Output“, *Allegro MicroSystems Application Information 296144-AN*, Rev. 3, 2019.

[6] Lutz, C., Foletto, A., „Joystick with Allegro Position Sensor IC“, *Allegro MicroSystems Application Information AN296164*, Rev. 1, 2019.

[7] ISO 26262-1:2011, „Road vehicles — Functional safety“, 2011.

Kapitel 14
Positionserfassung mittels Sensor-Array aus Tunnel-Magnetoresistiven Vortex-Dots und lernender Signalverarbeitung

Thorben Schüthe[1], Oleg Petrak[1], Klaus Jünemann[1], Karl-Ragmar Riemschneider[1]

Kurzfassung Neue Anforderungen an magnetische Sensoren werden aktuell mit innovativen Sensortechnologien und Signalverarbeitungskonzepten beantwortet. Der Beitrag diskutiert Entwicklungen des Tunnel-Magnetoresistiven Effekts (TMR) einschließlich des komplexen Verhaltens von Dots mit Wirbelstruktur (Vortex). Die große Anzahl dieser TMR-Vortex-Dots auf dem Sensor-Chip erlaubt Lösungsansätze, die über Brückenschaltungen hinausgehen. Als Beispiele werden matrixförmige Array-Anordnungen gezeigt, denen eine ortsaufgelöste Signalverarbeitung nachgeschaltet ist. Die Ausgangsdaten des Sensor-Arrays werden mit einem Abbildungsmodell oder mit modellfreien Regressionsmethoden ausgewertet. In einer Trainingsphase werden die Parameter des Abbildungsmodells ermittelt oder Referenzmesswerte der Regressionsmethode gespeichert und für die Verwendung in der Arbeitsphase vorverarbeitet. In einer Arbeitsphase läuft die Signalverarbeitung in optimierter Hardware. Sie ist befähigt, Ablagen zu kompensieren und Störfelder zu unterdrücken. Das Sensorverhalten wird hierzu mit einem Kennfeld nachgebildet, dessen Daten automatisiert erhoben werden.

14.1 Einleitung

Magnetische Sensoren gelten als zuverlässige Lösungen für mechatronische Anwendungen. Zu nennen sind messtechnische Aufgaben wie die Positions-, Drehzahl- und Winkelerfassung. Da sie das magnetische Feld eines mechanisch bewegten Bezugssystems (Encoderrad oder Gebermagnet) berührungslos in eine elektrische Größe wandeln, ist kein elektromechanischer Kontakt oder ein optischer Encoder erforderlich. Damit zählen sie zu den besonders robusten Sensoren.

---

[1] Hochschule für Angewandte Wissenschaften Hamburg.

T. Tille (Hrsg.), *Automobil-Sensorik 3*, https://doi.org/10.1007/978-3-662-61260-6_14

Neben der Messung von mechanischen Größen können die Sensoren auch zur Strommessung verwendet werden. Dabei sind sie in vielen Fällen das Mittel der Wahl, um Shunt-Widerstände zu vermeiden und eine galvanische Trennung zu gewährleisten. Zudem sind sowohl Gleich- als auch Wechselstrommessungen möglich.

Magnetische Sensoren haben in der Automobilelektronik einen stabilen Markt, in dem Typen auf der Basis des Hall- und des Anisotropen-Magnetoresistiven Effektes (AMR) vorherrschen. In den nächsten Jahren wird ein technologischer Wandel von dem Hall- und AMR-Effekt hin zum Tunnel-Magnetoresistiven Effekt (TMR) erwartet, weil sich mit ihm viele Anforderungen sehr günstig erfüllen lassen [1]. Heute wird die Sensorentwicklung durch steigende Zuverlässigkeits-Anforderungen getrieben. Es wird erwartet, dass diese nicht nur mit Maßnahmen der Qualitätssicherung, sondern erst durch intelligente Verarbeitungsschritte zu erfüllen sind. Diese können direkt im Sensor durch einen Digital-Chip realisiert werden. Unter dem Stichwort „Self-X“ werden Fähigkeiten zusammengefasst, die Selbsttest, Selbstdiagnose und Selbstkalibrierung umfassen.

In folgenden Abschnitten wird an Beispielen erläutert, wie die TMR-Technologie in Array-Strukturen verwendet wird, mit passender Signalverarbeitung Self-X-Fähigkeiten erlangt und dafür erforderliche Parameter durch Trainingsmuster erlernt werden.

14.2 Tunnel-Magnetoresistive Sensoren

14.2.1 Aufbau und Funktion von TMR-Sensoren

Als wesentlicher Fortschritt der TMR-Sensoren ist das erheblich vergrößerte Ausgangssignal bei gleicher magnetischer Anregung zu nennen. Diese sensorische Empfindlichkeit ist mindestens drei Größenordnungen höher gegenüber des Hall-Effekts und mindestens eine gegenüber des AMR-Effekts [2–4]. Dies wirkt sich im verbesserten Signal-Rausch-Abstand insbesondere gegenüber Lösungen aus, die auf dem Hall-Effekt basieren. Die Verstärkung im TMR-Sensor vor der Analog-Digital-Wandlung kann gering gewählt werden oder auch entfallen. Hierdurch sinkt der entsprechende Schaltungsaufwand. Mit dem TMR-Effekt lassen sich Entwürfe umsetzen, die in der Gesamtschaltung hochohmiger als AMR-Anordnungen sind. Daher ist der Strombedarf für die sensorische Funktion niedriger.

Der TMR-Effekt nutzt die Änderung des Tunnelstroms durch eine sehr dünne Barriereschicht (typ. 1 bis 2 nm) aus, welche sich zwischen zwei leitenden Schichten mit ferromagnetischen Eigenschaften befindet. Liegt zwischen diesen Schichten eine Spannung an, hängt der Tunnelstrom durch diese Barriere von der Magnetisierung ober- und unterhalb der Barriereschicht ab. Bei gegensätzlicher, antiparalleler Magnetisierung fließt ein geringer und bei Magnetisierung in gleicher, paralleler Richtung ein hoher Tunnelstrom. Das entspricht einer Widerstandsänderung. Die untere Schicht wird einheitlich magnetisch ausgerichtet und fixiert. Sie wird als Pinned Layer bezeichnet. Die Fixierung geschieht durch Magnetisierung am Ende des Herstellungsprozesses. Sie kann in verschiedenen

Richtungen erfolgen. Eine weitere, darunter liegende Schicht mit antiferromagnetischen Eigenschaften trägt dazu bei, die Fixierungsrichtung dauerhaft festzuhalten. Die Schicht über der Barriere besteht aus weichmagnetischem Material, das in der Magnetisierungsrichtung dem äußeren Magnetfeld folgen kann. Sie wird freie Schicht genannt (Free Layer). Das äußere Feld ist die Messgröße, die durch den mechanisch bewegten Encoder-Magneten erzeugt wird. Aus technologischen Gründen wird der TMR-Effekt nicht flächig verwendet, sondern als räumlich begrenzter Schichten-Stapel (TMR-Stack). Diese sensitiven Elemente werden Dots genannt. Von oben gesehen haben die Dots eine ovale oder rechteckig abgerundete Form in der Größe von 0,5 μm bis 6 μm. Die ovale Form unterstützt durch Form-Anisotropie eine Vorzugsrichtung der freien Schicht. Als Sensor-Design werden häufig 20 bis 40 Dots zu Strängen in Reihe geschaltet. Einige dieser Stränge werden als Felder nebeneinander parallelgeschaltet.

Aus vier Feldern kann eine Brückenschaltung aufgebaut werden, wobei die Dots eines jeden Feldes eine um 90° versetzte Fixierung der Pinned Layer aufweisen. Weiterhin gibt es Schaltungen mit acht Feldern als Doppelbrücken beispielsweise für Gradiometer mit differentiellem Sensorverhalten oder für Winkelsensoren. Letztere liefern Sinus- und Cosinus-förmige Signale gegenüber einem rotierenden Geberfeld.

Seit wenigen Jahren ist die TMR-Technologie durch eine vielbeachtete Variante ergänzt wurden, bei der ein Dot-Aufbau mit wirbelförmiger Magnetisierung genutzt wird. Diese Variante ist allgemein als TMR-Vortex-Technologie beschrieben und weist einige besondere Eigenschaften auf [5–7]. Bemerkenswert ist dabei der ausgeprägte lineare Bereich des Sensors in Abhängigkeit der Feldstärke in einer Richtung des von außen wirkenden Magnetfeldes und die erheblich beschränkte Wirkung des Querfeldes in der orthogonalen Richtung. Der Aufbau mit kreisrunden Dots und das Ausgangsverhaltens der beiden TMR-Technologien sind in Bild 1 schematisch gezeigt. Für die Beschreibung des physikalischen Verhaltens des magnetischen Wirbels und der Wirkung auf den Tunnelstrom wird auf aktuelle Literatur verwiesen [8–10], da in diesem Beitrag nur das für den Anwender relevante Verhalten als Gesamtsensor beschrieben werden soll.

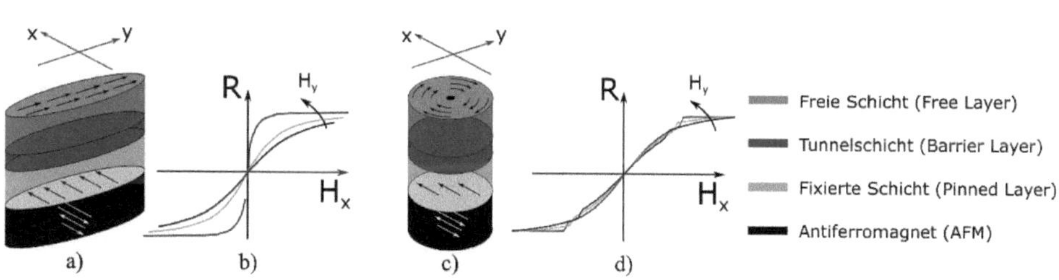

Bild 1: a) TMR-Dot mit einer gleichmäßigen Vorzugsrichtung der Magnetisierung der freien Schicht. **b)** Der Querfeldeinfluss H_y bewirkt, dass sich eine Kennlinienschar aufspreizt. **c)** TMR-Dot mit Vortex-Magnetisierung. **d)** Die Kennlinienschar ist kaum aufgespreizt, es besteht nur geringer Querfeldeinfluss H_y. Zudem verläuft sie in einem Bereich um $H_x = 0$ nahezu linear.

Für die Messaufgabe könnte grundsätzlich die Information jedes einzelnen Dots separat genutzt werden. Jedoch wird dies heute noch nicht angewandt, auf den Sensor-Chips werden durch die Reihen- und Parallelschaltung der Dots viele Messwerte über eine Fläche als Mittelwert zusammengefasst. Das Forschungsvorhaben ISAR [11] geht von einem anderen Ansatz aus. Wenn die Dots eines TMR-Sensors einzeln auslesbar verschaltet werden, dann lassen sich ortsaufgelöste Informationen ähnlich denen eines Bildes gewinnen. Mit solchen Array-Strukturen lassen sich neue Sensorkonzepte umsetzen [12–15]. Diese Arrays werden in Hinblick auf die Störunterdrückung und die Behandlung von mechanischen Ablagen in Abschnitt 14.3 detailliert erläutert.

14.2.2 Automatisierter Messplatz

Zunächst wird das Messsystem sowie die magnetische Anregung für die Charakterisierung von magnetischen Winkelsensoren beschrieben. Anschließend folgt eine Betrachtung und Analyse des Verhaltens von zwei unterschiedlich aufgebauten Tunnel-Magnetoresistiven Winkelsensoren. Als erstes wird ein TMR-Winkelsensor vorgestellt, der aus ovalen Dots zusammengesetzt ist. In diesen Dots hat er eine Vorzugsrichtung der Magnetisierung in der freien Schicht. Als zweites wird ein Winkelsensor betrachtet, welcher kreisrunde Dots mit magnetischen Wirbelstrukturen nutzt. Das Verhalten wird anhand von vermessenen Kennfeldern diskutiert. Damit wird für beide Sensoren der Querfeldeinfluss untersucht.

Ein TMR-Sensor ist in der senkrechten Richtung (z) unempfindlich. Die Charakterisierung erfolgt in den Richtungen x und y, welche in der Ebene der Chip-Fläche liegen. In diesen Richtungen wirkt das aufgebaute Kreuzspulen-System. Als vorteilhaft hat sich eine Spulenkonstruktion erwiesen, die den zu vermessenden Sensor mit vier kegelförmigen, nach außen vergrößerten Spulen umgibt. Die Kegelform wird durch Zylinderspulen mit steigendem Durchmesser angenähert [16, 17]. Diese Formgebung ermöglicht eine maximale Füllung des verfügbaren Raumes um den Sensorbereich mit Kupferwindungen. Damit wird ein hoher Spulenfaktor erreicht, der wiederum hohe Feldstärken erlaubt. Allerdings kann der Strom aufgrund der Kupferverluste nicht beliebig gesteigert werden. Durch Kühlung mit Lüftern wird ein sehr hoher Spulenstrom (bis 20 A) ermöglicht. Bei starker Erwärmung kann die Belastung auch durch vorprogrammierte Pausen im Betrieb vermindert werden. Die optimale Spulenkonfiguration wurde in einer FEM-Simulation ermittelt, um die hinreichende Homogenität im Zentrum der Kreuzspule ($30 \times 30\ mm^2$) nachzuweisen. Bezogen auf die Größe des Sensorchips von ca. $2 \times 2\ mm^2$ ist die verbleibende systematische Inhomogenität deutlich vernachlässigbar unter der spezifizierten Winkelabweichung des Sensors. Der Spulenfaktor wird zudem in beiden Richtungen messtechnisch mit einer Hall-Sonde kalibriert. Bild 2 zeigt den gesamten Messplatz und das entwickelte Kreuzspulen-System.

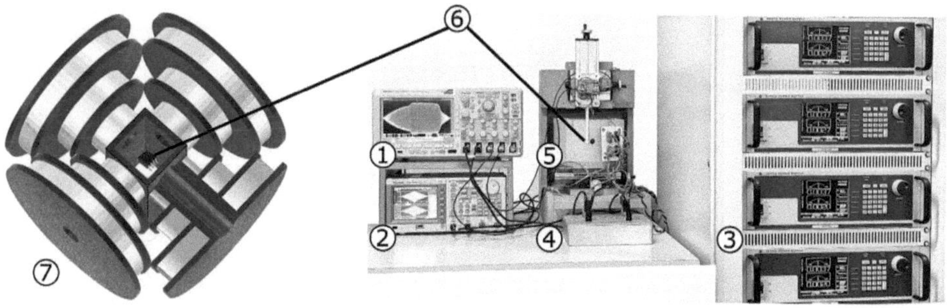

Bild 2: Messplatz für die Charakterisierung magnetischer Sensoren. ① Speicheroszilloskop zur Datenaufzeichnung, ② Funktionsgenerator, ③ Leistungsverstärker, ④ Shunt-Widerstände, ⑤ Kreuzspulen-Anordnung, ⑥ Magnetsensor im Zentrum der Kreuzspule platziert. ⑦ Kreuzspulen-System mit einem Schnitt durch einen der stufenförmigen Spulenkörper.

14.2.3 Charakterisierung durch zweidimensionale Kennfelder

Für die automatisierte Charakterisierung der Sensoren werden Anregefunktionen programmiert, die dem Anwendungsgebiet des Sensors entsprechen. Für den Radsensor des Antiblockiersystems (ABS) wurde eine abtastende Anregefunktion mit zwei Dreiecks-Funktionen verwendet [18–20]. Für die untersuchten Winkelsensoren kommt ein rotierendes Magnetfeld als Anregung den Verhältnissen der Anwendung am nächsten. Eine Rotation ergibt sich, wenn die Feldstärken H_x und H_y einen Cosinus- und Sinus-förmigen Verlauf aufweisen. Entsprechende Ströme in den Spulen des Messplatzes stellen das sicher, weil die Feldstärken über den Spulenfaktor proportional zu den Spulenströmen sind. In der Einbausituation der Anwendung im Automobil können verschiedene Abstände zwischen Sensor und Encoder-Magnet auftreten. Diese Abstände auf der z-Achse werden Luftspalt genannt. Mit größer werdendem Luftspalt sinkt die in der Sensorebene verfügbare Feldstärke. Um alle drei Dimensionen nachzubilden, wird die Rotation in der x-y-Ebene mit der Feldstärkeänderung durch den Luftspalt in der z-Achse kombiniert. Hierzu wird ein spiralförmiger Verlauf der Feldkomponenten in der Steuerung der Ströme programmiert. Dabei entspricht die Dimension z den jeweiligen Durchmessern der Spirallinie (vgl. Bild 3a und 3c).

Im Zeitverlauf folgen die Spulenströme einer Sinus- und einer Cosinus-Funktion, welche in der Hüllkurve mit einem steigenden und fallenden Dreieck amplitudenmoduliert werden. Daraus entstehen spiralförmige Verteilungen des Magnetfeldes, die von niedrigen zu hohen Feldstärken und anschließend umgekehrt verlaufen.

Die benötigten Daten der Anregefunktionen werden in einem Matlab-Skript [21] errechnet und an einen Arbiträrgenerator (AWG) übertragen [22]. Dieser liefert die Eingangsspannung für zwei Leistungsverstärker [23].

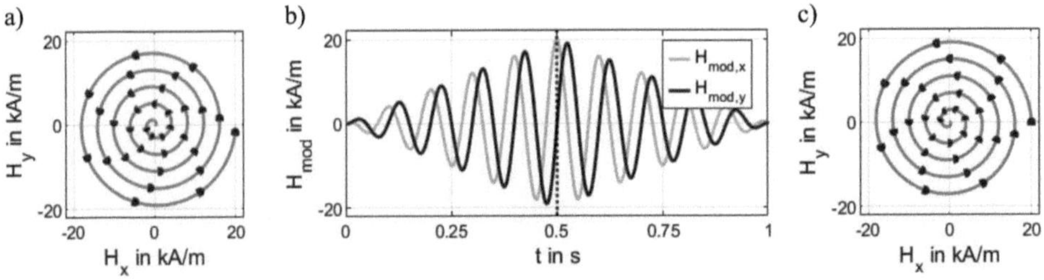

Bild 3: Vereinfachte Darstellung der Anregefunktion bei der Charakterisierung magnetischer Winkelsensoren. Die Anregung entspricht einem rotierenden Encoder-Magnet. Sie deckt alle Winkelstellungen und zudem alle Verschiebungen auf der *z*-Achse ab, was der Variation des Luftspalts entspricht. **a)** Trajektorie für steigende und **c)** fallende Feldstärke sowie **b)** die zugehörigen zeitlichen Verläufe der Komponenten.

Die Verstärkerausgänge speisen jeweils einen Strom in eines der Spulenpaare. Der effektive Strom wird mit einem Shunt-Widerstand gemessen und mit einem Speicheroszilloskop aufgezeichnet. Mit Hilfe der kalibrierten Spulenfaktoren kann die Feldstärke berechnet werden.

Mit dem kegelförmigen Kreuzspulen-System ist erreicht worden, Feldstärken von $|H| \geq 25$ kA/m zu generieren. Das entspricht typischen Spezifikationen für die Encoder-Magneten. Eine weitere Steigerung bis etwa 80 kA/m ist durch Flusskonzentration mit Eisenkernen im Kreuzspulen-System möglich [20, 24]. Die Eisenkerne mit eigener Hysterese überlagern jedoch gegebenenfalls die Hysterese-Effekte des Sensors. Dies war Anlass dafür, einen Messplatz mit Luftspulen für größere Feldstärken neu zu konzipieren. Die Kennfelder beider Kreuzspulen-Systeme können als Daten kombiniert werden. Damit wird der relevante Feldstärkebereich voll abgedeckt.

14.2.4 TMR-Sensor mit Vorzugsrichtung

Zunächst wird die Charakteristik für einen Sensor-Typ mit Vorzugsrichtung der freien Schicht vorgestellt [25]. Er wurde mit der Kennfeld-Methode analysiert. Für diesen Winkelsensor werden TMR-Dots in langgestreckten Formen gefertigt. Das trägt dazu bei, dass eine gleichförmige Ausrichtung der magnetischen Domänen innerhalb der freien Schicht entsteht. Dies hat zur Folge, dass sich das Ausgangssignal des Sensors schnell im gesättigten Bereich befindet und somit vom Winkel und nicht von der Intensität des Magnetfeldes abhängt. Der charakterisierte Sensor weist nahezu identisches Verhalten für die steigende (vgl. Bild 4a und 4c) und fallende (vgl. Bild 4b und 4d) Feldstärke auf. Allerdings besitzt dieser Sensor-Typ eine sehr hohe Querfeldabhängigkeit, was sich auch in der Kennlinienschar für beide Fälle widerspiegelt. Schon bei einer kleinen Änderung des Querfeldes ist eine große Beeinflussung des Ausgangssignals gegeben.

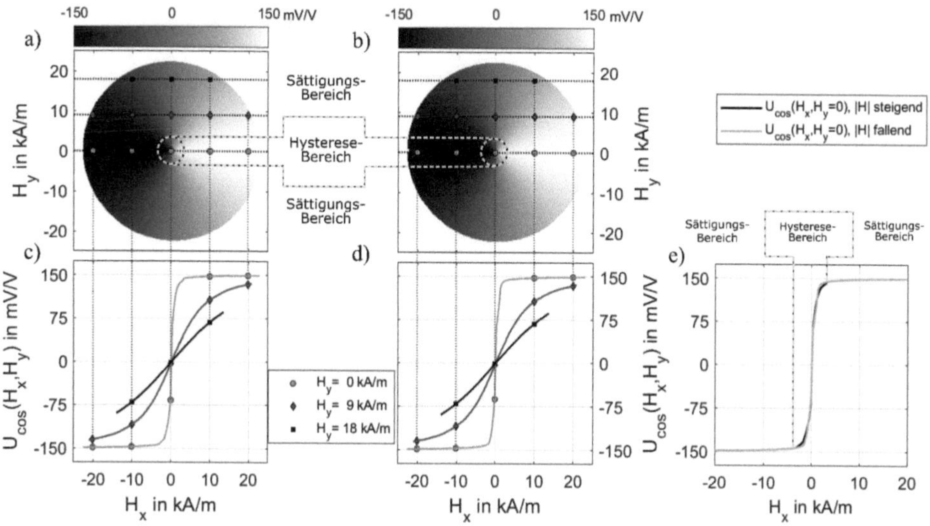

Bild 4: Kennfelder einer Ausgangsspannung $U_{cos}(H_x, H_y)$ des TMR Sensors. Bei spiralförmiger Anregung wird zwischen **a)** steigender und **b)** fallender Feldstärke unterschieden. Nur im zentralen Bereich von $H_x < 3$ kA/m bestehen geringfügige Unterschiede zwischen den beiden Kennfeldern in Folge von Hysterese-Effekten. Unter den Kennfeldern sind jeweils drei Kennlinien für drei Querfelder H_y extrahiert, siehe Diagramm **c)** und **d)**. Auch in den Kennlinien des Diagramms **e)** sind Unterschiede bei $H_y = 0$ kA/m erkennbar. Ein deutlicher Querfeldeinfluss der Empfindlichkeit bezüglich der Komponente H_x ist durch die Komponente H_y gegeben. Dieser entfällt erst allmählich beim Übergang in den Sättigungsbereich, er gilt als ausreichend klein wenn der Betrag aus beiden Komponenten größer als ±16 kA/m ist. In diesem Bereich ist der Sensor durch den Hersteller für die Anwendung als Winkelsensor spezifiziert.

14.2.5 TMR-Sensor mit Vortex-Struktur

Seit kurzem sind auch TMR-Sensoren mit Vortex-Strukturen erhältlich [26]. Für einen solchen Typ wird nachfolgend die Charakteristik vorgestellt. Sie wurde ebenfalls mit der Kennfeld-Methode untersucht. Im TMR-Sensor mit Vortex-Struktur haben die Dots eine kreisrunde Form, sie sind mit 0,5 bis 4 µm Durchmesser etwas kleiner als typische TMR-Dots in ovaler Form. Durch die runde Form des TMR-Stacks richten sich die magnetischen Domänen vorzugsweise kreisförmig aus. Zusammen bilden sie eine Wirbelstruktur in der freien Schicht. Diese Wirbelstruktur wird vom ansteigenden, äußeren Feld zur Seite verschoben und letztlich verdrängt. Dabei verformt sich die Wirbelstruktur hin zu einer gleichförmigen Domänenausrichtung. Sobald die Feldstärke einen bestimmten Wert überschreitet, richten sich die magnetischen Domänen innerhalb des Dots gleichmäßig in eine Richtung aus. Durch den Durchmesser des Dots und den Aufbau des Stacks lässt sich dieser Wert festlegen.

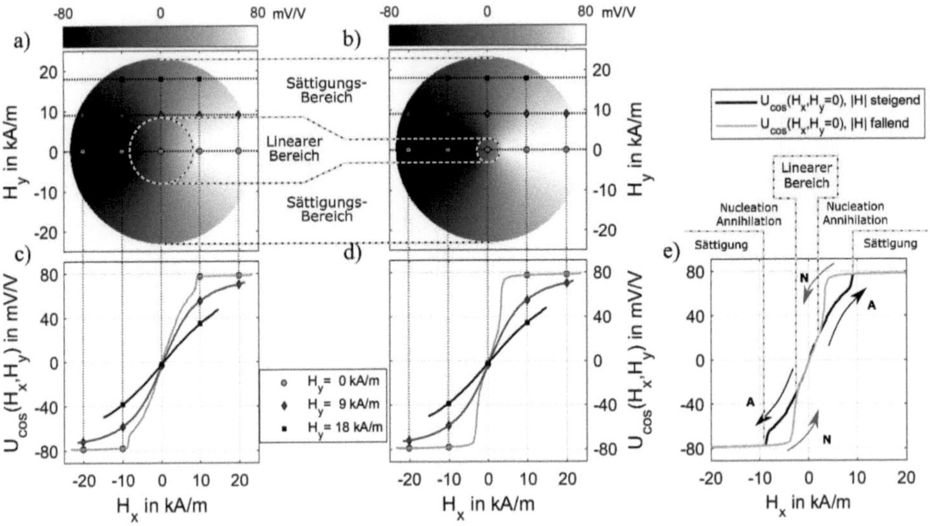

Bild 5: Kennfeld des Cosinus-Ausgangs $U_{cos}(H_x, H_y)$ des TMR-Sensors mit Vortex-Struktur für **a)** ansteigende und **b)** fallende Feldstärke. Die Kennlinien in Diagramm **c)** und **d)** stellen Schnitte durch die Kennfelder bei unterschiedlichen Querfeldern dar. Dort ist zum einen die Querfeldabhängigkeit zu erkennen und zum anderen ein relativ großer linearer Bereich bis ca. ±4 kA/m. Dies gilt für steigende und fallende Feldstärken für $H_y = 0$ kA/m, vgl. Diagramm **e)**.

Dieses Verhalten ist in Bild 5a und 5c beim Überschreiten von $|H| = 10$ kA/m als Grenze des scheibenförmigen Zentralbereichs erkennbar. Auch in der zugehörigen Kennlinie ergibt sich bei ±10 kA/m ein Sprung. Dieser wird als Annihilations-Sprung (Auslöschung des magnetischen Wirbels) bezeichnet. Bei Überschreitung tritt eine Sättigung ein. Für die Ausgangsspannung des Gesamtsensors gesehen, beschreibt diese Grenze den Übergang von der Feldstärken-Abhängigkeit von nur einer Richtung, entsprechend der Komponente H_x, zur Winkelabhängigkeit von den beiden Komponenten H_x und H_y. Letzteres entspricht dem Sättigungsbereich, in welchem ein konventioneller Winkelsensor betrieben wird. Bei fallender Feldstärke in Bild 5b und 5d, kommt es wieder zur Entstehung (Nucleation) des Wirbels. Das tritt im dargestellten Beispiel bei einer Feldstärke von ±4 kA/m ein. Bemerkenswert ist das Verhalten im inneren Bereich unter der Grenze der Nucleation, weil dort nahezu lineare und hysteresefreie Eigenschaften mit einer Empfindlichkeit in nur einer Richtung vorliegen.

Bei Auftreten eines Querfeldes folgt eine Veränderung der Ausgangs-Kennlinie des Sensors. Dieser Effekt tritt bei dem untersuchten TMR-Sensor mit Vortex-Struktur erst ab einer Betrags-Feldstärke von ca. ±10 kA/m für den steigenden und ±4 kA/m für den fallenden Feldverlauf auf. Unterhalb dieser Grenzen ist die Querfeldabhängigkeit sehr gering. Durch Veränderung der Dot-Dimension und des Stack-Aufbaus sind diese Grenzen bei der Sensorentwicklung in weiten Bereichen festzulegen. Es wird abgeschätzt, dass der lineare Bereich bis zu ±80 kA/m ausgedehnt werden kann [27]. Damit sind günstige Eigenschaften für die Verwendung an einem Encoder mit starkem Feld oder als Stromsensor gegeben.

In den folgenden Abschnitten ist es von besonderem Interesse, dass sich TMR-Vortex-Dots als Elemente eines Sensor-Arrays ausgezeichnet eignen. Dazu werden sie im linearen Bereich betrieben, in dem sie nahezu ohne Hysterese und Querfeldabhängigkeit arbeiten. Als Nachteil des TMR-Sensors mit Vortex-Struktur ist zu nennen, dass sie eine etwa um die Hälfte geringer empfindlich gegenüber dem TMR-Sensor mit Vorzugsrichtung sind.

14.3 Magnetoresistive Sensor-Arrays

14.3.1 Signalverarbeitung für Sensor-Arrays

Es werden zwei Ansätze für die ortsaufgelöste Signalverarbeitung von Sensor-Arrays vorgestellt, ein modellbasiertes und ein modellfreies Verfahren. Beide sind zweistufig (vgl. Bild 6). In der ersten Stufe, der Trainingsphase, werden Parameter und Referenzmatrizen ermittelt. Diese Berechnung basiert auf Trainingsdaten, die bereits individuelle Ablagen beinhalten. Für die Trainingsdaten ist die Geberposition vorgegeben.

Die Trainingsphase muss keinen strengen Echtzeitbedingungen genügen und kann daher auf einem Mikrocontroller in Software implementiert werden. Der Mikrocontroller kann auch im nachgelagerten Steuergerät angeordnet sein. Von Vorteil ist, dass bei modernen 32-Bit-Controllern in der Regel Gleitkommaarithmetik zur Verfügung steht. Die zweite Stufe bildet die Arbeitsphase. Für diese Phase gelten die strengen Echtzeitbedingungen der Sensoranwendung. Daher soll ein optimiertes Rechensystem als Chip-Design mit beschränkter Festkomma-Rechengenauigkeit, jedoch parallelisierter Arbeitsweise zum Einsatz kommen.

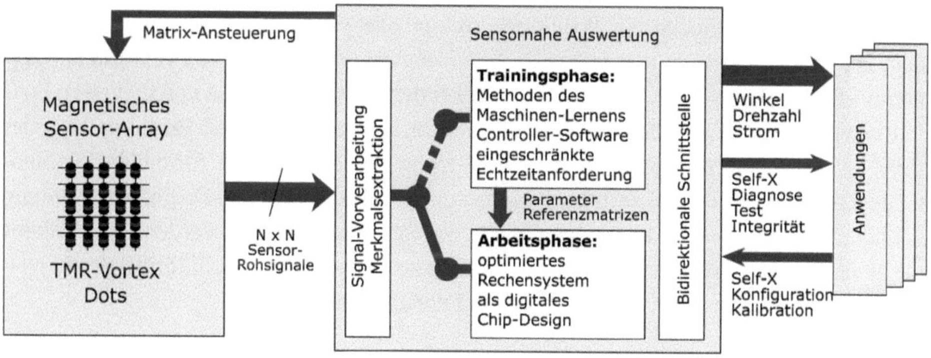

Bild 6: Signalverarbeitungsansätze mit Trainings- und Arbeitsphase.

Tabelle 1: Überblick über modellbasierte und modellfreie Ansätze der Signalverarbeitung

	Modellbasiert		Modellfrei	
	Trainingsphase	**Arbeitsphase**	**Trainingsphase**	**Arbeitsphase**
Ziel	Erfassung der Ablagen	Korrektur der Fehler durch Ablagen	Ermittlung von Referenzmatrizen	Winkelermittlung über ein Ähnlichkeitsmaß zu den Referenzmatrizen
Methode	Parameter des Korrekturmodells durch Polynomschätzung ermitteln	Winkelermittlung mit Entzerrungsfunktionen (projektive Transformation, 2D-Polynome)	Paarweise Kovarianzfunktion von vielen Array-Daten bei Referenzwinkeln	Berechnung der Cosinus- und Sinus-Werte durch die Gewichtung der Ähnlichkeiten zu den Referenzen
Realisierung	Software auf Mikrocontroller, Berechnung der Polynom-Koeffizienten	Sensornahe Umsetzung auf einem Chip vorgesehen	Software auf Mikrocontroller, QR- oder Cholesky-Zerlegung	Sensornahe Umsetzung auf einem Chip vorgesehen, insbesondere optimierte Matrixmultiplikation

Eine wichtige Funktion dieses Rechensystems ist die Transformation in den Ortsfrequenzbereich und die Matrixmultiplikation für die Filterung sowie die Berechnung des Ähnlichkeitsmaßes. Die Arbeitsphase nutzt die Parameter bzw. die Referenzmatrizen, die als Ergebnis der Trainingsphase bereits berechnet sind. Die Tabelle 1 zeigt eine Übersicht der beiden Ansätze.

14.3.2 Aufbau und Simulationsmodell

Bei einem differenziellen Sensor stehen zwei Ausgangssignale zur Verfügung, um Signalverarbeitungsmethoden zur Positionskorrektur oder Störfeldunterdrückung anzuwenden. Hingegen liefert ein matrixförmiges Sensor-Array aus TMR-Dots vektorielle Magnetfeld-Bilder. Jedes Pixel wird aus vier Dots (oder aus vier Strängen von mehreren Dots in Reihenschaltung) gebildet, die zu zwei Halbbrücken geschaltet sind. Damit liefert jedes Pixel zwei Ausgangsignale, eines für die H_x-Komponente und eines für die H_y- Komponente. Durch eine Vielzahl an Informationen und mit einer passenden Signalverarbeitung können die Zuverlässigkeit und Genauigkeit des Systems gesteigert werden. Zudem führt die gemeinsame Auswertung vieler Messsignale zu wertvollen Zusatzinformationen, welche zum Beispiel für die Kompensation von Fehllagen dienen.

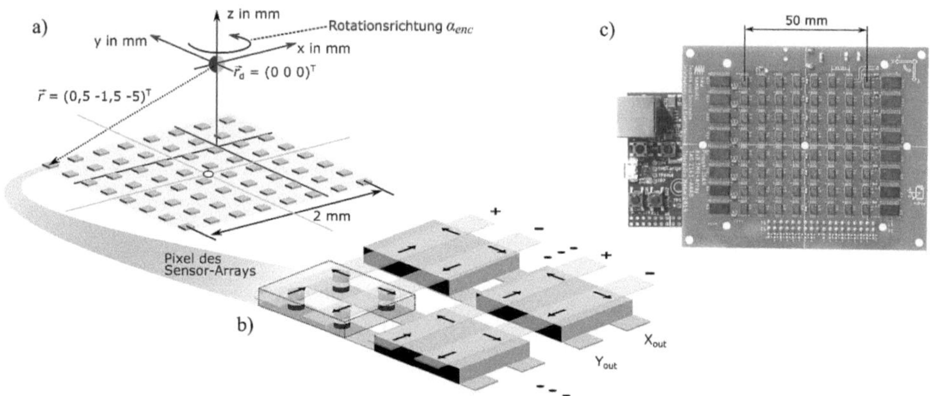

Bild 7: **a)** Beispiel-Setup der Array-Anordnung mit 64 Sensor-Pixeln in einer 8 × 8 Array-Struktur auf 2 × 2 mm² in Verbindung mit einem Dipol als Encoder-Magnet. Die Rotationsachse ist in diesem Fall die Achse des Dipols und läuft in mathematisch positiver Richtung. Ferner ist eine Verschiebung des Nullpunktes von 0,5 mm in x- und y-Richtung gegeben. Der Luftspalt beträgt $z = 5$ mm. **b)** Vier Pixel des Arrays, die sich jeweils aus Halbbrücken von vier Dots zusammensetzen. Anstelle der Einzel-Dots können mäanderförmige Strukturen aus Reihenschaltungen eingesetzt werden. **c)** Funktionsmodell für das Sensor-Array mit diskreten TMR-Sensoren mit Vortex-Struktur im vergrößerten Maßstab von 25:1 [28].

Die Funktion der Dots des Sensor-Arrays stammen aus den charakterisierten Kennfeldern eines TMR-Sensors mit Vortex-Struktur (vgl. Abschnitt 14.2.5). Für jeden Dot an der Position $\vec{r}$ wird das dort wirkende Magnetfeld $\vec{H}(\vec{r})$ des Encoder-Magneten über die Dipol-Gleichung 1 errechnet.

$$\vec{H}(\vec{r}) = \frac{1}{4\pi}\left(\frac{3\,\vec{r}\,(\vec{m}\cdot\vec{r})}{|\vec{r}|^5} - \frac{\vec{m}}{|\vec{r}|^3}\right) \tag{1}$$

Über das magnetische Moment $\vec{m}$ wird die Rotation des Dipols um den gesuchten Winkel α_{enc} beschrieben. Mit dem Dipol wird ein Kugelmagnet nachgebildet. Für andere Magnetformen, wie Quader, Scheiben oder Ringe, kann die Gleichung 1 mehrfach zur Superposition von vielen Dipolen in entsprechender Anordnung verwendet werden [29, 30].

Zur Illustration der Methoden wird im Folgenden von demselben Beispiel-Setup ausgegangen, sodass eine geometrische Ablage einschließt. Dies ist in Bild 7 dargestellt und erläutert. Die maximale Feldstärke wird dahingehend gewählt, dass an jedem Dot weniger als $|H| \leq 6$ kA/m wirken. Dadurch arbeiten die Dots im nahezu linearen Bereich[2] des zuvor bestimmten Kennfeldes für den TMR-Sensor mit Vortex-Struktur. Die Rotation um den Winkel α_{enc} des Dipols bzw. des Encoders erfolgt in 0,5° Schritten um 360°. In Bild 8 sind drei ausgewählte Simulationsergebnisse der Ausgangswerte dargestellt.

---

[2] Bei der Integration des Arrays kann der lineare Bereich der Dots größer ausgelegt werden, sodass auch wesentlich größere Geberfeldstärken möglich sind, so wie sie in heutigen Winkelsensor-Anwendungen genutzt werden.

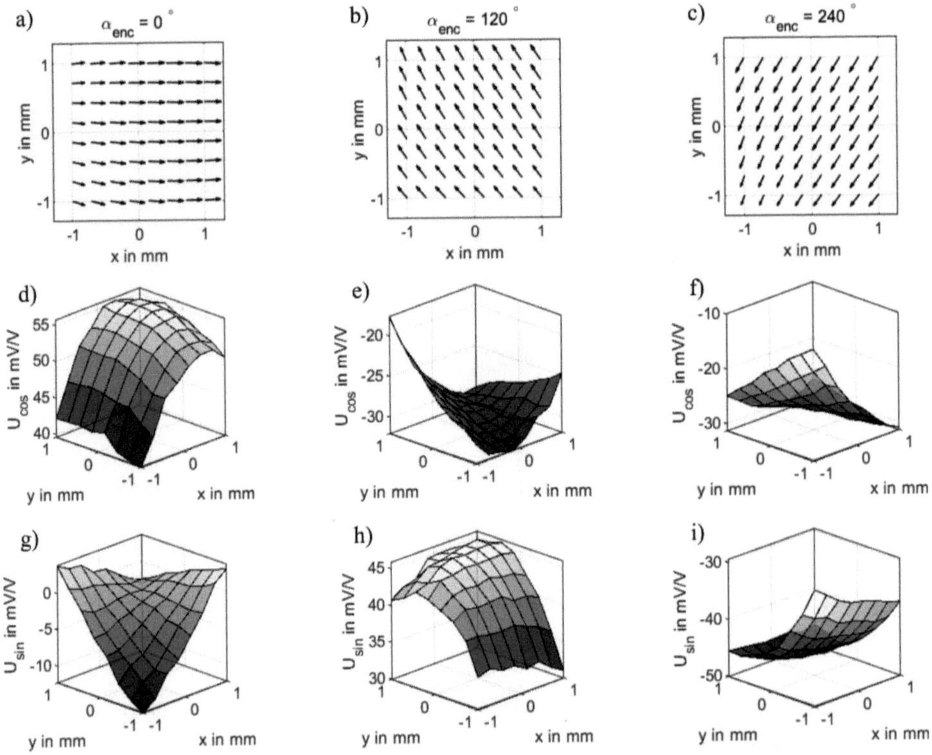

Bild 8: Aus den Kennfeld-Daten ermittelte Ausgangsspannungen des Arrays für drei Encoderwinkel als Vektorfelder **a)** bis **c)**. Der Encoder-Magnet ist wie im Beispiel-Setup vorgegeben. Die Cosinus-Werte der Vektorfelder in dreidimensionaler Darstellung **d)** bis **f)**. Ebenso die Sinus-Werte **g)** bis **i)**. Der Gleichanteil der Vektorfelder ist zuvor als Offset kompensiert. Die dreidimensionalen Darstellungen zeigen die Inhomogenität des erfassten Feldes deutlicher als das Vektorfeld.

14.3.3 Störunterdrückung im Ortsfrequenzbereich

Eine Fähigkeit des Sensor-Arrays im Zusammenwirken mit nachgeschalteter zweidimensionaler Signalverarbeitung besteht darin, durch die Ortsauflösung unbekannte Fremdstörungen im Magnetfeld separieren zu können. Vergleichbare Störunterdrückung war bisher nur möglich, wenn die Störfelder in sensorisch nicht relevanten Frequenzbändern[3] lagen. Dies kann bei Störquellen nicht vorausgesetzt werden.

[3] Im Winkelsensor gehört auch der Gleichanteil im Zeitbereich zum sensorisch relevanten Band. Er besitzt die sogenannte True-Power-Fähigkeit und kann damit auch statische Winkelinformation ohne Drehbewegung liefern.

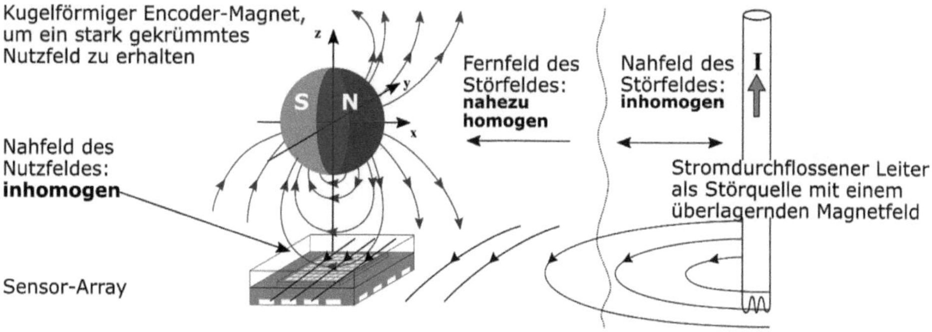

Bild 9: Schematische Darstellung der Störunterdrückungs-Fähigkeit eines Sensor-Arrays am Beispiel der Winkelmessung. Das Sensor-Array liegt im Nahfeld des Encoder-Magneten, jedoch im Fernfeld der Störquelle. Die Ortsfrequenzen des Nutzfeldes sind wegen ausgeprägter Inhomogenität eher höherfrequent, das Störfeld ist aufgrund des größeren Abstandes weniger inhomogen und hat eher niedrige Ortsfrequenzanteile.

In Bild 9 ist ein Beispiel für einen Winkelsensor gezeigt. Hier liefert der Encoder-Magnet das Nutzfeld. Aufgrund der erforderlichen Feldstärken und des verfügbaren Bauraums liegt der Sensor im Nahfeld des Encoder-Magneten. Zusätzlich dazu führen die kleinen Abmessungen des Magneten zu einem inhomogenen Nutzfeld, das hohe Ortsfrequenzanteile aufweist. Diese können gut in Modellrechnungen vorhergesagt oder für den Einzelfall mit den auftretenden Ablagen in Toleranz angelernt werden. Das Feld der Störquelle hingegen ist weitgehend unvorhersehbar. Da der konstruktive Aufbau es prinzipiell nicht zulässt, dass die Störquelle ähnlich nahe wie der Encoder-Magnet am Array liegen kann, wird der Sensor nur von einem Fernfeld der Störquelle durchdrungen. Somit ist es im Vergleich zum Nutzfeld nahezu homogen. An den Sensor-Pixeln wird das Störfeld Feldstärken und Richtungsvektoren aufweisen, die sich weniger voneinander unterscheiden als beim Nutzfeld. Das heißt, es hat niedrige Ortsfrequenzanteile.

Obwohl jedes der Einzelelemente des Sensor-Arrays für sich allein nur die untrennbare Überlagerung von Nutz- und Störfeld detektiert, liefert die Gesamtheit der Ausgangsvektoren eine Trennungsmöglichkeit. Dies kann beispielsweise mit der Transformation der Sensor-Daten in den Ortsfrequenzbereich und einer Auswahl von relevanten Frequenzanteilen passieren. Zur Abtrennung der Nutz- von den Störinformationen sind Filter im Ortsfrequenzraum anwendbar. Als Beispiel werden die Daten aus Bild 8 in den Ortsfrequenzbereich transformiert, dies zeigt Bild 10. Bemerkenswert ist, dass auch nach der Transformation ein charakteristisches Muster entsteht, das der Winkellage entspricht.

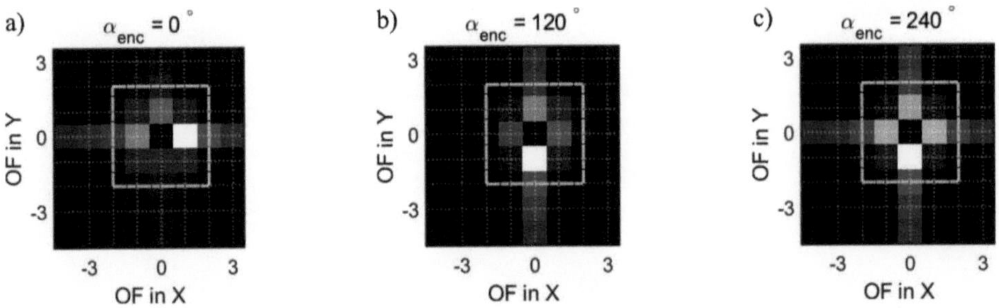

Bild 10: Beispiel der Merkmalskonzentration auf wenige Ortsfrequenzen (OF) für drei Encoderwinkel. Die Ortsfrequenzen sind als 8 × 8 Felder dargestellt, siehe **a)** bis **c)**. Der Betrag der zweidimensionalen Fouriertransformation ist in Graustufen codiert. Größere Beträge haben hellere Felder. Die acht Ortsfrequenzen die den zentralen Gleichanteil an den Ortsfrequenzen (0,0) umgeben, enthalten starke Signalanteile (Quadrat). Der sehr große Gleichanteil ist für die Darstellung zu Null gesetzt. Durch geeignete Wahl eines Ortsfrequenzfilters kann die Nutzinformation wirksam von Störinformationen getrennt werden.

14.3.4 Störunterdrückung mit Filtermasken

Die Signalvorverarbeitung kann die Aufgabe der Störfeldunterdrückung auch im Ortsbereich der Ebene des Arrays lösen. Anstelle der Dipol-Gleichung (1) wird ein zweidimensionales Polynom zweiten Grades zur Beschreibung der magnetischen Komponenten an den Orten der Array-Elemente eingesetzt. Es hat die Koordinaten der Dots (x,y) als Variablen.

$$\begin{aligned} f_{B_x}(x,y) &= p_{x0} + p_{x1}x + p_{y2}y + p_{x3}xy + p_{x4}x^2 + p_{x5}y^2 \\ f_{B_y}(x,y) &= p_{y0} + p_{y1}x + p_{y2}y + p_{y3}xy + p_{y4}x^2 + p_{y5}y^2 \end{aligned} \tag{2}$$

Die Störfeldunterdrückung beruht darauf, auf die ersten Terme der Gleichungen zu verzichten. Mit dem Ansatz partieller Ableitungen kann gezeigt werden, dass zur weiteren Berechnung der gesuchten Winkelinformation die linear gekoppelten und quadratischen Terme ausreichen [29, 30]. Damit werden nur der gekoppelte Gradient und die Krümmung des Feldes berücksichtigt. Das trennt Störanteile wirksam ab, jedoch geht unvermeidlich ein Teil der Nutzsignal-Amplitude verloren. Insofern ist das starke Signal des TMR-Effekts von Vorteil. Die höheren Terme können aufwandsgünstig mit Filtermasken bestimmt werden, die den verbleibenden Koeffizienten p ab p_{x3} und p_{y3} entsprechen (vgl. Bild 11). Die punktweise Multiplikation der Array-Werte mit den Werten in den Filtermasken und anschließender Summation der Teilergebnisse liefert jeweils das Sinus- und Cosinus-Ausgangssignal des Winkels. Weiterhin kann der Projektionspunkt der Rotationsachse des Encoder-Magneten auf das Sensor-Array als Maß für die Ablage bestimmt werden, hier ist eine Trainingsphase erforderlich [30]. In der Arbeitsphase sind Asymmetrien des Gradienten ein Hinweis auf Fehler. Dies kann zur Selbstdiagnose verwendet werden.

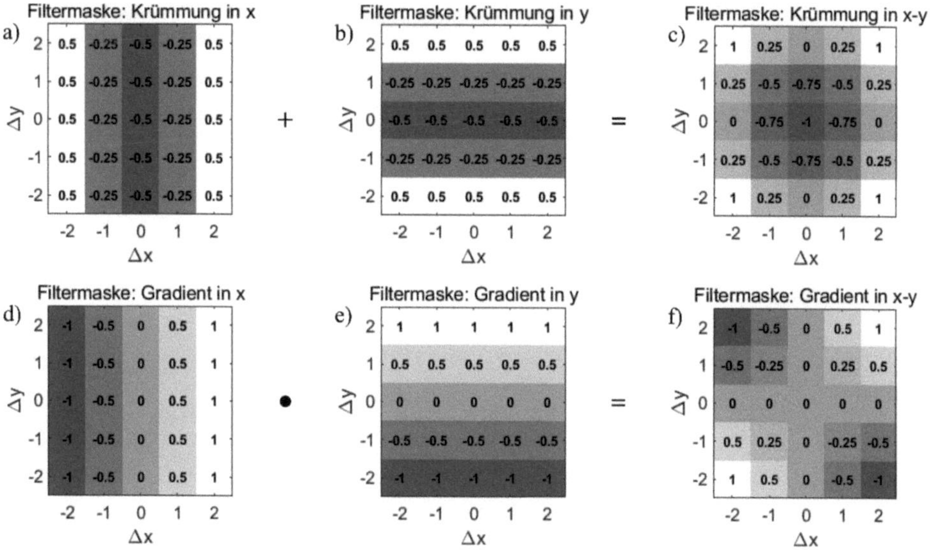

Bild 11: Schema für die Filtermasken zur Signalvorverarbeitung im Ortsbereich. Die Filter entsprechen den vierten bis sechsten Termen der Gleichung (2). Die Felder **a)** bis **c)** entsprechen den Masken für die Feldkrümmung und die Felder **d)** bis **f)** den Masken für den Gradienten.

14.3.5 Modellbasierte Signalverarbeitung

Die modellbasierten Ansätze korrigieren nach der Signalvorverarbeitung den resultierenden Ergebniswinkel. Es handelt sich um nachgeschaltete Prozeduren der Signalverarbeitungskette. Für die Korrektur wird ein ideales, perfekt ausgerichtetes und störungsfreies System aus Encoder-Magnet und Sensor angenommen. Der Encoder-Magnet dreht sich um den Winkel α. Dann bewegt sich der Vektor der Feldstärke $\vec{H}(\alpha)$ auf einem Kreis mit dem Radius a, dem Betrag der Feldstärke. Der Kreis liegt in der Ebene (x,y) des Sensor-Arrays.

$$\vec{H}(\alpha) = \begin{pmatrix} H_x(\alpha) \\ H_y(\alpha) \end{pmatrix} = a \begin{pmatrix} \cos(\alpha) \\ \sin(\alpha) \end{pmatrix} \tag{3}$$

Unter realen Bedingungen kommen jedoch weitere Terme hinzu. Die Verstärkungs- und Offsetfehler, Phasenfehler und die Ausprägung höherer Harmonischer finden sich in der erweiterten Gleichung (4) wieder. Die hinzugekommenen Terme haben einen negativen Einfluss auf die Winkelgenauigkeit des Sensors, insbesondere die harmonischen Anteile sind schwer zu kompensieren [31].

$$\vec{H}(\alpha) = \begin{pmatrix} a_{0x} + a_{1x}\cos(\alpha + \Delta\varphi_x) + \sum_{k=2}^{k_{max}} a_{kx}\cos(\alpha + \Delta\varphi_k) \\ \underbrace{a_{0y}}_{\text{Offset}} + \underbrace{a_{1y}\sin(\alpha + \Delta\varphi_y)}_{\substack{\text{Nutzsignal mit} \\ \text{Verstärkungs- und} \\ \text{Phasenfehler}}} + \underbrace{\sum_{l=2}^{l_{max}} a_{ly}\sin(\alpha + \Delta\varphi_l)}_{\text{höhere Harmonische}} \end{pmatrix} \tag{4}$$

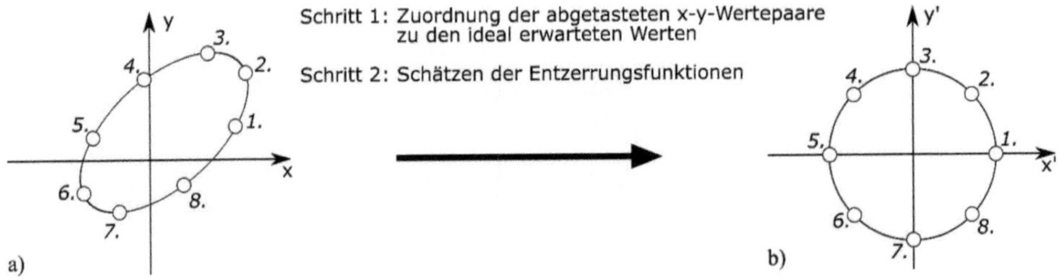

Bild 12: Trainingsvorgang für die modellbasierte Winkelkorrektur. **a)** Verzerrte Trajektorie aus den Sensorsignalen des realen Systems. **b)** Trajektorie des idealen Systems. Die erfassten Werte 1. bis 8. werden den idealen Koordinaten 1. bis 8. auf dem Kreis zugeordnet. Die passende Zuordnungs-Funktion ist in der Trainingsphase zu ermitteln.

Bei einem realen Sensor ergibt sich daher bei der Drehung des Encoders eine kompliziert verzerrte Trajektorie in der x-y-Ebene des Sensorsignals. Das Konzept der Korrektur ist es, die verzerrte Trajektorie möglichst nahe an die Trajektorie eines idealen Sensors, also eines Einheitskreises, zu „drücken“. Die erforderliche Trainingsprozedur wird durch ein äquidistantes Abtasten der Drehung des Encoder-Magneten umgesetzt [29]. Die abgetasteten x-y-Werte werden den idealen x'-y'-Werten paarweise zugeordnet (vgl. Bild 12).

Als erstes wird das Modell der projektiven Transformation vorgestellt. Für magnetische Sensorik ist dabei neu, dass an Methoden aus der Bildverarbeitung angeknüpft wird. Dort ist unter dem Oberbegriff der Homographie bekannt, wie Translationen, Rotationen und Scherungen als projektive Transformation effektiv zu berechnen sind. In der Computergrafik wird dies zur Manipulation von Bildern, zur Erstellung von Panorama-Aufnahmen sowie zur Kalibrierung von Kameras verwendet [32].

Die Sinus- und Cosinus-Werte bilden die Koordinaten x und y in der Arbeitsebene. Sie werden auf eine virtuelle Ebene projiziert [30], wo sie die Koordinaten x' und y' haben (vgl. Bild 13). Die virtuelle Ebene ist dadurch gekennzeichnet, dass x' und y' auf einem Einheitskreis liegen, was dem Verhalten eines idealen Systems entspricht (vgl. Gleichung 3).

Die Projektion erfolgt durch Multiplikation der Eingangs-Koordinaten $\boldsymbol{p}$ mit der Homographiematrix $\boldsymbol{H}$. In der Trainingsphase erfolgt eine Schätzung dieser Matrix. Die korrigierten Sensorsignale $\boldsymbol{p}'$ werden in der Arbeitsphase durch die folgende Matrizenmultiplikation errechnet:

$$\boldsymbol{p}' = \boldsymbol{H}\boldsymbol{p} = \begin{pmatrix} h_{11} & h_{12} & h_{13} \\ h_{21} & h_{22} & h_{23} \\ h_{31} & h_{32} & h_{33} \end{pmatrix} \begin{pmatrix} x \\ y \\ 1 \end{pmatrix} \tag{5}$$

Neben dem Konzept der Homographie wurde ein Modell der Zuordnung mittels zweidimensionaler und miteinander gekoppelter Polynomfunktionen untersucht [30]. Hierzu werden Funktionen mit folgender Struktur genutzt (vgl. Gleichung (6)).

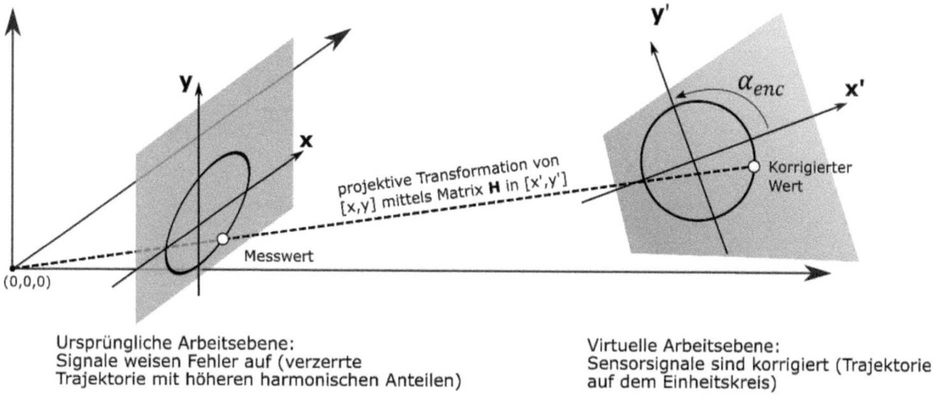

Bild 13: Projektion des Messwertes des Sensors von seiner ursprünglichen Arbeitsebene in der Fläche des Arrays auf eine virtuelle Ebene. Im Trainingsvorgang wird die Homographiematrix $\boldsymbol{H}$ in die virtuelle Ebene bestimmt. Die Fehler, die in den Ausgangswerten des Sensors vorhanden sind, werden durch die projektive Transformation kompensiert.

Sie müssen jeweils nach Vorzeichen der x- und y-Werte in Teilabschnitte zerlegt werden. Die Polynome der Quadranten müssen einzeln ermittelt werden. Dafür werden in der Trainingsphase die Parameter p approximiert.

$$f(x, y) = p_0 + p_1 x + p_2 y + p_3 xy + \sum_{n=1}^{n_{max}} (p_{2n+2}\, x^{2n} + p_{2n+3}\, y^{2n}) \tag{6}$$

Das Verfahren auf Basis von Polynomfunktionen bietet höheres Potential für Winkelkorrekturen als die projektive Transformation. Nachteilig sind die Diskontinuitäten, welche an den Quadranten-Übergängen auftreten können. Mit der Erhöhung der Polynomordnung ($n_{max} \geq 2$) werden die Diskontinuitäten jedoch geringer.

Falls erforderlich, könnte man weitere harmonische Anteile kompensieren und auf komplexe nichtlineare Modelle zurückgreifen. Geeignet wäre das Brown-Conrady-Modell, welches zur Korrektur von Verzerrungen einer Kameralinse verwendet wird [33].

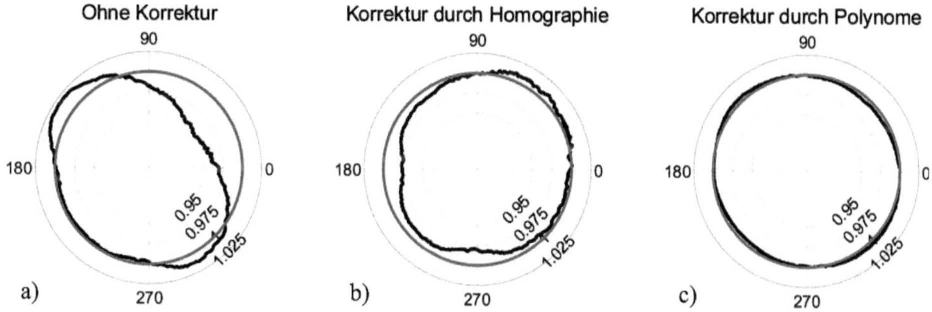

Bild 14: **a)** Sensor-Ausgangswerte, **b)** korrigierte Werte durch Homographie, **c)** korrigierte Werte durch Polynomberechnung.

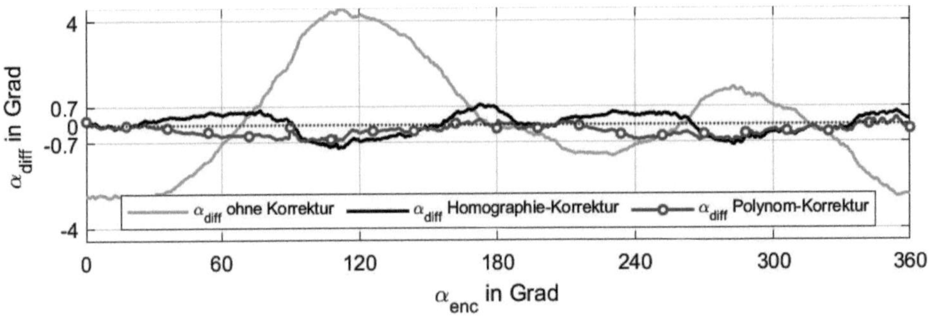

Bild 15: Winkelfehler ohne Korrektur (Grauer Verlauf); Korrekturverfahren durch Homographie (Schwarzer Verlauf); Korrektur durch Polynome (Grauer Verlauf mit Punkten); Vor der Korrektur weist der mittlere Winkelfehler einen Betrag von 1,65° mit einem Maximum von 4,5° auf. Nach der Korrektur mit der Homographie hat der mittlere Winkelfehler einen Betrag von 0,35° mit einem maximum von 0,92°. Nach der Korrektur durch Polynome liegt der mittlere Winkelfehler bei einem Betrag von 0,27° mit einem Maximum von 0,67°.

Beide Verfahren zur Korrektur des Winkelfehlers wurden mit dem Beispiel-Setup getestet. Für die Trainingsphase wurde eine Datenreihe von 720 Werten über eine Umdrehung des Encoder-Magneten benutzt. Zur Lösung des Minimierungsproblems bei der Schätzung der Modellparameter wurde das Verfahren der QR-Zerlegung angewandt. Die Berechnung erfolgte hierzu im Gleitkommaformat. Das Bild 14 stellt einen Vergleich der Verläufe der noch nicht korrigierten Trajektorien mit den korrigierten Verläufen dar. Die Abweichungen des Winkels α_{diff} von dem tatsächlichen Winkel des Encoder-Magneten α_{enc} sind für beide Korrekturverfahren in Bild 15 dargestellt.

Zusammenfassend hat sich für die modellbasierten Verfahren ergeben, dass eine erhebliche Reduktion des Winkelfehlers möglich ist. Bei den durchgeführten Untersuchungen zeigte sich, dass sowohl die Homographie als auch der Ansatz mit gekoppelten Polynomen gute Ergebnisse liefern.

14.3.6 Modellfreie Signalverarbeitung

Bei einem modellfreien Ansatz werden keine Annahmen über die Form des anliegenden Magnetfeldes gemacht. Stattdessen werden die Messwerte des Sensor-Arrays während einer Trainingsphase für eine Reihe von bekannten Referenzwinkeln abgespeichert. In der Arbeitsphase besteht die Aufgabe darin, den unbekannten Winkel des Encoder-Magneten anhand der momentan am Sensor-Array anliegenden Messwerte und der Referenzwerte zu bestimmen. Methodisch handelt es sich hierbei um ein nichtparametrisches Regressionsproblem. Ein Ansatz für diese Aufgabe, der mit geringem Rechenaufwand verbunden ist und sich in Simulationen bewährt hat, ist die Regressionsmethode mit Gaußschen Prozessen [31]. Die Grundidee dieser Methode besteht darin, für die auftretenden Winkel eine statistische Wahrscheinlichkeitsverteilung in Form einer Normalverteilung anzunehmen, die Messunsicherheiten und Rauschen berücksichtigt. In der Arbeitsphase wird eine bedingte Wahrscheinlichkeitsverteilung errechnet, die von den trainierten Referenzdaten und den aktuellen Messdaten abhängt.

Dieser statistische Ansatz kann nicht nur den gesuchten Winkel als Maximum dieser Verteilung bestimmen, sondern auch ein Qualitätsmaß in Form der Standardabweichung. Letzteres ist jedoch mit etwas höherem Rechenaufwand verbunden. Die gemeinsame Normalverteilung für die Referenzen und den aktuell zu schätzenden Winkel wird durch eine Kovarianzmatrix festgelegt, die von den entsprechenden Messwerten des Sensor-Arrays abhängt. Diese Matrix wird mit einer Kovarianzfunktion berechnet, die die Ähnlichkeit zweier Messwertmatrizen $\boldsymbol{M}_1$ und $\boldsymbol{M}_2$ charakterisiert. Sehr ähnlichen Messwerten wird dabei ein hoher Wert, stark unterschiedlichen Messwerten hingegen ein Wert nahe 0 zugeordnet. Eine effizient auszuwertende Form der Kovarianzfunktion, mit der die Simulationen durchgeführt wurden, stellt Gleichung (7) dar:

$$K(\boldsymbol{M}_1, \boldsymbol{M}_2) = \frac{a}{b + \|\boldsymbol{M}_1 - \boldsymbol{M}_2\|} \tag{7}$$

Aus Effizienzgründen könnte diese einfache Funktion auch als Lookup-Tabelle umgesetzt werden. Die zunächst unbestimmten Parameter a und b müssen dabei durch Simulation für eine optimale Schätz-Leistung des Algorithmus angepasst werden.

Die Regressionsmethode mit Gaußschen Prozessen kann auch mit vorverarbeitenden Daten benutzt werden. Die Ermittlung der Norm $\|\boldsymbol{M}_1 - \boldsymbol{M}_2\|$ als Differenzen der Messwerte lässt dabei Raum, unerwünschte Anteile des Magnetfeldes herauszurechnen. Homogene Störfelder könnten eliminiert werden, indem man vor der Differenzenbildung den Gleichanteil aller Messwerte subtrahiert. Außerdem ist die Regressionsmethode auch nach der Fourier-Transformation und Filterung anwendbar (vgl. Abschnitt 14.3.3 und 14.3.4). Im Beispiel wurde die Norm als Summe der Quadrate der Differenzen der Messwertmatrizen berechnet. Um Probleme des Winkelüberlaufs bei 360° zu vermeiden, wird nicht der Winkel direkt bestimmt, sondern dessen Sinus- und Cosinuswerte. Der Algorithmus arbeitet dann folgendermaßen [34].

- In der Trainingsphase wird zunächst die paarweise Kovarianzfunktion aller Referenzmesswerte miteinander berechnet[4]. Die inverse Kovarianzmatrix wird dann mit den Sinus- und Cosinus-Werten der N_{ref} Referenzwinkel multipliziert. Dieser Schritt lässt sich mit einer QR- oder Cholesky-Zerlegung effizient und numerisch stabil durchführen. Ergebnis dieser Berechnung sind zwei Arrays mit N_{ref} Elementen, jeweils für die Sinus- und Cosinus-Werte der Referenzwinkel. Diese beiden Arrays werden für die Arbeitsphase zwischengespeichert.
- Die Arbeitsphase berechnet zuerst die N_{ref} Kovarianzwerte zwischen den anliegenden Messwerten und den Referenzwerten. Die Vorhersage der Sinus- und Cosinus-Werte ergibt sich dann durch Multiplikation und Summierung der Kovarianzwerte mit den

[4] Werden beispielsweise $N_{\text{ref}} = 6$ Referenzwinkel gewählt, entsteht eine 6×6 Matrix.

aus der Trainingsphase übergebenen Arrays. Abschließend wird der Arkustangens auf diese Werte angewandt, um den vorherzusagenden Winkel zu bestimmen.

Der Algorithmus wird hier an einem Zahlenbeispiel wiederum für $N_{\text{ref}} = 6$ im Abstand von $\pi/3$ äquidistant verteilten Referenzwinkeln illustriert. Die Sinus- und Cosinus-Werte des vorherzusagenden Winkels ergeben sich als gewichtete Summen

$$\sin(\alpha) = \sum_{n=0}^{5} w_n \sin\left(\frac{n\pi}{3}\right),\ \cos(\alpha) = \sum_{n=0}^{5} w_n \cos\left(\frac{n\pi}{3}\right) \tag{8}$$

Bild 16 stellt die Gewichte w_n im Beispiel-Setup gemäß Bild 7 dar.

a)

Winkel	Gewicht w
0°	0,81
60°	0,41
120°	-0,13
180°	0,04
240°	0,04
300°	-0,16

b)

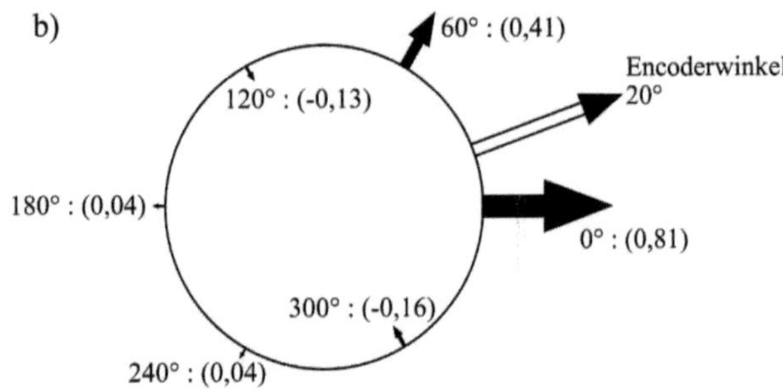

Bild 16: **a)** Gewichte entsprechend der trainierten Referenzmatrizen von sechs Referenzwinkeln bei aktuellen Array-Daten für den Testwinkel $\alpha_{enc} = 20°$. Die Arbeitsphase liefert einen Schätzwinkel von 20,3°. **b)** Veranschaulichung der Gewichtswerte auf einem Einheitskreis. Die Stärke der Pfeile ist proportional zum Gewicht.

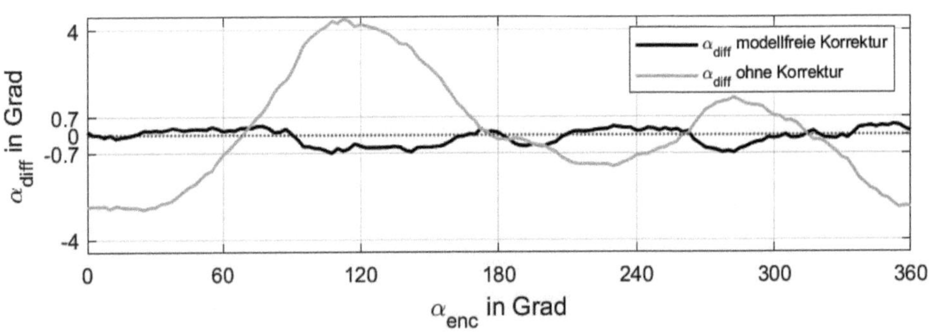

Bild 17: Für den Winkelfehler ohne Korrektur (Grauer Verlauf) wurden die Sinus- und Cosinus-Werte aller Array-Pixel aufsummiert und ein Winkel errechnet. Dieser Winkel wurde vom Encoderwinkel abgezogen. Das entspricht der bisherigen Brückenschaltung, in der die Dots in Reihen- und Parallelschaltung einen Mittelwert bilden. Winkelfehler nach modellfreier Korrektur (Schwarzer Verlauf). Zugrunde liegt das Beispielsetup und ein Training mit sechs Referenzwinkeln. Die Korrektur reduziert den mittleren Winkelfehler von 1,65° auf 0,23° und den maximalen von 4,5° auf 0,78°.

Um die Qualität der Winkelschätzung darzustellen, wird in Bild 17 der verbleibende Winkelfehler für das Beispiel-Setup gezeigt. Bemerkenswert ist, dass für eine brauchbare Korrektur bereits sechs trainierte Referenzwinkel ausreichen könnten. Für die Trainingsphase wurde dabei ein 32-Bit Gleitkomma-Datentyp verwendet, der von modernen Mikrocontrollern unterstützt wird. Die Arbeitsphase hingegen wurde mit einem 14-Bit Festkomma-Datentyp mit geeigneter Erweiterung der Wortlänge bei der Berechnung von Zwischenergebnissen (Akkumulation) durchgeführt. Dies wurde bereits im Hinblick auf eine optimierte Chip-Implementation berücksichtigt.

Zum Abschluss des Beispiels wird das Qualitätsmaß illustriert, das mit wenig Zusatzaufwand für jeden Schätzwinkel ebenfalls berechnet werden kann. In Bild 18 wird zu jedem Winkelfehler das Qualitätsmaß nach oben und unten ähnlich einem Konfidenzband dargestellt. Das obere Diagramm stellt das Qualitätsmaß für den unveränderten Datensatz aus dem Beispiel-Setup dar. In der unteren Darstellung wurde ein zufällig gewählter Wert der Messwertmatrix auf einen neutralen Mittelwert gesetzt, um den Ausfall des entsprechenden Sensor-Dots als Fehlstelle nachzubilden. Es wird deutlich, dass sich der Winkelfehler durch die künstliche Fehlstelle kaum vergrößert, wohingegen das Qualitätsmaß deutlich ansteigt. Durch einen solchen Anstieg im Vergleich zu den Werten des Qualitätsmaßes im Normalbetrieb könnte der Ausfall einzelner Sensoren des Sensor-Arrays detektiert werden. Gleiches ist auch bei Beschädigungen des Encoder-Magneten oder in der Mechanik zu erwarten.

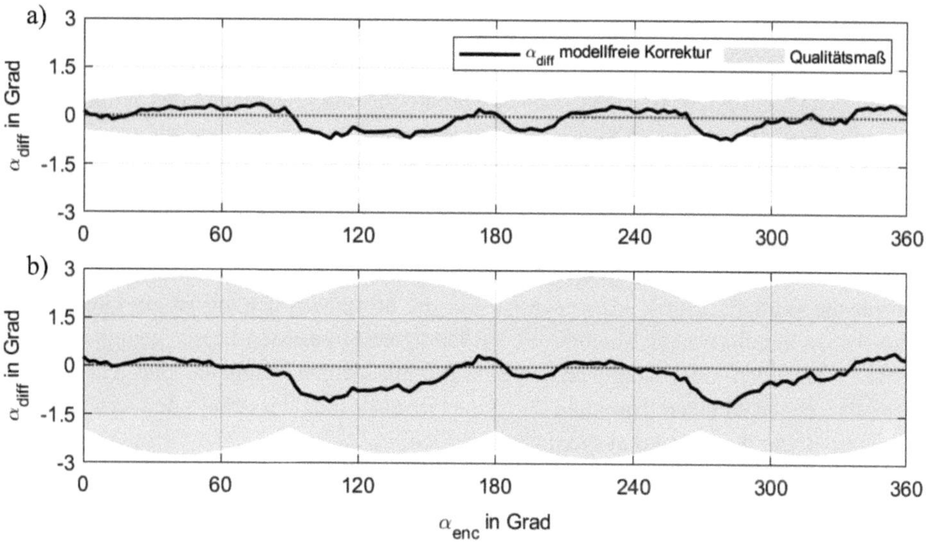

Bild 18: **a)** Winkelfehler aus der modellfreien Korrekturrechnung und ebenfalls berechnetes Qualitätsmaß. **b)** Ebenso, jedoch wurde zusätzlich eine Fehlstelle im Sensor-Array eingefügt. Der Winkelfehler bleibt auf Grund der Vielzahl an verbleibenden unbeschädigten Dots nahezu unverändert. Das vergrößerte Qualitätsmaß diagnostiziert dennoch die Fehlstelle.

14.4 Zusammenfassung und Ausblick

In diesem Beitrag werden die Charakteristika von aktuellen Sensoren diskutiert, die den Tunnel-Magnetoresistiven Effekt nutzen. Insbesondere wird der Unterschied zwischen Realisierungen mit Vorzugsrichtung und mit Vortex-Struktur in der Magnetisierung dargestellt. Zur Charakterisierung wird ein zweidimensionales Kennfeld verwendet. Dies kann mit einem Kreuzspulen-System automatisiert erfasst werden. Zwei aktuelle Winkelsensor-Typen dienen als Beispiele dafür:

Bei dem TMR-Sensor mit Vorzugsrichtung gibt es eine Querfeldabhängigkeit und einen großen Sättigungsbereich, in der nur die Richtung des Magnetfeldes für den Sensor relevant ist. Der zentrale Bereich mit Abhängigkeit von der Feldstärke und mit Hysterese ist vergleichsweise klein.

Bei der Kennfeldaufnahme des TMR-Sensors mit Vortex-Struktur kann neben dem Sättigungsbereich ein linearer Bereich ohne ausgeprägte Querfeldabhängigkeit genutzt werden. Die Betrachtung der Kennfelder verdeutlicht, dass sich TMR-Vortex-Dots für die Elemente von Sensor-Arrays sehr gut eignen, wenn sie in der linearen Zone betrieben werden.

Anschließend werden Verfahren der Signalverarbeitung für Sensor-Arrays diskutiert. Dabei liegt der Schwerpunkt auf der Fähigkeit zur Störfeldunterdrückung und zur Kompensation von geometrischen Toleranzablagen.

Für die Ablagenkompensation werden lernende Ansätze dargestellt. Sie besitzen eine Trainingsphase und eine Arbeitsphase. Dazu werden modellbasierte und modellfreie Methoden gezeigt. Man erhält sowohl eine Schätzung des Encoderwinkels als Nutzinformation als auch zusätzlich ein zur Diagnose geeignetes Qualitätsmaß. Damit kann das Konzept „Self-X“ durch Selbstkalibrierung und die Selbstdiagnose [35–38] umgesetzt werden.

Mit den diskutierten Ansätzen können wesentliche Verbesserungen des Winkelfehlers bei individuellen Ablagen im System erreicht werden. Das wird mit dem für diesen Beitrag gewählten Beispiel-Setup vergleichend illustriert. Neben der Simulations-Software und der Sensorcharakterisierung sind im Maßstab 25:1 vergrößerte Arrays mit diskreten Sensoren als Pixel aufgebaut worden. Sie dienen zur Verifikation des Konzepts.

Eine Erkenntnis ist, dass ein Umdenken bezüglich der Auslegung des Encoder-Magneten für die Winkelsensorik anzuregen ist. Für die Störunterdrückung ist ein kleiner, beispielsweise kugelförmiger Magnet mit ausgeprägten Gradienten besser geeignet als ein größerer Scheiben- oder Ring-Magnet. Systeme mit kleinen Magneten sind jedoch empfindlicher gegen Ablagen. Das kann durch die Ortsauflösung des Arrays und lernende Signalverarbeitung weitgehend ausgeglichen werden.

Für zukünftige Arbeiten wird vorgeschlagen, ein matrixförmiges Sensor-Array mit Pixeln aus den TMR-Vortex-Dots herzustellen, die bereits für kommerzielle Sensoren entwickelt wurden. Für die Signalverarbeitung wäre zunächst eine prototypische und flexible Implementation der dargestellten Methoden auf einem Field Programmable Gate Array (FPGA) vorzunehmen. Nach Erprobung und Optimierung dieser Signalverarbeitung mit dem FPGA kann die finale Version in einem digitalen Chip-Entwurf überführt werden. Er ist in Flip-Chip oder Stacked-Chip-Technologie, ähnlich wie in modernen Winkelsensoren, mit dem Sensor-Array zu verbinden.

Projektpartner und Förderung
Der Beitrag ist im Rahmen des vom BMBF geförderten Forschungsprojektes ISAR „Signalverarbeitung für Integrated Sensor-Arrays basierend auf dem Tunnel-Magnetoresistiven Effekt für den Einsatz in der Automobilelektronik“ entstanden (FKZ: 13FH038PA5). Projektpartner sind die Ostfalia Hochschule für angewandte Wissenschaften und die NXP Semiconductors Germany GmbH, welche die Arbeiten finanziell förderte und inhaltlich unterstützte.

Literatur

[1] Dixon, R., „A Technology Roadmap for XMR Sensors in Automotive Applications“, *15th XMR-Symposium*, München, 2019.

[2] Slatter, R., Manteuffel, G., „Magnetoresistive Sensoren für Weg-, Winkel-, Strom- und Feldmessung im Automobil“, in Tille, T. (Hrsg.) *Automobil-Sensorik,* Springer, 2016.

[3] Gross, R., Marx, A., „Spinelektronik – Kapitel 9: Anwendung magnetoresistiver Effekte“, *Vorlesungsskript im SS 2004, Walther-Meissner-Institut Garching*, 2004.

[4] Freitas, P. P., Ferreira, R., Cardoso, S., Cardoso, F., „Magnetoresistive sensors“, *Journal of Physics: Condensed Matter*, Vol. 19, No. 16, 2007.

[5] Wurft, T., Raberg, W., „Magnetsensorbauelement und Verfahren für ein Magnetsensorbauelement mit einer magnetoresistiven Struktur“, *DE102015121753A1*, 2015.

[6] Raberg, W., „Magnetsensorschaltungen und -systeme und Verfahren zum Bilden von Magnetsensorschaltungen“, *DE102017129346A1*, 2017.

[7] Suess, D., Brückl, H., Pruegl, K., Satz, A., Raberg, W., „Magnetsensorbauelement und Magneterfassungsverfahren“, *DE102016112008A1*, 2016.

[8] Wurft, T., et. al., „The Influence of Edge Inhomogeneities on Vortex Hysteresis Curves in Magnetic Tunnel Junctions“, *IEEE Transactions on Magnetics*, 2017.

[9] Wurft, T., „Investigation of the Magnetic Vortex State for Spin-Valve Sensors“, *Dissertation Universität Bielefeld*, 2018.

[10] Pigeau, B., „Magnetic vortex dynamics nanostructures“, *Dissertation Universität Paris Sud-Paris XI*, 2012.

[11] Forschungsprojekt ISAR, "„Signalverarbeitung für Integrated Sensor-Arrays basierend auf dem Tunnel-Magnetoresistiven Effekt für den Einsatz in der Automobilelektronik“, *gefördert vom BMBF (13FH038PA5)*, 2016.

[12] Marauska, S., Przytarski, J., Kock, J., Schapendonk, E., „Magnetoresistive sensor with stray field cancellation and systems incorporating same“, *US20190178684A1*, 2019.

[13] Wallrafen, W., „Sensoreinheit und Anordnung zur Erfassung der Position eines Bauteils“, *DE102017211996A1*, 2017.

[14] Acker, H., „Universeller Sensorchip“, *DE102005039280A1*, 2005.

[15] Schmitt, J., „Multi-dimensional measurement using magnetic sensors and related-systems, methods, and integrated circuits“, *US20180128648A1*, 2018.

[16] Schüthe, T., Albounyan, A., Riemschneider, K.-R., „Two-Dimensional Characterization and Simplified Simulation Procedure for Tunnel Magnetoresistive Angle Sensors“, *IEEE Sensors Applications Symposium*, 2019.

[17] Albounyan, A., „Charakterisierung magnetischer Winkelsensoren mittels Kreuzspulenmessplatz“, *Bachelorarbeit HAW Hamburg*, 2018.

[18] Krey, M., Riemschneider, K.-R., Zippel, S., „Signal synthesis for magnetoresistive speed sensors based on field simulations combined with measured sensor characteristic diagrams“, *Instrumentation & Measurement Technology Conference*, 2012.

[19] Piorek, M., „Hard- und Software eines Messplatzes zur Harmonischenanalyse bei magnetischen Sensoren“, *Masterarbeit HAW Hamburg*, 2011.

[20] Zippel, S., „Analyse des magnetischen Systems eines ABS-Sensors – Feldsimulation, Kennfeldmessung, Signalsynthese“, *Masterarbeit HAW Hamburg*, 2012.

[21] The MathWorks, Inc., „Matlab 9.7 – Release 2019b“, www.mathworks.com, 2019.

[22] Tektronix, „AFG3022B“, https://de.tek.com, 2019.

[23] Kepco, „BOP 50-20-MG“, www.kepcopower.com, 2019.

[24] Krey, M., „Systemarchitektur und Signalverarbeitung für die Diagnose von magnetischen ABS-Sensoren“, *Dissertation Helmut-Schmidt-Universität Hamburg*, 2015.

[25] Infineon, „TLE5501“, www.infineon.com, 2019

[26] TDK, „TAS2141-AAAB“, https://product.tdk.com, 2019.

[27] MultiDimension Technology, „TMR2105“, www.dowaytech.com/en, 2019

[28] Mehm, T., „Schaltungsentwurf und Mikrocontrollersteuerung für ein Tunnel-Magnetoresistives Sensor-Array“, *Bachelorarbeit HAW Hamburg*, 2019.

[29] Pape, H., „Simulation und Auswertung von Permanentmagneten für magnetoresistive Sensor-Arrays“, *Bachelorarbeit HAW Hamburg*, 2017.

[30] Petrak, O., „Signal processing algorithms for magnetic sensor arrays“, *Masterarbeit HAW Hamburg*, 2019.

[31] Guyol, R., „AMR Angle Sensors“, *AN-1314 APPLICATION NOTE*, 2014.

[32] Szeliski, R., „Computer vision: algorithms and applications.“, *Springer Science & Business Media*, 2010.

[33] de Villiers, J., Leuschner, F., Geldenhuys, R., „Centi-pixel accurate real-time inverse distortion correction“, *Proceedings of SPIE*, Vol. 7266, 2008.

[34] Rasmussen, C. E., Christopher, KI W., „Gaussian Processes for Machine Learning“, *the MIT Press ISBN 026218253X*, 2006.

[35] Krey, M., Riemschneider, K.-R., Rettig, R., Sabotta, D. Zahn, F., „Development of Advanced Diagnostic Functions in Very High Volume Automotive Sensor Applications“, *IEEE International Systems on Chip Conference SOCC*, 2013.

[36] Jegenhorst, N., Krey, M., Riemschneider, K.-R., „Magnetic Sensor Arrangement“, *EP2693221A1*, 2015.

[37] Rohrmann, K., Meier, P., Sandner, M., Prochaska, M., „Concept for detecting angles and displacement from a MR sensor array using an ICP algorithm“, *IEEE Sensors*, 2017.

[38] Meier, P., Rohrmann, K., Sandner, M., Prochaska, M., „On the practicability of images processing methods for xmr arrays“, *IEEE 61st International Midwest Symposium on Circuits and Systems*, 2018.

MIX
Papier aus verantwortungsvollen Quellen
Paper from responsible sources
FSC® C105338

If you have any concerns about our products,
you can contact us on
ProductSafety@springernature.com

In case Publisher is established outside the EU,
the EU authorized representative is:
Springer Nature Customer Service Center GmbH
Europaplatz 3, 69115 Heidelberg, Germany

Printed by Libri Plureos GmbH
in Hamburg, Germany